ASP.NET编程入门与应用

李　鑫　刘爱江　编著

清華大學出版社
北　京

内 容 提 要

ASP.NET是目前微软最新的Web应用开发平台，ASP.NET 4.5不仅在语言和技术上弥补了原有ASP.NET 4.0的不足，还提供了很多新的控件和特色，以提升开发人员的生产力。

万事开头难，尤其是第一次接触ASP.NET编程的读者，要快速掌握ASP.NET开发并不容易。本书结合教学特点进行编写，通过浅显易懂的范例，配合ASP.NET 4.5基础知识，由浅入深地讲述ASP.NET网站开发技术。本书示例短小却又能体现出知识点，可以让读者很轻松地学习，并能灵活地应用到实际的软件项目中。

全书共分为18章，主要内容包括HTML和JavaScript的应用、搭建ASP.NET 4.5开发环境、Web窗体结构和常用页面指令、验证控件、内置请求和处理对象、导航控件和母版页模板、ADO.NET数据库编程、数据绑定、GridView控件、分页的实现，以及文件上传与下载等。同时，也介绍了ASP.NET 4.5的一些高级开发技术，像读取XML的数据、LINQ to SQL操作数据库、Ajax无刷新技术和WCF技术。最后一章介绍了常用的ASP.NET开发技巧，如图片加水印、使用验证码、绘制饼图和柱状图等。

本书可作为在校大学生学习使用ASP.NET进行课程设计的参考资料，也适合作为高等院校相关专业的教学参考书，还可以作为非计算机专业学生学习ASP.NET语言的参考书。

图书在版编目(CIP)数据

ASP.NET编程入门与应用 / 李鑫，刘爱江编著. 一北京：清华大学出版社，2018

ISBN 978-7-302-48379-3

Ⅰ. ①A… Ⅱ. ①李… ②刘… Ⅲ. ①网页制作工具—程序设计 Ⅳ. ①TP393.092.2

中国版本图书馆CIP数据核字（2017）第218321号

责任编辑：韩宜波
封面设计：李　坤
责任校对：宋延清
责任印制：沈　露

出版发行：清华大学出版社
网　　址：http://www.tup.com.cn，http://www.wqbook.com
地　　址：北京清华大学学研大厦A座　　邮　　编：100084
社 总 机：010-62770175　　邮　　购：010-62786544
投稿与读者服务：010-62776969，c-service@tup.tsinghua.edu.cn
质量反馈：010-62772015，zhiliang@tup.tsinghua.edu.cn

印 装 者：三河市君旺印务有限公司
经　　销：全国新华书店
开　　本：190mm×260mm　　印　　张：32.25　　字　　数：802千字
版　　次：2018年1月第1版　　印　　次：2018年1月第1次印刷
印　　数：1～3000
定　　价：88.00 元

产品编号：071371-01

前言

ASP.NET是微软公司推出的动态Web应用程序开发平台，它可以把程序开发人员的工作效率提高到用其他技术都无法比拟的程度。与Java、PHP、Perl等相比，ASP.NET具有方便、灵活、性能优越、生产效率高、安全性高、完整性强及面向对象等特点，是目前主流的网络编程工具之一。

ASP.NET支持多种开发语言，本书以C#语言为例，采用最新的ASP.NET 4.5版本，以及对应的Visual Studio 2015开发工具。

本书内容

全书共分18章，主要内容如下。

第1章 HTML静态网页设计快速入门。对设计静态网页所需掌握的HTML和CSS进行详细讲解，包括HTML文档结构、HTML的各种标记、CSS语法和属性等。

第2章 JavaScript脚本编程快速入门。介绍JavaScript的基础知识，包括JavaScript语言的语法规则、运算符、流程控制语句、函数以及各种对象的用法等内容。

第3章 ASP.NET技术入门知识。首先介绍ASP.NET的概念、框架的基础，以及开发工具Visual Studio 2015的安装，然后讲解开发ASP.NET网站的步骤。

第4章 ASP.NET的Web页面语法。介绍Web窗体与网站之间的区别、Web窗体的运行过程，重点讲解常用的ASP.NET页面指令。

第5章 Web基础控件和验证控件。详细介绍ASP.NET中最常用的服务器控件和验证控件，如Button控件、Panel控件、DropDownList控件，以及各种验证控件，如不能为空和验证必须符合规则等。

第6章 页面请求与响应对象。主要向读者介绍ASP.NET中的Request对象、Response对象、Page对象和Server对象。

第7章 数据保存和缓存对象。主要介绍ASP.NET中的数据保存对象，如Cookie对象、Session对象和Application对象等。

第8章 导航控件和母版页。介绍常用的导航控件、母版页及主题的相关知识，包括SiteMapPath控件、站点地图、TreeView控件、母版页和内容页、主题的加载以及用户控件的使用。

第9章 ADO.NET数据库编程。主要介绍如何以ADO.NET连接数据库、执行SQL语句、读取数据，以及操作结果集的方法和对象等。

第10章 数据绑定和数据源控件。首先介绍如何从结果集中绑定数据到页面，然后介绍常用的数据源控件，如SQLDataSource和XmlDataSource。

第11章 数据服务器控件。主要介绍用于显示数据的服务器控件，如Repeater控件、DataList控件、GridView控件和Details控件，以及分页的实现。

第12章 处理目录和文件的常用类。首先针对System.IO命名空间进行介绍，然后详细介绍如何利用有关类获取磁盘信息、操作相关的目录和文件等内容。

第13章 操作XML。首先介绍XML文档的构成，然后重点介绍如何加载XML内容，写入内容，对内容进行修改等操作。

第14章 配置文件和网站部署。主要对ASP.NET配置文件Web.Config的结构进行详解，同时介绍发布和复制网站的方法。

第15章 LINQ技术。介绍LINQ的组成部分、各子句的应用及LINQ to SQL操作数据库的方法。

第16章 ASP.NET Ajax技术。首先介绍原生Ajax与ASP.NET的结合使用，然后介绍ASP.NET Ajax的核心控件及其扩展包。

第17章 WCF技术。介绍如何创建和调用一个WCF服务，同时介绍WCF的核心组成部分，如地址、绑定、合约和端点。

第18章 ASP.NET实用开发技巧。介绍几种常见的ASP.NET开发实用技术，如给图片批量加水印、实现一个验证码、记录日志信息、发送邮件，以及绘制图表等。

本书特色

本书内容配合大量的实例进行讲解，力求通过实际操作使读者能更容易地学会使用ASP.NET开发应用程序。本书难度适中，内容由浅入深，实用性强，覆盖面广，条理清晰。

知识点全

本书紧密围绕ASP.NET网站程序开发展开讲解，具有很强的逻辑性和系统性。

实例丰富

书中各实例均经过作者精心设计和挑选，都是根据作者在实际开发中的经验总结而来的，涵盖了在实际开发中所遇到的各种问题。

应用广泛

对于精选案例，给出了详细步骤，结构清晰简明、分析深入浅出，而且有些程序能够直接在项目中使用，可避免读者进行二次开发。

基于理论，注重实践

在讲述过程中，不仅介绍理论知识，而且还在合适位置安排综合应用实例，或者小型应用程序，将理论应用到实践中，以加强读者的实际应用能力，巩固所学的知识。

贴心的提示

为了便于读者阅读，全书还穿插着一些技巧、提示等小贴士，体例约定如下。

提示：通常是一些贴心的提醒，让读者加深印象或为读者提供建议，或提出解决问题的方法。

注意：提出学习过程中需要特别注意的一些知识点和内容，或者相关信息。

技巧：通过简短的文字，指出知识点在应用时的一些小窍门。

读者对象

本书具有知识全面、实例精彩、指导性强的特点，力求以全面的知识性及丰富的实例来指导读者透彻地学习ASP.NET开发技术各方面的知识。本书重点面向的读者如下：

- ASP.NET 初学者以及在校学生。
- 大中专院校的在校学生和相关授课老师。
- 准备从事软件开发的人员。
- 其他从事 ASP.NET 应用程序开发技术的人员。

本书由李鑫、刘爱江编著，参与本书编写及设计工作的还有郑志荣、侯艳书、刘利利、侯政洪、肖进、李海燕、侯政云、祝红涛、崔再喜、贺春雷等。在本书的编写过程中，我们虽然力求精益求精，但难免存在一些不足之处，希望广大读者批评指正。

编　者

目录

第1章 HTML静态网页设计快速入门

第2章 JavaScript脚本编程快速入门

第3章 ASP.NET技术入门知识

第 4 章 ASP.NET 的 Web 页面语法

第 5 章 Web 基础控件和验证控件

第 6 章 页面请求与响应对象

第 7 章 数据保存和缓存对象

第 8 章 导航控件和母版页

第 9 章 ADO.NET 数据库编程

第 10 章 数据绑定和数据源控件

第 11 章 数据服务器控件

第 12 章 处理目录和文件的常用类

第 13 章 操作 XML

第14章 配置文件和网站部署

第15章 LINQ技术

第16章 ASP.NET Ajax技术

第 17 章 WCF 技术

第 18 章 ASP.NET 实用开发技巧

第 1 章 HTML 静态网页设计快速入门

HTML 标记是制作网页的基础，可以毫不夸张地说，所有的 Web 动态编程都是融合于 HTML 标记之基础的。因此，在使用 ASP.NET 开发动态网站之前，掌握 HTML 是非常有必要的。而 CSS 是 HTML 的装扮器，一个漂亮的 Web 页面不可能没有它。

本章对设计静态网页所需掌握的 HTML 和 CSS 进行简单介绍，帮助读者快速入门，包括 HTML 文档结构、HTML 的各种标记、CSS 语法和属性等内容。

本章学习要点

◎ 了解 HTML 的概念
◎ 熟悉 HTML 的文档结构
◎ 掌握 HTML 中的基本标记、列表标记、表格标记和表单标记
◎ 了解 CSS 的概念
◎ 熟悉 CSS 的语法规则
◎ 掌握 HTML 中使用 CSS 的方法
◎ 熟悉常用的 CSS 样式属性

扫一扫，下载
本章视频文件

1.1 HTML 的概念

HTML 用标记来表示网页中的文本及图像等元素，并规定浏览器如何显示这些元素，以及如何响应用户的行为。HTML 是标准通用标记语言 (Standard Generalized Markup Language，SGML) 的一种应用。

HTML 在 1989 年由 Web 的发明者提出，其标准由万维网协会 (W3C) 负责制定，W3C 还推出了 DHTML(动态 HTML) 和 XML 语言。所有的网页都是以 HTML 格式的文件为基础，再加上一些其他的语言构成的。

(1) HTML 2.0。

HTML 2.0 是 1996 年由 Internet 工程工作小组的 HTML 工作组开发的。

(2) HTML 3.2。

HTML 3.2 作为 W3C 标准发布于 1997 年 1 月 14 日。HTML 3.2 向 HTML 2.0 标准添加了被广泛运用的特性，如字体、表格、Applet、围绕图像的文本流、上标和下标。

(3) HTML 4.0。

作为 W3C 推荐标准，HTML 4.0 发布于 1997 年 12 月 18 日，而仅仅进行了一些编辑修正的第二个版本发布于 1998 年 4 月 24 日。HTML 4.0 最重要的特性是引入了样式表 (CSS)。

(4) HTML 4.01。

作为 W3C 推荐标准，HTML 4.01 发布于 1999 年 12 月 24 日。HTML 4.01 是对 HTML 4.0 的一次较小的更新，对 4.0 版进行了修正和漏洞修复。W3C 当时认为不会继续发展 HTML，未来的工作会集中在 XHTML 上。

(5) XHTML 1.0(可扩展的超文本标记语言)。

XHTML 1.0 使用 XML 对 HTML 4.01 进行了重新表示。

作为 W3C 推荐标准，XHTML 1.0 发布于 2000 年 1 月 20 日。XHTML 1.0 是作为一种 XML 应用被重新定义的 HTML，其目标是取代 HTML 4.01。

XHTML 1.0 与 HTML 4.01 最大的区别就是语法要求更加严格，所有标记由 DTD 规则来定义，而且可以自定义标记，文档的结构也更清晰。

(6) HTML 5。

为了推动 Web 标准化的发展，一些互联网公司联合起来成立了 WHATWG 组织。WHATWG 组织致力于 Web 表单和应用程序，而 W3C 专注于 XHTML 2.0。在 2006 年，双方决定进行合作，来创建一个新版本的 HTML。

HTML 5 草案的前身名为 Web Applications 1.0，它于 2004 年由 WHATWG 提出，于 2007 年被 W3C 接纳，并成立了新的 HTML 工作团队。

HTML 5 的第一份正式草案已于 2008 年 1 月 22 日公布，最新草案公布于 2010 年 6 月 24 日。虽然 HTML 5 仍然处于完善之中，但是大部分主流的浏览器已经具备了 HTML 5 的运行环境。因此，可以说 HTML 5 将引领 Web 发展到一个新的高度，并掀起一轮学习 HTML 5 的热潮。

1.2 HTML 的文档结构

开发人员使用 HTML 编写的超文本文档称为 HTML 文档，它是独立于各种操作系统平台的。

HTML 有自己的语法格式和编写规范，这些都是由 HTML 规范所定义的，下面详细介绍 HTML 文档的规范及结构。

1.2.1　文档编写规范

HTML 文档是由一系列文档内容和标记组成的。一个完整的 HTML 文档，至少应该包括 <!DOCTYPE> 标记、html 标记、head 标记、title 标记和 body 标记。标记名不区分大小写；标记用于规定文档内容的属性和它在文档中的位置。

1. HTML 标记

HTML 标记分为成对标记和单独标记两种。大多数标记成对出现，即由开始标记和结束标记组成。开始标记的格式为 <标记名称>，结束标记的格式为 </标记名称>，其完整语法格式如下：

```
<标记名称>文档内容</标记名称>
```

成对标记仅对包含在其中的内容发生作用，如 <title> 和 </title> 标记用于定义页面标题的范围。也就是说，<title> 和 </title> 标记之间的内容是此 HTML 文档的标题。

单独标记的格式为 <标记名称>，其作用是在相应的位置插入特定内容。例如 <hr> 标记便是在该标记所在位置插入一条水平线。

在 HTML 标记中还可以设置一些属性，来控制 HTML 标记所建立的内容。这些属性位于所建立内容的开始标记中，其基本语法格式如下：

```
<标记名称 属性1="值1" 属性2="值2" ...>
```

因此，在 HTML 文档中，某个标记的完整定义语法如下：

```
<标记名称 属性1="值1" 属性2="值2" ...>文档内容</标记名称>
```

2. HTML 元素

当用一组 HTML 标记将一段文字包含在中间时，这段包含文字的 HTML 标记被称为一个元素。在 HTML 语法中每个由 HTML 标记与内容所形成的元素内，还可以包含另一个元素。因此整个 HTML 文档就像是一个大元素包含了许多小元素。

在所有的 HTML 文档中，最外层的元素由 <html> 标记建立。在 <html> 标记所建立的元素中包含两个主要的标记，即 <head> 标记与 <body> 标记。<head> 标记所建立的元素内容为头部元素，而 <body> 的所建立的元素内容为主体元素。

如下所示为一个 HTML 文档的标准结构：

```
<!DOCTYPE>
<html>
    <head>
        头部元素
    </head>
    <body>
        主体元素
    </body>
</html>
```

1.2.2　文档声明标记

<!DOCTYPE> 标记用于定义有关文档格式的声明，它必须写在 HTML 文件中的第一行：

```
<!DOCTYPE element-name DTD-type DTD-name DTD-url>
```

上述格式说明如下。

- <!DOCTYPE：表示开始声明 DTD，其中 DOCTYPE 是关键字。
- element-name：指定该 DTD 的根元素名称。
- DTD-type：指定该 DTD 是属于标准公用的还是私人定制的。若设为 PUBLIC 则表示该 DTD 是标准公用的，如果设为 SYSTEM 则表示是私人定制的。

- DTD-name：指定该 DTD 的文件名称。
- DTD-url：指定该 DTD 文件所在的 URL 网址。
- >：表示 DTD 声明结束。

【例 1-1】

下面列出了如何引用 W3C 在 HTML 4.01 和 XHTML 中所制定的几种 DTD。

01 HTML 4.01 Strict DTD：

```
<!DOCTYPE HTML PUBLIC "-//W3C//DTD HTML 4.01//EN"
"http://www.w3.org/TR/html4/strict.dtd">
```

02 HTML 4.01 Transitional DTD：

```
<!DOCTYPE HTML PUBLIC "-//W3C//DTD HTML 4.01 Transitional//EN"
"http://www.w3.org/TR/html4/loose.dtd">
```

03 HTML 4.01 Frameset DTD：

```
<!DOCTYPE HTML PUBLIC "-//W3C//DTD HTML 4.01 Frameset//EN"
"http://www.w3.org/TR/html4/frameset.dtd">
```

04 XHTML 1.0 Strict：

```
<!DOCTYPE html PUBLIC "-//W3C//DTD XHTML 1.0 Strict//EN"
"http://www.w3.org/TR/xhtml1/DTD/xhtml1-strict.dtd">
```

05 XHTML 1.0 Transitional：

```
<!DOCTYPE html PUBLIC "-//W3C//DTD XHTML 1.0 Transitional//EN"
"http://www.w3.org/TR/xhtml1/DTD/xhtml1-transitional.dtd">
```

06 XHTML 1.0 Frameset：

```
<!DOCTYPE html PUBLIC "-//W3C//DTD XHTML 1.0 Frameset//EN"
"http://www.w3.org/TR/xhtml1/DTD/xhtml1-frameset.dtd">
```

07 XHTML 1.1：

```
<!DOCTYPE html PUBLIC "-//W3C//DTD XHTML 1.1//EN"
"http://www.w3.org/TR/xhtml11/DTD/xhtml11.dtd">
```

08 XHTML 1.1 plus MathML plus SVG：

```
<!DOCTYPE html PUBLIC "-//W3C//DTD XHTML 1.1 plus MathML 2.0 plus SVG 1.1//EN"
"http://www.w3.org/2002/04/xhtml-math-svg/xhtml-math-svg.dtd">
```

在上述声明设置中，Strict(严格型)版本只允许使用XHTML，除非Web开发者打算只依赖样式表而不使用任何格式的标记来编写XHTML文档，否则不推荐使用这个规范。Transitional(过渡型)版本是最灵活的规范，允许用户使用不被推荐但仍然可用的元素和属性。Frameset(框架型)版本与Transitional版本类似，但是它支持需要使用框架的元素。

在HTML文件中所有的控制标记必须以html为根标记，所以在DTD的声明中，element-name必须是“HTML”或“html”，因为在HTML规范中，标记中的英文是不区分大小写的。但在XHTML文件中，element-name必须是“html”。

当软件(如浏览器)解析HTML文件时，如果需要这些DTD，则可以通过DTD-url指定的网址去下载这些DTD。这些DTD都是经过W3C认证的，所以属于公认的标准。由于HTML文件不允许引用其他自定义的DTD，所以DTD-type的设置必须是PUBLIC。

提示

为什么我们在绝大多数的HTML文件中都没有设置DTD声明呢？这是因为浏览器解读HTML文件时都是使用浏览器本身指定的DTD，所以就不再去下载标准的DTD。这是浏览器可以使用自己的扩展控制标记的原因，也是HTML文件没有设置DTD的声明仍可以被浏览的原因。但如果HTML文件要被其他软件解读的话，一定要加上DTD的声明，否则软件就无法判断该HTML文件是否为有效的文件。

1.2.3　标记文档开始

文档标记以<html>标记开始，以</html>标记结束，用于表示该文档是以超文本标记语言(HTML)编写的。其语法格式如下：

```
<html> 文档的全部内容 </html>
```

任何一个规范的HTML文档最先出现的HTML标记都是<html>，而且它必须成对出现。开始标记<html>和结束标记</html>分别位于HTML文档的最开始和结尾，文档中的所有HTML标记都包含在<html></html>标记对中。

事实上，常用的Web浏览器(如IE)都可以自动识别HTML文档，并不要求有<html>标记，也不对该标记进行任何操作。但是，为了提高文档的适用性，使编写的HTML文档能适应不断变化的Web浏览器，应当养成使用这个标记的习惯。

1.2.4　标记文档头部

HTML文档头部以<head>标记开始，以</head>标记结束。HTML文档头部用于定义文档的标题(出现在Web浏览器窗口的标题栏中)和一些属性。标题包含在<title>和</title>标记之间，其语法格式如下：

```
<head>
    <title> 文档标题 </title>
</head>
```

在<head>标记所定义的元素中不允许放置网页的任何内容，而是放置关于HTML文档的信息。也就是说，它并不属于HTML文档的主体，它只包含文档的标题、编码方式及URL

等信息，这些信息大部分用来提供索引和其他方面的应用。

每个 HTML 文档都需要有一个文档名称。在浏览器中，文档名称作为窗口名称显示在该窗口的最上方，这对浏览器的收藏功能很有帮助。HTML 文档的标题要写在 <title> 与 </title> 标记之间，该组标记应包含在 <head> 与 </head> 标记之间。

提示

HTML 文档的标记是可以嵌套的，即在一对标记中可以嵌入另一对子标记。嵌套在 <head> 标记中的常用标记有 <title>、<meta> 和 <style>。

1.2.5 标记文档主体

HTML 文档主体部分以 <body> 标记开始，以 </body> 标记结束。HTML 文档主体用于存放页面中要显示的文本、图像和链接。其语法格式如下：

```
<body> 主体部分 </body>
```

<body> 标记是成对出现的，网页中的主体内容应该写在 <body> 与 </body> 之间，而 <body> 标记又包含在 <html> 与 </html> 标记之间。

1.2.6 编写 HTML 时的注意事项

在编写 HTML 文档时，要注意以下事项。

01 “<”和“>”是任何标记的开始和结束符号，元素的标记要用这对尖括号括起来，并且结束的标记总是在开始的标记前加一个斜杠 (/)。

02 标记之间可以嵌套，例如：

```
<body>
    <center>
        <div> 初始 HTML 文档 </div>
    </center>
</body>
```

03 HTML 元素不区分大小写。例如以下几种写法都是正确的，并且表示相同的标记：

```
<HEAD>
<Head>
<head>
```

04 任何回车和空格在 HTML 代码中都不起作用。为了使代码清晰，建议不同的标记之间回车后编写。

05 HTML 标记中可以放置各种属性，如下面的代码所示：

```
<div align="center"> 唐诗 300 首 </div>
```

其中，align 为 <div> 标记的属性，center 为 align 属性的值。

⚠注意

属性应该出现在 <> 内，并且和元素名之间应该有一个空格分隔，属性值应该使用引号括住。

06 如果需要在 HTML 文档代码中添加注释，可以以“<!--”开始，以“-->”结束。例如下面的代码：

```
<!-- 文档范例 1-1 -->
<!-- 文档说明：第一个 HTML 文档 -->
<html>
    …
</html>
```

注释语句只出现在 HTML 文档代码中，而不会在浏览器中显示。

1.2.7　高手带你做——创建第一个 HTML 文档

在详细了解 HTML 文档的每个组成部分之后，这里将创建一个非常简单 HTML 文档，演示 HTML 文档的创建步骤。

【例 1-2】

01 创建一个名为 welcome.html 的文件，用记事本打开，进行编辑。

02 在第一行使用 !DOCTYPE 指令添加 XHTML 1.0 的声明代码，如下所示：

```
<!DOCTYPE html PUBLIC "-//W3C//DTD XHTML 1.0
Transitional//EN"
 "http://www.w3.org/TR/xhtml1/DTD/xhtml1-
transitional.dtd">
```

03 创建一个标准的 HTML 文档结构，即 <html> 标记中包含 <head> 和 <body> 两个子标记。代码如下：

```
<html>
<head></head>
<body></body>
</html>
```

04 向 <head> 标记内添加一个 <meta> 标记，设置文档的编码为 utf-8。代码如下：

```
<meta http-equiv="Content-Type"
content="text/html; charset=utf-8" />
```

05 使用 <title> 标记设置文档的标题为“我的第一个 HTML 页面”。代码如下：

```
<title> 我的第一个 HTML 页面 </title>
```

06 向 <body> 标记中添加页面需要显示的内容主体。代码如下：

```
<h1> 春暖花开 </h1>
<hr/>
<p> 春暖花开，这是我的世界 </p>
<p> 每次怒放，都是心中喷发的爱 </p>
<hr/>
<p align="right"> 更多内容请看这里 <a href="#">
春暖花开 </a></p>
```

上述代码中使用的各个 HTML 标记将在后面介绍。

07 最后向文档中添加几个注释。如下所示为本例的最终代码：

```
<!DOCTYPE html PUBLIC "-//W3C//DTD XHTML 1.0
Transitional//EN"
```

```
"http://www.w3.org/TR/xhtml1/DTD/xhtml1-transitional.dtd">
<html>
<head>
<meta http-equiv="Content-Type" content="text/html; charset=utf-8" />
<title> 我的第一个 HTML 页面 </title>
</head>
<!-- 以上为 HTML 的头部 -->
<body>
<!-- 这里是 HTML 的主体 -->
<h1> 春暖花开 </h1>
<hr/>
<p> 春暖花开，这是我的世界 </p>
<p> 每次怒放，都是心中喷发的爱 </p>
<hr/>
<p align="right"> 更多内容请看这里 <a href="#"> 春暖花开 </a></p>
</body>
</html>
<!--HTML 文档结束 -->
```

08 用 Chrome 浏览器打开 welcome.html 文件，查看运行效果，如图 1-1 所示。在图 1-1 中并没有显示注释，可以右击页面，从弹出的快捷菜单中选择【查看源代码】命令，查看 HTML 源代码，如图 1-2 所示。

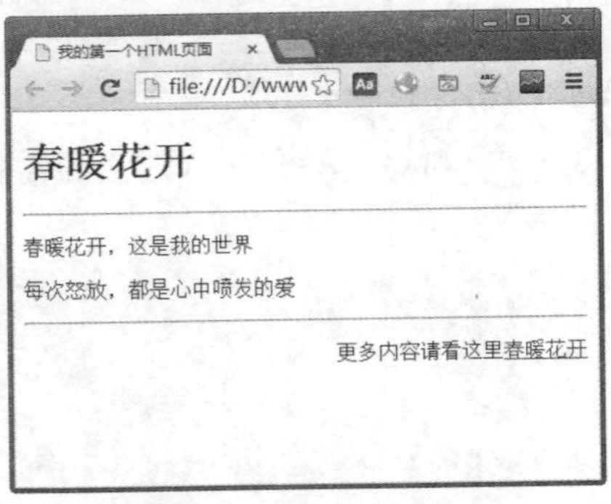

图 1-1　运行效果

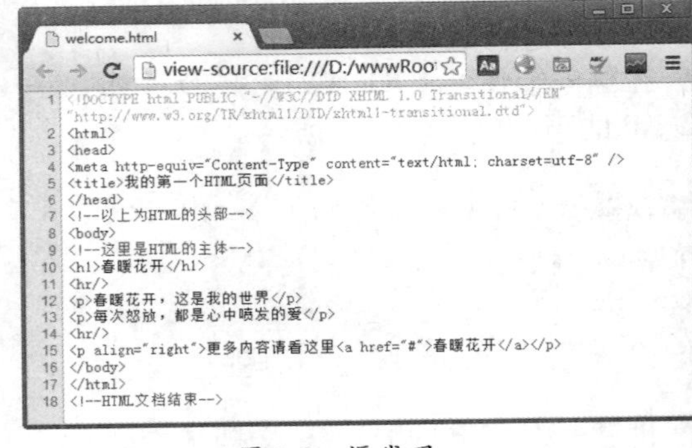

图 1-2　源代码

1.3　文档基础标记

从文档结构中可以看出，HTML 页面是由很多标记组成的。本节将介绍 HTML 中基础标记的使用，如使用元信息标记定义页面关键字、使用字体标记定义字体大小和颜色等。

1.3.1　元信息标记

元信息使用的是 <meta> 标记，它必须放在 HTML 文档的 <head> 和 </head> 标记内。

<meta> 标记不需要结束标记，在标记内的是一个元信息内容。

<meta> 标记常用的属性有两个：name 和 http-equiv。其中 name 用于描述网页，以便于搜索引擎查找和分类。常用语法如下：

```
<meta name="keyname" content=" 具体的关键字 "/>
<meta http-equiv="name" content=" 内容 " />
```

用户可以使用 meta 设置不同的内容，如页面关键字、页面描述、作者信息，以及页面的定时跳转等。

【例 1-3】

创建一个示例，分别使用 <meta> 标记的 name 和 http-equiv 属性指定页面的元信息。

01 使用 name 和 content 设置页面关键字。代码如下所示：

```
<meta name="keyword" content=" 饲料，精选饲料，家畜饲料 " />
```

keyword 表示要设置的是页面关键字，具体关键字由 content 属性来指定，多个关键字之间使用逗号分隔。上面代码设置关键字为 3 个，分别是饲料、精选饲料和家畜饲料。

02 设置页面描述也是为了便于搜索引擎的查找。与关键字一样，设置的页面描述不会在网页中显示出来。代码如下：

```
<meta name="description" content=" 用户注册页面 "/>
```

03 通过指定 name 和 content 的值，可以在页面的源代码中显示页面制作者的姓名以及个人信息。代码如下：

```
<meta name="author" content="airoa.com" />
```

04 如下代码限制了搜索引擎对页面的搜索方式：

```
<meta name="robots" content="index|all|
nofollow|noindex|none" />
```

上述代码展示了 content 属性所有可能的值，其中 index 表示只能搜索当前页，all 表示能搜索当前网页及其链接的网页，nofollow 表示不能搜索当前网页链接的网页，noindex 表示不能搜索当前网页，none 则表示不能搜索当前网页及其链接的网页。

05 使用 meta 还可以实现自动刷新页面的功能。如下代码表示页面每 5 秒刷新一次：

```
<meta http-equiv="refresh" content="5" />
```

上述代码中，refresh 表示网页会刷新，content 属性的内容指定页面刷新的时间间隔，默认情况下，刷新时间以秒为单位。

06 将 http-equiv 属性的值指定为 expires 表示设置网页的到期时间，一旦过期，必须到服务器上重新调用。到期时间必须是 GMT 时间格式，即“星期，日 月 年 时 分 秒”，它们都使用英文和数字指定。代码如下：

```
<meta http-equiv="expires" content="Wed,14
september 2017 15:30:30 GMT" />
```

07 将 http-equiv 属性的值指定为 charset 表示设置网页的文档编码。如下代码设置编码为 utf-8：

```
<meta http-equiv="charset" content="utf-8 " />
```

除了 utf-8 编码之外，常用的编码还有 gbk、gb2312 和 iso-8859-1。

1.3.2　字体标记

一个完整的 HTML 网页少不了文本内容（即使用字体），HTML 把用来显示和处理文本的标记称为字体标记，它可以对文字样式、颜色和字体大小进行设计。HTML 中与字体有关的标记有 <hn>、<font>、<strong>、<em> 和 <small> 等。

1. <hn> 标记

<hn> 标记通常也会被称为标题文字标记，每一种标题在字号上都有明显的区别。n 的值可以是 1~6 中的任何一个，从 1 级到 6 级逐渐减小。该标记的使用非常简单，以 1 级标题为例，语法如下：

```
<h1>…</h1>
```

【例 1-4】

例如，在新建的项目中添加全新的 HTML 页面，在该页面中依次添加 h1 到 h6 的标记。代码如下：

```
<h1> 推荐：HTML 系列视频教程 </h1>
<h2> 网页设计的最佳工具 </h2>
<h3>HTML 网页设计经典案例 </h3>
<h4> 快速建站实用指南 </h4>
<h5> 如何使用搜索引擎 </h5>
<h6> 原创模板下载 </h6>
```

运行页面，查看浏览器中的效果，如图 1-3 所示。

图 1-3　<hn> 标记练习

默认情况下，<hn> 标记的标题文字是靠左对齐的。而在实际的网页设计页面中，需要将标题文字放置在不同的位置，最常用的就是 align 属性。align 属性的值有 3 个：left、center 和 right。

【例 1-5】

对图 1-3 中的标题指定 align 属性，来更改显示位置。代码如下：

```
<h1 align="center"> 推荐：HTML 5 系列视频教程 </h1>
<h2 align="left"> 网页设计的最佳工具 </h2>
<h3 align="right"> HTML 网页设计经典案例 </h3>
```

重新运行页面，具体效果不再展示。

2. <font> 标记

<font> 标记是 HTML 网页中最常用的一个标记，用来表示文字样式，通过向该标记中添加属性，可以实现多种多样的文字效果。<font> 标记的语法如下：

```
<font face=" 字体样式 " size=" 字体大小 " color=" 字体颜色 "> 文字内容 </font>
```

在上述语法形式中，可以直接使用 <font> 而不添加任何属性，也可以添加一个或多个属性。常用属性的说明如下。

(1) face 属性。

face 属性可以设置文字的不同字体效果，例如，将字体设置为“黑体”、“隶书”、“宋体”以及“华文彩云”等。face 属性的值可以有一个或多个，多个属性值之间用逗号分隔。默认情况下，使用第 1 种字体进行显示。如果第 1 种字体不存在，则使用第 2 种字体进行代替，以此类推。如下代码展示了 face 属性的用法：

```
<font face=" 黑体 , 宋体 , 新宋体 "> 我的世界 </font>
```

注意

用户设置的字体效果只有在用户系统中已经安装了相应的字体后才能实现，否则这些字体会被浏览器中的普通字体所代替。因此，用户在设计网页时，尽量不使用特殊字体，以免用户浏览页面时无法看到正确的效果。

(2) size 属性。

size 属性是指字体的大小，它没有一个相对的大小标准，其大小只是相对于默认字体而言。size 属性的有效果范围值是 1~7，其中 3 是默认值。用户在使用时可以在 size 属性前添加“+”或“-”符号，以指定相对于默认字体大小的增量或减量。

【例 1-6】

如下代码展示了 size 属性设置为不同字体大小的用法：

```
<font face=" 黑体 , 宋体 , 新宋体 " size="5"> 春天 </font>
<font face=" 黑体 , 宋体 , 新宋体 " size="+7"> 夏天 </font>
<font face=" 黑体 , 宋体 , 新宋体 " size="-4"> 秋天 </font>
<font face=" 黑体 , 宋体 , 新宋体 " size="2"> 冬天 </font>
```

(3) color 属性。

color 属性用于设置字体的颜色，该属性的值可以是关键字，如 red、yellow、black、green 和 blue 等。但是，大多数情况下 color 属性是通过十六进制的颜色代码 (RGB) 表示的。表 1-1 列出了常用字体颜色的名称和十六进制颜色值。

表 1-1　常用字体颜色的名称和十六进制颜色值

颜色名称	十六进制颜色值	颜色名称	十六进制颜色值
black(黑色)	#000000	olive(橄榄色)	#808000
white(白色)	#FFFFFF	red(红色)	#FF0000
yellow(黄色)	#FFFF00	maroon(栗色)	#800000
aqua(青色)	#00FFFF	teal(深青色)	#008080
blue(蓝色)	#0000FF	navy(深蓝色)	#000080
gray(灰色)	#808080	silver(浅灰色)	#C0C0C0
green(绿色)	#00800	lime(浅绿色)	#00FF00
purple(紫色)	#800080	fuchsia(紫红色)	#FF00FF

【例 1-7】

如下代码展示了 color 属性在 <font> 标记中的简单应用：

```
<font color="red"> 红色 </font>
<font color="blue"> 蓝色 </font>
<font color="#FFFFFF"> 白色 </font>
<font color="#00FFFF"> 青色 </font>
```

通常情况下，不会将某个标记的属性单独使用，而是将这些标记和属性结合起来使用，下面通过一个简单的练习进行介绍。

【例 1-8】

本次练习重新更改例 1-4 中的代码，为网页中的文字设置效果。代码如下：

```
<font size="3" color="red"  face=" 黑体 ">HTML 网页设计经典案例 </font> <br/>
<font size="+3" color="#000000" face=" 黑体 , Courier New"> 推荐：HTML 5 系列视频教程 </font> <br/>
<font size="+1" color="#000080" face=" 新宋体 "> 网页设计的最佳工具 </font> <br/>
<font size="-2" color="#FF00FF" face=" 宋体 "> 快速建站实用指南 </font> <br/>
<font size="5" color="#808080" face="Times New Roman"> 如何使用搜索引擎 </font><br/>
<font size="4" color="#00FFFF" face=" 楷体 "> 原创模板下载 </font>
```

重新运行页面，以查看效果，如图 1-4 所示。

图 1-4 字体标记的使用

3. 其他标记

<font> 标记的 face、size 和 color 属性虽然可以完成对字体的绚丽设计。但是，有些情况下，这些设计并不能满足用户的需求，这时可以借助其他的一些标记。这些标记能够让文字有更多的样式变化，也可以强调某一部分，表 1-2 对 HTML 其他常用的字体标记进行了说明。

表 1-2 HTML 中的其他常用字体标记

字体标记	含 义
<b></b>	粗体
<i></i>	斜体
<u></u>	下划线
<tt></tt>	打字机字体
<big></big>	大型字体
<small></small>	小型字体
<em></em>	表示强调，一般为斜体
<strong></strong>	表示特别强调，一般为粗体

【例 1-9】

如下代码展示了这些常用标记的简单使用，开发人员向页面添加代码，完成后可以运行页面查看效果。代码如下：

```
<b> 常见的体育运动 </b>
<i> 作者：张艾 </i>
<u> 通过 u 标记添加下划线 </u>
<big>big 标记显示大型字体 </big>
<small>small 标记表示小型字体 </small>
<em>em 标记显示 Welcome</em>
<strong> 粗体 </strong>
```

1.3.3　超链接标记

超链接 (hyperlink) 是超级链接的简称，它是网页中最重要的一个元素。可以按照使用对象的不同，将网页中的链接进行分类，如文本超链接、图像超链接、E-mail 链接、锚点链接、多媒体文件链接和空链接等。

链接是从一个 Web 页到另一个相关 Web 页的有效途径，在 HTML 文档中通过 <a> 标记来实现超链接。当浏览网页时，单击一个超链接可使其切换到另一个 HTML 文档或 URL 指定的站点。<a> 标记的一般格式如下：

```
<a href=" 链接地址 "> 超链接说明文字 </a>
```

上述语法格式中，href 属性所指向的链接地址可以是本地计算机上的一个文件，也可以是某个站点或网页中的 URL，还可以是本网页中的一个书签；“超链接说明文字”是网页中链接处显示的文字。

<a> 标记中的链接地址可以采用绝对路径和相对路径两种引用。绝对路径是主页上的文件或目录硬盘上的真正路径 (例如 F:\MyWork\NewHtml.htm)；相对路径适合于网站的内部链接 (例如 InnerHtml-2.htm)，下面说明相对链接常用的 3 种方式。

(1) 如果链接到同一目录下的文件，只需输入要链接的文件名称，如 name.htm 或 name.html。

(2) 如果链接到下一级目录中的文件，只需先输入目录名，然后再输入“/”和文件名，如 /work/name.htm 或 /work/name.html。

(3) 如果要链接到上一级目录中的文件，则先输入“../”，然后输入目录名和文件名，如 ../work/name.htm 或 ../work/name.html。

【例 1-10】

为 <a> 标记中 href 属性指定不同的值，单击网页中的链接信息进行测试，步骤如下所示。

01 在网页的合适位置添加 <p> 标记，在该标记中嵌套 <i> 标记和 <a> 标记，将 <a> 标记的 href 的值指定为百度的网址 www.baidu.com，代码如下：

```
<p> 链接到百度站点：<i><a href="http://www.baidu.com"> 进入百度 </a></i></p>
```

02 继续添加 <a> 标记，为 href 属性的值使用相对路径链接到当前项目根目录下的 index.html 页面。代码如下：

```
<p> 链接到首页：<i><a href="/index.html"> 站点首页 </a></i></p>
```

03 添加<a>标记链接到一个电子邮箱。代码如下：

```
<p> 链接到电子邮箱：<i><a href="mailto:344343@qq.com;"> 写信给我 </a></i></p>
```

04 添加 <a> 标记，设置 href 属性的值链接到本地路径。如下所示：

```
<p> 链接到本地的帮助文档页面：<i><a href="E:\MyName\help.html"> 查看帮助 </a></i></p>
```

05 运行页面查看效果，如图 1-5 所示。单击其中的链接测试功能。

图 1-5 创建了超链接

默认情况下，用户单击页面中的超链接时会覆盖当前的页面。有时候，用户并不希望新打开的网页窗口（即目标窗口）将原来的窗口覆盖，这时可以通过 target 属性设置目标窗口的显示位置。扩展 <a> 标记的语法如下所示：

```
<a href=" 链接地址 " target="_parent | _blank | _self | _top"> 超链接说明文字 </a>
```

从上述语法内容中可以看到，target 属性的常用值有 4 个：_parent、_blank、_self 和 _top。表 1-3 对这 4 个值进行了说明。

表 1-3　target 属性的常用属性值

target 属性值	说　明
_parent	在上一级窗口中打开，常在分帧框架页面中使用
_blank	浏览器总在一个新打开的、未命名的窗口中载入目标文档
_self	默认设置，在同一个窗口中打开目标文档
_top	在浏览器的整个窗口中打开，忽略所有的框架结构

提示

target 属性的 4 个值都是以下划线开始的，任何其他用一个下划线作为开头的窗口或者目标都会被浏览器所忽略。

【例 1-11】

重新更改上个示例中的代码，为每个超链接标记添加 target 属性，并指定 target 属性的值。以第一个标记为例，代码如下：

```
<p> 链接到百度站点：<i><a href="http://www.itzcn.com" target="_blank"> 进入百度网 </a></i></p>
```

1.3.4　水平线标记

水平线用于段落和段落之间的分隔，它可使文档结构更加清晰，文字的编排更加整齐。HTML 中，水平线标记是 <hr>。它是独立使用的标记符（即没有结束标记符），用来绘制一条自动换行的水平直线，直线的上下两端都会有一定的空白。

<hr> 标记也有许多自身的属性，常用属性说明如下。

- width：该属性用于设置水平线的长度，它的取值可以是具体的数值（单位是像素），也可以是百分比数值。当使用后者时，表示占浏览器窗口的百分比。
- height：用于设置水平线的高度，它的取值可以是具体的数值（单位是像素），也可以是百分比数值。
- size：该属性用于设置水平线的粗细，单位为像素。
- align：用于设置水平线的对齐方式。其属性值可以使用 left(左对齐)、right(右对齐)和 center(居中，默认值)中的任意一个。
- color：设置水平线的颜色。

【例 1-12】

创建一个 HTML 页面，使用 <hr> 标记在页面添加三条水平线。步骤如下。

01 第一条直接使用 <hr/> 标记，不使用任何其他属性。代码如下：

```
<hr/>
```

02 在页面中使用 <hr> 标记绘制一个宽度是 220、粗细是 3、颜色值是 FFCC00 的水平线，并且将该水平线居中。代码如下：

```
<hr width="220px" align="center" size="3"
color="#FFCC00" />
```

03 使用 <hr> 标记绘制一个粗细是 2、颜色值是 33FFFF 的水平线。代码如下：

```
<hr size="2" color="#33FFFF" />
```

04 运行 HTML 页面，查看上面绘制的三条水平线的效果，如图 1-6 所示。

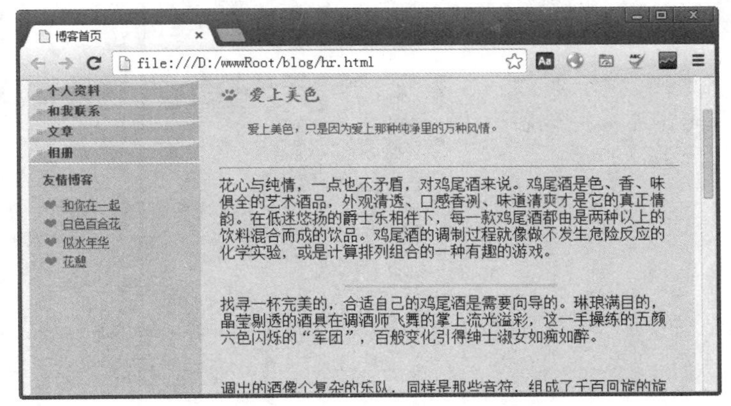

图 1-6 使用水平线标记

1.3.5 段落标记

网页中的文字结合起来就形成了一个段落，HTML 中与段落有关的标记有多个，如换行标记、段落标记、居中对齐标记和缩进标记。下面详细介绍每个段落标记的具体使用。

1. 换行标记

 表示一个回车符，浏览器遇到该标记时会产生一个换行，该标记没有对应的结束标记。使用
 标记实现的文本效果是能够使文本以比较紧凑的形式显示。一个
 标记代表一个换行，连续的多个
 标记可以多次换行。

 和
 都可以达到换行的效果。简单用法如下面的代码所示：

```
一年有 4 个季节。<br><br>
一年有 12 个月。<br /> 一年有 365 天，每天 24 小时。
```

2. 段落标记

<p> 表示段落标记，在 <p></p> 之间的内容属于同一个文本段落。我们可以使用成对的 <p> 标记来包含段落，也可以单独使用 <p> 标记来划分段落。在 <p> 标记中可以使用 align 属性说明该段落文本的对齐方式，它的值可以是 left(左对齐)、right(右对齐) 或者 center(居中对齐)。

【例 1-13】

使用 <p> 标记将页面分为两个段落，并在段落中使用
 标记进行换行处理。代码如下：

```
<p>     爱上美色，只是因为爱上那种纯净里的万种风情。<br />
     每个不同性格、爱好的人都会找到自己的最爱。而打动他们的可能只是每个鸡尾酒背后的美丽传说和魅力特征。有人列了一份清单：</p>
<p>     相爱的恋人，一份“激情海滩”与“巧克力马天尼”酒能使浓情蜜意流露无遗。<br />   <br />
     单身的男人，一份“黑色伏特加”尽现成熟稳健的气息。<br /> <br />
     年轻女孩在人群中穿梭，捧一杯“蓝色夏威夷”，杯中闪动的耀目剔透的海蓝色，在黑夜渲染着天蓝的清朗，在所有人心中留下美丽的痕迹。<br /> <br />
     粉红色的“玛格丽特”散放冰冻草莓香，有着调酒师纪念女友的动人传说。</p>
```

上述代码中   表示添加一个空白空格，所有内容添加完成后运行网页，如图 1-7 所示。

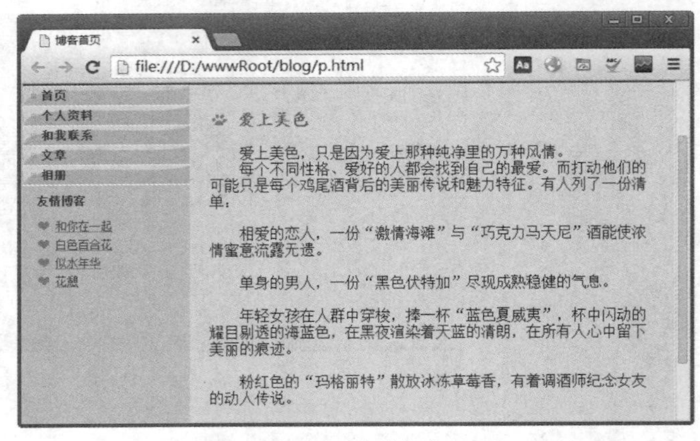

图 1-7　段落标记

3. 居中对齐标记

通过 <p> 标记的 align 属性可以将段落中的内容居中，HTML 中还提供了专门的对齐标记 <center>。该标记的使用非常简单，代码如下：

```
<center> 文字内容 </center>
```

【例 1-14】

例如，修改上个示例中的代码，在 <p> 标记的两端添加 <center> 标记。如下所示：

```
<center>
  <!-- 省略内容 -->
</center>
```

<center> 标记会自动将文字居中显示，运行效果如图 1-8 所示。

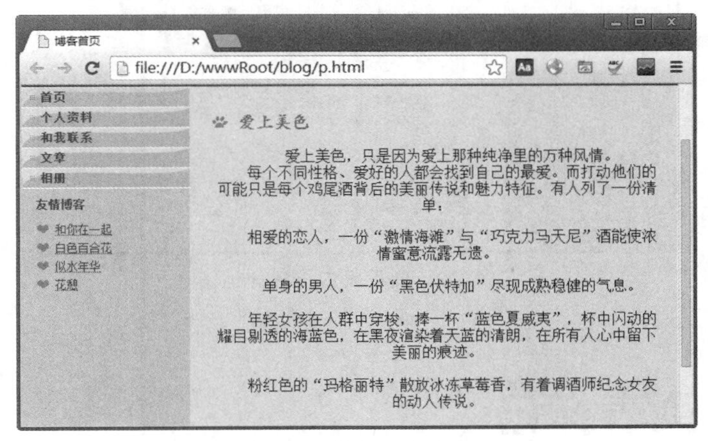

图 1-8 段落内容居中

4. 缩进标记

使用 <blockquote> 标记可以实现页面文字的段落缩进。每使用该标记一次，段落就会被缩进一次，可以嵌套使用该标记以达到不同的缩进效果。

<blockquote> 标记的语法如下：

```
<blockquote> 段落文字 </blockquote>
```

【例 1-15】

在 HTML 页面中添加 3 个 <blockquote> 标记，并在该标记中使用 <p> 标记定义缩进段落的内容。代码如下：

```
<blockquote>
  <blockquote>
   <p> 爱上美色，只是因为爱上那种纯净里的万种风情。<br />
    <blockquote> 每个不同性格、爱好的人都会找到自己的最爱。而打动他们的可能只是每个鸡尾酒背后的美丽传说和魅力特征。有人列了一份清单： </blockquote>
   </p>
   <p> 相爱的恋人，一份“激情海滩”与“巧克力马天尼”酒能使浓情蜜意流露无遗。</p>
  </blockquote>
  <p> 单身的男人，一份“黑色伏特加”尽现成熟稳健的气息。<br />   <br />
   年轻女孩在人群中穿梭，捧一杯“蓝色夏威夷”，杯中闪动的耀目剔透的海蓝色，在黑夜渲染着天蓝的清朗，在所有人心中留下美丽的痕迹。<br />   <br />
   粉红色的“玛格丽特”散放冰冻草莓香，有着调酒师纪念女友的动人传说。 </p>
</blockquote>
```

运行上述代码，效果如图 1-9 所示。

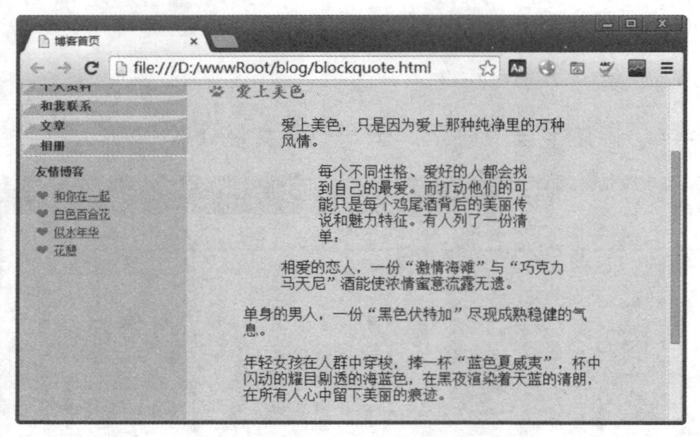

图 1-9　使用段落缩进标记

1.4　列表标记

HTML 支持三种类型的列表标记，分别是编号列表、项目符号列表和说明项目列表标记。下面通过不同的示例来介绍这些列表的用法。

1.4.1　编号列表

编号列表使用 <ol> 标记，每一个列表项前使用 <li>，每个项目都有前后顺序之分。编号列表标记的语法如下：

```
<ol>
  < li > 列表项 1</ li >
  < li > 列表项 2</ li >
  < li > 列表项 3</ li >
  …
</ol>
```

<ol> 标记还具有 type 属性和 start 属性。其中，type 用于设置编号的种类；start 为编号的开始序号。type 属性的取值及含义如下。

- 1：表示序号为数字。
- A：表示序号为大写英文字母。
- a：表示序号为小写英文字母。
- I：表示序号为大写罗马数字。
- i：表示序号为小写罗马数字。

【例 1-16】

下面使用 <ol> 标记创建一个网站导航列表，代码如下。

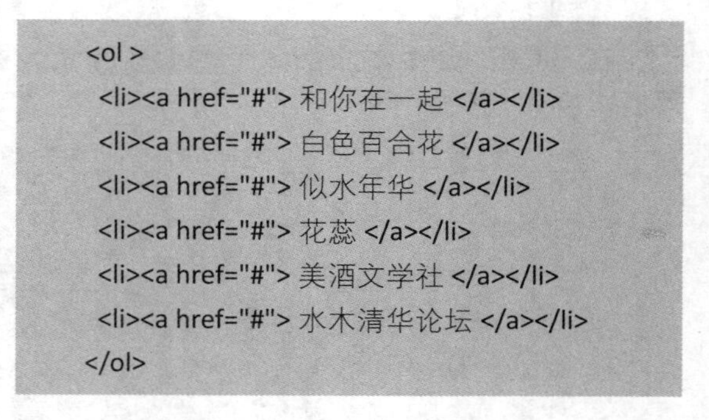

```
<ol >
 <li><a href="#"> 和你在一起 </a></li>
 <li><a href="#"> 白色百合花 </a></li>
 <li><a href="#"> 似水年华 </a></li>
 <li><a href="#"> 花蕊 </a></li>
 <li><a href="#"> 美酒文学社 </a></li>
 <li><a href="#"> 水木清华论坛 </a></li>
</ol>
```

<ol> 标记默认会对所有 li 列表项使用数字编号，运行效果如图 1-10 所示。现在为 <ol> 标记添加 type=“A” start=“2” 代码，使用字母并且从第 2 项开始编号，再次运行，效果如图 1-11 所示。

图 1-10　使用数字编号的效果

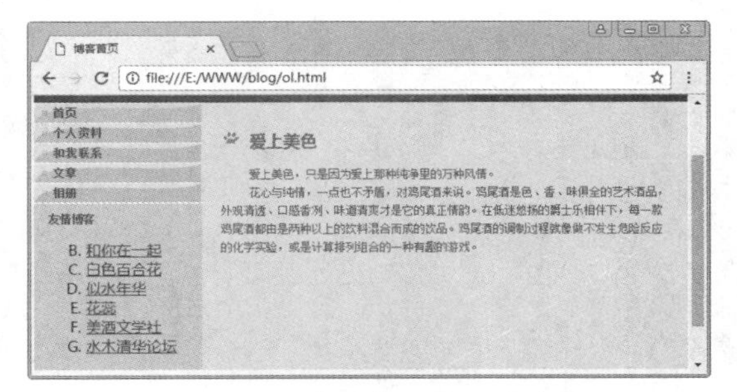

图 1-11　使用字母编号的效果

1.4.2　项目符号列表

项目符号列表使用 <ul> 标记，其中每一个项目都使用 <li> 标记。项目符号标记的语法如下：

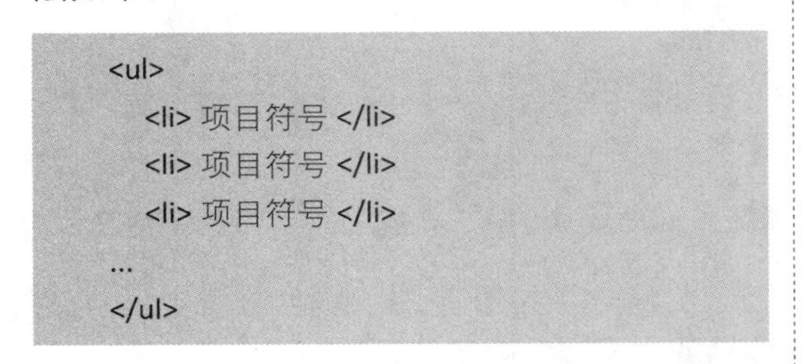

```
<ul>
  <li> 项目符号 </li>
  <li> 项目符号 </li>
  <li> 项目符号 </li>
...
</ul>
```

项目符号列表 <ul> 标记仅有一个 type 属性，type 属性可取的值为 circle(空心圆点)、disc(实心圆点) 和 square(实心正方形)。

【例 1-17】

下面使用 <ul> 标记创建一个网站导航列表，并将 type 属性设置为 circle，代码如下：

```
<ul type="circle" >
<li><a href="#"> 和你在一起 </a></li>
<li><a href="#"> 白色百合花 </a></li>
<li><a href="#"> 似水年华 </a></li>
<li><a href="#"> 花蕊 </a></li>
<li><a href="#"> 美酒文学社 </a></li>
<li><a href="#"> 水木清华论坛 </a></li>
</ul>
```

运行后会看到一个使用空心圆点的列表，如图 1-12 所示。如果将 type 设置为 disc，运行效果如图 1-13 所示。

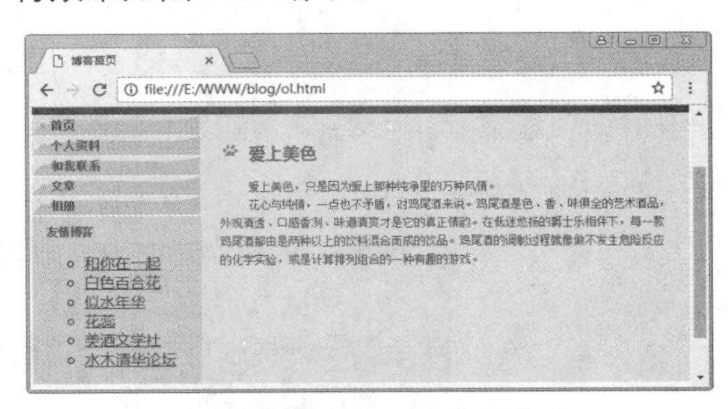

图 1-12　使用空心圆点的效果

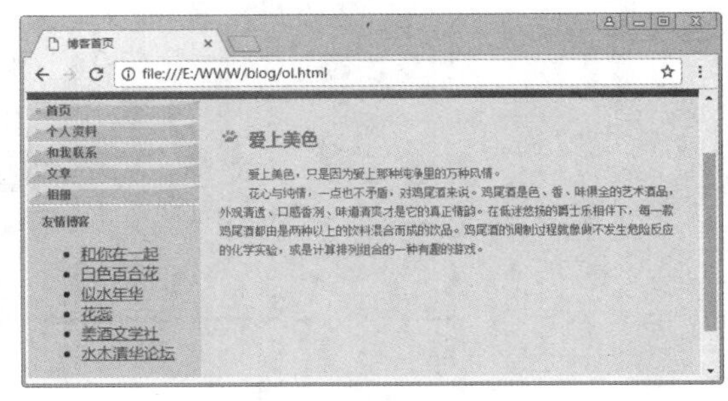

图 1-13　使用实心圆点的效果

1.4.3　说明性项目列表

说明性项目列表可以用来给每一个列表项再加上一段说明性文字，说明性文字独立于列表项另起一行显示。在应用中，列表项使用 <dt> 标记表示，说明性文字使用 <dd> 标记表示。

说明性项目列表的语法结构如下：

```
<dl>
  <dt> 第一项 </dt>
  <dd> 叙述第一项的定义 </dd>
  <dt> 第二项 </dt>
  <dd> 叙述第二项的定义 </dd>
  ...
</dl>
```

【例 1-18】

说明性项目列表的使用：

```
<h2> 香水品牌 </h2>
<dl>
 <dt>Bijan</dt>
 <dd> 毕扬 (Bijan) 由名牌服装设计师毕扬调制，最昂贵的香水，有浓郁而神秘的东方香味。 </dd>
 <dt>Chanel No.5</dt>
 <dd> 香奈尔 5 号香水，其开瓶香味为花香乙醛调，持续香味为木香调，5 号香水的花香精致地注释了女性独特的妩媚与婉约。 </dd>
</dl>
```

执行效果如图 1-14 所示。

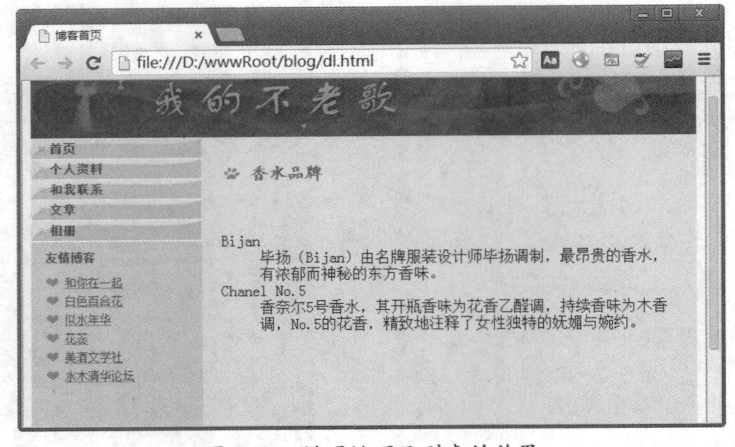

图 1-14　说明性项目列表的效果

1.5　表格标记

美工或开发人员在设计网页的时候，为了使页面更加美观，通常会使用表格。表格是HTML 中一项非常重要的功能，利用其多种属性，能够设计出多样化的表格。可以说，表格是网页排版的灵魂。下面详细介绍表格的结构、表格标记、表格属性及其应用。

1.5.1 表格的结构

表格主要由行和列（也叫单元格）组成。表格由 <table> 标记表示，行由 <tr> 标记表示，列由 <td> 标记表示，行和列都需要放在 <table> 和 <table> 之间。另外，还可以通过 <caption> 标记定义表格的标题，<th> 标记表示表格的表头。如下所示为创建表格的基本代码结构：

```
<table>
  <caption> 表格标题 </caption>
  <tr>
    <th> 表头名称 </th>...
  </tr>
  <tr>
    <td> 文字内容 </td><td> 文字内容 </td>...
  </tr>
</table>
```

上述基本结构中，表格的表示以行为单位，在行中包含列。一个 <tr></tr> 标记表示一行；一个 <td></td> 标记表示一列；<th></th> 定义表头，一般可以不用表头。

【例 1-19】

创建一个三行三列的表格，要求定义表格标题，并将第一行设置为表头。如下所示为设计后表格的最终代码：

```
<h2> 香水品牌 </h2>
<table border="1">
 <caption> 著名香水品牌 </caption>
 <tr>
  <th> 英文名称 </th> <th> 中文名称 </th><th> 备注 </th>
 </tr>
 <tr>
  <td>Chanel No.5</td><td> 香奈尔 5 号香水 </td><td> 香奈尔 </td>
 </tr>
 <tr>
  <td>LANCOME so magic</td><td> 兰蔻奇迹香水 </td><td>LANCOME 兰蔻 </td>
 </tr>
</table>
```

表格的运行效果如图 1-15 所示。

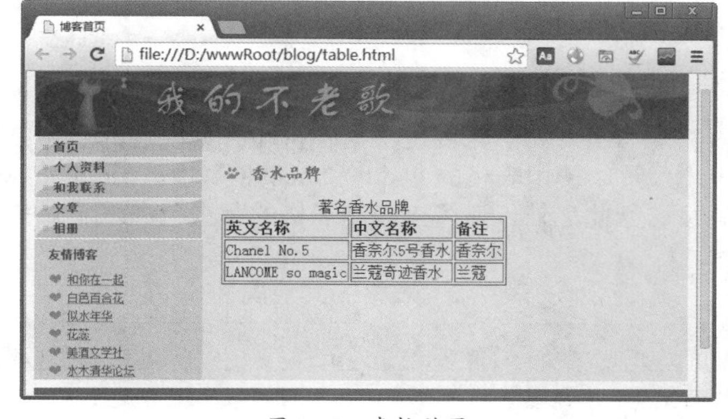

图 1-15 表格效果

1.5.2 表格的属性

在前面的示例中，为了更加清楚地显示表格的结构，为表格设置了 border 属性。border 属性用于设置表格边框的宽度。除 border 属性外，表格还具有许多其他属性。

1. 表格外框的控制属性

表格的外框控制属性共有 border、cellspacing 和 cellpadding 三个，属性的作用说明具体如表 1-4 所示。

表 1-4 表格的外框属性

属 性	说 明
border	控制表格边框的宽度。属性值为整数，单位为像素
cellspacing	控制单元格边框到表格边框的距离。单位为像素
cellpadding	控制单元格内文字到单元格边框的距离。单位为像素

【例 1-20】

在例 1-19 的基础上为表格添加 border、cellpadding、cellspaceing 属性，控制表格边框、单元格及文本到单元格之间的大小。最终代码如下：

```
<table  border="5" cellspacing="15" cellpadding="20" >
 <caption> 著名香水品牌 </caption>
 <tr>
  <th> 英文名称 </th>
  <th> 中文名称 </th>
  <th> 备注 </th>
 </tr>
 <tr>
  <td>Chanel No.5</td><td> 香奈尔 5 号香水 </td><td> 香奈尔 </td>
 </tr>
 <tr>
  <td>LANCOME so magic</td><td> 兰蔻奇迹香水 </td><td> 兰蔻 </td>
 </tr>
</table>
```

执行结果如图 1-16 所示。

2. 表格的其他属性

一般情况下，表格的总高度和总宽度是根据各行和各列内容的总和自动调整的。如果想要直接固定表格的大小，可以使用表格的 width 和 height 属性。width 和 height 属性分别用于控制表格的宽度和高度。除此之外，还可以控制表格的背景色和水平对齐方式。这三个属性的说明如表 1-5 所示。

表 1-5 表格的其他属性

属 性	说 明
width	控制表格的宽度。如果其取值为整数，则单位为像素。若设置值为 n%，则表示表格的宽度为整个网页宽度的百分之 n

（续表）

属　性	说　明
height	控制表格的高度。取值与 width 相同
bgcolor	设置表格的背景颜色
align	用于控制整个表格在网页水平方向的对齐方式 (left、right、center)

【例 1-21】

为例 1-20 中的表格设置宽度为 100%，背景颜色为 #CCCCCC，即添加 width="100%" bgcolor="#CCCCCC" 代码。运行后的效果如图 1-17 所示。

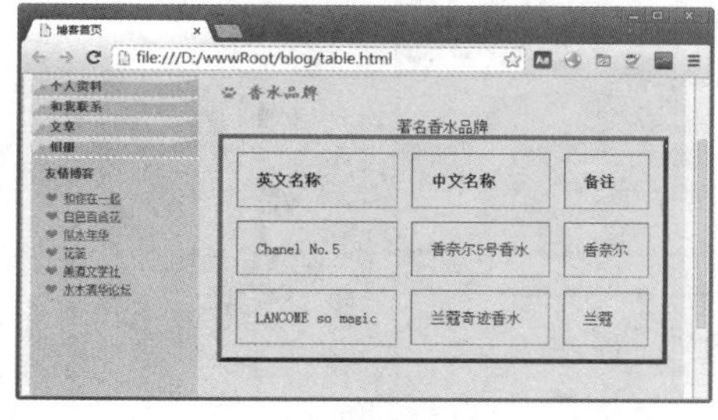

图 1-16　设置间隔

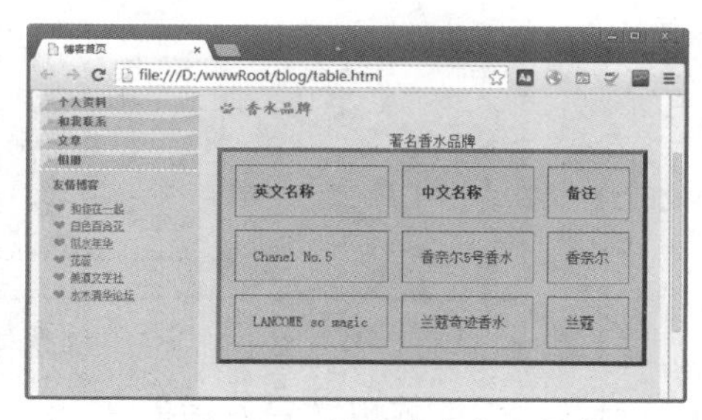

图 1-17　设置宽度和背景色

3. 行和列的属性

表格行的属性可以控制本行的高度、宽度、外框颜色、背景颜色、水平和垂直对齐方式。表格行的属性如表 1-6 所示。

表 1-6　表格行的属性

属性名称	说　明
height	在 <tr> 标记中时，可以控制表格内某行的高度
bordercolor	用于控制表格中某行的外框颜色
bgcolor	控制某行单元格的背景颜色
align	控制某行中各单元格的内容在水平方向的对齐方式
valign	控制某行中各单元格的内容在垂直方向的对齐方式。取值为 top(上对齐)、middle(居中对齐) 和 bottom(下对齐)

4. 单元格的属性

单元格的属性用于控制表格中具体某个单元格的显示方式，如表 1-7 所示。

表 1-7　单元格的属性

属性名称	说　明
bordercolor	单元格的边框颜色
bgcolor	单元格的背景颜色
align、valign	单元格内的文字水平、垂直对齐方式
colspan	控制单元格合并右方的单元格数，达到水平延伸单元格的效果
rowspan	控制单元格合并下方的单元格数，达到垂直延伸单元格的效果

【例 1-22】

上述属性中的 bordercolor、bgcolor、align 和 valign 属性与表格和表格行的相同。这里主要介绍使用 colspan 和 rowspan 属性实现单元格的合并。以图 1-18 所示的表格为例。

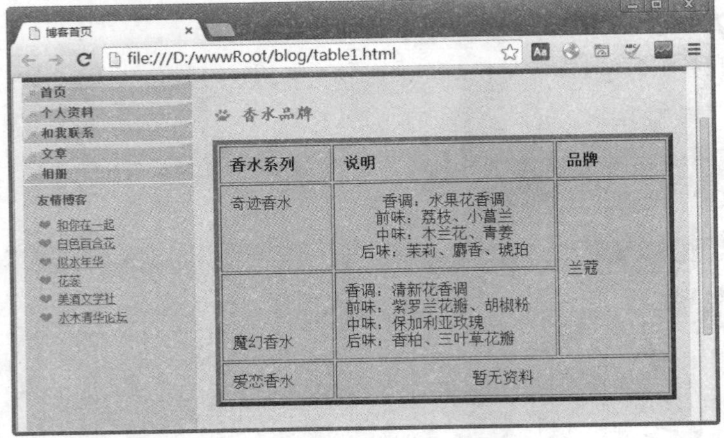

图 1-18　跨行和跨列表格

实现跨行和跨列的效果需要使用单元格的 rowspan 属性和 colspan 属性，其属性值为要跨越的行数和列数。具体代码如下：

```
<table  border="5"  cellpadding="10"  width="100%" bgcolor="#CCCCCC">
 <tr>
  <th width="25%"> 香水系列 </th>
  <th width="50%"> 说明 </th>
  <th width="25%"> 品牌 </th>
 </tr>
 <tr>
  <td valign="top"> 奇迹香水 </td>
  <td align="center"> 香调： 水果花香调 <br />
   前味： 荔枝、小菖兰 <br />
   中味： 木兰花、青姜 <br />
   后味： 茉莉、麝香、琥珀 </td>
  <td rowspan="2"> 兰蔻 </td>
 </tr>
 <tr>
  <td valign="bottom"> 魔幻香水 </td>
  <td> 香调： 清新花香调 <br />
   前味： 紫罗兰花瓣、胡椒粉 <br />
   中味： 保加利亚玫瑰 <br />
   后味： 香柏、三叶草花瓣 </td>
 </tr>
 <tr>
  <td> 爱恋香水 </td>
```

```
    <td colspan="2" align="center"> 暂无资料 </td>
  </tr>
</table>
```

1.6　表单标记

表单在 Web 网页中用来让访问者填写信息，从而能获得用户信息，使网页具有交互的功能。一般是将表单设计在一个 HTML 文档中，在用户填写完信息做提交操作后，表单的内容就从客户端的浏览器传送到服务器上，经过服务器上的 ASP 或 CGI 等处理程序处理后，再将用户所需信息传送回客户端的浏览器上，这样网页就具有了交互性。

1.6.1　创建表单

表单在 HTML 中由 <form> 标记定义，它是 HTML 的一个重要组成部分，主要用于搜集不同类型的用户输入和数据传递。在 HTML 表单中包含很多表单元素，通过它们，允许用户单击、选择和输入信息。

HTML 表单的创建语法如下：

```
<form name="form_name" method="method" action="url" enctype="value" target="target" id="id">
 <!-- 此处放表单元素，这里省略 -->
</form >
```

在上述代码中，表单各个属性的说明如表 1-8 所示。

表 1-8　表单属性及其说明

属性名称	说　明
name	表单的名称
method	设置表单的提交方式，有 GET 和 POST 两种
action	指向处理该表单页面的 URL，可以是相对位置或者绝对位置
enctype	设置表单内容的编码方式
target	设置返回信息的显示方式，可选值有 _blank、_parent、_self 和 _top
id	表单的 ID 号

1.6.2　创建表单元素

创建表单时，用户可以在表单中添加其他的标记元素。一般情况下，按照用户需要填写的方式，分为输入类元素和菜单列表类元素。此外，还有一种 textarea 元素。

1. 输入类元素

输入类的元素一般都是以 <input> 标记开始，它的常用语法如下：

```
<input type=" 元素类型 " name=" 元素名称 " />
```

上述语法中最重要的属性是 type，该属性确定了元素的类型，表 1-9 对 type 属性的常用值进行了说明。

表 1-9　type 属性的常用值

type 取值	说　明
text	普通的文字输入字段
password	密码输入框，用户在页面中向该框中输入内容时不显示具体内容，而是以 * 来代替
radio	单选按钮
checkbox	复选框
button/submit/reset	普通按钮 / 提交按钮 / 重置按钮
image	图形域，也叫图像提交按钮
hidden	隐藏域，并不会显示到页面上，只是将内容传递到服务器中
file	文件域

用户注册时可以向页面中添加元素供用户输入，例如，下面的代码分别向表单中添加用户名、密码、性别和个人头像：

```
<form action="# " name="register" method="post" target="_parent">
  用户名称：<input name="txtUserName" type="text" /><br /><br />
  用户密码：<input name="txtUserPass" type="password" /><br /><br />
  用户性别：<input id="rdoBoy" name="Sex" type="radio" /> 男
<input id="rdoGirl" name="Sex" type="radio" /> 女 <br /><br />
  个人头像：<input id="txtImage" type="file" />
</form>
```

上述代码中，由于用户的性别只能是“男”或“女”，因此选中其中一个单选按钮时，另一个单选按钮就不能选中。要实现这样的功能，可以同时将单选按钮的 name 属性设为相同的值。

2. textarea

textarea 叫文本区域，它供页面访问者填写多行的内容，例如个人介绍、图书简介或留言内容。<textarea> 标记的语法如下：

```
<textarea id=" 文本域 ID" name=" 文本域名称 " value=" 默认文本 " rows=" 行数 " cols=" 列数 "></textarea>
```

例如，为页面添加一个行数为 5、列数为 40 的文本域。代码如下：

```
<textarea name="message" rows="5" cols="40"></textarea>
```

3. 菜单列表类元素

菜单列表常常将 <select> 与 <option> 标记结合起来，如果将 <select> 标记的 multiple 属性的值设置为 true，则会在页面中显示一个列表项。菜单列表标记的语法如下：

```
<select name=" 下拉菜单名称 ">
  <option value="" selected="selected"> 选项显示内容 </option>
  <option value=" 选项值 "> 选项显示内容
  </option>
</select>
```

菜单列表项可包含多个属性，如 name、size、value 和 selected 等，属性说明如下。

- name：菜单和列表项的名称。
- size：显示选项的数目。
- value：获取选中项的值。
- multiple：设置列表中的项目是否多选。
- selected：默认选择项。

【例 1-23】

分别显示菜单项和列表项，并设置它们的属性，实现步骤如下所示。

01 在页面中使用 <select> 标记创建一个可多选的列表，并指定宽度、大小和名称。代码如下：

```
<p class="text"> 喜欢的香水产地：
<select id="ad" name="ad" multiple="multiple" size="4" width="150" >
  <option value=" 中国 "> 中国 </option>
  <option value=" 法国 "> 法国 </option>
  <option value=" 英国 "> 英国 </option>
  <option value=" 美国 "> 美国 </option>
  <option value=" 丹麦 "> 丹麦 </option>
  <option value=" 其他国家 "> 其他国家 </option>
</select></p>
```

02 继续向页面中添加 <select> 和 <option> 标记，实现一个单选的下拉列表。代码如下：

```
<p class="text"> 喜欢的品牌：
  <select id="band" name="band" style="width:150px">
    <option value=" 香奈尔 "> 香奈尔 </option>
    <option value=" 兰 蔻 " selected="selected"> 兰蔻 </option>
    <option value=" 兰黛 "> 兰黛 </option>
    <option value=" 雅顿 "> 雅顿 </option>
    <option vaiue=" 其他 "> 其他 </option>
  </select></p>
```

03 运行页面，查看效果，如图 1-19 所示。

图 1-19　创建菜单项和列表项

提示

到目前为止，本章已经介绍了 HTML 中经常使用的一些标记元素，HTML 中的标记远远不止这些，其他的还有 <span>、<fieldset> 和 <button> 等，读者可以在网上找资料，也可以参考与 HTML 有关的书籍。

1.7 高手带你做——制作卡通类页面

在本节之前，已经介绍了 HTML 文档的结构、常用基础标记，以及在页面中使用列表、表格和表单的方法。在本节中，综合这些知识制作一个卡通类的 HTML 完整页面，最终运行效果如图 1-20 所示。

图 1-20 最终效果

【例 1-24】

本例的主要实现步骤如下。

01 新建一个 HTML 标记文档，将文件名保存为 index.html。

02 使用 <title> 标记设置页面标题为“青少年园地”。

03 使用 <meta> 标记设置页面使用 utf-8 编码。

04 向页面中插入一张图片，并使用 <center> 标记使其居中显示。代码如下：

```
<center>
 <img src="images/head_jinhua.jpg" width="778" height="177" />
</center>
```

05 在图片下方添加一个一行两列的表格。设置表格为无边框和间隔、居中对齐、宽度为 778。

06 设置第 1 个单元格为水平居中对齐、垂直顶部对齐，并向单元格内插入一张图片。设置第 2 个单元格为垂直顶部对齐，背景颜色为 #FFFFFF。此时的表格代码如下：

```
<table width="778" border="0" align="center" cellpadding="0" cellspacing="0">
 <tr>
  <td align="center" valign="top">
   <img src="images/ny_list_001.jpg" alt="" width="188" height="66" /></td>
  <td valign="top" bgcolor="#FFFFFF">
   <!-- 第 2 个单元格 -->
  </td>
```

```
 </tr>
</table>
```

07 在上面第 2 个单元格内嵌套一个两行一列的表格。设置表格为无边框和间隔、居左对齐、宽度为 100%。设置第一行的单元格为垂直顶部对齐，并在单元格内插入 4 张图片。代码如下：

```
<table width="100%" border="0" align="left" cellpadding="0" cellspacing="0">
 <tr>
  <td  valign="top" ><img src="images/home.jpg"  width="94" height="32" /> <img src="images/bt1.jpg" />
<img src="images/bt2.jpg" /> <img  src="images/bt3.jpg"/></td>
 </tr>
 <tr>
  <td  valign="top" > <!-- 第 2 行的单元格  --></td>
 </tr>
</table>
```

08 在第 2 行的单元格内使用 <h2> 标记定义一个名为“早期教育”的标题。代码如下：

```
<h2> 早期教育 </h2>
```

09 使用 <dl> 标记罗列标题的中文名称和英文名称。代码如下：

```
<dl>
 <dt> 中文名称 </dt>
 <dd> 早期教育 </dd>
 <dt> 英文名称 </dt>
 <dd>Early Education</dd>
</dl>
```

10 接下来创建一个段落，并使用
 标记显示为两行。代码如下：

```
<p>     广义指从人出生到小学以前阶段的教育，狭义主要指上述阶段的早期学习。<br/>
     家庭教育对早期教育有重大影响。其中 " 体能、智能、心理能力三维平衡发
展 " 理论最为科学，依据五万份孩子成长基准数据，提炼出孩子的九大成长目标：安全感、意志力、目
标感、注意力、记忆力、思维能力、平衡、力量和速度。 </p>
```

11 经过上面的步骤，表格的编辑与制作就结束了。在最外层表格的下方定义一个段落来显示页面的辅助信息。代码如下：

```
<p align="center"><a href="#"> 关于我们 </a> | <a href="#"> 免责声明 </a> | <a href="#"> 广告合作 </a> |
<a href="#"> 联系方式 </a>
</p>
```

上述代码使用 <a> 标记创建了 4 个备用链接。

1.8 CSS 样式

CSS 样式表由多条样式规则组成，每种样式规则都设置一种样式。一种样式规则就是针对 HTML 标记对象所设定的显示样式。CSS 样式规则的定义语法非常简单，都是由一些属性标记组成的。

本节将介绍 CSS 样式的语法、样式的使用方式以及常用的 CSS 样式属性。

1.8.1 CSS 简介

CSS(Cascading Style Sheets，层叠样式表）是一种应用于网页的标记语言，其作用是为 HTML、XHTML 以及 XML 等标记语言提供样式描述。当 IE 浏览器读取 HTML、XHTML 或 XML 文档时，同时将加载相对应的 CSS 样式，将按照样式描述的格式显示网页内容。CSS 文件用于控制网页的布局格式和网页内容的样式，所以仅需要修改 CSS 文件内容，即可改变网页显示的效果。使用 CSS 后可以大大降低网页设计者的工作量，提高网页设计的效率。

W3C 于 1996 年 12 月推出 CSS 1.0 规范，为 HTML 4.0 添加了样式。1998 年 5 月又发布了新版本 CSS 2.0，在兼容旧版本的情况下又扩展了一些其他的内容。CSS 负责为网页设计人员提供丰富的款式空间来设计网页。CSS 所提供的网页结构内容与表现形式的分离机制，大大简化了网站的管理，提高了开发网站的工作效率。CSS 可用于控制任何 HTML 和 XML 内容的表现形式。目前最新版本为 CSS 3.0。

CSS 技术的最大优势有如下几点：

- 样式重用。编写好的样式 (CSS) 文档，可以被用于多个 HTML 文档，样式就达到了重用的目的，既节省了编写代码的时间，又统一了多个 HTML 文档的样式。
- 能轻松地增加网页的特殊效果。使用 CSS 标记，可以非常简单地对图片、文本信息进行修饰，设置相关属性。
- 使元素更加准确定位。能使显示的信息按设计人员的意愿出现在指定的位置。

提示

在传统的 Web 应用中，样式表提供了一种很有用的方法，即可以在一个独立文件中定义样式，在多个页面中重用该样式。在 Ajax 应用中，不再将应用思考为快速切换的一系列页面，但是样式表仍然是很有帮助的，它可以用最少的代码动态地为元素设置预先定义的外观。

使用 CSS 可以非常灵活并更好地控制页面的确切外观。例如，控制许多文本属性，包括特定字体和字大小；粗体、斜体、下划线和文本阴影；文本颜色和背景颜色；链接颜色和链接下划线等。通过使用 CSS 控制字体，还可以确保在多个浏览器中以更一致的方式处理页面布局和外观。

除设置文本格式外，还可以使用 CSS 控制 Web 页面中块级别元素的格式和定位。可以对块级元素执行的操作有：设置边距和边框、将它们放置在特定位置、添加背景颜色、在周围设置浮动文本等。对块级元素进行操作的方法实际上就是使用 CSS 进行页面布局设置的方法。

提示

块级元素是一段独立的内容，在 HTML 中通常由一个新行分隔，并在视觉上设置为块的格式。例如，h1 标签、p 标签和 div 标签，都在网页上生成块级元素。

1.8.2　CSS 样式语法

CSS 样式表是由若干条样式规则组成的，这些样式规则可以应用于不同的元素或者文档来定义显示的外观。每条样式规则都由三部分构成：选择符 (selector)、属性 (property) 和属性的取值 (value)，基本格式如下：

```
selector{property: value}
```

selector 选择符可以采用多种形式，但一般为文档中的 HTML 标记，例如 <body>、<table>、<div> 和 <p> 等。property 则是选择符指定的标记所包含的属性。value 指定了属性的值。如果定义选择符的多个属性，则属性和属性值为一组，组与组之间用分号 (;) 隔开。

下面就定义了一条样式规则：

```
div {color:red}
```

该样式规则是为块标记 <div> 提供样式，color 指定文字颜色的属性，red 为属性值，表示标记 <div> 中的文字使用红色。

技巧

为了便于阅读和维护，建议读者在编写样式时，使用分行的格式。

1. 类选择符

除了可以为多个标记指定相同样式外，还可以使用类选择符来定义一个样式，这种方法同样可以使用到不同的标记上。定义类选择符的方法是在自定义样式的名称前面加一个句点 (.)。例如，如下代码使用类选择符定义了一个名为 Title 的样式：

```
.Title {
    font-family: " 宋体 ";
    font-size: 16px;
    color: #00509F;
    font-weight: bold;
}
```

该样式定义了使用的字体、大小、颜色以及加粗。要使用类选择符定义的样式，只须将标记的 class 属性指定为样式名称。例如，要在 <p>、<span> 和 <div> 标记里使用前面的 .Title 样式，可以使用如下代码：

```
<p class="Title"> 天门中断楚江开，碧水东流至此回 </p>
<span class="Title"> 天门中断楚江开，碧水东流至此回 </span>
<div class="Title"> 天门中断楚江开，碧水东流至此回 </div>
```

提示

使用类选择符，可以很方便地在任意元素上套用预先定义好的类样式，从而实现相同的样式外观。

2. ID 选择符

在页面中，元素的 ID 属性指定了某个唯一元素的标识，同样，ID 选择符可以用来为某个特定元素定义独特的样式。ID 选择符的应用和类选择符类似，只要把 class 换成 id 即可。例如，在段落 <p> 中通过使用 ID 属性来引用 Title 样式：

```
<p id="Title"> 天门中断楚江开，碧水东流至此回 </p>
```

与类选择符不同，使用ID选择符定义样式时，须在ID名称前加上一个“#”号。例如，对于上述语句，使用ID选择符定义样式的代码如下：

```
#Title {
    font-family: " 宋体 ";
    font-size: 12px;
    font-weight: bold;
    color: #FFFFFF;
    background-color:#00509F;
}
```

3. 伪类选择符

伪类选择符可以视为一种特殊的类选择符，是能被支持的浏览器自动识别的特殊CSS选择符。伪类选择符定义的样式最常应用于链接标记<a>，即链接的伪类选择符。代码如下：

```
a:link{color:#FF0000; text-decoration:none}
a:visited{color:#00FF00; text-decoration:none}
a:hover{color:#0000FF; text-decoration:underline}
a:active{color:#FF00FF; text-decoration:underline}
```

上面的样式表示该链接未访问时颜色为红色且无下划线，访问后是绿色且无下划线，鼠标在链接上悬停时为蓝色且有下划线，鼠标在链接上按下但还没有松开时为紫色且有下划线。

4. 混合方式

严格地说，这不算是样式定义的新方式。在CSS中任意一种定义方式都可以进行组合。类选择符可以和ID选择符组合使用，伪类选择符也可以和类选择符组合使用，在同一页面中实现几组不同的链接效果。例如，如下代码的一条样式定义了4个名称：

```
.Title ,div#t,h1,#HyClass span{
    font-family: " 宋体 ";
    font-size: 16px;
    color: #00509F;
    font-weight: bold;
}
```

要引用这条样式，有多种方法，可以使用类选择符引用.Title，标准选择符引用h1，ID选择符引用div#t或者HyClass span等。如下代码展示了这几种应用方法，由于定义的属性相同，因此运行结果也相同：

```
<li class="Title"> 两岸青山相对出，孤帆一片日边来 </li>
<div id="t"> 两岸青山相对出，孤帆一片日边来 </div>
<h1> 两岸青山相对出，孤帆一片日边来 </h1>
<div id="HyClass">
<span> 两岸青山相对出，孤帆一片日边来
</span>
</div>
```

5. 样式表注释

可以在CSS中插入注释来说明代码的意思，注释可以提高代码的可读性。在浏览器中，注释不显示。CSS注释以“/*”开头，以“*/”结尾，例如：

```
txt{
text-align: center; /* 文本居中排列 */
color: red; /* 文字为红色 */
font-family:" 华文行楷 " /* 字体为华文行楷 */
}
```

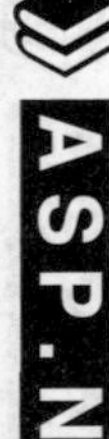

1.8.3 CSS属性

从上面的CSS语法中可以看出，属性是CSS非常重要的部分，本小节将按分类罗列CSS中常用的属性。

1. 文本样式

字体属性是 CSS 中使用频率最高，也是最简单的样式属性。在传统的 XHTML 中仅提供了字体颜色、大小和类型三种设置，而在 CSS 中，可以对字体有更详细的设置，从而实现更加丰富的字体效果。

表 1-10 中列出了 CSS 中用于控制字体的常用属性。

表 1-10　常用字体属性

属　性	说　明
font-family	指定使用的字体类型，可为此属性赋多值，系统将自动选择支持的字体显示
font-style	指定字体显示的样式，取值为 normal、italic 或者 oblique
font-variant	指定字体是否变形，取值为 normal 或者 small-caps
font-weight	指定字体的加粗属性
font-size	设置字体的大小，取值可以为绝对大小、相对大小、长度或者百分比
font	指定字体的复合属性
letter-spacing	指定字体之间的间隔大小
word-spacing	指定单词之间的空白大小
line-height	指定字体的行高，即字体最底端与字体内部顶端之间的距离

2. 背景样式

使用 CSS 背景样式可以为网页中的任何元素应用背景属性。例如，创建一个样式，将背景颜色或背景图像添加到任何页面元素中，例如在文本、表格、页面等的后面。还可以设置背景图像的位置。表 1-11 中列出了设置背景选项时与其相关的 CSS 属性及说明。

表 1-11　常用背景属性

属　性	说　明
Background-color	设置元素的背景颜色
Background-image	设置元素的背景图像
Background-repeat	确定是否重复以及如何重复背景图像。可选项有 no-repeat、repeat、repeat-x 和 repeat-y
Background-attachment	确定背景图像是固定在其原始位置还是随内容一起滚动
Background-position(X)	指定背景图像相对于元素的初始水平位置
Background-position(Y)	指定背景图像相对于元素的初始垂直位置

图 1-21 演示了 Background-repeat 属性的 4 个值在运行时的效果。

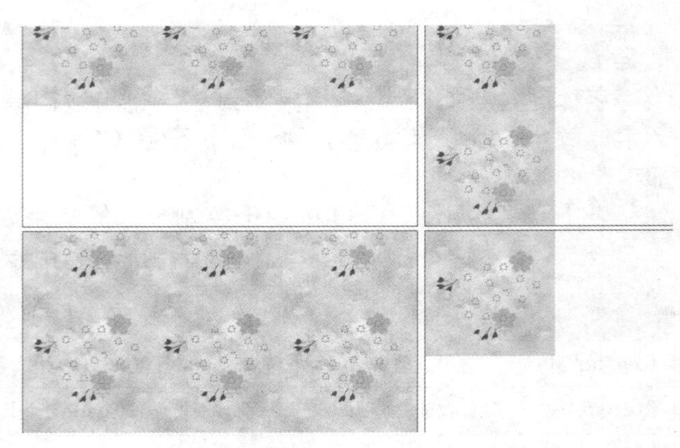

图 1-21 设置 Background-repeat 属性

3. 区块样式

在进行页面设计时，要保证页面元素出现在其适当的位置，常常需要使用表格来完成。这是因为表格包含的边框能够为整个页面建立复杂的结构，而且还能使页面看起来更加美观和整洁。CSS 中的区块属性就提供了这样一种功能，能够为页面元素定义边框，并修饰内部间距，从而优化文本内容的显示效果，如表 1-12 中列出的这些。

表 1-12 常用区块属性

属 性	说 明
Word-spacing（单词间距）	用于在文字之间添加空格。此选项可能会受到页边距调整的影响，可以指定负值，但是其显示取决于浏览器
Letter-spacing（字母间距）	用于在文字之间添加空格。可以指定负值，但是其显示取决于浏览器。与单词间距不同的是，字母间距可以覆盖由页边距调整产生的字母之间的多余空格
vertical-align（垂直对齐）	用于指定元素的纵向对齐方式，通常是相对于其上一级而言的
text-align（文本对齐）	决定文本如何在元素内对齐
text-indent（文字缩进）	用于指定首行缩进的距离。指定为负值时相当于创建了文本突出，但是其显示取决于浏览器
White-space（空格）	用于决定元素中的白色间隔如何处理，有三种选择：normal（正常），不用白色间隔；pre（保留），将文本用 pre 标记括起来；nowrap（不换行），指定只有遇到 br 标记时文本才可以换行
Display（显示）	选择一些可显示的对象。如果将 none 指定到元素时，将不会被显示

4. 方框样式

使用 CSS 方框样式可以控制元素在页面上的放置方式以及属性定义，还可以在应用填充和边界时将设置应用于元素的各个边，通常用于在页面上对区块进行布局。表 1-13 中列出了这些属性的说明。

表 1-13 常用方框属性

属 性	说 明
Width 和 Height	设置元素的宽度和高度

（续表）

属　性	说　明
Float(浮动)	设置其他元素（如文本、AP Div、表格等）在围绕元素的哪个方向浮动。其他元素按设置的方式环绕在浮动元素的周围
Clear(清除)	定义不允许AP元素的边。如果清除边上出现AP元素，则带清除设置的元素将移到该元素的下方
Padding(填充)	指定元素内容与元素边框之间的间距（如果没有边框，则为边距）。取消选择“全部相同”选项，可设置元素各个边的填充
Margin(边距)	指定一个元素的边框与另一个元素之间的间距（如果没有边框，则为填充）

5. 边框样式

页面元素的边框就是将元素内容及间隙包含在其中的边线，类似于表格的外边线。页面元素的边框可以从三个方面来描述：颜色、样式和宽度，这三个方面决定了边框所显示出来的外观。CSS中定义这三方面的属性如表1-14所示。

表1-14　边框属性

属　性	说　明
border	设置边框样式的复合属性
color	用于设置边框对应位置的颜色，可以单独设置每条边框的颜色，但是否显示则取决于浏览器
style	选择边框要使用的样式，选择none项则取消边框样式
width	设置元素边框的粗细。可以选择的有thin(细边框)、medium(中等边框)或者thick(粗边框)，还可以设置具体的边框粗细值

提示

style属性可用的样式有dotted(点划线)、dashed(虚线)、solid(实线)、double(双线)、groove(槽状)、ridge(脊状)、inset(凹陷)和outset(凸出)。

6. 列表样式

列表是页面中显示信息的一种常见方式。它可以把相关的具有并列关系的内容整齐地垂直排列，不仅很好地归纳了内容，而且使页面也显得整洁，增强页面的条理性。CSS为控制列表提供了符号列表、图像列表和位置列表样式。表1-15列出了与列表相关的属性。

表1-15　列表属性

属　性	兼容性	说　明
list-style	IE4+、NS4+	设置列表的复合属性
list-style-image	IE4+、NS6+	指定一个图像作为项目符号，例如p{list-style-image:url(top.jpg)}
list-style-position	IE4+、NS6+	指定项目符号与列表项的位置，取值为outside或者inside
list-style-type	IE4+、NS4+	设置列表中列表项使用的项目符号，默认为disc，表示实心圆

7. 定位样式

定位 (Positioning) 的原理其实很简单，就是使用有效、简单的方法精确地将元素定义到页面的特定位置。这个位置可以是页面的绝对位置，也可以处于其上级元素中，还可以是另一个元素或浏览器窗口的相对位置。

在 CSS 中实现页面定位，也就是定义页面中区块的位置，表 1-16 中列出了 CSS 中的全部定位属性。

表 1-16　定位属性

属　性	兼容性	说　明
position	IE4+、NS4+	定义元素在页面中的定位方式
left	IE4+、NS4+	指定元素与最近一个具有定位设置的父对象左边的距离
right	IE5+	指定元素与最近一个具有定位设置的父对象右边的距离
top	IE4+、NS4+	指定元素与最近一个具有定位设置的父对象上边的距离
bottom	IE5+	指定元素与最近一个具有定位设置的父对象下边的距离
z-index	IE4+、NS6+	设置元素的层叠顺序，仅在 position 属性为 relative 或者 absolute 时有效
width	IE4+、NS6+	设置元素框宽度
height	IE4+、NS6+	设置元素框高度
overflow	IE4+、NS6+	内容溢出控制
clip	IE4+、NS6+	剪切

1.8.4　使用 CSS 的方式

可以使用 4 种不同的方法，将 CSS 规则应用到网页中。

1. 链入外部样式表

链入外部样式表是指在外部定义 CSS 样式表并形成以 .css 为扩展名的文件，然后在页面中通过 <link> 链接标记链接到页面中，而且该链接语句必须放在页面的 <head> 标记区，如下所示：

```
<link rel="stylesheet" type="text/css"
 href="skin.css" />
```

<link> 标记的属性 rel 指定链接到样式表，type 表示样式表类型为 CSS 样式表，href 指定了 CSS 样式表所在位置，这里使用的是相对路径。如果 HTML 文档与 CSS 样式表没有在同一路径下，则需要指定样式表的绝对路径或者引用位置。

2. 内部样式表

内部样式表是指将 CSS 样式表直接在 HTML 页面代码的 <head> 标记区定义，样式表由 <style type="text/css" > 标记开始至 <style> 结束。代码如下：

```
<style type="text/css" >
  body{background:#FFF;text-align:center;}
   div,ul,li,dl,dt,dd,table,td,input{font:12px/20px
" 宋体 ";color:#333;}
</style>
```

3. 导入外部样式表

导入外部样式表是指在内部样式表的 <style> 标记中使用 @import 导入一个外部样式表，代码如下：

```
<style type="text/css" >
 @import "skin.css"
 </style>
```

上面的代码使用 @import 导入了样式表 skin.css。需要注意的是使用时导入外部样式表的路径。导入方法与链入外部样式表的方法一样。导入外部样式表相当于将样式表导入到内部样式表中，其输入方式更有优势。

注意

外部样式表必须在样式表的开始部分导入，即在其他内部样式表之上。

4. 内嵌样式表

内嵌样式表是混合在 HTML 标记里使用的，通过这种方法，可以很简单地对某个元素单独定义样式。使用内嵌样式表的方法是直接在 HTML 标记中使用 style 属性，该属性的内容就是 CSS 的属性和值，代码如下：

```
<body style="background-image:url("flower.jpg");background-position:center">
 <h3 style="color:black"> 使用 CSS 内嵌样式 </h3>
</body>
```

提示

内嵌样式表只能对 HTML 标记定义样式，而不能使用类选择符或者 ID 选择符定义样式。

上面介绍的 4 种引用 CSS 样式表的方法可以混合使用，但根据优先权原则，各方法中引入样式表的优先权也不同。其中，内嵌样式表的优先权最高，接着是链入外部样式表、内部样式表和导入外部样式表。

1.9　高手带你做——制作网页导航条

每个网页都有一个导航条，它通常位于页面 Logo 的下方，呈水平方向显示。导航条可以使网站的结构比较清晰，更容易阅读和维护。

【例 1-25】

本案例使用 HTML 中的 ul 列表元素配合 CSS 实现一个漂亮的网页导航条。

具体步骤如下。

01 创建一个名为 menu.html 的 HTML 文件。

02 打开 menu.html 文件进行编辑，添加如下所示的导航条代码：

```
<div id="menubar">
 <ul>
  <li><a href="#"><span>Home</span></a></li>
  <li><a href="#"><span>MyPhoto</span></a></li>
  <li><a href="#"><span>MyArticle</span></a></li>
  <li><a href="#"><span>MyFamily</span></a></li>
  <li><a href="#"><span>MyScroll</span></a></li>
  <li><a href="#"><span>MyFriend</span></a></li>
  <li><a href="#"><span>Message</span></a></li>
 </ul>
</div>
```

03 在 HTML 文件所在的文件夹中创建 css 目录，并在 css 目录中创建一个名为 style.css 的文件。

04 编辑 style.css 文件，添加如下样式代码：

```
@charset "utf-8";

body {
    background-image:url(../imgs/display_bg.jpg)
}
ul, li, a {
    margin:0;
    padding:0;
}
#menubar {
    margin:180px 0 0 0;
    height:24px;
    font-size:14px;
    border-bottom:1px solid #E276A7;
}
#menubar li {
    display:inline;
}
#menubar a {
    float:left;
    background:url("../imgs/m_left.gif") no-repeat left top;
    padding:0 0 0 4px;
    text-decoration:none;
}
#menubar a span {
    display:block;
    background:url("../imgs/m_right.gif") no-repeat right top;
    padding:5px 15px 4px 6px;
    color:#333;
}
```

05 在 menu.html 页面的 head 部分中添加对 CSS 样式表文件 style.css 的引用，代码如下：

```
<link rel="stylesheet" type="text/css"
href="css/style.css"/>
```

06 在 Chrome 浏览器中运行 menu.html 页面，运行结果如图 1-22 所示。

图 1-22　横排列表元素构成的网页导航条

1.10　高手带你做——制作文本环绕图片

像很多报纸上的版块一样，网面中的一篇新闻往往附带一张或多张图片，这些图片多是对新闻内容的一个说明。为了将适当的图片放置到适当的位置上，而且既美观又节省页面资源，往往会使用文字环绕的效果来布局页面。很多网站或博客都大量使用这种方式来布局网页。

环绕效果减少了页面中的一些空白，使页面显得更加紧凑。下面我们利用浮动布局实现一个文字环绕的图片效果。

【例 1-26】

具体步骤如下。

01 创建一个名为 index2.html 的 HTML 文件。

02 打开 index2.html 文件并进行编辑，添加如下的页面代码：

```
<div id="content"> <img src="imgs/15.jpg" class="box" />
 <p>      下载是指通过网络进行传输文件，把互联网或其他电子计算机上的信息保存到本地电脑上的一种网络活动。下载可以显式或隐式地进行，只要是获得本地电脑上所没有的信息的活动，都可以认为是下载，如在线观看视频。</p>
 <p>      下载是指通过网络进行传输文件，把互联网或其他电子计算机上的信息保存到本地电脑上的一种网络活动。下载可以显式或隐式地进行，只要是获得本地电脑上所没有的信息的活动，都可以认为是下载，如在线观看视频。</p> <p>      下载是指通过网络进行传输文件，把互联网或其他电子计算机上的信息保存到本地电脑上的一种网络活动。下载可以显式或隐式地进行，只要是获得本地电脑上所没有的信息的活动，都可以认为是下载，如在线观看视频。</p>
</div>
```

03 在 css 目录中创建一个 CSS 文件，命名为 box.css。

04 编辑 box.css 文件，添加如下 CSS 样式代码：

```
@charset "utf-8";

body {
    background-image:url(../imgs/float_bg.gif);
    padding:70px 0 0 50px;
}
#content {
    font-size:13px;
    font-family:" 宋体 ", Arial;
    color:#666;
    width:550px;
    line-height:21px;
}
#content .box {
    float: right;
    width: 173px;
    height: 192px;
    margin: 10px;
    border: 2px solid #999;
}
```

05 在 index2.html 页面的 head 部位引入 box.css 文件，代码如下：

```
<link rel="stylesheet" type="text/css" href="css/box.css"/>
```

06 在 Chrome 浏览器中运行 index2.html 页面，运行结果如图 1-23 所示。

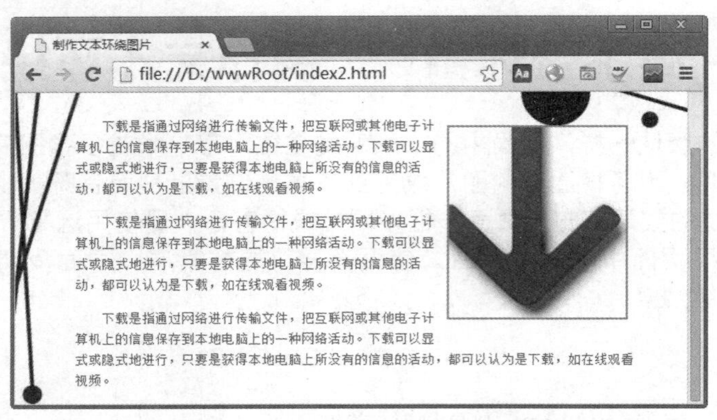

图 1-23　文本环绕图片效果

1.11　成长任务

成长任务 1：制作一个表格

根据本章学习的表格知识，在 HTML 中绘制一个如图 1-24 所示的表格，注意单元格中内容的对齐方式以及单元格的合并。

成长任务 2：制作一个表单

根据本章学习的表单知识，在 HTML 中绘制一个如图 1-25 所示的表单，注意表单元素属性的定义。

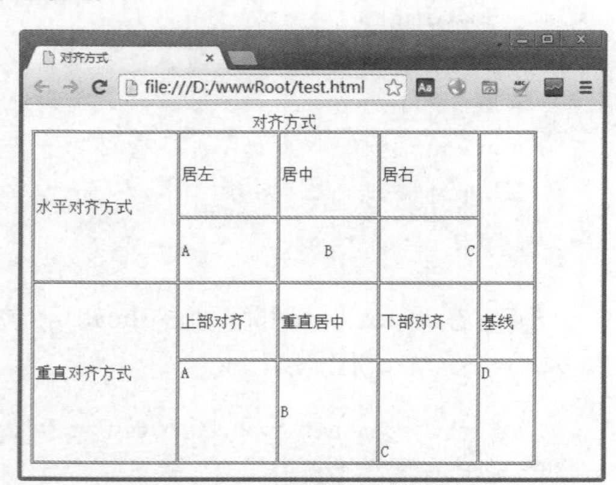

图 1-24　表格效果

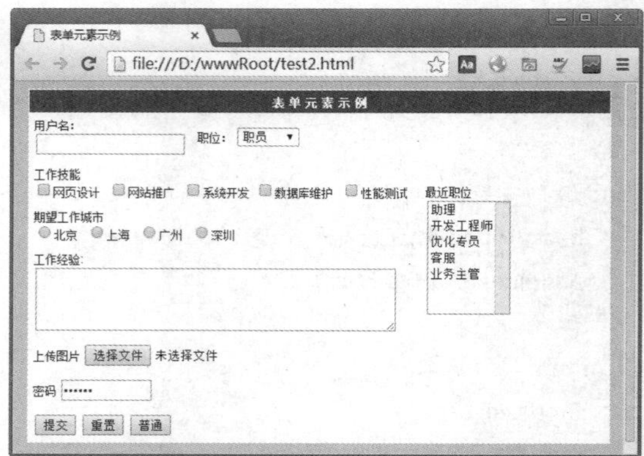

图 1-25　表单效果

第 2 章

JavaScript 脚本编程快速入门

使用传统的 HTML 语言很难开发具有动态交互性的网页，而使用 JavaScript 却很容易实现。我们可以将 JavaScript 嵌入到普通的 HTML 网页里并由浏览器执行，从而实现动态的效果。

本章将会介绍 JavaScript 的基础知识，包括 JavaScript 语言的语法规则、运算符、流程控制语句、对话框语句、函数以及各种对象的用法等内容。

本章学习要点

◎ 了解 JavaScript 与 Java 的区别
◎ 熟悉编写 JavaScript 脚本的方法及注意事项
◎ 掌握 JavaScript 的数据类型、变量与常量的声明以及运算符
◎ 掌握 if 和 switch 条件语句的使用
◎ 掌握 while、do while、for 和 for in 循环语句的使用
◎ 掌握对话框语句的使用
◎ 了解常用的 JavaScript 系统函数
◎ 掌握自定义函数的创建和调用
◎ 熟悉 JavaScript 中的浏览器对象模型

扫一扫，下载
本章视频文件

2.1 JavaScript 语言简介

JavaScript 是一种基于对象的脚本语言。JavaScript 的使用方法，其实就是向页面的 HTML 文件增加一个脚本，当浏览器打开这个页面时，它会读出这个脚本并执行其命令(需要浏览器支持 JavaScript)。在页面中运用 JavaScript 可以使网页变得更加生动。

2.1.1 JavaScript 简介

JavaScript 语言最初的名称为 LiveScript，是由 Netscape 公司开发的。在 1995 年 12 月 Navigator 2 正式发布之前，Netscape 和 Sun 联合发表了一项声明，才正式命名为 JavaScript。它是一种轻型的、解释型的程序设计语言，而且具有面向对象的能力。JavaScript 语言的通用核心已经嵌入 Netscape、Internet Explorer 和其他常见的 Web 浏览器中。

虽然 JavaScript 语言起源于 Netscape，但是 Microsoft 公司看到了这种语言的性能和流行趋势，在其 Internet Explorer 3.0 版本的浏览器中实现了 JScript，它与 Netscape 公司的 JavaScript 基本相同，只是在一些细节上有出入，也是一种解释性的语言，这里我们可以把它看成 JavaScript 的分支。

JavaScript 已经被 Netscape 公司提交给 ECMA 制定为标准，称为 ECMAScript，标准的编号为 ECMA-262。符合该标准的实现有：Microsoft 公司的 JScript、Mozilla 的 JavaScript-C(C 语言实现)、Mozilla 的 Rhino(Java 实现)，以及 Digital Mars 公司的 DMDScript 等。从 ECMAScript 的角度来看，JavaScript 和 JScript 就是 Netscape 公司和 Microsoft 公司分别对 ECMAScript 予以实现的不同技术。

JavaScript 的主要特点如下。

(1) 简单性。

JavaScript 是一种脚本语言，它采用小程序段的方式实现编程，而且 JavaScript 也是一种解释性语言，它的基本结构形式与 C、C#、VB 等十分类似，但它不需要编译，而是在程序运行过程中被逐行地解释。

(2) 基于对象。

JavaScript 是基于对象的语言，它可以运用自己已经创建的对象以及对象方法实现许多功能。

(3) 动态性。

JavaScript 是动态的，它以事件驱动的方式直接对用户的输入做出响应。所谓事件驱动，就是指在主页中执行某种操作所产生的动作，称为“事件”，当事件发生后，会引起相应的事件响应。

(4) 跨平台性。

JavaScript 仅仅依赖于浏览器本身，而与操作环境无关，只要计算机拥有支持 JavaScript 的浏览器就可以运行。

2.1.2 JavaScript 与 Java 的关系

说到 JavaScript，读者也许会把它与 Java 联系在一起，最常见的误解是把它当作 Java 语言的简化版本。其实，除了在语法结构上有一些相似，以及都能够提供网页中的可执行内容外，它们是完全不相干的。它们的主要区别在于以下几个方面。

1. 开发商不同

它们是两个公司开发的两个不同产品，Java 是 SUN(现属于 Oracle) 公司推出的面向对象

的程序设计语言，特别适合做 Internet 应用程序开发；而 JavaScript 是 Netscape 公司的产品，是为了扩展浏览器的功能而开发的一种可以嵌入 Web 页面中，基于对象的和事件驱动的解释性语言。

2. 语言类型不同

JavaScript 是基于对象的，而 Java 是面向对象的，即 Java 是一种真正的面向对象的语言，即使是开发简单的程序，也必须设计对象。JavaScript 是一种脚本语言，它可以用来制作与网络无关的，与用户交互作用的复杂功能。由于 JavaScript 是一种基于对象的和事件驱动的编程语言，因此它本身提供了非常丰富的内部对象供设计人员使用。

3. 执行机制不同

两种语言的执行方式不一样。Java 的源代码在传递到客户端执行之前，必须经过编译，因而客户端上必须具有相应平台上的仿真器或解释器。JavaScript 是一种解释性编程语言，其源代码在发往客户端执行之前不需要经过编译，而是将文本格式的字符代码发送给客户端，由浏览器解释执行。

4. 变量使用方式不同

两种语言对变量的用法是不一样的。Java 采用强类型变量检查，即所有变量在编译之前必须做声明。JavaScript 中的变量声明采用弱类型，即变量在使用前不需要做声明，而是解释器在运行时检查其数据类型。

5. 代码格式不同

Java 是一种与 HTML 无关的格式，必须通过像 HTML 中引用外媒体那样进行装载，其代码以字节代码的形式保存在独立的文档中。JavaScript 的代码为一种文本字符格式，可以直接嵌入 HTML 文档中，并且可动态加载。编写 JavaScript 文档就像编辑文本文件一样方便。

6. 嵌入方式不同

在 HTML 文档中，两种编程语言使用的标记不同，JavaScript 使用 <script>...</script> 来标记，而 Java 使用 <applet> ... </applet> 来标记。

7. 绑定方式不同

Java 采用静态联编，即 Java 的对象引用必须在编译时进行，以使编译器能够实现强类型检查。JavaScript 采用动态联编，即 JavaScript 的对象引用在运行时进行检查。

2.1.3 JavaScript 的语法规则

所有的编程语言都有自己的语法规则，用来说明如何用这种语言编写程序，为了让程序能够正确运行并减少错误的产生，就必须遵守这些语法规则。由于 JavaScript 不是一种独立运行的语言，所以在编写 JavaScript 代码时，必须关注 JavaScript 语法规则。

下面就让我们一起来了解 JavaScript 的语法规则。

1. 变量和函数名称

当定义自己使用的变量、对象或函数时，名称可以由任意大小写字母、数字、下划线(_)、美元符号($)组成，但不能以数字开头，不能是 JavaScript 中的关键字。示例如下：

```
password、User_ID、_name        // 合法的
if、document、for、Date          // 非法的
```

2. 区分大小写

JavaScript 是严格区分大小写的，大写字母与小写字母不能相互替换，例如 name 和 Name 是两个不同的变量。基本规则如下：

- JavaScript 中的关键词，例如 for 和 if，永远都是小写。
- DOM 对象的名称通常都是小写，但是其方法通常都是大小写混合，第一个字母一般都是小写的。例如 getElementById、replaceWith。

- 内置对象通常是以大写字母开头的。例如 String、Date。

3. 代码的格式

在 JavaScript 程序中，每条功能执行语句的最后要用分号 (;) 结束，每个词之间用空格、换行符或大括号、小括号这样的分隔符隔开就行了。

在 JavaScript 程序中，一行可以写一条语句，也可以写多条语句。一行中写一条语句时，要以分号 (;) 结束。一行中写多条语句时，语句之间使用逗号 (,) 分隔。例如，以下写法都是正确的：

```
var m=9;
var n=8;  // 以分号结束
```

或者：

```
var m=9,n=8;  // 以逗号分隔
```

4. 代码的注释

注释可以用来解释程序的某些部分的功能和作用，提高程序的可读性。另外，还可以用来暂时屏蔽某些语句，等到需要的时候，只须取消注释标记即可。

其实，注释是好脚本的主要组成部分，可以提高程序的可读性，而且可以利用它们来理解和维护脚本，有利于团队开发。

JavaScript 可以使用单行注释和多行注释两种注释方式。

(1) 单行注释。

在所有程序的开始部分，都应有描述其功能的简单注释，或者是在某些参数需要加以说明的时候，这就用到了单行注释 (“//”)，单行注释以两个斜杠 (//) 开头，并且通常只对本行的内容做说明。

示例如下：

```
//var i=1; 这是对单行代码的注释
```

(2) 多行注释。

多行注释表示一段代码都是注释内容。多行注释以 “/*” 开头，并以 “*/” 结尾，中间为注释内容，可以跨多行，但不能嵌套使用。示例如下：

```
/* 这是一个多行注释
var i=1;
var j=2;
...*/
```

2.2 编写 JavaScript 程序

本节通过示例讲解如何在页面中编写 JavaScript 程序，以及使用外部的 JavaScript 文件，最后介绍编写时的一些注意事项。

2.2.1 集成 JavaScript 程序

在开始创建 JavaScript 程序之前，我们首先需要掌握创建 JavaScript 程序的方法，以及如何在 HTML 文件中调用 (执行) JavaScript 程序。

1. 直接调用

在 HTML 文件中，可以使用直接调用方式嵌入 JavaScript 程序。方法是：使用 <script> 和 </script> 标记在需要的位置编写 JavaScript 程序。

【例 2-1】

下面的代码直接调用 JavaScript 输出了一段 HTML(效果如图 2-1 所示)：

```
<h2> 直接调用 JavaScript 程序 </h2>
<h3>
<script language="JavaScript">
    var str=" 欢迎来到 JavaScript 世界…  ";
    document.write(str);
</script>
```

```
</h3>
```

图 2-1　直接调用 JavaScript 程序

2. 事件调用

这种方式是指：在 HTML 标记的事件中调用 JavaScript 程序，例如单击事件 onclick，鼠标移动事件 onmouseover 和载入事件 onload 等。

【例 2-2】

例如，下面的代码使用单击事件调用 JavaScript 显示当前时间（效果如图 2-2 所示）：

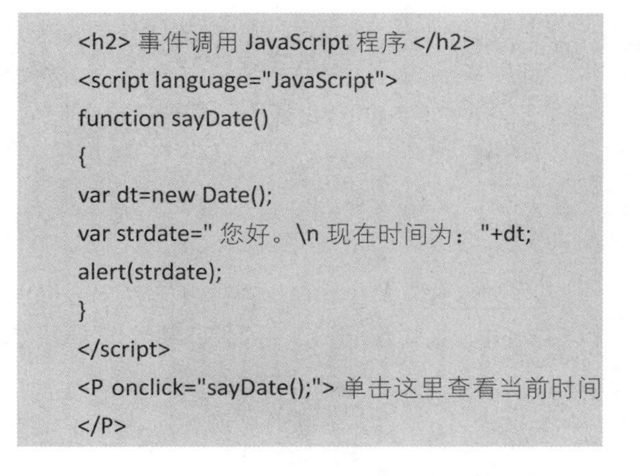

```
<h2> 事件调用 JavaScript 程序 </h2>
<script language="JavaScript">
function sayDate()
{
var dt=new Date();
var strdate=" 您好。\n 现在时间为： "+dt;
alert(strdate);
}
</script>
<P onclick="sayDate();"> 单击这里查看当前时间
</P>
```

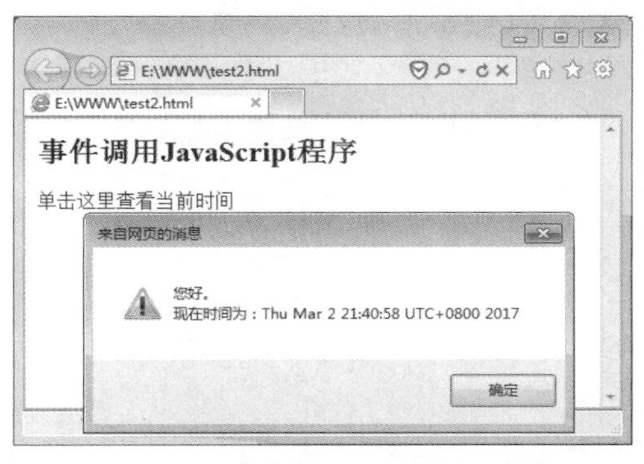

图 2-2　从事件调用 JavaScript 程序

技巧

还有一种简约的格式来调用 JavaScript，例如在链接标记中：<a href="javascript:alert('Hello World')">Click me</a>。

2.2.2　使用外部 JavaScript 文件

外部文件就是只包含 JavaScript 的单独文件，这些外部文件的名称都以 .js 后缀结尾。使用时，只须在 script 标签中添加 src 属性指向文件，就可以调用。这就大大减少了每个页面上的代码，而且更重要的是，这会使站点更容易维护。当需要对脚本进行修改时，只须修改 .js 文件，所有引用这个文件的 HTML 页面都会自动地受到修改的影响。

【例 2-3】

有一名为 lib.js 的外部文件，该文件包含如下 JavaScript 脚本：

```
// 显示中文提示的日期
function showDate(){
    var y=new Date();
    var gy=y.getYear();
    var dName=new Array(" 星期天 "," 星期一 "," 星期二 "," 星期三 "," 星期四 "," 星期五 "," 星期六 ");
```

```
    var mName=new Array("1 月 ","2 月 ","3 月 ","4 月 ","5 月 ","6 月 ","7 月 ","8 月 ","9 月 ","10 月 ","11
月 ","12 月 ");
    document.write("<FONT COLOR=\"black\" class=\"p1\">"+y.getYear()+" 年 " + mName[y.getMonth()] +
y.getDate() + " 日 " + dName[y.getDay()] + "" + "</FONT>");
}
showDate();
```

在上述代码中，创建了一个函数 showDate()，获取当前的日期和时间并进行格式化后，以中文的形式输出日期。接下来创建 HTML 文件，引用 lib.js 文件，代码如下：

```
<h2> 链接外部 JS 文件 </h2>
<h3> 当前日期：
<script src="lib.js"></script>
</h3>
```

在浏览器中运行，具体效果如图 2-3 所示。

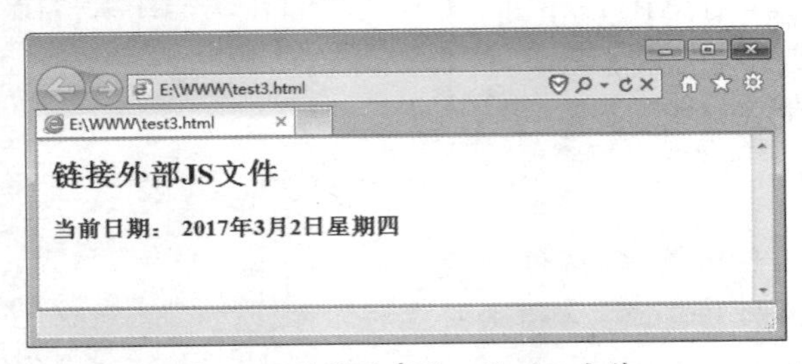

图 2-3　链接外部 JavaScript 文件

2.2.3　注意事项

在编写 JavaScript 程序时有些要点需要读者注意，如代码中的空格、换行以及分号问题，这些细小的问题通常会导致程序错误。

1. 空格

在 JavaScript 脚本语言中，如果代码中有多余的空格，则多余的空格将忽略，但同一个标识符的所有字母必须连续。例如，下面的代码在 JavaScript 中被认为是正确的：

```
<script language="javascript">
<!--
    var a = 100;
    function fun()
    {
        var b=10;
        document .write ("b 的值是： " +b );
    }
    fun();
    document.write("<br>");
    document.write ("a 的值是： " + a);
-->
</script>
```

2. 换行

在 JavaScript 中，多行代码可以作为一行进行书写，例如对于下面的这段代码：

```
<script>
    if(typeof a=='undefined')
      alert('a 未定义 ');
    var a=0;
```

```
    if(typeof a!='undefined')
      alert('a 已定义 ');
</script>
```

所有的代码写在一行时，用分号作为各个语句的结束标志。将上述代码写在一行后的效果如下：

```
<script language="javascript">
if(typeof a=='undefined') alert('a 未 定 义 ');var a=0;if(typeof a!='undefined') alert('a 已定义 ');
</script>
```

3. 分号

在 JavaScript 中，分号通常作为一个语句的结束标志。如果将多个语句写在一行中，则需要使用分号来结束各个语句。这样，看起来比较清晰，不会混淆，还增强了代码的可读性。

而当一行只有一个程序语句时，该语句的结尾可以不使用分号，代码如下：

```
<script language="javascript">
<!--
var username=" 陈强 "
document.write(username)
document.write("<br>")
document.write('http://www.chengqiang.com')
-->
</script>
```

2.3　JavaScript 脚本的语法

在掌握 JavaScript 程序的创建和执行方法之后，本节主要介绍与 JavaScript 有关的基础语法，包括 JavaScript 的数据类型、变量和运算符。

2.3.1　数据类型

JavaScript 允许使用 3 种基础的数据类型：整型、字符串和布尔值。此外，还支持两种复合的数据类型：对象和数组，它们都是基础数据类型的集合。在 JavaScript 中也支持函数和数组，它们都是特殊的对象类型。

此外，JavaScript 还为特殊的目的定义了其他特殊的对象类型，例如 Date 对象表示的是一个日期和时间类型。表 2-1 中列出了 JavaScript 支持的 6 种数据类型。

表 2-1　JavaScript 中的数据类型

数据类型	数据类型名称	示　例
number	数值类型	123、-0.129871、071、0X1fa
string	字符串类型	‘Hello’、‘get the &’、‘b@911.com’
object	对象类型	Date、Window、Document
boolean	布尔类型	true、false
null	空类型	null
undefined	未定义类型	tmp、demo、today、gettime

例如，下面是数值类型的一些示例：

```
.0001, 0.0001, 1e-4, 1.0e-4 // 四个浮点数，它们互等
```

```
3.45e2 // 一个浮点数，等于 345
42 // 一个整数
0377 // 一个八进制整数，等于 255
00.0001 // 由于八进制数不能有小数部分，因此这个数等于 0
0378 // 一个整数，等于 378
0Xff // 一个十六进制整数，等于 255
0x37CF // 一个十六进制整数，等于 14287
0x3e7 // 一个十六进制整数，等于 999
0x3.45e2 // 由于十六进制数不能有小数部分，因此这个数等于 3
```

下面再来看一些字符串类型的示例，如下所示：

```
"Hi, this is HT."
'Where are we.  In the hospital'
"84"
"I don't know."
'"Three" she said.'
```

提示

JavaScript 语言为弱类型语言，在不同类型之间的变量进行运算时，会优先考虑字符串类型。例如，表达式 8+“8” 的执行结果为 88。

2.3.2 变量与常量

在 JavaScript 中，变量用来存放脚本中的值，一个变量可以是一个数字、文本或其他一些东西。JavaScript 是一种对数据类型变量要求不太严格的语言，所以不必声明每一个变量的类型，变量声明尽管不是必需的，但在使用变量之前先进行声明是一种好的习惯。

1. 声明变量

使用 var 语句来进行变量声明。例如：

```
var men = true; // men 中存储的值为布尔类型
var intCount=1; //intCount 中存储的值为整型
var strName='ZHT'; //strName 中存储的为字符串类型值
```

在上面的示例中，我们命名了三个变量 men、intCount 和 strName，它们的类型分别是布尔型、整型和字符串类型。

2. 变量命名规则

在命名变量时，要注意 JavaScript 是一种区分大小写的语言，因此将一个变量命名为 men 和将其命名为 MEN 是不一样的。另外，变量名称的长度是任意的，但必须遵循以下规则：

- 第一个字符必须是一个字母 (大小写均可) 或一个下划线 (_) 或一个美元符 ($)。
- 后续的字符可以是字母、数字、下划线或美元符。

● 变量名称不能是保留字。

3. 变量赋值

变量在命名之后，就可以对变量进行赋值了。JavaScript 里对变量赋值的语法是：

```
var < 变量 > [= < 值 >];
```

这里的 var 是 JavaScript 的保留字，不可以修改。后面是要命名的变量名称，值是可选的，可以在命名时赋以变量初始值。当要一次定义多个变量时，使用如下语法：

```
var 变量 1, 变量 2, 变量 3, 变量 4, ... , 变量 n;
```

例如下面几个示例：

```
var minScore=0, minScore=100 ;
var aString = ' ';
var anInteger = 0, ThisDay='2007-7-23';
var isChecker=false, aFarmer=true ;
```

4. 常量

常量是一种恒定的或者不可变的数值或者数据项。在某个特定的时候，虽然声明了一个变量，但却不希望这个数值被修改，这种永不会被修改的变量，统称为常量。在 Javascript 中，常量可以分为以下几种。

- 整型常量：JavaScript 的常量通常又称字面常量，它是不能改变的数据。其整型常量可以使用十六进制、八进制和十进制的形式。
- 实型常量：实型常量是由整数部分加小数部分表示的，如 12.32、193.98。也可以用科学或者标准方法表示，如 5E7、4e5 等。
- 布尔值：布尔常量只有两种状态：True 或者 False。它主要用来说明或者代表一种状态或者标志，以说明操作流程。
- 字符型常量：使用单引号 (') 或者双引号 (") 括起来的一个或者几个字符。如 “This is a book of JavaScript”、“3245”、“ewrt234234” 等。
- 空值：JavaScript 中有一个空值 Null，表示什么也没有。如试图引用没有定义的变量，则返回一个 Null 值。

2.3.3 运算符

运算符用于将一个或者几个值变成结果值，使用运算符的值称为操作数，运算符及操作数的组合称为表达式。例如下面的表达式：

```
i=j-100
```

在这个表达式中，i 和 j 是两个变量，“-” 是运算符，用于对两个操作数执行减运算，100 是一个数值。

1. 算术运算符

算术运算符是最简单、最常用的运算符，可以使用它们进行通用的数学计算，如表 2-2 所示。

表 2-2　算术运算符

运算符	表达式	说　明	示　例
+	x+y	返回 x 加 y 的值	X=5+3，结果为 8
-	x-y	返回 x 减 y 的值	X=5-3，结果为 2
*	x*y	返回 x 乘以 y 的值	X=5*3，结果为 15
/	x/y	返回 x 除以 y 的值	X=5/3，结果为 1

（续表）

运算符	表达式	说　明	示　例
%	x%y	返回 x 与 y 的模 (x 除以 y 的余数)	X=5%3，结果为 2
++	x++、++x	数值递增、递增并返回数值	5++、++5，结果为 5、6
--	x--、--x	数值递减、递减并返回数值	5--、--5，结果为 5、4

2. 逻辑运算符

逻辑运算符通常用于执行布尔运算，它们常和比较运算符一起使用，来表示复杂的比较运算，这些运算涉及的变量通常不止一个，而且常用于 if、while 和 for 语句中。表 2-3 列出了 JavaScript 支持的逻辑运算符。

表 2-3　逻辑运算符

运算符	表达式	说　明	示　例
&&	表达式 1 && 表达式 2	若两边表达式的值都为 true，则返回 true；任意一个值为 false，则返回 false	5>3 &&5<6 返回 true 5>3&&5>6 返回 false
||	表达式 1 || 表达式 2	只有表达式的值都为 false 时，才返回 false	5>3||5>6 返回 true 5>7||5>6 返回 false
!	! 表达式	求反。若表达式的值为 true，则返回 false，否则返回 true	!(5>3) 返回 false !(5>6) 返回 true

3. 比较运算符

比较运算符用于对运算符的两个表达式进行比较，然后返回 boolean 类型的值，例如，比较两个值是否相同或比较数字值的大小等。表 2-4 中列出了 JavaScript 支持的比较运算符。

表 2-4　比较运算符

运算符	表达式	说　明	示　例
==	表达式 1 == 表达式 2	判断左右两边的表达式是否相等	Score == 100 // 比较 Score 的值是否等于 100
!=	表达式 1 != 表达式 2	判断左边的表达式是否不等于右边的表达式	Score != 0 // 比较 Score 的值是否不等于 0
>	表达式 1 > 表达式 2	判断左边的表达式是否大于右边的表达式	Score > 100 // 比较 Score 的值是否大于 100
>=	表达式 1 >= 表达式 2	判断左边的表达式是否大于等于右边的表达式	Score >= 100 // 比较 Score 是否大于等于 100
<	表达式 1 < 表达式 2	判断左边的表达式是否小于右边的表达式	Score < 100 // 比较 Score 的值是否小于 100
<=	表达式 1 <= 表达式 2	判断左边的表达式是否小于等于右边的表达式	Score <= 100 // 比较 Score 是否小于等于 100

4. 字符串运算符

JavaScript 支持使用字符串运算符“+”对两个或多个字符串进行连接操作 . 这个运算符的使用比较简单，例如下面给出几个应用的示例：

```
var str1="Hello";
var str2="World";
var str3="Love";
var Result1=str1+str2 ; // 结果为 " HelloWorld"
var Result2=str1+" "+str2 ; // 结果为 " Hello World"
var Result3=str3+"  in  "+str2 ; // 结果为 "Love  in  World"
var sqlstr="Select * from [user] where username='"+"ZHT"+"'"
// 结果为 Select * from [user] where username='ZHT'
var a="5",b="2", c=a+b; //c 的结果为 "52"
```

5. 位操作运算符

位操作运算符对数值的位进行操作，如向左或向右移位等。表 2-5 中列出了 JavaScript 支持的位操作运算符。

表 2-5　位操作运算符

<table>
<tr><th>运 算 符</th><th>表 达 式</th><th>说　明</th></tr>
<tr><td>&</td><td>表达式 1 & 表达式 2</td><td>当两个表达式的值都为 true 时返回 1，否则返回 0</td></tr>
<tr><td>|</td><td>表达式 1 | 表达式 2</td><td>当两个表达式的值都为 false 时返回 0，否则返回 1</td></tr>
<tr><td>^</td><td>表达式 1 ^ 表达式 2</td><td>两个表达式中有且只有一个为 false 时返回 0，否则为 1</td></tr>
<tr><td><<</td><td>表达式 1 << 表达式 2</td><td>将表达式 1 向左移动表达式 2 指定的位数</td></tr>
<tr><td>>></td><td>表达式 1 >> 表达式 2</td><td>将表达式 1 向右移动表达式 2 指定的位数</td></tr>
<tr><td>>>></td><td>表达式 1 >>> 表达式 2</td><td>将表达式 1 向右移动表达式 2 指定的位数，空位补 0</td></tr>
<tr><td>~</td><td>~ 表达式</td><td>将表达式的值按二进制逐位取反</td></tr>
</table>

6. 赋值运算符

赋值运算符用于更新变量的值，有些赋值运算符可以和其他运算符组合使用，对变量中包含的值进行计算，然后用新值更新变量。表 2-6 中列出了这些赋值运算符。

表 2-6　赋值运算符

运 算 符	表 达 式	说　明
=	变量 = 表达式	将表达式的值赋予变量
+=	变量 += 表达式	将表达式的值与变量值执行 + 操作后赋予变量
-=	变量 -= 表达式	将表达式的值与变量值执行 - 操作后赋予变量
*=	变量 *= 表达式	将表达式的值与变量值执行 * 操作后赋予变量
/=	变量 /= 表达式	将表达式的值与变量值执行 / 操作后赋予变量
%=	变量 %= 表达式	将表达式的值与变量值执行 % 操作后赋予变量

（续表）

运算符	表达式	说　明
<<=	变量 <<= 表达式	对变量按表达式的值向左移
>>=	变量 >>= 表达式	对变量按表达式的值向右移
>>>=	变量 >>>= 表达式	对变量按表达式的值向右移，空位补 0
&=	变量 &= 表达式	将表达式的值与变量值执行 & 操作后赋予变量
|=	变量 |= 表达式	将表达式的值与变量值执行 | 操作后赋予变量
^=	变量 ^= 表达式	将表达式的值与变量值执行 ^ 操作后赋予变量

7. 条件运算符

JavaScript 支持 Java、C 和 C++ 中的条件表达式运算符“?:”，这个运算符是个二元运算符，它有三个部分：一个计算值的条件和两个根据条件返回的真假值。格式如下：

```
条件 ? 值 1 : 值 2
```

含义为，如果条件为真，则表达值使用值 1，否则使用值 2。例如：

```
(x>y) ? 30 : 31
```

如果 x 的值大于 y 值，则表达式的值为 30；而 x 的值小于或等于 y 值时，表达式值为 31。

2.4 脚本控制语句

为了使整个程序按照一定的方式执行，JavaScript 语言提供了对脚本程序执行流程进行控制的语句，使程序按照某种顺序处理语句。这种顺序可以根据条件进行改变，或者循环执行语句，甚至弹出一个对话框提示用户等。

2.4.1 if 条件语句

if 语句是使用最多的条件分支语句，在 JavaScript 中，它有很多种形式。每一种形式都需要一个条件表达式，然后再对分支进行选择。

1. 基本 if 语句

if 语句的最简语法格式如下，此时表示“如果满足某种条件，就进行某种处理”：

```
if ( 条件表达式 ) {
    执行语句 ;
}
```

其中，条件表达式可以是任何一种逻辑表达式，如果返回结果为 true，则程序先执行后面大括号 {} 中的执行语句，然后接着执行它后面的其他语句。如果返回结果为 false，则程序跳过条件语句后面的执行语句，直接去执行程序后面的其他语句。

【例 2-4】

假设学生成绩的等级划分为：80 到 100 为优秀，60 到 80 为及格，60 以下为不及格。使用 if 语句，根据成绩显示对应的等级，代码如下：

```
var m=95;
if (m >= 80 && m <= 100)
  alert(" 优秀 ");
if (m >= 60 && m < 80)
  alert(" 及格 ");
if (m >= 0 && m < 60)
  alert(" 不及格 ");
if (m > 100)
  alert(" 不存在 ");
```

2. if else 语句

if else 语句的基本语法如下：

```
if ( 条件表达式 ) {
   语句块 1;
} else {
   语句块 2;
}
```

上面语句的执行过程是，先判断 if 语句后面的条件表达式，如果值为 true，则执行语句块 1；如果值为 false，则执行语句块 2。

注意

if 和 else 语句中不包含分号。如果在 if 或者 else 后输入了分号，那么将终止这个语句，并且将无条件执行随后的所有语句。

【例 2-5】

在一个会员系统中需要根据当前用户的状态，即是否已经登录，来显示一段提示文本和一个跳转链接。如下所示为区分登录用户与游客的代码：

```
if (userType == "user")
{
    document.write("<h3> 登录成功～ </h3>");
    document.write("<a href='http://www.baidu.com'> 新闻中心 </a>");
}
else
{
    document.write("<h3> 游客，欢迎你的光临。</h3>");
    document.write("<a href='http://www.baidu.com/reg'> 免费注册会员 </a>");
}
```

3. if else if 语句

if else if 多分支语句的语法结构如下：

```
if( 条件表达式 1){
    语句块 1;
}else if( 条件表达式 2){
    语句块 2;
}
else if( 条件表达式 n) {
    语句块 n;
}else {
    语句块 n+1;
}
```

以上语句的执行过程是，依次判断表达式的值，当某个分支的条件表达式的值为 true 时，则执行该分支对应的语句块，然后跳到整个 if 语句之外继续执行程序。如果所有的表达式均为 false，则执行语句块 n+1，然后继续执行后续程序。

【例 2-6】

例如，如果做一个用户登录模块，需要判断用户输入的用户名和密码是否正确，以下是使用 if else if 语句实现的代码片段：

```
if (name == " 王名 " && password == "123")
{
    Console.Write(" 用户名和密码正确，登录成功！ ");
}
else if (name == " 王名 " && password != "123")
```

```
{
    Console.Write(" 密码不正确！请重新输入！ ");
}
else if (name != " 王名 " && password == "123")
{
    Console.Write(" 用户名不正确！请重新输入！ ");
}
else
{
    Console.Write(" 用户名和密码都不正确！请重新输入！ ");
}
```

4. if else 嵌套语句

如果在 if 或者 else 子语句中又包含了 if else 语句，则称为嵌套 if else 语句，语法结构如下：

```
if( 条件表达式 1){
    if( 条件表达式 n) {
        语句块 n;
    }else {
        语句块 n+1;
    }
}else{
    ...
}
```

2.4.2 switch 条件语句

switch 语句提供了 if 语句的一个变通形式，可以从多个语句块中选择其中的一个执行。switch 语句是多分支选择语句，常用来根据表达式的值选择要执行的语句。基本语法形式如下：

```
switch( 表达式 )
{
    case 值 1:
        语句块 1;
        break;
    case 值 2:
        语句块 2;
        break;
    ……
    case 值 n:
        语句块 n;
        break;
    default:
        语句块 n+1;
        break;
}
```

switch 语句在其开始处使用一个简单的表达式。表达式的结果将与结构中每个 case 子句的值进行比较。如果匹配，则执行与该 case 关联的语句块。语句块以 case 语句开头，以 break 语句结尾，然后执行 switch 语句后面的语句。如果结果与所有 case 子句均不匹配，则执行 default 后面的语句。

【例 2-7】

等级考试系统中，将成绩分为 4 个等级：优、良、中和差。现在要实现知道等级之后，输出一个短评。用 switch 语句的实现如下：

```
switch (scoreLevel) {
    case " 优 ":
        document.write(" 很不错，注意保持成绩！ ");
        break;
    case " 良 ":
        document.write(" 继续加油！！！ ");
        break;
    case " 中 ":
        document.write(" 你是最棒的！ ");
        break;
    case " 差 ":
        document.write(" 不及格，要努力啦！ ");
```

```
        break;
    default:
        document.write(" 请确认你输入的等级：优、良、中、差。");
        break;
}
```

2.4.3　while 循环语句

while 语句属于基本循环语句，用于在指定条件为真时重复执行一个代码片段。while 语句的语法如下：

```
while( 条件表达式 )
{
    // 代码片段
}
```

条件表达式也是一个布尔表达式，控制代码片段被执行的次数，当条件为假时跳出 while 循环。

【例 2-8】

通过循环依次输出从 h1 到 h6 标题的字体，下面是使用 while 语句的实现：

```
var i=1;
while(i<7)
{
    document.write("<h"+i+"> 这是 h"+i+" 号字体 "+"</h"+i+">");
    ++i;
}
```

2.4.4　do while 循环语句

do while 语句的功能和 while 语句类似，只不过它是在执行完第一次循环之后才检测条件表达式的值。这意味着包含在大括号中的代码块至少要被执行一次。另外，do while 语句结尾处的 while 条件语句的括号后有一个分号 (;)。该语句的基本格式如下：

```
do
{
    执行语句块
}while( 条件表达式语句 );
```

【例 2-9】

下面通过一个示例介绍 do while 语句的用法，以及与 while 语句的区别：

```
var i=1,j=1,a=0,b=0;
while(i<1)
{
    a=a+1;
    i++;
}
alert("while 语句循环执行了 "+a+" 次 ");
do
{
    b=b+1;
    j++
}
while(j<1);
alert("do while 语句循环执行了 "+b+" 次 ");
```

上述代码中，变量 i、j 的初始值都为 1，do while 语句与 while 语句的条件都是小于 1，但是，由于 do while 语句的条件检查放在循环的末尾，这样，大括号内的语句至少会执行一次。

2.4.5　for 循环语句

for 语句也类似于 while 语句，它在条件为真时重复执行一组语句。其差别在于，for 语句用于每次循环之后更新变量。

for 语句的语法如下：

```
for( 初始化表达式 : 循环条件表达式 : 循环后的操作表达式 )
{
    执行语句块
}
```

在使用 for 循环前，要先设定一个计数器变量，可以在 for 循环之前预先定义，也可以在使用时直接进行定义。在上述应用格式中，“初始化表达式”表示计数器变量的初始值；“循环条件表达式”是一个计数器变量的表达式，决定了计数器的最大值；“循环后的操作表达式”表示循环的步长，也就是每循环一次，计数器变量值的变化，该变化可以是增大的，也可以是减小的，或进行其他运算。

【例 2-10】

使用 for 语句求 10 的阶乘，实现代码如下：

```
var i=1,j=1;
for(i=1;i<11;i++)
{
    j=j*i;
}
alert("10 的阶乘是 "+j) ;
```

【例 2-11】

使用 for 语句的嵌套形式实现打印九九乘法口诀表，代码如下：

```
var i=1
var j=1
for(i=1;i<10;i++)
{
    for(j=1;j<=i;j++)
    {
        document.write(
         j+"*"+i+"="+(i*j)+"  ");
    }
    document.write("</br>")
}
```

2.4.6　for in 循环语句

for in 语句主要用来罗列对象元素的循环方式。它并不需要有明确的更新语句，因为循环重复数是对象元素的数目决定的。它的语法如下：

```
for (var 变量 in 对象 )
{
  在此执行代码 ;
}
```

需要注意三点。第一，for in 循环中所检查的对象属性并不是按照可预测的顺序来进行的；第二，它只能列举用户自定义对象的属性，包括任何继承属性，但内置对象的一些属性以及它的方法就不会被列举；第三，for in 循环不能列举出未定义，也就是没有默认值的文本域。

【例 2-12】

下面这个例子，用 for in 循环输出了数组中的元素。代码如下：

```
var myArray = new Array();
myArray [0] = "for";
myArray [1] = "for in";
myArray [2] = "hello";
for (var a in myArray)
{
  document.write(myArray [a] + "<br />");
}
```

2.4.7　对话框语句

在前面已经多次使用到了消息对话框，给用户传递信息。在 JavaScript 中，可以创建三种消息对话框：警告对话框、确认对话框和提示对话框。本小节将依次对这三种消息对话框进行更加详细的介绍。

1. 警告对话框

警告对话框经常用于确保用户可以得到某些信息。当警告对话框出现后，用户需要单击“确定”按钮才能继续进行操作。警告对话框的语法如下：

```
alert(" 文本 ");
```

【例 2-13】

判断一个数字的奇偶性，并使用警告对话框显示判断结果，代码如下：

```
<script type="text/javascript">
var i=11;
if(i%2==0)
{
    alert(i+" 是偶数！ ");
}
else{
    alert(i+" 是奇数！ ");
}
</script>
```

技巧

如果在警告对话框中显示的文本信息比较长，为了美观，可以使用 JavaScript 中的转义符“\n”对文本信息进行换行。

2. 确认对话框

确认对话框用于使用户可以验证或者接受某些信息。当确认对话框出现后，用户根据确认对话框提示的信息选择单击“确定”或者“取消”按钮才可以继续进行操作。如果用户单击“确认”按钮，那么返回值为 true；如果用户单击“取消”按钮，那么返回值为 false。确认对话框的语法如下：

```
confirm(" 文本 ");
```

【例 2-14】

下面将通过一个具体实例来分析一下确认对话框的具体应用，代码如下：

```
<html>
<head>
<title> 使用 confirm 语句 </title>
<script type="text/javascript">
function disp_confirm()
{
  var r=confirm(" 请选择确认或者取消 ");
  if (r==true)
  {
    alert(" 您选择了确认 ")
  }
  else
  {
    alert(" 您选择了取消 ")
  }
}
</script>
</head>
<body>
<input type="button" onclick="disp_confirm()"
value=" 单击这里 " />
</body>
</html>
```

在上述语句中，使用 if else 语句对用户选择的操作进行判断，并使用警告对话框输出用户的选择，当然，也可以定义其他复杂的操作。具体的效果如图 2-4 所示。

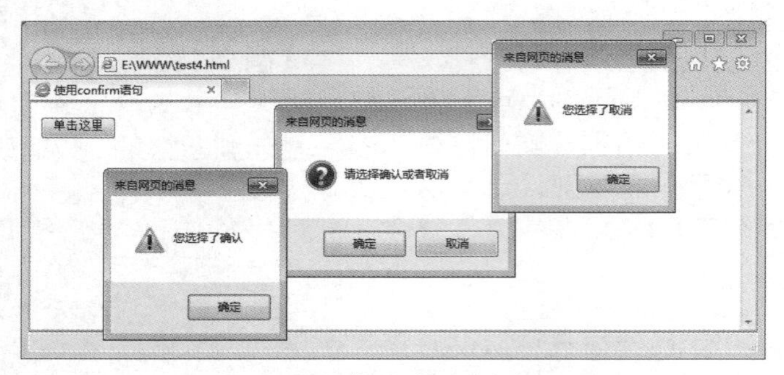

图 2-4　使用确认对话框

3. 提示对话框

提示对话框经常用于提示用户在进入页面前输入某个值。当提示对话框框出现后，用户需要输入一个值，然后单击“确认”或者“取消”按钮才能继续操作。如果用户单击“确认”按钮，那么返回值为用户输入的值；如果用户单击“取消”按钮，那么返回值为 null。提示对话框的语法如下：

```
prompt(" 文本 "," 默认值 ")
```

【例 2-15】

下面将使用提示对话框创建一个示例，代码如下：

```
<html>
<head>
<title> 使用 prompt 语句 </title>
<script type="text/javascript">
function disp_prompt()
{
    var name = prompt(" 请输入你的姓名 ","");
    var sex = prompt(" 请输入你的性别 "," 男 ");
    if (name!=null && name!="")
     {
          if(sex==" 男 ")
          {
               var str=name+" 先生您好！ \n\n 今天天气不错，希望您玩的开心 ";
               alert(str);
          }
          else
          {
               var str=name+" 女士您好！ \n\n 今天天气不错，希望您玩的开心 ";
               alert(str);
          }
     }
```

```
}
</script>
</head>
<body>
<input type="button" onclick="disp_prompt()" value=" 单击这里 " />
</body>
</html>
```

在上述代码中，使用了两个提示对话框，分别让用户输入姓名和性别信息，然后根据用户的输入选择不同的问候语，如图 2-5 所示。

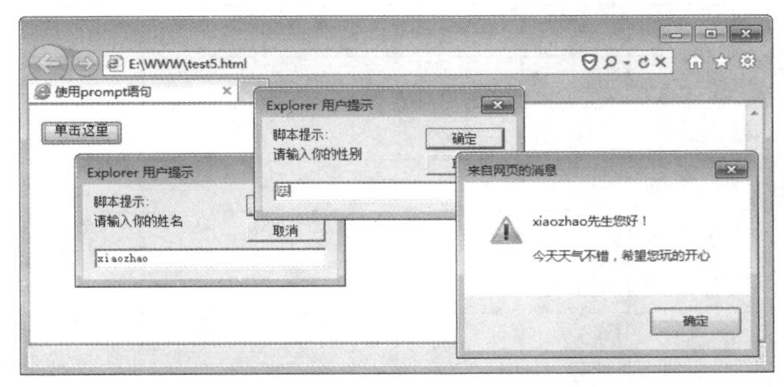

图 2-5 使用提示对话框

2.5 函数

在 JavaScript 语言中，函数是一个既重要又复杂的部分。JavaScript 函数可以封装那些在程序中可能要多次用到的模块，并可作为事件驱动的结果而调用程序，从而实现一个函数与相应事件的关联。

2.5.1 系统函数

JavaScript 中提供了一些内部函数，也称为系统函数、内部方法或内置函数等。这些函数是与任何对象无关的，在程序中可以直接调用这些函数来完成某些功能。表 2-7 列出了常用的系统函数。

表 2-7 常用的系统函数

函数名称	说 明
eval()	返回字符串表达式中的值
parseInt()	返回不同进制的数，默认是十进制，用于将一个字符串按指定的进制转换成一个整数
parseFloat()	返回实数，用于将一个字符串转换成对应的小数
escape()	返回对一个字符串进行编码后的结果字符串
encodeURI()	返回一个对 URI 字符串编码后的结果

（续表）

函数名称	说　明
decodeURI()	将一个已编码的 URI 字符串解码成最原始的字符串返回
unescape ()	将一个用 escape 方法编码的结果字符串解码成原始字符串并返回
isNaN()	检测 parseInt() 和 parseFloat() 函数的返回值是否为非数值型，如果是，返回 true，否则返回 false
abs(x)	返回 x 的绝对值
acos(x)	返回 x 的反余弦值 (余弦值等于 x 的角度)，用弧度表示
asin(x)	返回 x 的反正弦值
atan(x)	返回 x 的反正切值
ceil(x)	返回大于等于 x 的最小整数
cos(x)	返回 x 的余弦
exp(x)	返回 e 的 x 次幂 (e^x)
floor(x)	返回小于等于 x 的最大整数
log(x)	返回 x 的自然对数 (ln x)
max(a，b)	返回 a，b 中较大的数
min(a，b)	返回 a，b 中较小的数
pow(n，m)	返回 n 的 m 次幂
random()	返回大于 0 小于 1 的一个随机数
round(x)	返回 x 四舍五入后的值
sin(x)	返回 x 的正弦
sqrt(x)	返回 x 的平方根
tan(x)	返回 x 的正切
toString()	用法：< 对象 >.toString()；表示把对象转换成字符串。如果在括号中指定一个数值，则转换过程中所有数值转换成特定进制

这里需要说明的是，系统函数不需要创建，也就是说，用户可以在任何需要的地方调用它们，如果函数有参数，还需要在括号中指定传递的值。

2.5.2　自定义函数

在 JavaScript 中定义一个函数必须以 function 关键字开头，函数名跟在关键字的后面，接着是函数参数列表和函数所执行的程序代码段。定义一个函数的格式如下：

```
function 函数名 ( 参数列表 )
{
  程序代码；
  return 表达式；
}
```

在上述格式中，参数列表表示在程序中调用某个函数时传递到函数中的某种类型的一些值或变量，如果这样的参数多于一个，那么两个参数之间需要用逗号隔开。虽然有些函数并不需要接收任何参数，但在定义函数时也不能省略函数名后面的那对小括号，保留小括号，让其中的内容为空即可。

另外，函数中的程序代码必须位于一对大括号之间，如果主程序要求返回一个结果集，就必须使用 return 语句，后面跟上这个要返回的结果。当然，return 语句后可以跟上一个表达式，返回值将是表达式的运算结果。如果在函数程序代码中省略 return 语句后的表达式，或者函数结束时没有 return 语句，这个函数就返回一个为 undefined 的值。

【例 2-16】

下面通过示例演示如何定义函数。在该例子中定义两个函数 Message() 和 Sum()，由于在 Message() 函数中没有 return 语句，所以没有返回值；在 Sum() 函数中，使用 return 语句返回三个数相加的和，具体实现代码如下所示：

```
<html>
<head>
<title> 定义函数 </title>
</head>
<body>
<script type="text/javascript">
// 由于该函数没有 return 语句，所以它没有
返回值
function Message(msg)
{
    document.write(msg,'<br/>');
}
// 该函数是计算三个数的和
function Sum(a,b,c)
{
    return a+b+c;
}
Message("Hello World");
Message(" 三个数的和是： "+Sum(1,2,3));
</script>
</body>
</html>
```

函数定义好以后，可以直接调用。在上述代码中，分别为 Message() 和 Sum() 函数传递参数，然后将代码保存为“调用函数.html”，双击打开，可以在页面中看到两条输出信息，如下所示：

```
Hello World
三个数的和是：6
```

注意

参数变量只有在执行函数的时候才会被定义，如果函数返回，那么它们就不再存在。

2.6 常用对象

JavaScript 提供了内置的对象，以实现特定的功能。其常用对象有数组对象、窗体对象和 DOM 对象等。本节详细介绍 JavaScript 内置对象的使用。

2.6.1 Array 对象

Array 对象是 JavaScript 中的数组对象，实现数组的相关操作。数组允许在单个的变量中存储多个值，其创建语法如下：

```
new Array();
new Array(size);
new Array(element0, element1, ..., elementn);
```

上述代码中，参数 size 是期望的数组元素个数。参数 element0，element1，...，elementn 是参数列表。当使用这些参数来调用构造函数 Array() 时，新创建的数组的元素就会被初始化为这些值。它的长度(元素数目)也会被设置为参数的个数。

如果调用构造函数 Array() 时没有使用参数，那么返回的数组为空，元素数目为 0。

如果调用构造函数时只传递给它一个数字参数，该构造函数将返回具有指定个数、元素为 undefined 的数组。

当把构造函数作为函数调用，不使用 new 运算符时，其行为与使用 new 运算符调用时的行为完全一样。

Array 对象有以下 3 个属性。

- constructor：返回对创建此对象的数组函数的引用。
- length：设置或返回数组中元素的数目。
- prototype：使开发人员有能力向对象添加属性和方法。

Array 对象有着对数组的操作，其所包括的方法如表 2-8 所示。

表 2-8　Array 对象的方法

方法名称	说　明
concat()	连接两个或更多的数组，并返回结果
join()	把数组的所有元素放入一个字符串元素，通过指定的分隔符进行分隔
pop()	删除并返回数组的最后一个元素
push()	向数组的末尾添加一个或更多元素，并返回新的长度
reverse()	颠倒数组中元素的顺序
shift()	删除并返回数组的第一个元素
slice()	从某个已有的数组返回选定的元素
sort()	对数组的元素进行排序
splice()	删除元素，并向数组添加新元素
toSource()	返回该对象的源代码
toString()	把数组转换为字符串，并返回结果
toLocaleString()	把数组转换为本地数组，并返回结果
unshift()	向数组的开头添加一个或更多元素，并返回新的长度
valueOf()	返回数组对象的原始值

2.6.2　Document 对象

Document 对象使设计人员可以从脚本中对 HTML 页面中的元素进行访问。Document 对象是 Window 对象的一部分，可通过 window.document 属性对其进行访问。

Document 对象可以控制页面中的元素，也可以对多个元素统一处理。对多个元素统一处理需要使用集合，Document 所包含的集合如表 2-9 所示。

表 2-9　Document 对象的集合

集　合	说　明
all[]	提供对文档中所有 HTML 元素的访问

（续表）

集　合	说　明
anchors[]	返回对文档中所有 Anchor 对象的引用
applets[]	返回对文档中所有 Applet 对象的引用
forms[]	返回对文档中所有 Form 对象的引用
images[]	返回对文档中所有 Image 对象的引用
links[]	返回对文档中所有 Area 和 Link 对象的引用

HTML Document 接口对 DOM Document 接口进行了扩展，定义 HTML 专用的属性和方法。

很多属性和方法都是 HTML Collection 对象拥有的，其中保存了对锚、表单、链接以及其他脚本元素的引用。其常用属性和方法如表 2-10 和表 2-11 所示。

表 2-10　Document 对象的属性

属性名称	说　明
body	提供对 <body> 元素的直接访问。对定义了框架集的文档，该属性引用最外层的 <frameset>
cookie	设置或返回与当前文档有关的所有 cookie
domain	返回当前文档的域名
lastModified	返回文档被最后修改的日期和时间
referrer	返回载入当前文档的 URL
title	返回当前文档的标题
URL	返回当前文档的 URL

表 2-11　Document 对象的方法

方　法	描　述
close()	关闭用 document.open() 方法打开的输出流，并显示选定的数据
getElementById()	返回对拥有指定 id 的第一个对象的引用
getElementsByName()	返回带有指定名称的对象集合
getElementsByTagName()	返回带有指定标签名的对象集合
open()	打开一个流，以收集来自任何 document.write() 或 document.writeln() 方法的输出
write()	向文档写 HTML 表达式或 JavaScript 代码
writeln()	等同于 write() 方法，不同的是在每个表达式之后写一个换行符

write() 方法值得注意，在文档载入和解析的时候，它允许一个脚本向文档中插入动态生成的内容。

2.6.3　HTML DOM Event 对象

Event 对象监控事件的状态，其事件包括键盘事件和鼠标事件。事件的状态包括键盘按钮的按下、松开；鼠标的单击、双击等。

为这些事件定义脚本，可使页面与用户之间建立互动，页面根据用户的操作执行相应的脚本。事件通常与函数结合使用，函数不会在事件发生前被执行。

Event 对象的应用通常是对 Event 对象属性的应用，其属性定义了元素的操作事件，为元素的事件定义脚本，以实现元素的功能。其常用属性如表 2-12 所示。

表 2-12　Event 对象的常用属性

属性名称	说　明
onclick	当用户点击某个对象时调用的事件
ondblclick	当用户双击某个对象时调用的事件
onfocus	元素获得焦点
onkeydown	某个键盘按键被按下
onkeypress	某个键盘按键被按下并松开
onkeyup	某个键盘按键被松开
onload	一张页面或一幅图像完成加载
onmousedown	鼠标按钮被按下
onmousemove	鼠标被移动
onmouseout	鼠标从某元素移开
onmouseover	鼠标移到某元素之上
onmouseup	鼠标按键被松开
onreset	重置按钮被点击
onselect	文本被选中
onsubmit	确认按钮被点击
onunload	用户退出页面

2.6.4　Window 对象

Window 对象表示一个浏览器窗口或一个框架。在客户端 JavaScript 中，Window 对象是全局对象，所有的表达式都在当前的环境中计算。也就是说，要引用当前窗口，根本不需要特殊的语法，可以把那个窗口的属性作为全局变量来使用。

例如，可以只写 document，而不必写 window.document。同样，可以把当前窗口对象的方法当作函数来使用，如只写 alert()，而不必写 Window.alert()。Window 对象的常用方法如表 2-13 所示。

表 2-13　Window 对象的方法

方法名称	说　明
alert()	显示带有一段消息和一个确认按钮的警告框
blur()	把键盘焦点从顶层窗口移开
clearInterval()	取消由 setInterval() 设置的 timeout
clearTimeout()	取消由 setTimeout() 方法设置的 timeout
close()	关闭浏览器窗口
confirm()	显示带有一段消息以及确认按钮和取消按钮的对话框
createPopup()	创建一个 pop-up 窗口
focus()	把键盘焦点给予一个窗口

（续表）

方法名称	说　明
moveBy()	可相对窗口的当前坐标把它移动指定的像素
moveTo()	把窗口的左上角移动到一个指定的坐标
open()	打开一个新的浏览器窗口或查找一个已命名的窗口
print()	打印当前窗口的内容
prompt()	显示可提示用户输入的对话框
resizeBy()	按照指定的像素调整窗口的大小
resizeTo()	把窗口的大小调整到指定的宽度和高度
scrollBy()	按照指定的像素值来滚动内容
scrollTo()	把内容滚动到指定的坐标
setInterval()	按照指定的周期（以毫秒计）来调用函数或计算表达式
setTimeout()	在指定的毫秒数后调用函数或计算表达式

除了表 2-13 所列出的方法，Window 对象还实现了核心 JavaScript 所定义的所有全局属性和方法。

Window 对象的 window 属性和 self 属性引用的都是它自己。当明确地引用当前窗口，而不仅仅是隐式地引用它时，可以使用这两个属性。除了这两个属性之外，parent 属性、top 属性以及 frame[] 数组都引用了与当前 Window 对象相关的其他 Window 对象。

新的顶层浏览器窗口由方法 Window.open() 创建。当调用该方法时，应把 open() 调用的返回值存储在一个变量中，然后使用那个变量来引用新窗口。新窗口的 opener 属性反过来引用了打开它的那个窗口。

一般来说，Window 对象的方法都是对浏览器窗口或框架进行某种操作。而 alert() 方法、confirm() 方法和 prompt() 方法则不同，它们通过简单的对话框与用户交互。

2.7　高手带你做——长方体几何计算

本章全面讲述了 JavaScript 的基础知识，包括 JavaScript 中的语法规则、语句、变量、运算符、对象和函数等。

【例 2-17】

本节结合本章内容，创建长方体函数并对其进行实例化，具体要求如下：

- 创建长方体计算函数，有长方体的长、宽和高这 3 个参数。
- 在函数中计算获取长方体的体积属性值和表面积属性值。
- 创建长 4、宽 3、高 2 的长方体和长宽高均为 3 的正方体。
- 计算这两个长方体的面积和体积并输出。
- 判断长方体和正方体的体积大小并输出。

实现上述要求的步骤如下。

01 创建长方体计算函数，有长方体的长、宽和高这 3 个参数，在函数中计算获取长方体的体积属性值和表面积属性值，函数代码如下所示：

```
<script>
  function boxes(l, w, h) {
    this.l = l;
    this.w = w;
    this.h = h;
    this.area = 2 * (l * w + l * h + w * h);
    this.volume = l * h * w;
  }
</script>
```

02 创建长 4、宽 3、高 2 的长方体和长宽高均为 3 的正方体，计算这两个立方体的面积和体积并输出，代码如下：

```
var box1 = new boxes(4, 3, 2);
document.write(" 长方体表面积： " + box1.area
+ "<br/>");
document.write(" 长方体体积： " + box1.volume
+ "<br/>");
var box2 = new boxes(3, 3, 3);
document.write(" 正方体表面积： " + box2.area
+ "<br/>");
document.write(" 正方体体积： " + box2.volume
+ "<br/>");
```

03 判断长方体和正方体的体积大小并输出，代码如下：

```
if (box1.area > box2.area)
{
    document.write(" 长方体体积较大 ");
}
else if (box1.area == box2.area)
{
    document.write(" 体积一样大 ");
}
else
{
    document.write(" 正方体体积较大 ");
}
```

04 运行上述代码，其执行效果如图 2-6 所示。

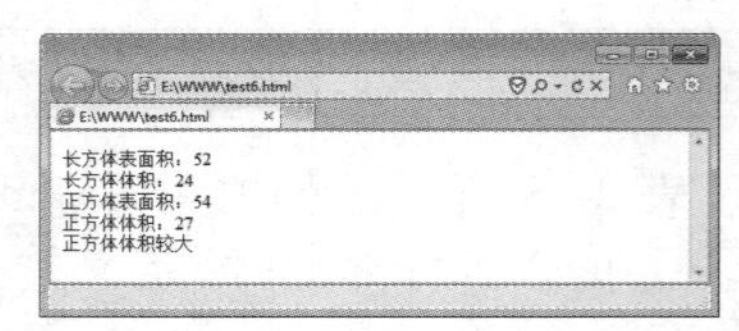

图 2-6 长方体几何计算

2.8 成长任务

成长任务 1：输出直角梯形

使用一种符号，如‘@’、‘#’、‘*’或‘$’等，输出一个直角梯形。要求在梯形每一行的中间位置使用另一种符号，达到如图 2-7 所示的效果。

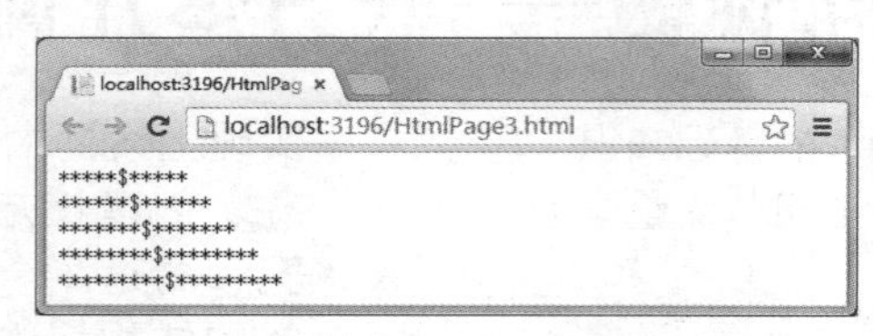

图 2-7 创建直角梯形的运行效果

成长任务 2：求阶乘

创建一个用户自定义函数，该函数带有一个参数，用于指定求阶乘的数。例如，求 10 阶乘的公式如下：

```
10!=1*2*3*4*5*6*7*8*9*10
```

再创建一个函数，用于统计阶乘之和，例如计算 5 的阶乘和的公式如下：

```
1!+2!+3!+4!+5!
```

第3章

ASP.NET 技术入门知识

欢迎加入ASP.NET技术学习之旅。ASP.NET技术是Microsoft Web开发史上的一个重要里程碑，使用ASP.NET开发Web应用程序并维持其运行比以前变得更加简单。与Java、PHP和Perl相比，ASP.NET具有方便、灵活、性能优、生产效率高、安全性高、完整性强及面向对象等特性，是目前主流的网络编程技术之一。本章从ASP.NET的概念讲起，并最终完成ASP.NET开发环境的搭建。

本章学习要点

◎ 了解ASP.NET的概念
◎ 理解.NET Framework
◎ 了解公共语言运行时和类库的作用
◎ 掌握Visual Studio 2015的安装
◎ 掌握如何创建ASP.NET网站

扫一扫，下载
本章视频文件

3.1 ASP.NET 概述

ASP.NET 是 .NET Framework 的一部分，它是一个统一的开发模型，包括创建企业级 Web 应用程序所必需的各种服务。另外，开发人员还可以使用 .NET Framework 类库提供的类，且选择公共语言运行时兼容的任何语言来编写应用程序代码。本节将介绍 ASP.NET 的相关内容，包括其发展、优势和特色等。

3.1.1 ASP.NET 简介

随着 2000 年 ASP.NET 1.0 的发布，其发展速度也相当惊人，2003 年升级为 1.1 版本。ASP.NET 对网络技术的发展起到了推动作用，并且引起了越来越多的程序开发人员对它的兴趣。为了达到“减少 70% 代码”的目标，2005 年 11 月微软公司又发布了 ASP.NET 2.0，它的发布是 ASP.NET 技术走向成熟的标志。

伴随着 ASP.NET 的发展，微软又在 2008 年推出了 ASP.NET 3.5，它使网络程序开发更倾向于智能开发。目前最新的版本是 2010 年发布的 ASP.NET 4.0。

ASP.NET 包含的主要内容说明如下：

- ASP.NET 页和控件框架。
- 内置状态管理对象，如 Request、Response、Session 和 Application 等。
- 配置网站时，可以在 web.config 文件中配置相关代码。
- ASP.NET 提供了高级的安全基础结构，如 Windows 身份验证、From 身份验证及根据成员资格和角色来验证身份等。
- ASP.NET 编译器能够将 ASP.NET 网站的所有内容编译成一个程序集并转换为本机代码，从而提供强类型、性能优化和早期绑定等优点。
- 拥有 ASP.NET 调试机制。
- 提供对 Web 服务的支持。

ASP.NET 的功能非常强大，使用 ASP.NET 进行网站开发时，具有许多优点和特性，具体介绍如下。

(1) 强大性和适应性。

ASP.NET 是基于通用语言的编译运行程序，通用语言的基本库、消息机制和数据接口的处理等都能无缝地整合到 ASP.NET 的 Web 应用中。所以，ASP.NET 的强大性和适应性在于能够在大部分平台上运行，如 Windows 2000、Windows 2003、Windows Server、Windows XP 以及 Windows 7 等。

(2) 简单性和易学性。

ASP.NET 使得一些常见的任务（如提交表单进行客户端身份验证、分布系统和网站配置）变得简单。

(3) 高效的可管理性。

ASP.NET 中包含的新增功能使得管理宿主环境变得更加简单，从而为宿主主体创建了更多增值的机会。

(4) 运行性能高。

ASP.NET 采用页面分离技术代码，即前台页面代码保存到 .aspx 文件中，后台代码保存到 .cs 文件中。而编译程序会将代码编译为 DLL 文件，当 ASP.NET 在服务器上运行时，可以直接运行编译好的 DLL 文件，从而提高运行性能。

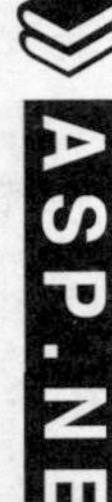

3.1.2 ASP.NET 的优势

微软推出的 ASP.NET 将 WinForms 中的事件模型带入了 Web 应用程序开发，程序员只须拖动控件后处理其控件的属性，不需要面对庞杂的 HTML 编码。它的出现可以说是一项具有革命性意义的技术，其特色和优势主要体现在如下几个方面。

01 与浏览器无关。

ASP.NET 生成的代码遵循 W3C 标准化

组织推荐的 XHTML 标准。只需要设计一次页面，就可以让该页面以完全相同的方式在任何浏览器上显示和工作。

02 方便设置断点，易于调试。

程序开发过程中如何调试，一直是开发人员头痛的事情，有了跟踪调试的功能，代码的找错就相当方便了。

03 编译后执行，运行效率高。

代码编译是指将代码“翻译”成机器语言，而在 ASP.NET 中，是先编译成微软中间语言，然后由编译器进一步编译成机器语言。编译好的代码再次运行时不需要重新编译，极大地提高了 Web 应用程序的性能。

04 丰富的控件库。

在 JSP 中实现一个树形导航菜单需要很多代码，但在 ASP.NET 中可以直接使用控件来完成，这样就节省了大量的开发时间。内置的控件可以帮助开发人员实现许多功能，从而减少了大量的代码。

05 代码后置，使代码更加清晰。

ASP.NET 采用了代码后置技术，将 Web 页面元素和程序逻辑分开处置，这样可以使代码更加清晰，有利于阅读和维护。

3.1.3　与 ASP 的区别

虽然 ASP 是 ASP.NET 的前身，但 ASP.NET 比 ASP 进步了好多，许多开发者都会对它们进行比较。表 3-1 从四个方面列出了它们的不同点。

表 3-1　ASP.NET 与 ASP 的不同点

	ASP	ASP.NET
开发语言	采用弱类型的脚本语言 VBScript 进行编程	采用面向对象语言进行编程。例如 C#、VB.NET
运行机制	解释运行机制，效率低、运行速度慢	编译执行，更快、更加安全、效率高
开发模式	“意大利面式”的开发模式。前台程序和后台代码在一个页面中，维护成本高	前台程序和后台代码分离，复用性和维护性得到了提高
安全性	安全性问题难以解决，信息容易泄漏	安全性比较高

3.2　.NET Framework

ASP.NET 一般分为两种开发语言：VB.NET 和 C#。VB.NET 语言适合于 VB 程序员，而 C# 是 .NET 独有的语言，所以开发 ASP.NET 项目时常用 C# 语言。任何程序的运行都需要一个开发环境，C# 语言的开发环境就是 .NET Framework，简称为 .NET 或 .NET 框架。本节将介绍 .NET Framework 的相关内容，包括它的概念、功能体现和组件等。

3.2.1　.NET Framework 简介

.NET Framework 是由微软开发的致力于敏捷软件开发、快速应用开发、平台无关性和网络透明化的软件开发平台。它提供给程序开发者一个一致的编程环境，为服务器和桌面型软件工程整合迈出了重要的一步。无论是本地代码还是网络代码，它都使得用户的编程经验在面对类型大不相同的应用程序时能够保持一致。

.NET Framework 是一种采用系统虚拟机运行的编程平台，以公共语言运行时为基础，支持多种语言（如 C#、VB、Python 和 C++ 等）的开发。它也为应用程序接口提供了新功能和开发工具。

.NET Framework 的功能非常强大，目前最新的框架为 .NET Framework 4.0。主要提供了如下功能：

- 提供一个可提高代码执行安全性的代码执行环境。
- 提供一个面向对象的编程环境，完全支持面向对象编程。
- 提供丰富的框架，使用户可以快速进行数据驱动的开发，无须编写代码。
- 提供对 Web 应用和 Web Service 的强大支持。
- 提高了 WPF 性能，缩短了启动时间，提供了与位图效果有关的性能。
- 提供一个将软件部署和版本控制冲突最小化的代码执行环境。
- LINQ to SQL 新增了对 SQL Server 中的新日期和文件流功能的支持。
- 提供一个可消除脚本环境或解释环境性能问题的代码执行环境。

.NET Framework 具有两个重要组件：公共语言运行时和类库。下面详细介绍它们的内容。

3.2.2 公共语言运行时

公共语言运行时 (Common Language Runtime，CLR) 是 .NET Framework 的基础，也是所有 .NET 应用程序运行时的环境和编程基础，还是 Microsoft 公共语言基础结构的商业实现。

公共语言运行时是所有 .NET 程序的执行引擎，用于加载及执行 .NET 程序，为每个 .NET 应用程序准备了一个独立、安全稳定的执行环境，包括内存管理、安全控制、代码执行、代码完全验证、编译及其他系统服务等。

公共语言运行时可以看作是一个执行和管理代码的代理，管理代码是 CLR 的基本原则，能够被管理的代码称为托管代码，反之为非托管代码。托管代码有很多优点，如跨语言集成、跨语言异常处理、增强安全性和分析服务等，其作用之一是防止一个应用程序干扰另一个应用程序的执行，此过程称作类型安全性。

公共语言运行时包括两个部分：公共语言规范 (Common Language Specification，CLS) 和通用类型系统 (Command Type System，CTS)。

1. 公共语言规范

公共语言规范通过通用类型系统实现严格的类型和代码验证，以增强代码类型的安全性。它确定公共语言运行时如何定义、使用和管理类型。其定义的规则说明如下：

- CLS 定义了原数据类型，如 Int32、Int64、Double 和 Boolean 等。
- CLS 禁止无符号数值数据类型。有符号数值数据类型的一个数据位被保留来指示数值的正负，而无符号数据类型没有保留这个数据位。
- CLS 定义了对基于 0 的数组的支持。
- CLS 指定了函数参数列表的规则，以及参数传递给函数的方式。
- CLS 禁止内存指针和函数指针，但是可以通过委托提供类型安全的指针。

公共语言规范是一种最低的语言规范标准，它制定了一种以 .NET 平台为目标的语言所必须支持的最小特征及该语言与其他语言之间实现互操作性所需要的完备特征。如 C# 语言命名规范区分大小写，VB 语言不区分大小写。公共语言规范规定编译后的中间代码除了大小写外还有其他不同之处。

2. 通用类型系统

通用类型系统是运行时支持跨语言集成的重要组成部分，用于解决不同语言的数据类型不同的问题。它定义了如何在运行时中声明、使用和管理类型，所有 .NET 语言共享这一类型系统，在它们之间实现无缝操作。

通用类型系统执行的主要功能如下：

- 提供一个支持完整实现多种编程语言的面向对象的模型。
- 建立一个支持跨语言集成、类型安全和高性能代码的执行框架。
- 定义各语言必须遵守的规则，有助于确保用不同语言编写的对象能够交互作用。

.NET Framework 提供了两种数据类型：值类型和引用类型。通用类型系统支持这两种类型，并且每种类型又分为不同的子类型，它的基本结构如图 3-1 所示。

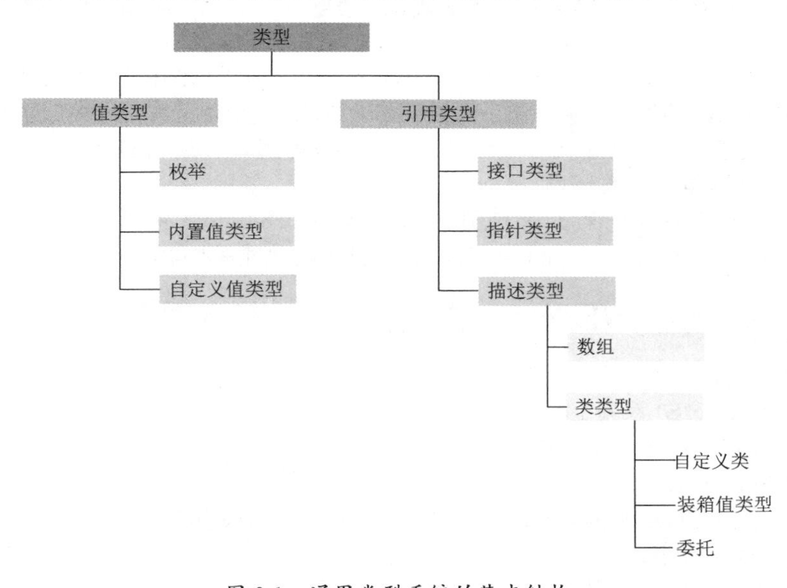

图 3-1 通用类型系统的基本结构

3.2.3 类库

.NET Framework 类库是一个综合性的面向对象的可重用类型集合，它是一个由 Windows 软件开发工具包中包含的类、接口和值类型所组成的库。使用该类库可以开发以下的服务和应用程序：

- 控制台应用程序。
- Windows 窗体应用程序。
- ASP.NET 应用程序。
- XML Web Services。
- Windows 服务。
- WCF 的面向服务的应用程序。
- WPF 应用程序。
- 使用 WF 的启用工作流程的应用程序。

.NET Framework 类库中提供的成百上千个面向对象的类就像许多零件，程序开发人员编写程序时只需要考虑程序的逻辑部分，然后利用这些零件组装即可。图 3-2 展示了类库与 .NET Framework 的关系。

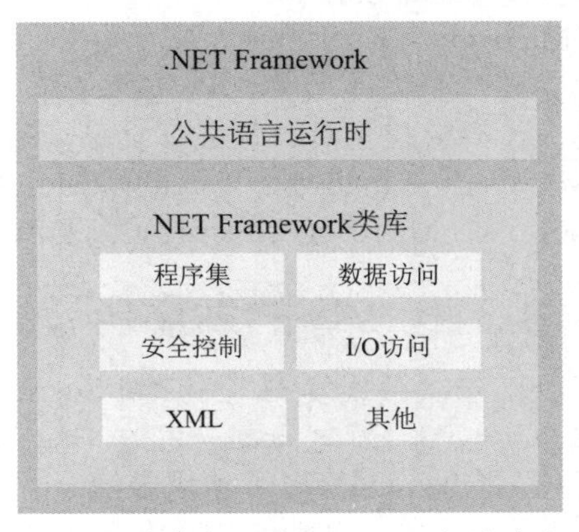

图 3-2 类库与 .NET Framework 的关系

从图 3-2 可以看出，类库是开发程序时的重要资源，其中核心部分主要包括：

- 基础数据类型。如 String、String-Builder、集合和泛型等。
- 安全控制。它为 .NET 安全机制提供一系列的功能。

- XML。它是用于描述数据的一种文件格式。
- 数据访问。它利用 ADO.NET 开发数据库的应用程序。
- I/O 访问。输入输出流，主要用于对文件的操作。

3.3 ASP.NET 开发工具——VS 2015

集成开发环境 (Integrated Development Environment，IDE) 是用于提供程序开发环境的应用程序，一般包括代码编辑器、编译器、调试器和图形用户界面工具，是集成了代码编写功能、分析功能、编译功能、调试功能的一体化软件开发服务套件。所有具备这一特性的软件或者软件套件都可以称为集成开发环境。

本节将介绍 ASP.NET 语言的集成开发环境 Visual Studio，包括 Visual Studio 的概念、Visual Studio 的发展历史以及 Visual Studio 2015 的新增功能等内容。

3.3.1 什么是 VS

微软 (Microsoft) 提供了下列用于 C# 编程的开发工具：

- Visual Studio(VS) 系列工具。
- Visual C# 2010 Express (VCE)。
- Visual Web Developer。

上述开发工具可以从微软官方网站下载。开发者通过使用这些工具，可以编写各种 C# 程序，从简单的命令行应用程序到更复杂的应用程序。当然，开发者也可以使用基本的文本编辑器 (例如 Notepad) 编写 C# 源代码文件，并使用命令行编译器 (.NET 框架的一部分) 将代码编译为组件。

在本书中，我们将使用 Visual Studio 系列的工具来开发 C# 语言程序，下面简单了解一下什么是 Visual Studio。

Microsoft Visual Studio 简称 VS，是美国微软公司的开发工具包系列产品。VS 是一个基本完整的开发工具集，它包括了整个软件生命周期中所需要的大部分工具，例如 UML 工具、代码管控工具、集成开发环境等。所写的目标代码适用于微软支持的所有平台，包括 Microsoft Windows、Windows Mobile、Windows CE、.NET Framework、.NET Compact Framework、Microsoft Silverlight 以及 Windows Phone。

3.3.2 VS 的发展历程

1997 年，微软发布了 Visual Studio 97。它包含面向 Windows 开发的 Visual Basic 5.0、Visual C++ 5.0，面向 Java 开发的 Visual J++ 和面向数据库开发的 Visual FoxPro，还包含创建 DHTML(Dynamic HTML) 所需要的 Visual InterDev。其中，Visual Basic 和 Visual FoxPro 使用单独的开发环境，其他的开发语言使用统一的开发环境。

1998 年，微软发布了 Visual Studio 6.0，所有开发语言的开发环境版本均升至 6.0，这也是 Visual Basic 的最后一次发布。从下一个版本 7.0 开始，Microsoft Basic 进化成了一种新的面向对象的语言：Microsoft Basic .NET 2002。

2002 年，随着 .NET 口号的提出及 Windows XP/Office XP 的发布，微软发布了 Visual Studio .NET(内部版本号为 7.0)。在这个版本的 Visual Studio 中，微软剥离了 Visual FoxPro，将其作为一个单独的开发环境以 Visual FoxPro 7.0 单独销售，同时取消了 Visual InterDev。

与此同时，微软引入了建立在 .NET 框架上 (版本 1.0) 的托管代码机制，以及一门新的语言 C#(读作 C Sharp)。C# 是一门建立在 C++ 和 Java 基础上的现代语言，是编写 .NET 框架的语言。

2003 年，微软对 Visual Studio 2002 进行了部分修订，以 Visual Studio 2003 的名义发布 (内部版本号为 7.1)。Visio 作为使用统一建模语言 (UML) 架构应用程序框架的程序被引入，同时被引入的还包括移动设备支持和企业模板。.NET 框架也升级到了 1.1。

2005 年，微软发布了 Visual Studio 2005。.NET 字眼从各种语言的名字中被抹去，但是这个版本的 Visual Studio 仍然还是面向 .NET 框架的 (版本 2.0)。这个版本的 Visual Studio 包含众多版本，分别面向不同的开发角色。同时还永久提供免费的 Visual Studio Express 版本。

2007 年 11 月，微软发布了 Visual Studio 2008。

2010 年 4 月 12，微软发布了 Visual Studio 2010 以及 .NET Framework 4.0。

2012 年 9 月 12 日，微软在西雅图发布了 Visual Studio 2012。

2013 年 11 月 13 日，微软发布了 Visual Studio 2013。

2014 年 11 月，微软发布了 Visual Studio 2015。

3.3.3　VS 2015 的新功能

VS 2015 中包含很多强大的新特性，无论是从事 Web 应用程序开发，还是桌面应用程序开发，甚至是移动应用开发，VS 2015 都大大提高了工作人员的开发效率。VS 2015 中新增了许多亮点，例如编辑器支持手势识别、Cordova 工具包、C++ 增强工具和最新的 Android 模拟器等。

1. 多账户登录

VS 2015 实现了多个账户登录功能。在 VS 2015 中，开发人员可以随时添加多个用户账户或者通过新的账户管理器进行添加，从而在 VS 中使用这些账户。然后，可以在连接到服务或访问联机资源时在这些账户之间及时切换。

2. 跨平台调试支持

可以使用 VS 创建和调试在 Windows、iOS 和 Android 设备运行的本机移动应用。使用 Visual Studio Emulator for Android 连接设备并在 VS 中直接调试代码。

- JavaScript/Cordova：使用 Visual Studio Tools for Apache Cordova，可通过 JavaScript 生成适用于 Windows、iOS 和 Android 的本机应用。
- C#/Xamarin：通过 Xamarin，在 Visual Studio 中可使用 C# 生成适用于 Windows、iOS 和 Android 的本机应用。
- Xamarin 开发人员指南：其中的调试 (iOS) 和在设备上进行调试介绍了调试体验。
- C++/Android：配合使用用于跨平台移动开发的 Visual C++ 模板和 Android NDK 等第三方工具，可创建适用于 Windows 和 Android 的本机应用。

3. 经典桌面和 Windows 应用商店

VS 2015 继续支持经典桌面和 Windows 商店开发。VS 将随着 Windows 的发展而发展。在 VS 2015 中，适用于 .NET 和 C++ 的库和语言有了大幅改进，适用于 Windows 的所有版本。

4. Web 应用开发

ASP.NET 5 是 MVC、WebAPI 和 SignalR 的一个重大更新，在 Windows、Mac 和 Linux 上运行。ASP.NET 5 旨在完全提供可组合的精益 .NET 堆栈以便生成基于云的现代应用程序。VS 2015 RC 工具与常用 Web 开发工具 (例如 Bower 和 Grunt) 更紧密地集成。

5. 连接到服务器

VS 2015 可以比以往任何时候都更轻松地将应用连接到服务。新的【添加连接的服务】向导会配置项目，添加必要的身份验证支持并下载必要的 NuGet 数据包，可根据开发的服务需要快速轻松地编码。【添加连接的服务】向导还集成了新的账户管理器，这样可以使多个用户账户的建立和订阅变得容易。在 VS 2015 RC 中，对以下服务的支持立即可用(如果拥有账户)：

- Azure 移动服务。
- Azure 存储。
- Office 365(邮件、联系人、日历、文件、用户和组)。
- 销售团队。

提示

目前，2014 年发布的 VS 2015 版本已经趋于稳定，许多开发人员已经开始下载使用。因此，在本书中，将以 VS 2015+ 版本为例来讲解。另外，VS 2015 的新增功能远远不止上面提到的这些，想获得更多的知识，可以到 MSDN 网站上了解。

3.4 高手带你做——安装 VS 2015

VS 2015 是目前使用非常广泛的 ASP.NET 开发工具，简单了解过 VS 2015 的知识之后，本节将详细介绍如何安装 VS 2015。微软公司为开发人员提供了 Community(社区版)、Professional(专业版)、Enterprise(企业版)这三个版本，本节我们以企业版为例进行介绍。

在安装之前，开发人员需要到网站上找到 VS 2015 工具的中文程序压缩包(或镜像文件)并下载，下载后需要解压文件，如图 3-3 所示。

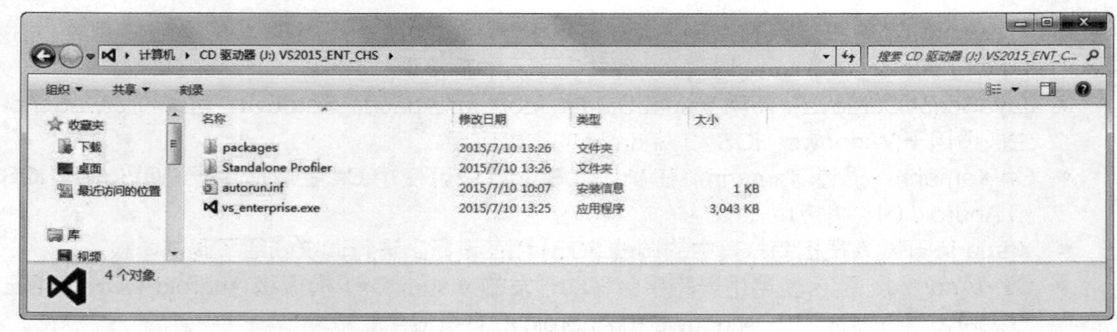

图 3-3　VS 2015 解压后的文件

1. 安装 VS 2015

VS 2015 的详细安装步骤如下。

01 直接双击 vs_enterprise.exe 文件，稍等片刻，会进入初始化界面，如图 3-4 所示。

02 初始化程序检测完成之后，如果安装平台不符合要求或者工具不符合要求，会弹出相应的提示。图 3-5 为针对 IE 浏览器的结果提示。

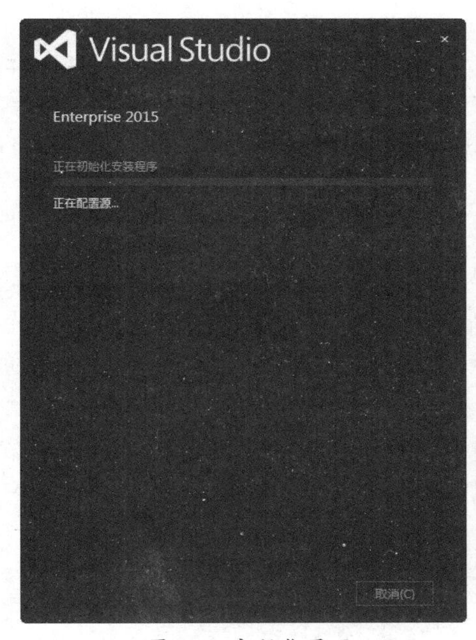

图 3-4　初始化界面

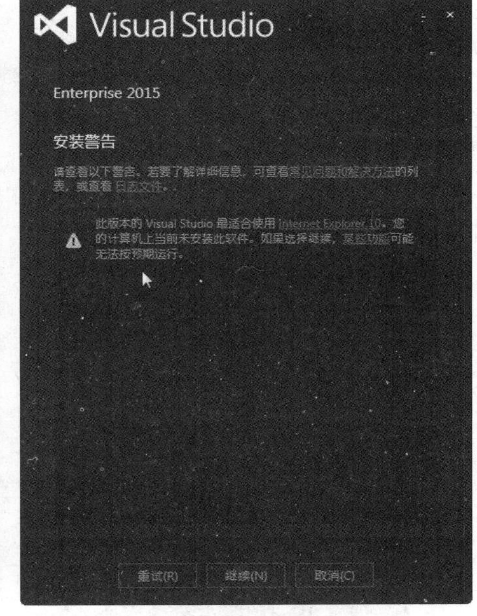

图 3-5　VS 警告界面

03 忽略图 3-5 中的警告信息，直接单击【继续】按钮进行下一步操作，进入如图 3-6 所示的界面。

在图 3-6 中，开发人员可以选择 VS 2015 的安装位置以及安装类型。在【选择安装位置】选项中，默认的安装位置是在 C 磁盘，建议更改位置，不要选择 C 磁盘，这里设置为 F 磁盘。在【选择安装类型】选项中，选择【自定义】选项。

04 单击【下一步】按钮，进入【选择功能】界面，如图 3-7 所示。

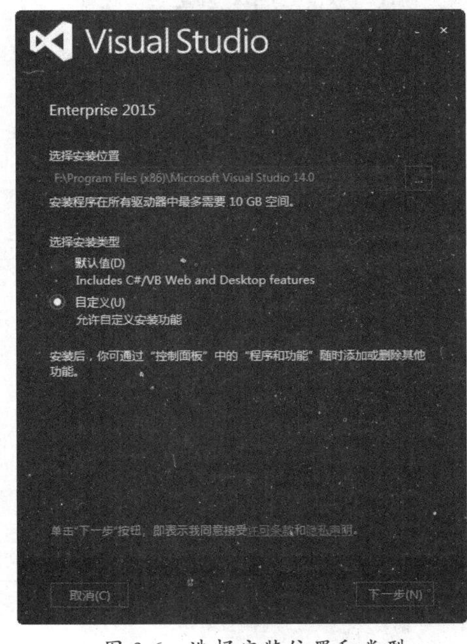

图 3-6　选择安装位置和类型

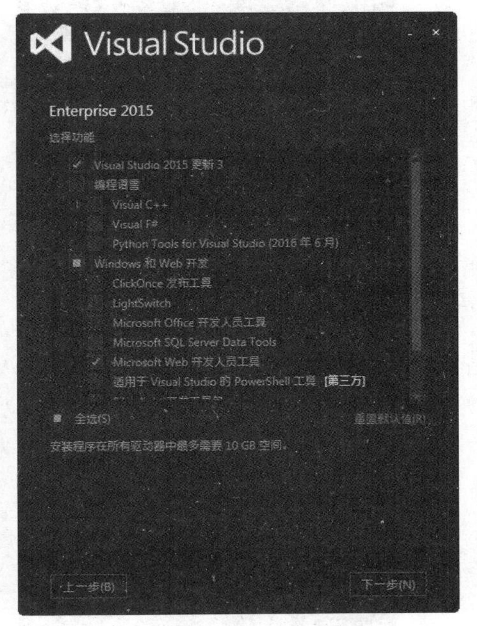

图 3-7　【选择功能】界面

在图 3-7 中，开发人员可以根据需要选择要安装的功能，简单介绍如下。

- Windows 和 Web 开发：与 Windows 和 Web 开发相关的功能，包含 ClickOnce 开发工具、LightSwitch、Microsoft Office 开发人员工具以及 Microsoft Web 开发人员工具等。
- 跨平台和通用工具：如果不选中跨平台和通用工具下的全部应用，磁盘需要 8GB 的空间，但是勾选以后，需要 18GB 的磁盘空间，开发人员可以根据自己的需要进行选择。

05 选择好需要安装的功能后，单击【下一步】按钮，进入如图 3-8 所示的界面。在该界面中需要确认选择的功能。

06 单击【安装】按钮开始安装 VS 2015，在安装时会创建系统还原点，这是怕系统安装失败，回滚用的。安装界面分别如图 3-9 和图 3-10 所示。

07 如果 VS 2015 安装成功，则会出现图 3-11 所示的界面。在图 3-11 所示的界面中，提示开发人员安装成功以后需要重新启动计算机，单击【立即重新启动】按钮可以重启计算机。

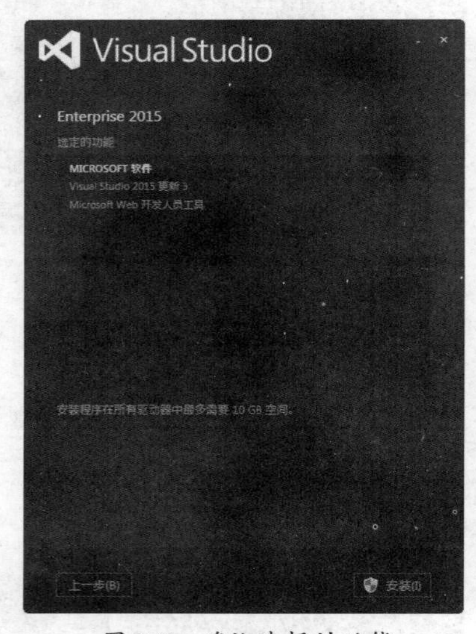

图 3-8　确认选择的功能

图 3-9　VS 2015 安装（一）

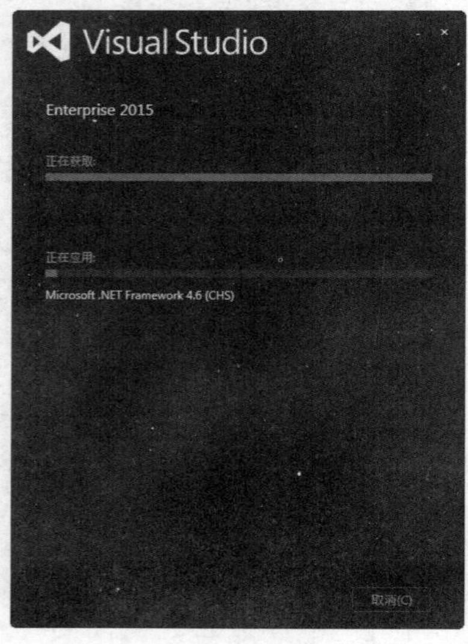

图 3-10　VS 2015 安装（二）

图 3-11　程序安装完成

2. 启动 VS 2015

01 VS 2015 安装完成并且计算机重启完成后，在工具栏或者桌面找到快捷程序并双击，出现如图 3-12 所示的启动程序界面。程序启动完成后的界面如图 3-13 所示。

图 3-12　启动程序界面

图 3-13　程序启动完成界面

02 在图 3-13 所示的界面中，开发人员可以根据需要进行选择，可以单击【登录】按钮，也可以单击【以后再说】链接。这里单击【以后再说】链接，界面如图 3-14 所示。

03 在图 3-14 中选择开发设置，开发人员可以使用默认设置，也可以更改设置，设置完毕后单击【启动 Visual Studio】按钮，VS 2005 开始启动，界面如图 3-15 所示。

图 3-14　VS 2015 启动设置

图 3-15　VS 2015 开始启动

04 VS 2015 启动完成后的界面如图 3-16 所示。

图 3-16　VS 2015 启动完成后的界面

在图 3-16 中，开发人员可以通过执行菜单栏中的【文件】、【编辑】、【视图】等命令来实现基本操作，或者直接单击菜单栏下方的工具栏命令。

3.5　高手带你做——创建第一个 ASP.NET 网站

前几节已经详细介绍了 ASP.NET 和 .NET Framework 的相关知识，也介绍了如何安装 VS 2015。本节通过综合案例，演示如何使用 VS 2015 创建 ASP.NET 网站。

【例 3-1】

步骤如下。

01 选择【文件】|【新建】|【项目】菜单命令，弹出如图 3-17 所示的对话框。在该对话框中选择【其他项目类型】|【Visual Studio 解决方案】，输入解决方案的名称和位置，单击【确定】按钮创建一个解决方案。

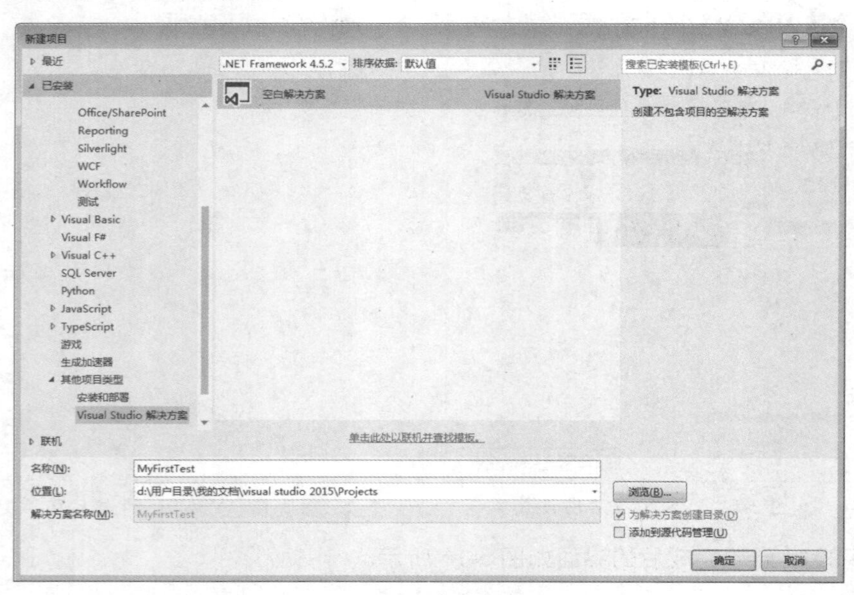

图 3-17　创建解决方案

02 选中创建的解决方案名称后右击，在弹出的快捷菜单中选择【添加】|【新建项目】命令，弹出【添加新项目】对话框。

03 在弹出的对话框中找到 Visual C# 下的 Web 选项，创建 ASP.NET Web 应用程序，如图 3-18 所示。

04 在图 3-18 中输入应用程序的名称，并选择应用程序的位置，然后单击【确定】按钮。再选择一个 ASP.NET 模板，如图 3-19 所示。这里我们选择用 Web Forms 来创建 Web 窗体类应用程序，单击【确定】按钮。此时 VS 2015 会自动生成一个应用程序，如图 3-20 所示。

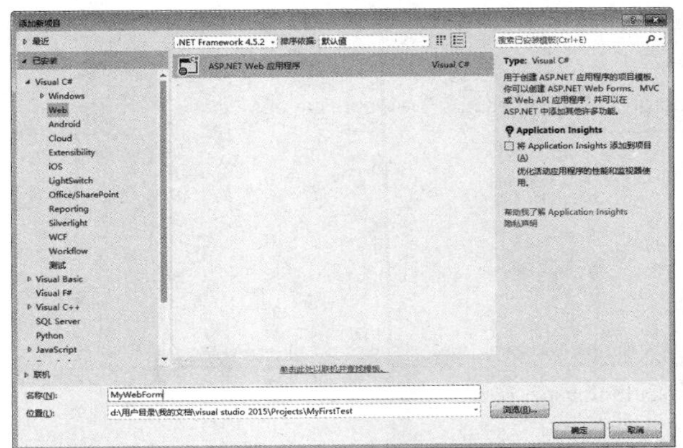

图 3-18　创建 ASP.NET Web 应用程序

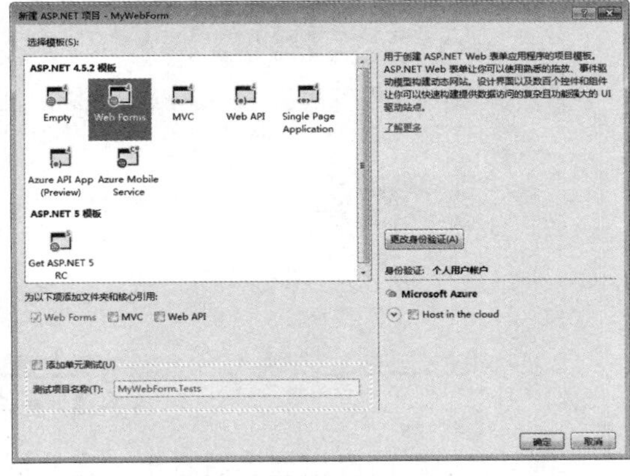

图 3-19　选择 ASP.NET 模板

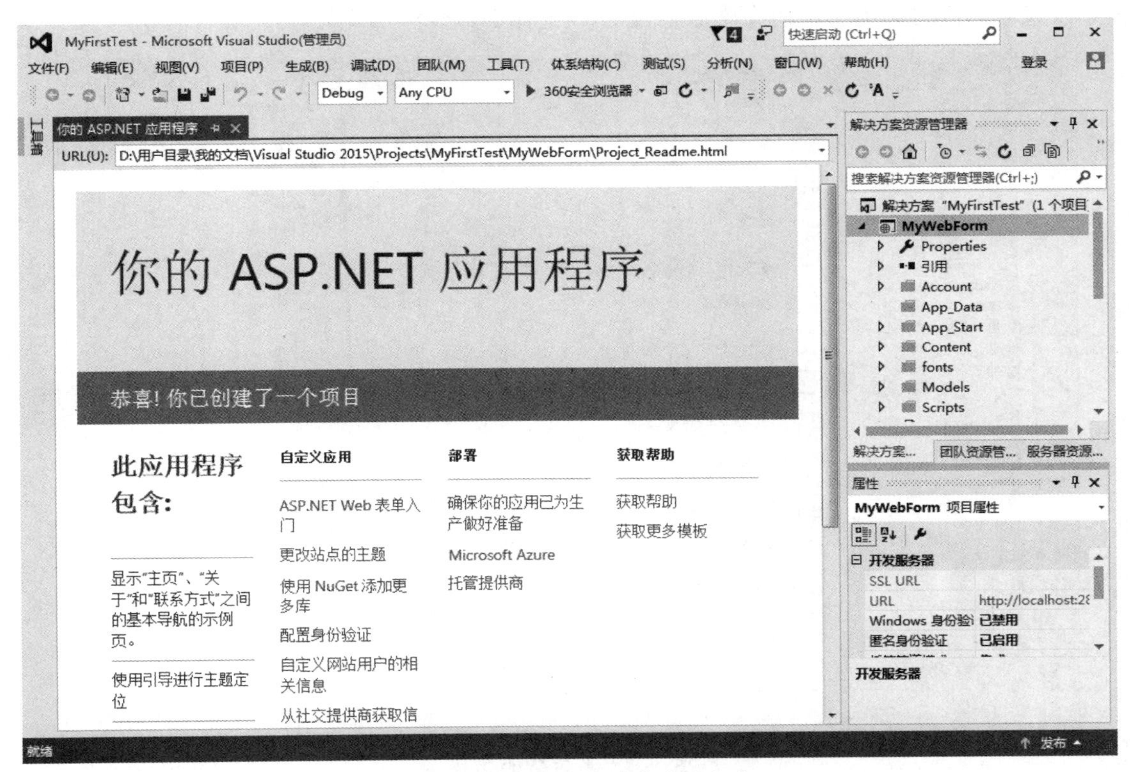

图 3-20　创建的 Web 窗体应用程序

05 创建 ASP.NET Web 窗体应用程序会自动生成多个文件夹和文件。开发者可以直接运行 Default.aspx 页面查看效果，如图 3-21 所示。

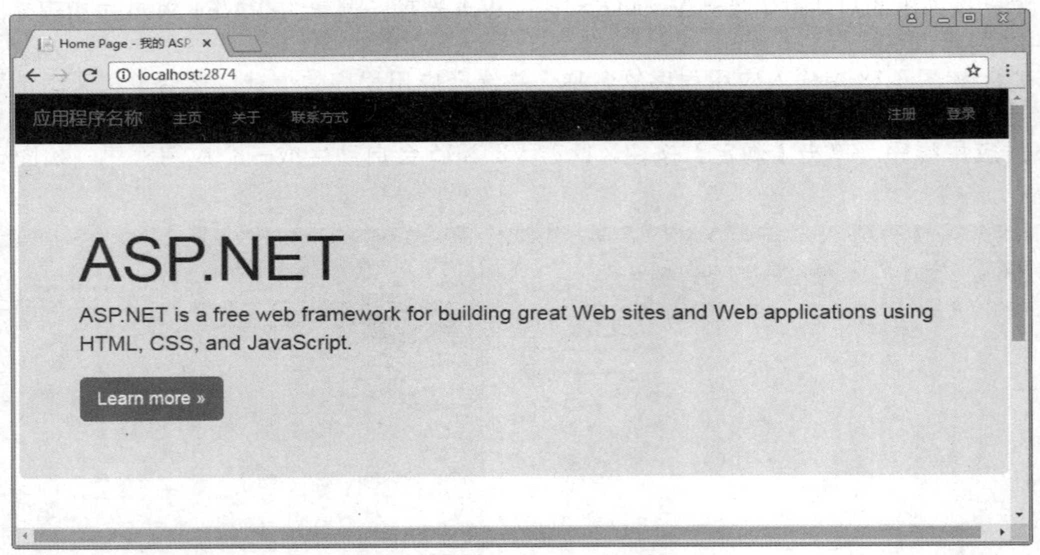

图 3-21　查看 Default.aspx 页面

06 选中当前应用程序后右击，在快捷菜单中选择【添加】|【添加新项】命令，弹出如图 3-22 所示的对话框。选择【Web 窗体】，输入名称 FirstTest，单击【确定】按钮即可添加。也可以直接选择右键菜单中的【添加】|【Web 窗体】命令添加窗体。

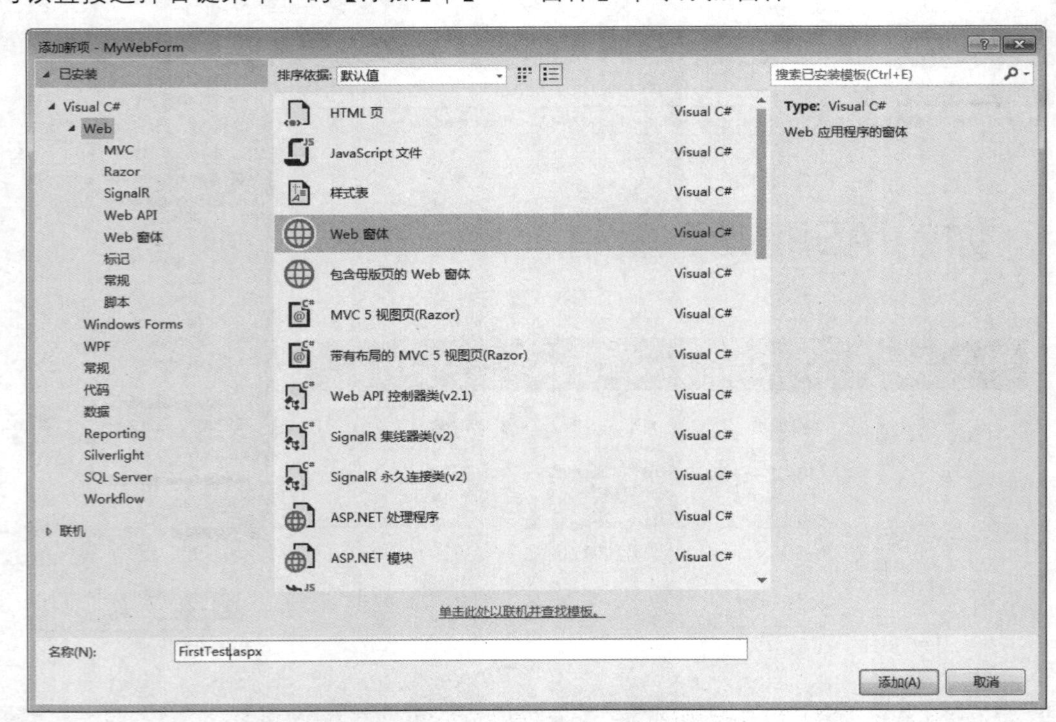

图 3-22　添加 Web 窗体

07 添加 Web 窗体成功后，会自动添加一段代码，开发者直接在 form 控件中添加内容即可。也可以根据需要，在 form 控件的前后添加内容，该控件并不是必需的。自动生成的代码如下：

```
<%@ Page Language="C#" AutoEventWireup="true" CodeBehind="FirstTest.aspx.cs"
Inherits="MyWebForm.FirstTest" %>

<!DOCTYPE html>

<html xmlns="http://www.w3.org/1999/xhtml">
<head runat="server">
<meta http-equiv="Content-Type" content="text/html; charset=utf-8"/>
  <title></title>
</head>
<body>
  <form id="form1" runat="server">
  <div>

  </div>
  </form>
</body>
</html>
```

08 从工具箱中分别拖动 TextBox、Button 和 Label 控件到页面。双击页面中的 Button 控件添加 Click 事件，Click 事件的代码如下：

```
protected void Button1_Click(object sender, EventArgs e) {
  Label1.Text = " 输入的值是： " + TextBox1.Text;
}
```

09 运行 First.aspx 页面，输入内容后单击按钮进行测试，如图 3-23 所示。

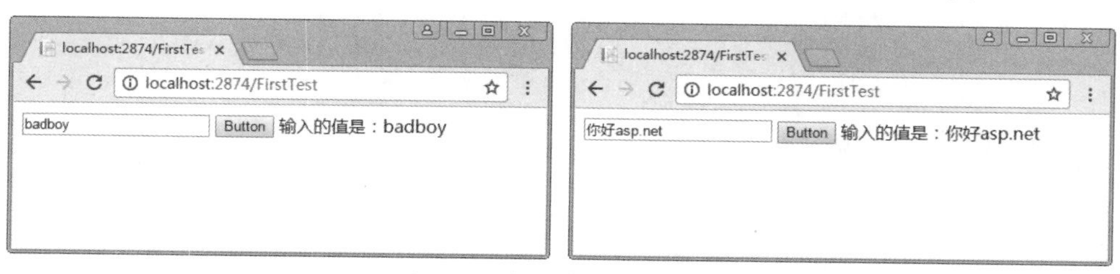

图 3-23　输入内容测试页面

3.6 成长任务

任务：安装 VS 2015

VS 2015 是 ASP.NET 技术的开发工具，熟练地安装和卸载是每个程序员都必须掌握的。读者可以根据本章介绍的安装步骤亲自动手试一试，然后创建一个示例网站进行测试。

第 4 章

ASP.NET 的 Web 页面语法

ASP.NET 使用以 .aspx 作为后缀的网页，这种网页又称为 ASPX 页或者 Web 窗体页。.NET Framework 中的 Page 类是所有 ASPX 页的基类，也就是说，每个 Web 窗体都是 Page 类的实例。本章简单了解 ASP.NET Web 窗体的结构，包括页面运行机制和常用指令等，在介绍 Web 窗体页之前，将分别创建 Web 窗体应用程序和网站，并比较它们之间的异同点。

本章学习要点

◎ 掌握 Web 应用程序的创建
◎ 掌握 Web 网站的创建
◎ 熟悉 Web 应用程序与网站的异同点
◎ 了解 Web 窗体页的特点
◎ 熟悉 Web 窗体页的元素
◎ 了解 Web 窗体页的运行过程
◎ 掌握 @Page 和 @Control 指令
◎ 掌握 @Register 和 @Master 指令
◎ 了解 ASP.NET 的其他页面指令

扫一扫，下载
本章视频文件

4.1 Web 应用程序和网站

C/S 和 B/S 是应用程序的两种模式，C/S 是客户端 / 服务器端程序，而 B/S 是浏览器端 / 服务器端应用程序，这类应用程序一般借助于 IE、Chrome 和 Firefox 等浏览器来运行。Web 应用程序一般是 B/S 模式，它是基于 Web 的，而不是采用传统方法运行的。简单地说，Web 应用程序是典型的浏览器 / 服务器架构的产物。

4.1.1 Web 应用程序

在第 3 章已经介绍过如何创建一个基于窗体的 Web 应用程序，基于窗体的 Web 应用程序创建完毕后，会自动生成一些目录和文件。如图 4-1 所示为基于窗体的 Web 应用程序。

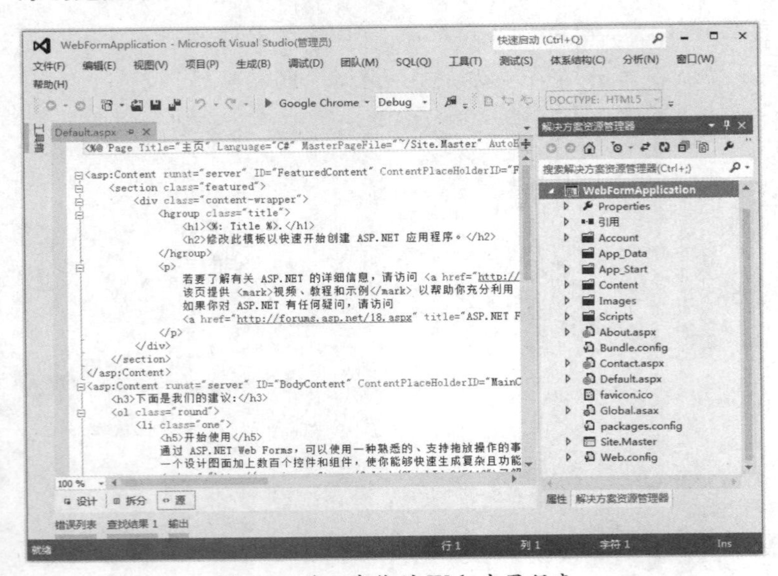

图 4-1　基于窗体的 Web 应用程序

在图 4-1 所示界面中，包含多个目录和文件，常用的目录和文件说明如下。

- Properties 目录：该目录中包含一个 AssemblyInfo.cs 文件，这是一个包含程序版本、版权等信息的属性文件。
- Account 目录：该目录包含多个 Web 窗体，这是基于窗体创建 Web 应用程序时生成的一个目录，包含用户登录和注册等页面。
- App_Data 目录：包含 Microsoft Office Access 和 SQL Expression 文件以及 XML 文件或者其他数据存储文件。
- Images 目录：包含图像文件。
- Scripts 目录：包含脚本文件。
- Global.asax 文件：这是一个可选文件，通常被称为 ASP.NET 应用程序文件。该文件包含响应 ASP.NET 或 HTTP 模块所引发的应用程序级别和会话级别事件的代码。如果文件不存在，进行创建时，必须将其放在应用程序的根目录下。
- Web.config 文件：该文件用来存储 ASP.NET Web 应用程序的配置信息，这是一个 XML 文件。

在图 4-1 所示的界面中，Content、Images、Scripts、Abount.aspx 等目录和文件都是基于窗体的 Web 应用程序生成的。开发者也可以创建不带窗体的 Web 应用程序，创建时只需要在弹出的对话框中选择【ASP.NET 空 Web 应用程序】选项即可。如图 4-2 所示为创建空 Web 应用程序时的结构。

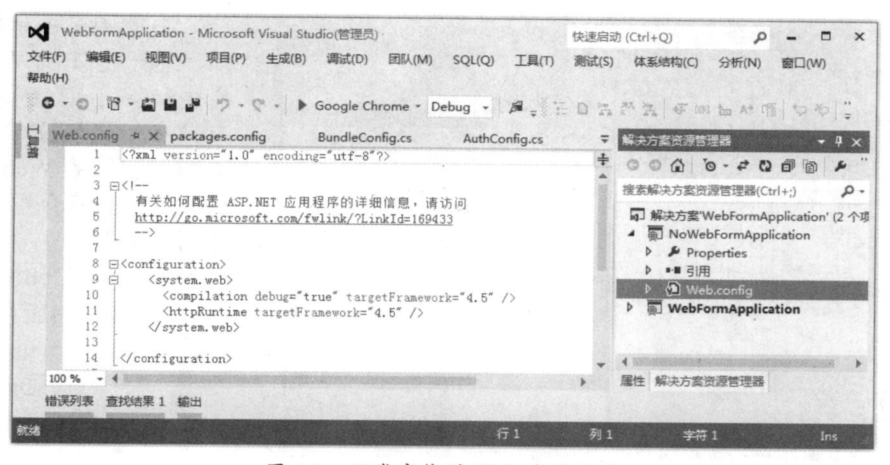

图 4-2　不带窗体的 Web 应用程序

比较图 4-1 和图 4-2 可以看出，不带窗体的 Web 应用程序很简单，只包含 Properties 目录、引用文件目录和 Web.config 文件。

4.1.2　Web 网站

开发者可以通过创建 Web 窗体应用程序的方式创建 Web 程序，还可以通过创建 Web 网站的方式创建 Web 程序。选择【文件】|【新建】|【网站】菜单命令打开【新建网站】对话框，如图 4-3 所示。

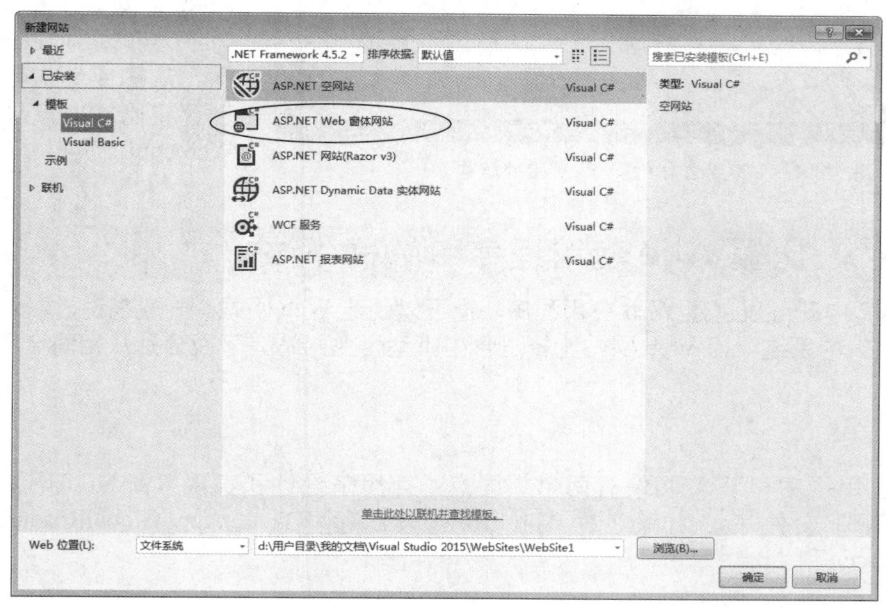

图 4-3　【新建网站】对话框

在如图 4-3 所示的对话框中，选择【ASP.NET Web 窗体网站】后，输入或选择网站位置，然后单击【确定】按钮，即可创建基于窗体的 Web 网站，结果如图 4-4 所示。

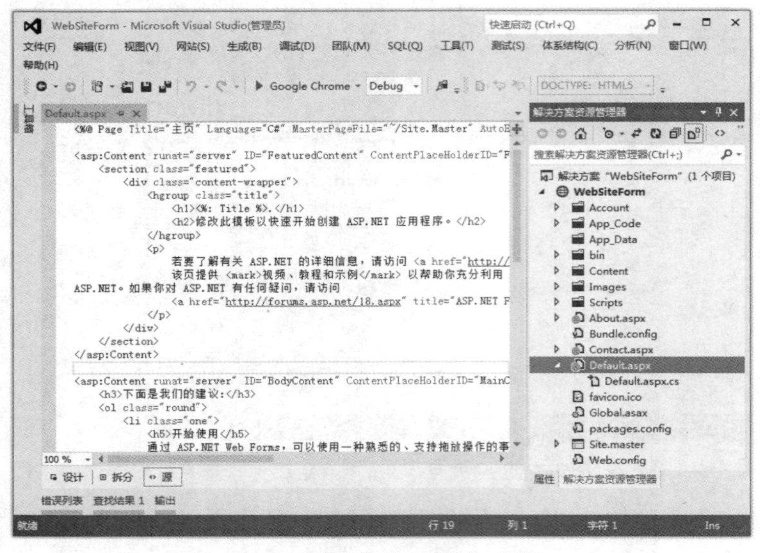

图 4-4 基于窗体的 Web 网站

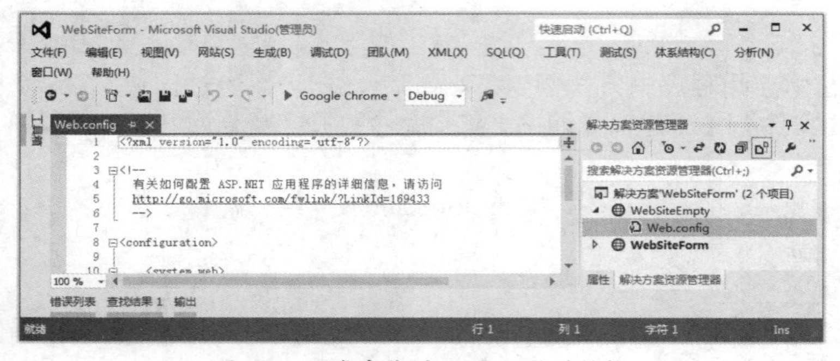

图 4-5 不带窗体的 Web 网站的结构

由图 4-4 所示的界面可知，基于窗体的 Web 网站也会生成多个目录和文件，其中许多目录和文件的说明都与基于窗体的 Web 应用程序相似，这里只介绍 App_Code 和 bin 目录。

- App_Code 目录：包含作为应用程序一部分编译的类的源文件。当页面被请求时，ASP.NET 编译该目录中的代码，该目录中的代码在应用程序中自动地被引用。
- bin 目录：包含应用程序所需的任何预生成的程序集。

开发者也可以创建不带窗体的 Web 网站，在图 4-3 所示的对话框中选择【ASP.NET 空网站】即可。图 4-5 为不带窗体的 Web 网站的结构。从图 4-5 中可以看出，创建空网站时，只生成一个 Web.config 文件。

4.1.3 比较 Web 应用程序和 Web 网站

VS 2012 中既可以创建 Web 应用程序，也可以创建 Web 网站。一般来说，Web 应用程序适合相对较大的系统，而 Web 网站比较适合中小型企业网站。下面分别从相同点和不同点进行说明。

1. 相同点

Web 应用程序和 Web 网站有两个相同点：都用来设计和实现 ASP.NET 网页；都可以添加 ASP.NET 文件夹，如都包括 App_Browsers、App_Data、App_GlobalResources、App_LocalResources 和 App_Themes。

2. 不同点

Web 应用程序和 Web 网站存在多个不同点，说明如下：

- Web 应用程序 Default.aspx 显示有两个原有文件，分别指 Default.aspx.cs 和 Default.aspx.designer.cs；Web 网站 Default.aspx 有一个原有文件，即 Default.aspx.cs。

- Web 应用程序有重新生成和发布网站两项；Web 网站只有发布网站一项。
- Web 应用程序和一般的 WinForm 没有什么区别，如都引用的是命名空间；Web 网站在引用后出现一个 bin 目录，该目录存在后缀名为“.dll”和“.pdb”的文件。
- Web 应用程序可以作为类库被引用；Web 网站则不可以作为类库被引用。
- Web 应用程序可以添加 ASP.NET 文件夹，但是不包括 bin 和 App_Code；Web 网站可以添加 ASP.NET 文件夹，但是包括 bin 和 App_Code。
- Web 应用程序可以添加组件和类；Web 网站则不能。
- 源文件虽然都是Default.aspx.cs文件，但是 Web 应用程序多了对 System.Collections 命名空间的引用。

4.2　Web 窗体页

无论是创建 Web 应用程序还是 Web 网站，都可以为其添加 Web 窗体页。使用 Web 窗体页可以创建可编程的 Web 页面，这些 Web 页面用作 Web 应用程序的用户界面。

Web 窗体页可以在任何浏览器或者客户端设备中向用户提供信息，并使用服务器端代码来实现应用程序逻辑。Web 窗体页几乎可以包含任何支持 HTTP 的语言，如 HTML、XML、WML、JScript 和 JavaScript 等。

4.2.1　Web 窗体页的特点

Web 窗体页基于 ASP.NET 技术，它是创建 ASP.NET 网站和 Web 应用程序编程模式常用的一种。Web 窗体页是整合了 HTML、服务器控件和服务器代码的事件驱动网页，特点如下：

- 兼容所有的浏览器和设备。Web 窗体页自动为样式和布局等功能呈现正确的、符合浏览器的 HTML。开发者还可以选择将 Web 窗体页设计为在特定浏览器(如 IE 5)上运行并利用多样式浏览器客户端的功能。
- 兼容 .NET 公共语言运行时所支持的任何语言，其中包括 Visual Basic、C# 和 JScript。
- 基于 Microsoft .NET Framework 生成，它提供了该框架的所有优点，包括托管环境、类型安全性和继承。
- 在 VS 中为快速应用程序开发提供支持，该工具用于对窗体进行设计和编程。
- 可使用为 Web 开发提供应用程序功能的控件进行扩展，从而使开发者能够快速地创建多样式的用户界面。
- 具有灵活性，开发者可以添加用户创建的控件和第三方控件。

4.2.2　Web 窗体页的元素

在 Web 窗体页中，用户界面编程被分为两个不同的部分：可视元素和逻辑。可视元素称作 Web 窗体“页”，这种页通常由一个包含静态 HTML 和 ASP.NET 服务器控件的文件组成。Web 窗体页的逻辑由代码组成，这些代码由开发者创建，与窗体进行交互。

针对可视元素和逻辑，ASP.NET 提供了两个用于管理它们的模型，即单文件页模型和代码隐藏页模型。这两个模型的功能相同，可以使用相同的控件和代码。

1. 单文件页模型

在单文件页模型中，页的标记及其编程代码位于一个物理文件(即“.aspx”文件)中，编程代码位于脚本块中，该块包含 runat=server 属性，用于标记该块或控件在服务器端执行。

使用单文件页模型有以下几个优点：

- 可以方便地将代码和标记保留在同一个文件中。
- 更容易部署或发送给其他程序员。
- 由于文件之间没有相关性，更容易对单文件页进行重命名。
- 更易于管理源码文件。

2. 代码隐藏页模型

通过代码隐藏页模型，可以在一个文件（即“.aspx”文件）中保存标记，并在另一个文件（即“.aspx.cs”）中保存编程代码，该文件被称为“代码隐藏”文件或“页面后台”文件，代码文件的名称会根据所使用的编程语言而有所变化。

使用代码隐藏页模型包括以下几个优点：

- 可以清晰地区分界面中的标记控件和程序代码。
- 代码并不会向界面设计人员或其他人员公开。
- 代码可以在多个页面中进行重用。

4.2.3 认识 Web 窗体页

Web 窗体页以“.aspx”结尾，当创建基于窗体的 Web 应用程序或网站时，会自动生成一些 Web 窗体页。当然，开发者也可以亲自动手创建 Web 窗体页。

【例 4-1】

首先创建一个基于窗体的 Web 应用程序，然后在该程序中创建全称是 FirstTest.aspx 的 Web 窗体页。创建完毕后打开页面，【源】窗口中的代码如图 4-6 所示。

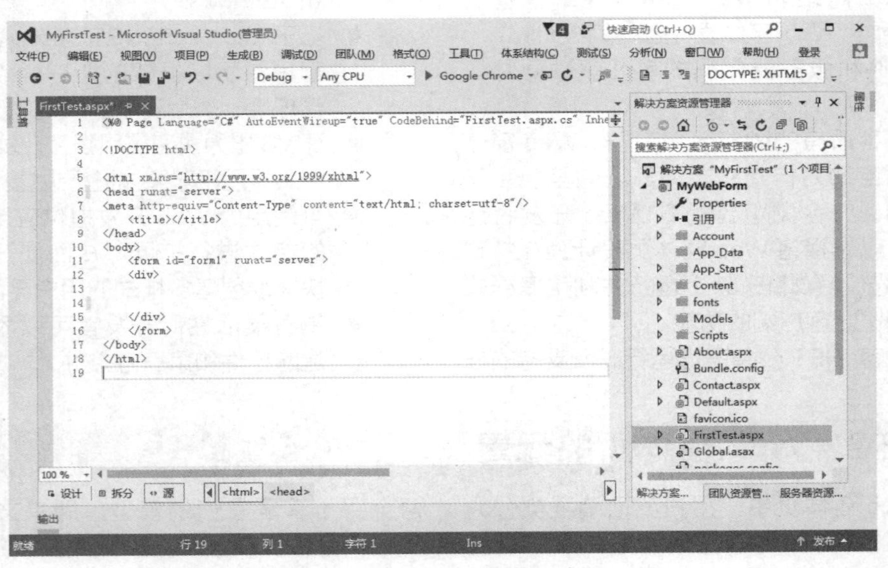

图 4-6 Web 窗体页【源】窗口中的代码

在图 4-6 所示窗口中，单击【设计】按钮可打开设计窗口，单击【拆分】按钮可同时查看页面的源代码和设计效果。观察图 4-6 中的代码可以发现，系统首先通过 @Page 指令定义 ASP.NET 页解析器和编译器所使用的特定页面的属性，然后添加了一段 HTML 代码。开发者可以在 body 元素中添加 HTML 服务器控件、Web 服务器控件或其他内容。

运行页面很简单，在该页面右击，在弹出的快捷菜单中选择【在浏览器中查看】命令即可。或者选中程序中的 Web 窗体页右击，然后同样选择【在浏览器中查看】命令。

4.2.4 高手带你做——了解 ASPX 页面的处理过程

一个ASP.NET的ASPX页从请求到处理，再到浏览器呈现的过程如下。

01 用户通过客户端浏览器请求页面，页面第一次运行。如果开发人员通过编程让页面执行初步处理，如对页面进行初始化操作等，可以在 Page_load 事件中实现。

02 Web 服务器在其磁盘中定位所请求的页面。

03 如果 Web 页面的扩展名为 .aspx，就把这个文件交给 aspnet-isapi.dll 进行处理。如果以前没有执行过这个页面，那么就由 CLR 进行编译并执行，得到 HTML 结果；如果已经执行过，那么就直接执行编译好的程序并得到 HTML 结果。

04 把 HTML 返回到客户端浏览器。浏览器解释并执行 HTML 页面，显示 Web 页面的内容。

05 当用户在页面中输入信息，选择内容，或者单击按钮后，页面可能会再次被发送到Web服务器，这在ASP.NET中被称为"回发"。更确切地说，页面发送回其自身。例如，如果用户正在访问 default.aspx 页面，则单击该页面上的某个按钮，可以将该页面发送回服务器，发送的目标还是 default.aspx。

06 在 Web 服务器上，该页面再次被运行，并执行后台代码指定的操作。

07 服务器将执行操作后的页面以 HTML 的形式发送到客户端浏览器。

只要用户访问同一个页面，该循环过程就会继续。用户每次单击某个按钮时，页面中的信息就会发送到 Web 服务器，然后该页面再次运行。每个循环称为一次"往返行程"。由于页面处理发生在 Web 服务器上，因此页面执行的每个步骤都需要一次到服务器的往返行程。

提示

有时可能需要代码仅在首页请求页面时执行，而不是每次回发都执行。这时就可以使用 Page 对象的 IsPostBack 属性来避免对往返过程执行不必要的处理。

4.2.5 页面的生命周期

每个 ASP.NET 页面从请求到呈现到浏览器中都会经历一个生命周期，并在生命周期中执行一系列处理步骤。这些步骤包括初始化、实例化控件、还原和维护状态、运行事件处理程序代码以及呈现给用户。

对于初学者来说，了解 ASP.NET 页面的生命周期非常重要。因为这样做就能在生命周期的合适阶段编写相应的代码，以达到预期的效果。此外，如果要开发自定义控件，更应该熟悉页面的生命周期，以便正确地进行控件的初始化，使用视图状态数据填充控件属性以及运行所有控件的行为代码。

ASP.NET 页面的生命周期顺序如下。

01 页面请求阶段。请求发生在生命周期开始之前。当用户请求页面时，ASP.NET 将确定是否需要分析和编译页面（从而开始页面的生命周期）；或者是否可以在不运行页面的情况下发送页面的缓存版本以进行响应。

02 开始阶段。在开始阶段，将设置页面属性，如 Request 和 Response 对象。在此阶段，页面还将确定请示是回发请求还是新请求，并设置 IsPostBack 属性。

03 初始化阶段。在页面初始化期间，可以使用页面中的控件，并设置每个控件的 UniqueId 属性。此外，任何主题都将应用于页面。如果当前请求是回发请求，则回发数据尚未加载，并且控件属性尚未还原为视图状态中的值。

04 加载阶段。在页面加载期间，如果当前请求是回发请求，则将使用从视图状态和控件状态恢复的信息加载控件属性。

05 验证阶段。在验证期间将调用所有验证控件的 Validate() 方法，此方法将设置各个验证控件和页面的 IsValid 属性。

06 回发事件处理阶段。在此阶段如果请求的是回发请求，则将调用所有事件处理程序。

07 呈现阶段。在呈现之前，会针对该页面和所有控件保存视图状态。在呈现阶段，页面针对每个控件调用其 Render() 方法，它会提供一个文本编写器，用于将控件的输出写入页面 Response 对象的 OutputStream 属性中。

08 卸载阶段。在页面完全呈现并已发送到客户端时，准备丢弃页面。此时将卸载页面属性并执行清理操作。

4.2.6 页面生命周期事件

在 ASP.NET 页面生命周期的每个阶段，都将引发相应的处理事件。表 4-1 列出了页面生命周期的常用事件。

表 4-1 页面生命周期事件

事件名称	事件说明
Page_PreInit	检查 IsPostBack 属性，确定是不是第一次处理该页。创建或重新创建动态控件。动态设置主控页。动态设置 Theme 属性。读取或设置配置文件属性值
Page_Init	读取或初始化控件属性
Page_Load	读取和更新控件属性
控件事件	使用这些事件来处理特定控件事件，如 Button 控件的 Click 事件
Page_PreRender	该事件对页面或者控件的内容进行最后的更改
Page_Unload	使用该事件来执行最后的清理工作。如关闭打开的文件和数据库连接

1. Page_PreInit 事件

每当页面被发送到服务器时，页面就会重新被加载，启动 Page_PreInit 事件，执行 Page_PreInit 事件代码块。需要对页面中的控件进行初始化时，可以使用此事件。示例代码如下：

```
//Page_PreInit 事件
protected void Page_PreInit(object sender, EventArgs e)
{
    Label1.Text = "OK" ;
}
```

在上述代码中，当触发 Page_PreInit 事件时，就会执行该事件的代码。上述代码将 Label1 的初始化文本设置为“OK”。 Page_PreInit 事件能够使用户在页面处理中，让服务器加载只执行一次，而当页面被返回给客户端时不被执行。在 Page_PreInit 中可以使用 IsPostBack 来实现当第一次加载时 IsPostBack 属性为 false；当页面再次被加载时，IsPostBack 属性将被设置为 true。

2. Page_Init 事件

Page_Init 事件与 Page_PreInit 事件基本相同，其区别在于 Page_Init 不能保证完全加载各个控件。示例如下：

```
//Page_Init 事件
protected void Page_Init(object sender, EventArgs e)
{
```

```
    if (!IsPostBack)      // 判断是否为第一次加载
    {
        Label1.Text = "OK";
    }else
    {
        Label1.Text = "IsPostBack";
    }
}
```

3. Page_Load 事件

大多数初学者会认为 Page_Load 事件是当页面第一次访问时触发的事件。其实不然，在 ASP.NET 页面生命周期内，Page_Load 远远不是第一个触发的事件。通常情况下，ASP.NET 事件的发生顺序如下：

① Page_Init()
② Load ViewState
③ Load Postback Data
④ Page_Load()
⑤ Handle Control Events
⑥ Page_PreRender()
⑦ Unload Event
⑧ Dispose Method Called

Page_Load 事件是在网页加载时一定会被执行的事件。在 Page_Load 事件中，一般都需要使用 IsPostBack 属性来判断用户是否进行了操作。因为 IsPostBack 属性会指示该页是否为响应客户端而加载，或者它是否正被第一次访问而加载。示例代码如下：

```
//Page_Load 事件
protected void Page_Load (object sender, EventArgs e)
{
    if (!IsPostBack)      // 判断是否为第一次加载
    {
        Label1.Text = "OK";
    }else
    {
        Label1.Text = "IsPostBack";
    }
}
```

上述代码使用了 Page_Load 事件，在页面被创建时，系统会自动在代码隐藏页模型的页面中增加此方法。当用户执行了操作，页面响应客户端回发时，则 IsPostBack 属性为 true，于是 else 块中的代码被执行。

4. Page_UnLoad 事件

在页面被执行完毕后，可以通过 Page_UnLoad 事件来执行页面卸载时的清除工作，当页面被卸载时，执行此事件。在如下情况中都会触发 Page_Unload 事件：

- 页面被关闭时。
- 数据库连接关闭时。
- 对象被关闭时。
- 完成日志记录或者其他程序的请求时。

4.3　页面指令

ASP.NET 页面中通常包含一些类似 <%@ %> 这样的代码，被称为页面指令。这些指令允许相应指定一些属性和配置信息。当使用指令时，标准的做法是将指令放在文件的开头，当然也可以将它们置于“.aspx”或“.ascx”文件中的任何位置。本节介绍 ASP.NET 中提供的一些基本指令，每个指令都可以包含一个或者多个特定于该指令的属性。

4.3.1　@Page 指令

在 ASP.NET 里，使用最多的就是 Web 窗体。每个 Web 窗体里都必须有 @Page 指令，所以 @Page 指令也是使用最为频繁的 ASP.NET 指令。

@Page 指令定义 Web 窗体使用的属性，这些属性将被 Web 窗体页分析器和编译器使用。只能包含在 .aspx 文件中。

我们每新建一个 Web 页面时，系统会自动为该 Web 页面头部创建一个 @Page 指令，来指明页面最基本的属性。初始代码如下：

```
<%@ Page Language="C#" AutoEventWireup="true"
CodeFile="Default.aspx.cs" Inherits="_Default" %>
```

其中 <%@ Page [Attribute=Value]... %> 是系统默认的指令格式。后面由空格隔开的一组组的数据是该指令的属性和值。Language="C#" 指该页面的默认语言为 C#；AutoEventWireup="true" 指系统自动绑定页面服务器端控件的事件；CodeFile="Default.aspx.cs" 指定页面使用的代码文件；Inherits="_Default" 指该页面继承自代码文件中的哪个类。

当然 @Page 指令不只这几个属性。具体属性罗列如表 4-2 所示。

表 4-2 @Page 指令属性

属 性	说 明
AutoEventWireup	用于指示页面上的服务器端控件的事件是否自动绑定
Buffer	用于确定是否启用了 HTTP 响应缓冲
ClassName	用于指定在请求页时将自动进行动态编译的页的类名，其值可以是任何有效的类名，并且可以包括类的完整命名空间；如果未指定该属性的值，则已编译页的类名将基于页的文件名
ClientTarget	指示 ASP.NET 服务器控件应该为其呈现内容的目标用户代理（通常是 Web 浏览器），该值可以是应用程序配置文件 <clientTarget> 节中定义的任何有效别名
CodeFile	用于指定指向页引用的代码隐藏文件的路径。此属性与 Inherits 属性一起使用可以将代码隐藏源文件与网页相关联。该属性仅对编译的页有效
CodeFileBaseClass	指定页的基类及其关联的代码隐藏类的路径。该属性是可选的，如果使用该属性，必须同时使用 CodeFile 属性
CodePage	指示用于响应的编码方案的值，该值是一个用作编码方案 ID 的整数
ContentType	将响应的 HTTP 内容类型定义为标准的 MIME 类型
Debug	指示是否应使用调试符号编译该页
Description	提供该页的文本说明。ASP.NET 分析器忽略该值
EnableSessionState	定义页的会话状态要求。如果启用了会话状态，则为 true；如果可以读取会话状态但不能进行更改，则为 ReadOnly；否则为 false。默认值为 true。这些值是不区分大小写的
ErrorPage	定义在出现未处理页异常时用于重定向的目标 URL
Inherits	定义供页继承的代码隐藏类。它可以是从 Page 类派生的任何类。它与 CodeFile 属性（包含指向代码隐藏类的源文件的路径）一起使用
Src	指定包含链接到页的代码的源文件的路径。在链接的源文件中，可以选择将页的编程逻辑包含在类中或代码声明块中

Inherits 属性用来设置页面与后台代码中相关联的类。打开 CodeFile 属性所指的文件，会找到该属性所指的类名。但是这里存放的只是用户定义的事件处理程序，并没有任何服务器端对象的声明。

页面的后台关联类是一个 partial(部分) 类，这说明系统还隐藏着一个文件，存放着该类的另一部分。而在这个隐藏的文件里有着所有服务器端控件的声明和属性设置代码。这两个部分类已经完整地声明了一个继承自 Page 类的子类。

因为页面最终也要被系统解释成一个类，所以页面和后台代码类的关系是继承关系。所以，Inherits 属性设置的是被继承的类。

4.3.2　@Control 指令和 @Register 指令

ASP.NET 用户控件的页面指令是 @Control，和 Web 窗体的 @Page 指令用法一样，用来定义用户控件的属性，供分析器的编辑器检查使用。

新建一个用户控件时，系统会自动在该用户控件的头部加入一个 @Control 指令。默认代码如下：

```
<%@ Control Language="C#" AutoEventWireup="true" CodeFile="WebUserControl.ascx.cs"
 Inherits="Web UserControl" %>
```

这里的属性和 @Page 指令一样，Language 是指定服务器端语言；AutoEventWireup 说明是否自动绑定事件；CodeFile 指定用户控件后台的代码文件；Inherits 同样是指定该用户控件继承自哪个类。

@Control 指令具体的属性如表 4-3 所示。

表 4-3　@Control 指令的属性

属　性	说　明
AutoEventWireup	用于指示控件上的服务器端控件的事件是否自动绑定
ClassName	一个字符串，用于指定需在请求时进行动态编译的控件的类名。此值可以是任何有效的类名，并且可以包括类的完整命名空间 (一个完全限定的类名)。如果没有为此属性指定值，已编译控件的类名将基于该控件的文件名
CodeFile	指定所引用的控件代码隐藏文件的路径。此属性与 Inherits 属性一起使用，将代码隐藏源文件与用户控件相关联
Debug	指示是否应使用调试符号编译控件
EnableViewState	指示是否跨控件请求维护视图状态。如果维护，则为 true；否则为 false。默认值为 true
Inherits	定义提供控件继承的代码隐藏类。它可以是从 UserControl 类派生的任何类。与包含代码隐藏类源文件的路径的 CodeFile 属性一起使用
Src	指定包含链接到控件的代码的源文件的路径。在所链接的源文件中，可选择在类中或在代码声明块中包括控件的编程逻辑

在声明用户控件的时候，要用到 @Control 指令；而在使用用户控件的时候，则需要用到 @Register 指令。

@Register 指令的语法如下：

```
<%@ Register src="WebUserControl.ascx" tagname="WebUserControl" tagprefix="uc1" %>
```

其具体属性说明如表 4-4 所示。

表 4-4　@Register 指令的属性

属　性	说　明
tagprefix	一个任意别名，提供对包含指令中所使用标记命名空间的短引用
tagname	与类关联的任意别名。此属性只用于用户控件
namespace	正在注册的自定义控件的命名空间
src	与 tagprefix:tagname 对关联的声明性 ASP.NET 用户控件文件的位置（相对的或绝对的）
assembly	与 tagprefix 属性关联的命名空间所驻留的程序集

用户控件可以使用在 Web 窗体或其他用户控件中，但是不能自已嵌套自己。所以 @Register 指令可以出现在用户控件或 Web 窗体内。

4.3.3　@Master 指令

@Master 指令用于指示当前页面标识为 ASP.NET 母版页。简单地说，@Master 指令用于创建母版页。在使用 @Master 指令时，要指定和站点上的内容页面一起使用的模板页面的属性，内容页面（使用 @Page 指令创建）可以继承母版页上的所有内容。

@Master 指令与 @Page 指令类似，但是它的属性要比 @Page 指令的属性少。创建一个母版页时，生成的 @Master 指令的代码如下：

```
<%@ Master Language="C#" AutoEventWireup="true" CodeBehind="Site.master.cs"
Inherits="WorkTest.SiteMaster" %>
```

4.3.4　@MasterType 指令

@MasterType 指令把一个类名关联到 ASP.NET 页面，以获取特定母版页中包含的强类型化的引用或成员。@MasterType 指令支持 TypeName 和 VirtualPath 两个属性。

- TypeName 属性：设置从中获取强类型化的引用或成员的派生类的名称。
- VirtualPath 属性：设置从中检索强类型化的引用或成员的页面地址。

如下代码简单演示了 @MasterType 指令的使用：

```
<%@ MasterType VirtualPath="~/MyWork.master" %>
```

4.3.5　@Import 指令

@Import 指令在页面或用户控件中显式地引入一个命名空间，以便所有已定义类型可以在页面访问，而不必使用完全限定名。例如，创建 ASP.NET 中 DataSet 类的实例时可以导入 System.Data 命名空间，也可以使用完全限定名。使用完全限定名的代码如下：

```
System.Data.DataSet ds = new System.Data.DataSet();
```

@Import 指令可以在页面主体中多次使用，它相当于 C# 中的 using 语句。如下所示为它的简单例子：

```
<%@ Import Namespace="System.Data" %>
```

4.3.6　@Implements 指令

@Implements 指令允许在页面或用户控件中实现一个 .NET Framework 接口，该指令只支持 Interface 属性。Interface 属性直接指定 .NET Framework 接口。当 ASP.NET 页面或用户控件实现接口时，可以直接访问其中所有的方法和事件。

如下所示是使用 @Implements 指令的例子：

```
<%@ Implements Interface="System.Web.UI.IValidator" %>
```

4.3.7　@Reference 指令

@Reference 指令用来识别当前页面在运行时应该动态编译和链接的页面或用户控件。该指令在跨页通信方面发挥着重大作用，可以通过它来创建用户控件的强类型实例。

@Reference 指令包含 3 个属性：Page、Control 和 VirtualPath，并可以多次出现在页面中。

- Page 属性：该属性用于指向某个“.aspx”源文件。
- Control 属性：该属性包含“.ascx”用户控件的路径。
- VirtualPath 属性：设置从中引用活动页面的页面或用户控件的位置。

4.3.8　@Assembly 指令

@Assembly 指令将程序集引入到当前页面或用户控件中，以便它所包含的类和接口能够适用于页面中的代码。@Assembly 指令支持 Name 和 Src 两个属性。

- Name 属性：允许指定用于关联页面文件的程序集名称。程序集名称应只包含文件名，不包含文件的扩展名。假设文件是 MyAssembly.vb，那么 Name 属性的值是 MyAssembly。
- Src 属性：允许指定编译时所使用的程序集文件源。

4.3.9　@OutputCache 指令

@OutputCache 指令对页面或用户控件在服务器上如何输出高速缓存进行控制。该指令的常用属性如表 4-5 所示。

表 4-5　@OutputCache 指令的常用属性

属性名称	说　明
Duration	ASP.NET 页面或用户控件高速缓存的持续时间。单位为秒
CacheProfile	允许使用集中式方法管理应用程序的调整缓存配置文件。该属性用于指定在 Web.config 文件中详细说明的调整缓存配置文件名
Location	位置枚举值，只对“.aspx”页面有效，不能用于用户控件。其值包括 Any（默认值）、Client、Downstream、None、Server 和 ServerAndClient

（续表）

属性名称	说 明
NoStore	指定是否随页面发送没有存储的标题
Shared	指定用户控件的输出是否可以在多个页面中共享。默认值为 false
SqlDependency	支持页面使用 SQL Server 高速缓存禁用功能
VeryByControl	用分号分隔开的字符串列表，用于改变用户控件的输出高速缓存
VeryByParam	用分号分隔开的字符串列表，用于改变输出高速缓存
VeryByCustom	一个字符串，指定定制的输出高速缓存需求
VerByHeader	用分号分隔开的 HTTP 标题列表，用于改变输出高速缓存

4.3.10 @PreviousPageType 指令

@PreviousPageType 指令用于指定跨页面的传送过程起始于哪个页面。@PreviousPageType 是一个新指令，用于处理 ASP.NET 提供的跨页面传送新功能。这个简单的指令只包含两个属性：TypeName 和 VirtualPath。

- TypeName 属性：设置回送时派生类的名称。
- VirtualPath 属性：设置回送时所传送页面的地址。

注意

在前面介绍的指令中，除了 @Page、@Control、@Master、@MasterType 和 @PreviousPageType 外，所有指令都可以在页面和控件中声明。@Page 和 @Control 是互斥的：@Page 只能用在“.aspx”文件中；@Control 只能用在“.ascx”文件中。

4.4 高手带你做——允许页面提交 HTML 标签

有时候，如果需要让我们提交的文本展示出来的效果非常美观，通常会向服务器提交一些 HTML 标签来控制文本或内容的样式。

HTML 标签可能包含很多不安全的因素，所以向服务器提交 HTML 标签通常会被服务器认为是不安全的操作。

ASP.NET 作为一个功能强大的应用系统，已经默认地把这类操作给过滤掉了。但是如果我们自己可以确保提交内容的安全性，当然可以通过设置关闭该过滤选项。这就要用到 ASP.NET 页面的 Page 指令来对页面的安全性进行设置了。

假设在一个 ASP.NET 页面中有如下代码：

```
<asp:TextBox ID="txtContent" runat="server" Width="234px"></asp:TextBox>
<asp:Button ID="btnSubmit" runat="server" Text="Submit" onclick="btnSubmit_Click" />
<br />
<asp:Label ID="lblShow" runat="server" Text="Label"></asp:Label>
```

在单击 Button 按钮时会将 TextBox 中的内容显示到其后的 Label 控件中，实现代码如下：

```
protected void btnSubmit_Click(object sender, EventArgs e)
{
    this.lblShow.Text = this.txtContent.Text;
}
```

运行页面，首先输入普通的文本，再单击 Submit 按钮，运行效果如图 4-7 所示。如果输入的内容带有 HTML 标签，例如输入“<h3>About</h3>”，再单击 Submit 按钮，页面会报错并提示检测到有潜在的危险，如图 4-8 所示。

解决的办法就是将页面中 @Page 指令的 ValidateRequest 属性值设置为 false。再次运行，输出的效果如图 4-9 所示。

图 4-7　普通文本效果

图 4-8　报错信息

图 4-9　带 HTML 标签的效果

本实例创建一个 TextBox 控件、一个 Button 控件和一个 Label 控件，在单击 Button 控件提交表单的时候，将 TextBox 控件里的值用 Label 控件展示出来。

4.5　成长任务

成长任务 1：测试页面缓存

在 ASP.NET 中使用页面的 @OutputCache 指令可以实现对整个页面进行缓存。假设要在页面上输出当前时间，并让页面每秒钟刷新一次，则每一次刷新打印的时间都会不一样。在这个前提下，我们将该页面缓存 5 秒，如果缓存成功，则 5 秒内页面数据不会变化，在第 6 秒时才更改为新的时间值。

页面显示时间的代码如下：

```
<%= DateTime.Now.ToString() %>
```

```
<script>setTimeout("location.href=location.href",1000)</script>
```

页面头部添加缓存的代码如下：

```
<%@ OutputCache Duration="5" VaryByControl="none" %>
```

在浏览器中运行并观察运行效果。

第 5 章

Web 基础控件和验证控件

Web 开发需要各种各样的技能，HTML 表单和控件是最常见的技能。除了基本技能外，还需要 Web 服务端的控件。Web 服务端控件可以实现 HTML 控件所不能实现的功能，例如常见的文本控件、按钮控件、列表控件等功能。

除了这些常见的基础控件外，还有其他的控件。如验证用户输入是否符合标准，除了可以用 JavaScript 脚本之外，还有更简单、更方便的方式，就是用验证控件。使用验证控件，只需要设置属性，就可以很快地在服务端验证是否符合标准。

本章将介绍 Web 开发中常见的服务器端控件和验证控件，通过本章的学习，读者可以利用这些控件熟练地设计各种各样的漂亮页面。

本章学习要点

◎ 熟悉 Web 服务器控件的分类
◎ 简单了解 HTML 服务器控件
◎ 了解常见的两种服务器控件的区别
◎ 掌握文本显示控件的使用
◎ 掌握 TextBox 控件的使用
◎ 掌握 3 种按钮控件的使用
◎ 掌握单选按钮和复选按钮控件的使用
◎ 掌握常见的列表控件及其使用
◎ 熟悉常见的容器控件及其使用
◎ 掌握常见的验证控件及其使用
◎ 掌握图像有关控件及其使用
◎ 熟悉日历控件和广告控件的使用
◎ 熟悉 Wizard 控件及其使用

扫一扫，下载
本章视频文件

5.1 Web 服务器控件

无论是 ASP.NET 应用程序还是 ASP.NET 网站，都离不开 Web 服务器控件。Web 服务器控件封装了用户界面及其相关功能，下面进行简单的介绍。

5.1.1 控件分类

在大多数情况下，用户都无法将可执行的代码与 HTML 网页本身进行分离，因此导致页面难以阅读，且难以维护，而 ASP.NET 服务器控件可以很好地解决这个问题。

通常情况下，常用的服务器控件分为 3 种类型，即 HTML 服务器控件、Web 服务器控件和验证控件。

(1) HTML 服务器控件。

HTML 服务器控件离不开传统的 HTML 标签。简单地说，HTML 服务器控件提供了对标准的 HTML 元素的封装，在 HTML 控件中添加一个在服务器端运行的属性，即可将通用的客户端 HTML 控件转变为服务器端的 HTML 控件，使开发者可以进行编程。

(2) Web 服务器控件。

Web 服务器控件是一种新型的 ASP.NET 标签控件，比 HTML 服务器控件具有更多的功能。Web 服务器控件不仅包括窗体控件(即标准控件，如按钮和文本框)，也包括特殊用途的控件(如日历、菜单和树视图控件)。

(3) 验证控件。

严格地说，验证控件属于 Web 服务器控件。这种类型的服务器控件方便用户的输入验证，因此统称为验证服务器控件。

5.1.2 HTML 服务器控件

通常情况下，HTML 服务器控件被服务器理解为 HTML 标签，在 ASP.NET 中，HTML 元素是作为文本来处理的。传统的 HTML 网页中的 HTML 元素并不能被 ASP.NET 服务器端使用，但是通过将这些 HTML 元素的功能进行服务器端的封装，开发者可以在服务器端使用这些 HTML 元素。

1. HTML 服务器控件的优点

HTML 服务器控件具有以下优点：

- HTML 服务器控件映射一对一的与它们对应的 HTML 标记。
- 当编译 ASP.NET 应用程序时，HTML 服务器控件与 runat=server 属性被编译成程序集。
- 大多数控件包含最常用的控件事件 OnServerEvent。
- 未实现作为特定 HTML 服务器控件的 HTML 元素仍可使用于服务器端；但是作为 HtmlGenericControl 的程序集添加。
- 当 ASP.NET 页重新发布时，HTML 服务器控件保留它们的值。

2. HTML 网页控件如何变成 HTML 服务器控件

如果要将 HTML 元素标记为 HTML 服务器控件，只需要在 HTML 元素代码中添加 runat=server 属性。runat 属性指示 HTML 元素是一个服务器控件，它需要添加 id 属性来标识该服务器控件，id 属性引用可用于操作运行时的服务器控件。

例如，将普通的用于用户输入的 input 元素设置为服务器控件：

```
<input id="ipName" name="ipName" runat="server" value="Miss Zheng" />
```

注意

所有的HTML服务器控件必须放在带有runat=server属性的<form>标签内，为HTML元素添加该属性后，会指示表单应在服务器进行处理，该属性同时指示包括其在内的控件可以被服务器脚本访问。

5.1.3　Web服务器控件

Web服务器控件比HTML服务器控件更加抽象，这种类型的控件可以自动检测客户端浏览器的类型，产生一个或者多个适当的HTML控件，并且自动调整成适合浏览器的输出。另外，Web服务器控件支持数据绑定技术，可以和数据源进行连接，用来显示或修改数据源数据。

1. Web服务器控件的优点

Web服务器控件的优点如下：

- 使制造商和开发人员能够生成容易的工具或者自动生成用户的应用程序接口。
- 简化创建交互式Web窗体的过程。

2. Web服务器控件的语法

在ASP.NET应用程序中，每一个Web服务器控件都有一个“asp:”前缀，这个前缀表示此控件为Web服务器控件。其语法形式如下：

```
<asp:Control id="name" runat="server" />
```

在上述语法中，id属性表示控件的唯一标识，runat属性指示该控件为服务器控件。id属性和runat属性的含义与HTML控件中相应属性的含义一致。

【例5-1】

下面的代码表示在ASP.NET窗体页面中添加Button控件：

```
<form id="form1" runat="server">
    <asp:Button ID="Button1" runat="server"
Text="Button" />
</form>
```

注意

在Web窗体页面添加Web服务器控件时（以Button控件为例），如果提示Button类型的控件Button1必须放在具有runat=server的窗体标记内，则需要在页面中添加form服务器控件。

3. Web窗体页面如何添加控件

开发者向Web窗体页面添加Web服务器控件有多种方法，最常用的几种方法如下：

- 从工具箱中直接拖动控件到窗体或者直接双击工具箱中的控件进行添加。
- 在Web窗体页面的资源视图中，直接添加控件的声明代码。
- 以编程形式动态创建Web服务器控件。

注意

所有的ASP.NET控件必须定义在.aspx(ASP.NET页面文件)文件中，如果采用代码隐藏技术设计程序，其事件程序一般定义在代码文件(如.cs或.vb)中。

5.1.4 区分两种服务器控件

前面两小节已经介绍过 HTML 服务器控件和 ASP.NET 服务器控件，那么，开发者应该如何区分它们呢？下面主要通过 3 个方面进行介绍。

(1) 是否映射到 HTML 标签。

HTML 服务器控件与 HTML 中的元素存在一一对应的映射关系，runat=server 属性把传统的 HTML 标签转换为服务器控件，这使得开发人员可以将 ASP 页面移植到 ASP.NET 平台。而 Web 服务器控件不直接映射到 HTML 中的元素，这使得开发人员可以使用第三方控件。

(2) 对象模型。

HTML 服务器控件使用 HTML 中的对象模型，在该模型中，控件包括一个关键字 / 值对的属性集合。而 Web 服务器控件使用基于组件的对象模型，该模型要求使用一致的对象类型。

(3) 是否能自适应输出。

HTML 服务器控件不能根据浏览器的不同，调整所输出 HTML 文档的显示效果。而 Web 服务器控件可以自动根据浏览器的不同，调整所输出 HTML 文档的显示效果。

5.2 文本输入控件

HTML 服务器控件和 Web 服务器控件都经常会用到，但是 HTML 服务器控件与 HTML 网页标签非常相似，因此本章只介绍 Web 服务器控件。

Web 服务器控件有多种，本小节介绍常用的文本标签和输入控件，分别为 Label 控件、Literal 控件、HyperLink 控件和 TextBox 控件。

5.2.1 Label 控件

Label 控件是一种最基本的控件，它提供了一种以编程方式设置 Web 窗体页面中文本的方法。Label 控件中的文本是静态的，用户无法在该控件中进行编辑，它经常在页面固定位置显示文本时使用。

Label 控件通常在列表 Web 服务器控件 (如 Repeater、DataList 和 GradList 等) 中使用，用来显示数据库中的只读信息；还可以将 Label 控件绑定到数据源。声明 Label 控件有两种语法形式，如下所示：

```
<asp:Label ID= "lblName" runat = "server" Text = " 要显示的文本信息 "></asp:Label>
```

或者：

```
<asp:Label ID= "lblName" runat = "server"> 要显示的文本信息 </asp:Label>
```

注意

一般情况下，为了避免安全性问题 (例如脚本注入的可能性)，开发人员最好不要将 Text 属性的值设置为不受信任源的标记字符串。如果对 Text 属性的字符串不信任，则应该对该字符串进行编码。

【例 5-2】

如下代码直接声明 Label 服务器控件：

```
<asp:Label ID="lblName" runat="server" Text=" 用户名称 "></asp:Label>
```

如果开发者想要设置控件的样式属性，可以直接设置控件的属性。代码如下：

```
<asp:Label ID="lblName" runat="server" Text=" 用户名称 " Font-Size="20px" Font-Bold="true"></asp:Label>
```

上述代码将“用户名称”文本的字号设置为20像素，并且将字体设置为加粗。如果不直接使用控件的属性，可以通过style属性在控件内设置。代码如下：

```
<asp:Label ID="lblName" runat="server" Text=" 用户名称 " style = "font-size:20px; font-weight:bold"></asp:Label>
```

5.2.2　Literal 控件

对于网页中的静态内容，添加时不需要使用容器，可以将标记作为HTML直接添加到页面中。但是，如果要动态添加内容，则必须将内容添加到容器中。这里的容器可以是Label控件、Literal控件、Panel控件或PlaceHolder控件。

Literal控件表示用于向页面添加内容的几个选项之一。Literal控件与Label控件的最大区别在于：Literal控件不向文本中添加任何HTML元素(Label控件呈现一个span元素)。因此，Literal控件不支持包括位置特性在内的任何样式特性。但是，Literal控件允许指定是否对内容进行编码。

Literal控件包含多个属性，除了常用的ID属性和Text属性外，还会用到Mode属性。Mode属性用于指定控件对所添加的标记的处理方式。Mode属性的取值为LiteralMode枚举值之一，取值说明如表5-1所示。

表5-1　LiteralMode枚举的取值说明

取值说明	说　明
Transform	默认值。将对添加到控件中的任何标记进行转换，以适应请求浏览器的协议。如果向使用HTML之外的其他协议的移动设备呈现内容，设置该值非常有用
PassThrough	添加到控件中的任何标记都将按原样呈现在浏览器中
Encode	使用HtmlEncode()方法对添加到控件中的任何标记进行编码，这会将HTML编码转换为其文本表示形式。例如，<b>将呈现为<b>。当开发人员希望浏览器显示而不解释标记时，该方式非常有用

【例5-3】

如下代码向Web窗体页面添加Literal控件，并指定控件的ID属性、Text属性和Mode属性：

```
<asp:Literal ID="Literal1" runat="server" Text="Literal 控件的使用 " Mode="Transform"></asp:Literal>
```

5.2.3　HyperLink 控件

HyperLink控件用于创建超链接，显示可单击的文本或图像，使用户可以在应用程序中的各个网页之间移动。该控件的优点如下：

- 可以在服务器代码中设置链接属性，例如开发者可以根据页面中的条件动态更改链接文本或目标页。

- 可以使用数据绑定来指定链接的目标 URL(以及必要时与链接一起传递的参数)。

HyperLink 控件的常用属性有 5 个，除了 ID 属性和 Text 属性外，还包含 ImageUrl、NavigateUrl 和 Target 属性，属性说明如表 5-2 所示。

表 5-2 HyperLink 控件的常用属性

属性名称	说 明
ImageUrl	获取或设置该控件显示的图像的路径
NavigateUrl	获取或设置单击控件时链接到的 URL
Target	获取或设置单击控件时显示链接到的网页内容的目标窗口或框架。 该属性的值包括 _blank、_self、_top、_parent 和 _search

【例 5-4】

例如，向 Web 窗体页面添加 HyperLink 控件，当用户单击该控件的文本内容时，会进入百度首页搜索界面。实现该功能时需指定 NavigateUrl 属性和 Target 属性。代码如下：

```
<asp:HyperLink ID="lhBD" runat="server" NavigateUrl="http://www.baidu.com" Target="_blank"> 进入《百度》搜索 </asp:HyperLink>
```

5.2.4 TextBox 控件

无论是 Label 控件，还是 Literal 控件，或者是 HyperLink 控件，它们都属于文本显示控件。如何像用户注册时那样提供输入文本框呢？这时需要用到 TextBox 控件。TextBox 控件用于获取用户输入的信息或向用户显示文本。

1. TextBox 控件的常用属性

TextBox 控件包含多个属性，通过这些属性，可以将文本输入框设置为只读的、单行或多行显示、是否允许换行等。TextBox 控件的常用属性及其说明如表 5-3 所示。

表 5-3 TextBox 控件的常用属性

属性名称	说 明
AutoPostBack	获取或设置当 TextBox 控件上的内容发生改变时，是否自动将窗体数据回传到服务器，默认为 False。该属性通常和 TextChanged 事件配合使用
MaxLength	获取或设置文本框中最多允许的字符数。当 TextMode 属性设为 MultiLine 时，此属性不可用
ReadOnly	获取或设置 TextBox 控件是否为只读。默认值为 False
TextMode	获取或设置文本框的行为模式。该属性包含多个取值，例如 SingleLine、Password、Multiline、Week、Month、Phone 以及 Url 等。最常见的 3 个取值说明如下。 ★ SingleLine：默认值，单行输入模式。用户只能在一行中输入信息，还可以限制控件接受的字符数。 ★ Password：密码框，用户输入的内容将以其他字符代替 (如 * 和●等)，以隐藏真实信息。 ★ Multiline：多行输入模式，用于显示多行并允许换行

（续表）

属性名称	说　明
Wrap	布尔值，指定文本是否换行。默认为 true

【例 5-5】

下面的代码表示向窗体页面添加 TextBox 控件：

```
输入姓名：<asp:TextBox ID="txtName" runat="server" ></asp:TextBox>
```

如果要指定用户输入姓名的字数，需要设置 MaxLength 属性。一般情况下，用户姓名不能超过 6 个字符。代码如下：

```
输入姓名：<asp:TextBox ID="txtName" runat="server" MaxLength="6"></asp:TextBox>
```

【例 5-6】

在某些情况下，用户需要将输入框的内容显示为只读。例如，在修改用户信息时，用户输入的邮箱不能更改，这时需要将 TextBox 控件的 ReadOnly 属性设置为 true。代码如下：

```
用户邮箱：
<asp:TextBox ID="txtEmail" runat="server" Text="wangfeifei@163.com" ReadOnly="true"></asp:TextBox>
```

【例 5-7】

默认情况下，TextBox 控件供用户输入，文本框的模式为单行输入，如果要设置为多行输入模式，需要将 TextMode 属性值设置为 Multiline。代码如下：

```
网站介绍：
<asp:TextBox ID="txtInfo" runat="server" TextMode="MultiLine" Text=" 网站信息 " ></asp:TextBox>
```

如果多行输入框的宽度和高度不够，可以通过 Width 属性和 Height 属性分别进行设置。代码如下：

```
<asp:TextBox ID="txtInfo" runat="server" TextMode="MultiLine" Width="500" Height="200"
 Text=" 网站信息 " ></asp:TextBox>
```

另外，在设置多行文本框时，通过 Rows 属性可以设置多行文本框中显示的行数，通过 Columns 属性可以设置多行文本框的显示宽度（以字符为单位）。代码如下：

```
<asp:TextBox ID="txtInfo" runat="server" TextMode="MultiLine" Rows="10" Columns="50"
Text=" 网站信息 " ></asp:TextBox>
```

2. TextBox 控件的事件

TextBox 控件包含多个事件，最常用的就是 TextChanged 事件，当用户离开 TextBox 控件时就会引发该事件。

默认情况下，TextBox 控件的 AutoPostBack 属性值为 false，因此默认情况下并不会立即引发 TextChanged 事件，而是当下次发送窗体时，在服务器代码中引发此事件。如果将 TextBox

控件的 AutoPostBack 属性值设置为 true，则用户离开 TextBox 控件后可将页面提交给服务器。

【例 5-8】

下面的代码为 TextBox 控件添加 TextChanged 事件，在该事件中，将 TextBox 输入框的值显示到 Label 控件中：

```
protected void txtInfo_TextChanged(object sender, EventArgs e) {
    Label1.Text=txtInfo.Text;
}
```

5.3 按钮控件

一个普通的用户交互界面，除了包含文本显示控件、文本输入控件外，还要包含按钮控件。例如用户登录界面，除了提供显示、用户输入外，还包含执行操作的按钮。

ASP.NET 窗体页面可以添加 3 种类型的按钮控件，每种按钮在网页中的显示都不相同，当用户单击任何一种按钮时，都会向服务器提交一个表单。

5.3.1 Button 控件

Button 控件显示一个标准的命令按钮，该按钮呈现为一个 HTML 的 input 元素。Button 控件是窗体页面最常用的一种按钮控件，常常被称为标准命令按钮。

1. Button 控件的常用属性

Button 控件包含多种属性，常用属性及其说明如表 5-4 所示 (ID 属性和 Text 属性除外)。

表 5-4 Button 控件的属性

属性名称	说 明
Width	获取或设置按钮控件的宽度
Height	获取或设置按钮控件的高度
CommandArgument	获取或设置可选参数，该参数与关联的 CommandName 一起被传递到 Command 事件
CommandName	获取或设置命令名，该命令名与传递给 Command 事件的 Button 控件相关联
CausesValidation	获取或设置一个值，该值指示在单击控件时是否执行验证
OnClientClick	获取或设置在引发某一个 Button 控件的 Click 事件时所执行的客户端脚本
PostBackUrl	获取或设置单击控件时从当前页发送到的网页的 URL
UseSubmitBehavior	获取或设置一个布尔值，该值指示 Button 控件使用客户端浏览器的提交机制还是 ASP.NET 的回发机制。默认值为 true

2. Button 控件的常用事件

Button 控件包含多个事件，但是最常用的事件有两个，即 Click 事件和 Command 事件。用户单击按钮时会激发 Click 事件，在单击按钮并定义关联的命令时激发 Command 事件。

【例 5-9】

本例简单演示 Button 控件的使用。操作步骤如下。

01 向 Web 窗体页面添加 Button 控件和 Label 控件，Button 控件分别执行 200+2 和 200-2 的计算，Label 控件用于显示计算结果。页面代码如下：

```
<asp:Button ID="btnAdd" runat="server" Text=" 计算 200+2 的结果 " OnClick="btnAdd_Click" /><br /><br />
<asp:Button ID="btnJian" runat="server" Text=" 计 算 200-2 的结果 " OnClick="btnJian_Click" /><br /><br />
<asp:Label ID="lblResult" runat="server" Text=" 计算结果 "></asp:Label>
```

02 分别为 Button 控件添加 Click 事件，单击该按钮时激发该事件。以第一个 Button 控件为例，Click 事件代码如下：

```
protected void btnAdd_Click(object sender, EventArgs e) {
  lblResult.Text = Convert.ToString(200 + 2);
}
```

03 直接运行 Web 窗体页面，单击按钮查看效果，具体效果图不再展示。

【例 5-10】

当多个按钮执行类似的操作时，例如分别执行数字的加法、减法、乘法、除法算法，又如执行数据的删除、修改、获取详细记录等操作时，分别为单个按钮添加 Click 事件太过麻烦，这时可以设置按钮的 CommandName 属性，为按钮指定同一个 Command 事件。

例如，更改例 5-9 的有关代码，实现与其同等的效果。主要步骤如下。

01 在窗体设计页面指定 Button 控件的 CommandName 属性。代码如下：

```
<asp:Button ID="btnAdd" runat="server" CommandName="add" Text=" 计 算 200+2 的 结果 " OnCommand="btnAdd_Command" />
<asp:Button ID="btnJian" runat="server" CommandName="jian" Text=" 计 算 200-2 的 结果 " OnCommand="btnAdd_Command"/>
<asp:Label ID="lblResult" runat="server" Text=" 计算结果 "></asp:Label>
```

02 向页面后台添加 Command 事件，在该事件中获取用户选择按钮的 CommandName 属性，并对该属性的值进行判断，分别执行不同的操作。代码如下：

```
protected void btnAdd_Command(object sender, CommandEventArgs e) {
  string commandName = e.CommandName;
  if (commandName == "add")
    lblResult.Text = Convert.ToString(200 + 2);
  else
    lblResult.Text = Convert.ToString(200 - 2);
}
```

03 运行窗体页面，查看效果，效果图不再展示。

5.3.2　其他按钮控件

除了 Button 控件外，ASP.NET 窗体页面还可能会用到 LinkButton 控件和 ImageButton 控件。

1. LinkButton 控件

LinkButton 控件用于创建超链接样式按钮，通常被称为链接按钮控件。LinkButton 控件的外观和 HyperLink 控件相同，但是该控件的实现功能和 Button 控件一样。

LinkButton 控件的属性、事件以及使用方法可以参考 Button 控件，这里不再对该控件做详细介绍。

2. ImageButton 控件

ImageButton 控件用于将图片呈现为可单击的控件，通常被称为图像按钮控件。ImageButton 控件的功能和 Button 控件一样。除了 Button 控件的常用属性外，ImageButton

控件还有 3 个属性，具体说明如表 5-5 所示。

表 5-5　ImageButton 控件的常用属性

属性名称	说　明
ImageUrl	在 ImageButton 控件中显示的图像路径
AlternateText	图像无法显示时显示的文本；如果图像可以显示，则表示提示文本
ImageAlign	获取或设置 Image 控件相对于网页上其他元素的对齐方式

提示

LinkButton 控件和 ImageButton 控件的使用非常简单，而且常用属性和事件与 Button 控件一样，由于本章篇幅有限，因此，这里不再对它们做详细介绍。

5.4　选择控件

用户在注册个人信息时，注册页面会让用户选择性别、国籍、个人学历以及兴趣爱好等内容，这时在页面中需要用到选择控件。ASP.NET 窗体页面中可以使用多种选择控件，下面进行详细介绍。

5.4.1　RadioButton 控件

向 ASP.NET 网页添加单选按钮时，可以使用单个 RadioButton 控件或 RadioButtonList 控件。这两种控件都能使用户从一小组互相排斥的预定义选项中进行选择。使用这两个控件可以执行以下三种操作：

- 选中某个单选按钮时，引起页回发。
- 选中某个单选按钮时，捕获用户交互。
- 将每个单选按钮绑定到数据库中的数据。

RadioButton 控件需要单独添加，通常是将两个或多个单独的按钮组合在一起。例如，提供用户性别的选择需要添加两个 RadioButton 控件；如果一个问题提供 4 个答案，需要向页面添加 4 个 RadioButton 控件。

RadioButton 控件包含多个属性，通过这些属性可以设置单选按钮的显示外观、文本值等内容，常用属性及其说明如表 5-6 所示。

表 5-6　RadioButton 控件的常用属性

属性名称	说　明
CausesValidation	获取或设置一个值，该值指示选中控件时是否激发验证。默认值是 false
Checked	控件选中的状态。如果选中，该值为 true；否则为 false
GroupName	指定单选按钮所属的组名，在一个组内每次只能选中一个单选按钮
TextAlign	获取或设置与控件关联的文本标签的对齐方式。其值有 Left 和 Right
Text	获取或设置与控件关联的文本标签

在表 5-6 中，GroupName 属性非常重要，如果指定的 RadioButton 控件是一组，那么需要为每个 RadioButton 控件都添加 GroupName 属性。

【例 5-11】

向 Web 窗体页面分别添加用户性别和用户学历，其中用户性别提供“男生”和“女生”选项，用户学历提供“小学”、“初中”、“高中”和“大专本科以上学历”选项。页面代码如下：

```
用户性别：
<asp:RadioButton ID="rbGirl" Text=" 女生 " GroupName="UserSex" Checked="true" runat="server" />
<asp:RadioButton ID="rbBoy" Text=" 男生 " GroupName="UserSex" runat="server" />
<br />
<br />
用户学历：
<asp:RadioButton ID="rbXiao" Text=" 小学 " GroupName="UserXueLi" runat="server" />
<asp:RadioButton ID="rbChu" Text=" 初中 " GroupName="UserXueLi" runat="server" />
<asp:RadioButton ID="rbGao" Text=" 高中 " GroupName="UserXueLi" Checked="true" runat="server" />
<asp:RadioButton ID="rbOther" Text=" 大专本科以上学历 " GroupName="UserXueLi" runat="server" />
```

注意

若要在选中 RadioButton 控件时将其发送到服务器，浏览器必须支持 ECMAScript(如 JScript 和 JavaScript)，并且用户的浏览器要启用脚本撰写。

除了属性外，RadioButton 控件还包含一系列的事件，其中最常用的是 CheckedChanged 事件。单个 RadioButton 控件在用户单击该控件时引发 CheckedChanged 事件，默认情况下，该事件并不导致向服务器发送页面，但是通过将 AotoPostBack 属性设置为 true，可以使该控件强制立即发送。

【例 5-12】

在上例代码的基础上添加新代码，为表示用户性别的单选按钮添加 CheckedChanged 事件。添加完成后的页面代码如下：

```
<asp:RadioButton ID="rbGirl" Text=" 女生 " GroupName="UserSex" Checked="true" runat="server"
OnCheckedChanged="rbGirl_CheckedChanged"/>
<asp:RadioButton ID="rbBoy" Text=" 男生 " GroupName="UserSex" runat="server"
OnCheckedChanged="rbGirl_CheckedChanged"/>
```

向后台代码 RadioButton 控件的 CheckedChanged 事件添加代码，根据用户选择的性别弹出不同的提示内容。代码如下：

```
protected void rbGirl_CheckedChanged(object sender, EventArgs e) {
  if (rbGirl.Checked)
    Page.ClientScript.RegisterClientScriptBlock(GetType(), " 提示 ",
                                            "<script>alert(' 你选择【女生】')</script>");
```

```
    else if (rbBoy.Checked)
        Page.ClientScript.RegisterClientScriptBlock(GetType(), " 提示 ",
                                                     "<script>alert(' 你选择【男生】')</script>");
}
```

所有代码添加完毕后，运行 Web 窗体页面，在浏览器中查看效果，并单击选择不同的内容进行测试。

5.4.2 RadioButtonList 控件

单选按钮很少单独使用，而是进行分组，以提供一组互斥的选项。在一个组内，每次只能选择一个单选按钮。有两种方法可以创建分组的单选按钮。

1. 使用 RadioButton 控件

前面介绍过：首先向页面添加单个的 RadioButton 控件，然后将所有这些控件手动分配到一个组中。组名称可以是任意名称，具有相同组名称的所有单选按钮将视为同一个组的组成部分。

2. 使用 RadioButtonList 控件

RadioButtonList 控件显示单选按钮列表，该控件中的列表项将自动进行分组。RadioButtonList 控件是多个 RadioButton 控件的组合，通常用于多个选项的情况。在这个组合中的每一个 RadioButton 控件都是互斥的，即每一个 RadioButtonList 控件中的选项，只能有一个处于选中状态。

RadioButtonList 控件比 RadioButton 控件的功能更为强大，因此该控件的属性更多，常用属性及其说明如表 5-7 所示。

表 5-7 RadioButtonList 控件的常用属性

属性名称	说 明
DataSourceID	获取或设置控件的 ID，数据绑定控件从该控件中检索其数据项列表
DataSource	指定该控件绑定的数据源
DataTextField	获取或设置为列表项提供文本内容的数据源字段
DataValueField	获取或设置为各列表项提供值的数据源字段
Item	列表控件项的集合
SelectedIndex	获取或设置列表中选中项的最低序号索引
SelectedItem	获取列表控件中索引最小的选定项
SelectedValue	获取列表控件中选定项的值，或选择列表控件中包含指定值的项
RepeatColumns	获取或设置在该控件上显示的列数
RepeatDirection	获取或设置组中单选按钮的显示方向，它的值有 Vertical(默认值)和 Horizontal
RepeatLayout	获取或设置一个值，该值指定是否使用 table 元素、ul 元素、ol 元素或 span 元素呈现列表。其值分别是 Table、Flow、UnorderedList 和 OrderedList

除了属性外，RadioButtonList 控件还包含一些事件。当用户更改列表中选中的单选按钮时，RadioButtonList 控件会引发 SelectedIndexChanged 事件。默认情况下，该事件并不会导致向服务器发送页。但是，可以通过将 AutoPostBack 属性的值设置为 true 强制该控件立即执行回发。

注意

RadioButtonList 控件是多个 RadioButton 控件的组合，而且 ListControl 是它的父类，因此，从某种意义上来讲，RadioButtonList 控件也是一种列表控件。不仅如此，后面所介绍的 CheckBoxList 控件也是这样，它们的工作方式与列表控件相似。

【例 5-13】

下面通过简单例子，演示 RadioButton 控件的基本用法。主要步骤如下。

01 向 Web 窗体页添加 RadioButton 控件，并指定列表项，为列表项指定 Text 属性和 Value 属性。代码如下：

```
您的学历是？ <br />
<asp:RadioButtonList ID="rblUserXueLi" AutoPostBack="True" runat="server"
 OnSelectedIndexChanged = "rblUserXueLi_SelectedIndexChanged">
   <asp:ListItem Text=" 小学 " Value=" 小学 "></asp:ListItem>
   <asp:ListItem Text=" 初中 " Value=" 初中 "></asp:ListItem>
   <asp:ListItem Text=" 高中 " Value=" 高中 "></asp:ListItem>
   <asp:ListItem Text=" 大专本科以上学历 " Value=" 大专本科以上学历 "></asp:ListItem>
</asp:RadioButtonList>
```

02 可以看出，开发者为 RadioButtonList 控件添加了 SelectedIndexChanged 事件，该事件用于获取用户选择的学历，并将选择的结果返回给用户。后台代码如下：

```
protected void rblUserXueLi_SelectedIndexChanged(object sender, EventArgs e) {
   string xueli = rblUserXueLi.SelectedItem.Text;
   Page.ClientScript.RegisterClientScriptBlock(GetType(), " 提示 ", "<script>alert(' 你选择【"+xueli+"】')</script>");
}
```

在上述代码中，SelectedItem 属性用于获取用户选择的列表项，该属性返回一个 ListItem 对象，调用该对象的 Text 属性获取列表控件显示的文本。

03 运行 Web 窗体页面进行测试，具体效果图不再展示。

5.4.3 CheckBox 控件

无论是 RadioButton 控件还是 RadioButtonList 控件，都仅仅提供单选列表，它们并不能满足用户的所有需求。例如，用户爱好不仅有一个，可以有两个、三个甚至多个，这时需要用到多选控件，即 CheckBox 控件和 CheckBoxList 控件。使用这两种控件可执行以下操作：

- 选中某个复选框时将引起页回发。
- 选中某个复选框时捕获用户交互。
- 将每个复选框绑定到数据库中的数据。

CheckBox 控件也叫复选框，它在 Web 窗体页面中显示为一个复选框，常用于为用户提供多项选择。使用该控件比使用 CheckBoxList 控件能更好地控制页面上各个复选框的布局，例如可以在各个复选框之间包含文本（即非复选框的文本）。例如，表 5-8 针对 CheckBox 控件的常用属性进行说明。

表 5-8　CheckBox 控件的常用属性

属性名称	说　明
AutoPostBack	默认值为 false，设置当使用者选择不同的项目时，是否自动触发 CheckedChanged 事件
Checked	传回或设置是否该项目被选取
TextAlign	设置控件所显示的文字是在按钮的左方还是右方
Text	设置 CheckBox 控件所显示的文本内容

与 RadioButton 控件一样，CheckBox 控件最常用的属性是 CheckedChanged 事件。单个 CheckBox 控件在用户单击该控件时会引发 CheckedChanged 事件，但是，由于 AutoPostBack 属性的值为 false，因此默认情况下，该事件并不导致向服务器发送页面。

【例 5-14】

用户注册或修改信息时，有时需要输入地区邮政编码，因此可以向页面中添加 CheckBox 控件，如果选中该控件就自动显示地区编码，否则文本输入框内容为空。步骤如下。

01 向 Web 窗体页面添加 TextBox 控件和 CheckBox 控件，前者供用户输入邮政编码，后者提供用户选择。代码如下：

```
您的地区邮政编码：
<asp:TextBox ID="TextBox1" runat="server" MaxLength="6"></asp:TextBox>
<asp:CheckBox ID="cbAuto" AutoPostBack="true" Text=" 自动获取 " runat="server"
 OnCheckedChanged="cbAuto_CheckedChanged" />
```

02 为 CheckBox 控件添加 CheckedChanged 事件，在该事件中指定 TextBox 控件的文本值。代码如下；

```
protected void cbAuto_CheckedChanged(object sender, EventArgs e) {
  if (cbAuto.Checked)
    TextBox1.Text = "452300";
  else
    TextBox1.Text = "";
}
```

03 运行 Web 窗体页面，选择 CheckBox 控件进行测试，测试效果图不再展示。

5.4.4　CheckBoxList 控件

如果想用数据库中的数据创建一组复选框，则 CheckBoxList 控件是较好的选择。与 CheckBox 控件相比，CheckBoxList 控件的属性比较多，而且它的属性与 RadioButtonList 控件非常相似，表 5-9 只列出了一些常用属性，并对这些属性进行说明。

表 5-9　CheckBoxList 控件的常用属性

属性名称	说　明
DataSourceID	获取或设置控件的 ID，数据绑定控件从该控件中检索其数据项列表

（续表）

属性名称	说　明
DataSource	指定该控件绑定的数据源
DataMember	指定用户绑定的表或视图
DataTextField	获取或设置为列表项提供文本内容的数据源字段
DataTextFormatString	获取或设置格式化字符串，该字符串用来控制如何显示绑定到列表控件的数据
DataValueField	获取或设置为各列表项提供值的数据源字段
Items	获取列表项的集合
SelectedIndex	获取或设置列表中选中项的最低序号索引
SelectedItem	获取列表控件中索引最小的选定项
SelectedValue	获取列表控件中选定项的值，或选择列表控件中包含指定值的项
RepeatColumns	获取或设置在该控件上显示的列数
RepeatDirection	获取或设置组中单选按钮的显示方向，它的值有 Vertical(默认值)和 Horizontal
RepeatLayout	获取或设置一个值，该值指定是否使用 table 元素、ul 元素、ol 元素或 span 元素呈现列表

【例 5-15】

利用 CheckBox 控件和 CheckBoxList 控件实现全选和全不选功能。主要步骤如下。

01 向 Web 窗体页面添加 CheckBox 控件和 CheckBoxList 控件，前者执行全选或全不选操作，后者提供兴趣列表选项。代码如下：

```
您对哪一项感兴趣？
<asp:CheckBox ID="cbCheckAll" runat="server"
AutoPostBack="true" Text=" 全选 "
OnCheckedChanged= "cbCheckAll_CheckedChanged"
/><br />
<asp:CheckBoxList ID="CheckBoxList1"
runat="server">
  <asp:ListItem Text="Java"></asp:ListItem>
  <asp:ListItem Text="C#"></asp:ListItem>
  <asp:ListItem Text="PHP"></asp:ListItem>
  <asp:ListItem Text="PhotoShop">
  </asp:ListItem>
  <asp:ListItem Text="HTML 5 + CSS 3">
  </asp:ListItem>
</asp:CheckBoxList>
```

02 为 CheckBox 控件添加 CheckedChanged 事件，在该事件中判断 CheckBox 是否选中，根据选中的结果执行相对应的操作。具体代码如下：

```
protected void cbCheckAll_CheckedChanged
(object sender, EventArgs e) {
  if (cbCheckAll.Checked) {
    cbCheckAll.Text = " 取消全选 ";
   for (int i = 0; i < CheckBoxList1.Items.Count; i++)
      CheckBoxList1.Items[i].Selected = true;
  } else {
    cbCheckAll.Text = " 全选 ";
    for (int i = 0; i < CheckBoxList1.Items.Count;
    i++)
      CheckBoxList1.Items[i].Selected = false;
  }
}
```

03 运行 Web 窗体页面进行测试，具体效果图不再展示。

5.5 列表控件

在实际项目操作过程中，开发者还可能会用到其他的控件，例如列表控件、图像控件、日历控件等。本节简单介绍常见的列表控件，包含 BulletedList、DropDownList 和 ListBox 等。

5.5.1 BulletedList 控件

BulletedList 控件可以创建一个无序或有序（编号的）的项列表，分别呈现为 HTML 的 ul 或 ol 元素。通过 BulletedList 控件可以实现以下效果：

- 可以指定项、项目符号或编号的外观。
- 静态定义列表项或通过将控件绑定到数据来定义列表项。
- 也可以在用户单击项时做出响应。

BulletedList 控件包含多个属性，通过这些属性，不仅可以创建静态项，还可以将控件绑定到数据源，而且可以定义 BulletedList 控件的列表项。例如，表 5-10 针对 BulletedList 控件的常用属性进行了详细说明。

表 5-10　BulletedList 控件的常用属性

属性名称	说　明
AppendDataBoundItems	获取或设置一个值，该值指示是否在绑定数据之前清除列表项。默认值为 false
BulletImageUrl	获取或设置为控件中的每个项目符号显示的图像路径，把 BulletStyle 的值设置为 CustomImage 时有效
BulletStyle	获取或设置控件的项目符号样式
DataSource	获取或设置对象，数据绑定控件从该对象中检索其数据项列表
DataTextField	获取或设置为列表项提供文本内容的数据源字段
DataValueField	获取或设置为列表项提供值的数据源字段
DisplayMode	获取或设置控件中的列表内容的显示模式。 其值包括 Text(默认值)、HyperLink 和 LinkButton
FirstBulletMember	获取或设置排序控件中开始列表项编号的值
Items	获取列表控件项的集合

在表 5-10 列出的 BulletedList 控件属性中，开发者可以通过 BulletStyle 属性自定义列表项外观，如果将控件设置为呈现项目符号，则可以选择与 HTML 标准项目符号样式匹配的预定义项目符号样式字段。BulletStyle 属性的值有 10 个，对同一个值，不同的浏览器所呈现项目符号的方式也会不同，甚至有些浏览器不支持特定的项目符号样式（如 Disc 字段）。BulletStyle 属性的取值及其说明如表 5-11 所示。

表 5-11　BulletStyle 属性的具体取值说明

属性取值	说　明	属性取值	说　明
NoteSet	未设置	Numbered	数字
LowerAlpha	小写字母	UpperAlpha	大写字母
LowerRoman	小写罗马数字	UpperRoman	大写罗马数字

（续表）

属性取值	说　明	属性取值	说　明
Disc	实心圆	Circle	圆圈
Square	实心正方形	CustomImage	自定义图像

【例 5-16】

向 Web 窗体页面添加 RadioButton 控件和 BulletedList 控件，根据用户选择的默认项动态设置列表项的显示外观。主要步骤如下。

01 向窗体页面添加 6 个 RadioButton 控件和 1 个 BulletedList 控件，RadioButton 控件用于显示选择项，BulletedList 控件用于显示列表。代码如下：

```
您周末打算做什么？ <br /><br />
<asp:RadioButton ID="rbM" Checked="true" Text=" 默认 " GroupName="rbDo" runat="server"
 AutoPost Back="True" OnCheckedChanged="rbM_CheckedChanged" />
<!-- 其他 RadioButton 控件 -->
<asp:BulletedList ID="blAnPai" runat="server">
  <asp:ListItem Text=" 给宝宝洗衣服 "></asp:ListItem>
  <asp:ListItem Text=" 给宝宝买儿童图书 "></asp:ListItem>
  <asp:ListItem Text=" 带着宝宝洗澡 "></asp:ListItem>
  <asp:ListItem Text=" 带着宝宝去姥姥姥爷家 "></asp:ListItem>
</asp:BulletedList>
```

02 分别为 RadioButton 控件添加 CheckedChanged 事件，在该事件中判断单选按钮是否选中，若选中，设置 BulletedList 控件的样式。以第一个 RadioButton 控件为例，代码如下：

```
protected void rbM_CheckedChanged(object sender, EventArgs e) {
  if (rbM.Checked)
    blAnPai.BulletStyle = BulletStyle.NotSet;
}
```

03 运行窗体页面进行测试，初始效果如图 5-1 所示，选择【大写字母】选项时的效果如图 5-2 所示。

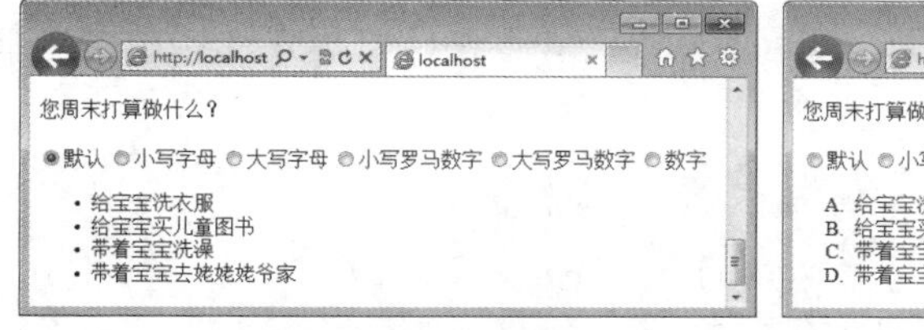

图 5-1　初始效果

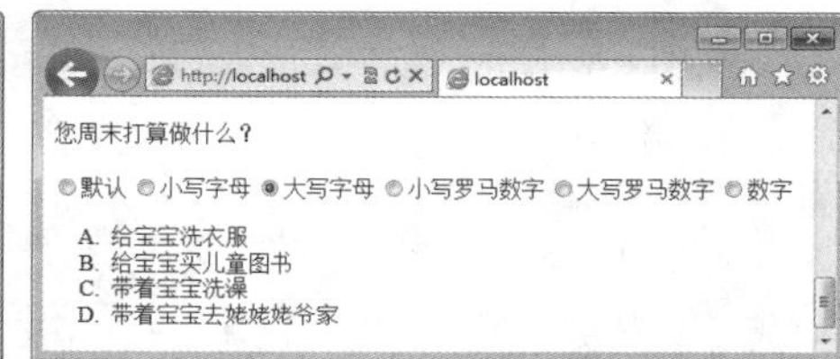

图 5-2　大写字母列表项

5.5.2　DropDownList 控件

DropDownList 控件使用户可以从单项选择下拉列表框中进行选择，该控件通常被称作下拉列表。开发人员也可以把 DropDownList 控件视为容器，这些列表项都属于 ListItem 类型，每一个 ListItem 对象都是带有单独属性（如 Text 属性、Selected 属性和 Value 属性）的对象。

DropDownList 控件提供多个属性、事件和方法，最常用的事件是 SelectedIndexChanged，当更改下拉列表项的索引时会引发该事件。表 5-12 针对 DropDownList 控件的常用属性进行了详细说明。

表 5-12　DropDownList 控件的常用属性

属性名称	说　明
AutoPostBack	获取或设置一个值，该值指示用户更改列表中的内容时是否自动向服务器回发
DataSource	获取或设置对象，数据绑定控件从该对象中检索其数据项列表
DataTextField	获取或设置为列表项提供文本内容的数据源字段
DataValueField	获取或设置各列表项提供值的数据源字段
Items	获取列表控件项的集合
SelectedIndex	获取或设置列表中选定项的最低索引
SelectedItem	获取列表控件中索引最小的选定项
SelectedValue	获取列表控件中选定项的值，或选择列表控件中包含指定值的项

【例 5-17】

大多数公司的招聘网站或招聘简历上都要求用户提供国籍，这是为了方便公司对员工的进一步了解。本例利用 DropDownList 控件实现用户国籍的选择，主要步骤如下。

01 向 Web 窗体页面添加 Label 控件和 DropDownList 控件。Label 控件用于显示选中的国籍，DropDownList 控件提供国籍列表。代码如下：

```
您的国籍是？ <asp:Label ID="lblCountry" runat="server" Text="Label"></asp:Label><br /><br />
<asp:DropDownList ID="ddlCountry" runat="server" AutoPostBack="true" Width="250"
OnSelectedIndexChanged="ddlCountry_SelectedIndexChanged">
  <asp:ListItem Value="China"> 中国 </asp:ListItem>
  <asp:ListItem Value="USA"> 美国 </asp:ListItem>
  <asp:ListItem Value="French"> 法国 </asp:ListItem>
  <asp:ListItem Value="Others"> 其他国籍 </asp:ListItem>
</asp:DropDownList>
```

02 为 DropDownList 控件添加 SelectedIndexChanged 事件，将用户选中的文本值显示到 Label 控件中。代码如下：

```
protected void ddlCountry_SelectedIndexChanged(object sender, EventArgs e) {
  for (int i = 0; i < ddlCountry.Items.Count; i++)
    lblCountry.Text = ddlCountry.SelectedItem.Text + "(" + ddlCountry.SelectedItem.Value + ")";
}
```

03 运行页面进行测试，初始效果如图 5-3 所示，选择某一国籍后的效果如图 5-4 所示。

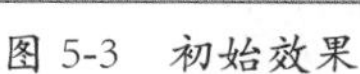

图 5-3　初始效果

图 5-4　选择后的效果

5.5.3　ListBox 控件

ListBox 控件与 DropDownList 控件类似，但仅仅是类似，并不相同。ListBox 控件允许用户从预定义的列表中选择一项或多项。也就是说，当开发者使用 ListBox 控件时，该控件可以一次显示多个项，同时，还可以使用户能够选择多个项。

ListBox 控件通常用于一次显示一个以上的项，读者可以从两个方面控制列表的外观，如下所示。

- 显示的行数：可以将该控件设置为显示特定的项数，如果该控件包含比设置的项数更多的项，则显示一个垂直滚动条。
- 宽度和高度：可以以像素为单位设置控件的大小。在这种情况下，控件将忽略已设置的行数，而是显示足够多的行直至填满控件的高度。

ListBox 控件有许多常用属性，通过这些属性，不仅可以动态设置数据源，还可以设置列表项的外观，并可以获取列表项的集合。表 5-13 针对 ListBox 控件的常用属性进行了说明。

表 5-13　ListBox 控件的常用属性

属性名称	说　明
AutoPostBack	获取或设置一个值，该值指示当用户更改列表中的选定内容时是否自动向服务器回发
DataSource	获取或设置对象，数据绑定控件从该对象中检索其数据项列表
DataTextField	获取或设置为列表项提供文本内容的数据源字段
DataValueField	获取或设置各列表项提供值的数据源字段
Items	获取列表控件项的集合
Rows	获取或设置该控件中显示的行数
SelectedIndex	获取或设置列表中选定项的最低索引
SelectedItem	获取列表控件中索引最小的选定项
SelectedValue	获取列表控件中选定项的值，或选择列表控件中包含指定值的项
SelectionMode	获取或设置控件的选择模式，它的值有两个，分别为 Single 和 Multiple。默认为 Single

提示

通常情况下，用户可通过单击列表中的单个项来选择它。如果将 ListBox 控件的 SelectionMode 属性的值设置 Multiple(即允许进行多重选择)，则用户可以在按住 Ctrl 或 Shift 键的同时，单击以选择多个项。

【例 5-18】

本例通过两个 ListBox 控件演示其具体使用，第一个控件提供电影列表，当用户选择某部电影后，点击 Button 控件会将选择的电影显示到第二个 ListBox 控件中。具体步骤如下。

01 向 Web 窗体页面添加两个 ListBox 控件和一个 Button 控件，页面有关代码如下：

```
近期，您想看哪部电影？请选择：<br /><br />
<asp:ListBox ID="ListBoxMovie" Height="120" Width="120px" runat="server"
OnSelectedIndexChanged = "ListBox1_SelectedIndexChanged">
  <asp:ListItem> 美女与野兽 </asp:ListItem>
  <asp:ListItem> 功夫瑜伽 </asp:ListItem>
  <asp:ListItem> 一条狗的使命 </asp:ListItem>
  <asp:ListItem> 绑架者 </asp:ListItem>
</asp:ListBox>
<asp:Button ID="btnOperRight" runat="server" Text=" 选择到右边 " />
<asp:ListBox ID="ListBoxMovieRight" runat="server" Height="120" Width="120"></asp:ListBox>
```

02 为提供电影列表的 ListBox 控件添加 SelectedIndexChanged 事件，删除左侧 ListBox 控件选中的列表项，同时向右侧列表项中添加选中的电影。代码如下：

```
protected void ListBox1_SelectedIndexChanged(object sender, EventArgs e) {
  string text = ListBoxMovie.SelectedItem.Text;              // 用户选中的文本
  int index = ListBoxMovie.SelectedIndex;                     // 用户选中的索引
  ListBoxMovie.Items.RemoveAt(index);                         // 左侧电影列表删除选中的电影
  ListBoxMovieRight.Items.Add(new ListItem(text));            // 向右侧列表控件添加选中的电影
}
```

03 运行页面进行测试，页面初始效果如图 5-5 所示。选中某个电影，单击按钮时的效果如图 5-6 所示。

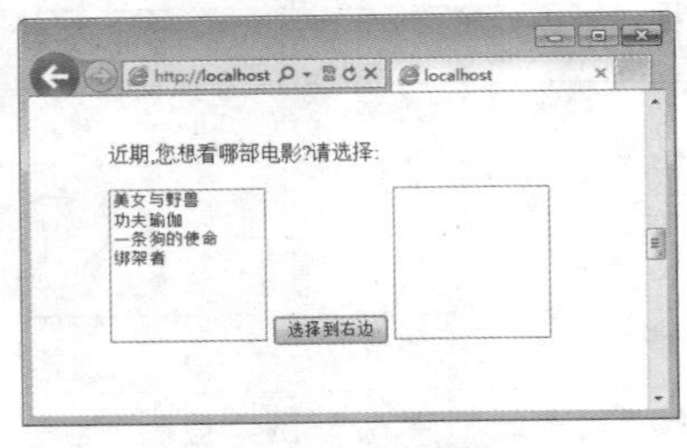

图 5-5　初始效果

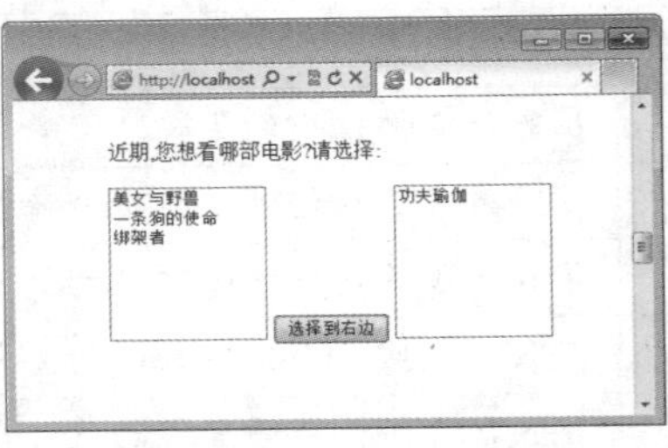

图 5-6　移动后的效果

5.6　常用验证控件

在 ASP.NET 网页的表单中，对用户输入的内容进行验证是非常重要的，例如验证用户输入的邮箱是否合法、验证用户名是否都为英文、验证个人头像是否为 JPG 格式的等。本节详细介绍 ASP.NET 中常用的验证控件，如必填验证控件、范围验证控件等。

5.6.1 验证控件概述

有经验的开发人员都应该知道，由于 Web 应用程序是基于请求 / 响应模式的，所以 Web 的数据验证有多种方式。可以在服务器端直接对数据进行验证，也可以编写客户端脚本来实现数据有效性的验证，当这些数据提交给服务器时就经过了验证。在实际的项目开发中，既需要客户端验证，也需要服务器端验证。

客户端验证是指利用 JavaScript 脚本，在数据发送到服务器之前进行验证；服务器端验证是指将用户输入的信息全部发送到 Web 服务器进行验证。表 5-14 说明了客户端验证和服务器端验证的区别。

表 5-14　客户端验证和服务器端验证的区别

	客户端验证	服务器端验证
实现方式	通过 JavaScript 和 DHTML 实现	通过 .NET 的开发语言实现
访问方式	不能访问服务器资源，即时信息反馈	与服务器上存储的数据进行比较验证，需要服务器返回，以显示错误信息
是否依赖浏览器	依赖于客户端浏览器版本	与客户端浏览器的版本无关
安全性能	安全性较低	安全性较高
是否允许禁用	允许禁用客户端验证	重复所有的客户端验证
优缺点	不能避免欺骗代码或恶意代码	可以避免欺骗代码或恶意代码

ASP.NET 中提供了一组验证控件，这是一种易用而且功能强大的检错方式，并且在必要时可以向用户显示错误信息。

ASP.NET 验证控件集成了常用的客户端验证和服务器端验证的功能。ASP.NET 窗体页生成时，系统会自动检测浏览器是否支持 JavaScript，如果支持，则将脚本发送到客户端，在客户端完成验证；否则在服务器端完成验证。因此，开发者不需要关心使用哪种方式进行验证。

ASP.NET 提供了 5 个验证控件和 1 个汇总控件，这些控件分别实现了不同的功能，如 RequiredFieldValidator 控件判断用户输入的内容是否为空。每个验证控件都引用页面上其他地方的输入控件，处理用户输入时 (例如页面提交时)，验证控件会对用户输入的内容进行测试，并设置属性以指示该输入是否通过测试。调用了所有验证控件后，会在页面上设置一个属性以指示是否出现验证检查失败。

5.6.2 RequiredFieldValidator 控件

在 ASP.NET 中，RequiredFieldValidator 控件表示必填验证控件。必填验证控件用于确保用户不会跳过某一项输入。因此，可以将必填验证控件称为非空验证控件。例如，用户在登录页面进行登录时，必须输入用户名和密码，这时可以使用 RequiredFieldValidator 控件验证它们是否已经填写。

RequiredFieldValidator 控件最常见的基础语法如下：

```
<asp:RequiredFieldValidator ID="Validator_Name" runat="Server" ControlToValidate=" 要检查的控件名 "
ErrorMessage=" 出错信息 " Display="Static|Dymatic|None">
  占位符
</asp: RequiredFieldValidator>
```

在上述语法中，“占位符”表示 Display 属性的值为 Static 时，错误信息占有“占位符”那么大的页面空间。另外，从上述语法中可以看出，RequiredFieldValidator 控件和其他控件一样，可以指定属性，该控件包含多个属性。表 5-15 列出了该控件的常用属性，并对这些属性进行说明。

表 5-15　RequiredFieldValidator 控件的常用属性

属性名称	说　明
ControlToValidate	获取或设置要验证的控件 ID 名称。此属性必须进行设置
ErrorMessage	获取或设置验证失败时 ValidationSummary 控件中显示的错误消息的文本
Text	获取或设置验证失败时验证控件中显示的文本
Display	控件错误消息的显示方式。它的值包括 3 个，说明如下。 Static 表示控件的错误信息在页面中肯定占有位置。 Dymatic 表示控件错误信息出现时才占用页面控件。 None 表示错误出现时不显示，但是可以在 ValidatorSummary 中显示
ValidationGroup	获取或设置此验证控件所属的验证组的名称
IsValid	获取或设置一个值，该值指示输入的控件是否通过验证
InitialValue	获取或设置关联的输入控件的初始值
EnableClientScript	获取或设置一个值，该值指示是否启用客户端验证。默认为 false
SetFocusOnError	获取或设置一个值，该值指示验证失败时是否将焦点设置到第一个验证失败的控件上

注意

无论是 RequiredFieldValidator 控件还是下面介绍的其他控件，它们都需要与另一个控件配合使用，不能单独使用。首先将要验证的控件添加到网页中，然后再添加验证控件，就可以轻松地将后者与前者关联。

【例 5-19】

向页面中添加 TextBox 控件，表示用户名称输入框，用 RequiredFieldValidator 控件验证用户名称不能为空，单击 Button 控件时给出不为空提示。代码如下：

```
用户名称：<asp:TextBox ID="txtUserName" runat="server"></asp:TextBox>
<asp:RequiredFieldValidator ID="rfvUserName" ControlToValidate="txtUserName" runat="server"
ErrorMessage=" 用户名称必须填写！ "> 请输入用户名称 </asp:RequiredFieldValidator><br /><br />
<asp:Button ID="btnSubmit" runat="server" Text=" 立即提交 " />
```

在上述代码中，开发者同时设置了 ErrorMessage 属性和“占位符”，当提示错误时会优先显示“占位符”的内容。

除了通过“占位符”的方式设置提示内容外，还可以通过 Text 属性和 ErrorMessage 属性进行设置。如果“占位符”和 Text 属性同时设置，那么先显示“占位符”指定的内容。ErrorMessage 属性的值表示验证失败时 ValidationSummary 控件中显示的错误文本。如果

ErrorMessage 属性和 Text 属性同时存在，则单击按钮时会显示 Text 属性的值；如果没有设置 Text 属性，而设置 ErrorMessage 属性，则单击按钮时会显示 ErrorMessage 属性的值。

5.6.3　RangeValidator 控件

在 ASP.NET 中，RangeValidator 表示范围验证控件。范围验证控件用于验证输入控件的值是否在指定的范围内。例如，某公司招聘前台，要求年龄在 20 到 30 岁之间；考取驾照时要求年龄必须满 18 岁等，这些都可以通过 RangeValidator 控件实现。

RangeValidator 控件的大多数属性与 RequiredFieldValidator 控件是类似的，例如 ControlToValidate、Display 和 Text 等。下面列出了 RangeValidator 专用的三个常用属性。

- MinimumValue 属性：获取或设置验证范围的最小值。
- MaximumValue 属性：获取或设置验证范围的最大值。
- Type 属性：获取或设置在比较之前将所比较的值转换为的数据类型。Type 属性的值是枚举类型 ValidationDateType 的值之一，其值说明如下。
  - String：默认值，字符串数据类型，它的值被看作是 System.String。
  - Date：日期数据类型，只允许使用数字日期，不能指定时间部分。
  - Integer：32 位符号整数数据类型，它的值被看作是 System.Int32。
  - Double：双精度浮点数数据类型，它的值被看作是 System.Double。
  - Currency：货币数据类型，它的值被看作是 System.Decimal。

【例 5-20】

某公司人事部门为公司领导招聘司机，要求司机的年龄必须大于 20 岁，并且不能超过 55 岁，这时可以通过 RangeValidator 控件来实现。代码如下：

```
请输入年龄：<asp:TextBox ID="txtAge"
runat="server"></asp:TextBox>
<asp:RequiredFieldValidator ID="rfvAge" runat="server"
ControlToValidate="txtAge" Text=" 必须输入 "
Display= "Dynamic"></asp:RequiredFieldValidator>
<asp:RangeValidator ID="rvAge" runat="server"
ControlToValidate="txtAge" Type="Integer"
MaximumValue="55" MinimumValue="20"
Display="Dynamic" Text=" 年龄必须在 20 岁到
55 岁之间 "></asp:RangeValidator><br /><br />
<asp:Button ID="btnSubmit" runat="server"
Text=" 立即提交 " />
```

在上述代码中，要求用户年龄必须输入，并且年龄值在 20 岁到 55 岁之间。在指定年龄范围时，将 Display 属性的值设置为 Dynamic，表示只有错误信息出现时才占用位置。感兴趣的读者可以将 Display 属性值设置为 Static，比较两者的区别，这里不再截图显示。

5.6.4　CompareValidator 控件

CompareValidator 控件可用于比较一个控件的值和一个指定的值，如果比较的结果为 true 则验证通过；也可用于比较一个控件的值和另一个控件的值，如果相等则验证通过。

通常情况下，CompareValidator 控件被称为比较控件，比较控件除了基本属性 ID、runat 外，还有特定的属性，这些属性及其说明如表 5-16 所示。

表 5-16　CompareValidator 控件的特定属性

属性名称	说　明
ControlToCompare	获取或设置要与所验证的输入控件进行比较的输入控件

（续表）

属性名称	说　明
Operator	获取或设置要执行的比较操作，默认值为 Equal
Type	获取或设置在比较之前所比较的值转换为的数据类型。其值包括String(默认值)、Integer、Double、Date 和 Currency
ValueToCompare	获取或设置一个常数值，该值要与由用户输入到所验证的输入控件中的值进行比较

在表 5-16 所列出的属性中，Operator 属性执行比较操作，该属性的取值有 7 个，具体说明如表 5-17 所示。

表 5-17　Operator 属性的值

取　值	说　明	取　值	说　明
Equal	默认值，进行相等比较	DataTypeCheck	只对数据类型进行比较
GreaterThan	大于比较	GreaterThanEqual	大于或等于比较
LessThan	小于比较	LessThanEqual	小于或等于比较
NotEqual	不等于比较		

注意

如果同时设置比较控件的 ControlToCompare 和 ValueToCompare 属性，那么会优先显示 ControlToCompare 属性的值，该属性的优先级比较高。

【例 5-21】

如下代码通过 CompareValidator 控件比较输入的偶像年龄和用户年龄：

```
偶像年龄：<asp:TextBox ID="txtAge1" runat="server"></asp:TextBox><br /><br />
您的年龄：<asp:TextBox ID="txtAge2" runat="server"></asp:TextBox><br /><br />
<asp:CompareValidator ID="cvAge" runat="server" ControlToValidate="txtAge1" ControlToCompare = "txtAge2"
Operator = "Equal" ErrorMessage = " 您的年龄和偶像年龄不一致 "></asp:CompareValidator><br /><br />
<asp:Button ID="btnSubmit" runat="server" Text=" 立即提交 " />
```

【例 5-22】

如下代码通过 CompareValidator 控件比较控件输入的值和固定值 (8)：

```
您的幸运数字：<asp:TextBox ID="txtNumber" runat="server"></asp:TextBox>
<asp:CompareValidator ID="CompareValidator1" runat="server" ControlToValidate="txtNumber"
ValueToCompare="8" ErrorMessage=" 您的幸运数字和我的不一样！ "></asp:CompareValidator><br /><br />
<asp:Button ID="btnSubmit" runat="server" Text=" 立即提交 " />
```

5.6.5　RegularExpressionValidator 控件

RegularExpressionValidator 控件通常被称为正则表达式控件，该控件用于确定用户输入的内容是否与某个正则表达式所定义的模式相匹配。

通过验证控件RegularExpressionValidator，可以检查可预知的字符序列，如身份证号码、电子邮件地址、电话号码以及邮政编码等。

RegularExpressionValidator 控件的大多数属性与 RequiredFieldValidator 相似，但是它还有一个 ValidationExpression 属性。

ValidationExpression 属性用于获取或设置确定字段验证模式的正则表达式。

开发者在设置 ValidationExpression 属性时，可以使用提供的一些正则表达式。选择 RegularExpressionValidator 控件右击，从快捷菜单中选择【属性】命令打开【属性】窗格，在【属性】窗格中选择 ValidationExpression 属性，单击该属性后面的按钮，弹出如图 5-7 所示的【正则表达式编辑器】对话框。

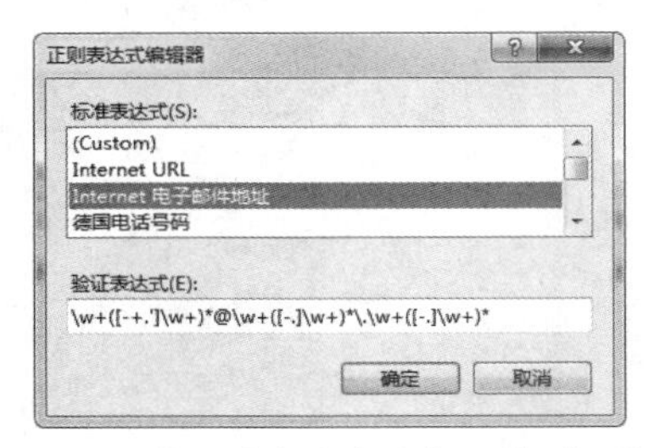

图 5-7　【正则表达式编辑器】对话框

在图 5-7 所示的对话框中，开发人员可以选择正则表达式后单击【确定】按钮。如果想自定义，可以选择图 5-7 中的 (Custom) 选项，然后在【验证表达式】文本框中输入内容，再单击【确定】按钮即可。

【例 5-23】

如下代码通过 RegularExpressionValidator 控件验证用户输入的邮箱是否合法：

```
您的邮箱地址：<asp:TextBox ID="txtEmail"
runat="server"></asp:TextBox>
<asp:RegularExpressionValidator ID="revEmail"
runat="server" ControlToValidate="txtEmail"
ValidationExpression="\w+([-+.’ ]\w+)*@\w+([-
.]\w+)*\.\w+([-.]\w+)*" ErrorMessage=" 邮箱地址不合
法！ "></asp:RegularExpressionValidator><br /><br />
<asp:Button ID="btnSubmit" runat="server"
Text=" 立即提交 " />
```

在上述代码中，ValidationExpression 属性设置匹配邮箱地址的正则表达式。在正则表达式中，不同的字符代表不同的含义，例如 \w 匹配包括下划线的任意单词字符，等价于 [A-Za-z0-9_]，关于更多正则表达式字符的含义，读者可以查阅有关资料。

5.6.6　CustomValidator 控件

如果开发者不想使用上面介绍的验证控件，还可以使用自定义验证控件。在 ASP.NET 中，CustomValidator 表示自定义验证控件。自定义验证控件是让开发者使用自己编写的验证逻辑检查用户的输入。

CustomValidator 控件的多数常用属性可以参考 RequiredFieldValidator 控件，其常用的特有属性如表 5-18 所示。

表 5-18　CustomValidator 常用的特有属性

属性名称	说　明
ClientValidationFunction	用户设置客户端验证的脚本函数
ValidateEmptyText	获取或设置一个值，该值指示是否验证空文本。默认值为 false
OnServerValidate	服务器端验证的事件方法
EnableClientScript	指示是否在上级浏览器中对客户端执行验证

从表 5-18 提供的控件属性中可以看出，CustomValidator 控件既支持客户端验证，又支持服务器端验证。在实现客户端验证时，需要在网页中定义脚本函数。函数原型如下：

```
function ValidationFunctionName(source, arguments)
```

其中，ValidationFunctionName 表示函数的名称，需要向函数中传入两个参数，source 是对 CustomValidator 控件呈现的元素的引用，arguments 是一个具有 Value 属性和 IsValid 属性的对象，该参数可以获取控件的值。

定义脚本函数完毕后，还需要设置 CustomValidator 控件的 ClientValidationFunction 属性，以指定客户端验证的脚本函数。

【例 5-24】

如下代码通过 CustomValidator 控件验证用户输入的年龄是否为数字：

```
请输入您的年龄：
<asp:TextBox ID="txtYourAge" runat="server"></asp:TextBox>
<asp:CustomValidator ID="cvYourAge" ControlToValidate="txtYourAge" runat="server" ErrorMessage=" 您输入的并不是数字 " ClientValidationFunction="AgeNumber"></asp:CustomValidator><br /><br />
<asp:Button ID="btnSubmit" runat="server" Text=" 立即提交 " />
```

在上述代码中，指定 CustomValidator 控件的 ClientValidationFunction 属性，该属性指向客户端脚本函数，该函数名称为 AgeNumber。在页面中添加客户端脚本函数代码，具体内容如下：

```
<script type="text/javascript">
  function AgeNumber(obj, args) {
    var yourage = document.getElementById("txtYourAge").value;
    if (isNaN(yourage) || yourage==0)  // 如果不为数字
      alert(" 您必须输入数字，并且年龄不能为 0");
  }
</script>
```

在上述代码中，通过 isNaN() 函数判断用户输入的内容是否为数字，并且根据判断的结果给出相应提示。

除了客户端验证外，CustomValidator 控件还可以实现服务器端验证。实现服务器端验证时，需要在 CustomValidator 控件的 ServerValidate 事件中添加代码。ServerValidate 事件的原型如下：

```
protected void CustomValidator1_ServerValidate(object source, ServerValidateEventArgs args) {
    // 代码
}
```

其中，source 是对引发 ServerValidate 事件的自定义验证控件的引用；args 是 ServerValidateEventArgs 对象，通过该对象的 Value 属性获取用户输入的内容，如果该内容有效，则 args.IsValid 的值为 true，否则为 false。

【例 5-25】

在上个例子代码的基础上进行更改，首先为 CustomValidator 控件添加 OnServerValidate 属性。代码如下：

```
<asp:CustomValidator ID="cvYourAge" ControlToValidate="txtYourAge" runat="server" ErrorMessage=" 您输入的并不是数字 " OnServerValidate="cvYourAge_ServerValidate"></asp:CustomValidator>
```

为 CustomValidator 控件添加 ServerValidate 事件，在该事件中获取用户输入的年龄是否合法，如果输入框的内容不合法，给出相应的异常提示，并且将提示信息显示到页面。事件代码如下：

```
protected void cvYourAge_ServerValidate(object source, ServerValidateEventArgs args) {
  try {
    if (!string.IsNullOrEmpty(txtYourAge.Text))
      int age = Convert.ToInt32(txtYourAge.Text);
  } catch (Exception ex) {
    args.IsValid = false;
    cvYourAge.Display = ValidatorDisplay.Dynamic;
    cvYourAge.ErrorMessage = " 出现错误，原因： " + ex.Message;
  }
}
```

5.6.7　ValidationSummary 控件

ASP.NET 中提供了 6 种验证控件，其中有 5 种验证控件属于基础验证控件，而本小节介绍的 ValidationSummary 控件属于验证汇总控件。

ValidationSummary 控件用于在一个位置总结来自网页中所有验证程序的错误信息，该控件可以将错误信息归纳在一个简单的列表中，以内联方式或者摘要方式显示错误。表 5-19 针对 ValidationSummary 控件的常用属性进行说明。

表 5-19　ValidationSummary 控件的常用属性

属性名称	说　明
DisplayMode	获取或设置验证摘要的显示模式，取值说明如下。 BulletedList：默认值，显示在项目符号中的验证摘要。 List：显示在列表中的验证摘要。 SingleParagraph：显示在单个段落内的验证摘要
EnableClientScript	获取或设置一个值，用于指示该控件是否使用脚本更新自身
HeaderText	获取或设置显示在摘要上方的标题文本
ShowMessageBox	获取或设置一个值，该值指示是否在消息框中显示摘要信息
ShowSummary	获取或设置一个值，该值指示是否内联显示验证摘要

通过设置验证控件的相关属性，可以分别以内联、摘要以及内联和摘要三种方式显示错误信息文本，其中后两种方式需要使用 ValidationSummary 控件，表 5-20 展示了以这些方式显示时需要设置的内容。

表 5-20　设置验证控件的属性以不同方式显示

方式名称	需要设置的验证控件属性
内联	Display = Static 或 Dynamic ErrorMessage = < 错误文本 > 或 Text = < 错误文本 >
摘要 （含可选消息框）	Display = None ErrorMessage = < 错误文本 > 或 Text = < 错误文本 >

（续表）

方式名称	需要设置的验证控件属性
内联和摘要（含可选消息框）	Display = Static 或 Dynamic ErrorMessage = < 摘要的错误文本 > Text = < 内联错误文本或标志符号 >

另外，如果开发者希望在消息框中显示错误信息摘要，有两个步骤。

01 将 ValidationSummary 控件的 ShowMessageBox 属性设置为 true。

02 将 ShowSummary 属性的值设置为 false。

【例 5-26】

向 Web 窗体页面添加 TextBox 控件和验证控件，演示 ValidationSummary 控件的使用。具体步骤如下。

01 从工具箱中拖动 4 个 TextBox 控件和 4 个 RequiredFieldValidator 控件。TextBox 控件供用户输入姓名、年龄、手机、地址等信息，RequiredFieldValidator 控件要求 4 个输入框为必填项。以姓名输入框为例，代码如下：

```
姓名：<asp:TextBox ID="txtInputName" runat="server"></asp:TextBox>
<asp:RequiredFieldValidator ID="rfvInputName" Display="None" ControlToValidate="txtInputName"
runat="server" ErrorMessage=" 姓名必须填写！ "></asp:RequiredFieldValidator><br /><br />
```

02 继续向窗体页面添加 ValidationSummary 控件，指定控件的 DisplayMode 属性，将该属性的值设置为 BulletedList。代码如下；

```
<asp:ValidationSummary ID="vsShowMessage" DisplayMode="BulletedList" runat="server" />
<asp:Button ID="btnInputSubmit" runat="server" Text=" 提 交 " />
```

03 运行页面，浏览效果，单击按钮进行测试，具体效果图不再展示。为了方便读者更好地了解 ValidationSummary 控件的使用，读者可以将 DisplayMode 属性的值更改为 List 和 SingleParagraph，分别观察效果。

5.7 其他常见控件

在本节之前，已经详细地介绍了 ASP.NET 中最常见的控件，利用这些控件和样式可以设计出完美的网页，但是在某些情况下，开发者可能还需要使用其他的控件，例如图像控件、日历控件等。

5.7.1 图像控件

Image 控件和 ImageMap 控件都是与图像有关的控件，但是这两种控件是有明显的区别的，下面简单进行介绍。

1. Image 控件

Image 控件称为图像控件，该控件用于显示图像，并且可以使用自己的代码管理这些图像。

表 5-21 列出了 Image 控件的常用属性，并对这些属性进行了说明。

表 5-21　Image 控件的常用属性

属性名称	说　明
Width	显示图像的宽度
Height	显示图像的高度
ImageAlign	图像的对齐方式
ImageUrl	要显示图像的 URL

【例 5-27】

如下代码为 Web 窗体页面中 Image 控件的使用：

```
<asp:Image ID="imgShow" ImageUrl="~/
MyPicture.png" runat="server" Width="200px"
Height="200px" />
```

除了直接在网页中指定显示的图像外，开发者还可以像使用其他控件那样使用该控件，例如在后台通过代码指定图像文件，或者动态绑定 Image 控件的 ImageUrl 属性等。

提示

与大多数 ASP.NET 的控件不同，Image 控件不支持任何事件。但是可以通过使用 ImageMap 或 ImageButton 等控件来创建能够交互的图像。

2. ImageMap 控件

ImageMap 控件通常被称为图像地图控件，该控件中可包含许多由用户单击的区域，这些区域可以称为热点区域。每一个作用点都可以是一个单独的超链接或回发事件，用户单击时控件可以回发到服务器或跳转到其他页面。

ImageMap 控件由两个部分组成：它可以是任何格式（如 .jpg、.jpeg、.png 和 .gif 等）的图像；它是一个热点控件集，每个热点控件都是一个不同的元素。ImageMap 控件可以将图像划分为三种类型的区域。

- CircleHotSpot：Radius 属性指定圆形区域的半径，X 属性和 Y 属性分别指定圆形区域的圆心的 X 和 Y 坐标值。
- PloygonHotSpot：Coordinates 属性指定区域的点的坐标组成的字符串。
- RectangleHotSpot：Button、Left、Right 和 Top 分别指定区域的底部、左部、右部和上部相对于浏览器左上角的偏移量。

ImageMap 控件的常用属性及其说明如表 5-22 所示。

表 5-22　ImageMap 控件的常用属性

属性名称	说　明
ImageUrl	显示图像的地址
ImageAlign	设置相对于网页中的文本对齐方式
AlternateText	当显示的图像不可用时控件显示的替换文本；如果图像可用则显示为提示文本
Target	单击控件时链接到网页内容的目标窗口或框架
HotSpotMode	指定图像映射是否导致回发或导航行为
HotSpots	HotSpot 对象的集合，这些对象表示控件中定义的作用点区域

注意

可以在控件的热点区域设置 Target、HotSpotMode、NavigateUrl 和 PostBackValue 等属性。如果将 HotSpotMode 的属性值设置为 PostBack，那么 NavigateUrl 属性链接是无效的。

在表 5-22 中，通过 ImageMap 控件的 HotSpotMode 属性可以设置单击 HotSpot 对象时该控件对象的默认行为。该属性的值是 HotSpotMode 枚举的值之一，取值说明如表 5-23 所示。

表 5-23　HotSpotMode 属性的取值说明

取　值	说　明
NotSet	未设置。默认情况下控件会执行导航操作，即导航到指定的网页；如果未指定导航的网页，则导航到当前网站的根目录
Navigate	导航到指定的网页。如果未指定导航的网页，则导航到当前网站的根目录
PostBack	执行回发操作。用户单击区域时，执行预先定义的事件
Inactive	无任何操作。此时该控件和 Image 控件的效果一样

【例 5-28】

向 Web 窗体页面添加 ImageMap 控件，该控件显示一张图像，并在该控件内部添加三个热点区域。代码如下：

```
<asp:ImageMap ID="imageMap1" ImageUrl="Images/1.jpg" AlternateText="ImageMap 控件示例 "
HotSpotMode="PostBack" runat="Server" OnClick="imageMap1_Click">
  <asp:RectangleHotSpot HotSpotMode="PostBack" PostBackValue = "http://www.comesns.com" Top = "0"
Left ="0" Bottom="35" Right="90" AlternateText=" 一，连接到 www.comesns.com"></asp:RectangleHotSpot>
   <asp:RectangleHotSpot HotSpotMode="PostBack" PostBackValue="http://www.google.cn" Top="0"
Left="90" Bottom="35" Right="180" AlternateText=" 二，连接到 www.google.cn"></asp:RectangleHotSpot>
   <asp:RectangleHotSpot HotSpotMode="PostBack" PostBackValue="http://www.baidu.com" Top="35"
Left="0" Bottom="70" Right="180" AlternateText=" 三，连接到 www.baidu.com"></asp:RectangleHotSpot>
</asp:ImageMap><br />
<asp:Label ID="label1" runat="server"></asp:Label>
```

如上述代码所示，代码中使用了 PostBack 回发模式，并在 ImageMap 控件里添加了一个 OnClick 事件 imageMap1_Click。imageMap1_Click 事件的处理代码如下：

```
protected void imageMap1_Click(object sender, ImageMapEventArgs e) {
  label1.Text = e.PostBackValue+ " clicked!";
}
```

添加代码完毕后，运行上面的程序，效果图不再展示。在运行结果中，当把鼠标放到某个矩形热点区域时，就能够出现相应的信息提示。单击热点区域时，就会触发 imageMap1_Click 事件，在页面输出被单击区域的 PostBackValue 值。

5.7.2　AdRotator 控件

AdRotator 控件提供了一种在 ASP.NET 网页上显示广告的简便方法。该控件会显示开发者提供的图形图像，例如 GIF 文件或类似图像。当用户单击广告时，系统会重定向到指定的目标 URL。另外，AdRotator 控件会从所用数据源 (通常是 XML 文件或者数据库表) 提供的广告列表中自动读取广告信息 (如图形文件名和目标 URL)。

AdRotator 控件会随机选择广告，并在每次刷新网页时更改所显示的广告。广告可以加权以控制广告横幅的优先级别，这可以使某些广告的显示频率比其他广告高。当然，开发者也可以编写可循环显示广告的自定义逻辑。

广告信息可来自各种来源。

- XML 文件：可以将广告信息存储在 XML 文件中，其中包含对广告条及其关联属性的引用。
- 任何数据源控件 (SqlData Source 控件等)：例如，开发者可以将广告信息存储在数据库中，还可以使用 SqlDataSource 控件检索广告信息，然后将 AdRotator 控件绑定到该数据源控件。
- 自定义逻辑：开发者可以为 AdCreated 事件创建一个处理程序，并在该事件中选择一条广告。

【例 5-29】

将 XML 文件作为广告信息的可靠来源，通过 AoRotator 控件随机显示广告图像，单击图像访问不同的网页。主要步骤如下。

01 创建一个包含广告细节的XML文件，存储广告条图像位置、用于重定向的 URL 以及相关的属性，方法是将信息放入一个 XML 文件中。通过使用 XML 文件格式，可以创建和维护广告清单，而不必再对某一广告进行更改时改变应用程序的代码。内容如下：

```
<?xml version="1.0" encoding="utf-8" ?>

<Advertisements>
 <Ad>
  <ImageUrl>Ad/1.jpg</ImageUrl>
  <NavigateUrl>http://www.baidu.com</NavigateUrl>
  <AlternateText> 欢迎访问百度 1</AlternateText>
  <Keyword> 百度 </Keyword>
  <Impressions>80</Impressions>
 </Ad>
 <Ad>
  <ImageUrl>Ad/2.jpg</ImageUrl>
  <NavigateUrl>http://www.163.com</NavigateUrl>
  <AlternateText> 欢迎访问网易 2</AlternateText>
  <Keyword> 网易 </Keyword>
  <Impressions>80</Impressions>
 </Ad>
 <Ad>
  <ImageUrl>Ad/3.jpg</ImageUrl>
  <NavigateUrl>http://www.baidu.com
  </NavigateUrl>
  <AlternateText> 欢迎访问百度 2
  </AlternateText>
  <Keyword> 百度 </Keyword>
  <Impressions>80</Impressions>
 </Ad>
</Advertisements>
```

AdRotator 控件使用 XML 文件存储广告信息时，XML 文件使用 <Advertisements> 开始，使用 </Advertisements> 结束。

在 <Advertisements></Advertisements> 标签内部，应该有若干个定义每条广告的 <Ad> 标签。标签含义说明如下。

- <ImageUrl></ImageUrl> 标签：可选，图像文件的路径。
- <NavigateUrl></NavigateUrl> 标签：可选，用户点击广告时所链接的 URL。
- <AlternateText></AlternateText> 标签：可选，图像的可选文本。
- <Keyword></Keyword> 标签：可选，广告的类别。
- <Impressions></Impressions> 标签：可选，显示概率。

02 在 ASP.NET 页面中创建一个服务器控件 AdRotator，将广告的 XML 文件连接到这个控件。代码如下：

```
<h3>AdRotator 和 XML 控件结合 </h3>
<h3> 广告条演示 </h3>
<asp:AdRotator ID="AdRotator1"
runat= "server" AdvertisementFile="~/Intro.xml"
 BackColor="Black"  BorderWidth="1"/>
```

在上面所给出的代码中，AdRotator 控件的 AdvertisementFile 属性表示广告信息的 XML 文件的路径。

03 运行程序，查看广告的随机显示效果，具体效果图不再展示。

5.7.3 Calendar 控件

细心的读者可以发现，博客或者是网站上经常会有一个日历，看上去即美观又实用。这就需要用到日历控件 Calendar。用户通过此日历，可以定位到任意一年中的任意一天，或在不同的月份之间移动到任意日期，还可以配置日历，以允许用户选择多个日期，包括整周或整月。

Calendar 控件用于在浏览器中显示日历。该控件可显示某个月的日历，允许用户选择日期，也可以跳到前一个月或下一个月。表 5-24 和表 5-25 分别为 Calendar 控件的常见属性和常见事件。

表 5-24　Calendar 控件的常见属性

属性名称	说　明
Caption	日历的标题
CaptionAlign	日历标题文本的对齐方式
CellPadding	用于设置日历单元格边框与其内容之间的空白
CellSpacing	单元格之间的空白，以像素计
DayHeaderStyle	用于设置或返回一周中某天的部分的样式属性
DayNameFormat	用于设置日历中星期名称的格式
DayStyle	用于设置或返回日历中日期的样式
FirstDayOfWeek	用于规定日历中哪天是周的第一天
NextMonthText	用于规定日历中下一月的链接所显示的文本
NextPrevFormat	用于规定日历中下一月和上一月链接的格式
NextPrevStyle	用于设置和返回日历中下一月和上一月链接的样式
OtherMonthDayStyle	用于设置或返回日历中不属于当前月的日期的样式
PrevMonthText	用于规定日历中上一月的链接所显示的文本
SelectedDate	用于设置或返回日历中被选的日期
SelectedDates	用于设置或返回日历中被选的日期（多选）
SelectionMode	用于设置或返回用户如何选择日期
TodaysDate	用于设置或返回日历的当前日期
VisibleDate	用于设置或获取要在 Calender 控件上显示的月份的日期

表 5-25　Calender 控件的常见事件

事件名称	说　明
OnDayRender	当每一天的单元格被创建时，所执行的函数的名称
OnSelectionChanged	当用户选择天、周或月时，所执行的函数名称
OnVisibleMonthChanged	当用户导航到不同的月时，所执行的函数名称

【例 5-30】

本例简单演示 Calendar 控件的基本应用，主要步骤如下。

01 向Web窗体页面添加Calendar控件，并设置该控件的相关属性。代码如下：

```
<asp:Calendar ID="Calendar1" runat="server"
NextMonthText=" 下月 " OnDayRender="Calendar1_
DayRender" PrevMonthText=" 上月 ">
  <DayHeaderStyle BackColor="#66FFCC" />
  <DayStyle BackColor="#99CCFF" />
  <NextPrevStyle BackColor="#FFFFCC" />
</asp:Calendar>
```

02 为Calendar控件添加DayRender事件，该事件中的代码如下：

```
CalendarDay d = ((DayRenderEventArgs)e).Day;
TableCell c = ((DayRenderEventArgs)e).Cell;
if (e.Day.IsOtherMonth) {
  e.Cell.Controls.Clear();
} else {
  try {
    string hol = holidays[e.Day.Date.Month]
                        [e.Day.Date.Day];
    if (hol != string.Empty) {
      e.Cell.Controls.Add(
        new LiteralControl(
        "<br><font color=blue size=2>" +hol
        + "</font>"));
    }
  } catch (Exception exc) {
   ClientScript.RegisterStartupScript(this.GetType(),
    "","<script>alert('"+exc.ToString()+"')</script>");
  }
}
```

03 然后，在页面后台定义一个全局变量holidays，代码如下：

```
String[][] holidays = new String[13][];
```

04 向页面的Load事件中添加代码：

```
for (int i = 0; i < 13; i++) {
  holidays[i] = new String[32];
}
holidays[1][1] = " 元旦 ";
holidays[2][14] = " 情人节 ";
holidays[3][8] = " 妇女节 ";
holidays[3][12] = " 植树节 ";
holidays[4][1] = " 愚人节 ";
holidays[5][1] = " 劳动节 ";
holidays[5][4] = " 青年节 ";
holidays[5][12] = " 护士节 ";
holidays[5][14] = " 母亲节 ";
holidays[5][14] = " 助残日 ";
holidays[6][1] = " 国际儿童节 ";
holidays[6][5] = " 环境保护日 ";
holidays[6][18] = " 父亲节 ";
holidays[6][26] = " 国际禁毒日 ";
holidays[7][1] = " 中共诞辰 ";
holidays[8][1] = " 建军节 ";
holidays[9][10] = " 教师节 ";
holidays[10][1] = " 国庆节 ";
holidays[11][23] = " 感恩节 ";
holidays[12][1] = " 艾滋病日 ";
holidays[12][12] = " 西安事变 ";
holidays[12][25] = " 圣诞节 ";
```

05 运行本程序代码，查看效果，具体效果图不再展示。

5.7.4　高手带你做——Wizard控件

Wizard向导控件是一个定义非常明确又很容易使用的控件，它可以引导用户输入参数或完成任务。当需要让用户按一组定义好的步骤操作时，Wizard控件是最好的选择。

通常，向导表示一个任务，用户在其间进行线性移动，从当前步骤前进到下一步（或者在做更正时退回到上一步）。ASP.NET的Wizard控件还支持非线性导航，也就是说，它允许根据用户提供的信息忽略某些步骤。

默认情况下，Wizard控件提供导航按钮并在左边提供一个带有每个步骤链接的侧栏。设置Wizard.DisplaySideBar属性为false可以隐藏侧栏。一般情况下，当需要强制线性导航并阻止用户跳离固定的次序时，会用到这样的设置。

开发者可以用任意的 HTML 控件或 ASP.NET 控件来提供每一步骤的内容。下面我们来简单了解一下 Wizard 控件的几个属性。

- Title 属性：步骤的描述性名称。这个名称用在侧栏，作为链接显示的文字。
- StepType 属性：步骤的类型，它的值来自 WizardStepType 枚举。这个值确定要为这个步骤显示的导航按钮的类型。可选项包括 Start(显示 Next 按钮)、Step(显示 Next 和 Previous 按钮)、Finish(显示 Finish 和 Previous 按钮)、Complete(不显示按钮，如果启用了侧栏也会把它隐藏)、Auto(步骤的类型按它在集合中的位置推断)。默认值是 Auto，表示第一个步骤是 Start，最后一个步骤是 Finish，所有其他步骤是 Step。
- AllowReturn 属性：表示用户是否可以重新回到这一步。如果为 false，用户通过这一步之后，就再也不能返回这里。侧栏的链接对这个步骤不起作用，它的下一个步骤的 Previous 按钮不是跳过这一步，就是彻底隐藏(依赖于上一个步骤设置的 AllowReturn 值)。

下面利用 Wizard 控件制作简历向导。主要步骤如下。

01 向 Web 窗体页面添加一个 Wizard 控件，在【属性】窗口设置属性 Width 为 504px 和属性 Height 为 150px。在设计视图单击 Wizard 控件右上角的“小三角”，然后打开 WizardStep 编辑器对 WizardStep 进行编辑，设计我们所需要的步骤，即“个人信息”、“教育背景”、“工作经验”、“应聘职位”，共分为 4 步。

02 为了控件 Wizard 的美观性，可以在设计视图单击 Wizard 控件右上角的“小三角”，然后单击“自动套用格式”，选择“传统型”。

以上两步结束后，页面有关代码如下：

```
<asp:Wizard ID="Wizard1" runat="server" Height="150px" Width="504px" BackColor="#EFF3FB"
BorderColor="#B5C7DE" BorderWidth="1px" Font-Names="Verdana" Font-Size="0.8em">
  <HeaderStyle BackColor="#284E98" BorderColor="#EFF3FB" BorderStyle="Solid" BorderWidth="2px"
  Font-Bold="True" Font-Size="0.9em" ForeColor="White" HorizontalAlign="Center" />
  <NavigationButtonStyle BackColor="White" BorderColor="#507CD1" BorderStyle="Solid"
  BorderWidth="1px" Font-Names="Verdana" Font-Size="0.8em" ForeColor="#284E98" />
  <SideBarButtonStyle BackColor="#507CD1" Font-Names="Verdana" ForeColor="White" />
  <SideBarStyle BackColor="#507CD1" Font-Size="0.9em" VerticalAlign="Top" />
  <StepStyle Font-Size="0.8em" ForeColor="#333333" />
  <WizardSteps>
    <asp:WizardStep runat="server" Title=" 个人信息 "></asp:WizardStep>
    <asp:WizardStep runat="server" Title=" 教育背景 "></asp:WizardStep>
    <asp:WizardStep runat="server" Title=" 工作经验 ">
    </asp:WizardStep>
    <asp:WizardStep runat="server" Title=" 应聘职位 ">
    </asp:WizardStep>
  </WizardSteps>
</asp:Wizard>
```

03 设计好向导步骤后，接下来应该设计每个步骤的内容。首先设计第一个步骤的内容页，在内容页添加一个3行4列的表格，从第一行第一列往下依次插入文本“姓名”、“身份证号”、“手机号码”，从第一行第三列往下依次插入文本“出生年月”、“籍贯”、“现居住地”，

然后可以在设计视图中调节表格的宽度和高度。程序运行效果如图 5-8 所示。

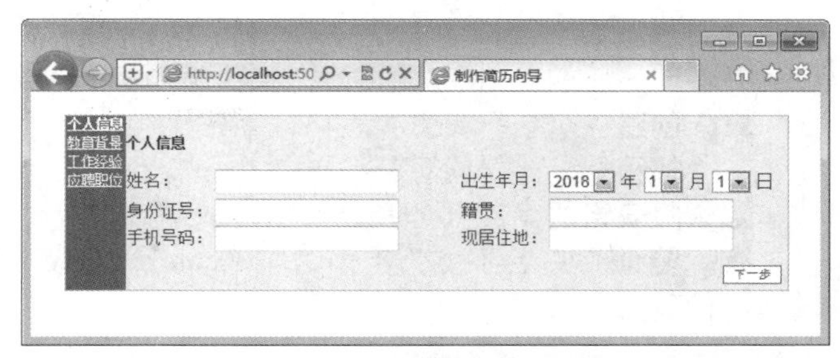

图 5-8 【个人信息】效果界面

04 在“教育背景”内容页添加一个一行四列的表格，在第一行第一列和第三列分别插入文本“毕业院校”、“所学专业”，在第一行第二列和第四列分别插入文本框。程序运行效果如图 5-9 所示。

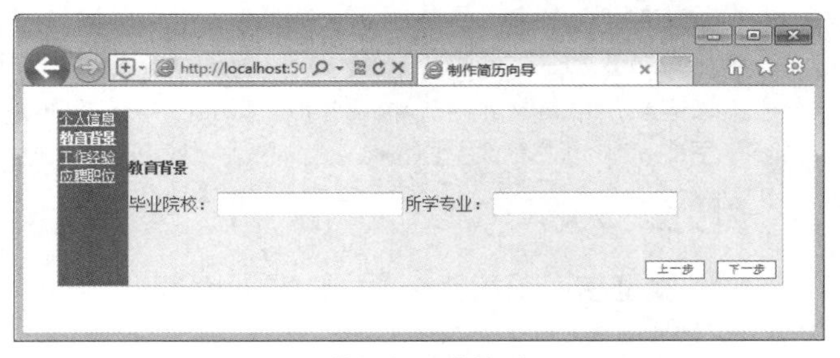

图 5-9 【教育背景】效果界面

05 在“工作经验”内容页添加一个文本域，效果如图 5-10 所示。

图 5-10 【工作经验】效果界面

06 在“应聘职位”内容页添加一个一行 4 列的表格，效果如图 5-11 所示。

图 5-11 【应聘职位】效果界面

5.8 高手带你做——个人用户信息注册

在本节之前，已经详细地介绍了 ASP.NET 网页中最常见的基础控件和验证控件，通过本节介绍的控件，开发者可以很容易地设计出简单、美观、大方的网页。本节利用本章的内容制作个人用户信息注册页面，并且利用验证控件实现用户信息的验证功能。

主要步骤如下。

01 创建新的 Web 窗体页面，将页面的标题设计为“带验证功能的注册表单”。

02 创建一个 8 行 3 列的表格，每行分别表示“用户名”、“密码”、“确认密码”、“年龄”、“邮箱”、“身份证号”、“个人介绍”、“注册”和“重置”。

03 向表格的第二列分别添加对应的输入框控件，即 TextBox 控件。

04 验证用户名不能为空。添加 RequiredFieldValidator 验证控件，并设置该控件的有关属性。代码如下：

```
<tr>
  <td class="style1" align="center"> 用户名 (*)：</td>
  <td width="180"><asp:TextBox ID="txtUserName" runat="server"></asp:TextBox></td>
  <td><asp:RequiredFieldValidator ID="rfvUserName" runat="server" ErrorMessage=" 用户名不能为空！ "
  ControlToValidate="txtUserName"></asp:RequiredFieldValidator></td>
</tr>
```

05 验证密码不能为空。添加 RequiredFieldValidator 验证控件，并设置该控件的有关属性。代码如下：

```
<tr>
  <td class="auto-style1" align="center"> 密码 (*)：</td>
  <td class="auto-style2">
    <asp:TextBox ID="txtPwd" runat="server" TextMode = "Password"></asp:TextBox>
  </td>
  <td class="auto-style2"><asp:RequiredFieldValidator ID="rfvPwd" runat="server"
  ErrorMessage=" 密码不能为空！ " ControlToValidate="txtPwd"></asp:RequiredFieldValidator></td>
</tr>
```

06 验证确认密码与密码保持一致。其中 RequiredFieldValidator 控件要求确认密码必须填写，CompareValidator 控件将确认密码和密码进行比较。代码如下：

```
<tr>
  <td class="style1" align="center"> 确认密码 (*)：</td>
  <td>
    <asp:TextBox ID="txtSurePwd" runat="server" TextMode="Password"></asp:TextBox>
  </td>
  <td>
    <asp:RequiredFieldValidator ID="rfvSurePwd" runat="server" ErrorMessage=" 请输入确认密码 "
    ControlToValidate="txtSurePwd" Display="Dynamic"></asp:RequiredFieldValidator>
    <asp:CompareValidator ID="cvSurePwd" runat="server" ErrorMessage=" 密码前后输入，不一致 "
    ControlToCompare="txtPwd" ControlToValidate="txtSurePwd"></asp:CompareValidator>
  </td>
</tr>
```

07 验证输入的年龄必须在 0 到 100 岁之间。添加 RangeValidator 控件，设置控件的 MaximumValue 属性、MinimumValue 属性、ErrorMessage 属性等内容。代码如下：

```
<tr>
  <td class="style1" align="center"> 年龄： </td>
  <td><asp:TextBox ID="txtAge" runat="server"></asp:TextBox></td>
  <td>
    <asp:RangeValidator ID="rvAgeRange" runat="server" ErrorMessage=" 年龄不在规定范围内 "
    ControlToValidate="txtAge" MaximumValue="100" MinimumValue="0" Type="Integer">
    </asp:RangeValidator>
  </td>
</tr>
```

08 通过 RegularExpressionValidator 控件验证邮箱是否合法。代码如下：

```
<tr>
  <td class="style1" align="center"> 邮箱： </td>
  <td><asp:TextBox ID="txtEmail" runat="server"></asp:TextBox></td>
  <td><asp:RegularExpressionValidator ID="revEmail" runat="server" ErrorMessage=" 邮箱格式不符 "
  ControlToValidate="txtEmail" ValidationExpression="\w+([-+.']\w+)*@\w+([-.]\w+)*\.\w+([-.]\w+)*">
  </asp:RegularExpressionValidator></td>
</tr>
```

09 通过 RegularExpressionValidator 控件验证身份证号是否合法。代码如下：

```
<tr>
  <td class="style1" align="center"> 身份证号： </td>
  <td><asp:TextBox ID="txtIdCard" runat="server"></asp:TextBox></td>
  <td><asp:RegularExpressionValidator ControlToValidate="txtIdCard" ID="revIdCard"
  ValidationExpression="\d{17}[\d|X]\d{15}" runat="server" ErrorMessage=" 不是有效的身份证号 ">
  </asp:RegularExpressionValidator>
  </td>
</tr>
```

10 在最后一行添加“注册”和“重置”按钮，代码不再展示。

11 运行程序页面，输入内容进行测试，效果如图 5-12 所示。

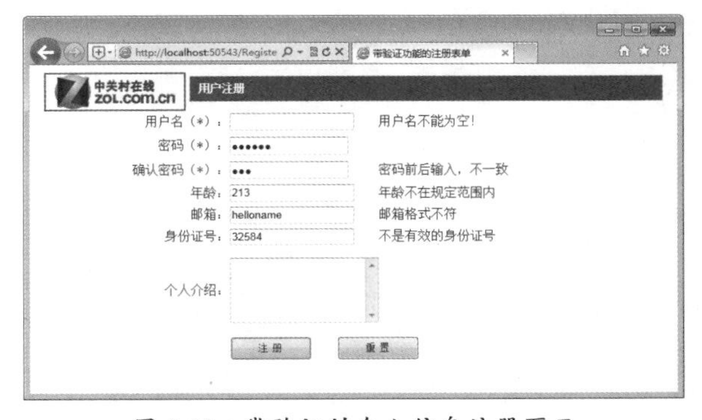

图 5-12　带验证的个人信息注册页面

5.9 成长任务

成长任务 1：模拟实现用户登录界面

每一个网站系统，不管是前台还是后台，都有一个进入口，就是大家通常所说的登录界面。本次任务要求读者创建 Web 应用程序，向程序的窗体页面添加控件和代码，实现用户登录功能。要求用户名和密码只能是 admin 才能登录成功，否则登录失败，登录效果如图 5-13 所示。

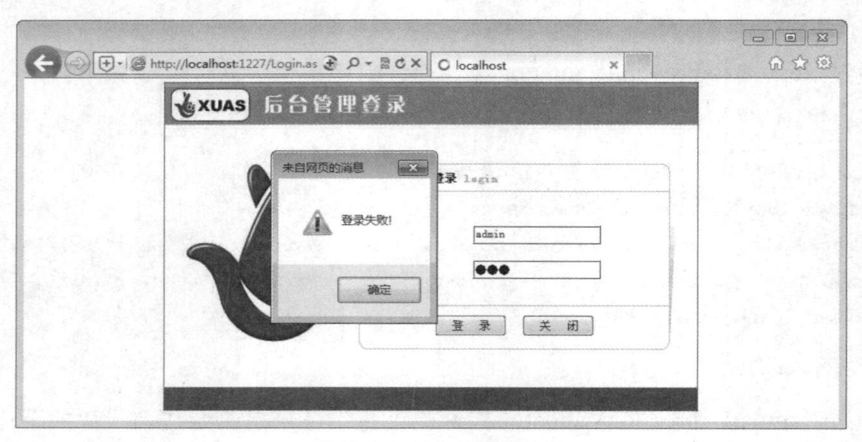

图 5-13　用户登录界面

成长任务 2：模拟 QQ 用户注册页面

根据图 5-14 所示的效果进行设计，该图模拟实现 QQ 用户注册功能，单击【立即注册】按钮时，需要判断用户是否在输入框中输入了内容或输入的内容是否合法。

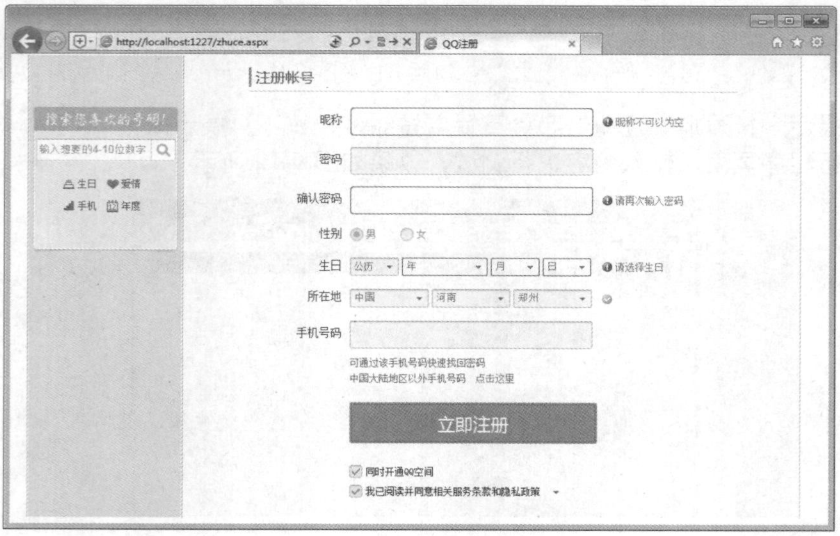

图 5-14　模拟 QQ 注册页面

第 6 章

页面请求与响应对象

经常做开发的人员应该知道，尽管 ASP.NET 中采用的是事件响应模式，使程序开发者和最终用户感觉和 WinForm 程序无比接近，但它毕竟还是 Web 应用程序。Web 应用程序的特点就是基于浏览器与服务器的请求与响应的执行方式，因此，无论 ASP.NET 最终如何对用户体验进行封装，它都无法脱离最基本的 B/S 结构的程序运行原理，用户在 Web 页面所做的类似于 WinForm 程序的操作，最终都将以传统的 Post 方式提交到服务器，而服务器就根据页面状态信息处理并响应页面请求。

所以，虽然目前 ASP.NET 改变了传统 Web 开发的多种习惯，但是，程序员在进行开发时，不可避免地要用到一些传统的服务器端辅助对象，例如请求对象 Request、响应对象 Response、应用程序对象 Application 等。同时，为了更好地实现用户体验，ASP.NET 还加入了一些独有的辅助对象，例如页面级别对象 Page、服务器实用工具对象 Server 等。

本章将介绍 ASP.NET 中常用的页面请求对象 Request 与响应对象 Response，除了这两种对象外，还会介绍页面对象 Page 和服务器实用工具对象 Server。

本章学习要点

- ◎ 熟悉 Request 对象的常用属性
- ◎ 掌握 Request 对象的使用
- ◎ 熟悉 Response 对象的常用属性
- ◎ 掌握 Response 对象的使用
- ◎ 熟悉 Server 对象的常用属性
- ◎ 掌握 Server 对象的使用
- ◎ 了解页面的生命周期
- ◎ 熟悉 Page 对象的常用属性
- ◎ 掌握 Page 对象的使用

扫一扫，下载
本章视频文件

6.1 Request 对象

在 B/S 结构的应用程序中，客户端要向服务器端发出请求，这些请求的信息包括客户端信息、请求的 URL、请求的参数和 Cookie 等内容，服务器在接收到用户请求时，自动将请求封装到 Request 对象中供开发者使用。

6.1.1 Request 对象概述

Request 对象是一个 System.Web.HttpRequest 类的对象。系统将其作为一个只读的公有属性内置在 Page 类中。作为页面请求对象，开发人员可以在每一个 Page 类的对象中使用 Request 对象。

Request 对象最常用的就是属性和方法，通过使用该对象的属性和方法可以获取多个内容，例如获取客户端发送的内容长度、获取客户端的 Cookie 集合、获取当前请求的 URL 地址、获取客户端的 IP 主机地址、将 HTTP 请求保存到磁盘等。表 6-1 列出了 Request 对象的常用属性，表 6-2 列出了 Response 对象的常用方法。

表 6-1　Request 对象的常用属性

属性名称	说　明
ValidateInput	对通过 Cookies、Form 和 QueryString 属性访问的集合进行验证
Browser	获取或者设置有关正在请求的客户端的浏览器功能的信息
ContentLength	指定客户端发送的内容长度
Cookies	获取客户端发送的 Cookie 的集合
Form	获取窗体变量集合
QueryString	获取 HTTP 查询字符串变量集合
IsLocal	获取一个值，该值指示请求是否来自本地计算机
RawUrl	获取当前请求的原始 URL
Url	获取有关当前请求的 URL 的信息
UserHostAddress	获取远程客户端的 IP 主机地址
UserHostName	获取远程客户端的 DNS 名称
Headers	获取 HTTP 头部集合

表 6-2　Request 对象的常用方法

方法名称	说　明
BinaryRead()	执行对当前输入流进行指定字节数的二进制读取
MapImageCoordinates()	将传入图像字段窗体参数映射为适当的 x 坐标值和 y 坐标值
MapPath()	为当前请求将请求的 URL 中的虚拟路径映射到服务器上的物理路径
SaveAs()	将 HTTP 请求保存到磁盘

6.1.2 获取客户端信息

从表 6-1 中可以看出，Request 对象提供多个属性来获取封装后的客户端请求信息，例如 UserHostName 属性和 UserHostAddress 属性。UserHostName 属性可以获取的是远程客户端的 DNS 名称，假设客户端在 DNS 中心没有注册，则返回客户端的 IP 地址。UserHostAddress 属性用于获取远程客户端浏览器所在的主机 IP。

除了上述两种属性外，获取客户端信息还可能会用到 Url 属性。Request 对象的 Url 属性用来获取有关本次请求的 URL 的信息。Url 属性是 System.Uri 类型的对象，该对象提供统一资源标识符 (URI) 的对象表示形式和对 URI 各部分的轻松访问。

【例 6-1】

许多门户网站中，经常会根据访客的不同位置而推荐一些新闻内容供用户查看。如何确认访客的位置呢？唯一方法就是通过 IP 地址，服务器通常获取每位访客的 IP 地址，根据 IP 地址库确定访客的位置，有选择地查询并给用户展示一些新闻信息。

本例通过前面介绍的内容，获取访客的主机名和 IP 地址，实现步骤如下。

01 向 Web 窗体页面添加 3 个 Label 控件，分别用于获取主机名、IP 地址和 URL。代码如下：

```
<h2>Request 对象 - 查看客户端信息 </h2>
主机名: <asp:Label ID="lblHostName" runat="server">
</asp:Label><br />
IP 地址：<asp:Label ID="lblIP" runat="server">
</asp:Label><br />
URL：<asp:Label ID="lblUrl" runat="server">
</asp:Label><br />
```

02 在 Web 窗体页后台的 Load 事件中添加代码，在后台调用 Request 对象的相关属性获取客户端信息，并将获取的结果显示到 Label 控件中。代码如下：

```
protected void Page_Load(object sender,
EventArgs e) {
  this.lblHostName.Text =
    Request.UserHostName;  // 主机名
  this.lblIP.Text =
    Request.UserHostAddress;      //IP 地址
  this.lblUrl.Text =
    Request.Url.ToString();       //URL 地址
}
```

03 运行程序的窗体页面，查看效果，具体效果图不再展示。

在本例中，通过 Request.Url.ToString() 方法获取地址栏 URL 的全部信息。实际上，System.Url 属性返回一个 Uri 类，该类提供许多属性供开发者使用，常见的属性及其说明如表 6-3 所示。

表 6-3　System.Uri 类的常用属性及其说明

常用属性	说　明
AbsolutePath	获取 URI 的绝对路径
AbsoluteUri	获取绝对 URI
Authority	获取服务器的域名系统 (DNS) 主机名或 IP 地址和端口号
Host	获取此实例的主机部分
IsAbsoluteUri	获取一个值，该值指示 Uri 实例是否为绝对 URI
LocalPath	获取文件名的本地操作系统表示形式
Port	获取 URI 的端口号
UserInfo	获取用户名、密码或其他指定与 URI 关联的用户特定的信息

6.1.3　获取浏览器头信息

开发者使用 B/S 结构的项目非常简单，只需要在浏览器的地址栏输入要访问的 URL 地址

即可。实际上，在这个过程中，浏览器和服务器会针对这一请求做许多工作。

浏览器收集本机信息和请求，封装成一个数据包，发送到服务器。在这个数据包的头部封装了客户端浏览器的信息，例如可以接收的文档类型、客户端语言、字符集、编码、语言、请求主机地址、浏览器版本及环境等详细内容。在服务器端可以接收并查看这些信息，或依此做相应的操作。

Request 对象提供 Headers 属性来访问封装过的浏览器头信息。Headers 属性是一个集合，以“键 - 值”对的方式存储了浏览器请求的所有信息。使用其 Keys 属性能获取该对象的所有键的集合。当然，开发者可以使用该集合的 Count 属性得到其长度，然后遍历该集合取出所有键，再用键名从 Header 中取出所有的浏览器头信息。

【例 6-2】

通过 Request 对象的 Header 属性获取头部信息集合，并将头部信息遍历显示到 Label 控件中。主要步骤如下。

01 向 Web 窗体页面的合适位置添加 Label 控件，该控件用于显示头部信息。代码如下：

```
<asp:Label ID="lblHeader" runat="server">
</asp:Label>
```

02 为 Web 窗体页后台的 Load 事件添加代码。首先通过 Request 对象的 Headers 属性获取 HTTP 头部信息集合，Request.Headers.Keys.Count 获取键集合的大小，然后通过 for 循环语句进行遍历，将遍历的结果显示到 Label 控件。代码如下：

```
protected void Page_Load(object sender, EventArgs e) {
  // 键集合的大小
  int count = Request.Headers.Keys.Count;
  for (int i = 0; i < count; i++) {
    // 取出一个键
    string key = Request.Headers.Keys[i];
    this.lblHeader.Text += key + " : ";
    this.lblHeader.Text += Request.Headers[key];
    this.lblHeader.Text += "<br>";
  }
}
```

03 运行本程序的 Web 窗体页面，效果如图 6-1 所示。

Headers 属性可以获取浏览器头信息，由于浏览器不同，所以同样的访问封装的数据可能不尽相同。如图 6-2 所示为 360 浏览器中的效果。

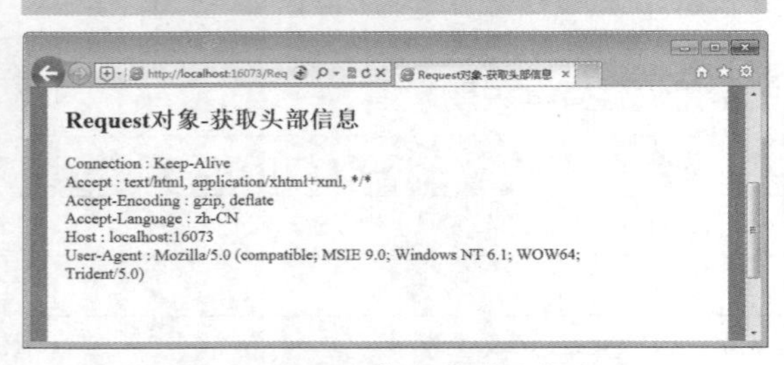

图 6-1 获取头部信息并进行遍历

图 6-2 360 浏览器获取头部信息

6.1.4 获取浏览器客户端信息

Request 对象可以调用 Browser 属性获取有关正在请求的客户端浏览器功能的信息。Browser 属性的值是一个 HttpBrowserCapabilities 对象，通过该对象的属性可以获取客户端浏览器的功能，表 6-4 针对该对象的常用属性进行说明。

表 6-4　HttpBrowserCapabilities 对象的常用属性

属性名称	说　明
Type	获取客户端浏览器的名称和主要版本号
Browser	获取客户端浏览器的名称
Version	获取客户端浏览器的版本
Platform	获取客户端使用的操作平台的名称
Frames	获取客户端浏览器是否支持框架
Cookies	获取客户端浏览器是否支持 Cookies
JavaScript	获取客户端浏览器是否支持 JavaScript

【例 6-3】

在 Web 窗体页面后台调用 Request 对象的 Browser 属性获取客户端浏览器信息，并将获取的结果显示到 Label 控件中。代码如下：

```
protected void Page_Load(object sender, EventArgs e) {
  lblInfo.Text = " 浏览器的类型是：" + Request.Browser.Browser + "<br>"
    + " 浏览器的版本是：" + Request.Browser.Version + "<br>"
    + " 浏览器的所在平台是：" + Request.Browser.Platform + "<br>"
    + " 浏览器是否支持框架：" + Request.Browser.Frames + "<br>"
    + " 浏览器是否支持 Cookies：" + Request.Browser.Cookies + "<br>"
    + " 浏览器是否支持 JavaScript：" + Request.Browser.JavaScript + "<br>";
}
```

6.1.5　获取窗体变量集合

Web 程序属于 B/S 架构，可以说，Web 程序与客户端浏览器是分居两地的。但是，在执行数据增删改查操作的时候，通常要向 Web 服务器提交一些数据，服务器端根据请求的数据执行相应的操作。那么 ASP.NET 中如何获取客户端提交的数据呢？毫无疑问，获取客户端提交的数据仍然需要用到 Request 对象。

大家都知道，客户端请求最常用的有两种方式：POST 和 GET。通过 Request 对象的 Form 属性可以获取窗体变量集合，即通过 Request 对象的 Form 属性可以获取以 POST 方式提交过来的数据。

【例 6-4】

利用 Request 对象的 Form 属性获取从上个页面传递过来的控件的值。实现步骤如下。

01 向 Web 窗体页面 GetRequestForm.aspx 添加 3 个 TextBox 控件和一个 Button 控件，TextBox 控件分别用来输入用户名称、手机号码和居住地址，Button 控件执行页面跳转。代码如下：

```
用户名称：<asp:TextBox ID="txtUserName" runat="server"></asp:TextBox><br /><br />
手机号码：<asp:TextBox ID="txtPhone" runat="server"></asp:TextBox><br /><br />
居住地址：<asp:TextBox ID="txtAddress" runat="server"></asp:TextBox><br /><br />
```

```
<asp:Button ID="btnSubmit" runat="server" Text="POST 方式提交 " PostBackUrl="RequestFormsInfo.aspx"/>
```

02 创建 RequestFormsInfo.aspx 窗体页面，并在页面中添加 Label 控件，该控件用于显示从上个页面传递的数据，代码不再显示。

03 在 RequestFormInfo.aspx 页面后台的 Load 事件中添加代码，通过 Request.Form 属性获取用户从上个页面提交过来的数据，并将数据显示到 Label 控件中。代码如下：

```
protected void Page_Load(object sender, EventArgs e) {
    string userName = Request.Form["txtUserName"].ToString();  // 获取用户名称
    string userPhone = Request.Form["txtPhone"].ToString();    // 获取手机号码
    string userAddress = Request.Form["txtAddress"].ToString(); // 获取居住地址
    lblFormMessage.Text = " 用户名称：" + userName + "<br/> 联系手机：" + userPhone + "<br/> 居住地址：
" + userAddress;
}
```

04 运行本例程序中的 GetRequestForm.aspx 页面，输入内容，效果如图 6-3 所示。单击图中的【POST 方式提交】按钮跳转到另一个页面，效果如图 6-4 所示。

图 6-3 用户提交界面

在本例获取用户提交的数据时，主要通过键名进行查询。实际上，除了这种方式外，开发者还可以直接通过索引查询，它适用于数据较少的情况。两种获取语法如下：

```
Request.Form["key"];
// 通过键名获取
Request.Form[0];
// 通过索引获取
```

图 6-4 获取 POST 方式提交的表单数据

6.1.6 高手带你做——获取 HTTP 查询字符串变量集合

前面提到过，数据提交的方式有两种，一种是 POST 方式提交，一种是 GET 方式提交。与 GET 方式相比，POST 可以将大量数据发送到服务器端。通过 POST 方式提交的数据可以通过 Request 对象的 Form 方式获取，那么如何获取通过 GET 方式提交的数据呢？很简单，需要借助 Request 对象的 QueryString 属性。

QueryString 属性用于获取 HTTP 查询字符串变量集合。接收用户提交的数据，这几乎在每个页面都需要用到。前面介绍过如何获取 POST 方式提交的数据，这里将详细介绍如何通过 Request 对象的 QueryString 属性获取 GET 方式提交的数据。

对于本小节的例子，开发者可以在上个例子的基础上进行更改，或者动手创建类似于上个案例的页面。主要步骤如下。

01 创建 GetRequestQueryString.aspx 页面，在该页面中将 form 表单的 method 属性设置为 GET。代码如下：

```
<form id="form1" runat="server" method="GET">
  // 其他代码
</form>
```

02 在 GetRequestQueryString.aspx 页面的合适位置添加用户名称、手机号码、居住地址的输入框控件和执行提交功能的 Button 控件。Button 控件的有关代码如下：

```
<asp:Button ID="btnS ubmit" runat="server" Text="GET 方式提交 "
PostBackUrl="~/Request/GetRequest QueryStringInfo.aspx"/>
```

03 创建 RequestQueryStringInfo.aspx 页面，在页面中添加 Label 控件。

04 向 RequestQueryStringInfo.aspx 页面的 Load 事件中添加代码，通过 Request 对象的 QueryString 属性获取从上个页面传递过来的信息。代码如下：

```
protected void Page_Load(object sender, EventArgs e) {
   string userName = Request.QueryString["txtUserName"].ToString();  // 获取用户名称
   string userPhone = Request.QueryString["txtPhone"].ToString();    // 获取手机号码
   string userAddress = Request.QueryString["txtAddress"].ToString(); // 获取居住地址
   lblMessage.Text =
   " 用户名称： " + userName + "<br/> 联系手机： " + userPhone + "<br/> 居住地址： " + userAddress;
}
```

05 运行本案例程序中的 GetRequestQueryString.aspx 页面，在页面的输入框中输入内容后单击按钮跳转到 RequestQueryStringInfo.aspx 页面，页面效果如图 6-5 所示。

图 6-5　获取 GET 方式提交的表单数据

> **注意**
>
> 若 form 表单以 GET 方式提交数据，当表单跳转到新的页面时（如 RequestQueryStringInfo.aspx），会在提交地址后面自动追加内容，将用户的内容显示到地址栏。

6.2　Response 对象

上一节主要介绍了 ASP.NET 中的数据请求对象。有请求就一定会有响应。当用户获得客户端请求的数据，处理完数据以后，需要对用户的请求做出响应。在 ASP.NET 中，使用 Response 对象对用户的请求做出响应。

6.2.1 Response 对象概述

Response 对象用于动态响应用户请求，控制发送给用户的信息，包括向页面打印文本、控制页面转向、创建图像、发送 Cookie 等功能。

Response 对象是 System.Web.HttpResponse 类的对象。系统将其作为一个只读的公有属性内置在 Page 类中，开发人员可以在任何一个 Page 类中直接使用。

Response 对象提供一系列的属性、方法，表 6-5 和表 6-6 分别对该对象的属性和方法进行了说明。

表 6-5 Response 对象的属性

属性名称	说　明
Buffer	获取或设置一个值，该值指示是否缓冲输出并在处理完整个响应之后发送它
BufferOutput	获取或设置一个值，该值指示是否缓冲输出并在处理整个页之后发送它
Charset	获取或设置输出流的 HTTP 字符集
ContentEncoding	获取或设置输出流的编码格式
ContentType	获取或设置输出流的 HTTP MIME 类型
Cookies	获取响应 Cookie 集合
Headers	获取响应标头的集合
Expires	获取或设置在浏览器上缓存的页过期之前的分钟数
Status	设置返回到客户端的 Status 栏
StatusCode	获取或设置返回给客户端的输出的 HTTP 状态代码
StatusDescription	获取或设置返回给客户端的输出的 HTTP 状态字符串
RedirectLocation	获取或设置 Http Location 标头的值

表 6-6 Response 对象的方法

方法名称	说　明
AppendCookie()	基础结构，将一个 HTTPCookie 添加到内部 Cookie 集合
AppendHeader()	将 HTTP 头添加到输出流
BinaryWrite()	将一个二进制字符串写入 HTTP 输出流
Clear()	清除缓冲区流中的所有内容输出
Close()	关闭到客户端的套接字连接
End()	将当前所有缓冲的输出发送到客户端，停止该页的执行，并引发 EndResponse 事件
Flush()	向客户端发送当前所有缓冲的输出
Redirect()	将客户端重定向到新的 URL
SetCookie()	基础结构，更新 Cookie 集合中的一个现有 Cookie

（续表）

方法名称	说　明
Write()	将信息写入 HTTP 响应输出流
WriteFile()	将指定的文件直接写入 HTTP 响应输出流，即读取文件并写入客户端输出流
WriteSubstitution()	允许将响应替换块插入响应，从而允许为缓存的输出响应动态生成指定的响应区域

6.2.2　实现页面跳转

在 JavaScript 脚本中，开发者通过设置 Location 对象，可以控制页面重定向到另一个 URL，非常方便。但是在执行 ASP.NET 程序的时候通常也会因为某些原因，需要使页面重定向到另一个地址。当然这个操作可以在页面中打印出一行 JavaScript，内容就是设置页面 Location 对象的值为另一个 URL 地址。这种方法可以实现，但是毕竟太费事，不好用。

Response 对象提供了一个 Redirect() 方法来重定向 URL，在 ASP.NET 后台程序中需要执行跳转的地方直接调用该方法即可。

Redirect() 方法提供了两个方法重载，语法如下：

```
Redirect(string url)
Redirect(string url, bool endResponse)
```

在上述语法中，第一种形式跳转到指定的 URL，该方法只用一个 URL 做路径，使请求自动跳转到指定的 URL。第二种形式也跳转到指定的 URL，但是该方法使用两个参数，参数 url 为目标 URL，参数 endResponse 指示当前响应是否结束。

【例 6-5】

几乎所有的登录系统都离不开登录界面，在登录界面，用户需要输入用户名、密码、验证码等信息。若信息出现错误，会提示用户重新登录；如果用户登录成功，会执行跳转操作，将页面重定向到登录成功后的管理首页。本例需要创建用户登录页面，并对该页面进行设计，实现页面的跳转，步骤如下。

01 创建 UserLogin.aspx 页面，在页面的合适位置添加两个 TextBox 控件、一个 Button 控件和一个 Label 控件。TextBox 控件供用户输入登录名和密码，Button 控件执行登录操作，Label 控件显示登录失败的操作提示。代码如下：

```
登录名称：
<asp:TextBox ID="txtLoginName" runat="server"></asp:TextBox><br />
登录密码：<asp:TextBox ID="txtLoginPass" runat="server" TextMode="Password"></asp:TextBox><br />
<asp:Button ID="btnOper" runat="server" Text=" 登 录 " Width="100px" Height="30"
OnClick="btnOper_Click" /><br />
<asp:Label ID="lblLoginMessage" runat="server" Text="" ForeColor="Red" Font-Bold="true"></asp:Label>
```

02 为 Button 控件添加 Click 事件，在该事件中获取登录名称和登录密码，并进行判断，给出相应的提示。代码如下：

```
protected void btnOper_Click(object sender, EventArgs e) {
    string name = txtLoginName.Text;                                    // 获取登录名称
```

```
    string pass = txtLoginPass.Text;                                          // 获取登录密码
    if (string.IsNullOrEmpty(name) || string.IsNullOrEmpty(pass))             // 判断是否为空
        lblLoginMessage.Text = " 登录名称和登录密码 都必须输入！ ";
    else {
        if (name.Equals("admin") && pass.Equals("123456"))                    // 判断登录是否成功
            Response.Redirect("UserLoginSuccess.aspx");
        else
            lblLoginMessage.Text = " 登录名称或登录密码输入有误！ ";
    }
}
```

在上述代码中，如果用户登录名为 admin 且登录密码为 123456，则将会登录成功，调用 Response 对象的 Redirect() 方法实现页面跳转，UserLoginSuccess.aspx 为登录成功页面。

03 运行 UserLogin.aspx 页面，输入内容进行测试，具体效果图不再展示。

6.2.3 输出 HTML 文本

在某些情况下，开发人员需要在后台程序的页面中输出 HTML 文本。例如，有时为了在客户端弹出一个对话框，需要向页面输出一段脚本标签，这是为了方便客户端浏览器在访问时执行提示信息。

Response 对象有一个 Write() 方法，该方法可以向页面打印一些文本信息，开发者可以将脚本标签的内容作为一行文本打印到页面上。Write() 方法可以将字符、对象、字符串、字符数组等信息显示在客户端浏览器上。该方法的常用重载形式如下。

- Write(char ch)：将一个字符写入 HTTP 响应流。
- Write(object obj)：将一个对象写入 HTTP 响应流。
- Write(string s)：将一个字符串写入 HTTP 响应流。
- Write(char[] buffer, int index, int count)：将一个字符数组写入 HTTP 响应流。后面两个参数一个指定数组的起始位置，另一个指定写入响应流的字符数组的长度。

【例 6-6】

在上例的基础上进行更改，将 Label 控件显示的信息通过脚本信息显示。更改 Button 控件的 Click 事件代码，具体内容如下：

```
protected void btnOper_Click(object sender, EventArgs e) {
    string name = txtLoginName.Text;                                          // 获取登录名称
    string pass = txtLoginPass.Text;                                          // 获取登录密码
    if (string.IsNullOrEmpty(name) || string.IsNullOrEmpty(pass))             // 判断是否为空
        Response.Write("<script>alert(' 登录名称和登录密码 都必须输入！ ');</script>");
    else {
        if (name.Equals("admin") && pass.Equals("123456"))                    // 判断登录是否成功
            Response.Redirect("UserLoginSuccess.aspx");
        else
            Response.Write("<script>alert(' 登录名称或登录密码输入有误！ ');</script>");
    }
}
```

在上述代码中，通过 Response 对象的 Write() 方法向页面打印一个 HTML 的脚本标签。在脚本标签内包含一个 alert() 方法，该方法为用户提示执行结果信息。

运行程序，在 Web 窗体页面输入内容进行测试，效果如图 6-6 所示。

图 6-6　输出 HTML 网页的脚本内容

6.2.4　高手带你做——借助 FileStream 对象输出图像

Response 对象最常用的操作除了页面跳转和向页面输出文本信息外，还可以输出其他任意类型的数据到浏览器中，例如输出图像。

在 ASP.NET 中，支持将图像文件以二进制流的形式返回给客户端，不仅可以隐藏图像文件的实际地址，而且可以对图像进行处理以后再返回。例如，最常见到的验证码就是使用代码生成一个图片文件，然后再把图片的二进制流输出到客户端。还有图像的水印效果，也可以把图片加载到内存，处理完以后再发送给客户端。

本小节将演示如何通过 Response 对象的方法向客户端输出一张已存在的图像。首先需要创建 ResponsePicture.aspx 页面，在页面的后台 Load 事件中添加代码，内容如下：

```
protected void Page_Load(object sender, EventArgs e) {
  string picPath = Server.MapPath("~/images/6.jpg");  // 初始化图像物理地址
  FileStream fs = new FileStream(picPath, FileMode.Open);  /* 初始化文件流，用以读取图像 */
  if (fs != null) {
    /* 读取图像的二进制数据，保存到二进制数组 data 中 */
    byte[] data = new byte[(int)fs.Length];
    fs.Read(data, 0, (int)fs.Length);
    fs.Close();  // 关闭文件流
    Response.ContentType = "image/jpeg";  // 设置页面输出类型
    Response.BinaryWrite(data);  // 输出二进制数据
  }
}
```

在上述代码中，首先通过 Server 对象的 MapPath() 方法初始化一张图像，然后通过 FileStream 对象初始化文件流，用以读取图像。如果文件流不为空，则读取图像的二进制数据，将数据保存到二进制数据 data 中，然后调用 Read() 方法读取数据，接着调用 Close() 方法关闭文件流，最后设置 Response 对象的 ContentType 属性和 BinaryWrite() 方法。

向响应流中输入二进制数据需要使用 BinaryWrite() 方法，该方法只需要一个参数，即一个二进制数组即可。BinaryWrite() 方法的功能是将二进制数组中的数据输入响应流中。

运行程序的 ResponsePicture.aspx 页面，输出效果如图 6-7 所示。

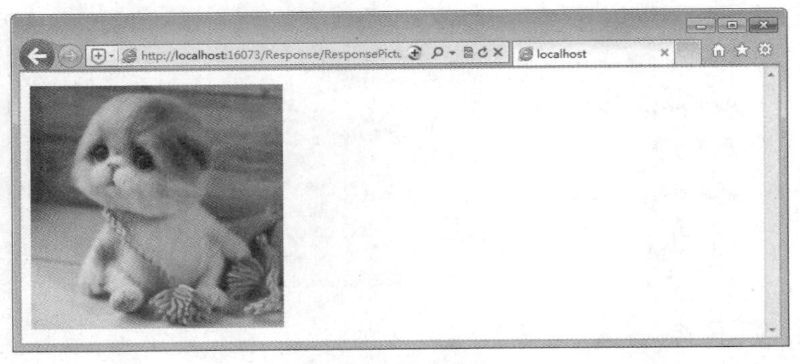

图 6-7　输出图像

本节的例子中，实现输出图像功能时，除了用到 Response 对象的属性和方法外，主要还用到了 FileStream 类。FileStream 类有十多个构造方法，下面使用其中的一个来构建该类的实例，语法如下：

```
FileStream(string path, FileMode mode)
```

上述构造方法的两个参数说明如下。

- path：是指初始化文件流对象指定的文件路径。
- mode：是指访问该文件的方式。该参数是一个 FileMode 枚举，有以下 6 个选项，即 CreateNew、Create、Open、OpenOrCreate、Truncate、Append。

FileStream 类还提供了一个 Read() 方法，可以从流中读取指定的字节块并写入指定的二进制数组中。格式如下：

```
Read(byte[] array, int offset, int count)
```

上述方法的 3 个参数说明如下。

- array：该参数是一个二进制数组，用于接收二进制数据。
- offset：从流中读取字节的起始位置。
- count：从流中读取数据的长度。

另外，FileStream 类还提供了一个 Close() 方法来关闭 FileStream 流对象，释放文件资源。

6.3　Server 对象

细心的读者可以发现，6.2.4 节中曾用到过 Server 对象的 MapPath() 方法。Server 对象主要用于处理服务器端信息，下面详细介绍该对象的用法。

6.3.1　Server 对象概述

在处理用户请求的时候往往还需要获取一些服务器的信息，比如获取应用程序的物理路径或服务器的计算机名称，或者需要进行一些编码解码之类的辅助操作。在 ASP.NET 中，其特有的 Server 对象封装了这些辅助功能，可以实现对用户请求的一些辅助性的操作。

Server 对象是 System.Web.HttpServerUtility 类的对象。系统将其作为一个只读的公有属性内置在 Page 类中，我们可以在任何一个 Page 类中直接使用。

Server 对象包含多个属性和方法，该对象最常用的属性有两个，即 MachineName 属性和 ScriptTimeout 属性。

- MachineName 属性：获取服务器的计算机名称。
- ScriptTimeout 属性：获取和设置请求超时值 (以秒计)。

与属性相比，Server 对象的方法相对较多，通过这些方法可以对字符串进行编码和解码，实现页面跳转，获取指定文件的物理路径等。Server 对象的常用方法及其说明如表 6-7 所示。

表 6-7　Server 对象的常用方法

方法名称	说　明
HtmlEncode()	该方法带有一个字符串参数，可以将其编码，使其在浏览器中正常显示
HtmlDecode()	对已经编码的字符串进行解码，并返回已经解码的字符串
MapPath()	返回与 Web 服务器上的指定虚拟路径相对应的物理文件路径
Transfer()	对于当前的请求，终止当前页的执行，并使用指定页的 URL 路径来开始执行一个新页
TransferRequest()	异步执行指定的 URL
Execute()	在当前请求的上下文中执行指定虚拟路径的处理程序
UrlEncode()	对字符串进行 URL 编码并返回已编码的字符串
UrlDecode()	对字符串进行 URL 解码并返回已解码的字符串
ClearError()	清除前一个异常
UrlPathEncode()	对 URL 字符串的路径部分进行 URL 编码并返回编码后的字符串

6.3.2　获取文件的物理路径

在许多种情况下，开发者在操作 Web 应用程序目录内的文件时，需要用到这些文件的绝对路径。Server 对象的 MapPath() 方法可以很方便地获取指定相对路径的物理路径。该方法的语法如下：

```
public string MapPath(string path);
```

MapPath() 方法返回一个字符串对象，路径为当前站点的物理路径加上参数所指的虚拟路径以后的物理路径。结构为“盘符 :\ 站点路径 \ 虚拟路径”。

另外，在使用 Server 对象的 MapPath() 方法时需要传入 path 参数，该参数表示一个虚拟路径，可以有以下几种形式。

- “~”或“.”：这种方式是 ASP.NET 指定站点根目录的独有方式，它返回站点根目录的物理地址。
- virtualPath：即虚拟路径，可以是一个目录，也可以是文件或者目录加文件。如 image/banner.jpg。

注意

这里的参数 path 所指的路径不能以路径间隔符——斜线开头。正反斜线都不行。

【例 6-7】

如下代码演示 Server 对象的 MapPath() 方法的几种使用形式：

```
protected void Page_Load(object sender, EventArgs e) {
  Response.Write("<br>" + Server.MapPath("~/"));
```

ASP.NET 编程

```
        Response.Write("<br>" + Server.MapPath("."));
        Response.Write("<br>" + Server.MapPath("images"));
        Response.Write("<br>" + Server.MapPath("logo.gif"));
        Response.Write("<br>" + Server.MapPath("image/banner.jpg"));
}
```

6.3.3 实现页面转发

开发人员使用 Response 对象的 Redirect() 方法可以使浏览器跳转到新的 URL。Server 对象提供了 Transfer() 方法，可以实现页面转发，但是与 Redirect() 方法是有一定区别的。

举例来说，Redirect() 方法实现的跳转方式，就好像是有人来找你办事，你办不了或者不想办，你就告诉来办事的那个人：你应该去找某某某办这件事，这件事他负责。但是，有些事的确是在自己职责范围内的，不过因为这件事需要几个人协调，或者你需要后方技术支持。别人再来找你办事，你就不能把他甩到别人那里去了，你需要亲自找人帮忙，办完这件事以后把结果返回给来办事的人。这样，这个来找你办事的人就会认为是你帮他办好的事，而不知道你还找了其他人。Transfer() 方法就是提供后面这种机制的实现。

Server 对象的 Transfer() 方法是将用户请求转发到本网站上指定的虚拟路径，地址栏信息和 QueryString 集合以及 Form 集合都可以保存并让新页面接着使用。Transfer() 方法有三种重载形式，具体说明如下。

- Transfer(string path)：对于当前请求，可以终止当前页的执行，并使用指定的页 URL 路径开始执行一个新页。参数 path 是服务器上要执行的新页的虚拟路径。
- Transfer(IHttpHandler handler, bool preserveForm)：终止当前页的执行，然后使用一个实现 System.Web.IHttpHandler 接口的自定义 HTTP 处理程序开始新请求的执行，并指定是否要清除 System.Web.HttpRequest.QueryString 和 System.Web.HttpRequest.Form 集合。参数 handler 实现 System.Web.IHttpHandler 以便向其传输当前请求的 HTTP 处理程序。bool 型参数 preserveForm 指定是否要清除以上所说的两个集合。
- Transfer(string path, bool preserveForm)：终止当前页的执行，并使用指定的页 URL 路径来开始执行一个新页。指定是否清除 System.Web.HttpRequest.QueryString 和 System.Web.HttpRequest.Form 集合。参数 path 是服务器上要执行的新页的虚拟路径。bool 型参数 preserveForm 指定是否要清除以上所说的两个集合。

【例 6-8】

对于一些权威的国际化网站，通常都会有多个语言版本，例如汉语、英语、法语等。当用户访问同一个网址的网站时，在不同地区的人会看到不同语言的内容。开发人员在实现这种功能时，最简单的一种方法就是 URL 转发，这样，地址栏的内容就会保持不变，确保虽然用户的地域不同，但访问的是同一个页面。

本例利用 Server 对象的 Transfer() 方法实现页面转发，用户在访问网站时将测试访客主机的语言版本，根据版本向客户返回相应的页面。主要步骤如下。

01 创建 Chinese.html 静态页面，该页面显示一段汉语。

02 创建 English.html 静态页面，该页面显示一段英文。

03 创建 ServerTransferForm.aspx 页面，在页面的 Load 事件中添加如下代码：

```
protected void Page_Load(object sender, EventArgs e) {
```

```
        string language = Request.UserLanguages[0];  // 获取当前客户端语言
        if (Request["language"] != null && Request["language"] != "")
            language = Request["language"];
        if (language == "zh-cn")  // 如果客户端语言为中文，返回中文页面，反之返回英文页面
            Server.Transfer("Chinese.html");
        else
            Server.Transfer("English.html");
    }
```

上述代码首先使用 Request 对象的 UserLanguages 属性获取客户端语言数组，再判断用户请求中有没有设置语言的参数，如果有，优先使用请求参数中的语言，然后判断语言是否为中文，如果是中文，就将请求转发到中文页面，否则将请求转发到英文页面。

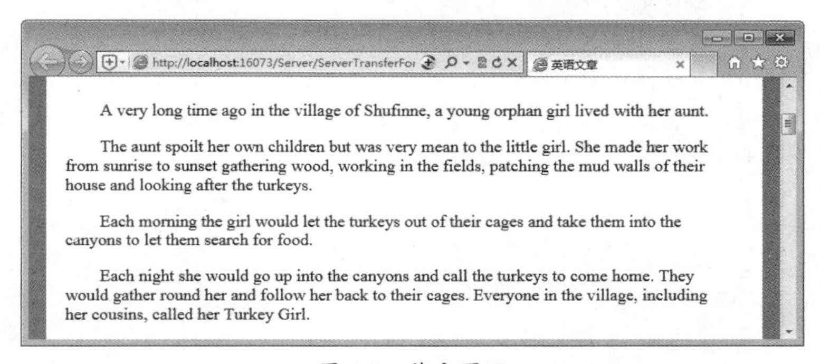

图 6-8　英文页面

04 运行 ServerTransferForm.aspx 页面，效果如图 6-8 所示。从该图中可以看出，该路径返回的是英文页面。

05 在上述页面地址栏 URL 后面以 GET 方式加入 language 参数，值为 zh-cn，请求效果如图 6-9 所示。

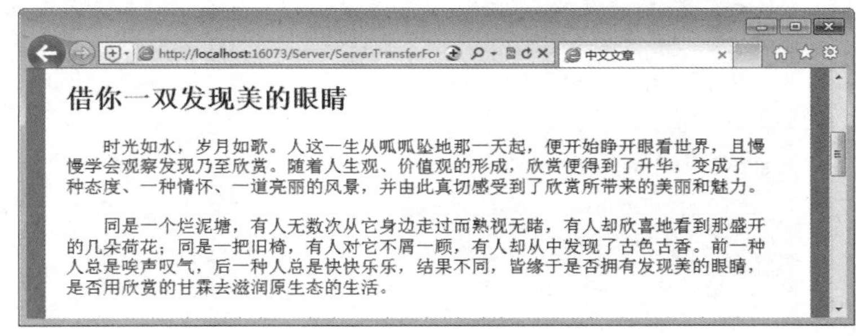

图 6-9　中文页面

6.3.4　对 HTML 编码和解码

大家都知道，HTML 是一种由符号标记的语言，所以该语言占用了一些表示的符号。而页面随时需要表示这些符号，所以 HTML 对一些被占用的符号或一些特殊功能的符号使用了一些特殊的方法标记，以便展示，这些方法就是 HTML 编码。

开发人员在处理 HTML 文本时，通常要对 HTML 文本进行编码和解码的操作。在 ASP.NET 中，Server 对象提供了 HtmlEncode() 和 HtmlDecode() 两个方法实现对 HTML 文本进行编码和解码操作。

其中，HtmlEncode() 方法表示对 HTML 文本进行编码，该方法有两种重载形式，具体说明如下。

- string HtmlEncode(string s)：对字符串进行 HTML 编码并返回已编码的字符串。参数 s 是要编码的字符串。
- void HtmlEncode(string s, TextWriter output)：对字符串进行 HTML 编码，并将结果发送到文本输出流。参数 s 是要编码的字符串，参数 output 是 System.IO.TextWriter 类型的

文本输出流。

Server 对象的 HtmlDecode() 方法将对 HTML 编码的字符串进行解码操作。该方法也有两个重载，具体说明如下。

- string HtmlDecode(string s)：对 HTML 编码的字符串进行解码，并返回已解码的字符串。参数 s 是要解码的字符串。
- void HtmlDecode(string s, TextWriter output)：对 HTML 编码的字符串进行解码，并将结果发送到文本输出流。参数 s 是要解码的字符串，output 是 System.IO.TextWriter 类型的文本输出流。

【例 6-9】

本例利用 Server 对象的 HtmlEncode() 方法和 HtmlDecode() 方法实现对 HTML 的编码和解码操作。具体步骤如下。

01 创建 ServerCodeForm.aspx 页面，在页面的合适位置添加 TextBox 控件、Button 控件和 Label 控件。有关代码如下：

```
<asp:TextBox ID="txtSourceCode" runat="server" TextMode="MultiLine" Width="300" Height="60">
</asp:TextBox><br />
<asp:Button ID="btnEnCode" runat="server" Text=" 编 码 " OnClick="btnEnCode_Click" /><br />
未进行编码直接在页面展示：<br />
<asp:Label ID="lblSource" runat="server"></asp:Label><br />
编码过后在页面展示：<br />
<asp:Label ID="lblEnCode" runat="server"></asp:Label><br />
编码过后的文本：<br />
<asp:TextBox ID="txtTargetCode" runat="server" TextMode="MultiLine" Width="300" Height="60">
</asp:TextBox><br />
<asp:Button ID="btnDeCode" runat="server" Text=" 解 码 " OnClick="btnDeCode_Click" /><br />
解码后在页面展示：<br />
<asp:Label ID="lblDeCode" runat="server"></asp:Label>
```

02 针对文本为“编码”的 Button 控件添加 Click 事件，在该事件中对文本框 txtSourceCode 里的内容进行编码。代码如下：

```
protected void btnEnCode_Click(object sender, EventArgs e) {
    string source = txtSourceCode.Text;                    // 获取文本框中的值
    this.lblSource.Text = source;                          // 直接展示输入的内容
    string enCode = Server.HtmlEncode(source);             // 编码
    this.lblEnCode.Text = enCode;                          // 在页面展示编码过后的内容
    this.txtTargetCode.Text = enCode;                      // 输出编码过后的文本供查看
}
```

03 针对文本为“解码”的 Button 控件添加 Click 事件，执行解码操作。代码如下：

```
protected void btnDeCode_Click(object sender, EventArgs e) {
    string source = txtTargetCode.Text;   // 获取文本框中的值
    string deCode = Server.HtmlDecode(source);   // 执行解码
```

```
    this.lblDeCode.Text = deCode;    // 展示解码后的内容
}
```

04 运行 ServerCodeForm.aspx 页面，在页面的第一个输入框中输入 HTML 文本内容，单击【编码】按钮，效果如图 6-10 所示。为了使效果更明显，这里使用灰框区域进行区分。

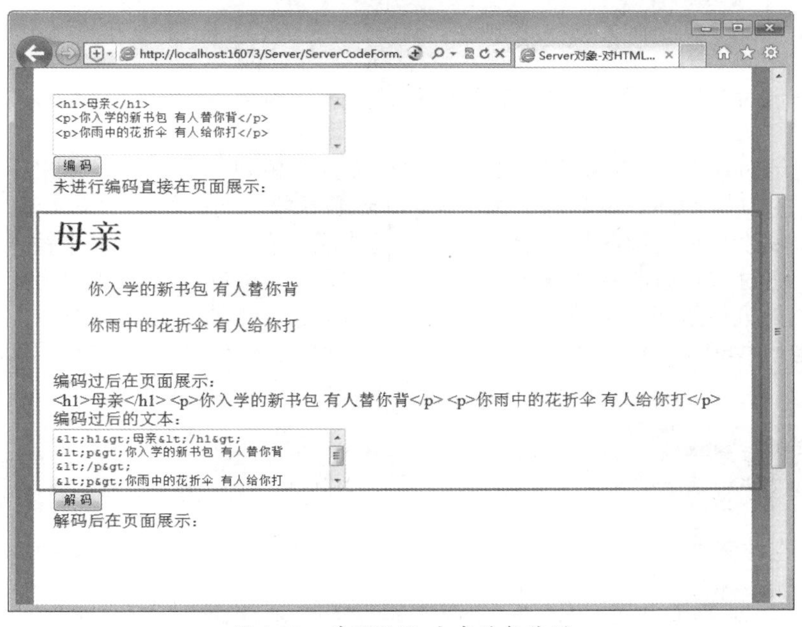

图 6-10　对 HTML 文本进行编码

05 从图 6-10 可以看出，编码后的文本已经在第二个文本框中，直接单击【解码】按钮，会对编码过的文本进行解码，执行效果图不再展示。

6.3.5　高手带你做——Server 对象对 URL 汉字编码和解码

大家都知道，以 Get 方式传参来访问 URL 是非常常用的一种方式。而且，开发人员经常需要将一些中文文字作为参数值提交给 Web 服务器，Web 服务器也常常把 URL 上的文本按默认的编码方式解码，所以经常会遇到类似于“ň”这样的一些乱码数据。

为了解决这个问题，业界统一为一些中文文本等特殊的符号规定了一套编码，在地址栏请求的时候，按指定规则进行编码，在服务器端解析的时候按这个规则进行解码，就能准确地得到提交的中文文本内容。

通过使用 Server 对象的 UrlEncode() 方法，可以对文本内容进行编码，该方法的两种重载形式如下：

```
string UrlEncode(string s)                                    // 第 1 行
void UrlEncode(string s, TextWriter output)                   // 第 2 行
```

第一行的形式表示对字符串进行 URL 编码，并返回已编码的字符串。在使用时，需要传一个参数，该参数表示要进行 URL 编码的文本。

第二行的形式表示对字符串进行 URL 编码，并将结果输出发送到文本输出流。在使用时需要传入两个参数，第一个参数表示进行 URL 编码的文本，第二个参数是接收编码结果的文本流。

UrlDecode() 方法与 UrlEncode() 方法对应，主要用于执行解码操作。该方法同样具有两种重载形式，语法如下：

```
string UrlDecode(string s)                                    // 第 1 行
void UrlDecode(string s, TextWriter output)                   // 第 2 行
```

第一行表示对字符串进行 URL 解码并返回已解码的字符串，s 参数表示要进行 URL 解码的文本。

第二行表示对在 URL 中接收的 HTML 字符串进行解码，并将结果输出，发送到文本输出流。s 参数是要进行 URL 编码的文本，output 参数是接收解码结果的文本流。

例如，大多数网站上都向用户提供了搜索框功能，当用户在搜索框中输入搜索条件，单击“搜索”按钮时，可以将搜索条件进行 URL 编码并合并 URL，跳转到指定路径，在接收 URL 编码时，先进行解码，再将解码的结果显示到页面。主要实现步骤如下。

01 创建 ServerUrlCodeForm.aspx 页面，在页面的合适位置添加搜索框和搜索按钮。代码如下；

```
<asp:TextBox ID="txtKey" runat="server"></asp:TextBox>  
<asp:Button ID="btnSearch" runat="server" Text=" 搜 索 " OnClick="btnSearch_Click" />
```

02 继续在搜索按钮的下方添加 Label 控件，该控件用于显示用于搜索的内容。代码如下：

```
您要搜索的内容：<asp:Label ID="lblKey" runat="server" Font-Size="24px" ForeColor="#ff6600"
Font-Bold="true"></asp:Label>
```

03 为文本值为“搜索”的按钮添加 Click 事件，在事件中添加获取关键字的代码，然后使用 Server 对象的 UrlEncode() 方法进行编码，最后通过 Response 对象的 Redirect() 方法实现页面跳转。代码如下：

```
protected void btnSearch_Click(object sender, EventArgs e) {
  string str = this.txtKey.Text;  // 获取关键字
  str = Server.UrlEncode(str);  // 编码
  Response.Redirect("ServerUrlCodeForm.aspx?key=" + str);  // 跳转
}
```

04 在页面的 Load 事件中添加代码，获取 URL 地址传递过来的值，并通过 Server 对象的 UrlDecode() 方法进行解码，将解码后的结果显示到页面。代码如下：

```
protected void Page_Load(object sender, EventArgs e) {
  string str = Request.QueryString["key"];  // 获取 URL 值
  str = Server.UrlDecode(str);  // 解码
  this.lblKey.Text = str;  // 展示到页面上
}
```

05 运行程序的 ServerUrlCodeForm.aspx 页面查看，效果如图 6-11 所示。在图中的搜索框中输入“春天里”，单击【搜索】按钮，效果如图 6-12 所示。读者可以仔细比较图 6-11 和图 6-12 的地址栏，可以发现地址栏里的内容有所变化。

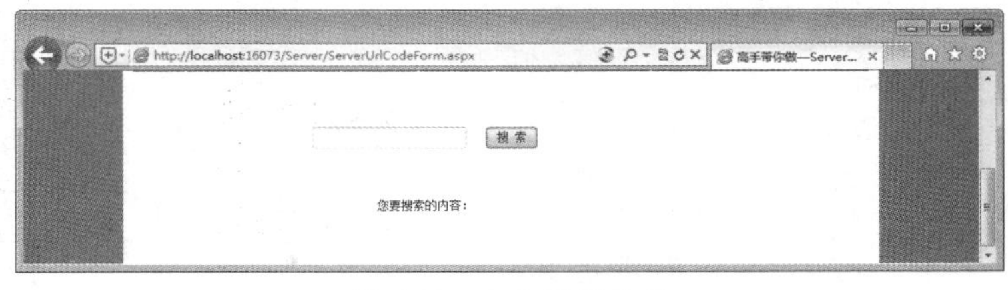

图 6-11　中文汉字编码

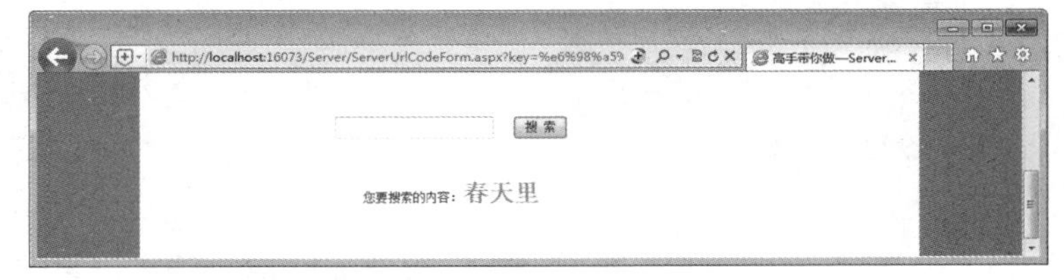

图 6-12　中文汉字解码

6.4 Page 对象

在 ASP.NET 中，任何事物都是对象，包括 Web 页面。ASP.NET 会把每一次请求的页面封装为一个 Page 对象，用来接收并处理用户的请求。下面简单了解 Page 对象的知识，包括页面的生命周期、回调机制以及客户端脚本的输出等内容。

6.4.1 页面的生命周期

大家都知道，HTTP 是一种无状态的协议，在它下面运行的 Web 服务也不可能保存运行状态，那么 ASP.NET 的 Web 窗体是如何做到准确无误地操作的呢？答案就是 ViewState。

ViewState 对象也是一个作为 Page 对象属性的内置对象，它保存的是当前页的状态信息。所有的页面控件的状态都被以某种形式进行编码，然后保存到 ViewState 对象中。最后将 ViewState 对象经过某种形式的编码，生成一个长而复杂的字符串，并将该字符串保存到一个 HTML 隐藏域中，一并发送给客户端。

所以，开发人员在客户端查看源文件的时候，往往会在 body 里看到如下一段代码：

```
<input type="hidden" name="__VIEWSTATE" id="__VIEWSTATE" value="/wEPDwUKMjAxNjMxMDg
1Nw9kFgICAw9kFgICFA8QZGQWAGQYAJDAFDFJhZGlvQnV0dG9uMQUMUmFkaW9CdXR0b24xxmlt/
JmAlinSc30PejMngC2rR38=" />
```

这里的内容保存的就是 ViewState 对象保存的服务器控件状态。

在用户对页面的控件进行触发服务器事件的操作时，页面表单会自动提交。服务器在接收到用户的提交时，会去分析提交的 ViewState 对象的状态（就是上面那堆字符），分析完后，得到页面服务器控件的状态，据此重新设置每一个控件的状态，然后执行用户所触发的控件事件。最后执行完事件处理程序，生成执行结果，返回给客户端。

这里返回的时候，仍然会重新保存页面控件状态，生成 ViewState 对象，发送给页面的隐藏域。

整个执行过程如图 6-13 所示。

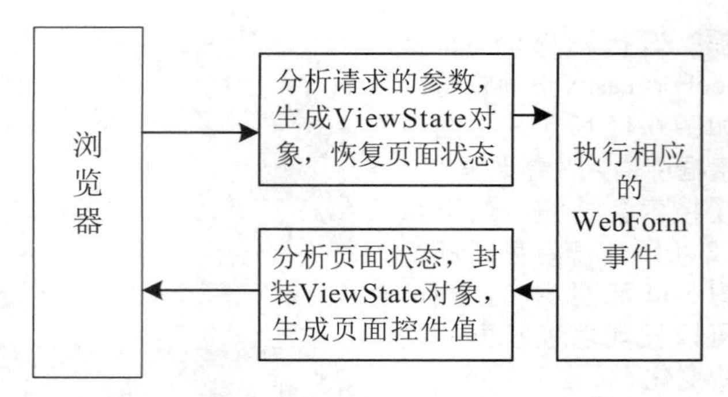

图 6-13　ASP.NET Web 窗体状态保持工作流程

通过上面的介绍，相信大家都会知道，每一次请求都需要对页面控件的状态进行初始化和恢复，而且页面 Page 对象每次都需要重建（否则就不用每次都恢复状态了）。当然，如果要详细了解页面的生命周期，还需要了解 Page 对象的事件，如表 6-8 所示。

表 6-8　Page 对象的常用事件

事件名称	说　明
PreInit	在页面初始化开始时发生
InitComplete	在页面初始化完成时发生
PreLoad	在页面内容加载之前发生
LoadComplete	在页面生命周期的加载阶段结束时发生
PreRenderComplete	在呈现页面内容之前发生
SaveStateComplete	已完成对页面和页面上控件的所有视图状态和控件状态信息的保存后发生

从表 6-8 中可以看到，Page 执行了初始化、加载、呈现内容、保存状态等几个阶段。但是，从微软官方提供的 Page 对象的页面生命周期来看，微软将其做了更详细的划分，如图 6-14 所示。

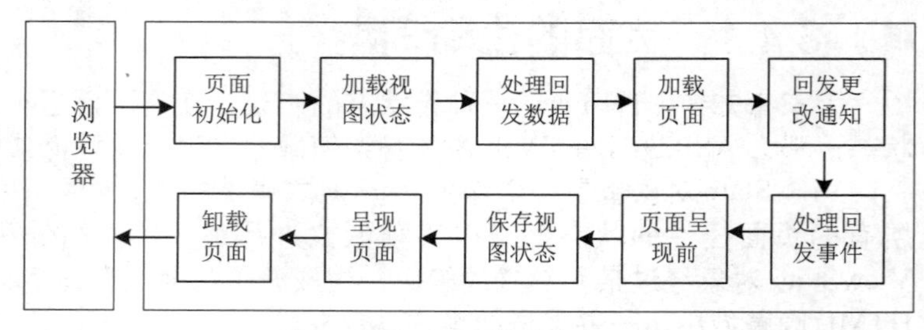

图 6-14　Page 对象的生命周期

从图 6-14 可以看到，微软官方将 Page 对象的生命周期分为 10 个阶段，每个阶段的具体说明如下。

01 ASP.NET 接收到用户请求以后，创建相应的页面对象，同时开始初始化页面控件，设置页面控件的默认状态、默认值，绑定各个事件处理程序。

02 初始化页面默认状态以后，就立即开始加载页面视图状态。默认情况下，视图状态存储在一个页面隐藏控件中，控件的名字是 __VIEWSTATE，是 ASP.NET 默认自动加载到页面里的。ASP.NET 获取 __VIEWSTATE 的值以后，分析并修改视图中各控件的默认状态，使其与上次请求保持一致。

03 加载完页面的视图状态，下一步就开始处理回发的数据。处理回发数据阶段使各个控件根据请求的数据来更新视图控件的状态，比如 Checkbox 控件更新 Checked 状态，TextBox 控件更新其文本内容，DropDownList 控件选中用户最新的选择操作。

04 处理回发数据阶段结束时，页面已根据客户端修改的值更新页面控件原来的值，页面开始激发 Load 事件。

05 这时，如果页面控件触发了某些已声明的事件，比如修改 TextBox 的值触发了 TextChanged 事件等，则得到这些事件触发通知以后，在页面 Load 事件完成以后开始触发相应的控件回发事件。

06 处理回发事件。

07 处理完控件的回发事件，页面就开始做呈现前的准备，进行最后的修改状态操作（因为在回发事件中可能修改了控件状态）。

08 页面进入保存视图状态操作。所有的控件在这里刷新自己在 ViewState 里的状态信息，所得到的 ViewState 对象最终经过序列化等一些操作关联到页面 __VIEWSTATE 隐藏字段中。

09 ASP.NET 根据上面的操作生成相应的视图代码——HTML 页面，并发送到请求响应流中。

10 页面触发卸载事件，释放相应的资源。

此事件之后，客户端浏览器将收到 Web 服务器的 HTTP 响应数据，处理并呈现在页面上。

6.4.2　Page 对象概述

Page 对象是 System.Web.UI.Page 类的实例，作为公有属性，在 System.Web.UI.Control 类中声明，该类又被 System.Web.UI.TemplateControl 类继承，Page 类又继承自 TemplateControl 类。所以在页面中可以直接访问公有对象 Page。

Page 包含上面我们讲过的那些对象，例如 Server、Request、Response、Appliaction、Session、ViewState、Cache 等。这些对象都是 Page 对象的属性，可以在 Page 类的内部直接访问。

Page 除了可以获取上述对象外，还包含多个属性，常用属性及其说明如表 6-9 所示。

表 6-9　Page 对象的常用属性

属性名称	说　明
IsPostBack	获取一个值，该值表示该页是否正在为响应客户端回发而加载。如果为 true 表示回传，否则为首次加载
IsValid	获取一个值，该值表示页面是否通过验证，一般在包含有验证服务器控件的页面中使用
IsCrossPagePostBack	获取一个值，该值指示跨页回发中是否指示该页
Application	为当前 Web 请求获得 Application 对象
Request	获取请求页的 HttpRequest 对象
Response	获取与 Page 关联的 HttpResponse 对象
Session	获取 ASP.NET 提供的当前 Session 对象
Server	获取 Server 对象，它是 HttpServerUtility 类的实例

6.4.3　判断页面首次加载

在 ASP.NET 中，开发人员需要经常在页面加载的时候编写代码对页面上的控件进行初始化。但是，页面加载是在处理回发数据之后。所以如果在页面加载的时候对页面进行初始化了，那么无论怎么对页面进行操作，最终处理的时候都将是初始化的值。

所以我们需要在页面第一次加载的时候对页面进行初始化，以后在页面回发的时候不再初始化。开发者第一次访问一个页面时，一般都是直接在地址栏请求该页面的 URL，所以这种方式是执行的 GET 方式的请求。而在触发页面控件的事件的时候一般是以 POST 方式提交请求。因此，开发者通过直接获取当次请求的方式，就可以确定当次请求用不用对页面进行初始化。

【例 6-10】

Page 对象提供了一个 IsPostBack 属性，该属性指示页面是否为响应客户端回发而加载。如下代码演示 IsPostBack 属性的使用：

```
protected void Page_Load(object sender,
 EventArgs e) {
   if (!Page.IsPostBack)
      lblKey.Text = " 首次加载 ";
   else
      lblKey.Text = " 非首次 ";
}
```

在上述代码中，!Page.IsPostBack 判断页面是否为首次加载，如果是则更改 Label 控件的 Text 属性值为“首次加载”，否则将 Label 控件的 Text 属性值设置为“非首次”。

6.4.4 输出客户端脚本

在前面的小节中，介绍过如何通过 Response 对象的 Write() 方法直接向页面打印 HTML 标签来弹出对话框，虽然这样使用起来比较方便，但是使用多了会发现问题。例如，在使用 DIV+CSS 布局的 Web 页面中，如果通过 Response.Write() 方法向页面打印 HTML 文本，页面布局会变得混乱，而且在弹出对话框时浏览器一片空白，给人的感觉并不好。

那么，如何解决上述问题呢？很简单，Page 对象提供了 ClientScript 属性，该属性可以向页面表单内部注册一些脚本。ClientScript 属性返回的是一个 System.Web.UI.ClientScriptManager 类，该类提供了多个在 Web 应用程序中管理客户端脚本的方法。这些方法及说明如表 6-10 所示。

表 6-10　ClientScriptManager 类提供的页面注册脚本方法

方法名称	说　明
RegisterArrayDeclaration()	向页面对象中注册 JavaScript 数组声明
RegisterClientScriptBlock()	向页面对象中注册客户端脚本
RegisterClientScriptInclude()	向页面对象中注册引入脚本文件的客户端脚本
RegisterClientScriptResource()	向页面对象中注册客户端脚本资源
RegisterExpandoAttribute()	对指定控件注册自定义属性和值
RegisterForEventValidation()	为验证事件注册引用
RegisterHiddenField()	给指定对象注册一个隐藏值
RegisterOnSubmitStatement()	向页面对象注册 OnSubmit 语句，该语句在客户端提交表单时执行
RegisterStartupScript()	向页面对象注册启动脚本

注意

如果读者要像 Response 对象的 Write() 方法一样向页面注册脚本，方法有两个，分别是 RegisterClientScriptBlock() 方法和 RegisterStartupScript() 方法。其中，RegisterClientScriptBlock() 方法在页面 form 表单的开始标签后面添加一行脚本，而 RegisterStartupScript() 方法在页面 form 表单的结束标签前面添加一行脚本。

【例 6-11】

根据用户在页面输入的两个数字进行加、减、乘、除运算，并将运算结果显示到页面。当执行相除运算时，判断被除数不能为 0，否则弹出消息提示。主要步骤如下。

01 创建 Web 窗体页面，在页面的合适位置添加一个 5 行 2 列的表格，该表格提供用户输入的内容和要执行的操作。开发者可以根据图 6-15 所示的效果进行设计，这里不再展示页面代码。

02 在页面的 Load 事件中添加代码，如果页面首次加载，则将第一个输入框的值设置为 100。代码如下：

```
protected void Page_Load(object sender, EventArgs e) {
  if (!Page.IsPostBack)
    txtNum1.Text = "100";
}
```

03 为执行计算操作的按钮添加 Click 事件，在事件代码中获取用户输入的内容，并执行相应的计算，将计算结果显示到页面。代码如下：

```
protected void btnResult_Click(object sender, EventArgs e) {
  try {
    int num1 = Convert.ToInt32(txtNum1.Text);                    // 获取输入的第一个数
    int num2 = Convert.ToInt32(txtNum2.Text);                    // 获取输入的第二个数
    string oper = ddlOper.SelectedItem.Text;                     // 获取执行操作符
    if (oper.Equals("+"))                                        // 执行相加运算
      txtResult.Text = (num1 + num2).ToString();
    else if (oper.Equals("-"))                                   // 执行相减运算
      txtResult.Text = (num1 - num2).ToString();
    else if (oper.Equals("*"))                                   // 执行乘法运算
      txtResult.Text = (num1 * num2).ToString();
    else if (oper.Equals("/")) {                                 // 执行除法运算
      if (num2 == 0)
        Page.ClientScript.RegisterStartupScript(GetType(), "", "<script>alert(' 被除数不能为 0');</script>");
      else
        txtResult.Text = (num1 / num2).ToString();
    }
  } catch (Exception) {
    Page.ClientScript.RegisterStartupScript(GetType(), "", "<script>alert(' 出现异常 ');</script>");
  }
}
```

04 运行本程序的页面，首次加载效果如图 6-15 所示。在输入框中输入内容，并选择执行的操作符，输入和选择完毕后单击【计算】按钮，效果如图 6-16 所示。

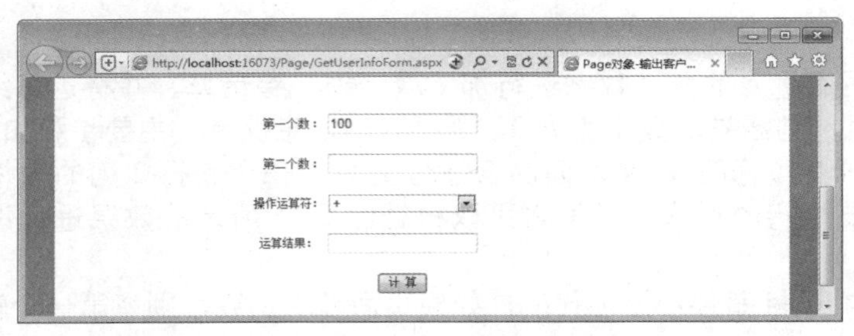

图 6-15　首次加载页面时的效果

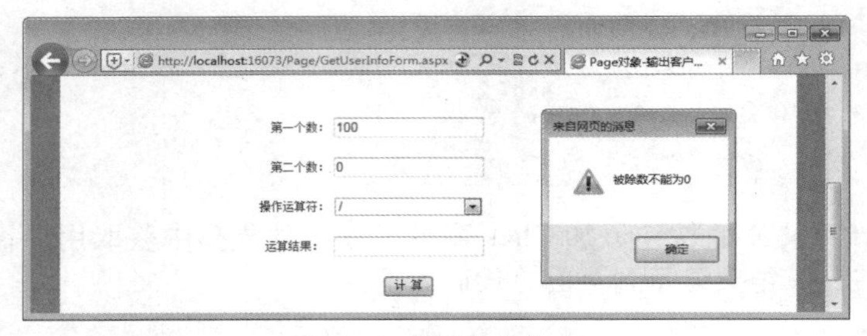

图 6-16　将两个数相除

6.5　成长任务

成长任务 1：利用 Request 对象获取请求信息

创建新的 Web 应用程序，根据以下要求完成相应的操作。

01 通过 Request 对象获取浏览器头部信息。

02 通过 Request 对象获取客户端信息，必须包括主机名称、IP 地址、端口号、URL 完整地址。

03 通过 Request 对象获取浏览器客户端的信息。

成长任务 2：用户注册功能的实现

创建新的 Web 应用程序，设计 UserRegister.aspx 页面和 UserRegisterSuccess.aspx 页面。UserRegister.aspx 页面用来提供用户注册信息，包括用户名称、登录密码、用户年龄、手机、居住地址、个人介绍等，单击“提交”按钮跳转到 UserRegisterSuccess.aspx 页面，在该页面显示用户注册时输入的信息。另外，用户输入的内容需要满足以下要求：

- 用户名称、登录密码、年龄和手机为必填项。
- 登录密码不能少于 6 位，不能多于 10 位。
- 年龄必须在 18 岁到 88 岁之间。
- 手机号必须符合规范。
- 个人介绍不能超过 150 个字。

第 7 章

数据保存和缓存对象

第 6 章已经提到过，程序员在开发 Web 程序时会用到多种对象，例如请求对象、响应对象、页面对象等，并介绍了常用的 Request 请求对象、Response 响应对象、Server 服务器对象以及 Page 页面对象，本章将详细介绍数据保存对象。

顾名思义，数据保存对象主要用于保存数据。例如，用户在登录淘宝网站以后，会在登录页面显示登录名，登录名如何保存和获取呢？再如，用户在访问某些网站时，会出现“您是第 XX 位访客”的提示信息，这些都需要用到数据保存对象，具体如 Cookie 对象、Session 对象、Application 对象等。相信通过本章的学习，读者可以将本章和前面章节的内容相结合，开发出美观、大方的中小型网站。

本章学习要点

◎ 了解 Cookie 对象的优缺点

◎ 掌握 Cookie 对象的生命周期

◎ 掌握 Cookie 的属性、读写操作

◎ 了解 Session 对象的运行原理

◎ 掌握 Session 对象的读写

◎ 掌握 Session 的属性和方法

◎ 掌握 Session 的用法

◎ 熟悉 Application 的属性和方法

◎ 掌握 Global.asax 全局应用程序类

◎ 掌握 Application 对象的用法

◎ 掌握 Cache 对象的用法

扫一扫，下载
本章视频文件

 7.1 Cookie 对象

简单地说，一个 Cookie 就是存储在用户主机浏览器中的一小段文本文件。Cookie 是纯文本形式的，不包含任何可执行代码。Web 页面或服务器让浏览器将一些信息存储在 Cookie 中，并且基于一系列规则，在之后的每个请求中都将该信息返回至服务器。

这样，Web 服务器就可以利用这些信息来标识用户，多数需要登录的站点通常会在认证信息通过后设置一个 Cookie，然后只要这个 Cookie 存在并且合法，就可以自由的地浏览这个站点的所有部分。

有些用户认为 Cookie 是不合法的、有害的，实际上，Cookie 只是包含数据，就其本身而言并不有害。

7.1.1 Cookie 对象概述

Cookie 提供了一种在 Web 应用程序中存储用户特定信息的方法。例如，当用户访问网站时，可以使用 Cookie 存储用户首选项或其他信息。当该用户再次访问此网站时，应用程序可以检索以前的存储信息。

Cookie 是保存在客户机硬盘上的一个文本文件，在 ASP.NET 中对应 HttpCookie 类，每一个 Cookie 对象都属于集合 Cookies，因此，程序员可以使用索引器的方式获取 Cookie。

1. Cookie 对象的优势

程序员使用 Cookie 对象具有以下优势：

- 可以配置到期规则。Cookie 可以在浏览器会话结束时到期，或者可以在客户端计算机上无限期存在，这取决于客户端的到期规则。
- 不需要任何服务器资源。Cookie 存储在客户端并在发送后由服务器读取。
- 简单性。Cookie 是一种基于文本的轻量结构，包含简单的键值对。
- 数据持久性。虽然客户端计算机上 Cookie 的持续时间取决于客户端上的 Cookie 过期处理和用户干预，但通常 Cookie 是客户端上持续时间最长的数据保留形式。

2. Cookie 对象的缺点

除了优势外，Cookie 对象还有一些缺点，但是这并不影响 Cookie 的使用。Cookie 的缺点说明如下：

- 大小受到限制。大多数浏览器将 Cookie 的大小限制为 4096 字节，但在当今新的浏览器和客户端设备版本中，支持 8192 字节的 Cookie 已越发常见。
- 用户配置为禁用。有些用户禁用了浏览器或客户端设备接收Cookie的能力，因此限制了这一功能。
- 潜在的安全风险。Cookie 可能会被篡改，用户可能会操纵计算机上的 Cookie，这意味着会对安全性造成潜在风险，或者导致依赖于 Cookie 的应用程序失败。另外，虽然 Cookie 只能被将它们发送到客户端的域访问，但黑客已经发现从用户计算机上的其他域访问 Cookie 的方法。可以手动加密和解密 Cookie，但这需要额外的编码，并且因为加密和解密需要耗费一定的时间，从而会影响应用程序的性能。

注意

虽然 Page 对象可以获取大多数的对象，例如 Request、Response、Session 等。但是，不能通过 Page 对象直接获取 Cookie 对象。

7.1.2　Cookie 的生命周期

ASP.NET 的 Web 页面可使用 Cookie 对象，一般情况下，Cookie 分为两种类型，一种是会话型 Cookie，一种是持久性 Cookie。

1. 会话型 Cookie

会话型 Cookie 即 Session Cookie，这种 Cookie 是临时性的，当会话结束时，Cookie 的周期也结束，即 Cookie 不复存在。

2. 持久性 Cookie

与临时性 Cookie 对应的就是持久性 Cookie，持久性 Cookie 具有确定的过期时间。但是在过期之前，Cookie 在用户的计算机上以文本文件的形式存储。

7.1.3　Cookie 对象的属性

Cookie 对象具有一定的优势和缺点，相信通过前面的介绍大家已经有所了解。既然 Cookie 不安全，为什么还要使用 Cookie 存储数据，Cookie 又适合存储哪些数据呢？一般来说，在 Cookie 中只能存储个人可识别信息，个人可识别信息是指可以用来识别或联系用户的信息，例如用户姓名、电子邮件、家庭住址。

注意

Cookie 对象可存储的个人可识别信息，必须是非机密或非重要信息。例如，银行卡密码一定不要通过 Cookie 进行存储。

Cookie 对象具有多个属性，这些属性非常简单，开发者可以通过这些属性获取 Cookie 的名称、设置 Cookie 值、设置 Cookie 的过期时间等。Cookie 的常见属性及说明如表 7-1 所示。

表 7-1　Cookie 的常用属性及说明

属性名称	说　明
Name	获取或设置 Cookie 的名称
Value	获取或设置单个 Cookie 值
Values	获取单个 Cookie 对象所包含的键值对的集合
Path	获取或设置与当前 Cookie 一起传输的虚拟路径
Expires	获取或设置 Cookie 的过期日期和时间
HasKeys	获取一个值，通过该值指示 Cookie 是否具有子键

7.1.4　Cookie 的写入和读取

ASP.NET 包含两个内部 Cookie 集合，通过 HttpRequest 的 Cookies 集合访问的集合包含通过 Cookie 标头从客户端传送到服务器的 Cookie；通过 HttpResponse 的 Cookies 集合访问的集合包含一些新的 Cookie，这些 Cookie 在服务器上创建并以 Set-Cookie 标头的形式传输到客户端。

1. Cookie 对象的写入

程序开发人员写入 Cookie 时可以采用两种方式，第一种方式是将 Cookie 直接添加到 Cookies 集合，这需要用到 Response 对象的 Cookies 属性。语法形式如下：

```
Response.Cookies[Cookie 的名称 ].Value = 变量值 ;
```

第二种方式是通过 HttpCookie 类进行创建，然后将创建的对象写入 Cookies 集合。语法如下：

```
HttpCookie hcCookie = new HttpCookie("Cookie 的名称 "," 值 ");
Response.Cookies.Add(hcCookie);
```

【例 7-1】

调用 Request 对象的 UserHostAddress 属性获取客户端的 IP 地址，并将 IP 地址保存到 Cookie 对象中。代码如下：

```
string UserIP = Request.UserHostAddress.ToString();    // 获取客户端的 IP 地址
Response.Cookies["IP"].Value = UserIP;              // 将客户端的 IP 地址保存在 Cookies 对象中
```

2. Cookie 对象的读取

当浏览器向服务器发出请求时，会随请求一起发送该服务器的 Cookie。在 ASP.NET 应用程序中，可以使用 Request 对象的 Cookies 集合读取 Cookie。

【例 7-2】

如下代码读取名称为 userName 的 Cookie 对象存储的值，并将结果显示到 Label 控件中：

```
if(Request.Cookies["userName"] != null){
   Label1.Text = Server.HtmlEncode(Request.Cookies["userName"].Value);
}
```

7.1.5　Cookie 的常见操作

读取和写入 Cookie 是最常见的操作，但是，除了这两种操作外，开发者通常还需要执行其他的操作，例如对 Cookie 的数据进行加密，通过 Cookie 进行页面间的传值等。

1. 加密 Cookie 中的数据

为了避免用户信息被他人窃取，增强网站的安全性，通常需要对 Cookie 中的数据进行加密。

【例 7-3】

针对 Cookie 对象存储的数据 admin 采取 MD5 方式加密，并将加密后的结果输出到 Web 页面。代码如下：

```
string data = "admin";
Response.Cookies["data"].Value = Md5Hash(data);    // 采用 MD5 方式加密
Response.Write(Request.Cookies["data"].Value);
```

在上述代码中，Md5Hash() 是一个采取 MD5 方式加密的方法。该方法的代码如下：

```
private static string Md5Hash(string input) {
  MD5CryptoServiceProvider md5Hasher = new MD5CryptoServiceProvider();
  byte[] data = md5Hasher.ComputeHash(Encoding.Default.GetBytes(input));
  StringBuilder sBuilder = new StringBuilder();
  for (int i = 0; i < data.Length; i++) {
    sBuilder.Append(data[i].ToString("x2"));
  }
  return sBuilder.ToString();
}
```

2. 创建和存取多个键值

键值的应用其实是一种“分类”思想，就是把某一类信息存储在一起。具体的实现方法是：使用 Response 对象可以创建多个数据值的 Cookie。

语法如下：

```
Response.Cookies["CookieName"]["KeyName"]="Cookie 中相对索引键的值 ";
```

当发出网页请求时，浏览器会将 Cookie 信息发送到服务器。在服务器端可以使用 Request 对象来存取 Cookie 中的数据值。语法格式有以下 3 种形式。

(1) 直接取出数据值，语法如下：

```
string str1=Response.Cookies["CookieName"]["KeyName"];
```

(2) 利用索引来取出数据值，语法如下：

```
string str2=Response.Cookies["CookieName"].Values[1];
```

(3) 利用索引键名来取出数据值，语法如下：

```
string str3=Response.Cookies["CookieName"].Values["KeyName"];
```

【例 7-4】

将用户登录名和登录密码保存到 Cookie 对象，当单击页面中的按钮时跳转到另一个页面，并去除用户名的值。主要步骤如下。

01 创建 Web 窗体页面，在页面的合适位置添加用户名输入框、密码输入框和执行操作按钮。代码如下：

```
用户名：<asp:TextBox ID="txtName" runat="server"></asp:TextBox><br /><br />
用户密码：<asp:TextBox ID="txtPwd" runat="server" TextMode="Password"></asp:TextBox><br /><br />
<asp:Button ID="btnLogin" runat="server" Text=" 提 交 " OnClick="btnLogin_Click" />
```

02 为页面中的 Button 控件添加 Click 事件，在该事件中获取用户名和用户密码，并判断用户名和用户密码是否符合要求，如果符合要求，则将用户名和密码通过 Cookie 保存到 UserMessage 对象中。代码如下：

```
protected void btnLogin_Click(object sender, EventArgs e) {
    string name = txtName.Text;                              // 获取用户名
    string pwd = txtPwd.Text;                                // 获取用户密码
    if (name == "admin" && pwd == "admin") {                 // 判断用户名和密码是否符合要求
        Response.Cookies["UserMessage"]["name"] = name;
        Response.Cookies["UserMessage"]["pwd"] = pwd;
        Server.Transfer("~/WebForm1.aspx");
    } else
        Page.ClientScript.RegisterClientScriptBlock(GetType(),"","<script>alert('登录失败')</script>");
}
```

03 运行本程序的 Web 窗体页面，输入内容后单击按钮进行测试，这里不再展示效果图。

3. 遍历客户端 Cookie 对象

客户端可以存储多个 Cookie 对象，同样，开发人员可以通过 for 循环语句将客户端的 Cookie 对象中的内容显示出来。

【例 7-5】

创建 Web 窗体页面，在页面的 Load 事件中添加遍历客户端 Cookie 对象的代码。具体内容如下：

```
protected void Page_Load(object sender, EventArgs e) {
    string[] cookieName, keyName;            // 定义两个数组，用来存放名称
    HttpCookie myCookie;            // 定义 Cookie 对象
    HttpCookieCollection  myCookieCollection = Request.Cookies;            // 定义 Cookies 集合对象
    cookieName = myCookieCollection.AllKeys;            // 取得集合中所有的 Cookie 名称
    for (int i = 0; i <= cookieName.GetUpperBound(0); i++){         // 对每个 Cookie 进行循环
        myCookie = myCookieCollection[cookieName[i]];
        Response.Write(" 该 Cookie 的名称： " + myCookie.Name + "<br>" + " 该 Cookie 的到期时间： " +
                myCookie.Expires + "<br>");
        Response.Write(" 该 Cookie 中所有的内容值如下所示： " + "<br>");            // 输出 Cookie 内容
        keyName = myCookie.Values.AllKeys;
        for (int j = 0; j <= keyName.GetUpperBound(0); j++)
            Response.Write(keyName[j] + "： " + myCookie[keyName[j]] + "<br>");
        Response.Write("<hr>");
    }
}
```

在上述代码中，首先定义两个 string 类型的数组，用来存储名称，接着定义 Cookie 对象和 Cookie 集合，通过集合对象的 AllKeys 属性获取集合中的所有 Cookie 对象。for 循环语句遍历集合中的 Cookie 对象，取出 Cookie 后，向页面输出 Cookie 的名称、Cookie 的到期时间、Cookie 的内容等信息。

运行本程序的窗体页面，页面输出内容如下：

```
该 Cookie 的名称：data
该 Cookie 的到期时间：0001/1/1 0:00:00
该 Cookie 中所有的内容值如下所示：
：21232f297a57a5a743894a0e4a801fc3

该 Cookie 的名称：UserMessage
该 Cookie 的到期时间：0001/1/1 0:00:00
该 Cookie 中所有的内容值如下所示：
name：admin
pwd：admin
```

从输出内容可以看出，UserMessage 为例 7-4 登录页面保存的 Cookie 对象。

4. 设置 Cookie 的过期时间

虽然 Cookie 对象变量是存放在客户端计算机上的，但它并不是永远不会消失。如果想要设置 Cookie 的有效日期，可以设置 Cookie 对象的 Expires 属性。简单的语法如下：

```
Response.Cookies["CookieName"].Expires = 日期 ;
```

【例 7-6】

如下代码设置 myCookie 的过期时间为 20 分钟：

```
TimeSpan ts = new TimeSpan(0, 0, 20, 0);
Response.Cookies["myCookie"].Expires =
 DateTime.Now.Add(ts);
```

如下代码设置 myCookie 的过期时间为一个月：

```
Response.Cookies["myCookie"].Expires =
DateTime.Now.AddMouths(1);
```

如下代码设置 myCookie 的过期时间为 2018 年 1 月 29 日：

```
Response.Cookies["myCookie"].Expires =
DateTime.Parse("2018-1-29");
```

如下代码设置 myCookie 永远不过期：

```
Response.Cookies["myCookie"].Expires =
DateTime.MaxValue;
```

5. 删除客户端的 Cookie 对象

删除客户端的 Cookie 对象需要指定 Cookie 对象的有效期。通常情况下，有两种方法：第一种是将 Cookie 的有效期设置为过去某个时间，例如设置 Cookie 的有效期为系统时间的前一天。代码如下：

```
Response.Cookies["myCookie"].Expires=
DateTime.Now.AddDays(-1);
```

第二种方法是将指定 Cookie 的有效期设置为最小值，当浏览器关闭时，相关的 Cookie 就会失效。代码如下：

```
Response.Cookies["myCookie"].Expires=
 DateTime.MinValue;
```

7.1.6　高手带你做——利用 Cookie 防止重复投票

Cookie 提供了一种在 Web 应用程序中存储用户特定信息的方法。例如，当用户第一次浏览 Web 站点时，Cookie 会记下用户登录的 IP 地址，在 Cookie 有效期内，若该用户再次发出浏览此 Web 站点中页面的请求时，浏览器就会与服务器交换 Cookie 信息，识别该用户的身份。

开发者利用 Cookie 可以实现多个功能，这里制作一个简单的程序，使用 Cookie 对象防止重复投票。主要步骤如下。

01 创建 Web 窗体页面并进行设计，在页面的合适位置添加 RadioButtonList 控件和 Button 控件，前者提供选项列表，后者执行投票操作。代码如下：

```
<p> 你经常逛 BBS 论坛或者贴吧吗 </p>
<p>
  <asp:RadioButtonList ID="rblTP"
  runat="server">
```

```
        <asp:ListItem> 偶尔逛 </asp:ListItem>
        <asp:ListItem> 经常逛 </asp:ListItem>
        <asp:ListItem> 从来不逛 </asp:ListItem>
        <asp:ListItem> 不知道是什么 </asp:ListItem>
    </asp:RadioButtonList><br />
    <asp:Button ID="btnTP" runat="server" Text=" 投 票 " Width="100" Height="30" BackColor="#e74c3c"
    ForeColor="White" BorderColor="Red" Font-Bold="true" Font-Size="20px" OnClick="btnTP_Click" />
</p>
```

02 为页面的 Button 控件添加 Click 事件，在该事件中判断用户是否已经投过票，并执行相应的操作。代码如下：

```
protected void btnTP_Click(object sender, EventArgs e){
    string UserIP = Request.UserHostAddress.ToString();  // 获取 IP 地址
    int VoteID = Convert.ToInt32(this.rblTP.SelectedIndex.ToString()) + 1;  // 在此处加 1
    HttpCookie cookie = Request.Cookies["userIP"];     //Cookie 声明并读取 Cookie，如果没投票则为 null
    if (cookie == null) {  // 首先判断 cookie 有没有
        Response.Write("<script>alert(' 投票成功，谢谢您的参与！ ')</script>");
        HttpCookie newCookie = new HttpCookie("userIP");  // 定义新的 Cookie 对象
        newCookie.Expires = DateTime.MaxValue;   // 过期日期
        newCookie.Values.Add("IPaddress", UserIP); // 添加新的 Cookie 变量 IPaddress，值为 UserIP
        Response.AppendCookie(newCookie);      // 将变量写入 Cookie 文件中
        return;
    } else {
        string userIP = cookie.Values["IPaddress"];
        if (UserIP.Trim() == userIP.Trim()) {      // 判断投票 IP 是否和原 IP 相同
         Response.Write("<script>alert(' 一个 IP 地址只能投一次票，谢谢您的参与！ ');history.go(-1);</script>");
            return;
        } else {
            HttpCookie newCookie = new HttpCookie("userIP");
            newCookie.Values.Add("IPaddress", UserIP);
            newCookie.Expires = DateTime.MaxValue;
            Response.AppendCookie(newCookie);
            Response.Write("<script>alert(' 投票成功，谢谢您的参与！ ')</script>");
            return;
        }
    }
}
```

在上述代码中，首先获取用户主机的 IP 地址，然后通过 Request.Cookies 读取名称是 UserIP 的 Cookie 对象，判断该对象是否为空，如果为空进行投票，否则执行其他操作。

在 if 语句中为其投票时，首先写入 Cookie 对象，并且将有效期设置为最大值（即永不过期），投票成功后会弹出提示。在 else 语句中首先判断当前的 IP 地址是否等于从 Cookike 对

象中取出来的 IP 地址，如果是，则弹出“已经投过票”的相关提示，否则执行投票操作。

03 运行 Web 窗体页面进行测试，重复投票时的提示效果如图 7-1 所示。

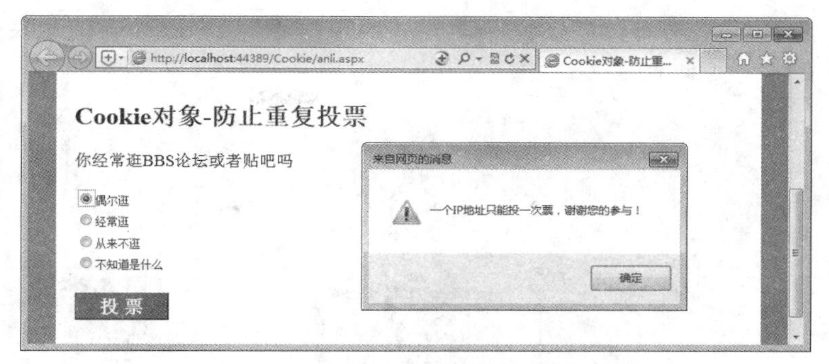

图 7-1　Cookie 防止重复投票的提示

在 Win 7 操作系统中，如果我们要查看 Cookie 的存储路径，可以到“C:\Users\用户名\AppData\Local\Microsoft\Windows\Temporary Internet Files”目录中查看。如果找不到 Temporary Internet Files 目录，可通过【我的电脑】|【工具】|【文件夹选项】|【查看】找到“隐藏文件和文件夹”选项，更改设置即可。

7.2　Session 对象

Web 应用程序仅仅通过 Cookie 对象存储数据是不够的，对于一些非常重要的数据，例如用户的登录密码、用户个人银行账号密码等，通过 Cookie 对象存储不安全，因此需要用到另外的存储对象。

为了解决 Cookie 对象出现的问题，ASP.NET 提供了另外一种对象：Session 对象。

7.2.1　Session 对象概述

Session 是指一个终端用户与交互系统进行通信的时间间隔，通常是指从注册进入系统到注销退出系统之间所经过的时间。Web 中的 Session 是指用户在浏览某个网站时，从进入网站到浏览器关闭所经过的这段时间，也就是用户浏览这个网站所花费的时间。因此，从前面的介绍可以了解到，Session 实际上是一个特定的时间概念。

一个 Session 的概念需要包括特定的客户端、特定的服务器端和不中断的操作时间。A 用户和 C 服务器建立连接时所处的 Session，同 B 用户和 C 服务器建立连接时所处的 Session 是两个不同的 Session。

Session 对象用于保存特定用户的会话信息，即保存每个用户的专用信息。浏览器请求 Web 服务器，Web 服务器在需要保存用户状态的时候，会为该浏览器创建一个会话状态保存对象 Session。该对象有一个唯一标识符 SessionID。在对浏览器请求做出响应的时候，顺便把 SessionID 也一并发送给浏览器，浏览器在下一次访问 Web 服务器的时候将 SessionID 一并提交给服务器，服务器根据 SessionID 在服务器上查找相对应的会话状态，持续使用。

Session 与 Cookie 是紧密相关的，并不是没有任何关系。Session 的使用要求用户浏览器必须支持 Cookie，如果浏览器不支持使用 Cookie，或者设置为禁用 Cookie，那么将不能使用

Session。对于客户来说，不同的用户用不同的 Session 信息来记录。例如，图 7-2 为 Session 的运行原理图。

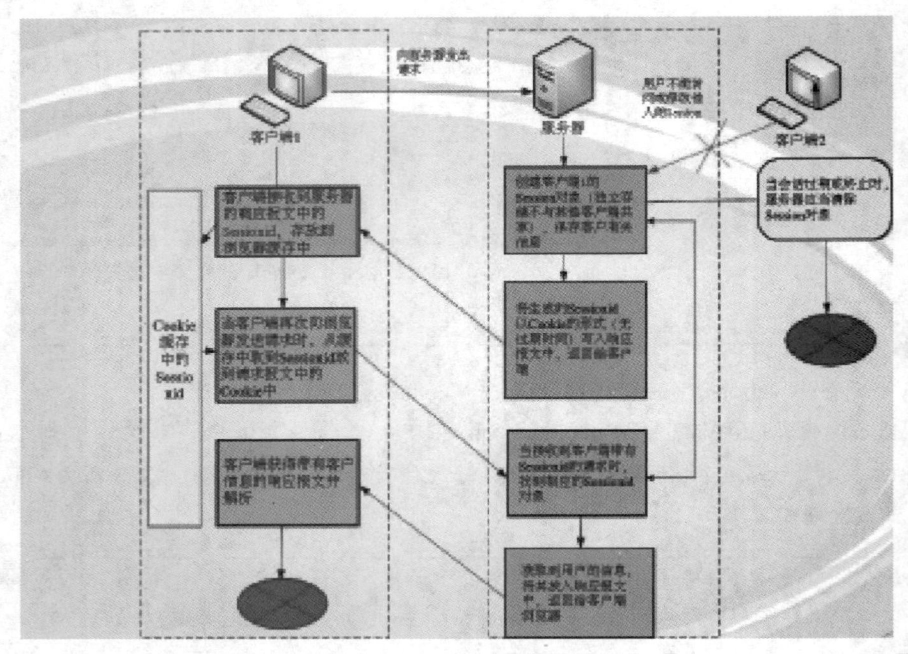

图 7-2　Session 对象的运行原理

7.2.2　Session 的存储和读取

Session 对象的变量只是对一个用户有效，不同的用户的会话信息用不同的 Session 对象的变量存储。Session 对象默认保存在服务器的内存中，它可以像数据字典一样存储和读取数据。

存储 Session 对象的格式如下：

```
Session["keyname"] = value;
Session[0] = value;
```

读取 Session 对象的格式如下：

```
Object.value = Session["keyname"];
Object.value = Session[0];
```

【例 7-7】

如下代码在 Load 事件中存储用户的身份证件号码，存储完毕后直接跳转到 UserInfo.aspx 页面：

```
protected void Page_Load(object sender, EventArgs e) {
  Session["userCard"] = "41018219911212XXXX";
  Response.Redirect("UserInfo.aspx");
}
```

7.2.3　Session 的属性和方法

默认情况下，Session 对象保存在服务器内存中，因为 Web 方式的应用程序的访问不稳定性，为了节约性能，Session 对象都有生命周期属性。生命周期指定该对象在服务器上最大的空闲时间。如果某个 Session 对象闲置超过这个时间，就自动将该对象遗弃，随时等待垃圾回收器的回收。

除了生命周期属性外，Session 对象还包含多个属性，例如与设置会话状态模式和获取会话标识符相关的属性等，常用属性及其说明如表 7-2 所示。

表 7-2　Session 对象的常用属性

属性名称	说　明
Contents	获取对当前会话状态对象的引用
CookieMode	获取一个值，该值指示是否为无 Cookie 会话配置应用程序
Count	获取会话状态集合中的项数
Keys	获取存储在会话状态集合中所有值的键的集合
Mode	获取当前会话状态模式
SessionID	获取会话的唯一标识符
Timeout	获取或设置在会话状态提供程序终止会话之前各请求之间所允许的时间（以分钟为单位）
IsCookieless	获取一个值，该值指示会话 ID 是嵌入在 URL 中还是存储在 HTTP Cookie 中
IsNewSession	获取一个值，该值指示会话是否是与当前请求一起创建的
IsReadOnly	获取一个值，该值指示会话是否为只读
IsSynchronized	获取一个值，该值指示对会话状态值的集合的访问是否是同步（线程安全）的

除了属性外，开发者使用 Session 对象时可能也会用到与其有关的方法，例如取消当前会话的方法，向会话集合添加新项的方法等。表 7-3 列出了 Session 对象的常见方法，并对这些方法进行了说明。

表 7-3　Session 对象的常用方法

方法名称	说　明
Abandon()	取消当前会话
Add()	向会话状态集合添加一个新项
Clear()	从会话状态集合中移除所有的键和值
Remove()	删除会话状态集合中的项
RemoveAll()	从会话状态集合中移除所有的键和值
RemoveAt()	删除会话状态集合中指定索引处的项

7.2.4　设置 Session 的销毁时间

Session 对象存储数据遵循滚动计时方式。开发者打开并写入 Session，从写入开始，该页面如果一直没有提交操作，则默认时间为 20 分钟，20 分钟后 Session 被服务器自动销毁。

如果有过提交操作，服务器会从提交后重新计时，以此类推，直至设定时间内销毁。

一般情况下，开发者可以通过两种方式设置 Session 的销毁时间。第一种方式是在 Web 窗体页面设置 Timeout 属性，代码如下：

```
Session["userName"] = "Miss Zhang";
Session.Timeout = 30;                                          //Session 的有效时间为 30 分钟
```

第二种方式是在程序的 Web.config 文件中进行配置。具体语法如下：

```
<system.web>
  <sessionState mode="Off|InProc|StateServer|SQLServer" cookieless="true|false"
timeout="number of minutes" stateConnectionString="tcpip=server:port"
sqlConnectionString="sql connection string" stateNetworkTimeout="number of seconds" />
</system.web>
```

上述语法的属性说明如下。

- mode：设置将 Session 信息存储到哪里。该属性的取值有 4 个，Off 表示不使用 Session 功能；InProc 表示将 Session 存储在 IIS 进程内，这是默认值，也是最常使用的值，但是当重启 IIS 服务器时 Session 会丢失；StateServer 表示将 Session 存储在 ASP.NET 状态服务进程中，重新启动 Web 应用程序时保留会话状态，并使会话状态可以用于网络中的多个 Web 服务器；SQL Server 表示将 Session 存储在 SQL Server 中（存储在内存和磁盘中，服务器挂掉重启后都还在）。
- cookieless：设置客户端的 Session 信息存储到哪里。当取值为 true 时使用 Cookieless 模式，这时客户端 Session 信息不再使用 Cookie 存储，而是将其通过 URL 存储。当取值为 false 时使用 Cookie 模式，这是默认值。
- timeout：设置经过多少分钟后服务器自动放弃 Session 信息，默认为 20 分钟。
- stateConnectionString：设置 Session 信息存储在状态服务中时使用的服务器名称和端口号，例如“tcpip=127.0.0.1:42424”。当 mode 值为 StateServer 时，这个属性是必需的（默认端口为 42424）。
- sqlConnectionString：设置与 SQL Server 连接时的连接字符串。mode 值为 SQLServer 时，这个属性是必需的。
- stateNetworkTimeout：设置当使用 StateServer 模式存储 Session 状态时，经过多少秒空闲后，断开 Web 服务器与存储状态信息的服务器的 TCP/IP 连接，默认值是 10 秒钟。

【例 7-8】

设置 Session 的失效时间为 20 分钟：

```
<system.web>
  <sessionState timeout="20" />
</system.web>
```

7.2.5 Session 的丢失原因

在 ASP.NET 的开发中，开发者可能经常会遇到 Session 丢失的情况。下面列出了 Session 丢失的几种常见情况：

- 有些杀病毒软件会去扫描 Web.config 文件，那时 Session 肯定会丢失。解决方法是：使杀病毒软件屏蔽扫描 Web.config 文件。
- 程序内部包含有让 Session 丢失的代

码。解决方法是：检查程序中是否含有 Session.Abandon() 之类的代码。

- 程序中有框架页面和跨域情况一。解决方法是：在 Window 服务中启动 ASP.NET 状态服务。
- Session 状态存在于 IIS 的进程中，也就是 inetinfo.exe 这个程序。所以当 inetinfo.exe 进程崩溃时，这些信息也会丢失。另外，重启或者关闭 IIS 服务都会造成信息丢失。
- 服务器上 Bin 文件夹中的 .DLL 文件被更新 (即修改)。
- 文件夹选项中，如果没有打开“在单独的进程中打开文件夹窗口”选项，则一旦新建一个窗口，系统可能认为是新的 Session 会话，因而无法访问原来的 Session，所以需要打开该选项，否则会导致 Session 丢失。
- 大部分 Session 丢失是客户端引起的，所以要从客户端入手，看看 Cookie 有没有打开，或者 IE 中的 Cookie 数量有限制也可能导致 Session 丢失。

除了上面所述的 Session 丢失原因的解决方法外，下面还为开发者列出了几种解决 Session 丢失的方法，以供开发者参考。

01 做 Session 读写日志，每次读写 Session 都要记录下来，并且要记录 SessionID、Session 值、所在页面、当前函数、函数中的第几次 Session 操作，通过这样的途径查找丢失的原因会方便得多。

02 如果允许的话，建议使用 State Server 或 SQL Server 保存 Session。

03 在 Global.asax 中加入代码，记录 Session 的创建时间和结束时间，超时造成的 Session 丢失是可以在 SessionEnd 中记录下来的。

04 如果有些代码中使用客户端脚本，如 JavaScript 维护 Session 状态，就需要尝试调试脚本，看是否是由于脚本的错误而导致 Session 丢失。

05 在用 ASP.NET 开发程序时如果 Session 丢失，完成三步操作，便可以保存状态。第一步是在 Web.config 文件中修改 Session 状态保存模式；第二步是启动系统服务“ASP.NET 状态服务”，系统默认是手动启动的。第三步是如果 Session 中保存的数据类型是自定义的 (如结构)，则先在自定义数据类型处序列化会话状态，即在类或结构声明前加 [Serializable]。

7.2.6　Session 记录用户登录状态

在本小节之前，已经详细地介绍过 Session 对象的知识，包括工作原理、如何存储和写入、常见属性和方法，及 Session 丢失的原因等内容。本小节通过一个例子，演示如何通过 Session 记录用户的登录状态。

大家都知道，在一般的管理系统中，需要在管理界面进行用户权限的验证，所以需要让用户登录并且使用户状态保持。用户登录过后，会在系统管理界面展示一些当前登录用户的个人信息，例如账号等。

【例 7-9】

设计用户登录页面，并保存用户登录状态信息。主要步骤如下。

01 创建 Web 窗体页面，在页面中添加两个 TextBox 控件和一个 Button 控件，前者用于输入登录名称和密码，后者执行登录操作，代码非常简单，这里不再展示。

02 为页面的 Button 控件添加 Click 事件，代码如下：

```
protected void btnLogin_Click(object sender,
EventArgs e) {
  // 获取用户名
  string username = txtName.Text.Trim();
  if (username != "") {
    // 在会话中记录用户登录状态
    Session["CurrentUser"] = txtName.Text;
    // 跳转到管理主界面
    Response.Redirect(
      "~/Session/Default.aspx");
  } else
```

```
        Page.ClientScript.RegisterClientScriptBlock(GetType(), "",
            "<script>alert(' 请输入用户名和密码！ ');</script>");
    }
```

在上述代码中，首先获取用户输入的登录名称，如果名称不为空，则将用户名保存到 Session 对象中，然后跳转页面到管理主界面，否则弹出相应的提示。

03 创建 Default.aspx 页面，在页面中获取 Session 对象存储的用户名，并在页面进行展示。有关代码如下：

```
欢迎您，超级管理员：
【<asp:Label ID="lblName" runat="server" ForeColor="Red" Font-Bold="true" Font-Size="24px"><%=
Session["CurrentUser"] %></asp:Label>】
```

04 运行本程序的登录界面进行测试，效果如图 7-3 所示。输入登录名和密码后，单击按钮进入主界面，如图 7-4 所示。

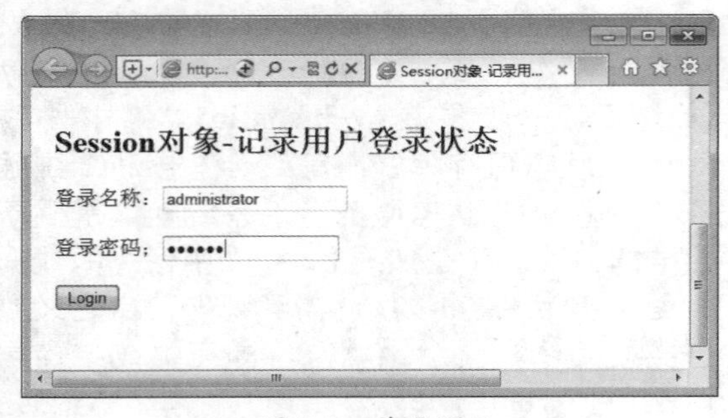

图 7-3　登录页面

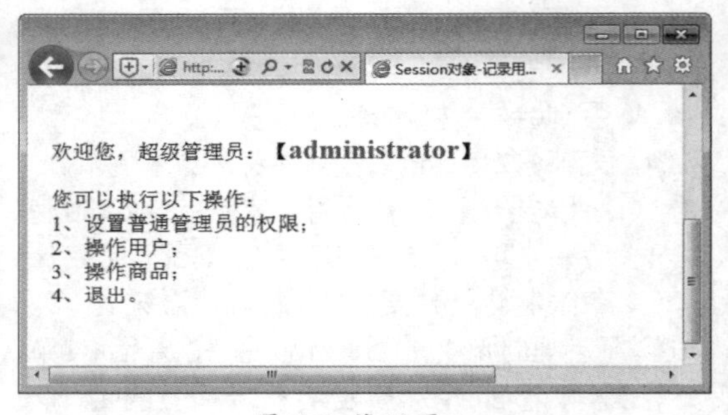

图 7-4　管理页面

7.2.7　高手带你做——基于 Session 的购物车实现

购物车相当于现实中超市的购物车，不同的是，一个是实体车，一个是虚拟车。用户可以在购物网站的不同页面之间跳转，以购买自己喜爱的商品，点击购买时，该商品就自动保存到购物车中，最后将选中的所有商品放在购物车中统一到付款台结账，这也是为了尽量让客户体验到现实生活中购物的感觉。服务器通过追踪每个用户的行动，以保证在结账时每件商品都物有其主。

一般情况下，购物车的功能包括以下几项：

- 把商品添加到购物车，即订购。
- 删除购物车中已订购的商品。
- 修改购物车中某一商品的订购数量。
- 清空购物车。
- 显示购物车中的商品清单及数量、价格。

实现购物车的关键，在于服务器识别每一个用户并维持与他们的联系。但是 HTTP 协议是一种无状态的协议，因而服务器不能记住是谁购买商品，当把商品加入购物车时，服务器也不知道购物车里原先有些什么，使得用户在不同页面间跳转时，购物车无法“随身携带”，这都给购物车的实现造成了一定的困难。

目前，购物车的实现主要采用 Cookie、Session 或结合数据库的方式。

本小节只是通过 Session 对象实现一个简单的购物车，并不和数据库结合，感兴趣的读者自己可在本小节的基础上更改或者重新实现购物车功能。Session 对象实现购物车的主要步骤如下。

01 创建 BookList.aspx 页面并进行设计，在页面的合适位置添加 Table 控件。页面代码如下：

```
<asp:Table ID="Table1" runat="server">
  <asp:TableRow>
    <asp:TableCell>
      <asp:CheckBoxList ID="CheckBoxList1" runat="server" Height="2389px" Width="185px">
        <asp:ListItem Value="103.60">C# 高级编程  103.60 元 </asp:ListItem>
        <asp:ListItem Value="34.30" >HTML   34.30 元 </asp:ListItem>
        <asp:ListItem Value="68.90" >Java Web  68.90 元 </asp:ListItem>
        <asp:ListItem Value="35.20" > 数据库原理   35.20 元 </asp:ListItem>
        <asp:ListItem Value="35.20"> 计算机原理   35.20 元 </asp:ListItem>
      </asp:CheckBoxList>
     </asp:TableCell>
    <asp:TableCell>
    <asp:Image ID="Image6" runat="server" ImageUrl="~/shopcart/images/C_sharp.jpg" /><br />
    <asp:Image ID="Image7" runat="server" ImageUrl="~/shopcart/images/html.jpg" /><br />
    <asp:Image ID="Image8" runat="server" ImageUrl="~/shopcart/images/java_web.jpg" /><br />
    <asp:Image ID="Image9" runat="server" ImageUrl="~/shopcart/images/database.jpg" /><br />
    <asp:Image ID="Image10" runat="server" ImageUrl="~/shopcart/images/comp.jpg" /><br />
    </asp:TableCell>
  </asp:TableRow>
</asp:Table>
<asp:Button ID="Button1" runat="server" Text=" 加入购物车 " OnClick="Button1_Click" />
```

02 为页面的 Button 控件添加 Click 事件，在该事件中获取用户选中的商品，通过 Session 对象保存要购买的商品及其价格。代码如下：

```
protected void Button1_Click(object sender, EventArgs e) {
  float sum = 0;
  for (int i = 0; i < CheckBoxList1.Items.Count; ++i) {                // 遍历选中的商品
    if (CheckBoxList1.Items[i].Selected) {
      Session["buy"] += CheckBoxList1.Items[i].Text + ";";
      sum += float.Parse(CheckBoxList1.Items[i].Value);
    }
  }
  Session["money"] += sum.ToString();
  Response.Redirect("~/shopcart/ShoppingCart.aspx");
}
```

03 创建 ShoppingCart.aspx 页面，向页面中添加如下代码：

```
<table>
  <tr><td style="font-size:20px;"> 您选择的图书如下：</td></tr>
  <tbody id="tbodyBookList" runat="server"></tbody>
</table><br />
```

```
<asp:HyperLink Font-Size="Large" ID="HyperLink1" runat="server" NavigateUrl="~/shopcart/Check.aspx"> 结
算 </asp:HyperLink>
```

04 在 ShoppingCart.aspx 页面的 Load 事件中添加代码，首先判断购物车是否为空，如果为空则跳转页面，如果不为空则获取购物车的内容，并将从购物车中取出的内容显示到购物车页面。代码如下：

```
protected void Page_Load(object sender, EventArgs e) {
  if (!IsPostBack) {
    if (Session["buy"]==null) {                          // 判断购物车是否为空，如果为空
      Response.Write(" 您的购物车中暂时没有图书，先去首页逛逛吧 ");
      Response.Redirect("~/shopcart/BookList.aspx");
    } else {                                              // 如果购物车不为空
      string buyString = Session["buy"].ToString();
      ArrayList buylist = new ArrayList();
      int pos = buyString.IndexOf(";");
      string booklist = "";
      while (pos != -1) {
        string onebook = buyString.Substring(0, pos);
        if (onebook != "") {
          buylist.Add(onebook);
          buyString = buyString.Substring(pos + 1);
          pos = buyString.IndexOf(";");
          booklist+=string.Format("<tr><td style='font-size:18px'>"+onebook + "</td></tr>");
        }
      }
      tbodyBookList.InnerHtml = booklist;
    }
  }
}
```

05 创建购物车结算页面 Check.aspx，在页面中添加 Label 控件，该控件用于计算购物车的商品价格。

06 在 Check.aspx 页面的后台 Load 事件中添加代码：

```
protected void Page_Load(object sender, EventArgs e) {
  if (Session["buy"]==null) {
    Response.Redirect("~/shopcart/BookList.aspx");
  } else {
    lblMoney.Text  =" 您所选图书为：</br></br>" + Session["buy"].ToString().TrimEnd(';');
    lblMoney.Text += "<br>";
    lblMoney.Text += " 总价为 ";
    lblMoney.Text += Session["money"].ToString();
  }
}
```

07 运行 BookList.aspx 页面进行测试，在图书列表页面选择要添加的图书，单击【加入购物车】按钮进入商品列表页面。直接单击页面中的【结算】按钮跳转到结算页面，最终效果如图 7-5 所示。

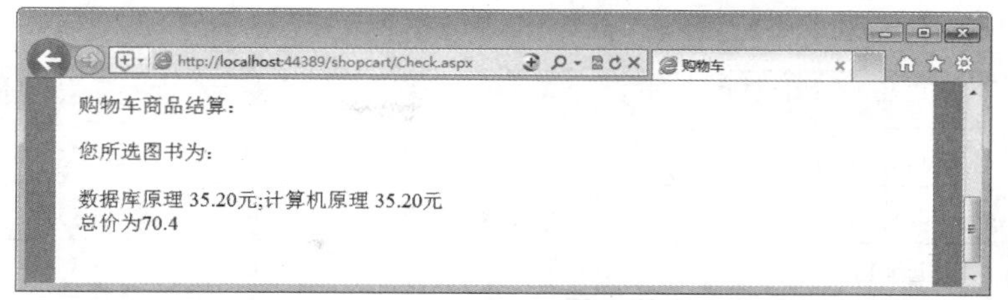

图 7-5 商品结算页面

7.3 Application 对象

在一些互动型的 Web 应用程序中（比如 BBS、社区等），管理员通常会想让用户了解当前在线用户的一些信息，以达到更好的互动效果。

现在 BBS 使用最多的功能就是在线人数了。但是在 Web 应用程序中，用户的访问是无状态的，所以开发者没有办法对用户的状态做持久、及时的监控。这时，可以使用 ASP.NET 提供的全局对象——Application。

7.3.1 Application 对象概述

Application 用于共享应用程序级信息，即多个用户可以共享一个 Application 对象。用户在请求 ASP.NET 文件时，将启动应用程序并且创建 Application 对象。一旦 Application 对象被创建，就可以共享和管理整个应用程序的信息。在应用程序关闭之前，Application 对象一直存在，所以 Application 对象是用于启动和管理 ASP.NET 应用程序的主要对象。

1. Application 对象的属性

Application 对象是 System.Web.HttpApplicationState 类的实例，该对象常用的属性有 3 个，这些属性的具体说明如下。

- Allkeys：获取 HttpApplicationState 集合中的访问键。
- Count：获取 HttpApplicationState 集合中的对象数。
- Item：允许使用索引或 Application 变量名称传回内容值。

2. Application 对象的方法

除了属性外，Application 对象中也包含多个方法，其具体说明如表 7-4 所示。

表 7-4 Application 对象的常用方法

方法名称	说 明
Add()	将新的对象添加到 HttpApplicationState 集合中
Remove()	从 HttpApplicationState 集合中移除命名对象
RemoveAt()	按索引从集合中移除单个 HttpApplicationState 对象
RemoveAll()	从 HttpApplicationState 集合中移除所有对象
Clear()	从 HttpApplicationState 集合中清除所有对象
GetKey()	通过索引获取 HttpApplicationState 对象名

（续表）

方法名称	说　明
Set()	更新 HttpApplicationState 集合中的对象值
Lock()	锁定全部的 Application 变量
UnLock()	解除锁定的 Application 变量

表 7-4 列出的方法非常简单，这里简单介绍一下 Lock() 方法和 UnLock() 方法。由于存在多个用户同时存取同一个 Application 对象的情况，这样可能会出现多个用户修改同一个 Application 命名对象，从而造成数据不一致。

Application 对象提供 Lock() 方法和 UnLock() 方法来解决 Application 对象的访问同步问题，一次只允许一个线程访问应用程序状态变量。在统计网站访问人数时或在聊天室中都可以使用锁定和解锁方法，而且 Lock() 方法和 UnLock() 方法必须成对使用。示例代码如下：

```
Application.Lock();
Application["count"] = mytotalcount;
Application.UnLock()
```

3. Application 对象的存取

Application 对象可以在多个请求、连接之间共享公用信息，也可以在各个请求连接之间充当信息传递的管道。Application 对象可以保存开发者希望传递的变量，由于在整个应用程序生存周期中，Application 对象都是有效的，所以在不同的页面中都可以对它进行存取，就像使用全局变量一样方便。

Application 对象可以像 Session 对象一样存储和读取内容，存储内容时可以通过键进行写入，还可以通过索引进行写入。如下所示为 Application 对象的存储和读取形式：

```
Application["keyName"] = objectValue;              // 存储（键）
Application[0] = objectValue;                      // 存储（索引）
Object value = Application["keyName"];             // 读取（键）
Object value = Application[0];                     // 读取（索引）
```

7.3.2　了解 Global.asax 文件

Application 对象可以在给定的应用程序的多有用户之间共享信息，并在服务器运行期间持久地保存数据。而且 Application 对象还有控制访问应用层数据的方法和可用于在应用程序启动和停止时触发过程的事件。

大多数情况下，Application 对象需要和全局应用程序类一起使用。该类用来监控应用程序、会话、用户请求等对象的运行状态。全局应用程序类存储在程序根目录下的 Global.asax 文件中，类名为 Global，是一个 System.Web.HttpApplication 类的子类。

在 Global.asax 文件中，自动实现了一系列的方法，具体说明如表 7-5 所示。

表 7-5　Global.asax 文件中的方法

方法名称	说　明
Application_AuthenticateRequest	认证请求的时候触发该方法

（续表）

方法名称	说　明
Application_BeginRequest	开始一个新的请求时触发，每次 Web 服务器被访问时都执行该方法
Application_End	应用程序结束事件。在这里可以做一些停止应用程序时的善后工作
Application_Error	应用程序出现错误时触发。可以在这里做一些错误处理操作
Application_Start	应用程序启动事件。可以在这里做一些全局对象初始化操作
Session_End	结束一个会话时执行该方法。在 Session 对象销毁时触发
Session_Start	创建一个会话时执行该方法。在 Session 对象创建时触发

注意

只有在 Web.config 文件中的 SessionState 模式设置为 InPro 时，才会引发 Session_End 方法的代码。如果开发人员将会话模式设置为 StateServer 或者 SQLServer，那么将不会引发 Session_End 中的代码。

7.3.3 Application 对象的简单使用

Application 对象可以应用于多个场合，例如统计网站访问人数、在线名单、网上选举以及意见调查等。

【例 7-10】

在实现程序在线人数统计时，开发者可以使用 Session_End() 方法和 Session_Start() 方法进行监控。不过还需要在应用程序中把统计结果进行全局保存，因此还需要用到 Application 对象。主要步骤如下。

01 在当前程序的根目录下添加全局应用程序文件 Global.asax。

02 在全局应用程序文件的 Application_Start() 方法中添加代码，判断 Application 对象存储的在线人数是否为空，如果为空，将其初始化为 0。代码如下：

```
protected void Application_Start(object sender,
EventArgs e) {
  if (Application["CountOnline"] == null)
    Application["CountOnline"] = 0;
}
```

03 在 Session_Start() 方法中添加代码，首先将 Session 的失效时间设置为 5 分钟，接着获取在线人数，并执行累加操作，最后保存在线人数到 Application 对象。代码如下：

```
protected void Session_Start(object sender,
EventArgs e) {
  Session.Timeout = 5;
  // 获得在线人数
  int countOnline = (int)Application["CountOnline"];
  countOnline++;  // 执行累加
  // 设置当前在线人数
  Application["CountOnline"] = countOnline;
}
```

04 向 Session_End() 方法中添加代码，首先获取在线人数，并执行递减操作，执行完毕后保存在线人数到 Application 对象中。代码如下：

```
protected void Session_End(object sender,
EventArgs e) {
  // 获得在线人数
  int countOnline = (int)Application["CountOnline"];
```

```
        countOnline--;   // 执行递减
        // 设置当前在线人数
        Application["CountOnline"] = countOnline;
    }
```

05 创建统计在线人数的 Web 窗体页面，在页面中添加 Label 控件，该控件显示 Application 对象中存储的人数。

06 在 Web 窗体页面的 Load 事件中添加代码，获取 Application 对象存储的数据。首先判断 CountOnline 是否为空，如果不为空则取出数据，否则将 Label 控件的值设置为 0。代码如下：

```
protected void Page_Load(object sender, EventArgs e) {
    if (Application["CountOnline"] != null)
        lblCount.Text = Application["CountOnline"].ToString();
    else
        lblCount.Text = "0";
}
```

07 运行 Web 窗体页面，效果图不再展示。首次通过浏览器打开页面，在线人数为 1。更换浏览器访问该页面时，页面的人数会增加 1，变成 2。由于 Session 的有效时间为 5 分钟，因此 5 分钟后再刷新其中一个页面，人数会减少 1。

7.4 高手带你做——Cache 对象实现页面缓存

Cookie、Session 和 Application 是 ASP.NET 程序常用的数据保存对象，除了数据保存外，开发者经常会用到页面缓存对象。虽然可以使用页面 @OutputCache 指令来缓存整个页面的内容，但是很多时候，只想暂时保存某些数据，并不想让整个页面都缓存，这样就不能再使用 @OutputCache 指令了。

当然，其实我们还可以将其保存到全局应用程序对象 Application 中。不过在 Application 中的值将在程序运行时一直存在，而我们只需要缓存一段时间，所以使用 Application 对象的话就比较费事了。

在 ASP.NET 中，提供了一个 Cache 对象来执行对对象数据的缓存，Cache 对象是 System.Web.Caching.Cache 类的一个实例，并且只要对应的应用程序域保持活动，该实例便保持有效。该对象被作为一个只读属性声明在 HttpContext 对象或 Page 对象内。

Cache 对象的常用属性是 Count，该属性获取存储在缓存中的项数。该对象的常用方法及其说明如表 7-6 所示。

表 7-6　Cache 对象的常用方法及其说明

方法名称	说　明
Add()	将指定项添加到 Cache 对象，该对象具有依赖项、过期和优先级策略以及一个委托
Get()	从 Cache 对象检索指定项
Insert()	向 Cache 对象插入项
Remove()	从应用程序的 Cache 对象移除指定项

提示

Cache 对象的 Insert() 方法可以向应用程序缓存中添加项。通过该方法的重载可以添加各类不同的选项，以设置依赖项、过期和移除通知。还可以使用 Add() 方法向缓存添加项，它可以设置与 Insert() 方法相同的所有选项，不同的是 Add() 方法将返回添加到缓存中的对象。

开发人员在处理一些常用但是没有必要绝对及时的数据时，往往会用到数据缓存。例如，常见的CSDN论坛的帖子列表，就是缓存几秒钟的。缓存几秒钟对于小的网站可能并没有什么影响，不过对于这种大型的门户系统，每一秒钟就可能有成百上千（甚至更多）次访问，对这些常用的数据进行缓存，哪怕是一秒钟，就可能由数百次请求数据库缩减为一次。用户体验的变化微乎其微，但对于数据库的压力，一下子可减少上百倍。

本节通过Cache对象来实现目录数据的缓存。主要步骤如下。

01 在当前的应用程序或新的应用程序中创建Web窗体页面，在页面的合适位置添加Label控件，该控件用于显示系统时间。

02 为Web窗体页面的Load事件添加代码：

```
protected void Page_Load(object sender, EventArgs e) {
  DateTime time = DateTime.Now;                                   //获取系统时间
  if (Cache["time"] == null)                                       //缓存是否为空，如果空
    Cache.Insert("timeKey", time, null, DateTime.Now.AddSeconds(10), TimeSpan.Zero);
  else                                                             //如果缓存不为空
    time = DateTime.Parse(Cache["time"].ToString());
  this.lblValue.Text = time.ToString();
}
```

在上述代码中，首先获取当前时间，然后检查缓存的数据是否为空，如果为空，说明还没有缓存数据，此时将对数据进行缓存；如果不为空，说明缓存的数据还没有到期，那么需要取出缓存数据。

上述代码调用Cache对象的Insert()方法将时间对象插入到Cache对象中，同时设置到期时间为10秒钟，到期后会销毁保存的值。

03 运行Web窗体页面查看效果，由于缓存的时间为10秒钟，因此当用户第一次访问后的10秒钟内，无论是刷新页面还是用新的浏览器访问该页面，时间都不会改变。10秒钟后，缓存的内容销毁，重新缓存数据。

注意

使用Insert()方法向缓存添加项时，如果缓存中已经存在同名的项，则缓存中的同名项将被替换。但如果使用Add()方法，并且缓存中已经存在同名的项，则该方法不会替换该项，并且不会引发异常。

7.5　成长任务

成长任务1：使用Cookie对象实现自动登录

一般网站都会提供自动登录服务，简单地说，就是用户第一次或某一次登录成功后在某个时间段内（例如三天内、一星期内等）不需要再输入用户名和密码就可登录。本次成长任务要求读者自行设计登录页面，当用户单击页面中的【登录】按钮时，三天内实现自动登录功能。

成长任务 2：实现用户退出功能

在应用程序中创建新的 Web 窗体页，用于实现用户登录功能。单击【登录】按钮后使用 Session 对象保存用户登录名和密码，跳转到主界面。如果用户选前在本机登录过，需要显示用户名和上次登录时间，否则显示游客。单击主界面中的【退出】按钮将删除 Session 对象，重新回到登录页面。

成长任务 3：简单聊天程序的实现

根据 Application 和 Session 对象的属性和方法开发简单的聊天程序。该聊天程序主要包含 Default.aspx 和 ChatRoom.aspx 两个页面，Default.aspx 页面提供用户登录，用户输入昵称，会将其保存到 Session 对象中，并且页面跳转到 ChatRoom.aspx 页面，登录页面的效果如图 7-6 所示。ChatRoom.aspx 页面需要获取用户的昵称，显示在线人数和聊天记录内容，实现效果如图 7-7 所示。

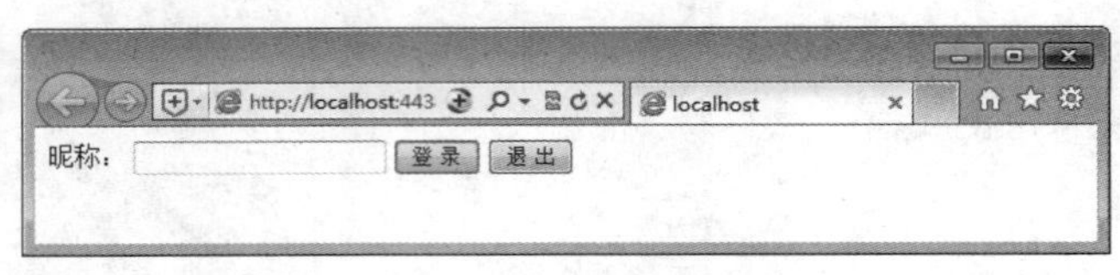

图 7-6　登录页面

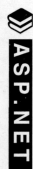

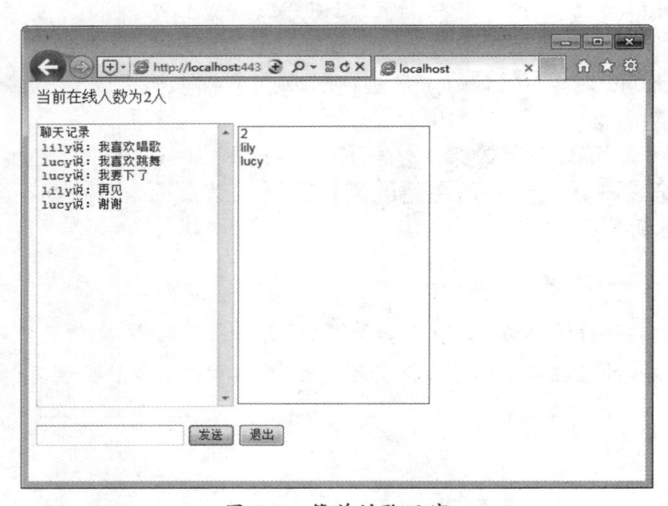

图 7-7　简单的聊天室

第 8 章

导航控件和母版页

在网站制作中，经常需要制作导航来让用户更加方便快捷地查阅到相关信息，或者跳转到相关的版块。同时，一个网站往往有多个页面，每个页面都要有样式和页面布局。通常，一个网站系统中的页面使用同一种样式和布局，在页面的特定位置放置页面的特有内容；这种样式和布局就成为网站的风格。这种风格称为页面的主题。

ASP.NET 提供了导航控件，使开发人员对站点导航的管理变得非常简单，几乎不用编写一行代码就可以实现页面跳转。母版页则提供了为页面创建统一页面布局的功能，实现了页面的重复使用。

本章详细介绍 ASP.NET 提供的各种导航控件以及母版页的使用。另外还将介绍主题和用户控件的简单应用。

本章学习要点

◎ 熟悉站点地图的相关知识
◎ 掌握 SiteMapPath 控件的使用方法
◎ 掌握 TreeView 控件的使用方法
◎ 掌握 Menu 控件的使用方法
◎ 掌握母版页和内容页的使用方法
◎ 了解主题的概念和动态加载主题的方式
◎ 掌握如何使用导航控件和母版页搭建框架
◎ 了解用户控件的使用

扫一扫，下载
本章视频文件

8.1 了解站点地图文件

ASP.NET 中提供了三种导航控件：Menu 控件、TreeView 控件和 SiteMapPath 控件。这些控件都可以使用站点地图文件作为数据源，该文件描述系统中页面的逻辑结构，在确定了逻辑结构后，由导航控件直接读取。本节介绍站点导航的基础知识和站点地图文件的使用。

8.1.1 导航控件简介

导航控件是实现导航的基础和重点。导航有多种样式，但导航的实现并不是利用导航控件就能完成的，导航的实现需要以下几步。

01 将所有页面的链接存储在一个站点地图中。

02 使用 SiteMapDataSource 数据源控件读取站点信息。

03 使用导航控件显示导航链接，包括 SiteMapPath 控件、Menu 控件和 TreeView 控件。

导航将页面根据层次分类，如在新闻网站中首先进入首页，接着进入娱乐新闻，再进入自己感兴趣的新闻详细内容页。这样的导航中有三个页面，三个导航链接：新闻首页、娱乐新闻和展示新闻详情的页面。而同样的网站，在进入首页后，还可进入体育新闻页，接着点击进入感兴趣的新闻，查看详情。对链接的管理和使用步骤如下。

01 系统首先将这些链接根据层次储存起来，这里需要用到站点地图，它是一个名为 Web.sitemap 的 XML 文件，描述站点的逻辑结构。

02 接下来需要使用 SiteMapDataSource 数据源控件读取站点信息，SiteMapDataSource 将自动把 Web.sitemap 文件作为站点地图，读取链接数据。

03 最后使用导航控件显示链接。ASP.NTE 提供了三种导航控件显示导航链接：SiteMapPath 控件常用于在页面头部单行显示当前页的路径；Menu 控件可提供类似下拉列表的链接；TreeView 控件常用于页面的左侧，显示网站中页面的分层。

ASP.NET 中的导航系统结构如图 8-1 所示。

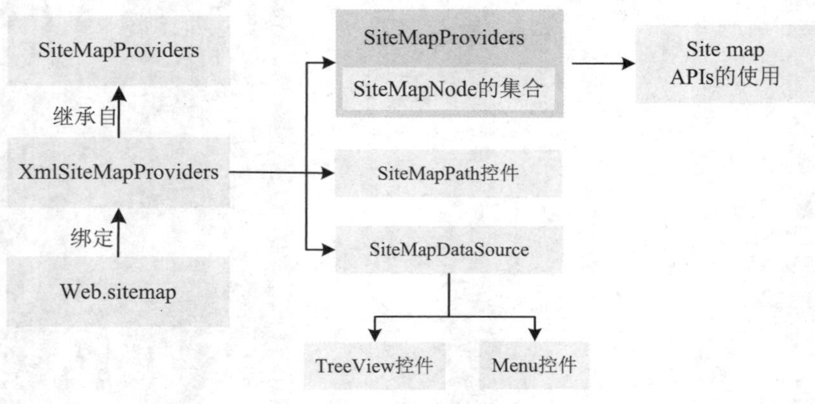

图 8-1 站点导航系统结构

8.1.2 创建站点地图文件

站点地图的创建需要在项目中添加 Web.sitemap 文件。具体方法是，打开【解决方案资源管理器】，在项目名称上右击，选择【添加】|【新建项】菜单命令，出现【添加新项】对话框，如图 8-2 所示。选择【站点地图】选项并单击【添加】按钮，完成站点地图的添加。

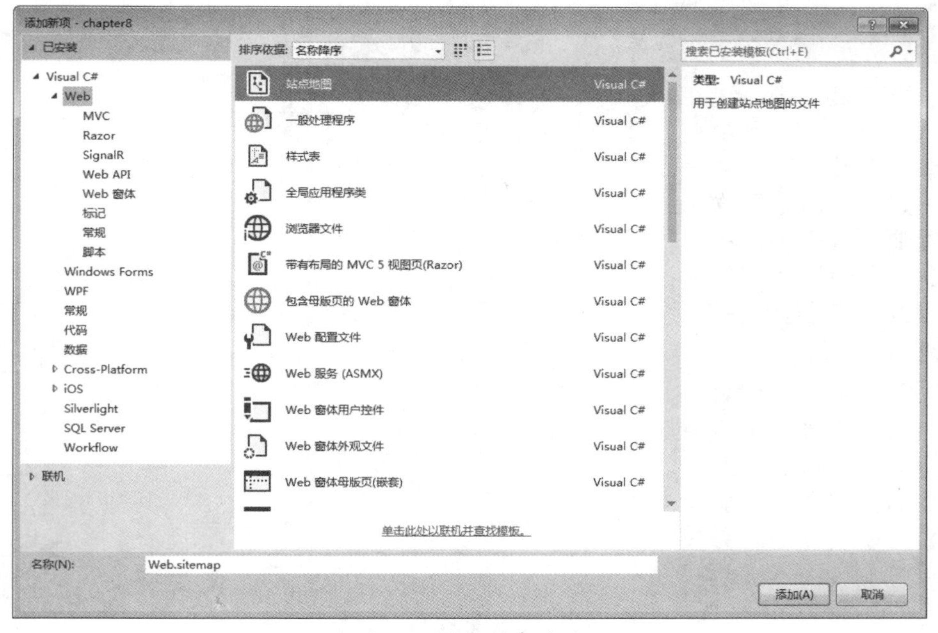

图 8-2　添加站点地图

新建的站点地图文件通常有如下代码：

```
<?xml version="1.0" encoding="utf-8" ?>
<siteMap xmlns="http://schemas.microsoft.com/AspNet/SiteMap-File-1.0" >
  <siteMapNode url="" title=""  description="">
    <siteMapNode url="" title=""  description="" />
    <siteMapNode url="" title=""  description="" />
  </siteMapNode>
</siteMap>
```

对上述代码的解释如下。

- siteMap：根节点，一个站点地图只能有一个 siteMap 元素。
- siteMapNode：对应于页面的节点，一个节点描述一个页面。
- title：页面描述，通常用于指定页面标题。
- url：文件在解决方案中的路径。
- description：指定链接的描述信息。

虽然 Web.sitemap 文件的内容非常简单，但是编写时需要注意以下几点：

- 站点地图的根节点为 <siteMap>，每个文件有且仅有一个根节点。
- <siteMap> 下一级有且仅有一个 <siteMapNode> 节点。
- <siteMapNode> 下面可以包含多个新的 <siteMapNode> 节点。
- 每个站点地图中同一个 URL 只能出现一次。

警告

Web.sitemap 文件的路径不能更改，必须存放在站点的根目录中，URL 属性必须相对于该根目录。

8.1.3　高手带你做——制作购物系统站点地图文件

网站的逻辑结构表现在页与页之间，每一个大中型的网站都会有其页面间的逻辑结构。如一个网上购物系统，首页中包含多种商品的分类，在首页中选择需要的分类，进入某一个类的商品。

【例 8-1】

购物系统中商品信息多，其分类的级别也多。在首页可以选择进入服装类、家电类还是食品类页面，在服装类页面又可以选择进入男装页面还是女装页面。图 8-3 表述了其中的部分页面结构。

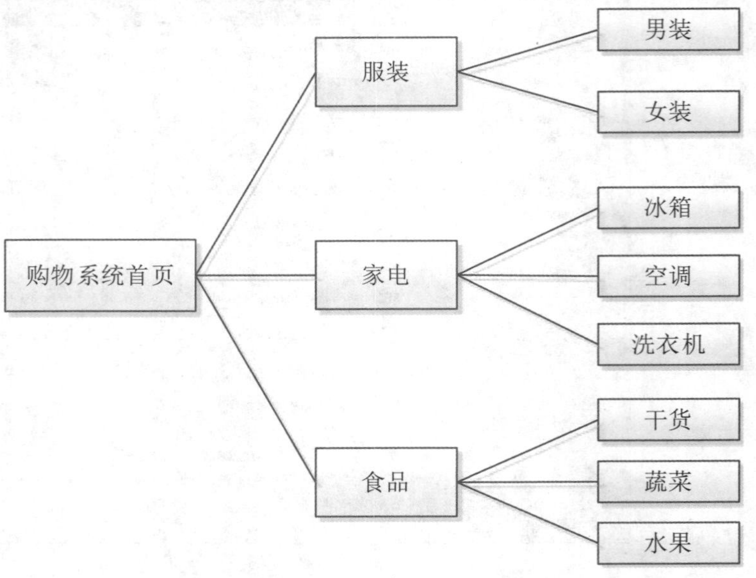

图 8-3　购物系统部分页面的逻辑结构

页面的逻辑结构将页面间的关系和页面执行路径描绘了出来，除了在导航中的作用，对于开发人员来说，对网站的整体结构的认识也变得清晰。下面创建一个站点地图文件，并将图 8-3 所示的页面逻辑结构在站点地图中描述出来。

最终站点地图中使用的代码如下：

```
<?xml version="1.0" encoding="utf-8" ?>
<siteMap xmlns="http://schemas.microsoft.com/AspNet/SiteMap-File-1.0" >
 <siteMapNode url="" title=" 网购系统首页 " description=" 首页 ">
  <siteMapNode url="" title=" 服装 " description="">
   <siteMapNode url="" title=" 男装 " description="" />
   <siteMapNode url="" title=" 女装 " description="" />
  </siteMapNode>
  <siteMapNode url="" title=" 家电 " description="">
   <siteMapNode url="" title=" 冰箱 " description="" />
   <siteMapNode url="" title=" 空调 " description="" />
   <siteMapNode url="" title=" 洗衣机 " description="" />
  </siteMapNode>
  <siteMapNode url="" title=" 食品 " description="">
   <siteMapNode url="" title=" 干货 " description="" />
   <siteMapNode url="" title=" 蔬菜 " description="" />
   <siteMapNode url="" title=" 水果 " description="" />
  </siteMapNode>
 </siteMapNode>
</siteMap>
```

每一个有着子节点的 <siteMapNode> 节点都要以 </siteMapNode> 结尾，没有子节点的 <siteMapNode> 节点可以在其 <siteMapNode> 尖括号内使用“/”，如 <siteMapNode url=“Phone.aspx” title=“ 水果 ” description=“” />。

8.2　SiteMapPath 控件

SiteMapPath 控件是使用方式最简单的导航显示控件。SiteMapPath 控件不需要使用 SiteMapDataSource 数据源控件读取站点地图中的数据，在站点地图包含的页面中直接添加即可显示。

SiteMapPath 控件也叫站点地图导航、痕迹导航或眉毛导航，SiteMapPath 控件显示的是一个导航路径，该路径包含了页面的所有上级页面，直至站点地图中的根节点页面。用户可在导航中点击进入上级页面，或该导航路径中的其他页面。

通过 SiteMapPath 控件的属性可设置链接的顺序、样式等内容，SiteMapPath 控件的常用属性及其说明如表 8-1 所示。

表 8-1　SiteMapPath 控件的常用属性

属性名称	说　明
CurrentNodeStyle	获取用于当前节点显示文本的样式
CurrentNodeTemplate	获取或设置一个控件模板，用于代表当前显示页的站点导航路径的节点
NodeStyle	获取用于站点导航路径中所有节点的显示文本样式
NodeStyleTemplate	获取或设置一个控件模板，用于站点导航路径的所有功能站点
ParentLevelsDisplayed	获取或设置控件显示的相对于当前显示节点的父节点级别数
PathDirection	获取或设置导航路径节点的呈现顺序
PathSeparator	获取或设置一个字符串，该字符串在呈现的导航路径中分隔 SiteMapPath 的节点，导航默认的分隔符是“>”
PathSeparatorStyle	获取用于 PathSeparator 字符串的样式
PathSeparatorTemplate	获取或设置一个控件模板，用于站点导航路径的路径分隔符
RootNodeStyle	获取根节点显示文本的样式
RootNodeTemplate	获取或设置一个控件模板，用于站点导航路径的根节点

【例 8-2】

使用上节创建的站点地图文件，结合 SiteMapPath 控件实现一个从“水果”页面到首页的导航。假设“水果”页面的 URL 是 shuiguo.aspx，具体实现步骤如下。

01 在站点地图文件中为“水果”节点添加 url 属性，修改后的代码如下：

```
<siteMapNode url="shuiguo.aspx" title=" 水果 " description="" />
```

02 创建 shuiguo.aspx 页面，并添加 SiteMapPath 控件。该控件会读取站点地图文件，并自动生成导航，如图 8-4 所示。

03 页面的上部呈现了导航的样式，在右边的三角箭头处单击，有图示的 SiteMapPath

任务列表。在该列表中选择【自动套用格式】选项，出现如图 8-5 所示的对话框，可以选择导航的显示样式。

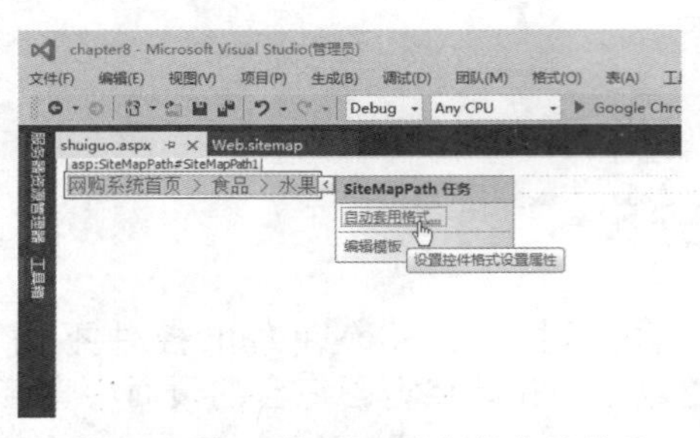

图 8-4　添加 SiteMapPath 控件的效果

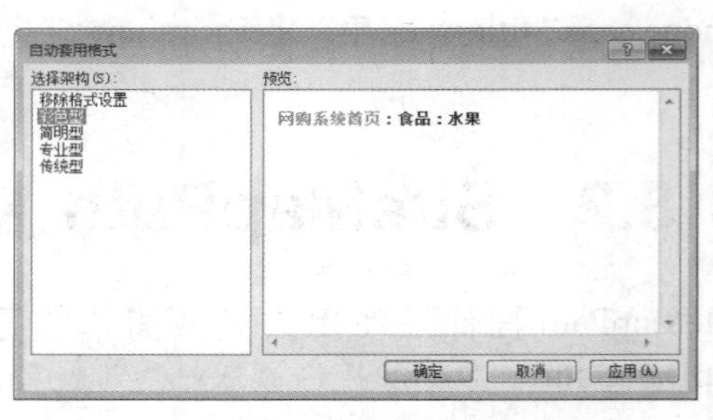

图 8-5　套用格式

04 在这里选择套用“彩色型”格式，单击【确定】按钮，会自动生成相应的代码。SiteMapPath 控件的最终代码如下：

```
<asp:SiteMapPath ID="SiteMapPath1" runat="server" Font-Names="Verdana" Font-Size="0.8em"
PathSeparator=" : ">
    <CurrentNodeStyle ForeColor="#333333" />
    <NodeStyle Font-Bold="True" ForeColor="#990000" />
    <PathSeparatorStyle Font-Bold="True" ForeColor="#990000" />
    <RootNodeStyle Font-Bold="True" ForeColor="#FF8000" />
</asp:SiteMapPath>
```

05 运行 shuiguo.aspx 页面，会看到从系统首页进入食品页面，再进入水果页面的导航链接，如图 8-6 所示。将 PathSeparator 属性修改为“>”，查看使用“>”符号进行分隔的效果，如图 8-7 所示。

图 8-6　水果导航

图 8-7　“>”符号分隔的效果

注意

如果同时设置了分隔符属性和分隔符模板，那么显示时以模板为主。另外，如果将该控件置于未在站点地图中列出的网页上，则该控件将不会在客户端显示任何信息。

8.3　TreeView 控件

TreeView 控件是一种应用较为灵活的导航控件，能够以站点地图和 XML 文档作为数据源，还可以在源代码中设置控件的属性和节点显示。

8.3.1 TreeView 简介

TreeView 能够搭建系统的框架，也叫树形视图控件。TreeView 控件以层次或树形结构显示数据，通常与母版页结合，放在网站的左侧作为网站的框架。XML 格式的文件也可以用作数据源，与站点地图相比，XML 格式文件没有条件限制，只要符合 XML 的标准即可。TreeView 控件常用的功能如下：

- 站点导航，即导航到其他页面的功能。
- 以文本或链接方式显示节点的内容。
- 可以将样式或主题应用到控件及其节点。
- 数据绑定，允许直接将控件的节点绑定到 XML、表格或关系数据源。
- 为节点实现客户端的功能。
- 为每一个节点显示复选框按钮。
- 使用编程方式动态设置控件的属性。
- 实现节点的添加和填充等。

TreeView 控件若使用站点地图作为数据源，则需要借助 SiteMapDataSource 数据源控件获取站点地图中的数据。由于一个网站中，默认只有一个站点地图，因此只要页面中有 SiteMapDataSource 控件和站点地图，那么 SiteMapDataSource 控件将自动获取站点地图中的数据，不需要开发人员对它们进行绑定。

导航功能需要有页面的逻辑结构和链接，但网站中页面的逻辑结构并不是固定不变的。如网购系统在创建初期只有服装、食品和家电这几个分类，但随着网站做大，需要新增手机数码、家居建材等分类，则需要改变原有的页面逻辑结构。

TreeView 控件由节点组成，包括父节点、子节点、叶节点和根节点。

TreeView 控件的常用属性及其说明具体如表 8-2 所示。

表 8-2 TreeView 控件的常用属性

属性名称	说 明
CheckedNodes	获取 TreeNode 对象的集合，这些对象表示在该控件中显示的选中了复选框的节点
CollapseImageToolTip	获取或设置可折叠节点的指示符所显示的图像的工具提示
CollapseImageUrl	获取或设置自定义图像的 URL，该图像用作可折叠节点的指示符
DataSource	获取或设置对象，数据绑定控件从该对象中检索其数据项列表
ExpandDepth	获取或设置第一次显示 TreeView 控件时所展开的层次数
ExpandImageToolTip	获取或设置可展开节点的指示符所显示图像的工具提示
ExpandImageUrl	获取或设置自定义图像的 URL，该图像用作可展开节点的指示符
LineImagesFolder	获取或设置文件夹的路径，该文件夹包含用于连接子节点和父节点的线条图像
MaxDataBindDepth	获取或设置要绑定到 TreeView 控件的最大级别数
Nodes	获取 TreeNode 对象的集合，它表示该控件中的根节点
NodeWrap	获取或设置一个值，它指示空间不足时节点中的文本是否换行
NoExpandImageUrl	获取或设置自定义图像的 URL，该图像用作不可展开节点的指示符
PathSeparator	获取或设置用于分隔由 TreeNode.ValuePath 属性指定的节点值的字符
SelectedNode	获取表示该控件中选定节点的 TreeNode 对象
SelectedValue	获取选定节点的值
ShowExpandCollapse	获取或设置一个值，它指示是否显示展开节点指示符

为了动态显示数据，TreeView 控件支持动态节点填充。将 TreeView 控件配置为即需填充时，该控件将在用户展开节点时引发事件。

事件处理程序检索相应的数据，然后填充到用户单击的节点。当用户通过一些操作（例如选择、展开或折叠节点）与控件交互时，则会引发 TreeView 控件事件。与属性一样，TreeView 控件包含多个事件，常用事件如表 8-3 所示。

表 8-3　TreeView 控件的常用事件

事件名称	说　明
TreeNodeCheckChanged	当 TreeView 控件的复选框发送到服务器的状态更改时发生。 每个 TreeNode 对象发生变化时都将发生一次
SelectedNodeChanged	在 TreeView 控件中选定某个节点时发生
TreeNodeExpanded	在 TreeView 控件中展开某个节点时发生
TreeNodeCollapsed	在 TreeView 控件中折叠某个节点时发生
TreeNodePopulate	在 TreeView 控件中展开某个 PopulateOnDemand 属性设置为 true 的节点时发生
TreeNodeDataBound	将数据项绑定到 TreeView 控件中的某个节点时发生

8.3.2　TreeView 的简单应用

TreeView 的简单应用包括直接应用站点地图中的数据和直接应用 XML 文档中的数据。这里的 XML 文档必须符合站点地图节点的特点，以下详细介绍 TreeView 与站点地图的结合和 TreeView 与 XML 文档的结合。

在页面中添加一个 TreeView 控件，此时控件的设计窗口如图 8-8 所示。单击控件右上方的箭头按钮，可选择 TreeView 任务，由于页面中没有 SiteMapDataSource 数据源控件，因此 TreeView 任务对话框中没有数据源。

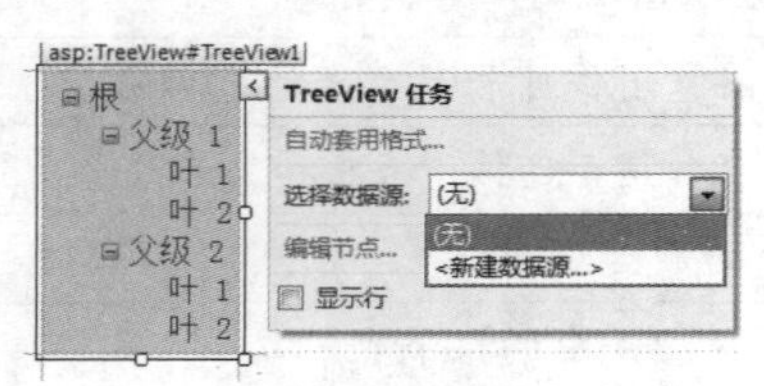

图 8-8 TreeView 控件

TreeView 借助 SiteMapDataSource 控件和站点地图的使用方式很简单，只需要在页面中添加 SiteMapDataSource，并为 TreeView 绑定该 SiteMapDataSource 即可。

【例 8-3】

在项目中新建 cloth.aspx 页面，省略页面代码。向页面中添加 SiteMapPath 控件和 TreeView 控件，显示上述站点地图中的页面逻辑，查看它们的显示效果，步骤如下。

01 向页面中添加 SiteMapPath 控件，只需将控件从工具箱中拉到设计界面即可。其页面代码如下所示：

```
<asp:SiteMapPath ID="SiteMapPath1"
runat="server"></asp:SiteMapPath>
```

02 TreeView 控件需要借助 SiteMap DataSource 控件来获取数据，因此需要先添加 SiteMapDataSource 控件，该控件自动绑定站点地图，代码如下：

```
<asp:SiteMapDataSource
ID="SiteMap DataSource1" runat="server" />
```

03 接着需要添加 TreeView 控件，并绑定上述 SiteMapDataSource。绑定时只需单击 TreeView 控件右上端的箭头按钮，在选择数据源下拉框中选中上述 SiteMapDataSource1 即可，如图 8-9 所示。

04 选择好数据源的 TreeView 控件，其页面代码如下：

```
<asp:TreeView ID="TreeView1" runat="server" DataSourceID="SiteMapDataSource1" Width="194px">
</asp:TreeView>
```

05 运行该页面，其效果如图 8-10 所示。

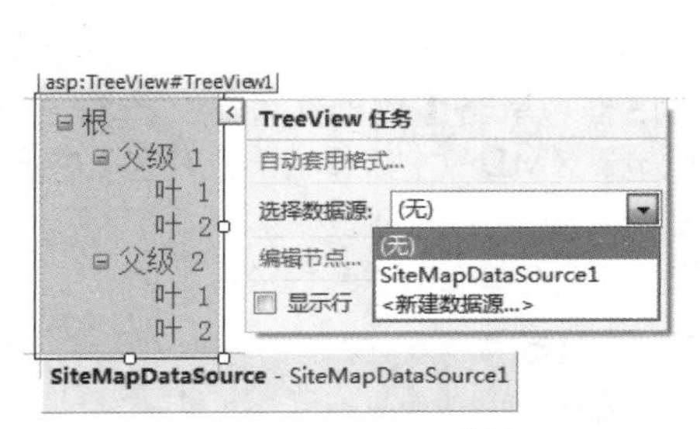

图 8-9　为 TreeView 选择数据源

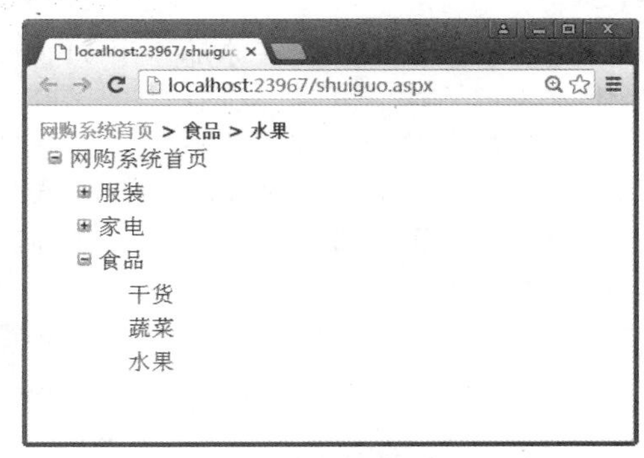

图 8-10　TreeView 控件导航的效果

8.3.3　高手带你做——使用 XML 数据源

除了可以显示站点地图数据，TreeView 控件还可以显示 XML 文档中的导航数据。假设本案例使用的 XML 数据源为 datasource1.xml，其中的内容如下：

```
<?xml version="1.0" encoding="utf-8" ?>
<siteMapNode url="" title=" 网购系统首页 " description=" 首页 ">
 <siteMapNode url="" title=" 服装 " description="">
  <siteMapNode url="" title=" 男装 " description="">
   <siteMapNode url="cloth.aspx" title=" 上衣 " description="" />
   <siteMapNode url="" title=" 裤子 " description="" />
  </siteMapNode>
  <siteMapNode url="" title=" 女装 " description="">
   <siteMapNode url="" title=" 上衣 " description="" />
   <siteMapNode url="" title=" 裤子 " description="" />
   <siteMapNode url="" title=" 连体裤 " description="" />
   <siteMapNode url="" title=" 连衣裙 " description="" />
  </siteMapNode>
  <siteMapNode url="" title=" 内衣 " description="" />
 </siteMapNode>
  <siteMapNode url="" title=" 食品 " description="">
  <siteMapNode url="" title=" 干货 " description="" />
  <siteMapNode url="" title=" 蔬菜 " description="" />
  <siteMapNode url="shuiguo.aspx" title=" 水果 " description="" />
 </siteMapNode>
 <siteMapNode url="" title=" 家电 " description="">
  <siteMapNode url="" title=" 冰箱 " description="" />
  <siteMapNode url="" title=" 空调 " description="" />
```

```
    <siteMapNode url="" title=" 洗衣机 " description="" />
  </siteMapNode>
</siteMapNode>
```

【例 8-4】

下面创建一个 ASPX 页面并添加一个 TreeView 控件，再进行设置，具体步骤如下。

01 修改 TreeView 控件的数据源，在图 8-9 所示的选择数据源下拉框中选择【新建数据源】选项，打开数据源配置向导对话框，如图 8-11 所示。选择 XML 文档，将自动创建一个数据源 ID，单击【确定】按钮后进入配置数据源对话框。单击【数据文件】文本框右侧的【浏览】按钮，即可进入选择【XML 文件】对话框，选择 XML 文档后单击【确定】按钮，即可把 XML 文档绑定到 TreeView 控件。

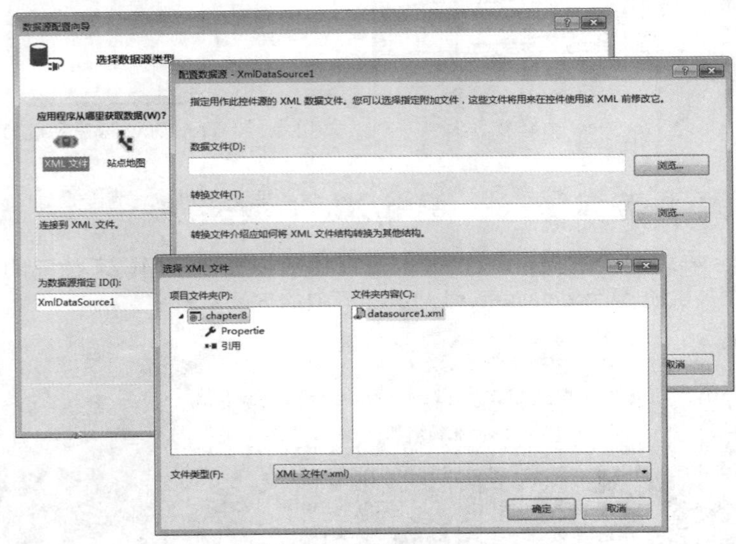

图 8-11　选择 XML 文档

02 在把 XML 文档绑定到 TreeView 控件之后，系统并不会显示 XML 文档中的页面结构，这是因为 XML 文档的页面节点并没有固定的格式要求。如节点名称可以是任意名称，而不需要像站点地图一样使用 siteMap 或 siteMapNode；同时页面的标题和链接属性也不需要像站点地图一样使用 title 和 url。因此在绑定了文档之后，需要对节点的标题和链接属性进行绑定，否则系统因无法识别页面的属性而仅仅显示节点名称，如图 8-12 所示。

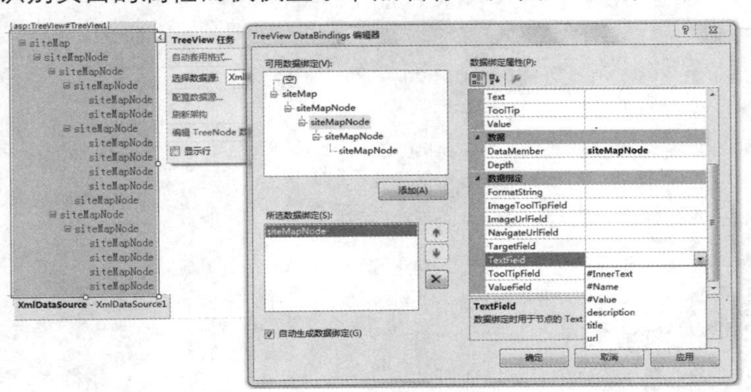

图 8-12　XML 文档绑定

03 如图 8-12 所示，选择【TreeView 任务】中的【编辑 TreeNode 数据绑定】选项可出现【TreeView DataBindings 编辑器】对话框。在【可用数据绑定】区域内选择需要绑定的节点并单击【添加】按钮，可在右侧看到该节点的属性。其中 TextField 属性对应页面的标题，选择 XML 文档中对应的 title 属性；NavigateUrlField 属性对应页面的链接地址属性，选择 XML 文档中对应的 url。在单击【确定】按钮后，可回到页面的设计窗体，看到被绑定的页面效果。

04 运行该页面，其效果如图 8-13 所示。页面的链接默认使用蓝色字体显示。

图 8-13　TreeView 绑定 XML 文档

8.3.4　TreeNode 对象

TreeNode 对象本身可以理解为 TreeView 的节点，因此 TreeView 控件对节点的操作可以理解为对 TreeNode 对象的操作。

TreeNode 对象在执行中有两种模式，选择模式和导航模式。这是 TreeView 控件节点特有的，内容如下。

- 选择模式：单击节点会回发页面并引发 TreeView.SelectedNodeChanged 事件，这是默认的模式。
- 导航模式：单击后导航到新页面，不会触发上述事件。只要 NavigateUrl 属性非空，TreeNode 就会处于导航模式。

由于站点地图中，每一个 <siteMapNode> 节点都要提供一个 URL 信息，因此绑定到站点地图的 TreeNode 都属于导航模式。页面的逻辑结构要求页面节点也有着逻辑结构，节点中也有着与节点结构相关的名称，如“父节点”和“子节点”，如下所示：

- 包含其他节点的节点称为“父节点”。
- 被其他节点包含的节点称为“子节点”。
- 没有子节点的节点称为“叶节点”。
- 不被其他任何节点包含同时是所有其他节点的上级的节点是“根节点”。

一个节点可以同时是父节点和子节点，但不能同时为根节点、父节点和叶节点。节点为根节点、子节点还是叶节点决定着节点的几种可视化属性和行为属性。

虽然一个树形结构中只有一个根节点，但是 TreeView 控件允许开发人员向树结构中添加多个根节点。当用户要显示项目列表，但不显示单个主根节点时(如产品类别列表)，这一功能很有用。

页面节点有着独特的属性，如页面的标题、链接、节点图片等属性，如表 8-4 所示。

表 8-4　TreeNode 对象的常用属性

属性名称	说　明
Text	获取或设置控件中节点的文本
Value	获取或设置控件中节点的值
Checked	获取或设置一个值，该值指示节点的复选框是否被选中
ChildNodes	获取 TreeNodeCollections 集合，该集合表示第一级节点的子节点
DataItem	获取绑定到控件的数据项

（续表）

属性名称	说　明
Depth	获取节点的深度
Expanded	获取或设置一个值，该值指示是否展开节点
ImageUrl	获取或设置节点旁显示的图像的 URL
NavigateUrl	获取或设置单击节点时导航到的 URL
ShowCheckBox	获取或设置一个值，该值指示是否在节点旁显示一个复选框
SelectAction	获取或设置选择节点时引发的事件
Selected	获取或设置一个值，该值指示是否选择节点
Target	获取或设置用来显示与节点关联的网页内容的目标窗口或框架

单击 TreeView 控件的节点，将引发选择事件（通过回发）或导航至其他页。如果未设置 NavigateUrl 属性，单击某个节点，将引发 SelectedNodeChanged 事件，该事件可用于提供自定义功能。

【例 8-5】

向 TreeView 控件中添加根节点，页面的标题是“常见问题”，页面的地址是“faq.aspx”，代码如下：

```
TreeNode tn = new TreeNode();                    // 创建节点
tn.Text =" 常见问题 ";                            // 为节点名称赋值
tn.NavigateUrl = "faq.aspx";
TreeView1.Nodes.Add(tn);                         // 将节点添加为 TreeView1 的根节点
```

上述代码将新增一个与“网购系统首页”相同等级的页面，相当于两个根元素。这样的添加方式只是在页面中显示新节点，并没有更新到数据源文件中。

8.3.5　TreeView 样式

TreeView 有一个细化的样式模型，通过对样式的设置，可以完全控制 TreeView 外观。

TreeView 的样式控制可以具体到一个节点，其样式的控制由 TreeNodeStyle 类来实现。TreeNodeStyle 继承自更常规的 Style 类。除了设置导航的前景色、背景色、字体和边框，还能引入如表 8-5 所示的样式属性。

表 8-5　TreeNodeStyle 样式属性

属性名称	说　明
ImageUrl	节点旁边显示的图片
NodeSpacing	当前节点与相邻节点的垂直距离
VerticalPadding	节点文字与节点边界内部的垂直距离
HorizontalPadding	节点文字与节点边界内部的水平距离
ChildNodesPadding	展开的父节点的最后一个子节点和其下一个兄弟节点的间距

TreeView 导航节点可以用表格呈现，因此可以设置文字边距和节点间距。除在表 8-5 中列举的属性以外，TreeView 还有以下几个高级属性。

- TreeView.NodeIndent 属性：用于设置树结构里各个子层级间缩进的像素数。
- TreeView.ShowExpandCollapse 属性：用于关闭树中的节点列。
- TreeView.ShowCheckBoxes 属性：设置节点边是否显示复选框。
- TreeNode.ShowCheckBox 属性：设置单个节点边是否显示复选框。

要对树的所有节点应用样式，可以使用 TreeView.NodeStyle 属性，而要为特定的节点设置样式，需要首先选择节点。TreeView 控件支持节点层次的样式，如父节点层次的样式与子节点层次上的样式不同。节点层次的选择需要使用如表 8-6 所示的属性。

表 8-6　节点层次的选择需要使用的属性

属性名称	说　明
NodeStyle	应用到所有节点
RootNodeStyle	仅应用到第一层（根）节点
ParentNodeStyle	应用到所有包含其他节点的节点，但不包括根节点
LeafNodeStyle	应用到所有不包含子节点而且不是根节点的节点
SelectedNodeStyle	应用到当前选中的节点
HoverNodeStyle	应用到鼠标停留的节点

样式的执行优先级与页面元素的样式优先级类似，遵循从通用到特定的规律，如 SelectedNodeStyle 样式将覆盖 RootNodeStyle 的样式设置。

另外，通过 TreeViewNode.ImageUrl 可以为节点设置图片。通常需要为整个树形导航设置一组风格一致的图片，因此可定义的节点属性有 4 种，如表 8-7 所示。

表 8-7　节点指示符属性

属性名称	说　明
CollapseImageUrl	可折叠节点的指示符所显示的图像。默认为一个减号
ExpandImageUrl	可展开节点的指示符所显示的图像。默认为一个加号
LineImagesFolder	包含用于连接父节点和子节点的线条图像文件夹的图像
NoExpandImageUrl	不可展开节点的指示符所显示的图像

ASP.NET 系统中提供了 16 种内置的节点图片以供选择，可在设计界面时，在 TreeView 控件的 ImageSet 属性中直接选择。为 TreeView 控件分配图像的最简单方法是使用 ImageSet 属性，如图 8-14 所示为几种样式的效果。

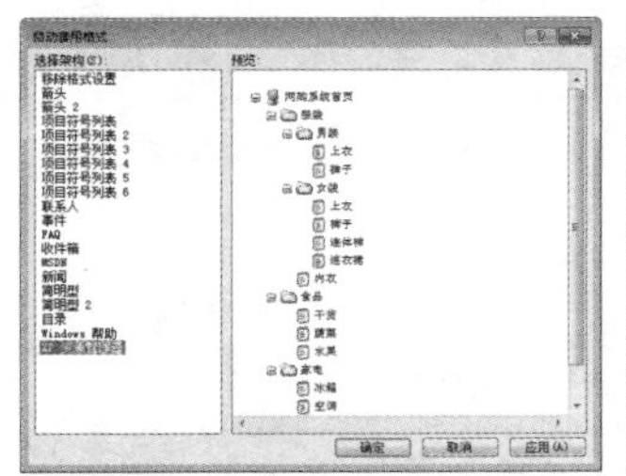
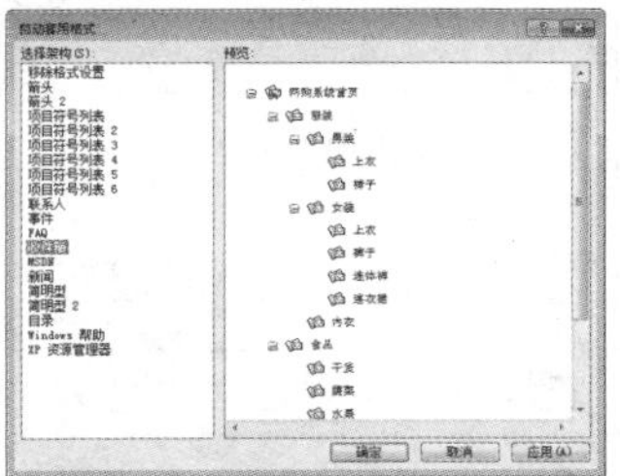
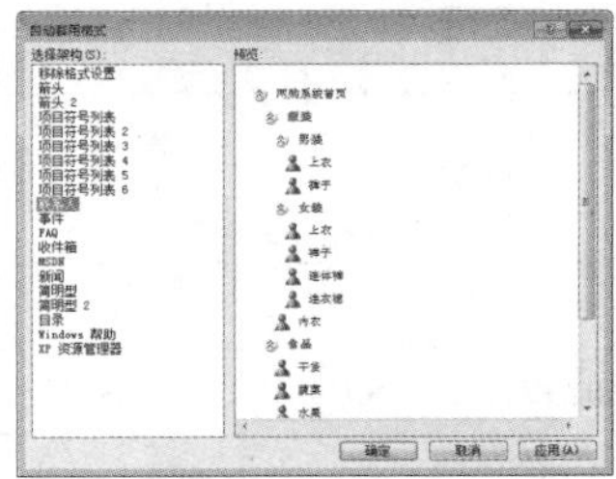

图 8-14　不同样式的 TreeView 控件效果

8.4 Menu 控件

Menu 控件通常会被称为菜单控件或菜单导航控件，它支持一个主菜单和多个子菜单，并且该控件允许定义动态菜单，有时也会称动态菜单为“飞出”菜单。下面将介绍 Menu 控件的使用方法。

8.4.1 Menu 控件简介

Menu 控件用于显示网页中的菜单，并常与用于导航网站的 SiteMapDataSource 控件结合使用。Menu 控件支持下面的功能。

- 数据绑定：将控件菜单项绑定到分层数据源。
- 站点导航：通过与 SiteMapDataSource 控件集成实现。
- 对 Menu 对象模型的编程访问：可动态创建菜单，填充菜单项，设置属性等。
- 可自定义外观：通过主题、用户定义图像、样式和用户定义模板实现。

Menu 控件是最常用的导航控件的一种，它有静态和动态两种显示模式。说明如下。

- 静态模式：这种显示模式是指 Menu 控件始终是完全展开的，整个结构都是可视的，用户可以单击任何部位。通过设置 StaticDisplayLevels 属性，可以在静态菜单中显示更多菜单级别。
- 动态模式：动态显示的菜单中，只有指定的部分是静态的，而只有用户将鼠标指针放置在父节点上时才会显示其子菜单项。

1. Menu 控件的常用属性

向 Web 窗体页中添加 Menu 控件后，可以为其设置属性。该控件提供了很多属性，通过使用这些属性，可以设置 Menu 控件的显示外观、显示模式和显示方向等，表 8-8 列出了 Menu 控件的常用属性。

表 8-8　Menu 控件提供的常用属性

属性名称	说　明
DisappearAfter	获取或设置鼠标指针不再置于菜单上后显示动态菜单的持续时间。默认值是 500 毫秒
DynamicBottomSeparatorImageUrl	获取或设置图像的 URL，该图像显示在各动态菜单项底部，将动态菜单项与其他菜单项隔开
DynamicEnableDefaultPopOutImage	获取或设置一个值，该值指示是否显示内置图像，其中内置图像指示动态菜单项具有子菜单
DynamicHorizontalOffset	获取或设置动态菜单相对于其父菜单项的水平移动像素数
Items	获取 MenuItemCollection 对象，该对象包含 Menu 控件中的所有菜单项
ItemWrap	获取或设置一个值，该值指示菜单项的文本是否换行
MaximumDynamicDisplayLevels	获取或设置动态菜单的菜单呈现级别数
Orientation	获取或设置 Menu 控件的呈现方向，默认值是 Vertical
PathSeparator	获取或设置用于分隔 Menu 控件的菜单项路径的字符

（续表）

属性名称	说　明
ParentLeelsDisaplayed	设置显示的父级等级，默认值为 -1，表示全部显示
ScrollDownText	获取或设置 ScrollDownImageUrl 属性中指定图像的替换文字
ScrollDownImageUrl	获取或设置动态菜单中显示的图像的 URL，以指示用户可以向下滚动查看更多菜单项
ScrollUpText	获取或设置 ScrollUpImageUrl 属性中指定的图像的替换文字
ScrollUpImageUrl	获取或设置动态菜单中显示的图像的 URL，以指示用户可以向上滚动查看更多菜单项
SelectedItem	获取选中的菜单项
SelectedValue	获取选中菜单项的值
StaticDisplayLevels	获取或设置静态菜单的菜单显示级别数
StaticItemFormatString	获取或设置与所有静态显示的菜单项一起显示的附加文本

2. Menu 控件的常用事件

Menu 控件最常用的事件有两个：MenuItemClick 事件和 MenuItemDataBound 事件。前者在单击菜单项后被激发，它通常用于将页上的一个 Menu 控件与另一个控件进行同步；而后者则是在数据绑定 MenuItem 后被激发，该事件通常用来在菜单项呈现在 Menu 控件中之前对菜单项进行修改。

8.4.2　Menu 控件添加菜单项

开发者可以通过两种方式来定义 Menu 控件的内容：添加单个 MenuItem 对象（以声明方式或编程方式）；另一种是用数据绑定的方法将该控件绑定到 XML 数据源。

1. 添加单个 MenuItem 对象

添加单个 MenuItem 对象时，可以通过在 Items 属性中指定菜单项的方式向控件添加单个菜单项，Items 属性返回 MenuItemCollection 对象，它是 MenuItem 对象的集合。通过 MenuItemCollection 对象的 Count 属性可以获取当前列表项所包含菜单项的数目。表 8-9 列出了 MenuItemCollection 对象的常用方法，通过这些方法，可以向 Menu 控件中添加菜单项，也可以删除菜单项，还可以执行其他的操作。

表 8-9　MenuItemCollection 对象的常用方法

方法名称	说　明
Add()	将指定的 MenuItem 对象追加到当前 MenuItemCollection 对象的末尾
AddAt()	将指定的 MenuItem 对象插入到当前 MenuItemCollection 对象的指定索引位置
Clear()	从当前 MenuItemCollection 对象中移除所有项
Remove()	从 MenuItemCollection 对象中移除指定的 MenuItem 对象
RemoveAt()	从当前 MenuItemCollection 对象中移除指定索引位置的 MenuItem 对象

Menu 控件就是通过一个或多个 MenuItem 对象来填充数据的，该对象包含多个属性和方法，通过这些属性和方法，可以获取信息以及完成数据的添加和删除等操作。表 8-10 展示了 MenuItem 对象的常用属性。

表 8-10　MenuItem 对象的常用属性

属性名称	说　明
ChildItems	获取一个 MenuItemCollection 对象，该对象包含当前菜单项的子菜单项
DataItem	获取绑定到菜单项的数据项
DataPath	获取绑定到菜单项的数据的路径
Depth	获取菜单项的显示级别
ImageUrl	获取或设置显示在菜单项文本旁边的图像的 URL
NavigateUrl	获取或设置单击菜单项时要导航到 URL
Parent	获取当前菜单项的父菜单项
Selected	获取或设置一个值，该值指示 Menu 控件的当前菜单项是否已被选中
Text	获取或设置 Menu 控件中显示的菜单项文本
Value	获取或设置一个值，该值用于存储菜单项的任何其他数据，如用于处理回发时间的数据
ValueText	获取从根菜单项到当前菜单项的路径

【例 8-6】

例如，下面的示例代码演示 Menu 控件的声明性标记，该控件有三个菜单项，每个菜单项都包含两个子菜单项。Menu 控件的定义代码如下：

```
<asp:Menu ID="Menu1" runat="server" StaticDisplayLevels="1" >
 <Items>
  <asp:MenuItem Text=" 文件 " Value="File">
   <asp:MenuItem Text=" 新建 " Value="New"></asp:MenuItem>
   <asp:MenuItem Text=" 打开 " Value="Open"></asp:MenuItem>
  </asp:MenuItem>
  <asp:MenuItem Text=" 编辑 " Value="Edit">
   <asp:MenuItem Text=" 复制 " Value="Copy"></asp:MenuItem>
   <asp:MenuItem Text=" 粘贴 " Value="Paste"></asp:MenuItem>
  </asp:MenuItem>
  <asp:MenuItem Text=" 视图 " Value="View">
   <asp:MenuItem Text=" 普通 " Value="Normal"></asp:MenuItem>
   <asp:MenuItem Text=" 预览 " Value="Preview"></asp:MenuItem>
  </asp:MenuItem>
 </Items>
</asp:Menu>
```


上述代码在 Menu 控件中定义三个菜单项，每个菜单项又有两个子菜单。此时 Menu 控件的运行效果如图 8-15 所示。Menu 控件默认使用垂直方式显示导航菜单，可以为其添加 Orientation="Horizontal" 来设置水平显示，如图 8-16 所示为修改后的效果。

图 8-15　垂直菜单　　　　图 8-16　水平菜单

2. 利用数据绑定的方法绑定数据

利用这种将控件绑定到 XML 文件的方法，可以通过编辑文件来控制菜单的内容，而不需要使用设计器。这样就可以在不重新访问 Menu 控件或编辑任何代码的情况下，更新站点的导航内容。如果站点内容发生了变化，那么就可以使用 XML 文件来组织内容，再提供给 Menu 控件，以确保网站用户可以访问这些内容。

8.4.3　高手带你做——使用 XML 数据源

开发者可以利用数据绑定的方式绑定数据，Menu 控件有两个数据绑定源：一个是 XML 文件，另一个是站点地图文件。本案例使用 XML 文件作为 Menu 控件的数据源，最终将绑定后的结果显示到网页中。

【例 8-7】

首先创建一个名为 menu.xml 的 XML 文件，并向文件中添加以下内容作为后面 Menu 控件的数据源：

```
<?xml version="1.0" encoding="utf-8" ?>
<siteMapNode url="" title=" 导航菜单 " description="">
 <siteMapNode url="" title=" 首页 " description=""></siteMapNode>
 <siteMapNode url="" title=" 资讯 " description=""></siteMapNode>
 <siteMapNode url="" title=" 论坛 " description=""></siteMapNode>
 <siteMapNode url="" title=" 江湖 " description=""></siteMapNode>
 <siteMapNode url="" title=" 排行榜 " description=""></siteMapNode>
 <siteMapNode url="" title=" 专题 " description=""></siteMapNode>
 <siteMapNode url="" title="Unity3D" description=""></siteMapNode>
 <siteMapNode url="" title=" 求职招聘 " description=""></siteMapNode>
 <siteMapNode url="" title=" 开发者大会 " description=""></siteMapNode>
 <siteMapNode url="" title=" 快捷导航 " description="">
  <siteMapNode url="" title=" 注册 " description=""></siteMapNode>
  <siteMapNode url="" title=" 登录 " description=""></siteMapNode>
  <siteMapNode url="" title=" 最新帖子 " description=""></siteMapNode>
 </siteMapNode>
</siteMapNode>
```

01 创建新的 Web 窗体页，并且向页面中添加 Menu 控件，单击 Menu 控件右上角的按钮标记，可以显示 Menu 任务，效果如图 8-17 所示。在该图中，开发者可以为 Menu 控件指定数据源，也可以自动套用格式，还可以编辑模板项。

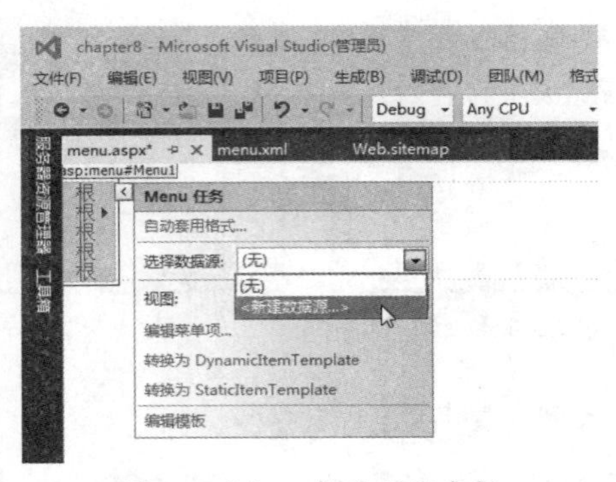

图 8-17 Menu 控件的任务栏

02 选择【新建数据源】项打开【数据源配置向导】对话框。选择【XML 文件】，将自动创建一个数据源 ID，单击【确定】按钮后进入【配置数据源】对话框。再单击【数据文件】文本框右侧的【浏览】按钮，在打开的【选择 XML 文件】对话框中选择 menu.xml 文件作为数据源，即可绑定 Menu 控件与 XML 文档，如图 8-18 所示。

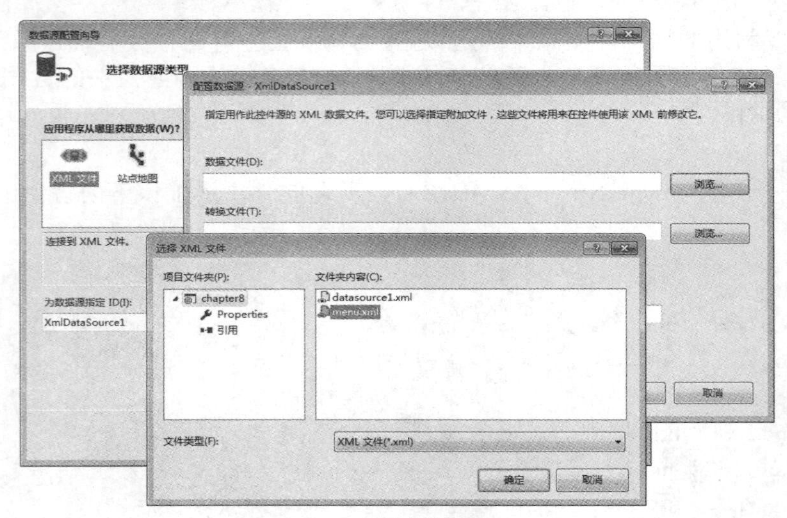

图 8-18 选择数据源

03 如下所示为上述绑定操作后 Menu 控件的完整代码：

```
<asp:Menu ID="MenuList" runat="server" DataSourceID="XmlDataSource1"></asp:Menu>
<asp:XmlDataSource ID="XmlDataSource1" runat="server" DataFile="~/menu.xml">
</asp:XmlDataSource>
```

04 直接在浏览器中查看 Menu 控件的效果，如图 8-19 所示。

05 出现图 8-19 所示的结果是由于没有在 Menu 控件中绑定与 XML 文件对应的数据，重新更改 Menu 控件的相关代码，为其添加 DataBindings 菜单项。Menu 控件的代码如下：

```
<asp:Menu ID="MenuList" runat="server" DataSourceID="XmlDataSource1">
  <DataBindings>
    <asp:MenuItemBinding DataMember="siteMapNode" NavigateUrlField="url" TextField="title" />
```

```
    </DataBindings>
</asp:Menu>
```

06 默认情况下，Menu 控件的 StaticDisplayLevels 属性用于设置菜单的静态部分中显示的级别数，它的默认值为 1。重新更改该属性的值，将其更改为 2。再将 Orientation 属性设置为 Horizontal，使菜单水平显示。

07 经过上述设置后，再次浏览页面，Menu 控件的运行效果如图 8-20 所示。

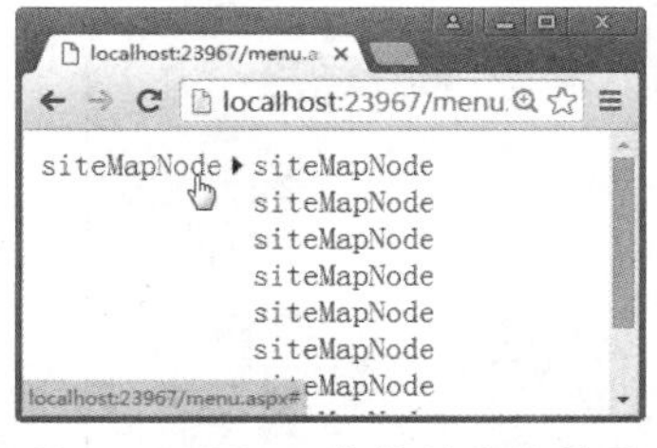

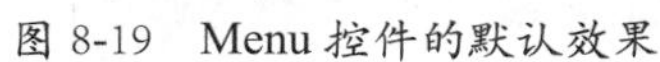

图 8-19　Menu 控件的默认效果

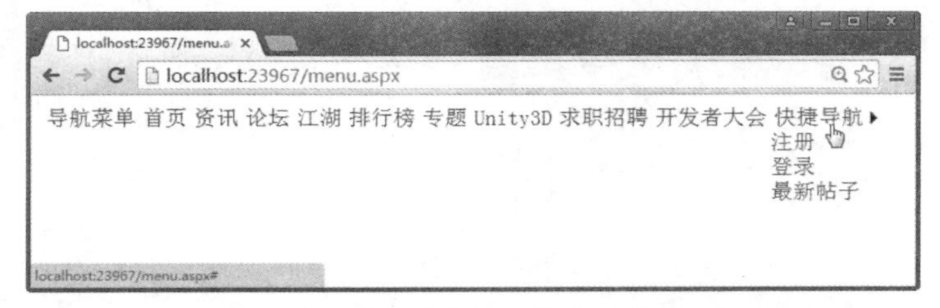

图 8-20　修改后 Menu 控件的效果

提示

将 Menu 控件 StaticDisplayLevels 属性的值设置为大于 1 时，可以通过更改 StaticSubMenuIdent 属性来控制每层的缩进。将 MaximumDynamicDisplayLevels 的属性值设置为 0 则不会动态显示任何菜单节点；如果将该属性的值设置为负数，则会引发异常。

8.4.4　自动套用格式

可以自动为 Menu 控件套用格式，套用格式完成后，会自动添加相关的样式代码。选择要设置的 Menu 控件，然后在 Menu 任务中找到【自动套用格式】选项并单击，这时会弹出如图 8-21 所示的【自动套用格式】对话框，从中可以选择要套用的格式。

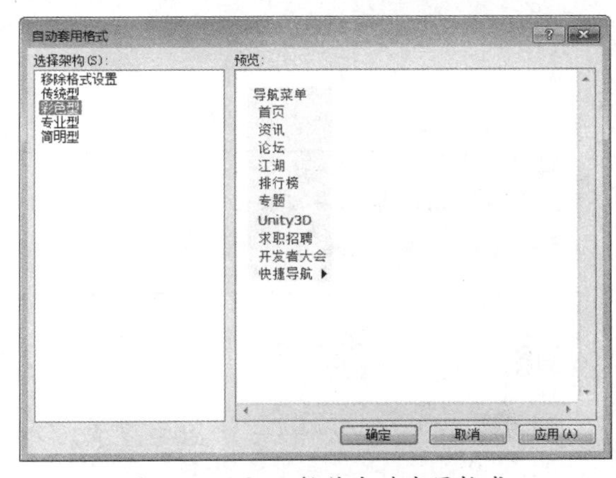

图 8-21　Menu 控件自动套用格式

8.5　母版页

母版页的作用相当于网站的模板，在母版页基础上编写的页面被称作内容页，母版页和内容页共同构成了有着统一风格的网站系统。本节介绍母版页和内容页的相关概念和应用。

8.5.1 网页典型布局

母版页用于站点布局的控制，它为页面提供统一的布局。典型的页面布局有两种：分栏式结构布局和区域结构布局。

1. 分栏式结构布局

分栏式结构是很常见的一种结构，它简单实用、条理分明并且格局清晰严谨，适合信息量大的页面。常见的几种分栏式结构布局如图 8-22 所示。

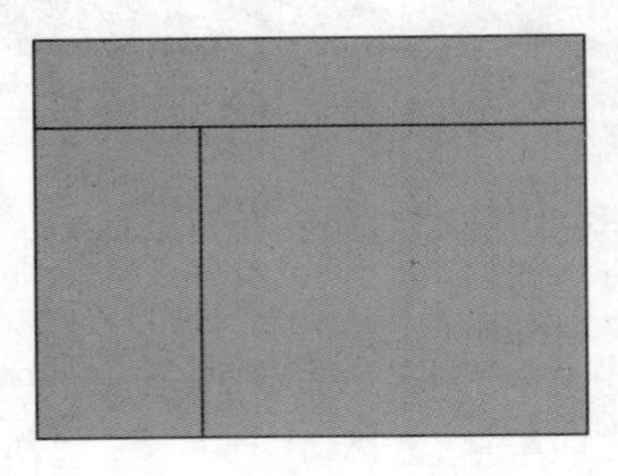
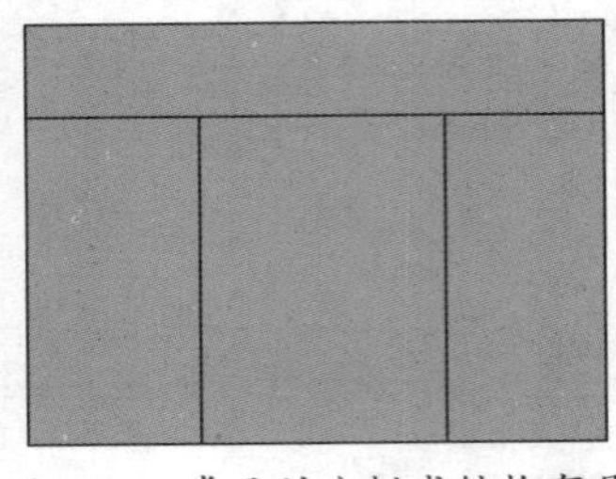
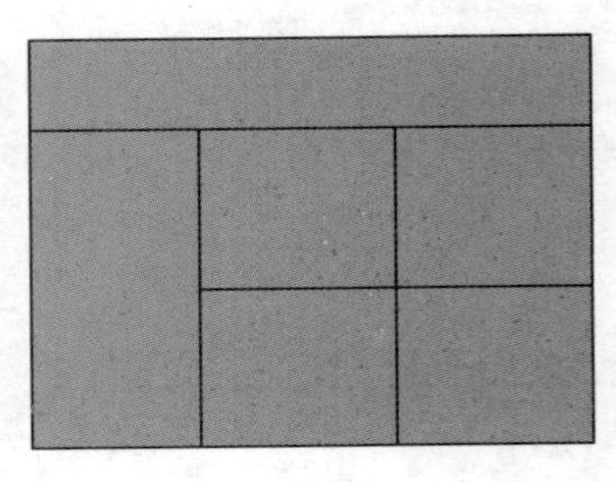

图 8-22 常见的分栏式结构布局

2. 区域结构布局

区域结构的特点是页面精美、主题突出以及空间感很强，但是它适合信息量比较少的页面，并且在国内使用的比较少。区域结构可以被分隔成若干个区域，图 8-23 列出了一种常用的区域结构。

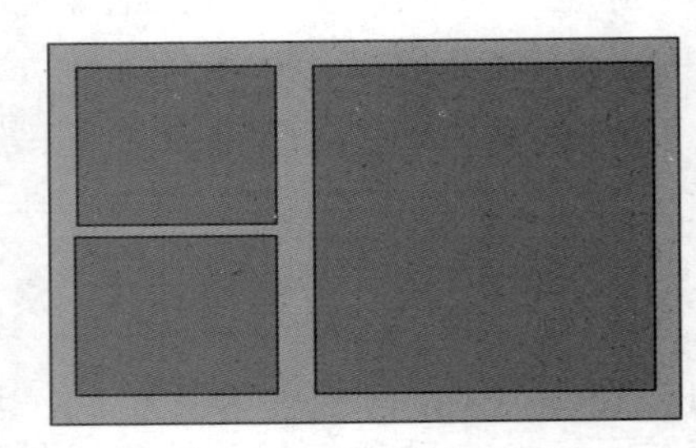

图 8-23 区域结构示例

注意

实现页面的布局一般采用 DIV+CSS，但是并不代表 <Table> 作为布局方式已经过时，在 DIV 布局的页面上或者许多项目中，通常使用 <Table> 实现页面的整体布局。

8.5.2 母版页

母版页是以“.master”作为后缀名的文件，它和 Web 窗体页面非常相似，都可以存放 HTML 元素和服务器端控件等。但是它们还存在着一些差别，具体说明如下：

- 母版页使用 @ Master 指令，而 Web 窗体页使用 @ Page 指令。
- 母版页中可以使用一个或者多个 ContentPlaceHolder 控件，用来占据一定的空间，而 Web 窗体页则不允许使用 ContentPlaceHolder 控件。
- 母版页派生自 MasterPage 类，而 Web 窗体页派生自 Page 类。
- 母版页的后缀名是 .master，普通页面的后缀名为 .aspx。

母版页能够将页面上的公共元素（如系统网站的 Logo、导航条和广告条等）整合到一起，来创建一个通用的外观，它的优点如下。

01 有利于站点修改和维护，降低开发

人员的工作强度。

02 可提供高效的内容整合能力。

03 有利于实现页面布局。

04 可提供一种便于利用的对象模型。

创建一个母版页的方法非常简单。右击项目，从弹出的快捷菜单中选择【新建项目】命令，弹出【添加新项】对话框，如图8-24所示。重新设置母版页的名称，然后单击【添加】按钮即可。

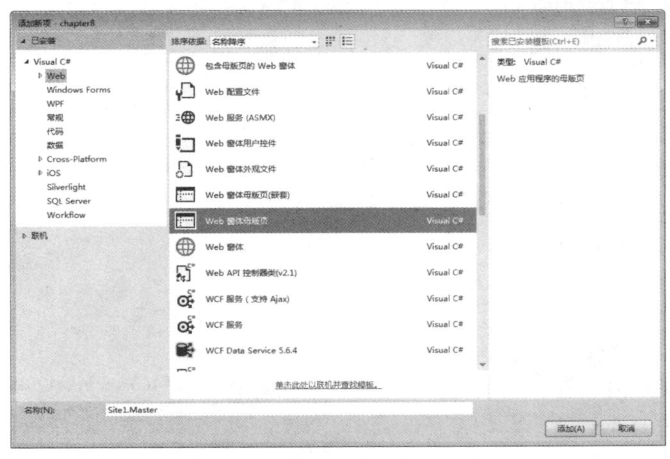

图 8-24　【添加新项】对话框

8.5.3　内容页

内容页与一般的Web页面一样，是aspx文件。其添加方式与一般的Web页面一样，只是在添加窗口中需要选择【包含母版页的Web窗体】选项，打开的【选择母版页】对话框如图8-25所示。选择需要的母版页，单击【确定】按钮完成创建。

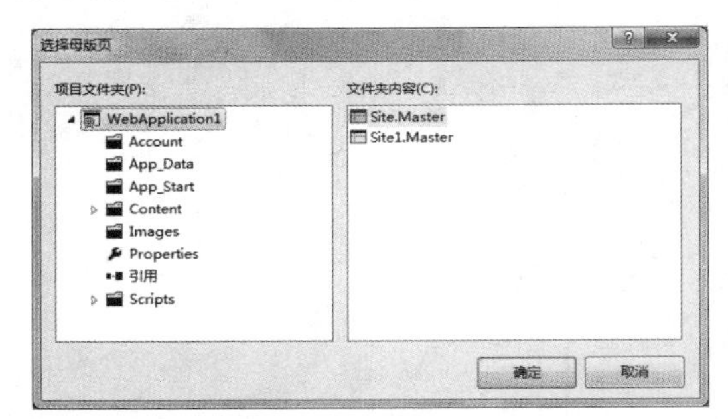

图 8-25　选择母版页

内容页的创建有多种方式，上述创建方式是其中一种。如在母版页中直接创建内容页，可在母版页中右击，选择【添加内容页】菜单命令即可添加该母版页的内容页。添加完成后，内容页中的代码如下所示：

```
<%@ Page Title="" Language="C#"
MasterPageFile="~/SiteHead.Master"
AutoEventWireup="true"
CodeBehind="WebForm1.aspx.cs"
Inherits="WebApplication1.WebForm1" %>
<asp:Content ID="Content1" ContentPlace
HolderID="head" runat="server">
</asp:Content>
<asp:Content ID="Content2"
ContentPlaceHolderID="
ContentPlaceHolder1" runat="server">
</asp:Content>
```

代码的首行MasterPageFile="~/SiteHead.Master"语句定义了该内容页所归属的母版页，后面的两个Content控件对应母版页中的两个ContentPlaceHolder控件，控件在页面中所占据的位置可参考对应的母版页。

除了直接创建内容页，还可将现有的非内容页改为内容页，步骤如下。

01 在页面代码中添加 MasterPageFile="母版页地址"语句，指定所归属的母版页。

02 删除页面中 Content 控件区域以外的标记。即页面中的所有标记都放在 Content 控件内部，并删除 <html>、<head> 和 <body> 标记。这些页面标记是 Web 页面所需要的，但内容页需要嵌套在母版页中，因此不需要这些标记。

8.5.4 高手带你做——制作后台模板

内容页只有和母版页一起使用才能在浏览器中显示，二者缺一不可。前面两节已经分别创建了母版页和内容页，本案例将使用母版页和内容页制作一个后台模板，分别向母版页和内容页中添加内容，然后再进行浏览测试。

【例 8-8】

01 首先在项目中添加一个母版页，使用默认名称 Site1.Master。

02 在母版页中，将页面分为上、中和下三个部分，其中，中间使用 ContentPlace Holder 控件进行填充。图 8-26 为设计后的母版页布局效果。

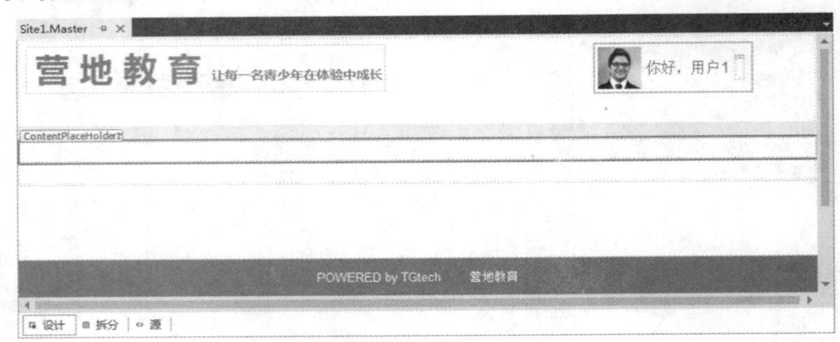

图 8-26 设计母版页

03 接下来使用 Site1.Master 作为母版页，添加一个名为 ydjy 的 Web 窗体。

04 在 ydjy 窗体中对要显示的后台内容进行完善。在本例中，该页的最终代码如下：

```
<%@ Page Title="" Language="C#" MasterPageFile="~/Site1.Master" AutoEventWireup="true"
CodeBehind="ydjy.aspx.cs" Inherits="chapter8.ydjy" %>
<asp:Content ID="Content1" ContentPlaceHolderID="ContentPlaceHolder1" runat="server">
  <div class="xy_box">
    <div class="xy_c2 clearfix">
      <a class="xy_c2a clearfix">
        <p class="xy_c2_p1"><i class="fa fa-list-alt"></i></p>
        <p class="xy_c2_p2"> 订单管理 /<br><span>Account Management</span></p>
      </a>
      <a class="xy_c2a bg2 clearfix">
        <p class="xy_c2_p1"><i class="fa fa-users"></i></p>
        <p class="xy_c2_p2"> 用户管理 /<br><span>Users Management</span></p>
      </a>
      <a class="xy_c2a bg3 clearfix">
        <p class="xy_c2_p1"><i class="fa fa-book"></i></p>
        <p class="xy_c2_p2"> 套餐管理 /<br><span>Project management</span></p>
      </a>
      <a class="xy_c2a bg4 clearfix">
        <p class="xy_c2_p1"><i class="fa fa-pencil-square-o"></i></p>
        <p class="xy_c2_p2"> 活动管理 /<br><span>Activities Management</span></p>
```

```
            </a>
        </div>
    </div>
</asp:Content>
```

05 运行 ydjy.aspx 页面，效果如图 8-27 所示。虽然在该页面中仅添加了几行 HTML 代码，但在运行时加载了母版页的代码，形成最终页面。

图 8-27　后台首页的运行效果

06 再创建一个使用 Site1.Master 作为母版页，名称为 xgmm 的 Web 窗体页。

07 在 xgmm 窗体中设计修改密码相关的布局。在本例中，该页的最终代码如下：

```
<%@ Page Title="" Language="C#" MasterPageFile="~/Site1.Master" AutoEventWireup="true"
CodeBehind="xgmm.aspx.cs" Inherits="chapter8.xgmm" %>
<asp:Content ID="Content1" ContentPlaceHolderID="ContentPlaceHolder1" runat="server">
    <div class="xy_box" id="contains">
        <div class="xy_c3a xy_c3b">
            <div class="xy_c3a_txt p0">
                <div class="xy_c3a_btn xy_c3a_btn2 t_a_l clearfix">
                    <h2 class="text-center ydjy308_h2"> 修改密码 </h2>
                </div>
                <div class="container">
                    <form class="form-horizontal">
                        <div class="form-group">
                            <label class="col-xs-3 control-label"> 旧的密码：</label>
                            <div class="col-xs-9 p_l_3">
                                <input type="password" class="form-control input-sm w50" name="old_pwd" />
                            </div>
                        </div>
                         <div class="form-group">
```

```
                <label class="col-xs-3 control-label"> 新的密码：</label>
                <div class="col-xs-9 p_l_3">
               <input type="password" class="form-control input-sm w50"  name="new_pwd" id="new_pwd"/>
                </div>
            </div>
            <div class="form-group">
                <label class="col-xs-3 control-label"> 重复密码：</label>
                <div class="col-xs-9 p_l_3">
               <input type="password" class="form-control input-sm w50" name="new_pwd1" id="new_pwd1"/>
                </div>
            </div>
            <div class="form-group">
                <label class="col-xs-3 control-label"> </label>
                <div class="col-xs-9 p_l_3">
                    <button type="submit" class="btn btn-primary"> 提 交 </button>
               <button type="button" class="btn btn-default" onclick="javascript:history.go(-1);"> 返 回 </button>
                </div>
            </div>
        </form>
      </div>
    </div>
  </div>
</asp:Content>
```

08 由于 xgmm 和 ydjy 都使用了相同的母版页，因此运行后会加载相同的内容。不同之处在于，母版页中使用 ContentPlaceHolder 控件定义的部分。如图 8-28 所示为 xgmm 内容页的运行效果。

图 8-28　修改密码页的运行效果

8.6　主题

主题是另一种统一页面风格的方式，母版页设置页面所共有的控件和布局；而主题设置页面的外观样式，包括背景颜色、字体颜色和边框等。主题和母版页共同控制着页面的风格，本节介绍主题的概念及其应用。

8.6.1　主题与外观文件

主题常用来定义一个系统的统一样式或风格，它与母版页都可以作用在多个页面。主题有着以下几个特点：

- 主题可以由多个文件组成，包括样式表、外观、图片等文件。
- 页面的主题可以在运行中替换掉。
- 主题可以应用于多个页面，也可以用于多个应用程序。

无论主题是页主题还是全局主题，主题中的内容都是相同的。主题中包含三个重要概念：主题、外观和样式表。具体说明如下。

- 主题 (Theme)：它是一组属性，包括外观文件、级联样式表 (CSS) 文件、图像等元素，它可以将这些元素应用于服务器控件并规定其样式。
- 外观 (Skin)：外观文件的后缀名是 .skin，它包含各个服务器控件的属性设置。外观文件也叫作皮肤文件。
- 样式表 (CSS)：样式表文件定义控件和块的样式，包括颜色、位置、对齐方式等。

主题并不是一个独立的文件，而是由多个定义样式和外观的文件构成的文件夹。主题的添加需要在项目名称上右击，在快捷菜单中选择【添加】|【添加 ASP.NET 文件夹】|【主题】命令项添加主题，如图 8-29 所示。

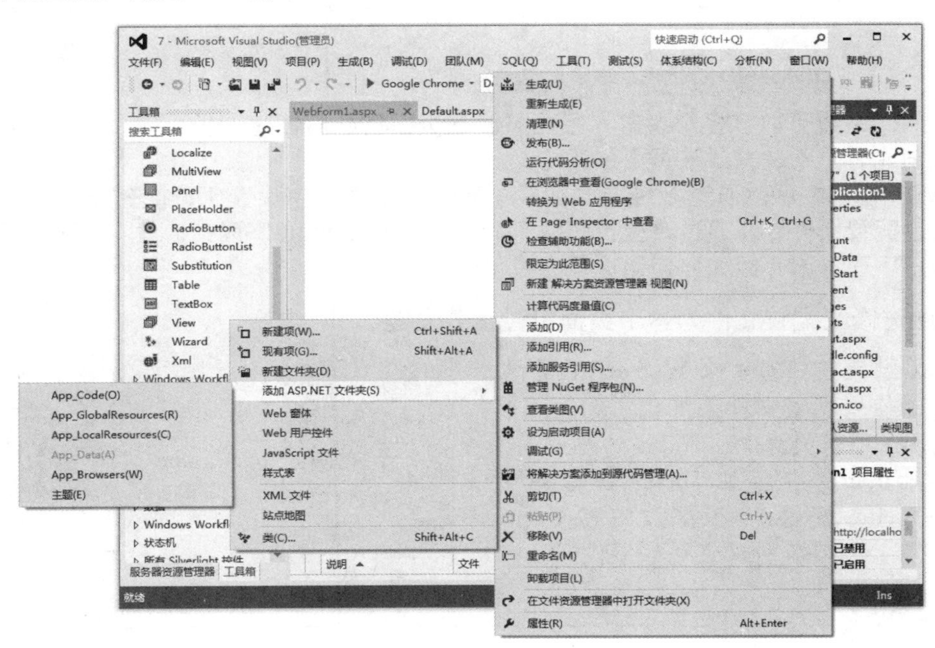

图 8-29　添加主题

主题将默认地被添加在 App_Themes 文件夹下。接着在该主题文件夹下添加外观文件和样式文件等，完成主题的创建。

外观文件的作用与样式表类似，但外观文件只定义页面中控件的样式。控件获取样式表中的样式，使用 class 等属性；而获取主题的样式，使用 SkinID 属性。

外观文件即为主题中的皮肤，其文件中的样式定义有两种形式，如下所示。

- 不含 SkinID 属性：其定义的样式将应用于所有控件。
- 含 SkinID 属性：只有指定了该 SkinID 的控件才遵循指定的样式。

不含SkinID属性的控件样式又称为默认样式。主题中定义了SkinID属性的控件，可在页面中通过SkinID属性为页面控件指定样式。

如定义一个TextBox控件样式不含SkinID属性，则引用了该样式的页面中，所有的TextBox控件均为该样式。

主题文件的编写与控件的代码类似，不同的是，主题文件中的控件不能有ID属性；而且若没有特殊要求，最好没有Text属性。否则该控件类型不能起作用或只能显示同样的Text值。

如分别定义一个默认的TextBox控件样式，用来使TextBox字体颜色为黑色，以及一个指定了SkinID属性的控件样式，使其字体颜色为白色，其代码如下所示：

```
<%-- 默认样式 --%>
<asp:TextBox runat="server" Font-Size="Large" ForeColor="Black"></asp:TextBox>
<%-- 指定样式 --%>
<asp:TextBox SkinId="White" runat="server" Font-Size="Large" ForeColor="White"></asp:TextBox>
```

提示

样式表中的注释与页面注释语法一样，使用<%-- --%>标签来编辑注释内容。

8.6.2 主题的创建

一个网站系统可以有多个主题，主题可以在页面创建后创建，也可在页面创建前创建，因此主题创建后并不是默认被页面加载的。

在ASP.NET中可以通过多种方式加载主题，如在页面中设置Theme或StylesheetTheme属性，通过配置文件以及通过改变页面的Theme属性值、SkinID属性值或CssClass属性值动态加载等。下面详细介绍如何使用这些方式加载主题。

1. 通过修改配置文件为多个页面批量加载主题

一个网站系统只有一个Web.config配置文件，因此使用配置文件来加载主题时，该主题将被用于所有页面。

在Web.config中添加Theme属性或者StylesheetTheme属性，需要放在<system.web>节点下，即在文件中使用如下代码：

```
<configuration>
<system.web>
<pages styleSheetTheme=" 主题名称或目录 "/>
</system.web>
</configuration>
```

注意

在配置文件目录下设置页面主题时，必须去掉页面中@Page指令里的Theme属性或者StylesheetTheme属性，否则会重写配置文件中的对应属性。

2. 通过改变页面的Theme属性值动态加载主题

使用配置文件加载主题，能够使主题在页面加载之前被加载。而若要在页面中动态地加载或改变主题，则需要使用页面的PreInit事件。这时主题中的皮肤文件和样式表文件会同时被加载。

Page 对象中的事件由系统自动加载，其中，PreInit 事件在 Load 事件之前发生；而页面及其控件的主题必须在 PreInit 事件或 PreInit 事件之前发生。Page 对象中，部分事件的发生顺序如下所示。

01 PreInit 事件：在页初始化开始时发生。

02 Init 事件：当服务器控件初始化时发生；初始化是控件生存期的第一步。

03 InitComplite 事件：在页初始化完成时发生。

04 PreLoad 事件：在页 Load 事件之前发生。

05 Load 事件：当服务器控件加载到 Page 对象中时发生。

06 LoadComplete 事件：在页生命周期的加载阶段结束时发生。

07 PreRender 事件：在加载 Control 对象之后、呈现之前发生。

08 PreRenderComplete 事件：在呈现页内容之前发生。

在 PreInit 事件中对主题进行加载时，除了可以加载页面的主题，还可加载单个控件的主题。

如对 TextBox 控件加载主题文件中主题 SkinId="White" 的样式，使用的语句如下所示：

```
protected void Page_PreInit(object sender,
 EventArgse)
{
    TextBox.SkinID ="White";
}
```

注意

在 PreInit 事件中加载主题中的皮肤，其皮肤文件必须是含 SkinID 属性的皮肤。

3. 通过改变控件的 CssClass 属性值动态加载主题中的样式表

除了动态加载主题和动态加载主题中的皮肤外，还可以在后台页面中直接通过控件的 CssClass 属性值动态加载主题中的样式表。

注意

母版页中不能定义主题，所以不能在 @Master 指令中使用 Theme 属性或 StylesheetTheme 属性。如果需要集中定义所有页面的主题，可以通过在 Web.config 文件中配置来实现。

8.6.3　高手带你做——切换字体颜色

同一款手机可以有不同的颜色，同一件衣服可以有不同的颜色，同一个网站的字体也可以有不同的颜色。本案例通过使用主题，更换字体的皮肤样式。主要步骤如下。

【例 8-9】

01 新建网站页面，在合适位置添加 DropDownList 控件，然后为该控件添加 4 个选项："默认"、"绿色字体"、"黄色字体"和"蓝色字体"。接着，在合适的位置添加 Label 控件，该控件包括正文的所有内容。页面的主要代码如下：

```
更换字体颜色：<asp:DropDownList ID="ddlSelect" runat="server" Width="100" AutoPostBack="True"
OnSelectedIndexChanged="ddlSelect_SelectedIndexChanged">
<asp:ListItem Value="Black" Selected> 默认 </asp:ListItem>
```

ASP.NET 编程

```
<asp:ListItem Value="Green"> 绿色字体 </asp:ListItem>
<asp:ListItem Value="Yellow"> 黄色字体 </asp:ListItem>
<asp:ListItem Value="Blue"> 蓝色字体 </asp:ListItem>
</asp:DropDownList>
<asp:Label ID="label1" runat="server">
/* 省略正文的内容 */
</asp:Label>
```

02 通过【ASP.NET 的文件夹】|【主题】选项添加名称为 UpdateFont 文件夹，它位于 App_Themes 目录下。添加外观文件 Blue.skin 并向该文件中添加如下代码：

```
<asp:Label runat="server" ForeColor="Black"></asp:Label>
<asp:Label runat="server" ForeColor="Green" SkinID="Green"></asp:Label>
<asp:Label runat="server" ForeColor="Yellow" SkinID="Yellow"></asp:Label>
<asp:Label runat="server" ForeColor="Blue" SkinID="Blue"></asp:Label>
```

上述代码中为 Label 控件设置了 4 个字体样式主题，第一行为默认的字体样式。其他三行通过 SinkID 和 ForeColor 属性设置字体颜色。

03 在网站页面的 Page 指令中设置 Theme 属性的值为 UpdateFont，单击下拉框选项时，根据选中的颜色值实现更改正文字体颜色的功能。页面后台的主要代码如下：

```
protected void Page_PreInit(object sender, EventArgs e)
{
    string name = "Black";                                     // 声明字体颜色变量
    int id = 0;                                                // 声明选中列表框索引 ID
    if (Request.QueryString["name"] != null)                   // 判断传入的字体颜色
      name = Request.QueryString["name"].ToString();
    if (Request.QueryString["id"] != null)                     // 判断传入的索引 ID
      id = Convert.ToInt32(Request.QueryString["id"].ToString());
    label1.SkinID = name;                                      // 更改字体颜色
    ddlSelect.SelectedIndex = id;                              // 更改选中的索引
}
protected void ddlSelect_SelectedIndexChanged(object sender, EventArgs e)
{
    string name = ddlSelect.SelectedItem.Value;                // 获取选中下拉框的 Value 值
    int id = ddlSelect.SelectedIndex;                          // 获取选中索引的值
    Session["theme"] = name;                                   // 保存选中下拉框的 Value 值
    Server.Transfer("Default.aspx?name=" + Session["theme"].ToString() + "&id=" + id);
}
```

上述代码中，PreInit 事件首先声明两个变量 name 和 id，它们分别用来保存字体颜色和下拉框的索引。然后根据传入的参数 name 和 id 的值是否为空获取参数值。最后使用 SkinID 属性更改控件中的字体颜色，SelectedIndex 属性设置下拉框的选中索引。SelectedIndexChanged 事件中首先根据 SelectedItems 属性的 Value 获取用户选中的下拉框的值，SelectedIndex 属性获取选中的索引值。最后调用 Server 对象的 Transfer()方法跳转页面。

04 运行本案例，单击下拉框的列表项进行测试，最终效果如图 8-30 所示。

图 8-30 运行效果

注意

加载主题时，主题文件中的皮肤或样式表中的样式不会对 HTML 服务器控件起作用。

8.6.4 Theme 和 StylesheetTheme 的比较

在页面的 Page 指令中添加 Theme 或 StylesheetTheme 属性，都可以用来加载指定的主题。但是，当主题中不包含皮肤文件时，两者的效果都一样，当主题中包含皮肤文件时，两者因为优先级不一样，会产生不一样的效果。它们的优先级依次为 StylesheetTheme>Page>Theme。

当加载主题到页面后，因为某些原因，需要禁用某个页面或某个控件的主题，这时候可以通过设置 Theme 或 StylesheetTheme 的值为空来完成。另外，还可以将控件的 EnableTheming 的属性值设置为 false 来指定禁用主题中的皮肤。

试一试

读者可以通过添加新的案例比较 Theme 和 StylesheetTheme 的不同。

8.7 用户控件

有编程经验的用户应该知道，程序开发语言有着代码的可重用性，通常使用类和函数来实现。页面中的控件组合也有着可重用性，除 Visual Studio 工具箱中的控件以外，可以使用用于创建 ASP.NET 网页的相同技术创建可重复使用的自定义控件。这些控件称作用户控件。

8.7.1 用户控件简介

用户控件是一种复合控件，工作原理类似于 ASP.NET 网页。可以向用户控件添加现有的 Web 服务器控件和标记，并定义控件的属性和方法；然后可以将控件嵌入 ASP.NET 网页中充当一个控件。

有时可能需要控件中具有内置 Web 服务器控件未提供的功能。在这种情况下，有两种控件可以自定义创建，如下所示。

- 用户控件：用户控件是能够在其中放置标记和 Web 服务器控件的容器。用户控件创建之后，可以作为一个控件对待，为其定义属性和方法。
- 自定义控件：自定义控件是编写的一个类，此类从 Control 或 WebControl 派生。

创建用户控件要比创建自定义控件方便很多，因为可以重用现有的控件。用户控件使创建具有复杂用户界面元素的控件极为方便。

用户控件与完整的 ASP.NET 网页 (aspx 文件) 相似，同时具有用户界面页和代码。可以采取与创建 ASP.NET 页相似的方式创建用户控件，然后向其中添加所需的标记和子控件。用户控件可以像页面一样包含对其内容进行操作 (包括执行数据绑定等任务) 的代码。用户控件与 ASP.NET 网页有以下区别:

- 用户控件的文件扩展名为 .ascx。
- 用户控件中没有 @Page 指令，而是有 @Control 指令，该指令对配置和属性进行定义。
- 用户控件不能作为独立文件运行。而必须像处理其他控件一样，将它们添加到 ASP.NET 页中。
- 用户控件中没有 html、body 或 form 元素，这些元素必须位于宿主页中。

可以在用户控件上使用与在 ASP.NET 网页上所用相同的 HTML 元素 (html、body 或 form 元素除外) 和 Web 控件。用户控件与 ASP.NET 页十分相像，它包含若干控件、处理按钮的 Click 事件和页面的 Load 事件代码。

8.7.2 创建用户控件

创建 ASP.NET 用户控件的方法与设计 ASP.NET 网页的方法极为相似。在标准 ASP.NET 页上使用的 HTML 元素和控件也可用在用户控件上。但是，用户控件没有 html、body 和 form 元素，并且文件扩展名必须为 .ascx。

创建用户控件与创建母版页的方法一样，只需在【新建项】对话框中选择【Web 用户控件】即可。然后即可向用户控件添加任何标记和控件，并为该用户控件将执行的所有任务 (例如，处理控件事件或从数据源读取数据) 添加代码。

用户控件的属性和方法的定义，可参考页面的属性和方法的定义。通过定义用户控件的属性，就能以声明方式或代码方式设置其属性。

用户控件包含 Web 服务器控件时，可以在用户控件中编写代码来处理其子控件引发的事件。例如，如果用户控件包含一个 Button 控件，则可以在用户控件中为该按钮的 Click 事件创建处理程序。

默认情况下，用户控件中的子控件引发的事件对于宿主页不可用。但是，可以为用户控件定义事件并引发这些事件，以便将子控件引发的事件通知宿主页。

用户控件支持独立于宿主页的缓存指令。因此，可以向页面添加用户控件，并对页面的某些部分进行缓存。

用户控件创建后，可以在 ASP.NET 网页中添加，但是在添加之前，需要在 ASP.NET 网页中进行注册。注册用户控件时要指定包含用户控件的 .ascx 文件、标记前缀以及将用于在页面上声明用户控件的标记名称。

注册用户控件需要在 ASP.NET 网页创建一个 @Register 指令，包括如下三个属性。

- TagPrefix 属性：该属性定义用户控件的前缀与用户控件相关联，此前缀将用在用户控件的开始标记中。
- TagName 属性：该属性定义用户控件的名称，此名称将用在用户控件元素的开始标记中。
- Src 属性：该属性定义用户控件文件的虚拟路径。Src 属性值既可以是相对路径，也可以是从应用程序的根目录到用户控件源文件的绝对路径。为灵活使用，建议使用相对路径。代号 (~) 表示应用程序的根目录。用户控件不能位于 App_Code 目录中。

在网页主体中，可以在 form 元素内部声明用户控件元素。如果用户控件公开公共属

性，要以声明方式设置这些属性。

【例 8-10】

大多网页中都有着关键字的搜索，如新闻页面中可根据关键字搜索相关新闻，购物网页中可以根据关键字搜索商品。创建一个用户控件用于关键字的搜索，要求包含一个文本框和一个按钮，步骤如下。

01 首先创建用户控件文件，名为 WebSelect.ascx，然后向文件中添加服务器控件，为了体现页面效果，将文本框和按钮放在表中。用户控件代码如下：

```
<%@ Control Language="C#" AutoEventWireup="true" CodeBehind="WebSelect.ascx.cs"
Inherits="WebApplication1.WebSelect" %>
<table>
  <tr style="background-color: #CCFFFF; width: 280px; height: 30px; text-align: center">
    <td style="border: medium solid #CCFFFF; width: 70%;">
       <asp:TextBox ID="TextKey" runat="server" BorderStyle="None" Height="22px" Width="188px">
       </asp:TextBox></td>
    <td style="width: 30%">
       <asp:Button ID="ButSel" runat="server" Text=" 搜索 " Width="92px" BackColor="#CCFFFF"
       BorderStyle="None" Font-Size="Large" /></td>
  </tr>
</table>
```

02 创建 ASP.NET 网页，注册上述用户控件并将用户控件放在页面中，注册指令代码如下：

```
<%@ Register src="~/WebSelect.ascx" tagname="WebSelect" tagprefix="sel" %>
```

03 向页面中添加上述用户控件，代码如下：

```
<sel:WebSelect ID="Select1" runat="server" />
```

上述代码中，控件的前缀与步骤 02 中的 tagprefix 属性值对应；控件名 WebSelect 与步骤 02 中的 tagname 属性名对应。

8.7.3　WebForm 与用户控件之间的转换

如果已经开发了 ASP.NET 网页并打算在整个应用程序中访问其功能，则可以对该页面略加改动，将它更改为一个用户控件。将 ASP.NET 网页转换为用户控件有如下几个步骤。

01 重命名控件使其文件扩展名为 .ascx。

02 从该页面中移除 html、body 和 form 元素。

03 将 @Page 指令更改为 @Control 指令。

04 移除 @Control 指令中除 Language、AutoEventWireup、CodeFile 和 Inherits 之外的所有属性。

05 在 @Control 指令中添加 className 属性。这允许将用户控件添加到页面时对其进行强类型化。

除此之外，还可以将有着代码隐藏文件的 ASP.NET 网页转换为用户控件，步骤如下。

01 重命名 .aspx 文件，使其文件扩展名为 .ascx。

02 根据代码隐藏文件使用的编程语言，重命名代码隐藏文件，使其文件扩展名为 .ascx.

vb 或 .ascx.cs。

03 打开代码隐藏文件并将该文件继承的类从 Page 更改为 UserControl。

04 从 .aspx 文件中移除 html、body 和 form 元素。

05 将 .aspx 文件中的 @Page 指令更改为 @Control 指令。

06 移除 .aspx 文件的 @Control 指令中除 Language、AutoEventWireup、CodeFile 和 Inherits 之外的所有特性。

07 在 .aspx 文件的 @Control 指令中，将 CodeFile 属性改为指向重命名的代码隐藏文件。

08 在 .aspx 文件的 @Control 指令中添加 className 属性。这允许将用户控件添加到页面时对其进行强类型化。

8.8 成长任务

成长任务 1：使用 TreeView 控件显示系统导航菜单

使用 TreeView 控件显示导航菜单，将站点地图文件作为该控件的数据源。设计完成后将自动套用格式设置为“Windows 帮助”格式。最终效果如图 8-31 所示。

成长任务 2：Menu 控件和 SiteMapPath 控件的使用

选择适当的数据源，将 Menu 控件和 SiteMapPath 控件相结合，实现页面的导航功能。最终效果如图 8-32 所示。

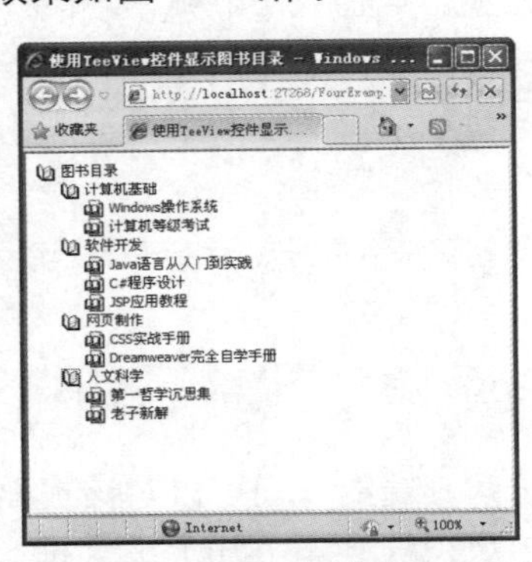

图 8-31 TreeWiew 控件的导航菜单

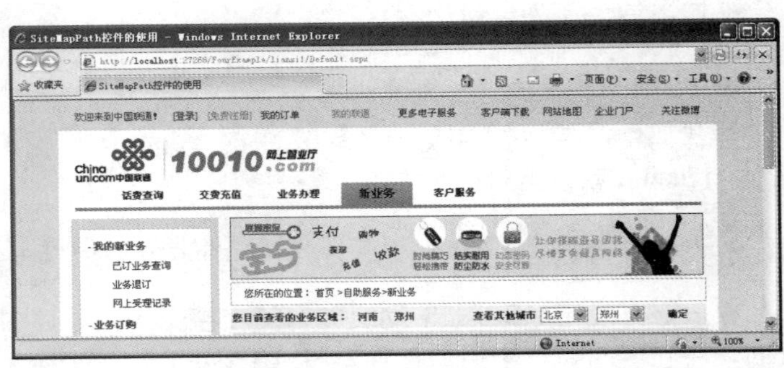

图 8-32 页面导航

第 9 章

ADO.NET 数据库编程

随着社会的发展，现在的应用软件越来越多，除了一些工具软件以外，几乎所有的软件都有收集和存储信息的功能。一般情况下，数据信息持久保存需要将信息以文件的形式保存到磁盘等存储介质上。存储数据时可以直接操作文件，以文件的形式保存。但是，当数据类型过多或复杂时，一般要用到数据库技术。目前可用的数据库有多种，但是，这些数据库一般都遵循 T-SQL 标准，使用起来也非常方便。

另外，.NET Framework 提供了一系列的类库，实现对各种数据库的操作，并把它们通称为 ADO.NET。本章将为读者介绍如何通过 ADO.NET 提供的数据库访问机制对数据库进行操作，例如从数据库中读取一条或多条数据、删除数据库的某条记录等。

本章学习要点

◎ 了解 ADO.NET 技术的特点和对象模型
◎ 掌握连接数据库对象 SqlConnection
◎ 掌握执行 SQL 语句对象 SqlCommand
◎ 掌握 SqlParameter 对象的使用
◎ 掌握读取数据对象 SqlDataReader
◎ 掌握适配器对象 SqlDataAdapter
◎ 掌握数据集对象 DataSet
◎ 熟悉 DataTable 和 DataView 的使用
◎ 掌握 SQLHelper 类的内容以及如何使用

扫一扫，下载
本章视频文件

9.1 ADO.NET 技术和数据库

ADO.NET 是一组向 .NET 程序开发者提供数据访问服务的类。它提供了对关系数据、XML 和应用程序数据的访问，是 .NET Framework 中不可缺少的重要组成部分。本节简单了解 ADO.NET 和数据库的基础知识。

9.1.1 了解 ADO.NET 技术

ADO.NET 是一组向 .NET 程序员公开数据访问服务的类。ADO.NET 为创建分布式数据共享应用程序提供了一组丰富的组件。它提供了一系列的方法，用于支持对 Microsoft SQL Server 和 XML 等数据源进行访问，还通过 OLEDB 和 XML 公开的数据源提供一致访问的方法。数据客户端应用程序可以使用 ADO.NET 来连接到这些数据源，并执行添加、删除、更新以及读取等操作。

1. ADO.NET 技术的特点

ADO.NET 支持多种开发需求，包括创建由应用程序、工具、语言或 Internet Explorer 浏览器使用的前端数据库客户端和中间层业务对象。ADO.NET 技术的主要特点如下：

- 通过数据处理将数据访问分解为多个可以单独使用或一前一后使用的不连续组件，它包含用于连接到数据库、执行命令和检索结果的 .NET Framework 数据提供程序。
- 向编写托管代码的开发人员提供类似于 ActiveX 数据对象向本机组件对象模型开发人员提供的功能。
- ADO.NET 类位于 System.Data.dll 中，并与 System.Xml.dll 中的 XML 集成。
- ADO.NET 在 .NET Framework 中提供最直接的数据访问方法。

2. ADO.NET 支持的对象模型

ADO.NET 支持两种访问数据的模型：无连接模型和连接模型。无连接模型将数据下载到客户机器上，并在客户机上将数据封装到内存中，然后可以像本地关系数据库一样访问内存中的数据。连接模型依赖于逐记录的访问，这种访问要求打开并保持与数据源的连接。

9.1.2 ADO.NET 提供的数据库对象

前面提到过，ADO.NET 支持无连接模型和连接模型两种。根据这两种模型，ADO.NET 提供了用于访问和数据操作的两个组件，即 .NET Framework 数据提供程序和 DataSet。DataSet 用于无连接模型。

.NET Framework 数据提供程序用于连接到数据库、执行命令和检索结果，这些结果将被直接处理，放置在 DataSet 中以便根据需要向用户公开、与多个源中的数据组合，或在层之间进行远程处理。

同时，.NET Framwork 类库提供多个用于操作数据的对象，ADO.NET 技术访问数据库时涉及 Connection、Command、DataReader、DataAdapter 以及 DataSet 等多个对象，这些对象“各司其职”，执行不同的功能。

为了更好地理解 ADO.NET 提供的数据库对象，这里为大家举个简单的例子。例如，如果将数据库比作水源，水源中可以存储大量的水。那么，可以得出以下结论：

- Connection 可以看作是水中的水龙头，保持与水的接触，只有它与水进行“连接”，别的对象才可能抽到水。
- Command 可以看作是抽水机，为抽水提供动力和执行方法，先通过“水龙头”，然后把水递交给“水管”。
- DataAdapter 和 DataReader 就像是输水管，承担着传输水的任务，起到桥梁作用。唯一不同的是，DataAdapter 对象像一根输水管，通过发动机，把水从水源输送到水库进行保存；而 DataReader 对象不把水送到水库里面，而是单向地直接把水送到需要水的用户那里，因此 DataReader 要比在水库中转一下速度更快。

- DataSet 可以看作是一个大水库，把抽上来的水按一定关系的池子进行存放。即使撤掉抽水装置（断开连接），水仍然存在。
- 一个水库可以由一个或者多个不同的水池组成，而 DataTable 正好可以看作是水库中每个独立存在的水池，分别存放不同类型的水。

9.1.3　数据库简述

.NET Framework 类库中提供了多个用于操作数据库的对象，那么到底什么是数据库呢？数据库(Database)是按照数据结构来组织、存储和管理数据的仓库，它产生于距今六十多年前，随着信息技术和市场的发展，特别是 20 世纪 90 年代以后，数据管理不再仅仅是存储和管理数据，而转变成用户所需要的各种数据管理的方式。

在信息化社会中，充分有效地管理和利用各类信息资源，是进行科学研究和决策管理的前提条件。数据库技术是管理信息系统、办公自动化系统、决策支持系统等各类信息系统的核心部分，是进行科学研究和决策管理的重要技术手段。

数据库技术从 20 世纪 60 年代起，到现在已经发展了将近半个世纪，优秀的数据库技术也是层出不穷。从最简单的存储有各种数据的表格到能够进行海量数据存储的大型数据库系统，都在各个方面得到了广泛的应用。

目前，关系型数据库是目前最流行的数据库，如当前主流的 Oracle、DB2、PostgreSQL、Microsoft SQL Server、Microsoft Access、MySQL 等，都属于关系型数据库。.NET Framework 中提供了多种数据库的数据提供程序，这些程序提供对不同数据库的数据源的访问，使用不同的命名空间，如表 9-1 所示。

表 9-1　.NET Framework 的数据提供程序

.NET Framework 数据提供程序	说　明
.NET Framework 用于 SQL Server 的数据提供程序	提供对 Microsoft SQL Server 中数据的访问，使用 System.Data.SqlClient 命名空间
.NET Framework 用于 OLE DB 的数据提供程序	提供对 OLE DB 公开的数据源中数据的访问，使用 System.Data.OleDb 命名空间
.NET Framework 用于 ODBC 的数据提供程序	提供对使用 ODBC 公开的数据源中数据的访问，使用 System.Data.Odbc 命名空间
.NET Framework 用于 Oracle 的数据提供程序	适合 Oracle 公开的数据源，使用 System.Data.Oracle 命名空间

.NET Framework 提供了用于不同数据库的数据提供程序，因此在对不同的数据库操作时需要借助于不同的命名空间以及命名空间下的对象。根据使用数据库的不同，引入不同的命名空间，然后通过命名空间中的对象执行操作。

例如，本书我们以 SQL Server 数据库为例，在操作数据库的数据时，需要借助相关类，该类需要在已介绍的对象前添加前缀 Sql，如 SqlConnection、SqlCommand、SqlDataReader 等，这些对象位于 System.Data.SqlClient 命名空间。

提示

开发人员具体使用哪种应用程序则取决于它们所使用的协议或者数据库，然而无论使用什么样的应用程序，开发人员都将使用相似的对象与数据源进行交互。另外，数据库的安装、基础查询语法等内容并不作为重点，因此本章不再详细介绍。

9.2 连接数据库

一般情况下，应用程序为了有更好的扩展性和可移植性，通常把数据库独立出来单独存放或者运行。数据库可以单独存储在一台服务器上，减轻应用程序服务器的负担，提高程序的运行性能，保障程序数据的安全，同时，应用程序出现问题时不会直接影响到数据库数据。

既然使用数据库有这么多的好处，那么开发者应该如何访问数据库表的数据呢？首先，第一步就是，需要创建外界与数据库的桥梁，这时就需要用到 Connection 对象。

9.2.1 SqlConnection 对象

ADO.NET 提供了一套类库，专门来访问 SQL Server 数据库，它们都在 System.Data.SqlClient 命名空间下。System.Data.SqlClient 命名空间提供了访问 SQL Server 数据库所有的类，包括最常用的 SqlConnection、SqlCommand、SqlDataReader、SqlDataAdapter 等。

1. 创建 SqlConnection 对象

SqlConnection 对象处理软件系统与数据库的连接，包括连接数据库、资源释放和断开连接等。开发者可以通过 new 关键字进行实例化，SqlConnection 提供两种构造形式：

```
SqlConnection con = new SqlConnection();
SqlConnection con2 = new SqlConnection(string connString);
```

第一种构造形式没有指定目标地址，第二种形式指定了目标地址。如果通过第一种形式创建 SqlConnection 对象，那么还需要指定该对象的 ConnectionString 属性，该属性指定连接字符串，即用来在创建 SqlConnection 对象以后初始化连接字符串。

连接字符串看似简单，就是一个字符串而已，但是内容相当复杂。需要包含目标地址、目标数据库、访问账号、访问密码等信息。常用形式如下：

```
Data Source=HZ;Initial Catalog=hotel;User ID=sa;Password=sa123
```

上述形式的参数说明如下。

- Data Source：数据源，一般为机器名或 IP 地址。如果是本机，可以使用点 (.) 代替，也可以使用 localhost。
- Initial Catalog：数据库或 SQL Server 实例的名称 (与 Database 一样)。
- User ID：登录数据库时的用户名称。
- Password：登录数据库的用户密码。如果密码为空，则该项可以省略。

在连接字符串中除了可以设置上述参数外，还可以设置以下参数。

- Server：数据库所在的服务器名称，一般为机器名称。
- Pooling：表示是否启用连接池。如果为 true 则表示启用连接池。
- Connection Timeout：连接超时时间，默认值为 15 秒。

2. SqlConnection 对象的属性

除了通过 ConnectionString 属性设置连接字符串外，SqlConnection 对象还包含其他的属性，这些属性及其说明如表 9-2 所示。

表 9-2 SqlConnection 对象的常用属性

属性名称	说　明
ConnectionString	获取或设置用于打开 SQL Server 数据库的字符串
ConnectionTimeout	获取在尝试建立连接时终止尝试并生成错误之前所等待的时间
Database	获取当前数据库或连接打开后要使用的数据库的名称
DataSource	获取要连接的 SQL Server 实例的名称
WorkstationId	获取标识数据客户端的一个字符串
ServerVersion	获取包含客户端连接的 SQL Server 实例版本的字符串

3. SqlConnection 对象的方法

除了属性外，SqlConnection 对象还包含多个方法，通过这些方法，可以创建关联的 SqlCommand 对象或执行打开、关闭数据库连接等操作，常用方法及其说明如表 9-3 所示。

表 9-3 SqlConnection 对象的常用方法

方法名称	说　明
Close()	关闭与数据库的连接，它是关闭任何打开连接的首选方法
CreateCommand()	创建并返回一个与 SqlConnection 关联的 SqlCommand 对象
Dispose()	释放当前所使用的资源
Open()	使用 ConnectionString 属性所指定的值打开数据库连接

9.2.2 打开数据库连接

打开数据库连接是操作数据库表数据的第一步，开发者要操作数据库表的数据，必须打开数据库连接。打开数据库连接需要用到 SqlConnection 对象的 Open() 方法。

【例 9-1】

在当前应用程序中创建 Web 窗体页面，在页面中添加 Label 控件，该控件提示数据库连接是否成功。在页面的后台 Load 事件中添加以下代码：

```
private void btnCreate_Click(object sender, EventArgs e) {
  try {
    string conn = "server=.;database=" + txtDatabaseName.Text + ";uid=sa;pwd=123456";
    SqlConnection sqlcon = new SqlConnection(conn);                // 创建 SqlConnection 对象
    sqlcon.Open();                                                 // 打开数据库连接
    if (sqlcon.State == ConnectionState.Open)
      lblResult.Text = " 连接数据库 " + txtDatabaseName.Text + " 已经成功并打开数据库连接 ";
  } catch (Exception ex) {
    lblResult.Text = " 连接出现异常，原因在于：" + ex.Message;
  }
}
```

在上述代码中，首先创建连接字符串，接着创建 SqlConnection 对象，然后调用 Open() 方法打开数据库连接。通过 SqlConnection 对象的 State 属性判断数据库的连接状态，如果该属性的值为 Open，表示处于打开状态，则给出成功提示。

Sqlonnection 对象的 State 属性值为 ConnectionState 枚举成员，成员列表及其说明如表 9-4 所示。

表 9-4　ConnectionState 枚举成员

成员名称	说　明
Broken	与数据源的连接中断。只有在连接打开之后才可能发生这种情况。可以关闭处于这种状态的连接，然后重新打开
Closed	连接处于关闭状态
Connecting	连接对象正在与数据源连接
Executing	连接对象正在执行命令
Fetching	连接对象正在检索数据
Open	连接处于打开状态

9.2.3　关闭数据库连接

当对数据库操作完毕后，要关闭与数据库的连接，释放占用的资源。可以通过调用 SqlConnection 对象的 Close() 方法或 Dispose() 方法关闭与数据库的连接。这两种方法的主要区别在于：Close() 方法用于关闭一个链接，而 Dispose() 方法不仅关闭一个连接，而且还清理连接所占用的资源。

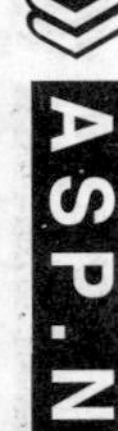

注意

当使用 Close() 方法关闭连接后，可以再调用 Open() 方法打开连接，不会产生任何错误。但是，如果使用 Dispose() 方法关闭连接，就不可以再次直接用 Open() 方法打开连接，必须重新初始化连接之后再打开。

【例 9-2】

在例 9-1 的基础上进行更改，调用 Open() 方法打开数据库连接后，立即调用 Close() 方法关闭数据库连接，然后判断数据库的连接状态，并给出相应的提示。Load 事件中的具体实现代码如下：

```
protected void Page_Load(object sender, EventArgs e) {
  try {
    string conn = "server=.;database=master;User ID=sa;Password=123456";
    SqlConnection sqlcon = new SqlConnection(conn);    // 创建 SqlConnection 对象
    sqlcon.Open();        // 打开数据库连接
    sqlcon.Close();       // 关闭数据库连接
    if (sqlcon.State == ConnectionState.Open)
      lblResult.Text = " 连接数据库已经成功并打开数据库连接 ";
    if (sqlcon.State == ConnectionState.Closed)
```

```
        lblResult.Text = " 数据库连接关闭 ";
    }
    catch (Exception ex){
        lblResult.Text = " 连接出现异常，原因在于：" + ex.Message;
    }
}
```

提示

在编写应用程序时，对数据库操作完成后，要及时关闭数据库的连接，以防止在对数据库进行其他操作时数据库被占用。

9.3　执行 SQL 语句

如果说 SqlConnection 对象是应用程序到数据库之间的桥梁，那么接下来需要开始“干活”了，连接到数据库以后如何读取、删除、写入数据呢？这需要用到一个 SqlCommand 对象。

9.3.1　SqlCommand 对象

开发人员要想使用 SqlCommand 对象，必须先有一个可用的 SqlConnection 对象，SqlCommand 对象的使用步骤如下。

01 创建 SqlConnection 的实例对象，并打开数据库连接。
02 定义要执行的 SQL 语句，如增加或删除数据的 SQL 语句。
03 创建 SqlCommand 的实例对象。
04 设置 SqlCommand 对象的有关属性，或调用相关方法执行 SQL 语句。
05 关闭数据库连接。

1. SqlCommand 对象的创建

开发人员如果要使用 SqlCommand 对象，必须先创建该对象。创建该对象可以使用以下任何一种形式：

```
SqlCommand comm1 = new SqlCommand();
SqlCommand comm2 = new SqlCommand(string cmdText);
SqlCommand comm3 = new SqlCommand(string cmdText, SqlConnection conn);
SqlCommand comm4 = new SqlCommand(String cmdText, SqlConnection conn, SqlTransaction trans);
```

上述语法的参数说明如下。

- cmdText 参数：表示要查询的文本。
- conn 参数：一个 SqlConnection 对象，表示到 SQL Server 实例的连接。
- trans 参数：将在其中执行 SqlCommand 的 SqlTransaction 事务。

2. SqlCommand 对象的属性

创建 SqlCommand 对象之后，开发人员可以调用该对象的属性设置相应的操作，例如设置对数据源执行的 SQL 语句、设置 SQL 语句的类型等。表 9-5 对 SqlCommand 对象的常用属性进行了详细说明。

表 9-5 SqlCommand 对象的常用属性

属性名称	说 明
CommandText	获取或设置要对数据源执行的 Transact-SQL 语句或存储过程
CommandTimeout	获取或设置在终止执行命令的尝试并生成错误之前的等待时间
CommandType	获取或设置一个值，该值指示如何解释 CommandText 属性。它的值包括 Text(默认值)、TableDirect(表名称) 和 StoredProcedure(存储过程名称)
Connection	获取或设置 SqlCommand 的实例使用的 SqlConnection
Transaction	获取或设置将在其中执行 SqlCommand 的 SqlTransaction
UpdatedRowSource	获取或设置命令结果在由 DbDataAdapter 的 Update() 方法使用时如何应用于 DataRow
Parameters	设置 SqlCommand 对象要执行的命令文本的参数列表，默认是一个空集合

3. SqlCommand 对象的方法

SqlCommand 对象用于执行 Transact-SQL 语句或存储过程时常用的方法有 4 个：ExecuteNonQuery()、ExecuteScalar()、ExecuteReader() 和 ExecuteXmlReader()。具体说明如下。

- ExecuteNonQuery()：对连接执行 Transact-SQL 语句并返回受影响的行数。
- ExecuteScalar()：执行查询并返回查询所返回的结果集中的第一行的第一列，忽略其他列或行。
- ExecuteReader()：读取数据，生成一个 SqlDataReader 对象并返回。
- ExecuteXmlReader()：读取数据，生成一个 XmlReader 对象并返回。

9.3.2 获取数据总记录

了解 SqlCommand 对象的基础知识后，就可以开始动手使用该对象了。ExecuteScalar() 方法是比较常用的方法之一，该方法执行 SQL 语句，并返回结果集中的第一行的第一列数据。如果结果集为空，则返回一个空引用。

【例 9-3】

查询 master 数据库中 department 数据表中的数据记录，并在页面提示查询出的总记录数。开发者需要在应用程序中创建 Web 窗体页面，向页面的后台 Load 事件中添加代码：

```
protected void Page_Load(object sender, EventArgs e) {
    string connstring = "server=.;database=master;User ID=sa;Password=123456";
    SqlConnection conn = new SqlConnection(connstring);
    conn.Open();        // 打开数据库连接
    SqlCommand comm = new SqlCommand();    // 创建 SqlCommand 对象
    comm.CommandText = "SELECT COUNT(*) FROM department;";
    comm.Connection = conn;
```

```
    comm.CommandType = CommandType.Text;
    int totalcount = Convert.ToInt32(comm.ExecuteScalar());        // 获取总数据记录
    Page.ClientScript.RegisterClientScriptBlock(GetType(), "", "<script>alert(' 从 master 数据库的 department
表中查询出【" + totalcount + "】条记录 ')</script>");
    conn.Close();        // 关闭数据库连接
}
```

在上述代码中，首先创建连接字符串，接着创建 SqlConnection 对象并打开数据库连接，通过连接对象创建 SqlCommand 对象，并设置此对象的相关属性，设置完毕后调用 ExecuteScalar() 方法获取总数据记录，并将获取的结果保存到 int 类型的 totalcount 变量中，随后在页面弹出提示，最后关闭数据库连接。

在例 9-3 中，开发者查询的是 master 数据库下 department 表中的数据。master 为系统数据库，该数据库记录 SQL Server 系统的所有系统级信息。包括实例范围的元数据 (例如登录账户)、端点、链接服务器和系统配置设置。此外，master 数据库还记录了所有其他数据库的存在、数据库文件的位置以及 SQL Server 的初始化信息。

在大多数情况下，ExecuteScalar() 方法通常和聚合函数一起使用，常见的聚合函数及其说明如表 9-6 所示。

表 9-6　常见的聚合函数及其说明

聚合函数	说　明
AVG(expr)	列平均值，该列只能包含数字数据
COUNT(expr)、COUNT(*)	列值的计数 (如果将列名指定为 expr，忽略空值)、表或分组中所有行的计数 (如果指定 *，包含空值)
MAX(expr)	列中的最大值 (文本数据类型中按字母顺序排在最后的值)，忽略空值
MIN(expr)	列中的最小值 (文本数据类型中按字母顺序排在最前的值)，忽略空值
SUM(expr)	列值的合计，该列只能包含数字数据

9.3.3　删除数据

如果开发者需要执行数据的添加、修改和删除操作，需要调用 SqlCommand 对象的 ExecuteNonQuery() 方法，该方法用于执行 SQL 语句并返回受影响的行数。

假设当前 SQL Server 数据库中存在 EmployeeSystem 数据库，该数据库表示职工管理系统。在该数据库下存在 Department 部门表，该表包含部门 ID、部门名称和部门说明三个字段，数据表的数据记录如下：

```
departID    departName    departRemark
1           业务部         NULL
2           工程部         NULL
3           生产部         NULL
4           品质部         NULL
5           管理部         NULL
```

从上述结果中可以看出，Department 表中一共包含 5 条数据记录。开发者可以针对 Department 表进行操作，例如向表中添加一个部门，或者删除某一个部门等。

【例 9-4】

删除 Department 数据表中名称为“品质部”的部门。向应用程序的 Load 事件中添加如下代码：

```
protected void Page_Load(object sender,
EventArgs e) {
```

```
    string connstring = "server=.;database=EmployeeSystem;User ID=sa;Password=123456";
    SqlConnection conn = new SqlConnection(connstring);
    conn.Open();          // 打开数据库连接
    string SQL = "DELETE FROM department WHERE departID=4;";
    SqlCommand comm = new SqlCommand(SQL, conn);    // 创建 SqlCommand 对象
    int deletecount = comm.ExecuteNonQuery();
    if (deletecount >= 1)
        lblResult.Text = " 从 Department 表中成功删除一条数据 ";
    else
        lblResult.Text = " 删除数据失败，请排查原因 ";
    conn.Close();         // 关闭数据库连接
}
```

上述代码在创建 SqlCommand 对象时，直接将 SQL 语句和连接对象作为参数传递到 SqlCommand 的构造函数中，调用 SqlCommand 对象的 ExecuteNonQuery() 方法执行删除操作，并将执行结果返回的行数保存到 deletecount 变量中，根据 deletecount 变量的值，向页面的 Label 控件中显示结果。

执行本程序的删除页面，查看效果图，这里不再展示。当页面提示删除成功等文本内容时，开发者可以重新通过 SELECT 语句查询 Department 表的数据。

9.3.4 SqlParameter 对象

在前面已经提到过，通过 SqlCommand 对象的 ExecuteNonQuery() 方法可以执行数据的添加、删除、修改操作。执行这些操作时，离不开有关的 SQL 语句，如果数据库表的字段较少，执行相应的数据操作时，对应的 SQL 语句会相对简单。而针对一些较为复杂的数据表的字段时，通过 SQL 语句虽然可以编写对应的代码，但可能需要传入多个参数，这样更容易导致 SQL 语句出现错误。

ADO.NET 为 SqlCommand 对象提供了一个参数机制，能用参数对象里的值自动替换 SQL 语句里的参数名，免去了一点点拼凑字符串的辛苦，让 SQL 语句写得更加方便，这就是 SqlParameter 对象。使用该对象可以快速方便地指定一个或者多个参数，这样不仅简洁，而且便于理解。

1. 创建 SqlParameter 对象

SqlParameter 对象提供了 7 个构造方法，但是最常用的只有两个。形式如下：

```
SqlParameter para = new SqlParameter();
SqlParameter para = new SqlParameter(string parameterName, object value);
```

上述形式中，可以直接创建 SqlParameter 对象，也可以向构造方法中传入参数。其中，parameterName 是指参数名，它是在 SQL 语句里要替换掉的名称；value 表示一个任意数据库支持的类型对象，具体的类型系统自动判断。

2. SqlParameter 对象的属性

SqlParameter 提供了一系列的属性和方法，这些属性和方法并不常用，表 9-7 列出了常用的几个属性。

表 9-7　SqlParameter 对象的常用属性

属性名称	说　明
IsNullable	获取或设置一个值，该值指示参数是否接受空值
ParameterName	获取或设置 SqlParameter 的名称
SqlValue	获取作为 SQL 类型的参数的值，或设置该值
TypeName	获取或设置表值参数的类型名称
Value	获取或设置该参数的值

【例 9-5】

简单地了解过 SqlParameter 对象后，下面通过一个简单的例子，演示如何向 Department 数据表中添加一条数据记录。主要步骤如下。

01 向当前应用程序的 Web 窗体页面添加 TextBox 控件、Button 控件和 Label 控件。TextBox 控件接收用户输入的部门名称，Button 控件执行部门添加操作，Label 控件显示操作结果。代码如下：

```
部门名称：
<asp:TextBox ID="txtPartName" runat="server"></asp:TextBox>  
<asp:Button ID="btnAddPart" runat="server" Text=" 添加部门 " OnClick="btnAddPart_Click" /><br /><br />
<asp:Label ID="lblResult" runat="server" Text=" 这里显示执行结果 "></asp:Label>
```

02 为 Web 页面的 Button 控件添加代码，在其事件代码中接收用户输入的部门名称，将该部门名称添加到数据库表中。代码如下：

```
protected void btnAddPart_Click(object sender, EventArgs e) {
  string connstring = "server=.;database=EmployeeSystem;User ID=sa;Password=123456";
  SqlConnection conn = new SqlConnection(connstring);
  conn.Open();          // 打开数据库连接
  string SQL = "INSERT INTO Department VALUES(@departName,@departRemark);";
  SqlCommand comm = new SqlCommand(SQL, conn);    // 创建 SqlCommand 对象
  comm.Parameters.Add(new SqlParameter("@departName", txtPartName.Text));
  comm.Parameters.Add(new SqlParameter("@departRemark"," 暂无介绍 "));
  int addCount = comm.ExecuteNonQuery();
  if (addCount >= 1)
    lblResult.Text = " 添加数据成功 ";
  else
    lblResult.Text = " 添加数据失败，请排查原因 ";
  conn.Close();          // 关闭数据库连接
}
```

上述代码在声明 SQL 添加语句时，在 SQL 语句中声明两个参数 @departName 和 @departRemark，并通过 SqlParameter 对象指定参数的值。与其有关的代码等价于以下代码：

```
SqlParameter[] parm = new SqlParameter[] {      // 定义 SqlParameter 类型数组
    new SqlParameter("@departName",this.txtPartName.Text),     // 为指定变量赋值
    new SqlParameter("@departRemark"," 暂无介绍 "),
};
foreach (SqlParameter a in parm)
  comm.Parameters.Add(a);              // 将变量作为 SqlCommand 对象的参数
```

03 运行该程序的窗体页面，在页面输入内容，单击按钮进行添加。由于本例的页面和代码都非常简单，因此这里不再展示效果图。

9.4 读取数据

开发者调用 SqlCommand 对象的 ExecuteReader() 方法可以读取数据库表的数据。

ExecuteReader() 方法返回一个 SqlDataReader 对象，该对象可以从数据库中检索只读的数据，它每次从查询结果中读取一行数据到内存中，使用该对象对数据库进行操作非常迅速。

9.4.1 SqlDataReader 对象

SqlDataReader 是数据读取器对象，提供只读向前的游标。如果应用程序需要每次从数据库中取出最新的数据，或者只需要快速读取数据，并不需要修改数据，那么就可以使用 SqlDataReader 对象进行读取。

SqlDataReader 对象中包含多个属性，开发人员通过这些属性，可以获取当前行的列数、查询结果中是否有值等，常用属性及其说明如表 9-8 所示。

表 9-8 SqlDataReader 对象的常用属性

属性名称	说 明
FieldCount	获取当前行中的列数
HasRows	获取一个值，该值指示 SqlDataReader 对象是否包含一行或多行
IsClosed	检索一个布尔值，该值指示是否已关闭指定的 SqlDataReader 实例
RecordsAffected	获取执行 Transact-SQL 语句所更改、插入或删除的行数
VisibleFieldCount	获取 SqlDataReader 中未隐藏的字段的数目

除了属性外，SqlDataReader 对象中还包含多个方法，但是该对象最常用的方法只有 Read()、Close() 和 IsDBNull()，具体说明如下。

- Read()：表示前进到下一个记录，如果已读取记录则返回 True，否则返回 False。
- Close()：表示关闭 SqlDataReader 对象。
- IsDBNull()：获取一个值，用于指示列中是否包含不存在的或缺少的值。

9.4.2 查询数据库表的数据

SqlDataReader 对象提供 Read() 方法读取数据，该方法使 SqlDataReader 前进到下一条记录，SqlDataReader 的默认位置在第一条记录前面。因此，必须调用 Reader() 方法访问数据。对于每个关联的 SqlConnection，一次只能打开一个 SqlDataReader，在第一个关闭之前，打开另一个的任何尝试都将失败。

【例 9-6】

在职工信息登记页面，需要选择职工的部门，本例动态读取 Department 表的职工部门列表，并将列表显示到表示部门选择的 DropDownList 控件中。主要步骤如下。

01 在应用程序的 Web 窗体页面添加 6 行 4 列的表格，来提供职工的基本信息，包括职工所属部门，其中部门列表需要通过 DropDownList 控件表示。

02 在窗体页面的 Load 事件中添加代码，调用 SqlCommand 对象的 ExecuteReader() 方法读取数据库表的数据，并通过 SqlDataReader 对象的 Read() 方法循环获取数据，将获取到的数据添加到 DropDownList 控件。代码如下：

```
protected void Page_Load(object sender, EventArgs e) {
  string connstring = "server=.;database=EmployeeSystem;User ID=sa;Password=123456";
  SqlConnection conn = new SqlConnection(connstring);
  conn.Open();          // 打开数据库连接
  string SQL = "SELECT * FROM Department;";
  SqlCommand comm = new SqlCommand(SQL, conn);    // 创建 SqlCommand 对象
  SqlDataReader dr = comm.ExecuteReader();
  while (dr.Read()) {
    ddlPartList.Items.Add(dr["departName"].ToString());
  }
  conn.Close();         // 关闭数据库连接
}
```

03 运行本程序的 Web 窗体页面，效果如图 9-1 所示。

图 9-1　读取数据库表的数据并显示到页面

提示

SqlDataReader 对象的 HasRows 属性可以获取一个值，该值指示 SqlDataReader 是否包含一行或多行，即判断查询结果中是否有值。如果有值，返回结果为 true；否则返回结果为 false。因此，在调用 Read() 方法读取数据前，可以先进行判断。

1. 获取 / 读取数据的两种方式

在例 9-6 中，dr[“departName”] 表示读取数据表中 departName 字段列的值，这是直接通

过字段名获取。除了这种方式外，开发者可以直接通过索引值的方式进行获取，例如 dr[0] 表示获取数据表中第 1 个字段列的值，dr[1] 表示获取第 2 个字段列的值。

通过索引获取字段列值的方式适用于读取的数据列较少的情况，如果读取的字段列过多，再通过索引获取数据不仅麻烦，而且容易出错。

2. 判断读取的数据值是否为空

在读取数据表字段列的数据时，开发者并不能保证每个字段列都有值。甚至在某些时候，如果读取的数据为空，可能会提示读者出错，在这种情况下，开发者可以通过 DBNull 对象的 Value 属性判断值是否为空。例如，if (dr[“departRemark”] == DBNull.Value) 表示读取的 departRemark 列的值为空时，要执行的操作。

9.5 操作数据集

在前面介绍的内容中，无论是读取数据库表的数据，还是向数据表中添加、删除、修改数据，都需要确保数据库的连接已经打开，如果断开数据库连接，在执行添加、读取等操作时会提示出错。

但是，开发者可以很方便地使用数据集对象，数据集对象可以在断开数据库连接的情况下读取数据库的数据。

9.5.1 DataSet 对象

在 ADO.NET 中，开发者通过 DataSet 对象表示数据集。DataSet 在 ADO.NET 技术中常见而且重要，下面简单介绍 DataSet 对象。

1. DataSet 的工作原理

当应用程序需要数据时，会向数据库发出请求获取数据，服务器先将数据发送到 DataSet 中，然后再将数据集传递给客户端。客户端将数据集中的数据修改后，会统一将修改过的数据集发送到服务器，服务器接收并修改数据库的数据。例如，DataSet 对象的工作原理如图 9-2 所示。

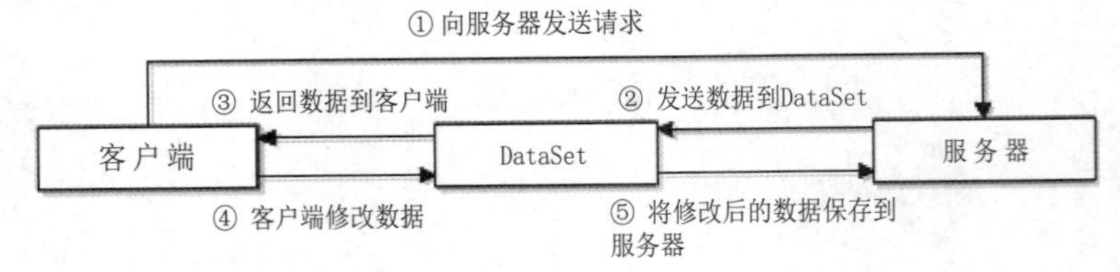

图 9-2 DataSet 对象的工作原理

2. DataSet 对象可执行的操作

DataSet 既然如此重要，那么开发者使用 DataSet 对象可以执行哪些操作呢？通常情况下，DataSet 对象可以用于执行以下操作：

- 应用程序中将数据缓存在本地，以便可以对数据进行处理。如果只需要读取查询结果，则 SqlDataReader 是更好的选择。
- 在层间或从 XML Web Services 对数据进行远程处理。
- 与数据进行动态交互，例如绑定到 Windows 窗体控件或组合并关联来自多个源的数据。

- 对数据执行大量的处理，而不需要与数据源保持打开的连接，从而将该连接释放给其他客户端使用。

3. 创建 DataSet 对象的两种方式

DataSet 对象必须通过 new 关键字进行创建，创建该对象时有两种形式。第一种形式是直接创建，不需要传入任何参数。代码如下：

```
DataSet ds = new DataSet();
```

第二种方式在创建 DataSet 对象时，需要将数据集的名称作为参数传入。代码如下：

```
DataSet ds = new DataSet(string dataSetName);
```

4. DataSet 对象的属性

除了创建 DataSet 对象外，开发者有时候还需要用到该对象的属性设置某些内容，例如获取当前 DataSet 的名称。表 9-9 针对 DataSet 对象的常用属性进行了说明。

表 9-9　DataSet 对象的常用属性

名　称	说　明
DataSetName	获取或设置当前 DataSet 的名称
DefaultViewManager	获取 DataSet 所包含的数据的自定义视图，以允许使用自定义的 DataViewManager 进行筛选、搜索和导航
ExtendedProperties	获取与 DataSet 相关的自定义用户信息的集合
IsInitialized	获取一个值，该值表明是否初始化 DataSet
Locale	获取或设置用于比较表中字符串的区域设置信息
Namespace	获取或设置 DataSet 的命名空间
Relations	获取用于将表链接起来并允许从父表浏览到子表的关系的集合
Tables	获取包含在 DataSet 中的表的集合

提示

除了属性外，DataSet 对象还提供一系列的方法，例如合并 DataSet 内容需要用到 Merge() 方法，Copy() 方法用于复制 DataSet 的内容。

5. DataSet 与 SqlDataReader 的区别

开发者调用 SqlDataReader 对象和 DataSet 对象都可以将检索的关系数据存储在内存中。它们的功能相似，但是这两个对象并不能相互替换，主要区别如表 9-10 所示。

表 9-10　SqlDataReader 和 DataSet 的主要区别

功　能	SqlDataReader 对象	DataSet 对象
数据库连接	必须与数据库进行连接，读表时，只能向前读取，读取完成后由用户决定是否断开连接	可以不和数据库连接，把表全部读到 SQL 缓冲池中，并断开与数据库的连接

（续表）

功　能	SqlDataReader 对象	DataSet 对象
处理数据的速度	读取和处理数据的速度较快	读取和处理数据的速度较慢
更新数据库	只能读取数据，不能对数据库中数据更新	对数据集中的数据更新后，可以把数据库中的数据更新
是否支持分页和排序功能	不支持	支持
内存占用	占用内存较少	占用内存较多

9.5.2 SqlDataAdapter 对象

DataSet 对象就像存放于内存中的一个小型数据库。它可以包含数据表、数据列、数据行、视图、约束以及关系。通常，DataSet 的数据来源于数据库或者 XML 文件，为了从数据库中获取数据，需要使用数据适配器 SqlDataAdapter 从数据库中查询数据。

1. 创建 SqlDataAdapter 对象

SqlDataAdapter 对象是一个适配器，是 DataSet 与数据源之间的桥梁，用以协调双方数据同步。与创建其他对象一样，创建该对象时需要使用 new 关键字，它有 4 个构造方法。形式如下：

```
SqlDataAdapter da = new SqlDataAdapter();
SqlDataAdapter da = new SqlDataAdapter(
SqlCommand selectCommandText);
SqlDataAdapter da = new SqlDataAdapter(
String selectCommandText,
SqlConnection selectCommand);
SqlDataAdapter da = new SqlDataAdapter(String
selectCommandText, String selectConnectionString);
```

在上述 4 种形式的代码中，第 1 种表示初始化 SqlDataAdapter 类的实例；第 2 种表示初始化该类的实例，用指定的 SqlCommand 作为 SelectCommand 的属性；第 3 种使用 SelectCommand 和 SqlConnection 对象初始化一个 SqlDataAdapter 类的实例；最后一种表示用 SelectCommand 和一个连接字符串初始化 SqlDataAdapter 类的实例。

2. SqlDataAdapter 对象的属性

SqlDataAdapter 对象提供了 4 个属性，用于实现与数据源之间的互通。这 4 个属性及其说明如表 9-11 所示。

表 9-11　SqlDataAdapter 对象的常用属性

属性名称	说　明
SelectCommand	向数据库发送查询 SQL 语句
DeleteCommand	向数据库发送删除 SQL 语句
InsertCommand	向数据库发送插入 SQL 语句
UpdateCommand	向数据库发送更新 SQL 语句

除了属性外，SqlDataAdapter 对象还提供了一系列的方法，但是该对象最常用的方法只有两个，即 Fill() 方法和 Update() 方法。

1. Fill() 方法

Fill() 方法用于填充 DataSet 数据集。该方法的基本语法如下：

```
public int Fill(DataSet dataSet, string srcTable);
```

其中，dataSet 表示要用记录和架构（如果必要）填充的 DataSet；srcTable 用于表映射的源表的名称。该方法返回一个 int 类型的整数，指示已在 DataSet 中成功添加或刷新的行数，这不包括受不返回行的语句影响的行。

2. Update() 方法

Update() 方法更新数据时，SqlDataAdapter 将调用 DeleteCommand、InsertCommand 以及 UpdateCommand 属性。该方法的基本语法如下：

```
public int Update(DataTable dataTable);
```

Update() 方法返回 DataSet 中成功更新的行数。参数 dataTable 表示用于更新数据源的 DataTable。

提示

通过 SqlDataAdapter 对象的 Fill() 方法填充 DataSet 数据集，Fill() 方法使用 SELECT 语句从数据源中检索数据。需要开发者注意的是，与 SELECT 命令关联的 Connection 对象必须有效，但是不需要将其打开。

9.5.3　填充数据集

例 9-7 将实现与例 9-6 相同的效果，但是例 9-7 调用 SqlDataAdapter 对象的 Fill() 方法填充 DataSet 对象。

【例 9-7】

向程序的 Web 窗体页面添加供输入的职工登记信息表，其中 DropDownList 控件表示从 Department 数据表中读取的部门列表。在 Web 窗体页面的后台 Load 事件中添加如下代码：

```
protected void Page_Load(object sender, EventArgs e) {
    string connstring = "server=.;database=EmployeeSystem;User ID=sa;Password=123456";
    SqlConnection conn = new SqlConnection(connstring);          // 创建 SqlConnection 对象
    string SQL = "SELECT * FROM Department";
    SqlDataAdapter sda = new SqlDataAdapter(SQL,conn);           // 创建 SqlDataAdapter 对象
    DataSet ds = new DataSet();                                  // 创建 DataSet 对象
    sda.Fill(ds);                                                // 填充 DataSet 对象
    ddlPartList.DataSource = ds.Tables[0];                       // 绑定数据源
    ddlPartList.DataBind();
}
```

在上述代码中，首先声明连接字符串，接着创建 SqlConnection 对象，然后创建 SqlDataAdapter 对象和 DataSet 对象，调用 SqlDataAdapter 对象的 Fill() 方法填充数据集。最后指定 DropDownList 控件的 DataSource 属性，将数据集对象绑定到控件中。

9.5.4　合并数据集

合并 DataSet 内容时需要用到 Merge() 方法，但是当 DataSet 对象为 null 时，无法进行合并。Merge() 方法将 DataSet、DataTable 或 DataRow 数组的内容并入现有的 DataSet 中。Merge() 方法将指定的 DataSet 及其架构与当前的 DataSet 合并，在整个过程中，将根据指定的参数保留或放弃在当前 DataSet 中的更改并处理不兼容的架构。

Merge() 方法有 7 种重载方法，最常用的一种语法如下：

```
public void Merge(DataSet dataSet, bool preserveChanges, MissingSchemaAction missingSchemaAction);
```

其中 dataSet 表示其数据和架构将被合并到 DataSet 中；preserveChanges 表示要保留当前

DataSet 中的更改时，则为 true，否则为 false；missingSchemaAction 是枚举 MissingSchemaAction 的成员之一，该枚举成员说明如下。

- Add：添加必需的列以完成架构。
- AddWithKey：添加必需的列和主键信息以完成架构，用户可以在每个 DataTable 上显式设置主键约束。这将确保对于现有记录匹配的传入记录进行更新，而不是追加。
- Error：如果缺少指定的列映射，则生成 InvalidOperationException。
- Ignore：忽略额外列。

【例 9-8】

当前 EmployeeSystem 数据库下除了存在 Department 表外，还存在 Employee 表。本例分别读取表中的数据，保存到数据集对象 DataSet 中，然后将数据集合并，显示到页面。主要步骤如下。

01 向程序的 Web 窗体页面添加 GridView 控件，页面代码不再展示。

02 在窗体页面的 Load 事件中添加代码，分别读取两个表的数据到数据集中，并将数据集的内容合并。代码如下：

```
protected void Page_Load(object sender, EventArgs e) {
  try {
    string connstring = "server=.;database=EmployeeSystem;User ID=sa;Password=123456";
    SqlConnection sqlConn = new SqlConnection(connstring);  // 实例化 SqlConnection 对象
      string sql1 = "SELECT empNo AS ' 编号 ',empName AS ' 姓名 ',empSex AS ' 性别 ',empJiGuan AS ' 籍
贯 ',empEnter AS ' 入职时间 ',empMoney AS ' 入职薪酬 ' FROM Employee";   // 声明 SQL 语句
    DataSet ds1 = new DataSet();              // 创建数据集对象 ds1
    DataSet ds2 = new DataSet();              // 创建数据集对象 ds2
    SqlDataAdapter da1 = new SqlDataAdapter(sql1, sqlConn);
    da1.Fill(ds1);                      // 填充数据集 ds1
    string sql2 = "SELECT * FROM Department";      // 声明 SQL 语句
    SqlDataAdapter da2 = new SqlDataAdapter(sql2, sqlConn);
    SqlCommandBuilder scb = new SqlCommandBuilder(da2);
    da2.Fill(ds2);                      // 填充数据集 ds2
    ds2.Merge(ds1, true, MissingSchemaAction.AddWithKey);  //ds2 合并 ds1
    this.GridView1.DataSource = ds2.Tables[0];        // 控件中显示数据
    this.GridView1.DataBind();
  } catch (Exception ex) {
    string mess = " 很抱歉，加载数据时出现错误。错误原因：" + ex.Message;
    Page.ClientScript.RegisterClientScriptBlock(GetType(), "", "<script>alert('"+mess+"')</script>");
  }
}
```

在上述代码中，首先声明数据库连接字符串，并创建 SqlConnection 对象，接着声明查询 UserMessage 数据表的 SQL 语句，然后创建两个数据集对象 ds1 和 ds2，再创建 SqlDataAdapter 对象，调用该对象的 Fill() 方法向 ds1 中填充数据；以同样的方式，需要创建第二个 SqlDataAdapter 对象，向 ds2 中填充数据，再调用 ds2 对象的 Merge() 方法合并数据，并将合并后的数据显示到 DataGridView 数据显示控件中。

03 运行本程序的窗体页面，查看合并效果，如图 9-3 所示。在该图中，前 5 行 3 列的数据是 Department 表中读取的数据，后面的 3 行多列是 Employee 表中读取的数据。

合并数据

departID	departName	departRemark	编号	姓名	性别	籍贯	入职时间	入职薪酬
1	业务部							
2	工程部							
3	生产部							
5	管理部							
6	品质部1	暂无介绍						
			No1001	王一鸣	男	北京市海淀区	2017/5/11 0:00:00	3500.0000
			No1002	张小菲	女	河南省郑州市	2017/1/4 0:00:00	4000.0000
			No1003	张小磊	男	河北省石家庄市	2017/5/1 0:00:00	3800.0000

图 9-3 合并数据集对象

9.6 其他常用对象

除了 SqlConnection、SqlCommand、SqlDataReader、SqlDataAdapter 以及 DataSet 对象外，ADO.NET 技术操作数据库时还会用到其他的一些对象，本节介绍最常用的 DataTable 和 DataView 两个对象。

9.6.1 DataTable 对象

DataSet 对象可以用于多种不同的数据源，也可以用于 XML 数据，还可以用于管理应用程序本地的数据。DataSet 对象可以包含一个或多个 DataTable 对象，还可以包含 DataRelation 集合的 Relations 属性。

DataTable 对象位于 System.Data 命名空间下，它包含由 DataColumnCollection 表示的列集合、由 DataRowCollection 表示的行集合和由 ConstraintCollection 表示的约束集合，它们共同定义表中的架构。

1. 创建 DataTable 对象

如果要使用 DataTable 对象的属性和方法，必须首先获取或创建该对象。创建 DataTable 对象时有两种常用方式：第一种是通过 DataSet 对象的属性获取。表中的数据可以由 DataSet 对象填充，因此，可以使用 DataSet 对象的 Tables 属性获取 DataTable 对象。代码如下：

```
DataTable dt = new DataTable();
DataTable dt = ds.Tables[0];
```

第二种方法是动态创建 DataTable 对象，动态创建时，需要利用该对象的相关属性和方法。一般创建步骤如下。

01 创建 DataTable 的实例对象。

02 创建 DataColumn 对象来构建表的结构。

03 将创建好的表结构添加到 DataTable 对象中。

04 调用 DataTable 对象的 NewRow() 方法创建 DataRow 对象。

05 向 DataRow 对象中添加一条或多条数据记录。

06 将数据插入到 DataTable 对象中。

2. DataTable 对象的属性

创建 DataTable 对象后，可以调用该对象的属性获取和设置与表格有关的信息，常用属性及其说明如表 9-12 所示。

表 9-12　DataTable 对象的常用属性

属性名称	说　明
Columns	获取属于表的所有列的集合
Rows	获取属于表的所有行的集合
DefaultView	获取或能包括筛选视图或游标位置的表的自定义视图
HasError	获取一个值，该值指示表所属的 DataSet 的任何表的任何行中是否有错误
MinimumCapacity	获取或设置表最初的起始大小
TableName	获取或设置 DataTable 的名称

【例 9-9】

动态创建 DataTable 对象，并且向该对象中添加 5 行 3 列的数据，最终将数据显示到 GridView 控件中。具体代码如下：

```
protected void Page_Load(object sender, EventArgs e) {
    DataTable dt = new DataTable();
    DataColumn column1 = new DataColumn("name", typeof(string));
    column1.ColumnName = "name";      // 列名
    column1.Unique = true;            // 是否唯一
    column1.Caption = "name";         // 列标题
    column1.ReadOnly = true;          // 是否只读
    dt.Columns.Add(column1);
    DataColumn column2 = new DataColumn("age", typeof(string));
    column2.ColumnName = "age";
    column2.Caption = "age";          // 列标题
    dt.Columns.Add(column2);
    DataColumn column3 = new DataColumn("phone", typeof(string));
    column3.ColumnName = "phone";
    column3.Caption = "phone";        // 列标题
    dt.Columns.Add(column3);
    DataRow row;
    for (int i = 1; i <= 5; i++) {
        row = dt.NewRow();            // 创建 DataRow 对象
        row["name"] = " 姓名 " + i;
        row["age"] = " 年龄 " + i;
        row["phone"] = " 电话 " + i;
        dt.Rows.Add(row);
    }
    DataSet ds = new DataSet();
    ds.Tables.Add(dt);
    this.GridView1.DataSource = ds.Tables[0];
    GridView1.DataBind();
}
```

在上述代码中，通过 dt.Columns.Add() 方法向 DataTable 中添加列，通过 dt.Rows.Add() 方法向 DataTable 中添加行数据，通过 ds.Tables.Add() 方法向数据集中添加 DataTable 对象。

9.6.2　DataView 对象

使用 SqlDataReader 读取的数据只能使用存储过程或者 SQL 语句进行排序、筛选或者搜索操作，但是数据集中的数据可以直接使用 DataView 对象的属性和方法进行操作，包括对 DataTable 对象指定列的顺序、搜索和导航等。

DataView 对象可用于排序、筛选、搜索、编辑和导航的 DataTable 的可绑定数据的自定义列，通常把 DataView 称为数据视图。一个 DataSet 中可以有多个 DataTable，而每一个 DataTable 对象都存在一个默认的数据视图。使用者可以使用 DataTable 对象的 DefaultView 属性获取，它返回一个 DataView 对象。除此之外，也可以自定义 DataView 表示 DataTable 中的数据子集。

1. DataView 的常用属性

DataView 对象中包含多个属性，通过属性可以设置排序和行状态筛选器，也可以获取 DataView 中的记录总数，常用属性及其说明如表 9-13 所示。

表 9-13　DataView 对象的常用属性

属性名称	说　明
AllowDelete	用于获取或设置一个值，该值指示是否允许删除
AllowEdit	用于获取或设置一个值，该值指示是否允许编辑
AllowNew	用于获取或设置一个值，该值指示是否可以使用 AddNew() 方法添加新行
ApplyDefaultSort	获取或设置一个值，该值指示是否使用默认排序
Count	用于 RowFilter 和 RowStateFilter 之后，获取 DataView 中记录的数量
RowFilter	获取或设置用于筛选在 DataView 中查看哪些行的表达式
RowStateFilter	获取或设置用于 DataView 中的行状态筛选器
Sort	用于获取或设置 DataView 中的一个或多个排序列以及排序顺序
Table	用户获取或设置源 DataTable

2. DataView 的常用方法

除了提供属性外，DataView 对象中还包含一系列的方法，开发者通过这些方法可以向 DataView 中添加新行、删除指定的行、关闭 DataView 对象等。表 9-14 列出了 DataView 对象的常用方法，并且对这些方法进行说明。

表 9-14　DataView 对象的常用方法

方法名称	说　明
AddNew()	将新行添加到 DataView 对象中
Delete()	删除指定索引位置的行
FildRows()	返回 DataRowView 对象的数组，这些对象的列与指定的排序关键字值匹配
Close()	关闭 DataView 对象

【例 9-10】

在例 9-9 的基础上添加新的代码，筛选出 departId 列小于等于 5 或者编号为 No1001 的所有数据。与筛选有关的代码如下：

```
protected void Page_Load(object sender, EventArgs e) {
  try {
    /* 省略合并数据集的代码，参考例 9-8 */
    DataTable dt = ds2.Tables[0];
    DataView dv = dt.DefaultView; // 根据 DataTable 的 DefaultView 属性获取 DataView 对象
    dv.RowFilter = "departId<=5 OR 编号 ='No1001'";
    dv.Sort = "departId desc";
    this.GridView1.DataSource = ds2.Tables[0];        // 控件中显示数据
    this.GridView1.DataBind();
  }
  catch (Exception ex) {
    /* 省略异常错误提示代码 */
  }
}
```

在上述代码中，调用 DataView 对象的 RowFilter 筛选指定的数据；Sort 属性对读取的数据进行排序，筛选完毕后，重新将数据绑定到 GridView 控件。

重新运行程序页面，此时筛选后的效果如图 9-4 所示。

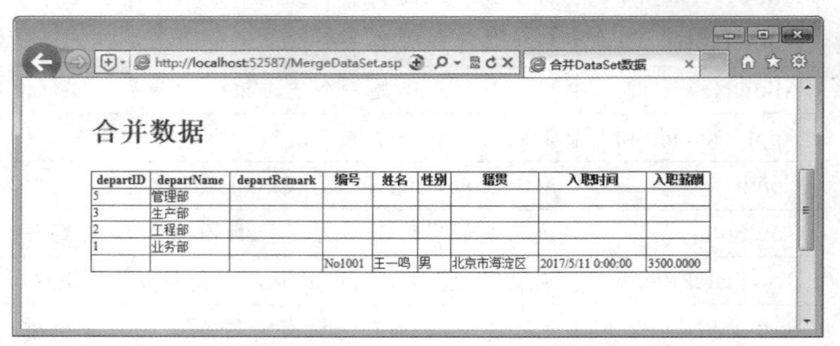

图 9-4　DataView 对象筛选合并数据集后的数据

 9.7　高手带你做——XML 作为数据源绑定数据集

开发人员可以将从数据库表读取的数据作为 DataSet 对象的数据源，同样可以将 XML 文件作为该对象的数据源。XML 作为 DataSet 对象的数据源时，可以通过 ReadXml() 方法读取 XML 文件的内容。实现步骤如下。

01 在当前应用程序下创建 XmlDataSet.aspx 页面，向页面中添加 Label 控件。

02 在页面的 Load 事件中添加如下代码：

```
protected void Page_Load(object sender, EventArgs e) {
  string path = Server.MapPath("~/teacher.xml");
  DataSet ds = new DataSet();                               // 创建 DataSet 对象
  ds.ReadXml(path);                                         // 读取 XML 文件的内容
```

```
    string result = "<center><table width=\"90%\">";
    result += "<tr style=\"color: chocolate;font-size:24px\"><td> 姓名 </td><td> 年龄 </td><td> 所教科目
</td><td> 工作年限 </td><td> 联系方式 </td><td> 入学时间 </td></tr>";
    foreach (DataRow mDr in ds.Tables[0].Rows) {          // 遍历 DataSet 集合中的数据，首先遍历行
      result += "<tr>";
      foreach (DataColumn mDc in ds.Tables[0].Columns) {  // 遍历列
        result += "<td style=\"font-size:18px;\">";
        result += mDr[mDc].ToString();
        result += "</td>";
      }
      result += "</tr>";
    }
    result += "</table>";
    this.Label1.Text = result;                        // 输出数据添加到页面
}
```

在上述代码中，首先获取当前根目录下的 teacher.xml 文件，接着创建 DataSet 对象，调用该对象的 ReadXml() 方法读取 XML 文件的内容。然后通过 foreach 循环语句遍历数据集的内容，并将最终的结果显示到页面。

在遍历数据集的内容时，首先声明 result 变量，该变量创建一个表格，并且向表格中添加数据。foreach 语句首先遍历行，通过 ds.Tables[0].Rows 来获取集合中的所有的行。在 foreach 语句中还嵌套一个 foreach 循环，它遍历集合中的列，该层语句中获取每一列的数据，最后将 result 变量的值赋予页面中的 Label 控件。

03 运行本程序中的 XmlDataSet.aspx 页面，效果如图 9-5 所示。

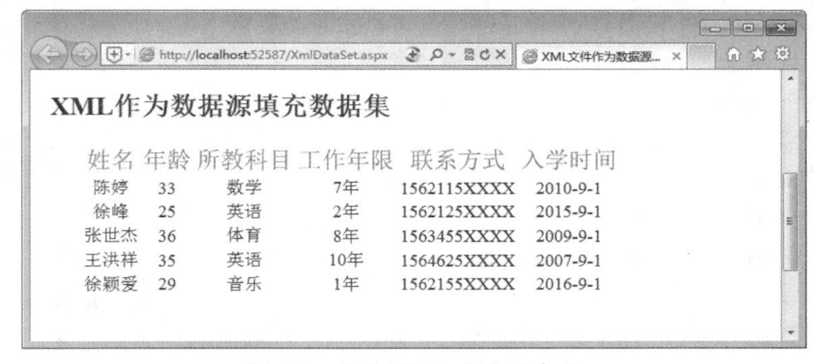

图 9-5　读取 XML 文件的内容

找到相应的 teacher.xml 文件，确认读取的数据的正确性。teacher.xml 文件中存储了一系列的教师信息，包括名称、年龄、所教科目、工作年限、联系电话以及入职时间等信息。主要内容如下：

```
<?xml version="1.0" encoding="gb2312" ?>
<teachers>
 <teacher>
  <name> 陈婷 </name>
  <age>33</age>
  <subject> 数学 </subject>
  <workyear>7 年 </workyear>
  <phone>1562115XXXX</phone>
```

```
  <entertime>2010-9-1</entertime>
</teacher>
<teacher>
  <name> 徐峰 </name>
  <age>25</age>
  <subject> 英语 </subject>
  <workyear>2 年 </workyear>
  <phone>1562125XXXX</phone>
  <entertime>2015-9-1</entertime>
</teacher>
<!-- 省略其他内容 -->
</teachers>
```

9.8 SQLHelper 帮助类

大家可以想象一下，在一个完整的应用程序中，开发者对数据库表中的数据操作会有许多次，如果每执行一次操作就连接一次数据库并且调用一次方法，会显得非常繁琐。例如，向数据库的不同表中添加、删除和修改数据记录时，都要调用 SqlCommand 对象的 ExecuteNonQuery() 方法执行操作，每次都需要创建数据库连接，代码重复率非常高。那么，有没有一种简单的办法呢？有的。

解决上述问题最好的办法就是将这些内容全部封装到一个类中，在使用时调用相应的方法进行操作即可，本节为大家介绍 SQLHelper 帮助类。

9.8.1 SQLHelper 类概述

SqlHelper 是一个基于 .NET Framework 的数据库操作组件。组件中包含数据库操作方法。SqlHelper 用于避免开发者重复地去写那些数据库连接，例如 SqlConnection、SqlCommand 和 SqlDataReader 等。SqlHelper 封装过后，通常是只需要给方法传入一些参数，如数据库连接字符串、SQL 参数等，这样，开发者可以非常方便地访问数据库，快速简捷。

在 SqlHelper 类中，通过一组静态方法来封装数据访问功能。SQLHelper 类不能被继承或实例化，因此将其声明为包含专用构造函数的不可继承类。在 SqlHelper 类中实现的每种方法都提供了一组一致的重载。这提供了一种很好的使用 SqlHelper 类来执行命令的模式，同时为开发人员选择访问数据的方式提供了必要的灵活性。每种方法的重载都支持不同的方法参数，因此开发人员可以确定传递连接、事务和参数信息的方式。

注意

SQLHelper 支持多种数据库，包括 MySQL、SQL Server、Oracle、Access 等，如果数据库是 SQL Server，那么可以使用 SqlServerHelper 类，如果是 MySQL，可以使用 MySqlHelper，如果是 Access，可以使用 AccessHelper。如果是 Oracle，则可以使用 OracleHelper 类。这里的 SQLHelper 实际就是 SQL Server 数据库的帮助类。

9.8.2 创建 SQLHelper 类

使用 SqlHelper 类可避免程序员重复编写 SqlConnection、SqlCommand 和 SqlDataReader 等，该类封装过后，通常是只需要给方法传入一个参数（例如数据库连接字符串、SQL 参数）就可以访问数据库了。

微软提供的 SqlHelper 类是免费的、开源的项目，开发者在使用时可以下载。如果不想使用微软提供的 SqlHelper 类，开发者可以自定义该类，然后向该类中编写代码，该类可以简单，也可以复杂。如下所示为比较简单的开发者自定义的 SQLHelper 静态帮助类。

01 需要向 SQLHelper 类中创建只读的静态字符串变量，该变量用于获取数据库字符串，该字符串需要在 Config 文件中进行配置。代码如下：

```
public static readonly string connStr =
            ConfigurationManager.ConnectionStrings["EmployeeSystem"].ConnectionString;
```

02 创建 PreparCommand() 方法，该方法用于打开数据库连接，并且设置 SqlCommand 对象的有关属性。代码如下：

```
private static void PreparCommand(SqlCommand cmd, CommandType commandType, SqlConnection conn,
string commandText, params SqlParameter[] cmdParams) {
  if (conn.State != ConnectionState.Open) {
    conn.Open();
  }
  cmd.Connection = conn;
  cmd.CommandText = commandText;
  cmd.CommandType = commandType;
  if (cmdParams != null) {
    foreach (SqlParameter param in cmdParams)
      cmd.Parameters.Add(param);
  }
}
```

03 创建 ExecuteNonQuery() 方法，该方法用于执行增加、修改、删除操作，在该方法中需要调用 SqlCommand 对象的 ExecuteNonQuery() 方法，并且将执行结果值返回。具体代码如下：

```
public static int ExecuteNonQuery(string connStr, CommandType commandType, string commandText,
params SqlParameter[] cmdParams) {
  SqlCommand cmd = new SqlCommand();
  using (SqlConnection conn = new SqlConnection(connStr)) {
    PreparCommand(cmd, commandType, conn, commandText, cmdParams);
    int val = cmd.ExecuteNonQuery();
    return val;
  }
}
```

04 创建 ExecuteDataset() 方法，该方法执行查询操作，并且最终返回一个 DataSet 对象。具体代码如下：

```
public static DataSet ExecuteDataset(string connStr, CommandType cmdType, string cmdText,
params SqlParameter[] cmdParameters) {
  using (SqlConnection conn = new SqlConnection(connStr)) {
```

```
        SqlCommand cmd = new SqlCommand();
        PreparCommand(cmd, cmdType, conn, cmdText, cmdParameters);
        using (SqlDataAdapter da = new SqlDataAdapter(cmd)) {
            DataSet ds = new DataSet();
            da.Fill(ds);
            return ds;
        }
    }
}
```

在 SQLHelper 类中，connStr 变量的值需要在 App.Config 配置连接字符串，这样有利于网站的可移植性和代码的简洁。例如某 CarRentalUI 层中 App.Config 配置文件的代码如下：

```
<?xml version="1.0" encoding="utf-8" ?>
<configuration>
  <connectionStrings>
    <add name="EmployeeSystem"
      connectionString="server=.;database=EmployeeSystem;User ID=sa; Password=123456"/>
  </connectionStrings>
</configuration>
```

提示

ConfigurationManager 类位于 System.Configuration 命名空间下，在导入该命名空间之前，需要添加对 System.configuration 的引用。

9.8.3 高手带你做——SQLHelper 类操作数据

简单的了解过 SQLHelper 类之后，本小节我们来完成职工信息的添加以及部门列表的加载显示。主要步骤如下。

01 在当前应用程序中创建 AddEmployee.aspx 页面，页面的设计效果如图 9-1 所示，这里不再详细说明。

02 在 AddEmployee.aspx 页面的 Load 事件中添加代码，这段代码实现职工所属部门的部门列表显示。具体代码如下：

```
protected void Page_Load(object sender, EventArgs e) {
    if (!Page.IsPostBack) {
        string SQL = "SELECT * FROM Department";
        DataSet ds = SQLHelper.ExecuteDataset(SQLHelper.connStr, CommandType.Text, SQL, null);
        ddlPartList.DataSource = ds.Tables[0];
        ddlPartList.DataTextField = "departName";
        ddlPartList.DataValueField = "departId";
        ddlPartList.DataBind();
    }
}
```

上述代码中，首先判断当前页面是否为首次加载，如果是首次加载，则显示部门列表。实现部门列表功能时，首先声明 SQL 查询语句，接着调用 SQLHelper 类的 ExecuteDataset() 方法获取结果集，并保存到 ds 对象中，然后绑定 DropDownList 控件的数据源，同时指定在页面显示时的 Text 值和 Value 值。

03 为 AddEmployee.aspx 页面的 Button 控件添加 Click 事件，实现职工信息向数据表的添加功能。代码如下：

```
protected void btnAdd_Click(object sender, EventArgs e) {
    string insertSQL = "INSERT INTO Employee VALUES(@empNo,@empName,@empSex, @empCountry, @
empJiGuan, @empBirth, @empEnter,@empDepartId,@empMoney,@empIntro)";
  SqlParameter[] parm = new SqlParameter[] {      // 定义 SqlParameter 类型数组
    new SqlParameter("@empNo","No1004"),
    new SqlParameter("@empName",txtName.Text),
    new SqlParameter("@empSex",txtSex.Text),
    new SqlParameter("@empCountry", txtCountry.Text),
    new SqlParameter("@empJiGuan",txtJiGuan.Text),
    new SqlParameter("@empBirth",Convert.ToDateTime(txtBirth.Text)),
    new SqlParameter("@empEnter",Convert.ToDateTime(txtEnter.Text)),
    new SqlParameter("@empDepartId",Convert.ToInt32(ddlPartList.SelectedValue)),
    new SqlParameter("@empMoney",Convert.ToDecimal(txtMoney.Text)),
    new SqlParameter("@empIntro",txtIntro.Text),
  };
  int insertcount = SQLHelper.ExecuteNonQuery(SQLHelper.connStr, CommandType.Text, insertSQL, parm);
  if (insertcount > 0)
    Page.ClientScript.RegisterClientScriptBlock(GetType(), "", "<script>alert(' 添加成功 ')</script>");
  else
    Page.ClientScript.RegisterClientScriptBlock(GetType(), "", "<script>alert(' 添加职工失败，请排查原因 ')</
script>");
}
```

上述代码中，首先声明 SQL 添加语句和 SqlParameter 数组对象，接着调用 SQLHelper 类的 ExecuteNonQuery() 方法向数据库表中添加数据，并将执行返回的结果保存到 insertcount 变量中，根据 isnertcount 变量的值弹出对应的提示。

04 运行本程序的 AddEmployee.aspx 页面，在页面中输入内容后单击按钮执行添加操作，如图 9-6 所示。

图 9-6　职工信息添加

9.9 成长任务

成长任务 1：打开和关闭数据库连接

创建新的应用程序，在程序中创建空白的 Web 窗体页面，在页面后台编写代码，要求能够正确连接系统数据库 master，并打开和关闭数据库连接。根据当前的连接状态，将提示结果显示到窗体页面。

成长任务 2：操作汽车表的有关数据

假设当前数据库 CartMessage 中包含 Cars 表和 CarsType 表，每个表中至少有 5 条数据。Cars 表中包含汽车编号 (carNo)、汽车名称 (carName)、汽车品牌 (carTypeId)、汽车售价 (carSaleMoney) 以及描述说明 (carDescription) 等字段；CarsType 表包含类型 ID(typeId)、类型名称 (typeName)、备注 (typeRemark) 字段。

要求读者创建新的应用程序，在程序中创建空白的 Web 窗体页面，根据本章学习的内容完成以下操作。

01 单击页面中的【添加】按钮，实现汽车添加操作。其中汽车品牌需要读取 CarsType 表中的内容。

02 单击页面中的【修改】按钮，根据用户输入的汽车编号修改该款汽车的信息。

03 单击页面中的【删除】按钮，根据用户输入的汽车编号删除该款汽车的信息。

04 查询售价大于 20 万的汽车信息列表。

注意：读者需要自行创建数据库和数据库表以及向数据库表中添加数据，同时，读者可以根据需要适当增加或减少表的字段。本次成长任务对页面的美观度不做要求，只要实现上述功能即可。

第 10 章

数据绑定和数据源控件

数据服务是 ASP.NET 提供的用来为网站处理数据的一种服务，它实现了 Web 窗体页和数据源之间的数据交互功能。在第 9 章介绍 ADO.NET 对象操作数据时，大多情况下使用的都是 for 或 foreach 循环语句遍历数据，通过这样的方式，虽然可以达到用户想要的效果，但是存在一定的弊端，例如代码冗余、容易出错、不利于维护和修改等。

那么，在 ASP.NET 应用程序网页中，应该如何简单方便地绑定数据呢？本章为大家介绍相当容易的一种方式，即如何使用数据源控件绑定数据。

本章学习要点

◎ 掌握常见的几种绑定方式

◎ 熟悉 Eval() 和 Bind() 方法绑定及其区别

◎ 了解常用的数据源控件

◎ 熟悉数据源控件的层次结构图

◎ 熟悉 SqlDataSource 控件的常用属性

◎ 掌握 SqlDataSource 控件的使用

◎ 熟悉 XmlDataSource 控件的常用属性

◎ 掌握 XmlDataSource 控件的使用

扫一扫，下载
本章视频文件

10.1 数据绑定基础

做 Web 程序数据开发离不开数据，除了静态数据外，在操作数据库表的数据时，需要将这些数据显示到页面，这就离不开数据绑定。什么是数据绑定，常用的数据绑定方式有哪些？下面为大家进行介绍。

10.1.1 数据绑定概述

数据绑定允许开发人员将一个数据源和一个服务器端控件进行关联，可以免除手工编写代码进行数据显示的麻烦。在 ASP.NET 中，开发者可以使用声明式的语法对控件进行数据绑定，而且大多数服务器控件都提供对数据绑定的支持。

那么，在 ASP.NET 中如何进行数据绑定呢？大多数情况下，需要使用两大类型的控件。即数据源控件和数据显示控件。

(1) 数据源控件：数据源控件是数据绑定体系结构的一个关键部分，能够通过数据绑定控件来提供声明性编程模型和自动数据绑定行为。数据源控件概括了一个数据存储和可以针对所包含的数据执行的一些操作。

(2) 数据显示控件：顾名思义，数据显示控件主要用来显示数据。开发者通过使用数据显示控件，可以将从数据库表中读取的数据直接绑定到这种类型的控件进行显示，简单方便。

10.1.2 常见的绑定方式

数据绑定控件虽然能够将 Web 窗体页和数据源无缝结合起来，增强 Web 窗体页和数据源的交互能力。但是，在大多数情况下，页面的数据并不是固定的，这些数据可能是根据数据库读取的，可能是根据用户输入的内容进行显示的，这就一定会用到数据绑定技术，让开发者动态绑定数据。

ASP.NET 中提供了多种绑定数据的方法，下面介绍最常用的 3 种：<%= %> 绑定、<%# %> 绑定和 <%$ %> 绑定。

1. <%= %> 绑定

开发者使用 <%= %> 是最简单的一种绑定方式，这种方式绑定的数据实际上等价于 Response.Write() 这种形式，但并不绝对。

【例 10-1】

如下代码直接通过 <%= %> 绑定简单字符串“用户名称”：

```
<asp:Label ID="lblNameTxt" runat="server" >
<%=" 用户名称 " %></asp:Label>
```

【例 10-2】

除了绑定简单字符串外，开发者可以通过 <%= %> 绑定变量、方法或者表达式。例如，本例要求开发者将用户输入的名称通过 <%= %> 的方式显示到 Label 控件。步骤如下。

01 向 Web 窗体页面添加 TextBox 控件和 Label 控件，前者提供用户输入的名称，后者显示用户输入的内容。代码如下：

```
用户名称：<asp:TextBox ID="txtName"
OnTextChanged="txtName_TextChanged"
AutoPostBack="true" runat="server">
</asp:TextBox><br /><br />
<asp:Label ID="lblNameTxt" runat="server" >
<%=showName %></asp:Label>
```

02 在 Web 窗体页面后台声明一个公有的变量 showName，页面首次加载时指定 showName 的值。另外，为 TextBox 控件添加 TextChanged 事件，在该事件中将 TextBox 控件的值赋给 showName 变量。代码如下：

```
public string showName;
protected void Page_Load(object sender, EventArgs e) {
  if (!Page.IsPostBack)
    showName = " 首次加载 ";
}
protected void txtName_TextChanged(object sender, EventArgs e) {
  showName = txtName.Text;
}
```

03 运行 Web 窗体页面，输入内容，查看效果。

【例 10-3】

通过 <%= %> 绑定一个静态方法，页面代码如下：

```
<asp:Label ID="lblNameTxt" runat="server" ><%=GetName(txtName.Text) %></asp:Label>
```

Web 窗体后台页面的 GetName() 方法如下：

```
public static string GetName(string name) {
  if (name.Length <= 2)
    return name + " ！ ";
  else
    return name;
}
```

上述 GetName() 方法会判断用户输入名称的长度，如果长度小于等于 2，则需要添加一个“！”，如果长度大于 2，则直接显示。

2. <%# %> 绑定

通过 <%# %> 这种方式绑定数据是最经常使用的一种，它是控件数据绑定的基础，所有的数据表达式都必须包含在这些字符串中，并且通过这种方式绑定时，必须调用控件的 DataBind() 方法才能正常执行。通过 <%# %> 方式绑定数据时，无论是 Web 服务器控件还是 HTML 服务器控件，都会被绑定。

<%# %> 不仅可以绑定简单的字符串、属性，还可以绑定集合和表达式，甚至还可以将数据绑定表达式包含在 JavaScript 代码中。

【例 10-4】

计算 100+20 的结果，将该结果保存到 Label 控件中。代码如下：

```
100+20=<asp:Label ID="lblNameTxt" runat="server" ><%#GetAddResult(100,20) %></asp:Label>
```

上述代码调用后台 GetAddResult() 方法，并向该方法中传入两个参数。GetAddResult() 方法的内容如下：

```
public static int GetAddResult(int a, int b) {
  return a + b;
}
```

仅通过上述代码运行 Web 窗体页面是不会显示结果的。显式调用服务器控件的 DataBind() 方法或者调用页面级的 Page.DataBind() 方法之前，控件不会有任何数据呈现，一般情况下，在 Page_Load 事件中调用 Page.DataBind() 方法。代码如下：

```
protected void Page_Load(object sender, EventArgs e) {
    Page.DataBind();
}
```

注意

通过 <%# %> 方式绑定数据时，必须通过 DataBind() 方法将数据绑定到数据源。开发者可以通过 Page.DataBind() 方法或者 ControlName.DataBind() 方法进行绑定。其中，ControlName 表示服务器控件的名称。如果通过 Page.DataBind() 进行绑定，绑定后，所有的数据源都将绑定到它们的服务器控件。

【例 10-5】

开发者可以将包含返回值的方法绑定到页面的控件中，通过 <%# %> 这种方式获取返回值。但是，单击按钮控件时，如何获取到方法并弹出方法的返回值呢？很简单，可以直接通过 <%# %> 这种方式将数据绑定表达式包含在 JavaScript 代码中，实现在脚本中调用 Web 窗体页后台的方法。在上个例子的基础上进行更改，步骤如下。

01 向 Web 窗体页面添加 Button 控件，指定控件的 OnClientClick 属性。代码如下：

```
<asp:Button ID="btnClick" runat="server" OnClientClick="javascript:GetClientAddResult()" Text=" 计算结果 " />
```

02 在 Web 窗体页面添加客户端脚本，在客户端脚本中调用后台的 GetAddResult() 方法。代码如下：

```
<script type="text/javascript">
    function GetClientAddResult() {
        var result = "<%#GetAddResult(100,20)%>";        // 调用后台方法
        alert(result);
    }
</script>
```

03 在 Web 窗体页面后台添加 GetAddResult() 方法，方法代码可以参考例 10-4。

04 运行 Web 窗体页面进行测试。

3. <%$ %> 绑定

通过 <%$ %> 这种方式也可以绑定数据，但是，它主要用于对 Web.config 文件的键 / 值进行绑定，通常用于连接数据库的字符串。使用 <%$ %> 绑定数据时，需要注意以下两点：

- 只能用于绑定 Web 服务器控件。
- 只能绑定到服务器控件的某个属性上。

【例 10-6】

通过 DropDownList 控件的 DataSourceID 属性指定数据源绑定控件，在数据源绑定控件

中绑定数据库中的数据。SqlDataSource 控件的代码如下：

```
<asp:SqlDataSource ID="SqlDataSource1" runat="server" SelectCommand="SELECT [typeId], [typeName]
FROM [employType]" ConnectionString="<%$ ConnectionStrings:employeeConnectionString %>">
```

10.1.3　Eval() 和 Bind() 方法绑定

在上一小节为大家介绍了三种常见的绑定方式，读者可以根据自己的需要选择合适的绑定方式。但是，在大多数情况下，绑定方式会与数据显示控件、数据源控件结合使用（尤其是前者），绑定时会涉及到两个方法，即 Eval() 方法和 Bind() 方法。

1. Eval() 方法

Eval() 方法可计算数据绑定控件（例如 GridView、DetailsView 和 FormView 控件）的模板中的后期绑定数据表达式。在运行时，Eval() 方法调用 DataBinder 对象的 Eval 方法，同时引用命名容器的当前数据项。命名容器通常是包含完整记录的数据绑定控件的最小组成部分，如 GridView 控件中的一行。因此，只能对数据绑定控件模板内的绑定使用 Eval() 方法。

通常情况下，Eval() 方法有 4 种绑定语法，开发者在绑定数据时可以根据情况使用。

(1) 标准的数据绑定语法：

```
<asp:Literal id="litEval2" runat="server" Text='<%#DataBinder.Eval(Container.DataItem, "userName")%>' />
```

(2) 简化 Eval() 数据绑定语法：

```
<asp:Literal id="litEval1" runat="server" Text='<%Eval("userName")%>' />
```

(3) 上述方法的重载，可以将数据项作为参数传递：

```
<a href='<%# Eval("userId","Default.aspx?id={0}")%>'><%# Eval("userName") %></a>
```

(4) Eval() 方法同时绑定两个值：

```
<a href='<%# string.Format("Default.aspx?id={0}&role={1}", Eval("userId"),Eval("userRole"))%>'>
  <%# Eval("userName") %>
</a>
```

提示

Eval() 方法在运行时使用反射执行后期绑定计算，因此与标准的 ASP.NET 数据绑定方法 Bind() 相比，会导致性能明显下降。它一般用在绑定时需要格式化字符串的情况下。多数情况应尽量少用此方法。

2. Bind() 方法

在 ASP.NET 中，数据绑定控件（如 GridView、DetailsView 和 FormView 控件）可自动使用数据源控件的更新、删除和插入操作。例如，如果已为数据源控件定义了 SQL Select、Insert、Delete 和 Update 语句，则通过使用 GridView、DetailsView 或 FormView 控件模板中的 Bind() 方法，就可以使控件从模板中的子控件中提取值，并将这些值传递给数据源控件。然后数据源控件将执行适当的数据库命令。出于这个原因，在数据绑定控件的 EditItemTemplate

或 InsertItemTemplate 中要使用 Bind() 方法。

Bind() 方法通常与输入控件一起使用，例如由编辑模式中的 GridView 行所呈现的 TextBox 控件。当数据绑定控件将这些输入控件作为自身呈现的一部分创建时，该方法便可提取输入值。

提示

Bind() 方法与 Eval() 方法有一些相似之处，但也存在很大的差异。虽然可以像使用 Eval() 方法一样使用 Bind() 方法来检索数据绑定字段的值，但当数据可以被修改时，还是要使用 Bind() 方法。

3. Eval() 和 Bind() 的区别

既然 Eval() 和 Bind() 方法都可以用于数据绑定，那么它们有什么区别呢？区别如下：

- Eval() 是只读的 (单向数据绑定)，而 Bind() 方法支持读和写的功能 (双向数据绑定)。开发者用 Eval() 方法不可以和数据源控件交互，但是可以自定义操作。
- Bind() 方法是可更新的，并且可以和数据源控件交互，直接和数据库交互。但是用 Bind() 方法，不能在程序端自定义操作。
- 当对字符串操作或格式化字符串时，必须使用 Eval() 方法。如 <%#Eval(" 字段名 ").ToString().Trim() %> 或 <%#Eval("BookPrice","{0:C}") %> 等。

10.2 数据源控件概述

数据源控件通常和数据绑定控件一起使用，例如在站点导航控件中已经使用过的 SiteMapDataSource，都属于数据源控件。ASP.NET 中可以使用的数据源控件有哪些？数据源控件的层次结构是怎样的？下面会为大家进行介绍。

10.2.1 数据源控件的层次结构

数据源控件可以使用数据库、XML 文件或中间层业务对象作为数据源，并从中检索和处理数据。ASP.NET 程序中常用的数据源控件的层次结构如图 10-1 所示。

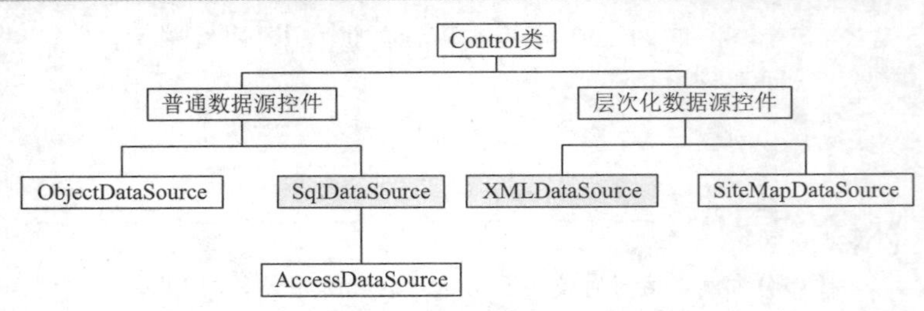

图 10-1 数据源控件类的层次结构

从图 10-1 中可以看出，Control 类下的控件包含两大类，一类是普通数据源 (DataSourceControl) 控件，另一类是层次化数据源 (HierarchicalDataBoundControl) 控件。不同种类的数据源控件下又包含不同的控件。

10.2.2 常用的数据源控件

根据图 10-1 所示的数据源控件的层次结构，可以知道 ASP.NET 中常用的几种数据源控件。表 10-1 针对 ASP.NET 提供的数据源控件进行了详细说明。

表 10-1 常用的数据源控件

数据源控件名称	说 明
AccessDataSource	用于检索 Access 数据库（文件后缀名为 .mdb 的文件）中的数据
LinqDataSource	常用于访问数据库实体类提供的数据
ObjectDataSource	它能够将来自业务逻辑层的数据对象与表示层中的数据绑定，实现数据的显示、编辑和删除等任务
EntityDataSource	允许绑定到基于实体数据模型（EDM）的数据，支持自动生成更新、插入、删除和选择命令。还支持排序、筛选和分页
SiteMapDataSource	专门处理类似站点地图的 XML 数据，默认情况下，数据源是以 .sitemap 为扩展名的 XML 文件
SqlDataSource	可以使用基于 SQL 的关系数据库（如 SQL Server、Oracle、ODBC 以及 OLE DB 等）作为数据源，并从这些数据源中检索数据
XmlDataSource	常用来访问 XML 文件或具有 XML 结构层次数据（如 XML 数据块等），并向数据提供 XML 格式的层次数据

注意

表 10-1 列出的数据源控件一般提供数据而不会显示数据，它们必须和绑定控件（例如 ListBox、DropDownList、GridView、Repeater 等）一起使用。

10.3 SqlDataSource 控件

SqlDataSource 是最常用的数据源控件之一，开发者使用 SqlDataSource 控件时，只需要很少的代码或者无需任何代码，就可以从数据库中检索数据。

10.3.1 SqlDataSource 控件概述

SqlDataSource 控件可以用于任何具有关联的 ASP.NET 提供程序的数据库，包括 SQL Server、Oracle、ODBC 或 OLE DB 数据库。开发者在配置时指定 SqlDataSource 使用的 SQL 语句语法以及是否可以使用更高级的数据库功能（例如存储过程）均由所用的数据库决定。但是，数据源控件对于所有数据库的操作都是相同的。

开发者如果要使用 SqlDataSource 控件从数据库中检索数据，必须设置与其有关的属性，例如查询数据用到的 SelectCommand 属性、删除数据用到的 DeleteCommand 属性，常用的属性及其属性说明如表 10-2 所示。

表 10-2 SqlDataSource 控件的常用属性

属性名称	说 明
CacheDuration	获取或设置以秒为单位的一段时间，它是数据源控件缓存 Select 方法所检索到的数据的时间

（续表）

属性名称	说　明
ConnectionString	获取或设置特定于 ADO.NET 提供程序的连接字符串，SqlDataSource 控件使用该字符串连接基础数据库
ProviderName	设置为 ADO.NET 提供程序的名称，该提供程序表示正在使用的数据库。假设正在使用 SQL Server 数据库，将该属性设置为 System.Data.SqlClient；假设正在使用 Oracle 数据库，将该属性设置为 System.Data.OracleClient，以此类推
DataSourceMode	获取或设置 SqlDataSource 控件获取数据所用的数据检索模式
DeleteCommand	获取或设置 SqlDataSource 控件从基础数据库删除数据所用的 SQL 字符串
DeleteCommandType	获取或设置一个值，该值指示 DeleteCommand 属性中的文本是 SQL 语句还是存储过程的名称
DeleteParameters	从与 SqlDataSource 控件相关联的 SqlDataSourceView 对象获取包含 DeleteCommand 属性所使用的参数集合
EnableCaching	获取或设置一个值，该值指示 SqlDataSource 控件是否启用数据缓存
FilterExpression	获取或设置调用 Select 方法时应用的筛选表达式
FilterParameters	获取与 FilterExpression 字符串中的任何参数占位符关联的参数的集合
InsertCommand	获取或设置 SqlDataSource 控件将数据插入基础数据库所用的 SQL 字符串
InsertCommandType	获取或设置一个值，该值指示 InsertCommand 属性中的文本是 SQL 语句还是存储过程的名称
InsertParameters	从与 SqlDataSource 控件相关联的 SqlDataSourceView 对象获取包含 InsertCommand 属性所使用的参数的参数集合
SelectCommand	获取或设置 SqlDataSource 控件从基础数据库检索数据所用的 SQL 字符串
UpdateCommand	获取或设置 SqlDataSource 控件更新基础数据库中的数据所用的 SQL 字符串

10.3.2 SelectCommand 执行 SQL 语句

简单地了解过 SqlDataSource 数据源控件以后，下面我们利用前面介绍的知识来演示该控件的使用。

【例 10-7】

获取 EmployeeSystem 数据库下 Department 数据库表的数据，并将获取到的 departName 字段列的值绑定到 DropDownList 控件。主要步骤如下。

01 打开当前应用程序下的 Web.config 配置文件，在该文件的根节点下添加名称为 connectionStrings 的节点。内容如下：

```
<configuration>
 <connectionStrings>
  <add name="MyEmployee"
     connectionString="Data Source=.;Database=EmployeeSystem;User ID=sa;Pwd=123456" />
```

```
  </connectionStrings>
</configuration>
```

02 拖动 SqlDataSource 控件到 Web 窗体页，或直接向页面添加 SqlDataSource 控件。设置控件的 ProviderName、SelectCommand、ConnectionString 和 DataSourceMode 属性。代码如下：

```
<asp:SqlDataSource ID="SqlDataSource1" runat="server"
    ProviderName="System.Data.SqlClient"
    SelectCommand="SELECT * FROM Department"
    ConnectionString="<%$ ConnectionStrings:MyEmployee %>"
    DataSourceMode="DataReader">
</asp:SqlDataSource>
```

03 向 Web 窗体页面添加 DropDownList 控件，指定该控件的 DataSourceID 属性，将该属性的值设置为上个步骤中 SqlDataSource 控件的 ID 属性值，同时设置 DataTextField 和 DataValueField 属性。代码如下：

```
<asp:DropDownList ID="ddlDepartList" runat="server"
    DataSourceID="SqlDataSource1"
    DataTextField="departName"
    DataValueField="departID">
</asp:DropDownList>
```

04 运行程序的 Web 窗体页面，查看效果。

10.3.3 SelectCommand 执行存储过程

如果使用的数据库支持存储过程，那么，可以将 SelectCommand 属性设置为存储过程的名称，并且将 SelectCommandType 属性值设置为 StoredProcedure，以指示 SelectCommand 属性引用一个存储过程。

【例 10-8】

当前 Employee 职工表中包含一个 empDepartId 字段，该字段表示员工所属部门 ID，其值指向 Department 部门表的 departID 列的值，因此开发者可以在 SQL Server 数据库中创建存储过程，该存储过程用于联合读取这两个表的数据。创建存储过程的 SQL 语句如下：

```
CREATE PROCEDURE Employee_Department
AS
BEGIN
    SET NOCOUNT ON;
    SELECT empNo,empName,empSex,empJiGuan,departName,empMoney FROM
            Employee e,Department d where e.empDepartId=d.departID;
END
GO
```

创建存储过程完毕后，在应用程序中添加 Web 窗体页面，在页面中添加 SqlDataSource 控件，将该控件的 SelectCommand 属性指向创建的存储过程。另外，还需要添加 GridView 控件，该控件显示读取的数据。代码如下：

```
<asp:SqlDataSource id="SqlDataSource2" runat="server"
  SelectCommand="Employee_Department " SelectCommandType="StoredProcedure"
  ConnectionString="<%$ ConnectionStrings:MyEmployee %>">
  </asp:SqlDataSource>
<asp:GridView ID="GridView1" runat="server" DataSourceID="SqlDataSource2"></asp:GridView>
```

运行 Web 窗体页面，页面效果如图 10-2 所示。

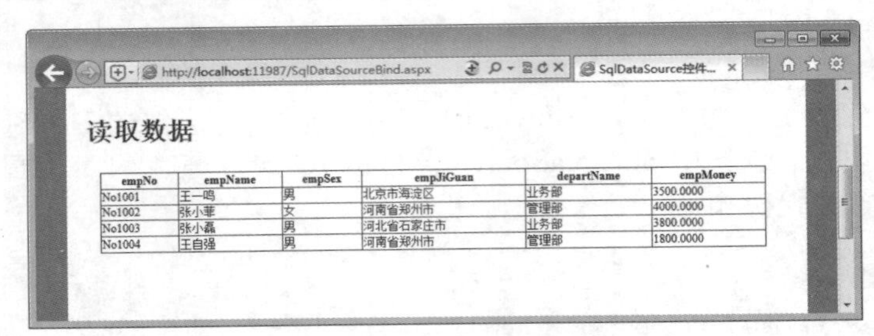

图 10-2　SqlDataSource 控件的使用

10.3.4　将参数传递给 SQL 语句

无论是执行查询语句还是执行添加、删除、修改语句，要执行的数据不可能永远是固定的。例如，ASP.NET 网页上显示的数据可能表示特定日期的报表，如果用户选择不同的日期，则报表中的数据也可能会发生更改。无论是由用户显式更改日期还是由 Web 应用程序以编程方式更改日期，如果提交到数据库的 SQL 查询是参数化的 SQL 查询，则该 SQL 查询会更为灵活且更易于维护。

以 SQL 查询语句为例，通过将添加到 SelectParameters 集合的参数与 SelectCommand 查询中的占位符关联起来，SqlDataSource 控件支持参数化 SQL 查询。参数值可从页面上的其他控件、会话状态、用户配置文件以及其他元素中读取。

【例 10-9】

查询 Employee 表中的数据（不查询 empDepartId 字段列），并将查询的结果显示到 GridView 控件中。Web 窗体页面代码如下：

```
<asp:SqlDataSource ID="SqlDataSource3" runat="server"
    SelectCommand="SELECT empNo,empName,empSex,empBirth,empEnter,empMoney,empIntro
      FROM Employee WHERE empMoney<=@empMoney"
    ConnectionString="<%$ ConnectionStrings:MyEmployee %>">
  <SelectParameters>
    <asp:Parameter Name="empMoney" Type="Decimal" DefaultValue="3500" />
  </SelectParameters>
</asp:SqlDataSource>
<asp:GridView ID="GridView2" runat="server" DataSourceID="SqlDataSource3"></asp:GridView>
```

ASP.NET 编程

上述代码在查询数据时，通过 SelectCommand 属性查询数据库表中的数据，并且通过占位符指定参数，在 SelectParameters 中指定对应的参数。在设置参数时，Name 对应 SelectCommand 中指定的参数名；Type 表示参数类型；DefaultValue 对应默认值。

运行本程序的 Web 窗体页面，效果如图 10-3 所示。

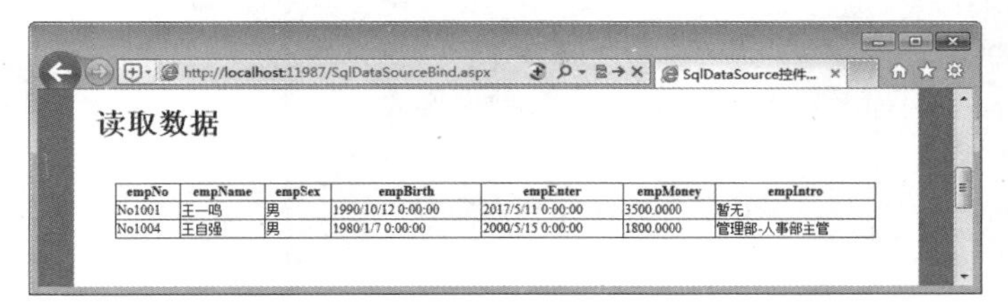

图 10-3　将参数传递到 SQL 语句

注意

占位符所用语法不尽相同，具体取决于数据库类型。如果使用 SQL Server，则参数名以“@”字符开头，并且其名称与 SelectParameters 集合中的 Parameter 对象的名称相对应。如果使用 ODBC 或 OLE DB 数据库，则不对参数化语句中的参数命名，而是使用占位符“?”指定。

10.3.5　通过属性窗格操作数据

在前面介绍的例子中，开发者可以通过手动编写代码的方式添加内容。但是，在实际学习控件的过程中，如果开发者不熟悉控件的属性，手动编写容易出现错误。如果存在简单的方法，开发者可以直接利用简单方法进行操作。

本节为大家介绍除了直接设置控件的属性外，如何直接在控件的【属性】窗格中进行操作。

【例 10-10】

直接从【工具箱】中拖动 SqlDataSource 控件到 Web 窗体页面，选中该控件后打开【属性】窗格，在【属性】窗格中设置要操作的属性，如图 10-4 所示。

例如要执行删除操作，找到 DeleteQuery(删除语句)，单击此属性后面的按钮，弹出【命令和参数编辑器】对话框，如图 10-5 所示。

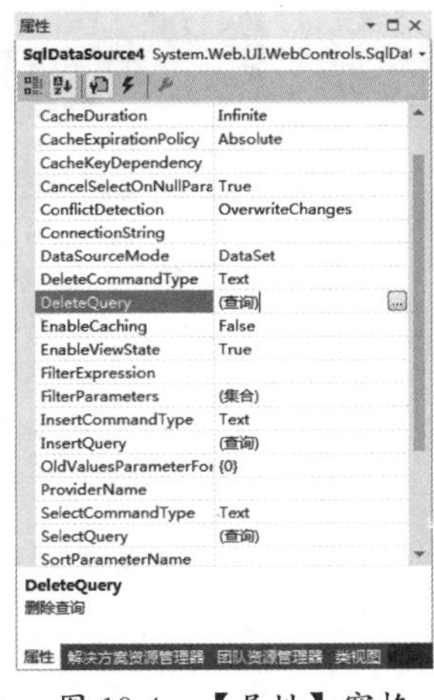

图 10-4　【属性】窗格

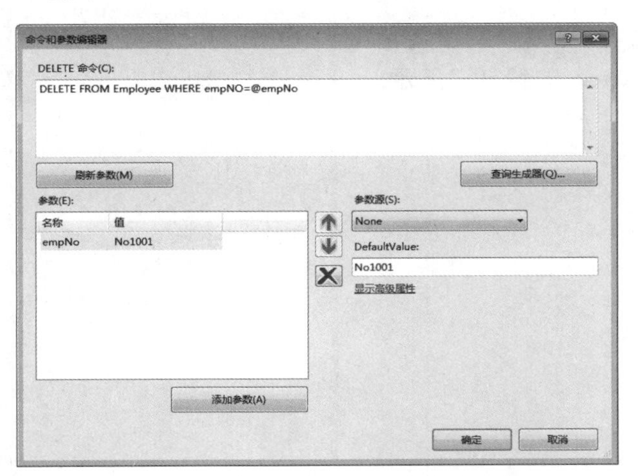

图 10-5　【命令和参数编辑器】对话框

在图 10-5 中，在【DELETE 命令】下面输入要执行的 SQL 删除语句，并指定参数的值，输入完毕后单击【确定】按钮。这时会自动在页面生成以下代码：

```
<asp:SqlDataSource ID="SqlDataSource4" runat="server" DeleteCommand="DELETE FROM Employee WHERE empNO=@empNo">
  <DeleteParameters>
    <asp:Parameter DefaultValue="No1001" Name="empNo" />
  </DeleteParameters>
</asp:SqlDataSource>
```

10.4 高手带你做——为 SqlDataSource 配置数据源

在 ASP.NET 窗体页面的【设计】窗口中，开发者可以直接为 SqlDataSource 配置数据源，配置完毕后，会在页面自动添加对应的代码。主要步骤如下。

01 在 Web 窗体页面的【设计】窗口中选择 SqlDataSource 控件，单击右上角的小三角符号并展开，如图 10-6 所示。

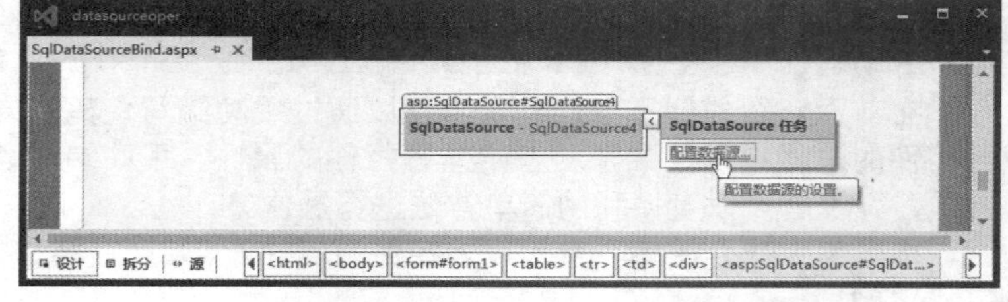

图 10-6　找到 SqlDataSource 控件的任务项

02 单击图 10-5 中的【配置数据源】选项，弹出【配置数据源】对话框，在该对话框中，用户可以选择要使用的数据库连接，这里选择 MyEmployee，如图 10-7 所示。

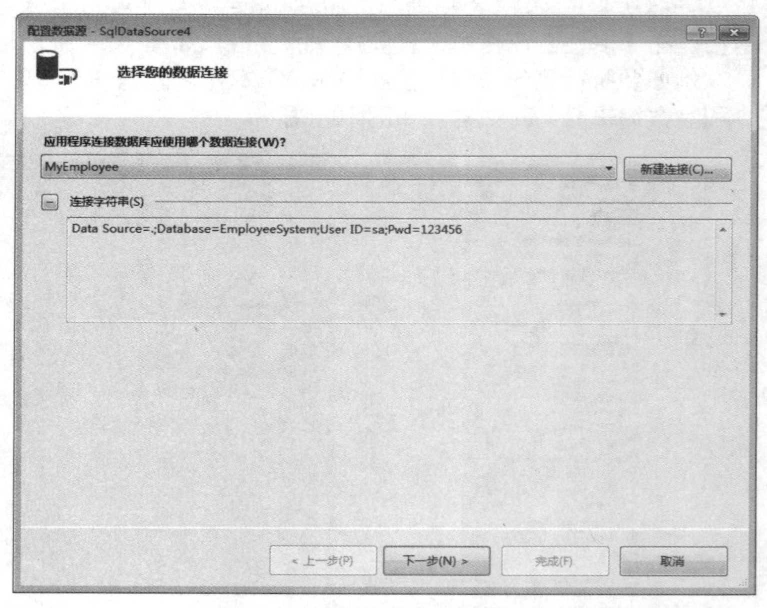

图 10-7　选择提供的数据库连接

03 如果在该对话框中没有提供选择的数据库或者提供的数据库并不是想要的，可以单击【新建连接】按钮进行创建，单击按钮时的效果如图 10-8 所示。

04 在图 10-8 所示的界面中选择数据源，这里选择 Microsoft SQL Server，单击【继续】按钮，弹出【添加连接】对话框，在该对话框中输入或选择服务器名，输入身份验证信息，选择要连接的数据库等，单击【测试连接】按钮进行测试，连接成功时的效果如图 10-9 所示。

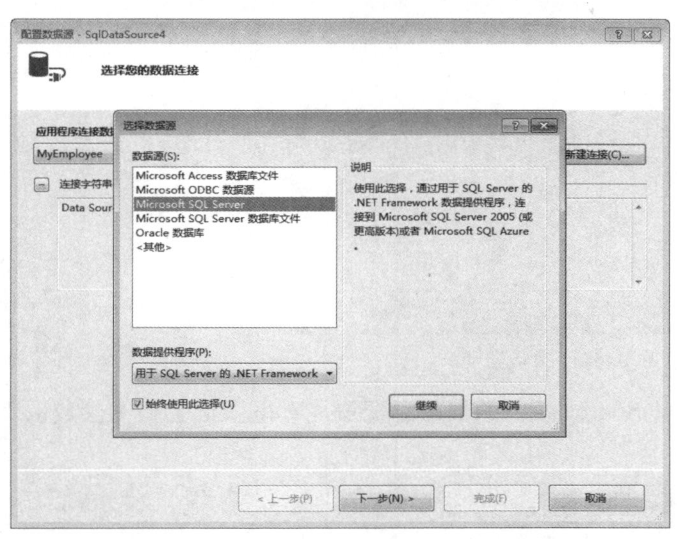
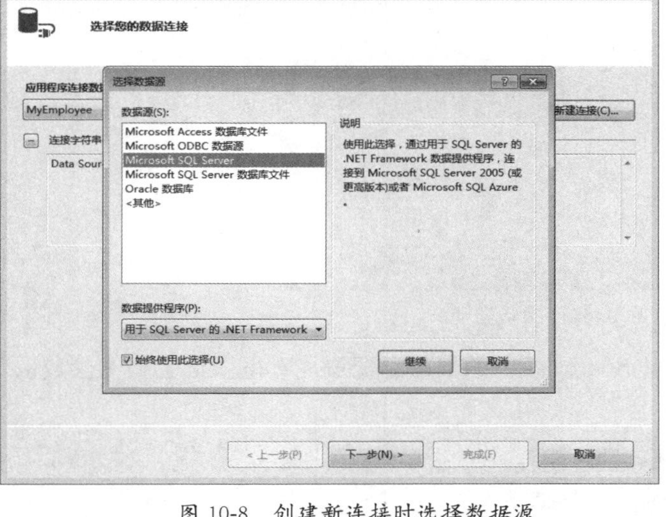

图 10-8　创建新连接时选择数据源

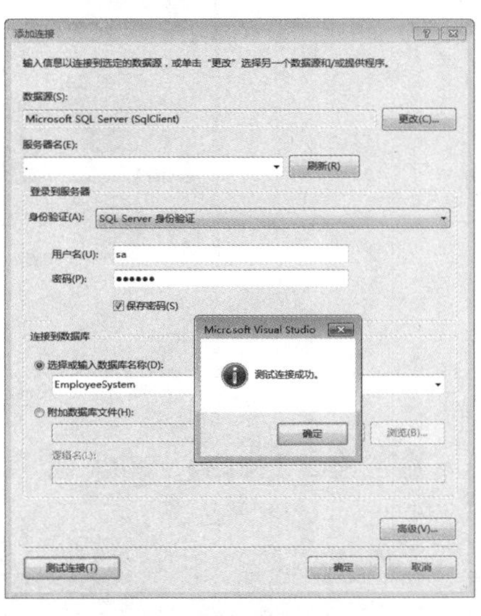

图 10-9　【添加连接】对话框

05 测试连接成功后，单击【确定】按钮进入到下一步操作，界面如图 10-10 所示。在该图中，用户可以选择是否将连接保存到应用程序配置文件中，如果保存，可以起名，如果不保存，取消选中复选框即可。

06 单击【下一步】按钮进入【配置 Select 语句】界面，如图 10-11 所示。在该界面中，开发者可以选择要操作的表、视图或存储过程，如果需要指定条件，可单击 WHERE 按钮进行设置，如果需要指定排序，可单击 ORDER BY 进行设置。

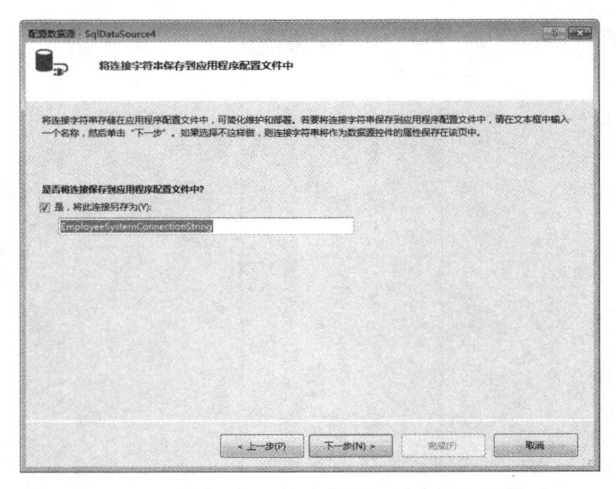

图 10-10　选择是否将连接添加到配置文件中

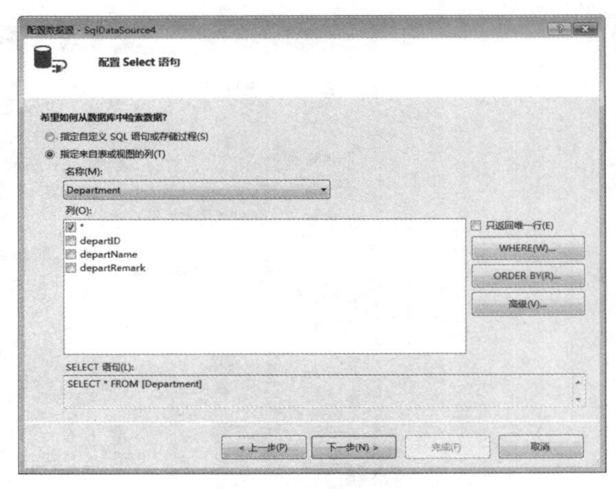

图 10-11　配置 Select 语句

07 单击【下一步】按钮进入【测试查询】界面，在该界面中单击【测试查询】按钮可以查询指定 SQL 语句的记录，查询效果如图 10-12 所示。

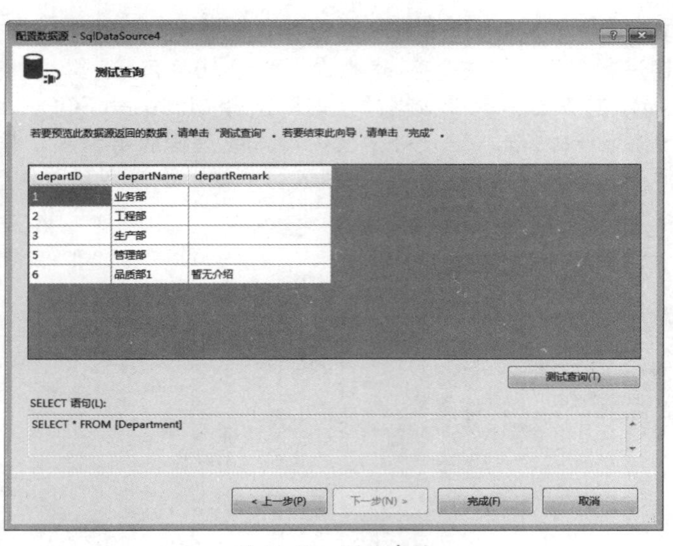

图 10-12　测试查询

08 单击【完成】按钮完成 SqlDataSource 控件的数据源配置，Web 页面会自动生成以下代码：

```
<asp:SqlDataSource ID="SqlDataSource4" runat="server"
    SelectCommand="SELECT * FROM [Department]"
    ConnectionString="<%$ ConnectionStrings:EmployeeSystemConnectionString %>">
</asp:SqlDataSource>
```

09 以上步骤只是完成 SqlDataSource 控件的数据源配置，如果想要显示数据，需要借助于其他的服务器控件。如向 Web 窗体页面添加 DropDownList 控件，在【设计】窗口选中该控件，然后展开右上角的按钮，执行【选择数据源】命令，此时会弹出【选择数据源】对话框，指定要显示的数据字段和值字段即可，如图 10-13 所示。

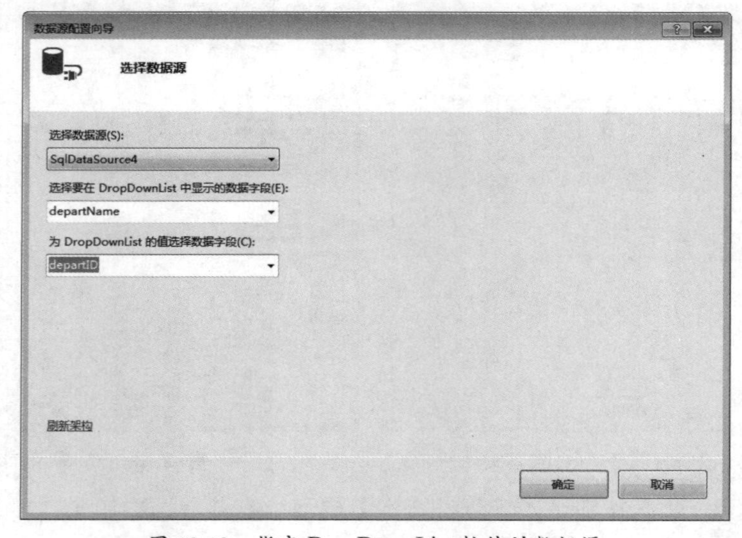

图 10-13　指定 DropDownList 控件的数据源

10 单击【确定】按钮完成数据源的配置工作。

11 运行程序的 Web 窗体页面，查看效果。

提示

除了上面介绍的方式外，开发者可以直接为数据显示控件新建数据源，使用这种方式时，会首先弹出让用户选择数据源类型的对话框，感兴趣的读者可以亲自动手试一试。

10.5　XmlDataSource 控件

细心的读者可以发现，前面已经使用过 XmlDataSource 数据源控件。XmlDataSource 控件使得 XML 数据可用于数据绑定控件，可以使用该控件同时显示分层数据和表格数据。在只读情况下，XmlDataSource 控件通常用于显示分层 XML 数据。

10.5.1　XmlDataSource 控件概述

XmlDataSource 控件将 XML 元素的属性公开为可绑定数据的字段。如果要绑定非属性的值，则可以使用可扩展样式表语言样式表指定转换。在 FormView 或 GridView 等控件模板中，开发者还可以使用 XPath 数据绑定功能将模板中的控件绑定到 XML 数据。

表 10-3 针对 XmlDataSource 控件的常用属性进行了详细说明。

表 10-3　XmlDataSource 控件的常用属性

属性名称	说　明
Data	获取或设置数据源控件绑定到的 XML 数据块
DataFile	指定绑定数据源的 XML 文件的文件名
EnableCaching	获取或设置一个值，指示控件是否已启用数据缓存
EnableViewState	获取或设置一个值，指示服务器控件是否将保持其视图状态及其包含的所有子控件的视图状态
Parent	具有引用页面控件层次结构的服务器控件的父控件
Transform	获取或设置可扩展样式表语言数据块，该数据块定义要对 XmlDataSource 控件管理的 XML 数据执行的 XSLT 转换
TransformFile	指定可扩展样式表语言文件的文件名，该文件定义要对 XmlDataSource 控件管理的 XML 数据执行的 XSLT 转换
XPath	指定 XPath 表达式，该表达式将应用于 XmlDataSource.Data 属性所包含的 XML 数据或 DataFile 属性指示的 XML 文件所包含的 XML 数据

【例 10-11】

简单地了解过 XmlDataSource 控件以后，下面通过一个简单的例子，将一个 XML 文件绑定显示到 TreeView 控件。主要步骤如下。

01 创建 people.xml 文件，该 XML 文件的内容如下：

```
<?xml version="1.0" encoding="utf-8" ?>
<People>
 <Person>
  <Name>
   <FirstName>Manoj</FirstName>
   <LastName>Syamala</LastName>
  </Name>
  <Address>
   <Street>345 Maple St.</Street>
   <City>Redmond</City>
   <Region>WA</Region>
   <ZipCode>01434</ZipCode>
  </Address>
  <Job>
   <Title>CEO</Title>
   <Description>Develops company strategies.</Description>
  </Job>
 </Person>
 <Person>
  <Name>
   <FirstName>Jared</FirstName>
   <LastName>Stivers</LastName>
  </Name>
  <Address>
   <Street>123 Elm St.</Street>
   <City>Seattle</City>
   <Region>WA</Region>
   <ZipCode>11223</ZipCode>
  </Address>
  <Job>
   <Title>Attorney</Title>
   <Description>Reviews legal issues.</Description>
  </Job>
 </Person>
</People>
```

02 创建程序的 Web 窗体页面，在页面的合适位置添加 XmlDataSource 控件，指定控件的 DataFile 属性，该属性指向 people.xml 文件。代码如下：

```
<asp:XmlDataSource ID="PeopleDataSource" runat="server" DataFile="~/people.xml" />
```

03 向 Web 窗体页面添加 TreeView 控件，具体代码如下：

```
<asp:TreeView ID="PeopleTreeView" runat="server" DataSourceID="PeopleDataSource">
```

```
    <DataBindings>
      <asp:TreeNodeBinding DataMember="LastName" TextField="#InnerText" />
      <asp:TreeNodeBinding DataMember="FirstName" TextField="#InnerText" />
      <asp:TreeNodeBinding DataMember="Street" TextField="#InnerText" />
      <asp:TreeNodeBinding DataMember="City" TextField="#InnerText" />
      <asp:TreeNodeBinding DataMember="Region" TextField="#InnerText" />
      <asp:TreeNodeBinding DataMember="ZipCode" TextField="#InnerText" />
      <asp:TreeNodeBinding DataMember="Title" TextField="#InnerText" />
      <asp:TreeNodeBinding DataMember="Description" TextField="#InnerText" />
    </DataBindings>
  </asp:TreeView>
```

04 运行程序的 Web 窗体页面，页面显示效果如图 10-14 所示。

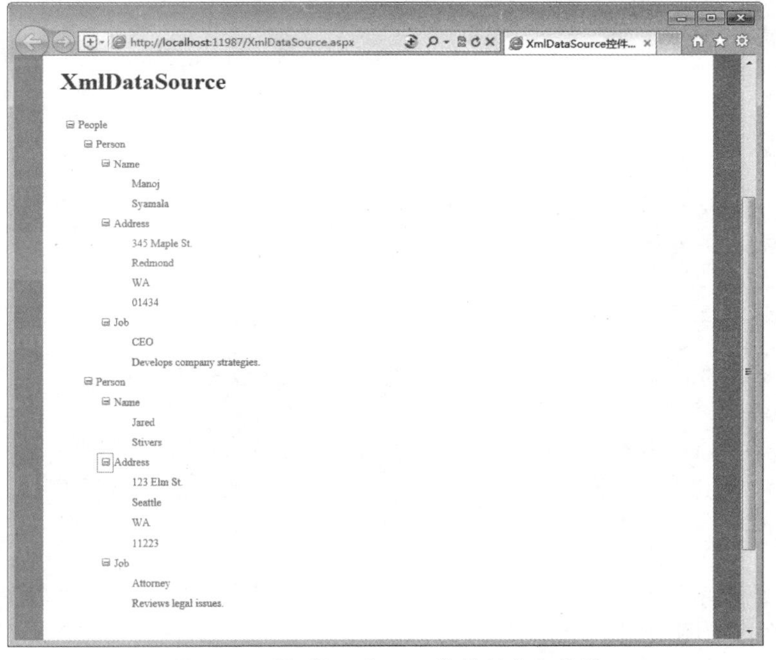

图 10-14　XmlDataSource 控件的基本使用

10.5.2　用 XmlDataSource 转换 XML 数据

开发人员可以通过 XmlDataSource 控件转换 XML 数据，转换数据要在使用数据绑定控件显示 XML 数据之前转换，开发者可为 XmlDataSource 控件提供可扩展样式表语言样式表。

和 XML 数据一样，开发者需要从使用 TransformFile 属性指定的文件加载样式表。另外，开发人员可以直接从使用 Transform 属性的字符串加载样式表。

【例 10-12】

在上个例子的基础上添加新的内容，通过 XmlDataSource 控件转换 XML 数据。步骤如下。

01 创建 XSLT 转换文件，文件内容如下：

```
<xsl:stylesheet version="1.0" xmlns:xsl="http://www.w3.org/1999/XSL/Transform">
 <xsl:template match="People">
  <Names>
   <xsl:apply-templates select="Person"/>
  </Names>
 </xsl:template>
 <xsl:template match="Person">
  <xsl:apply-templates select="Name"/>
 </xsl:template>
 <xsl:template match="Name">
  <name>
   <xsl:value-of select="LastName"/>, <xsl:value-of select="FirstName"/>
  </name>
 </xsl:template>
</xsl:stylesheet>
```

02 向 Web 窗体页面添加 XmlDataSource 控件，同时指定 TransformFile 属性和 DataFile 属性。代码如下：

```
<asp:XmlDataSource ID="XmlDataSource1" runat="server"
    TransformFile="~/people.xslt" DataFile="~/people.xml" />
```

03 向 Web 窗体页面添加 TreeView 控件，绑定转换后的 XML 数据。代码如下：

```
<asp:TreeView ID="TreeView1" runat="server" DataSourceID="XmlDataSource1">
  <DataBindings>
    <asp:TreeNodeBinding DataMember="Name" TextField="#InnerText" />
  </DataBindings>
</asp:TreeView>
```

04 运行本程序的 Web 窗体页面，效果如图 10-15 所示。

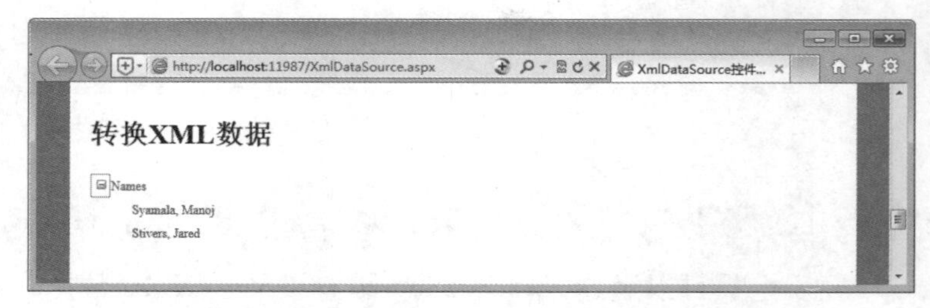

图 10-15　用 XmlDataSource 转换 XML 数据

10.5.3　用 XmlDataSource 筛选 XML 数据

默认情况下，开发者使用 XmlDataSource 控件公开由 DataFile 或 Data 属性指定的所有 XML 数据。但是，有时候开发者只需要显示部分数据，这时应该怎么办呢？ XmlDataSource 控件提供 XPath 表达式对数据进行筛选。

通过 XmlDataSource 控件的 XPath 属性，可以指定 XPath 筛选器表达式，加载 XML 数据后对 XML 数据应用任何转换时，需要应用该表达式。

【例 10-13】

在例 10-11 的基础上进行更改，只需要为 XmlDataSource 控件指定 XPath 属性即可，XPath 属性设置只显示 people.xml 文件中 People/Person/Address 节点下的内容。代码如下：

```
<asp:XmlDataSource ID="PeopleDataSource" runat="server" DataFile="~/people.xml"  XPath="/"/>
```

重新运行 Web 窗体页面，页面效果如图 10-16 所示。

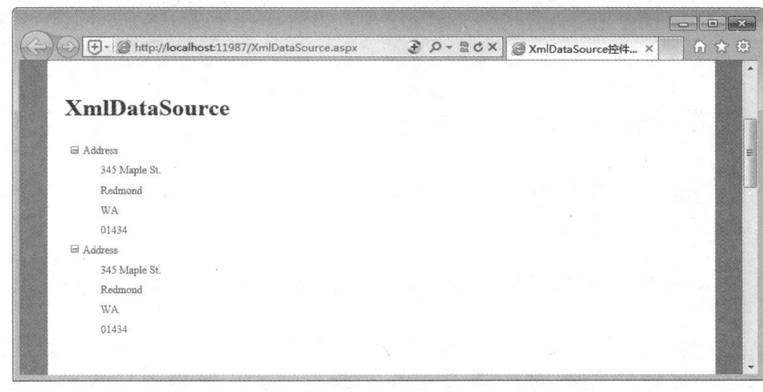

图 10-16　用 XmlDataSource 筛选 XML 数据

10.6　高手带你做——XPath 绑定表达式到数据项

开发者可以使用 XmlDataSource 控件的 XPath 属性筛选数据，上一节只是筛选某个节点下的数据，本节案例将 XmlDataSource 控件与模板化 Repeater 控件一起使用，以显示 XML 数据。

在显示数据时，Repeater 控件使用 XPath 数据绑定表达式绑定到 XmlDataSource 所表示的 XML 文档中的数据项。主要步骤如下。

01 创建 order.xml 文件，该文件包含一个订单，有收件人、收件地址、购买的商品等内容。代码如下：

```
<?xml version="1.0" encoding="iso-8859-1"?>
<orders>
 <order>
  <customer id="12345" />
  <customername>
   <firstn>John</firstn>
   <lastn>Smith</lastn>
  </customername>
  <transaction id="12345" />
  <shipaddress>
   <address1>1234 Tenth Avenue</address1>
```

```
      <city>Bellevue</city>
      <state>Washington</state>
      <zip>98001</zip>
    </shipaddress>
    <summary>
      <item dept="tools">screwdriver</item>
      <item dept="tools">hammer</item>
      <item dept="plumbing">fixture</item>
    </summary>
  </order>
</orders>
```

02 向程序的 Web 窗体页面添加 XmlDataSource 控件，指定控件的 XPath 属性和 DataFile 属性。代码如下：

```
<asp:XmlDataSource runat="server" ID="XmlDataSource1" XPath="orders/order" DataFile="~/order.xml" />
```

03 向程序的 Web 窗体页面添加 Repeater 控件，该控件用于显示订单数据。在显示 XML 文件的数据时，通过 XPath 绑定 XML 节点的内容。代码如下：

```
<asp:Repeater ID="Repeater1" runat="server" DataSourceID="XmlDataSource1">
  <ItemTemplate>
    <h2>Order</h2>
    <table>
      <tr>
        <td class="font1">Customer</td>
        <td class="font2"><%#XPath("customer/@id")%></td>
        <td class="font2"><%#XPath("customername/firstn")%></td>
        <td class="font2"><%#XPath("customername/lastn")%></td>
      </tr>
      <tr>
        <td class="font1">Ship To</td>
        <td class="font2"><%#XPath("shipaddress/address1")%></font></td>
        <td class="font2"><%#XPath("shipaddress/city")%></td>
        <td class="font2">
          <%#XPath("shipaddress/state")%>,<%#XPath("shipaddress/zip")%></td>
      </tr>
    </table>
    <h3>Order Summary</h3>
    <asp:Repeater ID="Repeater2" DataSource='<%#XPathSelect("summary/item")%>' runat="server">
      <ItemTemplate><b><%#XPath("@dept")%></b> - <%#XPath(".")%><br /></ItemTemplate>
    </asp:Repeater> <hr />
  </ItemTemplate>
</asp:Repeater>
```

04 运行程序的 Web 窗体页面，效果如图 10-17 所示。

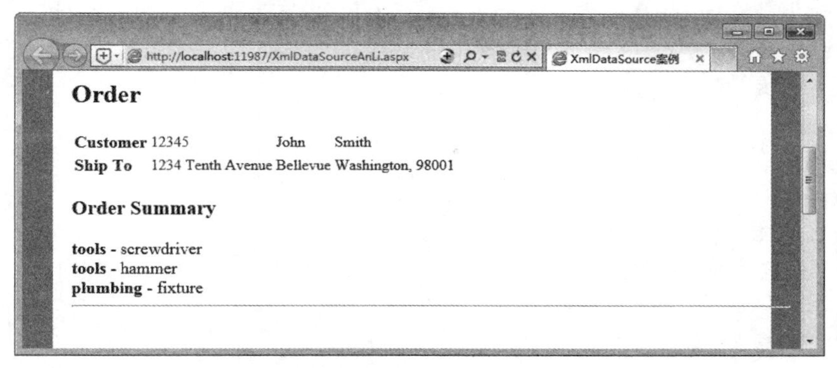

图 10-17　XPath 绑定表达式到数据项

10.7　成长任务

成长任务 1：SqlDataSource 控件的使用

本次成长任务练习 SqlDataSource 控件的使用，可以使用本章介绍的任何一种方式，而且对于具体实现内容不做要求，读者可以根据情况自行设计。

成长任务 2：借助于 XmlDataSource 控件显示 XML 数据

向应用程序中创建 Web 窗体页面，在页面添加 TreeView 控件和 XmlDataSource 控件以及 books.xml 文件，通过 TreeView 控件显示 XML 数据，效果如图 10-18 所示。

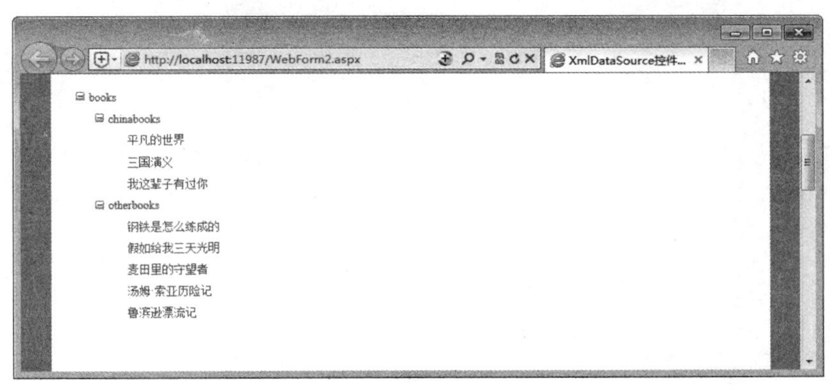

图 10-18　显示 XML 数据

XML 文件的内容如下：

```
<?xml version="1.0" encoding="utf-8" ?>
<books>
```

```
<chinabooks>
  <book title=" 平凡的世界 " author=" 路遥 "/>
  <book title=" 三国演义 " author=" 罗贯中 "/>
  <book title=" 我这辈子有过你 " author=" 张小娴 "/>
</chinabooks>
<otherbooks>
  <book title=" 钢铁是怎么练成的 " author=" 尼古拉·奥斯特洛夫斯基 "/>
  <book title=" 假如给我三天光明 " author=" 海伦·凯勒 "/>
  <book title=" 麦田里的守望者 " author=" 杰罗姆·大卫·塞林格 "/>
  <book title=" 汤姆·索亚历险记 " author=" 马克·吐温 "/>
  <book title=" 鲁滨逊漂流记 " author=" 丹尼尔·笛福 "/>
</otherbooks>
</books>
```

第 11 章

数据服务器控件

ASP.NET 提供了很多种数据服务器控件，用于在 Web 页面中显示数据库中的表数据。与第 10 章介绍的简单数据绑定不同，这些较为复杂的服务器控件具有强大的功能，开发人员只需要简单配置控件的属性，就能够在几乎不编写代码的基础上，快速实现各种布局的数据显示。

通过本章的学习，读者将体会到 ASP.NET 中数据服务器控件强大的数据展示功能，这些控件包括 Repeater、GridView 和 ListView 等。

本章学习要点

◎ 掌握 Repeater 控件的常用属性和事件
◎ 熟悉 DataList 控件的常用属性和事件
◎ 掌握 DataList 控件各个模板的使用
◎ 掌握如何使用 Repeater 控件实现数据分页显示
◎ 掌握 GridView 控件的常用属性、方法和事件
◎ 掌握如何使用 GridView 控件实现自动删除、编辑、排序和分页的功能
◎ 掌握如何使用代码实现 GridView 控件的显示、删除和更新功能
◎ 掌握如何使用 DetailsView 控件显示数据
◎ 了解 ListView 控件和 DataPager 控件的常用属性
◎ 掌握如何使用 DataPager 控件实现分页的功能

扫一扫，下载
本章视频文件

11.1 数据绑定控件简介

数据绑定控件是指可绑定到数据源的控件，以实现在 Web 应用程序中轻松显示和修改数据。数据绑定控件是将其他 ASP.NET 服务器控件 (如 Label 和 TextBox 控件) 组合到单个布局中的复合控件。

使用数据绑定控件，开发人员不仅能够将控件绑定到一个数据结果集，还能够使用模板自定义控件的布局，而且数据绑定控件还提供了用于处理和取消事件的方便模型。

通常情况下，数据绑定控件可以分为两类：普通绑定控件 (DataBoundControl) 和层次化绑定控件 (HierarchicalDataBoundControl)。其中普通绑定控件又分为标准控件、广告轮换控件、列表控件以及迭代控件 (也叫复合型控件)。图 11-1 展示了数据绑定控件的主要层次结构。

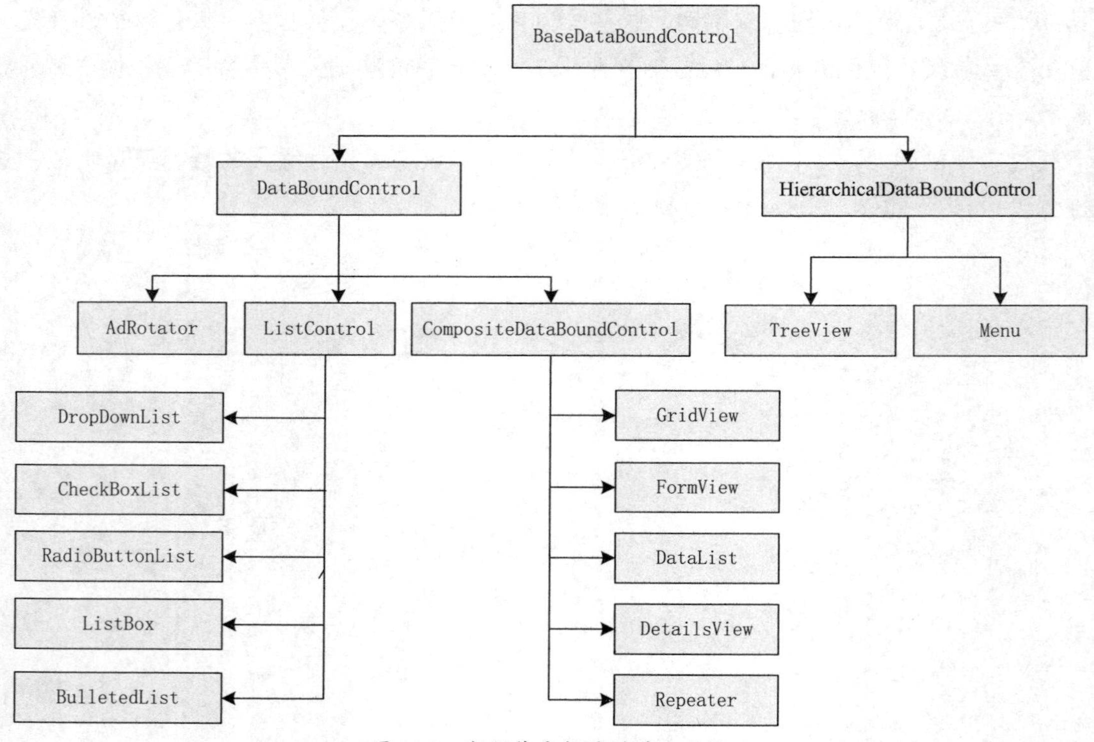

图 11-1　数据绑定控件的层次结构

在图 11-1 中，最常用的迭代控件有 Repeater、GridView 和 DataList 控件，FormView 和 DetailsView 控件次之。除此之外，有时还可以使用 ListView 控件和 DataPager 控件来分页显示数据。

数据绑定控件将数据绑定后进行显示，绑定数据最常用的有三种方式。说明如下：

- 首先配置数据源控件，然后通过绑定控件的 DataSourceID 属性进行绑定。
- 直接通过绑定控件的【配置数据源】选项进行配置。
- 通过设置绑定控件的 DataSource 属性动态编码绑定。

例如，假设编写了一个 GetUserRole() 方法从数据库中获取数据。那么可以使用类似如下的示例代码进行数据绑定：

```
ddlLoginType.DataSource = GetUserRole();
ddlLoginType.DataTextField = "userRoleName";
ddlLoginType.DataValueField = "userRoleID";
ddlLoginType.DataBind();
```

注意

在调用页面或控件的 DataBind() 方法之前，不会有任何数据呈现给控件，所以必须由父控件调用 DataBind() 方法。如 Page.DataBind() 或者 Control.DataBind()，调用 DataBind() 方法后，所有的数据源都将绑定到它们的服务器控件。

11.2　Repeater 控件

Repeater 控件是所有迭代控件中使用方法最简单的，它提供模板来定义网页上各个项的布局。当运行页面时，Repeater 控件为数据源中的每个项重复此布局。因此，Repeater 控件又被称为重复控件。

11.2.1　Repeater 控件简介

Repeater 控件专门用于精确内容的显示，它不会自动生成任何用于布局的代码。它甚至没有一个默认的外观，因此可以使用该控件创建许多列表，如表布局、逗号分隔列表和 XML 格式的列表等。

Repeater 控件本身并不具有内置呈现数据的功能，如果要使用该控件显示数据，那么必须为其添加模板，以便于为数据提供布局。在 ASP.NET 中，Repeater 控件提供了 5 种不同的模板，说明如表 11-1 所示。

表 11-1　Repeater 控件的 5 种模板

模板名称	说　明
HeaderTemplate	头部模板。因为数据列表一般会有表头，为保证代码结构化，表头的内容就可以放在这里
ItemTemplate	项目模板。这里就是普通项的模板，也就是数据列表里每一项在页面上展示的效果就在这里定义
AlternatingItemTemplate	交替项模板。对应 ItemTemplate，如果设置该项，则表示偶数项的模板。一般设置列表奇偶项不同背景色时会用到
SeparatorTemplate	间隔符模板。在每一个 ItemTemplate 或 AlternatingItemTemplate 项之间插入的分隔用的内容
FooterTemplate	脚注模板。一般的列表项可能会用脚注说明该列表的信息，这里定义列表脚注的内容

如下代码展示了 Repeater 控件各个模板的简单使用方法：

```
<asp:Repeater ID="Repeater1" runat="server">
    <HeaderTemplate><!-- 头部内容 -->
      <div style="background-color:#aaf;">This is heder</div>
    </HeaderTemplate>
    <ItemTemplate><!-- 项目模板 -->
      <span style="background-color:#eef;">This is item</span>
    </ItemTemplate>
    <AlternatingItemTemplate><!-- 交替项 -->
      <span style="background-color:#ddf;">This is Alternating Item</span>
    </AlternatingItemTemplate>
    <SeparatorTemplate><!-- 项目分隔符 --><br /></SeparatorTemplate>
    <FooterTemplate><!-- 脚注内容 -->
      <div style="background-color:#dde;">This is Footer</div>
    </FooterTemplate>
</asp:Repeater>
```

11.2.2 Repeater 控件的常用属性

向 Web 窗体页中添加 Repeater 控件时不会自动生成任何的 HTML 代码，因此它的属性也并不多，最常用的属性如表 11-2 所示。

表 11-2 Repeater 控件的常用属性

属性名称	说 明
DataSource	获取或设置为填充列表提供数据的数据源
DataSourceID	获取或设置数据源控件的 ID 属性，Repeater 控件应使用它来检索其数据源
Items	获取 Repeater 控件中的 RepeaterItem 对象的集合 RepeaterItemCollection
DataMember	获取或设置 DataSource 中绑定到控件的特定表

在表 11-2 中，Items 属性返回的是一个 RepeaterItemCollection 集合，通过该集合的 Count 属性可以获取设置的列表总数。

【例 11-1】

假设在 UserMessage 表中保存了若干的用户信息，该表的内容如图 11-2 所示。现在要读取所有用户数据，并显示用户编号列、用户姓名列和年龄列。

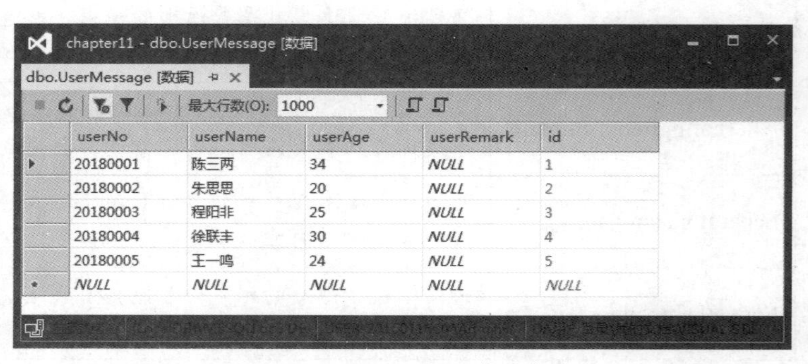

userNo	userName	userAge	userRemark	id
20180001	陈三两	34	NULL	1
20180002	朱思思	20	NULL	2
20180003	程阳非	25	NULL	3
20180004	徐联丰	30	NULL	4
20180005	王一鸣	24	NULL	5
NULL	NULL	NULL	NULL	NULL

图 11-2 UserMessage 表的内容

使用 Repeater 控件的实现步骤如下。

01 在 Web 窗体页的 form 表单内容中添加 Repeater 控件。

02 向 Repeater 控件中分别添加 HeaderTemplate 、ItemTemplate、AlternatingItemTemplate 和 FooterTemplate 模板，指定数据使用的头尾模板，以及数据显示的交替模板。在 ItemTemplate 和 AlternatingItemTemplate 模板中通过 <%#Eval() %> 的方式绑定数据。具体代码如下：

```
<asp:Repeater ID="RepeaterList" runat="server">
   <HeaderTemplate>
      <ul class="xy_c3b_ul" id="users_ret">
   </HeaderTemplate>
   <ItemTemplate>
    <li class='clearfix'> <%#Eval("userNo") %> / <span><%#Eval("userName") %> </span>(<%#Eval("userAge") %>)</li>
   </ItemTemplate>
   <AlternatingItemTemplate>
      <li class='clearfix' style="background:#f1f2f7">
      <%#Eval("userNo") %>  /<span><%#Eval("userName") %> </span>(<%#Eval("userAge") %>)</li>
   </AlternatingItemTemplate>
   <FooterTemplate>
       </ul>
   </FooterTemplate>
</asp:Repeater>
```

03 在后台代码中调用 SqlHelper 类的 GetDataSet() 静态方法获取 UserMessage 表的所有数据并保存到 DataSet 的实例对象中。然后绑定 Repeater 控件的 DataSource 属性，将其指定为 ds 对象，并通过 DataBind() 方法将数据绑定到控件中。代码如下：

```
protected void Page_Load(object sender, EventArgs e)
{
   DataSet ds = SQLHelper.ExecuteDataset(SQLHelper.connStr, CommandType.Text, "SELECT * FROM UserMessage");
   RepeaterList.DataSource = ds;
   RepeaterList.DataBind();
}
```

04 在浏览器中执行本例的代码，查看效果，如图 11-3 所示。

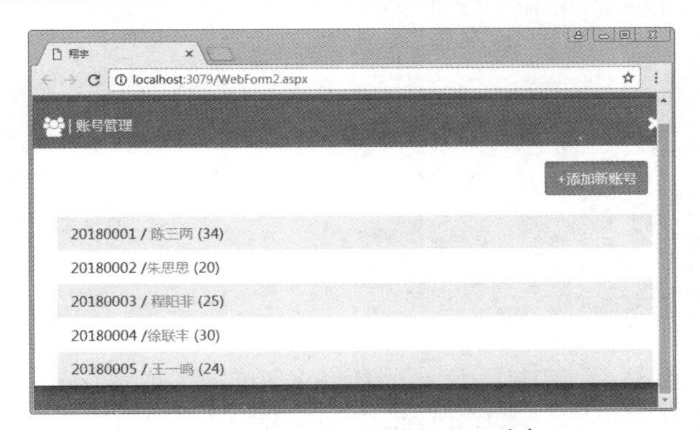

图 11-3　Repeater 控件显示列表

05 在浏览器中查看源代码，会看到 Repeater 控件生成的如下 HTML：

```
<ul class="xy_c3b_ul" id="users_ret">
    <li class='clearfix' style="background:#f1f2f7"> 20180001 / <span> 陈三两 </span>(34)</li>
    <li class='clearfix'> 20180002  /<span> 朱思思 </span>(20)</li>
    <li class='clearfix' style="background:#f1f2f7"> 20180003 / <span> 程阳非 </span>(25)</li>
    <li class='clearfix'> 20180004  /<span> 徐联丰 </span>(30)</li>
    <li class='clearfix' style="background:#f1f2f7"> 20180005 / <span> 王一鸣 </span>(24)</li>
</ul>
```

11.2.3 Repeater 控件的常用事件

Repeater 控件还提供了一些事件，但是，它所提供的事件并不多，最常用的事件说明如表 11-3 所示。

表 11-3 Repeater 控件的常用事件

事件名称	说 明
ItemCommand	当单击 Repeater 控件中的按钮时发生。该事件被设计为允许开发人员在项模板中嵌入 Button、LinkButton 和 ImageButton 控件
ItemCreated	在 Repeater 控件中创建一项时发生
ItemDataBound	该事件在 Repeater 控件中的某一项被数据绑定后但尚未呈现在页面上之前发生

1. ItemCommand 事件

ItemCommand 事件通常在单击 Repeater 控件中的按钮时发生，该按钮可以是 Button、LinkButton 和 ImageButton 控件中的任意一个。

【例 11-2】

重新更改例 11-1 中的代码，向 Repeater 控件的 ItemTemplate 模板中添加执行删除操作的 LinkButton 控件，单击该控件时触发 ItemCommand 事件。实现步骤如下。

01 在 Web 窗体页中添加 Repeater 控件，向该控件的 ItemTemplate 模板中添加绑定数据时的代码，同时添加 LinkButton 控件。代码如下：

```
<asp:Repeater ID="RepeaterList" runat="server" OnItemCommand="RepeaterList_ItemCommand">
    <ItemTemplate>
      <li class='clearfix' > <%#Eval("userNo") %> / <span>
         <%#Eval("userName") %> </span>(<%#Eval("userAge") %>)
         <asp:LinkButton ID="lbDelete" runat="server" CssClass="btn btn-danger" CommandName = "Del"
         CommandArgument='<%#Eval("id") %>' Text=" 删除 "></asp:LinkButton>
      </li>
    </ItemTemplate>
</asp:Repeater>
```

在上述代码中，为 LinkButton 控件添加了两个属性，CommandName 属性和 Command Argument 属性。其中，CommandName 指定执行操作的命令，而 CommandArgument 指定传入的值。

02 在 Web 窗体页后台的 Page_Load 事件中添加代码，具体代码可以参考例 11-1 中的第 03 步。

03 在 Web 窗体页中的【设计】窗口中选中 Repeater 控件，单击右键，在菜单中选择【属性】命令打开【属性】窗格，找到事件中的 ItemCommand 事件项并双击添加事件，这时会向 Repeater 控件的页面代码中添加 OnItemCommand 事件属性。页面代码如下：

```
<asp:Repeater ID="RepeaterList" runat="server" OnItemCommand="RepeaterList_ItemCommand">
<!-- 其他代码 -->
</asp:Repeater>
```

04 在页面后台中找到 RepeaterList_ItemCommand 事件并为其添加代码，这段代码根据传入的参数删除指定的数据。代码如下：

```
protected void RepeaterList_ItemCommand(object source, RepeaterCommandEventArgs e)
{
   string oper = e.CommandName;
   string value = e.CommandArgument.ToString();
   if (oper == "Del" && !string.IsNullOrEmpty(value)) { // 判断执行的操作和获取到的值是否合法
      string sql = "DELETE FROM UserMessage WHERE id=" + Convert.ToInt32(value);
      int result = SQLHelper. ExecuteNonQuery (SQLHelper.connStr, CommandType.Text, sql);
      if (result > 0) {
        Response.Write("<script>alert(\" 执行删除操作成功 \");window.location.href=\"Seven.aspx\" </script>");
      } else {
        Response.Write("<script>alert(\" 执行删除操作失败 \")</script>");
      }
   } else {
      Response.Write("<script>alert(\" 执行删除操作失败 \")</script>");
   }
}
```

上述代码首先通过 e.CommandName 获取执行的操作命令；接着通过 e.CommandArgument 获取传入的值；然后通过 if 语句判断获取的命令和值是否合法，如果合法，则调用 SqlHelper 类的 ExecuteNonQuery() 方法执行删除操作。

05 运行页面查看效果，删除第 2 个用户数据成功后的效果如图 11-4 所示。

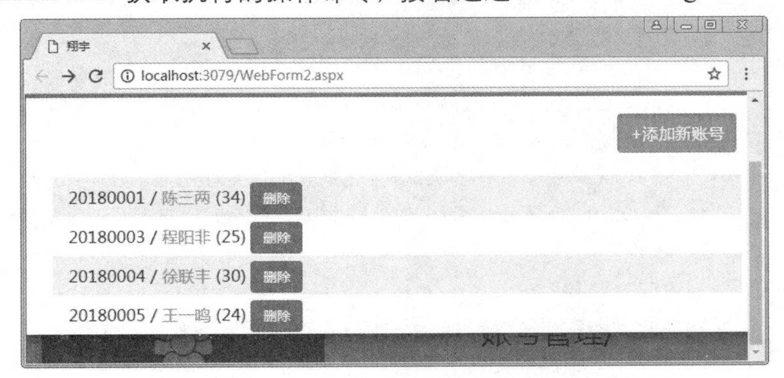

图 11-4　数据删除成功时的效果

本例中主要通过 CommandName 和 CommandArgument 实现了删除操作。CommandName 属性的常用操作命令如表 11-4 所示。

表 11-4　CommandName 属性的常用操作命令

命令名称	说　明
Cancel	取消编辑操作，并将 GridView 控件返回为只读模式
Delete	删除当前记录
Edit	将当前记录置于编辑模式
Sort	对 GridView 控件进行排序
Update	更新数据源中的当前记录
Page	执行分页操作，将按钮的 CommandArgument 属性设置为 First、Last、Next 和 Prev 或页码，以指定要执行的分页操作类型
Select	选择当前记录

2. ItemDataBound 事件

从图 11-4 中可以看到，数据库中的数据删除成功后，主键 ID 的值并不会自动的更改。例如，删除 ID 为 2 的记录，这时剩余 3 条记录的 id 值分别是 1、3、4。如果希望重新按 1、2、3、4 的顺序排列，这时可以向 ItemDataBound 事件中添加代码。

ItemDataBound 事件在 Repeater 控件中的某一项被数据绑定后但尚未呈现在页面上之前发生。下面的例子中为该事件添加代码，这段代码在每条记录之前自动生成编号。

【例 11-3】

本例在上个例子的基础上进行更改，为 Repeater 控件添加 ItemDataBound 事件代码。实现步骤如下。

01 在新创建的 Web 窗体页添加 Repeater 控件，为该控件指定 OnItemDataBound 事件属性。在 ItemTemplate 模板项中绑定每项的数据，并且在该模板项中添加用于显示自动生成编号的 Label 控件。页面代码如下：

```
<asp:Repeater ID="RepeaterList" runat="server" OnItemCommand="RepeaterList_ItemCommand"
OnItemDataBound="RepeaterList_ItemDataBound">
    <ItemTemplate>
      <li class='clearfix' >
        <asp:Label ID="lblID" runat="server"></asp:Label> - <%#Eval("userNo") %> / <span>
        <%#Eval("userName") %> </span>(<%#Eval("userAge") %>)
        <asp:LinkButton ID="lbDelete" runat="server" CssClass="btn btn-danger" CommandName = "Del"
        CommandArgument='<%#Eval("id") %>' Text=" 删除 "></asp:LinkButton>
      </li>
    </ItemTemplate>
</asp:Repeater>
```

02 更改 Repeater 控件中的 ItemCommand 事件代码，将删除成功后的链接更改为当前的 Web 窗体页。

03 添加 Repeater 控件中 ItemDataBound 事件代码，在这段代码中判断当前项是否为列表（数据）项或者交替项，如果是，则通过 FindControl() 方法找到 ID 是 lblID 的 Label 控件，然后指定 Text 属性的值。代码如下：

```
protected void RepeaterList_ItemDataBound(object sender, RepeaterItemEventArgs e)
{
  // 如果当前项为数据项或交替项
  if (e.Item.ItemType == ListItemType.Item || e.Item.ItemType == ListItemType.AlternatingItem) {
    Label lb = (Label)e.Item.FindControl("lblID");          // ID 为 lblID 的 Label 控件
    lb.Text = Convert.ToString(e.Item.ItemIndex + 1) + " - ";    // 指定值
  }
}
```

04 运行本例的 Web 窗体页，查看效果，这时会自动为每一条数据添加编号，效果如图 11-5 所示。

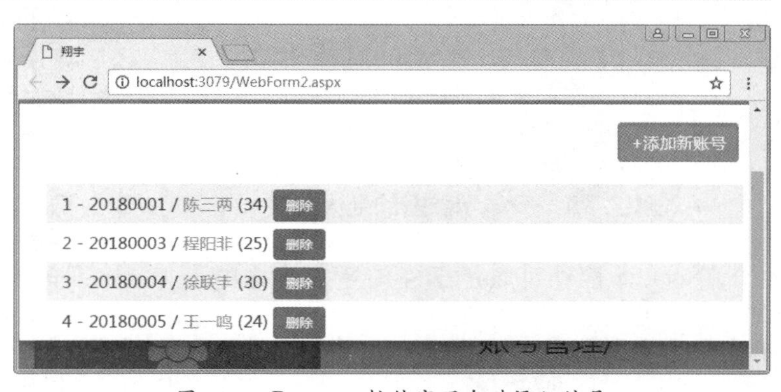

图 11-5　Repeater 控件实现自动添加编号

除了向 ItemDataBound 事件中添加自动生成编号的代码外，还可以通过其他的方式直接添加编号。

(1) 利用 Container.ItemIndex 属性。

直接向 ItemTemplate 模板项中添加 Container.ItemIndex 属性，默认值会从 0 开始，如果使编号从 1 开始，则在此属性基础上加 1。代码如下：

```
<ItemTemplate><%#Container.ItemIndex+1 %></ItemTemplate>
```

如果需要为 Repeater 控件添加连续编号，执行向下页翻页后，序号接前一页的序号时，可以使用如下代码：

```
<%#Container.ItemIndex+1+(this.AspNetPager.CurrentPageIndex-1)*pageSize %>
```

在上述代码中，AspNetPager 表示第三方分页控件 AspNetPager 控件的 ID 属性值，pageSize 是指每页的数据数量。

(2) 利用 Repeater 控件的 Items.Count 属性。

通过 RepeaterName.Items.Count 属性可以获取控件的所有总数据记录，直接向页面中添加此属性，其中 RepeaterName 表示控件的名称。代码如下：

```
<ItemTemplate><%#this.Repeater1.Items.Count+1 %></ItemTemplate>
```

11.3 DataList 控件

Repeater 控件和 DataList 控件都很容易实现页面中多行单列或单行多列的数据布局。DataList 通常被称为数据列表控件，DataList 控件和 Repeater 控件一样，也是迭代控件，它能够以事先指定的样式和模板重复显示数据源中的数据，不过它会默认地在数据项目上添加表格来控制页面布局。

11.3.1 DataList 控件简介

DataList 控件比 Repeater 控件相对复杂些，因此该控件可以集成更强大的功能。具体说明如下：

- 支持 7 种模板，并为所有模板提供了相应的样式。
- 能够控制数据行的显示方向，比如横向或纵向显示列表。
- 能控制每一行显示数据的最大数量。
- 提供了对数据选择、编辑、删除等功能。

DataList 控件可以用于任何重复结构中的数据，也可以以不同的布局显示行。它提供的 7 种模板，除了具有 Repeater 控件的模板外，还有以下两种模板。

- EditItemTemplate 模板：它是一个编辑项目模板，该模板可以设置不同的服务器端控件来处理编辑状态下的不同类型数据。它呈现控件编辑项的内容，应用 EditItemStyle 样式，如果为定义该模板，则使用 ItemTemplate 模板。
- SelectedItemTemplate 模板：它为通过使用按钮或其他操作显示选择的数据记录定义布局。其典型用法是提供数据记录的展开视图或用作主 / 详细关系的主记录，应用 SelectedItemStyle 样式，如果未定义该模板，则使用 ItemTemplate 模板。

开发者可以像 Repeater 控件那样，来用 DataList 显示数据库表中的记录。但是，与 Repeater 控件不同的是：DataList 控件的默认行为是在 HTML 表格中显示数据库记录。

11.3.2 DataList 控件的常用属性

DataList 控件中包含一系列的属性，通过这些属性，可以实现不同的操作，常用属性如表 11-5 所示。

表 11-5 DataList 控件的常用属性

属性名称	说　明
DataSource	获取或设置源，该源包含用于填充控件中项的值列表
DataSourceID	获取或设置数据源控件的 ID 属性，数据列表控件应使用它来检索其数据
EditItemIndex	获取或设置 DataList 控件中要编辑的选定项的索引号，默认值为 -1
GridLines	当 RepeatLayout 属性设置为 Table 时，获取或设置 DataList 控件的网格线样式。GridLines 属性的取值说明如下。 ★ None：默认值，网格线什么也不显示。 ★ Both：垂直方向和水平方向都显示网格线。 ★ Vertical：只在垂直方向上显示网格线。 ★ Horizontal：只在水平方向上显示网格线
HorizontalAlign	获取或设置数据列表控件在其容器内的水平对齐方式

（续表）

属性名称	说　明
Items	获取表示控件内单独项的 DataListItem 对象的集合
RepeatColumns	获取或设置要在 DataList 控件中显示的列数
RepeatDirection	获取或设置 DataList 控件是垂直还是水平显示。值为 Vertical(默认值)和 Horizontal
RepeatLayout	获取或设置控件是在表中显示还是在流布局中显示。其值有 Table(默认值)、Flow、UnorderedList 和 OrderedList
SelectedIndex	获取或设置 DataList 控件中的选定项的索引
SelectedItem	获取或设置 DataList 控件中的选定项
SelectedValue	获取所选择的数据列表项的键字段的值
ShowHeader	获取或设置一个值，该值指示是否在 DataList 控件中显示页眉节。默认值为 true
ShowFooter	获取或设置一个值，该值指示是否在 DataList 控件中显示脚注部分。默认值为 true

【例 11-4】

通过 DataList 控件显示 MyApps 表中的数据，并且通过表 11-5 中的 GridLines、RepeatColumns 和 RepeatDirection 属性进行设置。步骤如下。

01 在页面中添加 DataList 控件，该控件的 ID 属性值为 DataList1。DataList 控件包含一个 ItemTemplate 模板，代码如下：

```
<asp:DataList ID="DataList1" runat="server">
  <ItemTemplate>
    <table width="100%" style="margin: 10px; padding: 10px;" class="btn btn-default">
      <tr>
        <th> 编号：<asp:Label runat="server" ID="lblID" Text='<%# Eval("id") %>' /></th>
      </tr>
      <tr>
        <th> 应用名称：<asp:Label runat="server" ID="lblName" Text='<%# Eval("app_name") %>' /></th>
      </tr>
      <tr>
       <th> 模型名称：<asp:Label runat="server" ID="lblModelName" Text='<%# Eval("model_name") %>' /></th>
      </tr>
    </table>
  </ItemTemplate>
</asp:DataList>
```

02 在页面后台的 Load 事件中添加代码，通过 DataSource 属性指定数据源。代码如下：

```
protected void Page_Load(object sender, EventArgs e)
{
  DataSet ds = SQLHelper.ExecuteDataset(SQLHelper.connStr, CommandType.Text, "SELECT * FROM MyApps");
  DataList1.DataSource = ds;
  DataList1.DataBind();
}
```

03 运行页面，查看效果，如图 11-6 所示。

04 为 DataList 控件指定 GridLines 属性，将属性值设置为 Both。然后刷新页面，效果如图 11-7 所示。

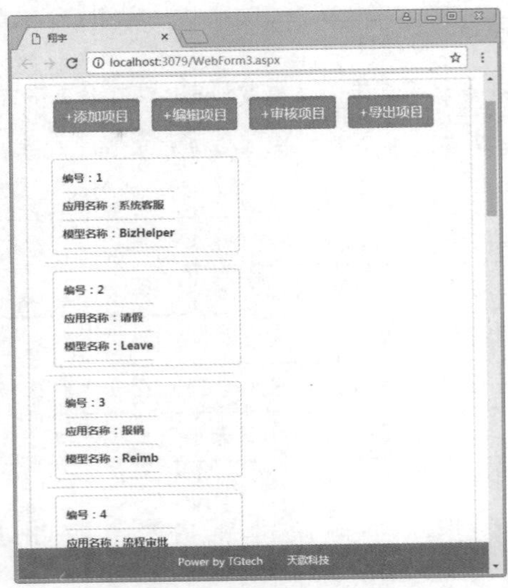

图 11-6　页面的默认效果

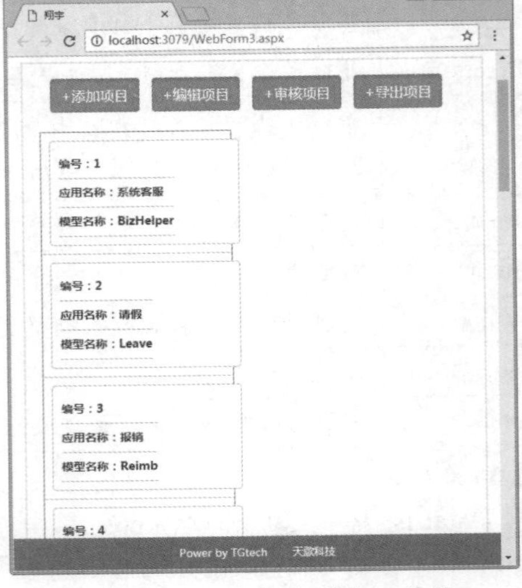

图 11-7　设置了 GridLines 属性

05 为 DataList 控件添加 RepeatColumns 属性，将属性值设置为 3。然后刷新页面，此时，运行效果如图 11-8 所示。

06 为 DataList 控件添加 RepeatDirection 属性，将属性值设置为 Horizontal。然后刷新页面，DataList 控件的效果如图 11-9 所示。

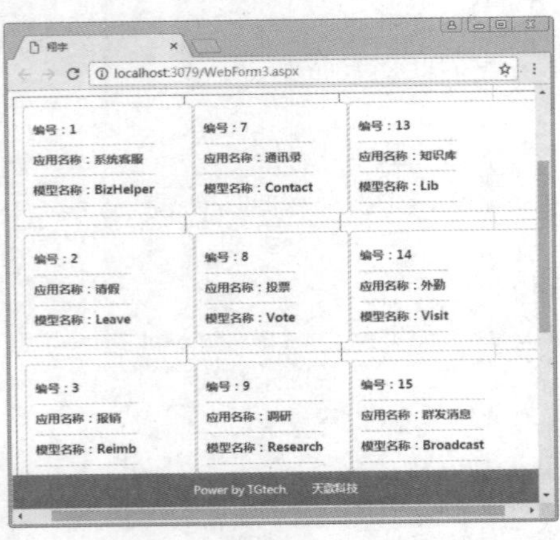

图 11-8　RepeatColumns 属性值为 3

图 11-9　RepeatDirection 属性值为 Horizontal

11.3.3　DataList 控件的常用事件

DataList 控件提供了一系列事件，其事件要比 Repeater 的多，常用事件如表 11-6 所示。

表 11-6　DataList 控件的常用事件

事件名称	说　明
DataBinding	当服务器控件绑定到数据源时发生

（续表）

事件名称	说　明
DeleteCommand	对 DataList 控件中的某项单击 Delete 按钮时发生
EditCommand	对 DataList 控件中的某项单击 Edit 按钮时发生
ItemCommand	当单击 DataList 控件中的任一按钮时发生
ItemCreated	当在 DataList 控件中创建项时在服务器上发生
ItemDataBound	当项被数据绑定到 DataList 控件时发生
SelectedIndexChanged	在两次服务器发送之间，在数据列表控件中选择了不同项时发生
UpdateCommand	对 DataList 控件中的某项单击 Update 按钮时发生

在表 11-6 中，如果要引发 CancelCommand、EditCommand、DeleteCommand 和 Update Command 事件，可以将 Button、LinkButton 或 ImageButton 控件添加到 DataList 控件的模板中，并将这些按钮的 CommandName 属性设置为某个关键字，如 Delete。当用户单击项中的某个按钮时，就会向该按钮的容器 (DataList 控件) 发送事件，按钮具体引发哪个事件，将取决于所单击按钮的 CommandName 属性的值。

【例 11-5】

在例 11-4 的基础上添加 ItemDataBound 事件，实现自动生成编号的功能。步骤如下。

01 在页面 DataList 控件的 ItemTemplate 模板的表格中添加一行，代码如下：

```
<tr><td > 自动编号：<asp:Label ID="lblNumber" runat="server"></asp:Label></td></tr>
```

02 为 DataList 控件添加 ItemDataBound 事件，在事件代码中判断对象的索引是否为 -1，如果不是，获取当前索引项，并将当前索引项加 1，然后将索引值绑定到 ID 属性值为 lblNumber 的 Label 控件中。代码如下：

```
protected void DataList1_ItemDataBound(object sender, DataListItemEventArgs e) {
  if (e.Item.ItemIndex != -1) {                                    // 如果索引不是 -1
    int id = e.Item.ItemIndex;                                     // 当前索引项
    ((Label)e.Item.FindControl("lblNumber")).Text = "[" +(id + 1).ToString()+"]";
  }
}
```

03 运行页面查看效果，如图 11-10 所示。

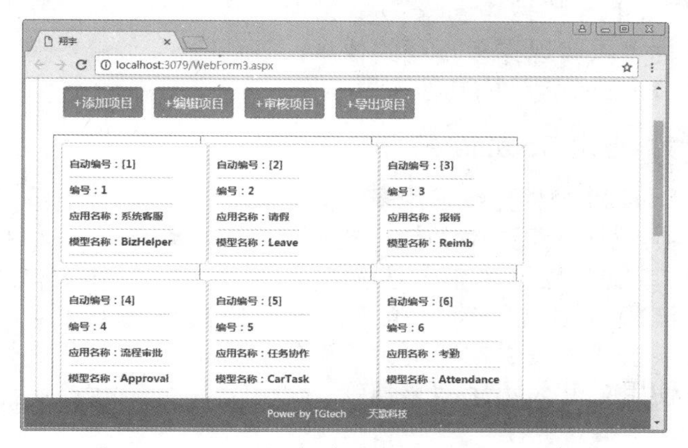

图 11-10　DataList 控件的 ItemDataBound 事件

11.3.4 设置格式

使用 DataList 控件提供的样式属性，用户可以定义 DataList 控件的显示外观，但是这种方式比较繁琐。为此，DataList 控件自身提供了很多种风格的格式，用户只需简单设置，即可直接应用。具体方法是在【设计】窗口中选中 DataList 控件，然后单击右上角的按钮，显示该控件的任务，单击【自动套用格式】选项，即可弹出如图 11-11 所示的【自动套用格式】对话框。

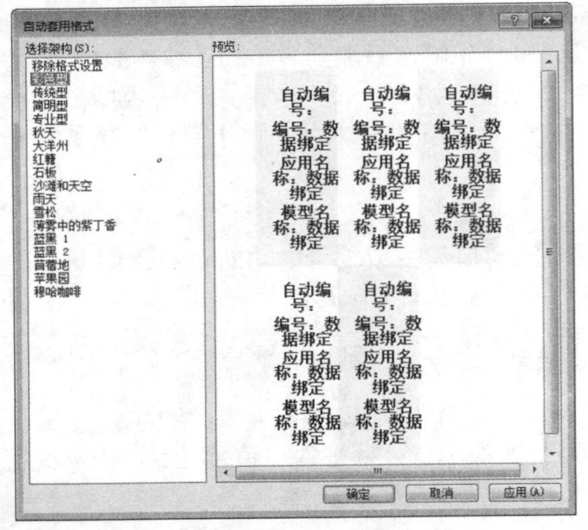

图 11-11 【自动套用格式】对话框

【例 11-6】

在图 11-11 中可以选择一种格式，然后在右侧查看预览效果。例如，这里选择名称为“彩色”的样式后，单击【确定】按钮。此时在页面的 DataList 控件中会新增如下“彩色”样式的代码：

```
<AlternatingItemStyle BackColor="White" />
<FooterStyle BackColor="#990000"
Font-Bold="True" ForeColor="White" />
<HeaderStyle BackColor="#990000"
Font-Bold="True" ForeColor="White" />
<ItemStyle BackColor="#FFFBD6"
ForeColor="#333333" />
```

重新运行或刷新页面，效果如图 11-12 所示。

图 11-12 DataList 控件自动套用格式

11.3.5 其他操作

DataList 控件中包含多个属性，通过这些属性可以实现许多不同的效果，下面主要介绍 DataList 控件的其他常见操作。

1. 指定 DataList 控件的布局

DataList 控件允许使用多种方法显示控件中的项。可以指定控件以流模式（类似于 Word 文档）或以表模式（类似于 HTML 表）呈现项。

流模式适合于简单布局；与流模式相比，表模式可提供控制更为精确的布局，还允许使用 CellPadding 等表属性。

开发人员可以使用 RepeatLayout 属性的值来指定该控件的布局。主要代码如下：

```
DataList1.RepeatLayout = RepeatLayout.Flow;
```

2. 允许用户控件选择控件中的项

开发人员可以指定用户选择某一项后让选中的项突出显示，实现的过程也非常简单。其主要步骤如下。

01 创建一个 SelectedItemTemplate 模板，为选择项定义标记和控件的布局。

02 设置控件的 SelectedItemStyle 属性。

03 在 ItemTemplate 和 AlternatingItemTemplate(如果使用) 模板中添加一个 Button 或 LinkButton 控件，并将控件的 CommandName 属性设置为 select(区分大小写)。

04 为 DataList 控件的 SelectedIndexChanged 事件创建一个事件处理过程。在事件代码程序中调用 DataBind() 方法刷新控件中的信息。

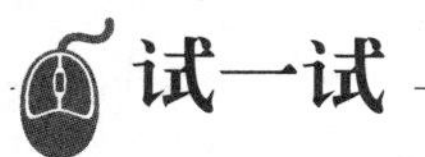

更改例 11-6 中的内容，按照上面的步骤编写代码，编写完成后选中某一项，测试效果。

3. 响应 DataList 控件中的按钮事件

如果 DataList 控件中包含 Button、LinkButton 或 ImageButton 控件，则这些按钮可以将它们的 Click 事件发送到 DataList 控件中。这使开发人员可以包含实现尚未为 DataList 控件定义的功能 (编辑、删除、更新和取消) 的按钮。

首先为模板中添加按钮控件，并设置相关的 CommandName 属性，然后为 DataList 控件添加 ItemCommand 事件，在该事件的代码中执行两个操作。如下所示。

01 检查事件参数对象的 CommandName 属性来查看传入什么字符串。

02 为用户单击的按钮执行相应的逻辑。

如下示例代码演示了如何判断按钮的 CommandName 属性的不同值：

```
protected void DataList1_ItemCommand(
object source, DataListCommandEventArgs e)
{
  if (e.CommandName == "AddToCart")
  {
    //add content
  }
}
```

4. 为 DataList 控件动态创建模板

模板不必在设计时进行分配，某些情况下可能在设计时布局模板，但是知道在运行时所做的更改非常广泛，以至于在运行时加载新的模板反而可简化编程。其他情况下可能有几个模板，但要在运行时更改模板。

如下通过三步来介绍如何创建动态模板。

01 创建一个新的文本文件，其扩展名使用 .ascx。

02 向该模板文件添加模板定义语句并保存该文件 (使用的标记应与所有声明性模板中使用的相同)。

03 向窗体页中添加代码，以使用 LoadTemplate() 方法加载模板。代码如下：

```
protected void Page_Init(object sender, EventArgs e)
{
  DataList1.AlternatingItemTemplate =
     Page.LoadTemplate("NewTemplate.ascx");
}
```

上述代码从文件中读取模板定义，并创建一个 ITemplate 对象，然后可将此对象分配到 DataList 控件中的任何模板。

11.4 高手带你做——分页显示应用信息

由于 Repeater 控件和 DataList 控件没有内置分页功能。因此使用这两个控件实现分页功能时，通常都需要借助其他方式实现，例如使用第三方的 AspNetPager 控件、PagedDataSource 类或者是分页存储过程等。本案例将使用 Repeater 控件结合 PageDataSource 类实现分页显示功能。

案例使用的数据表名是MyApps，表的列名和数据如图 11-13 所示。

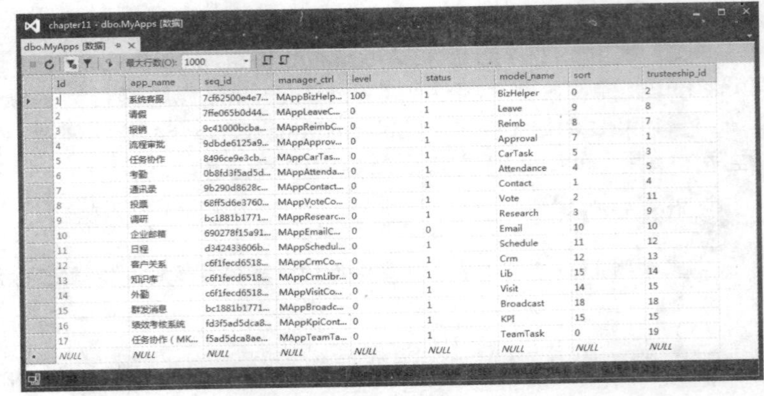

图 11-13 MyApps 表的数据

【例 11-7】

创建一个 Web 窗体，然后根据如下步骤进行操作。

01 在布局中的合适位置添加 Repeater 控件。使用 HeaderTemplate 模板和 ItemTemplate 模板设计显示时的数据表头和数据绑定信息。具体代码如下：

```
<asp:Repeater ID="Repeater1" runat="server">
    <HeaderTemplate>
      <tr>
        <th> 编号 </th>
        <th> 应用名称 </th>
        <th> 模型名称 </th>
        <th> 显示序号 </th>
        <th> 安装顺序 </th>
      </tr>
    </HeaderTemplate>
    <ItemTemplate>
      <tr>
        <td><asp:Label runat="server" Text='<%# Eval("id") %>' /></td>
        <td><asp:Label runat="server" Text='<%# Eval("app_name") %>' /></td>
        <td><asp:Label runat="server" Text='<%# Eval("model_name") %>' /></td>
        <td><asp:Label runat="server" Text='<%# Eval("sort") %>' /></td>
        <td><asp:Label runat="server" Text='<%# Eval("trusteeship_id") %>' /></td>
      </tr>
    </ItemTemplate>
</asp:Repeater>
```

02 在 Repeater 控件之后添加一个 Label 控件和两个 Button 控件，Label 控件显示当前页和总页数，Button 控件分别执行上一页和下一页操作。代码如下：

```
<div>
<asp:Label ID="Label1" runat="server" Text=""></asp:Label>    
```

```
<asp:Button ID="btnPrev" class="btn1_mouseout" runat="server" Text=" 上一页 " OnClick="btnPrev_Click" />
<asp:Button ID="btnNext" class="btn1_mouseout" runat="server" Text=" 下一页 " OnClick="btnNext_Click" />
</div>
```

如图 11-14 所示为设计后的 Repeater 控件和翻页控件布局效果。

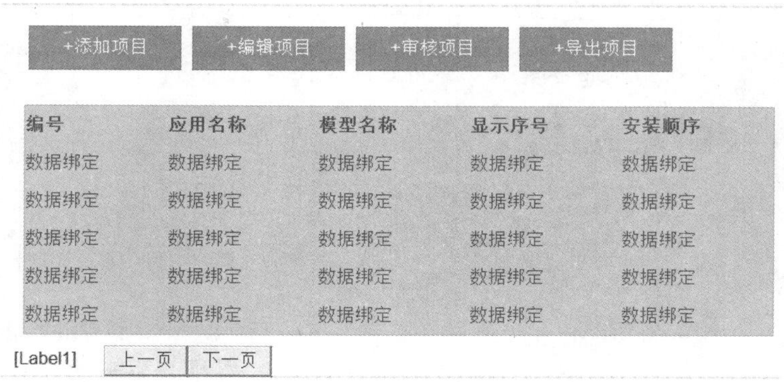

+添加项目 +编辑项目 +审核项目 +导出项目

编号	应用名称	模型名称	显示序号	安装顺序
数据绑定	数据绑定	数据绑定	数据绑定	数据绑定
数据绑定	数据绑定	数据绑定	数据绑定	数据绑定
数据绑定	数据绑定	数据绑定	数据绑定	数据绑定
数据绑定	数据绑定	数据绑定	数据绑定	数据绑定
数据绑定	数据绑定	数据绑定	数据绑定	数据绑定

[Label1] 上一页 下一页

图 11-14 设计好的布局

03 在页面后台添加代码，首先声明一个公有的 Pager 变量，通过 ViewState 对象保存 Page 变量的值。代码如下：

```
public int Pager {
  get { return (int)ViewState["Page"]; }
  set { ViewState["Page"] = value; }
}
```

04 添加 ListBinding() 方法，该方法通过 PagedDataSource 实现分页，并且将数据绑定到 Repeater 控件。代码如下：

```
public void ListBinding() {
  PagedDataSource pds = new PagedDataSource();
  DataSet ds = SQLHelper.ExecuteDataset(SQLHelper.connStr, CommandType.Text, "SELECT * FROM MyApps");
  pds.DataSource = ds.Tables[0].DefaultView;
  pds.AllowPaging = true;                    // 允许分页
  pds.PageSize = 5;                          // 每页显示 5 条记录
  pds.CurrentPageIndex = Pager;              // 当前页的索引
  btnPrev.Enabled = true;                    // 上一页按钮可用
  btnNext.Enabled = true;                    // 下一页按钮可用
  if (pds.IsFirstPage)                       // 如果是首页，上一页按钮不可用
    btnPrev.Enabled = false;
  if (pds.IsLastPage)                        // 如果是尾页，下一页按钮不可用
    btnNext.Enabled = false;
  Label1.Text = " 第 " + (pds.CurrentPageIndex + 1).ToString() + " 页 共 " + pds.PageCount.ToString() + " 页 ";
  Repeater1.DataSource = pds;            // 指定 Repeater 控件的数据源
  Repeater1.DataBind();                  // 绑定到 Repeater 控件
}
```

在上述代码中，首先创建 PagedDataSource 类的实例对象 pds，接着指定该对象的 DataSource、AllowPaging、PageSize 和 CurrentPageIndex 属性，然后分别调用 IsFirstPage 和 IsLastPage 判断当前显示页是否为首页和尾页，最后设置 Label 控件的值，并绑定数据源。

05 为页面中的 Load 事件添加代码，首先判断页面是否首次加载，如果是，则将 Page 的值设置为 0，并且调用 ListBinding() 方法绑定数据。代码如下：

```
protected void Page_Load(object sender, EventArgs e) {
    if (!IsPostBack) {         // 如果是首页加载
        ViewState["Page"] = 0;
        ListBinding();                         // 绑定数据
    }
}
```

06 为页面中的“上一页”和“下一页”按钮添加 Click 事件代码，以“上一页”按钮为例，单击该按钮时，将 Pager 的索引值减 1(如果是“下一页”，则加 1)，然后调用 ListBinding() 方法重新绑定数据。代码如下：

```
protected void btnPrev_Click(object sender, EventArgs e) {
    Pager--;                                                    // 当前页索引 -1
    ListBinding();                                              // 重新绑定页面
}
protected void btnNext_Click(object sender, EventArgs e) {
    Pager++;                                                    // 当前页索引 +1
    ListBinding();                                              // 重新绑定页面
}
```

07 运行页面，默认会显示第 1 页的效果。使用底部按钮可以进行翻页，如图 11-15 所示。

图 11-15　分页显示应用信息的效果

本案例实现分页时，用到了 PagedDataSource 类，表 11-7 对该类的常用属性进行了说明。

表 11-7　PagedDataSource 类的常用属性

属性名称	说　明
AllowCustomPaging	获取或设置一个值，指示是否在数据绑定控件中启用自定义分页

（续表）

属性名称	说　明
AllowPaging	获取或设置一个值，指示是否在数据绑定控件中启用分页
AllowServerPaging	获取或设置一个值，指示是否启用服务器端分页
Count	获取要从数据源使用的基数
CurrentPageIndex	获取或设置当前页的索引
DataSource	获取或设置数据源
DataSourceCount	获取数据源中的项数
FirstIndexInPage	获取页面中显示的首条记录的索引
IsFirstPage	获取一个值，该值指示当前页是否是首页
IsLastPage	获取一个值，该值指示当前页是否是最后一页
IsPagingEnabled	获取一个值，该值指示是否启用分页
PageCount	获取显示数据源中的所有项所需要的总页数
PageSize	获取或设置要在单页上显示的项数

11.5　GridView 控件

与上面的两种控件相比，GridView 控件的功能要比它们强大得多，它不仅能够以网格的形式显示数据，而且为数据提供了编辑、分页、排序以及删除等功能。下面详细介绍该控件的属性、事件及具体用法。

11.5.1　GridView 控件简介

GridView 控件属于迭代控件，它通常以表格的形式显示数据，因此又被称为网格视图控件。GridView 控件在所有数据显示控件中应该是最容易使用的，因为它的功能很强大；但是它也是最难使用的，同样是因为它很强大。

GridView 控件的强大功能体现在以下几点：

- 以编程方式访问 GridView 对象模型以动态设置属性、处理事件等。
- 可通过主题和样式设置自定义的外观。
- 绑定到数据源控件，如 SqlDataSource 和 ObjectDataSource 等。
- 内置排序和分页功能。
- 内置更新和删除功能。
- 内置行选择功能。
- 用于超链接列的多个数据字段。
- 多个键字段。

1. GridView 控件的模板

GridView 控件自身提供了两个模板：一个是数据模板；一个是分页模板。这两个模板并不经常使用，在 GridView 的 TemplateField 字段中提供了 6 个模板，通过这些模板细化字段的设置格式。表 11-8 对 GridView 控件中的所有模板进行了说明。

表 11-8 GridView 控件的模板

模板名称	说　明
EmptyDataTemplate	当 GridView 控件的数据源为空时，将显示该模板的内容
PagerTemplate	页模板，定义与 GridView 控件的页导航相关的内容
HeaderTemplate	头部模板，设置每一列头部的提示内容及格式
FooterTemplate	脚注模板，设置每一列底部的提示内容及格式
ItemTemplate	项目模板，设置列内容的格式
AlternatingTemplate	交替项，使奇数条数据及偶数条数据以不同的模板显示，该模板与 ItemTemplate 结合可产生两个模板交错显示的效果
InsertItemTemplate	数据添加模板
EditItemTemplate	编辑项目模板，这里针对该字段的模板，我们可以设置不同的服务器端控件来处理编辑状态下的不同类型数据

如下代码展示了 TemplateField 字段中 6 个模板的使用：

```
<asp:GridView ID="GridView1" runat="server">
  <Columns>
    <asp:TemplateField>
      <HeaderTemplate><%-- 头部内容 --%></HeaderTemplate>
      <InsertItemTemplate><%-- 插入模板内容 --%></InsertItemTemplate>
      <EditItemTemplate><%-- 编辑模板内容 --%></EditItemTemplate>
      <ItemTemplate><%-- 项模板 --%></ItemTemplate>
      <AlternatingItemTemplate><%-- 交替项模板 --%></AlternatingItemTemplate>
      <FooterTemplate><%-- 底部模板 --%></FooterTemplate>
    </asp:TemplateField>
  </Columns>
</asp:GridView>
```

2. GridView 控件的字段列

GridView 控件中的每一列都由一个 DataControlField 对象表示。默认情况下，该控件的 AutoGenerateColumns 属性的值设置为 true，可以为数据源中的每一个字段创建一个 AutoGeneratedField 对象。然后，每一个字段按照在数据源中出现的顺序在 GridView 控件中呈现为一个列。

如果将 AutoGenerateColumns 属性的值设置为 false，开发者可以自定义字段列集合，也可以手动控制哪些字段列可以显示到 GridView 控件中。不同的字段列类型决定控件中各列的行为，表 11-9 列出了 GridView 控件的字段列的类型。

表 11-9 GridView 控件的列字段类型

属性名称	说　明
BoundField	显示数据源中某个字段的值。GridView 控件的默认列类型

（续表）

属性名称	说　明
ButtonField	为 GridView 控件中的每个项显示一个命令按钮。这使开发人员可以创建一列自定义按钮控件，如“添加”按钮或“移除”按钮
CheckBoxField	选择框字段，以复选按钮的形式展示数据，一般用于展示 bool 型数据
CommandField	显示用来执行选择、编辑或删除操作的预定义命令按钮
HyperLinkField	将数据源中某个字段的值显示为超链接。此列字段类型使开发人员可以将另一个字段绑定到超链接的 URL
ImageField	为 GridView 控件中的每一项显示一个图像，这里一般显示缩略图片
TemplateField	指定的模板为 GridView 控件中的每一项显示用户定义的内容。此列字段类型使开发者可以创建自定义的列字段

在表 11-9 中，BoundField 列和 TemplateField 列最经常被用到。其中，BoundField 列是默认的数据绑定类型，通常用于显示普通文本。该列包含多个属性，常用的属性说明如下。

- HeaderText 属性：设置显示的标头文本。
- DataField 属性：设置绑定到数据源中的列。
- SortExpression 属性：设置与字段关联的排序表达式。
- HtmlCode 属性：表示字段是否以 HTML 编码的形式显示给用户，默认值为 true。
- DataFormatString 属性：可以设置显示的格式，常见的格式有以下 3 种。
  - {0:C}：设置显示的内容为货币类型。
  - {0:D}：设置显示的内容为数字。
  - {0:yyyy-mm-dd}：设置显示的是日期格式。

例如，将用户的生日设置成 yy-mm-dd 格式。代码如下：

```
<asp:BoundField DataField="userbirth"
HeaderText=" 出生日期 "
DataFormatString="{0:yyyy-mm-dd}"
HtmlEncode="False"/>
```

注意

使用 DataFormatString 属性设置显示内容的格式时，必须将 HtmlCode 属性的值设置为 false，否则 DataFormatString 的设置无效。

TemplateField 允许以模板的形式自定义数据绑定列的内容，它是这 7 种绑定列中最灵活的绑定形式，也是最复杂的。TemplateField 列的添加有两种方式：直接在窗体页的【源码】窗口添加或者将现有字段转换为模板字段。

通过 GridView 控件添加字段列的方式是：选中 GridView 控件后，在【属性】窗格中找到 Columns 属性，单击属性后的按钮图标，弹出【字段】对话框，如图 11-16 所示。

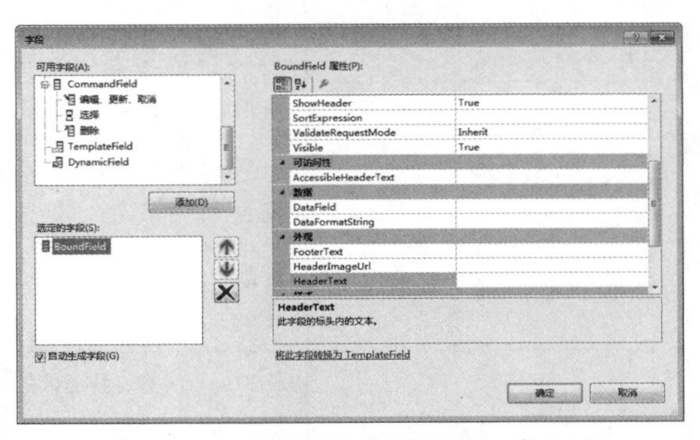

图 11-16　为 GridView 控件添加字段列

在弹出的对话框中选择可用字段后，单击【添加】按钮，这样，添加的内容就会显示在选定的字段中。然后在右侧可以设置字段列的相关属性，设计完成后，直接单击【确定】按钮。

另外，单击蓝色字体部分的链接，可以直接将字段转换为 TemplateField。

11.5.2 GridView 控件的常用属性

GridView 控件的功能非常强大，它提供了数十个属性，通过设置这些属性，可以实现不同的功能。大体上可以将这些属性分为基本属性、样式属性和其他属性。

1. GridView 控件的常用属性

常用属性是一些基本的、被经常使用的属性，这些属性包括是否允许分页和排序，是否为每个数据行添加“删除”、“编辑”和“选择”按钮，排序方向的设置和分页内容等，常用的属性如表 11-10 所示。

表 11-10 GridView 控件的常用属性

属性名称	说 明
AllowPaging	获取或设置一个值，该值指示是否启用分页功能。默认为 false
AllowSorting	获取或设置一个值，该值指示是否启用排序功能。默认为 false
AutoGenerateColumns	获取或设置一个值，该值指示是否为数据源中的每个字段自动创建绑定字段。默认为 true
AutoGenerateDeleteButton	获取或设置一个值，该值指示是否为每个数据行添加“删除”按钮。默认为 false
AutoGenerateEditButton	获取或设置一个值，该值指示是否为每个数据行添加“编辑”按钮。默认为 false
AutoGenerateSelectButton	获取或设置一个值，该值指示是否为每个数据行添加“选择”按钮。默认为 false
CellSpacing	获取或设置单元格间的空间量
CellPadding	获取或设置单元格的内容和单元格的边框之间的空间量
Columns	获取表示该控件中列字段的 DataControlField 集合
DataMember	当数据源包含多个不同的数据项列表时，获取或设置数据绑定控件到数据列表的名称
DataKeyNames	获取或设置一个数组，该数组包含显示在 GridView 控件中项的主键字段的名称
DataKeys	获取一个 DataKey 集合，这些对象表示 GridView 控件中的每一行的数据键值
DataSource	获取或设置对象，数据绑定控件从该对象中检索其数据项列表
DataSourceID	获取或设置控件的 ID，数据绑定控件从控件中检索其数据项列表
EditIndex	获取或设置要编辑的行的索引
EmptyDataText	获取或设置 GridView 控件绑定到不包含任何记录数据源时所呈现的空数据行中显示的文本
GridLines	获取或设置 GridView 控件的网格线样式，默认为 Both
HorizontalAlign	获取或设置 GridView 控件在页面上的水平对齐方式

（续表）

属性名称	说 明
PageCount	获取在 GridView 控件中显示数据源记录所需的页数
PageIndex	获取或设置当前显示页的索引
PageSize	获取或设置 GridView 控件在每页上所显示的记录条数
PagerSettings	设置 GridView 控件中页导航按钮的属性
Rows	获取表示该控件中数据行中 GridViewRow 对象的集合
SelectedIndex	获取或设置 GridView 控件中选中行的索引
SelectedValue	获取 GridView 控件中选中行的数据键值
SelectedDataKey	获取 DataKey 对象，该对象包含 GridView 控件中选中行的数据键值
SelectedRow	获取对 GridViewRow 对象的引用，该对象表示控件中的选中行
SortDirection	获取正在排序的列的排序方向
SortExpression	获取与正在排序的列关联的排序表达式

当将 AutoGenerateColumns 属性的值设置为 true 时，会为数据源中的每个字段自动创建一个 AutoGeneratedField 对象。然后每一字段作为 GridView 控件中的一列显示，其顺序是数据源中字段出现的顺序。如果将 AutoGenerateColumns 属性设置为 false，然后创建自定义的 Columns 集合，可以手动定义列字段，而不是让 GridView 控件自动生成列字段。除了绑定列字段外，还可以显示按钮列字段、复选框列字段、命令字段、超链接列字段、图像字段或基于您自己的自定义模板的列字段。

还可以将显式声明的列字段与自动生成的列字段合用。同时使用时，先呈现显式声明的列字段，再呈现自动生成的列字段。

【例 11-8】

本例中通过 GridView 控件的 DataSource 属性指定数据源，并且自动创建数据绑定字段。实现步骤如下。

01 在 Web 窗体页中添加 GridView 控件，将该控件的 AutoGenerateColumns 属性的值设置为 false。

然后在该控件的 TemplateField 字段列中分别添加 HeaderTemplate、ItemTemplate 和 FooterTemplate 模板，并且向模板中添加内容。其中，ItemTemplate 项模板绑定数据库表中的数据。代码如下：

```
<asp:GridView ID="GridView1" runat="server"
AutoGenerateColumns="false">
    <Columns>
      <asp:TemplateField>
        <HeaderTemplate>
          <tr>
            <th> 编号 </th>
            <th> 应用名称 </th>
            <th> 状态 </th>
            <th> 密钥 </th>
          </tr>
        </HeaderTemplate>
        <ItemTemplate>
          <tr>
            <td><%# Eval("id") %></td>
            <td><%# Eval("app_name") %></td>
            <td><%#Convert.ToInt32(Eval(
             "status"))==1?" 可用 ":" 禁用 " %>
            <td><%#SubStringContent(
                 Eval("seq_id")) %></td>
          </tr>
        </ItemTemplate>
      </asp:TemplateField>
    </Columns>
  </asp:GridView>
```

02 在 Web 窗体页后台的 Page_Load 中添加绑定 GridView 控件的代码，这段代码读取 studentlist 表中的数据，并且为其绑定数据源。代码如下：

```
protected void Page_Load(object sender, EventArgs e)
{
  DataSet ds = SQLHelper.ExecuteDataset(
     SQLHelper.connStr, CommandType.Text,
     "SELECT * FROM MyApps");
  GridView1.DataSource = ds;
  GridView1.DataBind();
}
```

03 在第 01 步绑定 seq_id 字段的值时会自动调用后台的 SubStringContent() 方法。该方法的作用是判断读取内容长度是否大于 10，如果是则截取前 10 个，否则直接显示全部内容。SubStringContent() 方法的代码如下：

```
public string SubStringContent(object obj)
{
  string content = obj.ToString();
  if (content.Length > 10) {
     return content.Substring(0, 10) + "...";
  } else {
     return content;
  }
}
```

04 运行上述代码查看效果，如图 11-17 所示。

图 11-17 GridView 控件显示数据

2. GridView 控件的样式属性

GridView 控件与 DataList 控件一样可以自动套用格式，也可以通过样式属性自动进行设计，表 11-11 列出了一些 GridView 控件提供的样式属性。

表 11-11　与 GridView 控件外观相关的属性

模板名称	说　明
AlternatingRowStyle	GridView 控件的交替数据行的样式设置。如果设置此属性，则和 RowStyle 交替显示
EditRowStyle	GridView 控件中正在编辑的行的样式设置
EmptyDataRowStyle	当数据源不包含任何记录时，GridView 控件中显示的空数据行的样式设置
FooterStyle	GridView 控件的脚注行的样式设置
HeaderStyle	GridView 控件的标题行的样式设置
PagerStyle	GridView 控件的页导航行的样式设置
RowStyle	GridView 控件的数据行的样式设置
SelectedRowStyle	GridView 控件选中行的样式设置
SortedAscendingCellStyle	数据在 GridView 控件中排序时所依据的数据列的样式设置
SortedAscendingHeaderStyle	如果设置了此样式，则在按升序对数据进行排序时，此样式（例如突出显示的列）将应用于单元格

（续表）

模板名称	说　明
SortedDescendingCellStyle	数据在 GridView 控件中排序时所依据的数据列的样式设置
SortedDescendingHeaderStyle	数据在 GridView 控件中排序时所依据的数据列的样式设置。如果设置了此样式，则在按降序对数据进行排序时，GridView 的标题中将出现向下箭头

例如，可以将 GridView 控件的 AutoGenerateSelectButton 属性的值设置为 true，然后直接在 GridView 控件中设置 SelectedRowStyle 属性，指定选择时的样式。代码如下：

```
<SelectedRowStyle ForeColor="Red" BackColor="GreenYellow" />
```

如果不设置样式属性，还可以为 GridView 控件自动套用格式，自动套用格式时与 DataList 控件一样，这里不再详细说明。

11.5.3　GridView 控件的常用事件

GridView 控件强大的功能不仅仅在于属性、项模板和字段列，还在于它的事件，GridView 控件自身提供了许多的事件。表 11-12 展示了常用事件及其说明。

表 11-12　GridView 控件的常用事件

事件名称	说　明
PageIndexChanging	在单击某一页导航按钮时，但在控件处理分页操作之前发生
PageIndexChanged	在单击某一页导航按钮时，但在控件处理分页操作之后发生
RowCommand	当单击 GridView 控件中的按钮时发生
RowDataBound	在 GridView 控件中将数据行绑定到数据时发生
RowsCreated	在 GridView 控件中创建行时发生
RowDeleted	在单击某一行的“删除”按钮时，但在 GridView 控件删除该行之后发生
RowDeleting	在单击某一行的“删除”按钮时，但在 GridView 控件删除该行之前发生
RowEditing	发生在单击某一行的“编辑”按钮以后，GridView 控件进入编辑模式之前
RowUpdated	发生在单击某一行的“更新”按钮，并且 GridView 控件对该行进行更新之后
RowUpdating	发生在单击某一行的“更新”按钮以后，GridView 控件对该行进行更新之前
SelectedIndexChange	单击某一行的“选择”按钮，GridView 控件对相应的选择操作进行处理
SelectedIndexChanging	发生在单击某一行的“选择”按钮之后，GridView 控件对相应的选择操作进行处理之前
DataBinding	当服务器控件绑定到数据源时发生
DataBound	在服务器控件绑定到数据源后发生
Sorted	单击用于列排序的超链接时，但在此控件对相应的排序操作进行处理之后发生
Sorting	单击用于列排序的超链接时，但在此控件对相应的排序操作进行处理之前发生

1. RowDataBound 事件

当用户将数据行绑定到数据时，就会引发 GridView 控件的 RowDataBound 事件，用户在删除或者修改数据之前，可以添加相关的提示，也可以为每一行数据添加鼠标悬浮时的背景颜色。

【例 11-9】

下面使用 GridView 控件的 RowDataBound 事件为每一项数据添加鼠标悬浮时的背景颜色，鼠标离开时为当前颜色。实现步骤如下。

01 在页面的合适位置添加 GridView 控件。设置 GridView 控件从 Apps 表中读取出 id、app_name、model_name、sort 和 trusteeship_id 列，并依次使用列名：编号、应用名称、模型名称、显示序号和安装顺序。

02 将 GridView 控件的 AutoGenerateColumns 属性值设置为 false。再添加 RowStyle-HorizontalAlign 属性和 HeaderStyle-HorizontalAlign 属性，使内容项和头部的内容靠右显示。代码如下：

```
<asp:GridView ID="GridView1" runat="server" AutoGenerateColumns="False"
   RowStyle-HorizontalAlign="Right" HeaderStyle-HorizontalAlign ="Right"
   OnRowDataBound="GridView1_RowDataBound">
   <Columns>
      <asp:BoundField DataField="id" HeaderText=" 编号 " />
      <asp:BoundField DataField="app_name" HeaderText=" 应用名称 " />
      <asp:BoundField DataField="model_name" HeaderText=" 模型名称 " />
      <asp:BoundField DataField="sort" HeaderText=" 显示序号 " />
      <asp:BoundField DataField="trusteeship_id" HeaderText=" 安装顺序 " />
   </Columns>
</asp:GridView>
```

03 编写 GridView 控件的 RowDataBound 事件代码。内容如下：

```
protected void GridView1_RowDataBound(object sender, GridViewRowEventArgs e)
{
   if (e.Row.RowType == DataControlRowType.DataRow)                    // 当前行如果是数据行
   {
      e.Row.Attributes.Add("onmouseover",
         "currentcolor=this.style.backgroundColor; this.style.backgroundColor='orange'");
      e.Row.Attributes.Add("onmouseout", "this.style.backgroundColor=currentcolor");
   }
}
```

上述代码中，if 语句判断当前的行是否为数据行，如果是，则通过 e.Row.Attributes.Add() 方法添加悬浮和离开时的效果。

04 运行本例的代码，查看效果，如图 11-18 所示。

已安装应用列表

编号	应用名称	模型名称	显示序号	安装顺序
1	系统客服	BizHelper	0	2
2	请假	Leave	9	8
3	报销	Reimb	8	7
4	流程审批	Approval	7	1
5	任务协作	CarTask	5	3
6	考勤	Attendance	4	5
7	通讯录	Contact	1	4
8	投票	Vote	2	11
9	调研	Research	3	9

Power by TGtech　天鼓科技

图 11-18　鼠标悬浮时的效果

2. RowDeleting 事件

RowDeleting 事件在单击某一行的“删除”按钮删除该行之前发生。将该事件与 AutoGenerateDeleteButton 属性结合，可以实现删除数据的功能。

当 AutoGenerateDeleteButton 属性设置为 true 时，会自动向 GridView 控件添加一列(由 CommandField 对象来表示)，该列带有每个数据行的“删除”按钮。单击某行的“删除”按钮，会将该记录从数据源中永久移除。

另外，为了能成功地删除数据，还必须设置 DataKeyNames 属性以标识数据源的键字段。DataKeyNames 属性的值可以有多个，每个值之间通过英文逗号 (,) 进行分隔。如果不指定 DataKeyNames 属性的值，那么即使指定了 AutoGenerateDeleteButton 属性和 RowDeleting 事件，也不会有任何效果。

【例 11-10】

下面使用 GridView 控件的 RowDeleting 事件并结合 AutoGenerateDeleteButton 属性和 DataKeyNames 属性实现数据的删除功能。

01 在 Web 窗体页添加 GridView 控件。为 GridView 控件添加 DataKeyNames 属性，该属性的值是 id，它表示应用编号。设计好的布局代码如下：

```
<asp:GridView ID="GridView1" runat="server" AutoGenerateColumns="False"
  OnRowDataBound="GridView1_RowDataBound"
  AutoGenerateDeleteButton="true" DataKeyNames="id"
  OnRowDeleting="GridView1_RowDeleting">
  <Columns>
    <asp:BoundField DataField="id" HeaderText=" 编号 " />
    <asp:BoundField DataField="app_name" HeaderText=" 应用名称 " />
    <asp:BoundField DataField="model_name" HeaderText=" 模型名称 " />
    <asp:BoundField DataField="sort" HeaderText=" 显示序号 " />
    <asp:BoundField DataField="trusteeship_id" HeaderText=" 安装顺序 " />
  </Columns>
</asp:GridView>
```

02 为 GridView 控件添加 RowDeleting 事件，在该事件的代码中获取要删除的学生编号。然后调用 SqlHelper 类的 ExecuteNonQuery() 方法进行删除，删除成功后重新显示数据。代码如下：

```
protected void GridView1_RowDeleting(object sender, GridViewDeleteEventArgs e)
{
  string key = e.Keys[0].ToString();
  string sql = "DELETE FROM MyApps WHERE id=" + key;
```

```
        int result = SQLHelper.ExecuteNonQuery(SQLHelper.connStr, CommandType.Text,  sql, null);
        if (result > 0)
        {
            GridView1.DataSource = GetDataSetList();
            GridView1.DataBind();
        }
    }
```

03 运行页面，单击网页中的【删除】按钮进行测试。例如，删除编号是 1 的数据，删除成功时的效果如图 11-19 所示。

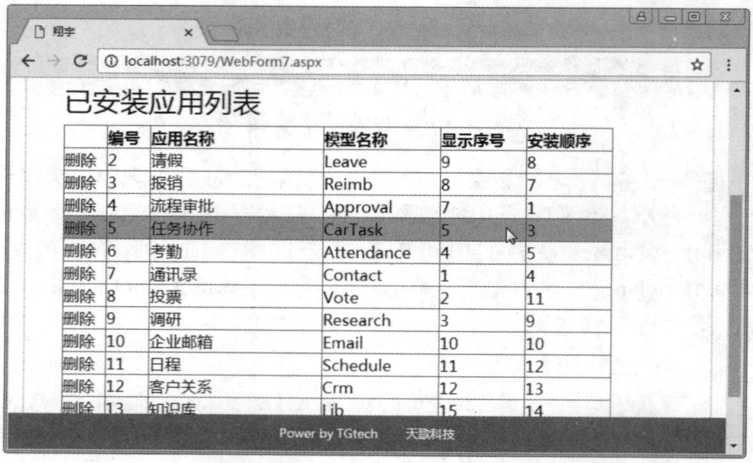

翔宇
localhost:3079/WebForm7.aspx

已安装应用列表

	编号	应用名称	模型名称	显示序号	安装顺序
删除	2	请假	Leave	9	8
删除	3	报销	Reimb	8	7
删除	4	流程审批	Approval	7	1
删除	5	任务协作	CarTask	5	3
删除	6	考勤	Attendance	4	5
删除	7	通讯录	Contact	1	4
删除	8	投票	Vote	2	11
删除	9	调研	Research	3	9
删除	10	企业邮箱	Email	10	10
删除	11	日程	Schedule	11	12
删除	12	客户关系	Crm	12	13
删除	13	知识库	Lib	15	14

Power by TGtech　天致科技

图 11-19　删除数据成功后的效果

试一试

GridView 控件的功能非常强大，读者可以将表 11-12 中的事件与其他属性结合，实现添加和编辑等功能。另外，GridView 控件还可以像 Repeater 和 DataList 控件一样，实现自动编号的功能。这里不再对这些功能一一进行介绍，感兴趣的读者可以亲自动手试一试。

11.5.4　高手带你做——GridView 控件实现分页

Repeater 控件和 DataList 控件都不能够实现分页和自动排序的功能，但是 GridView 控件提供了实现分页和排序功能的属性。实现排序时，需要指定 AllowSorting 属性，而实现分页时需要指定 AllowPaging 属性。

AllowPaging 属性的值是一个布尔值，将值设置为 true 时表示启用分页功能。除此之外，GridView 控件还提供了分页的相关属性，如 PageCount、PageSize、PagerSettings 和 PageIndex 等。

其中 PagerSettings 属性的 Mode 属性不仅指定 GridView 控件的分页模式，还定义了分页经常使用的方向导航控件。Mode 属性的值如下。

- NextPrevious：显示“上一页”和“下一页”分页导航按钮。
- NumericFirstLast：直接以超链接形式显示页码，同时还显示“首页”和“尾页”超链接。
- NextPreviousFirstLast：显示“上一页”、“下一页”、“首页”和“尾页”导航按钮。
- Numeric：默认值，直接以超链接形式显示页码。单击每一个页码就可以导航到相应的页。

【例 11-11】

本例的步骤如下。

01 创建新的 Web 窗体页，并根据前面介绍的 RowDataBound 事件的示例设置 GridVew 控件的绑定列属性。

02 将 GridView 控件的 AllowPaging 属性的值设置为 true，并且将 PageSize 属性的值设置为 5，该属性指定每页显示 5 条数据。

03 继续设置 GridView 控件的属性，分别指定与分页有关 PagerSettings 各个属性的值。GridView 控件的最终代码如下：

```
<asp:GridView ID="GridView1" runat="server" AutoGenerateColumns="False" AllowPaging="true"
  PageSize="5"
  PagerSettings-FirstPageText=" 首页 " PagerSettings-LastPageText=" 尾页 "
  PagerSettings-NextPageText=" 下一页 " PagerSettings-PreviousPageText=" 上一页 "
  PagerSettings-Mode="NextPreviousFirstLast"
  RowStyle-HorizontalAlign="Right" HeaderStyle-HorizontalAlign ="Right"
  OnRowDataBound="GridView1_RowDataBound">
  <Columns>
    <asp:BoundField DataField="id" HeaderText=" 编号 " />
    <asp:BoundField DataField="app_name" HeaderText=" 应用名称 " />
    <asp:BoundField DataField="model_name" HeaderText=" 模型名称 " />
    <asp:BoundField DataField="sort" HeaderText=" 显示序号 " />
    <asp:BoundField DataField="trusteeship_id" HeaderText=" 安装顺序 " />
  </Columns>
</asp:GridView>
```

04 运行上述页面的代码，查看效果，如图 11-20 所示。

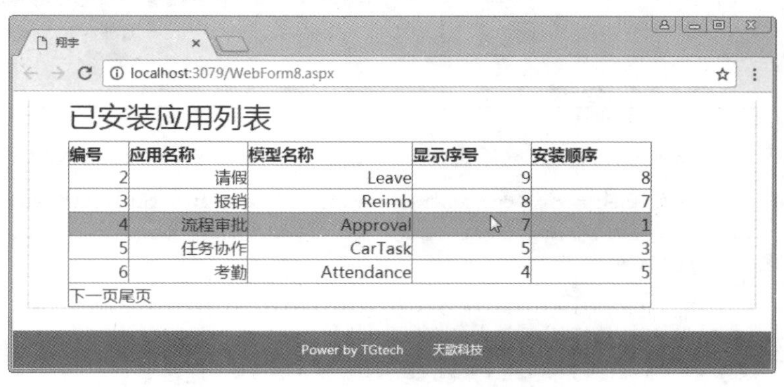

图 11-20　GridView 控件实现分页

05 单击图 11-20 中的【下一页】或者【尾页】的链接内容查看下一页或尾页内容，这时会出现如图 11-21 所示的错误提示。

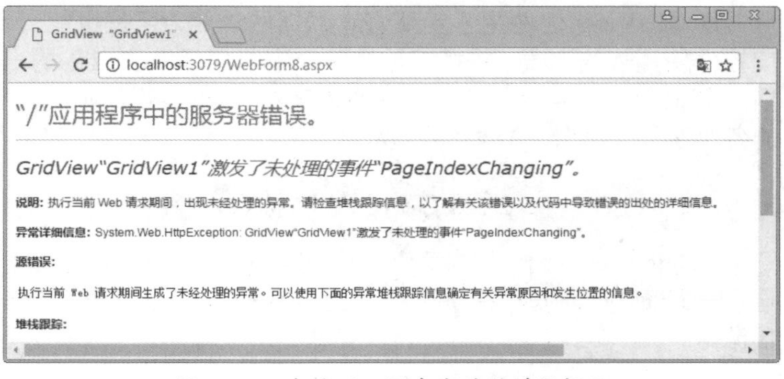

图 11-21　查看下一页内容时的错误提示

在上述错误内容中，提示程序员 GridView 控件激发了未经过处理的 PageIndexChanging 事件。因此，需要为 GridView 控件添加 PageIndexChanging 事件。

06 为 GridView 控件添加 PageIndexChanging 事件，在该事件中重新指定 PageIndex 属性的值，指定完毕后重新绑定数据源。代码如下：

```
protected void GridView1_PageIndexChanging(object sender, GridViewPageEventArgs e)
{
   GridView1.PageIndex = e.NewPageIndex;    // 重新指定索引页
   DataSet ds = SqlHelper.GetDataSet(CommandType.Text, "SELECT * FROM studentlist", null);
   GridView1.DataSource = ds;
   GridView1.DataBind();
}
```

07 重新运行 Web 窗体页，单击页面中的链接进行查看，查看尾页时的效果如图 11-22 所示。

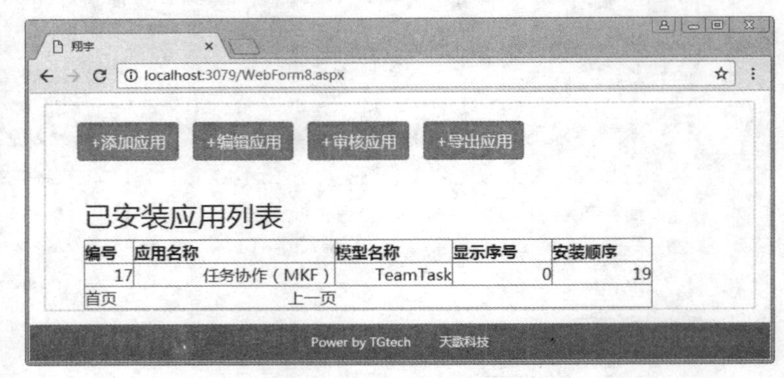

图 11-22　查看尾页时的效果

注意

如果 GridView 控件启用了分页功能，则数据源必须实现 ICollection 接口或者数据集，否则会引发分页事件异常。如果 GridView 控件的数据源为 SqlDataReader 对象，则不能实现分页效果。

11.6　DetailsView 控件

DetialsView 控件用于实现查看数据的功能，但是也能实现插入、删除和更新数据的功能。该控件使用表格布局，并将记录的每个字段显示在它自己的一行内。该控件常用于查看、更新、插入新记录，并且经常在主 / 详细方案中使用，默认情况下 DetailsView 控件将逐行显示记录的各个字段。另外，DetailsView 控件只会显示一条数据记录，且该控件不支持排序。

11.6.1　DetailsView 控件简介

DetailsView 控件支持类似于 GridView 的 Fields 集合属性。除了 DetailsView 将每个字段显示一行而 GridView 将所有字段显示在一行之外，功能上与 GridView 控件的 Columns 集合相似。

DetailsView 控件本身有 4 个模板：PagerTemplate、EmptyDataTemplate、FooterTemplate 和 HeaderTemplate。该控件对每一个模板提供了一个样式属性，开发者可以使用这些属性为对应的模板设置显示样式。

另外，DetailsView 控件还为每个字段提供了 5 个模板，它们分别是：AlternatingItemTemplate、EditItemTemplate、HeaderTemplate、InsertItemTemplate 和 ItemTemplate。

注意

DetailsView 控件通常用于查看数据的详细信息，它通常在主 / 详细方案中使用，不支持排序功能。在这些方案中，主控件的选中记录决定要在 DetailsView 控件中显示的记录。如果 DetailsView 控件的数据源公开了多条记录，该控件仅显示一条数据记录。

下面从三个方面列出了 GridView 控件和 DetailsView 控件之间的不同点。

- 从数据的显示方式上区分：GridView 控件是通过表格的形式显示所有查到的数据记录，而 DetailsView 控件只显示一条数据记录。
- 从功能上区分：GridView 控件可以设置排序和选择的功能，而 DetailsView 不能；DetailsView 控件可以设置插入新记录的功能，而 GridView 不能。
- 从使用上来说：GridView 控件通常用于显示主要的数据信息，而 DetailsView 控件常用于显示与 GridView 控件中数据记录对应的详细信息。

11.6.2 DetailsView 控件的常用属性

与其他控件一样，DetailsView 控件本身包含多个常用的属性和事件，如表 11-13 列出了一些常用属性。

表 11-13 DetailsView 控件的常用属性

属性名称	说　明
AllowPaging	获取或设置一个值，该值指示是否启用分页功能。默认为 false
AutoGenerateDeleteButton	获取或设置一个值，该值指示是否为每个数据行添加“删除”按钮
AutoGenerateEditButton	获取或设置一个值，该值指示是否为每个数据行添加“编辑”按钮
AutoGenerateSelectButton	获取或设置一个值，该值指示是否为每个数据行添加“选择”按钮
AutoGenerateRows	获取或设置一个值，该值指示对应于数据源中每个字段的行字段是否自动生成并在 DetailsView 控件中显示
CurrentMode	获取 DetailsView 控件的当前数据输入模式
DataKey	获取一个 DataKey 对象，该对象表示所显示的记录的主键
DataKeyNames	获取或设置一个数组，该数组包含数据源的键字段的名称
DefaultMode	获取或设置 DetailsView 控件中的默认数据输入模式，其值有 ReadOnly（默认值）、Insert 和 Edit
DataItem	获取绑定到 DetailsView 控件的数据项
DataItemCount	获取基础数据源中的项数
DataItemIndex	从基础数据源中获取 DetailsView 控件中正在显示的项的索引
DataSource	获取或设置对象，数据绑定控件从该对象中检索其数据项列表

（续表）

属性名称	说　明
DataSourceID	获取或设置控件的 ID，数据绑定控件从该控件中检索其数据项列表
GridLines	获取或设置 DetailsView 控件的网格线样式，默认值为 Both
HorizontalAlign	获取或设置 DetailsView 控件在页面上的水平对齐方式
PageCount	获取在 GridView 控件中显示数据源记录所需的页数
PageIndex	获取或设置当前显示页的索引
PageSize	获取或设置 GridView 控件在每页上所显示的记录的条数

注意

DetailsView 控件可以自动对其关联数据源中的数据进行分页，但前提是，数据由支持 ICollection 接口的对象表示或基础数据源支持分页。该控件提供用于在数据记录之间导航的用户界面，如果要启用分页，需要将 AllowPaging 属性设置为 true。

【例 11-12】

以 11.5.4 节的案例（例 11-11）为基础，在列表中添加一个“详细”超链接，单击该链接可以查看应用的详细信息。具体实现步骤如下。

01 打开例 11-11 的案例源码，在 GridView 控件绑定数据的最后添加一个 HyperLinkField 控件。设置 HyperLinkField 控件的 DataNavigateUrlFields、DataNavigateUrlFormatString 和 Text 属性。修改后的代码如下：

```
<asp:HyperLinkField DataNavigateUrlFields="id"  Text=" 详细 "
   DataNavigateUrlFormatString="DataDetailsView.aspx?id={0}"  />
```

02 运行 Web 窗体页，查看效果，单击页面中名称为“详细”的超链接，跳转到 DataDetailsView.aspx 页面并传入 id 参数。创建 DataDetailsView.aspx 页面，并在该页面中添加一个 DetailsView 控件。代码如下：

```
<asp:DetailsView ID="DetailsView1" runat="server" ></asp:DetailsView>
```

03 在 DataDetailsView.aspx 页面后台的 Page_Load 事件中获取上个页面传入的 id 参数。然后调用 SQLHelper 类的 ExecuteReader() 方法读取数据，将读取的内容保存到 SqlDataReader 对象 dr 中。最后通过 DataSource 属性设置 DetailsView 控件的数据源，并通过 DataBind() 方法进行绑定。代码如下：

```
protected void Page_Load(object sender, EventArgs e)
{
   string app_id = Request.QueryString["id"].ToString();
   string sql = "SELECT * FROM MyApps WHERE id=" + app_id;
   SqlDataReader dr = SQLHelper.ExecuteReader(SQLHelper.connStr, sql);
   DetailsView1.DataSource = dr;
   DetailsView1.DataBind();
}
```

04 运行上述页面查看详细效果，如图 11-23 所示。

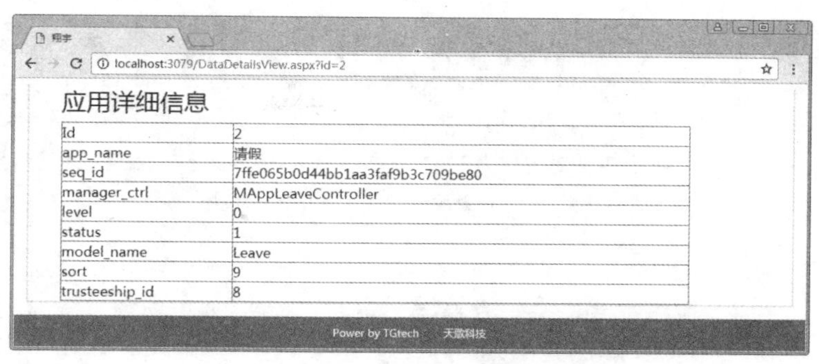

图 11-23　DetailsView 控件显示数据

11.6.3　DetailsView 控件的常用事件

DetailsView 控件与 GridView 控件非常相似，它也包含许多事件，其常用事件如表 11-14 所示。

表 11-14　DetailsView 控件的常用事件

事件名称	说　明
DataBinding	当服务器控件绑定到数据源时发生
DataBound	在服务器控件绑定到数据源后发生
ItemCommand	当单击 DetailsView 控件中的按钮时发生
ItemCreated	在 DetailsView 控件中创建记录时发生
ItemDeleted	单击 DetailsView 控件中的“删除”按钮时，在删除操作之后发生
ItemDeleting	单击 DetailsView 控件中的“删除”按钮时，在删除操作之前发生
ItemInserted	单击 DetailsView 控件中的“插入”按钮时，在插入操作之后发生
ItemInserting	单击 DetailsView 控件中的“插入”按钮时，在插入操作之前发生
ItemUpdated	单击 DetailsView 控件中的“更新”按钮时，在更新操作之后发生
ItemUpdating	单击 DetailsView 控件中的“更新”按钮时，在更新操作之前发生
PageIndexChanged	当 PageIndex 属性的值在分页操作后更改时发生
PageIndexChanging	当 PageIndex 属性的值在分页操作前更改时发生

【例 11-13】

下面通过向 DetailsView 控件中自定义列的方式显示数据，并且根据 status 字段的值分别显示“可用”或“禁用”。主要步骤如下。

01 在页面中添加 DetailsView 控件并指定 AutoGenerateRows 属性的值为 false，然后为其添加 OnDataBound 事件属性。在 Fields 中手动通过 BoundField 字段的 DataField 绑定数据。页面代码如下：

```
<asp:DetailsView ID="DetailsView1" runat="server"
    AutoGenerateRows="false"  OnDataBound="DetailsView1_DataBound">
    <Fields>
      <asp:BoundField HeaderText=" 编号 " DataField="id" />
```

```
        <asp:BoundField HeaderText=" 应用名称 " DataField="app_name" />
        <asp:BoundField HeaderText=" 控制器名称 " DataField="manager_ctrl" />
        <asp:BoundField HeaderText=" 序列号 " DataField="seq_id" />
        <asp:BoundField HeaderText=" 等级 " DataField="level" />
        <asp:TemplateField HeaderText=" 状态 ">
          <ItemTemplate>
            <%#Convert.ToInt16(Eval("status"))==1?" 可用 ":" 禁用 "%>
          </ItemTemplate>
        </asp:TemplateField>
        <asp:BoundField HeaderText=" 模型名称 " DataField="model_name" />
        <asp:BoundField HeaderText=" 排序 " DataField="sort" />
        <asp:BoundField HeaderText=" 安装序号 " DataField="trusteeship_id" />
      </Fields>
    </asp:DetailsView>
```

02 在 DetailsView 控件的 DataBound 事件中添加代码，如果当前的模式是只读的，则将第 6 行的背景颜色设置为橙色。代码如下：

```
protected void DetailsView1_DataBound(object sender, EventArgs e)
{
  if (DetailsView1.CurrentMode == DetailsViewMode.ReadOnly)          // 当前的数据模式是只读的
  {
    DetailsView1.Rows[5].BackColor = System.Drawing.Color.Orange;
  }
}
```

03 重新运行数据列表页面，单击某条记录后面的【详细】按钮查看，效果如图 11-24 所示。

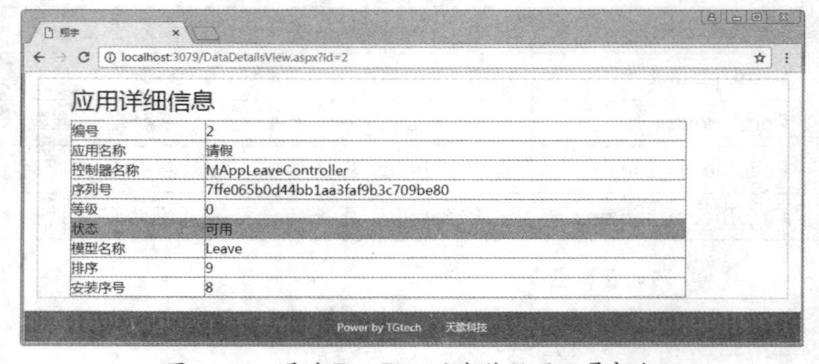

图 11-24　通过 DataBound 事件设置背景颜色

11.7　ListView 控件

ListView 控件会按照模板中定义的格式显示数据，它可以适用于任何具有重复结构的数据。但是与其他控件 (如 DataList 和 Repeater) 不同的是：ListView 控件允许用户编辑、插入和删除数据，也可以对数据进行排序和分页，这一切功能的实现都不需要编写代码。

1. ListView 控件的模板

利用 ListView 控件，可以绑定从数据源返回的数据项，并显示它们，也可以对它们分组。ListView 控件提供了 11 种项模板，具体说明如表 11-15 所示。

表 11-15　ListView 控件的 11 种项模板

模板名称	说　明
LayoutTemplate	定义 ListView 控件的主要布局和内容的根模板
ItemTemplate	定义显示控件中的项的内容
ItemSeparatorTemplate	定义显示控件中的各个项之间呈现的内容
GroupTemplate	定义控件中组容器的内容
GroupSeparatorTemplate	定义控件要在项组之前呈现的内容
EmptyItemTemplate	定义在使用 GroupTemplate 模板为空项时呈现的内容
EmptyDataTemplate	定义在数据源未返回数据时要呈现的内容
SelectedItemTemplate	为区分所选数据项与显示的其他项，而为该选项呈现的内容
AlternatingTemplate	数据交替模板，该模板与 ItemTemplate 结合，可产生两模板交错显示的效果
EditItemTemplate	数据编辑模板，对于正在编辑的数据项，该模板内容替换 ItemTemplate 项的内容
InsertItemTemplate	数据添加模板

2. ListView 控件的属性

ListView 控件包含多个常用属性，通过这些属性，可以获取或者设置不同的内容，常用属性如表 11-16 所示。

表 11-16　ListView 控件的常用属性

属性名称	说　明
DataKeyNames	获取或设置一个数组，该数组包含了显示在 ListView 控件中的项的主键字段的名称
DataMember	当数据源包含多个不同的数据项列表时，获取或设置数据绑定控件绑定到数据列表的名称
DataSource	获取或设置对象，数据绑定控件从该对象中检索其数据项列表
DataSourceID	获取或设置控件的 ID，数据绑定控件从该控件中检索其数据项列表
GroupItemCount	获取或设置 ListView 控件中每组显示的项数
GroupPlaceholderID	获取或设置 ListView 控件中的组占位符的 ID
InsertItemPosition	获取或设置 InsertItemTemplate 模板在作为 ListView 控件的一部分呈现时的位置
SortDirection	获取要排序的字段的排序方向
SortExpression	获取与要排序的字段关联的排序表达式
SelectedIndex	获取或设置 ListView 控件中的选定项的索引
SelectedValue	获取 ListView 控件中的选定项的数据键值

【例 11-14】

在了解 ListView 控件的模板和常用属性之后，下面使用该控件读取 MyApps 表中的数据。主要实现步骤如下。

01 创建 Web 窗体页并进行设计，在页面的合适位置添加 ListView 控件，并且在 ItemTemplate 项模板中绑定数据。代码如下：

```
<asp:ListView ID="ListView1" runat="server">
    <ItemTemplate>
      <tr>
        <td><%# Eval("id") %></td>
        <td><%# Eval("app_name") %></td>
        <td><%# Eval("model_name") %></td>
        <td><%# Eval("sort") %></td>
       <td><%# Eval("trusteeship_id") %></td>
      </tr>
    </ItemTemplate>
</asp:ListView>
```

02 在 Web 窗体页的后台 Page_Load 代码中读取 MyApps 表中的数据，并且绑定到 ListView 控件中。

03 运行 Web 窗体页，查看效果，如图 11-25 所示。

图 11-25　ListView 控件显示数据

3. ListView 控件的事件

ListView 控件的常用事件与 DetailsView 控件相似，这里不再详细说明。例如，在数据项绑定到 ListView 控件中的数据时，都会触发 ItemDataBound 事件，在该事件中可以实现添加自动编号的功能。

【例 11-15】

在上个例子的基础上为 ListView 控件 ItemTemplate 项模板中添加一个 ID 是 lblID 的 Label 控件；接着为 ListView 控件添加 ItemDataBound 事件，在该事件的代码中为 lblID 赋值。事件代码如下：

```
protected void ListView1_ItemDataBound(
object sender, ListViewItemEventArgs e)
{
  // 获取 Label 控件
  Label id = (Label)e.Item.FindControl("lblID");
  // 赋值
  id.Text = Convert.ToString(
     e.Item.DataItemIndex + 1);
}
```

重新运行上述代码查看自动生成编号的效果，如图 11-26 所示。

图 11-26　带自动编号的效果

11.8　DataPager 控件

DataPager 控件是一个数据分页控件，通常需要结合其他数据控件进行使用，本节介绍与 ListView 控件一起使用实现分页的方法。DataPager 控件可以放在两个位置：一个是独立于 ListView 控件；二是内嵌在 ListView 控件的 <LayoutTemplate> 内。

DataPager 控件的属性很多，其中与分页设置相关的属性如表 11-17 所示。

表 11-17　DataPager 控件的常用属性

属性名称	说　明
PagedControlID	获取或设置一个控件的 ID，该控件包含的数据将由 DataPager 控件进行分页
PageSize	获取或设置为每个数据页显示的记录数
QueryStringField	获取或设置查询字符串字段的名称
Fields	获取 DataPagerField 对象的集合，这些对象表示在 DataPager 控件中指定的页导航字段
MaximumRows	获取为每个数据页显示的最大记录数
StartRowIndex	获取在数据页上显示的第一条记录的索引
TotalRowCount	获取由管理数据绑定控件所引用的基础数据源对象检索到总记录数
ViewStateMode	获取或设置此控件的视图状态模式，其值有 Inherit(默认)、Enabled 和 Disabled

注意

并不是任何控件都能和 DataPager 控件一起使用，除了 ListView 控件外，DataPager 控件只能和实现了 IPageableItemContainer 接口的控件使用。

【例 11-16】

DataPager 控件与 ListView 控件实现分页的方式非常简单，继续在上个例子的基础上进行更改。在页面添加一个 DataPager 控件，并设置如下属性：

```
<asp:DataPager ID="DataPagerListView"
runat="server" PageSize="2"
Paged ControlID="ListView1">
  <Fields>
  <asp:NextPreviousPagerField
  ShowFirstPageButton="true"
ShowLastPageButton
  ="true" /></Fields>
</asp:DataPager>
```

上述代码将 DataPager 控件的 PagedControlID 的属性值设置为 ListView 控件的 ID，PageSize 的属性值为 5，表示每页显示 5 条记录。NextPreviousPagerField 标签内的 ShowLastPageButton 和 ShowFirstPageButton 的属性值设置为 true，表示允许显示【第一页】和【最后一页】链接按钮。

重新运行本例的 Web 窗体页，查看效果，如图 11-27 所示。

图 11-27　DataPager 控件结合 ListView 控件实现分页效果

11.9 成长任务

成长任务 1：使用 Repeater 控件显示数据

本次任务要求读者使用 Repeater 控件实现显示图书列表信息，且必须实现隔行分色的效果。具体图书数据表的设计和最终效果可参考图 11-28。

周点击榜（经管励志）　更多>>

序号	书名	作者	出版社	状态	上传时间	点击数
1	犹太人的赚钱哲学：思危(全文)		重庆出版社	已完成	2009-11-13	108188
2	探求真相：85%的人应该涨工资		中国商业出版社	已完成	2011-01-21	77653
3	冯仑与年轻人闲话人生：伟大是熬出来的		中国发展出版社	已完成	2011-01-31	55049
4	看穿人心术，拿来就用		江苏文艺出版社	已完成	2011-01-25	50343
5	遇见懂爱的自己：100个幸福的理由		团结出版社	已完成	2011-01-31	38104
6	30年后，你拿什么养活自己？		广西科学技术出版社	已完成	2010-04-13	31415
7	生财之道：全中国最穷小伙子发财日记		上海锦绣文章出版社	已完成	2010-04-07	23517
8	承担起生命的责任：21岁当总裁II		东方出版社	已完成	2011-01-25	15043
9	苏芩全新力作：20岁定好位30岁有地位		湖南文艺出版社	已完成	2010-11-01	13342

图 11-28　显示图书列表

成长任务 2：使用 DataList 控件显示数据

本次任务要求读者使用 DataList 控件实现显示书架列表信息，且必须实现每行显示 4 列的效果。具体书架数据表的设计和最终效果可参考图 11-29。

图 11-29　显示书架列表

成长任务 3：使用 GridView 控件编辑数据

GridView 控件的功能非常强大，本章 11.5 节详细介绍了如何使用该控件绑定数据、删除数据和分页显示数据。本次任务要求使用该控件实现对数据的编辑功能，具体效果参考图 11-30。

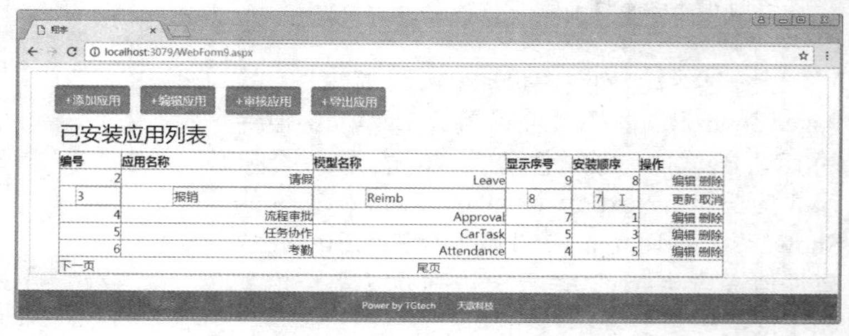

图 11-30　编辑数据效果

第 12 章

处理目录和文件的常用类

在实际软件开发过程中，开发者需要对磁盘、目录或者目录下的文件进行处理，例如创建或删除目录、遍历某个目录下的所有子目录和文件、在某个目录下判断指定的文件是否存在、上传或修改用户图像、对指定的文件进行加密和解密操作等。

ASP.NET 提供了多种用于处理目录和文件的操作类，这些相关类都位于 System.IO 命名空间下。本章首先针对 System.IO 命名空间进行介绍，然后详细介绍如何利用有关类获取磁盘信息、操作相关的目录和文件等。

本章学习要点

◎ 了解数据流的基本概念
◎ 熟悉 System.IO 命名空间的常用类
◎ 掌握 Directory 和 DirectoryInfo 类
◎ 掌握目录的基本操作
◎ 掌握 File 和 FileInfo 类
◎ 掌握文件的基本操作
◎ 掌握如何写入和读取文本文件
◎ 熟悉 StreamReader 类的具体使用
◎ 熟悉 StreamWriter 类的具体使用
◎ 掌握 FileUpload 控件如何实现文件上传
◎ 掌握 Response 对象如何实现文件下载
◎ 熟悉如何对文件实现加密和解密操作

扫一扫，下载
本章视频文件

 12.1 System.IO 命名空间

在 ASP.NET 中，所有处理目录、文件、流的类都位于 System.IO 命名空间，该命名空间是由 .NET Framework 类库提供的，包含允许读写文件和数据流的类以及提供基本文件和目录支持的类，并且该空间还提供了基于 IO 流的操作方式。

12.1.1 关于数据流

流是字节序列的抽象概念，它提供了一种向后备存储写入字节和从后备存储读取字节的方式，后备存储可以为多种存储媒介之一。流在各种程序(如 Java、C# 和 C++)中都是常用的一种操作，如输入和输出设备、文件、TCP/IP 套接字等。

.NET Framework 使用流来支持读取和写入文件，开发者可以将流视为一组连续的一维数据，包含开头和结尾，并且在其中的游标指示了流的当前位置。

在 .NET Framework 中，流由 Stream 类来表示，该类构成了所有其他流的抽象类。不能直接创建 Stream 类的实例，但是必须不使用它实现其中的一个类。

在 C# 中存在许多类型的流，但是在处理文件输入/输出 (I/O) 时，FileStream 类最为重要。除此之外，开发者还可能会用到 BufferedStream 类、CryptoStream 类、MemoryStream 类以及 NetworkStream 类等。

流中包含的数据可能来自内存、文件或 TCP/IP 套接字。那么开发人员可以使用流执行哪些主要操作呢？

- 读取操作：将数据从流传输到数据结构(例如字符串或字节数据)中。
- 写入操作：将数据从数据源传输到流中。
- 查找操作：查询和修改在流中的位置。

12.1.2 关于 System.IO 空间

System.IO 命名空间包含允许在数据流和文件上进行同步和异步读取以及写入的类型。但是开发者一定要注意文件和流的差异，文件是一些具有永久存储及特定顺序的字节组成的一个有序的、具有名称的集合。因此，提到文件，大家会想到磁盘存储、文件和目录名等方面。而流提供一种向后备存储写入字节和从后备存储读取字节的方式。后备存储可以为多种存储媒介之一，正如除磁盘外存在多种后备存储一样，除文件流之外，也存在多种流，例如内存流、网络流等。

System.IO 命名空间下存在许多操作类，表 12-1 对常用的类进行说明。

表 12-1　System.IO 命名空间下的常用类

常用类的名称	说　明
BinaryReader	用特定的编码将基元数据类型读作二进制值
BinaryWriter	以二进制形式将基元类型写入流，并支持用特定的编码写入字符串
BufferedStream	将缓冲层添加到另一个流上的读取和写入操作。该类不能被继承
Directory	公开用于创建、移动、枚举目录和子目录的静态方法。该类不能被继承
DirectoryInfo	公开用于创建、移动、枚举目录和子目录的实例方法。该类不能被继承
DriveInfo	提供对有关驱动器的信息的访问
File	提供用于创建、复制、删除、移动和打开文件的静态方法。该类不能被继承
FileInfo	提供创建、复制、删除、移动和打开文件的实例方法。该类不能被继承

（续表）

常用类的名称	说　明
FileStream	既支持同步读写操作，也支持异步读写操作
MemoryStream	创建以内存作为其支持存储区的流
PathTooLongException	当路径名或文件名超过系统定义的最大长度时引发的异常
Stream	提供字节序列的一般视图
StreamReader	实现一个 TextReader，使其以一种特定的编码从字节流中读取字符
StreamWriter	实现一个 TextWriter，使其以一种特定的编码向流中写入字符
StringReader	实现从字符串进行读取的 TextReader
StringWriter	实现一个用于将信息写入字符串的 TextWriter，该信息存储在 StringBuilder 中
TextReader	表示可读取连续字符系列的阅读器
TextWriter	表示可以编写一个有序字符系列的编写器。该类为抽象类

12.2　高手带你做——获取磁盘空间信息

System.IO 命名空间下包含多个常用类，其中 DriveInfo 类提供对有关驱动器信息的访问。磁盘空间信息是指如何在客户端得知服务器上都有哪些驱动器，类型是什么（光驱或者网络驱动器），可用空间和卷标等。通过这些信息，可以准确地分析出服务器的运行状态。

DriveInfo 可以对计算机上的驱动器进行操作，该类只包含一个 GetDrives() 静态方法，它用于检索计算机上所有逻辑驱动器的驱动器名称，并返回一个包含驱动器列表的数组。

除了方法外，DriveInfo 类还提供了多个与驱动器相关的操作实例属性，常用的属性如表 12-2 所示。

表 12-2　DriveInfo 类的实例属性

属性名称	说　明
AvailableFreeSpace	指示驱动器上的可用空闲空间量
DriveFormat	获取文件系统的名称，例如 NTFS 或 FAT32
DriveType	获取驱动器类型。该值为 DriveType 枚举值之一，取值说明如下。 CDRom：此驱动器是一个光盘设备，例如 CD 或 DVD-ROM。 Fixed：此驱动器是一个固定磁盘。 Network：此驱动器是一个网络驱动器。 NoRootDirectory：此驱动器没有根目录。 Ram：此驱动器是一个 RAM 磁盘。 Removable：此驱动器是一个可移动存储设备，例如软盘驱动器或者 USB 闪存驱动器。 Unknown：驱动器类型未知
IsReady	获取一个指示驱动器是否已准备好的值
Name	获取驱动器的名称

（续表）

属性名称	说　明
RootDirectory	获取驱动器的根目录
TotalFreeSpace	获取驱动器上的可用空闲空间总量
TotalSize	获取驱动器上存储空间的总大小
VolumeLabel	获取或设置驱动器的卷标

【例 12-1】

根据用户选择的磁盘获取该磁盘的详细信息，包括驱动器名称、可用空间、总空间、驱动类型以及驱动器卷标等内容。主要实现步骤如下。

01 创建空的 Web 窗体页面并进行设计，向窗体页面添加 DropDownList 控件和 Label 控件，前者用于显示磁盘列表，后者用于显示磁盘信息。

02 更改或设置有关控件的属性，如 DropDownList 控件的 ID 属性和 Width 属性；Label 控件的 ID 属性、Font 属性和 FontColor 属性。

03 添加窗体页面的 Load 事件代码，加载显示 DropDownList 控件的列表内容。具体代码如下：

```
protected void Page_Load(object sender, EventArgs e) {
  DriveInfo[] allDrives = DriveInfo.GetDrives(); // 获取所有的驱动器列表
  foreach (DriveInfo d in allDrives) {  // 遍历驱动器
    if (!ddlDriveList.Items.Contains(new ListItem("---- 请选择 ----")))
      ddlDriveList.Items.Add("---- 请选择 ----");
    if (!ddlDriveList.Items.Contains(new ListItem(d.Name)))
      ddlDriveList.Items.Add(d.Name); // 添加到下拉列表框
  }
  ddlDriveList.AutoPostBack = true;
  lblDriveInfo.Text = " 获取磁盘信息 ";
}
```

在上述代码中，首先通过 DriveInfo 的 GetDrives() 方法获取所有的驱动器列表，接着通过 foreach 语句遍历，然后设置控件的 AutoPostBack 属性，最后设置 Label 控件的文本值。

在遍历驱动器内容时，需要判断当前列表中是否存在获取的某一项，如果该项不存在，需要调用 Add() 方法进行添加，否则不再进行添加。

04 为 DropDownList 控件添加 SelectedIndexChanged 事件，当更改 DropDownList 控件的索引值时会引发该事件。具体代码如下：

```
protected void ddlDriveList_SelectedIndexChanged(object sender, EventArgs e) {
  DriveInfo d = new DriveInfo(ddlDriveList.SelectedItem.ToString());        // 获取用户选择的驱动器
  if (d.IsReady == true) {           // 判断驱动器是否可用
    lblDriveInfo.Text = " 驱动器名称 : " + d.Name + "<br/>";
    lblDriveInfo.Text += " 驱动器类型 : " + d.DriveType + "<br/>";
    lblDriveInfo.Text += " 驱动器卷标 : " + d.VolumeLabel + "<br/>";
```

```
        lblDriveInfo.Text += " 驱动器根目录 : " + d.RootDirectory + "<br/>";
        lblDriveInfo.Text += " 文件系统名称 : " + d.DriveFormat + "<br/>";
        lblDriveInfo.Text += " 驱动器可用空间 :" + d.AvailableFreeSpace + " bytes" + "<br/>";
        lblDriveInfo.Text += " 驱动器上可用空闲空间总量 :" + d.TotalFreeSpace + " bytes" + "<br/>";
        lblDriveInfo.Text += " 驱动器空间大小 :" + d.TotalSize + "bytes " + "<br/>";
    } else {
        lblDriveInfo.Text = " 很抱歉，您选择的不是驱动器信息！请进行确认。";
    }
}
```

上述代码通过 DropDownList 控件的 SelectedItem 属性获取用户选择的驱动器文本，然后实例化 DriveInfo 类，调用该类的相关实例属性获取磁盘的详细信息。

05 运行窗体页面，查看效果，如图 12-1 所示。

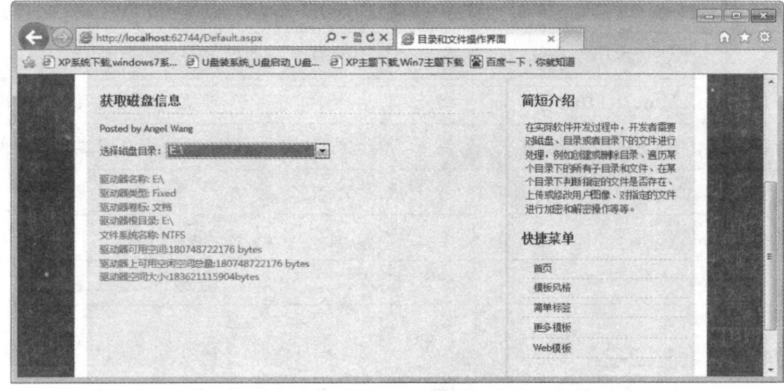

图 12-1　获取磁盘的详细信息

12.3　目录操作类

当同一类型的文件过多，或者实现同一功能需要多个文件时，都需要用到目录。目录又称为文件夹，可以对多个文件进行归纳。开发者在处理目录时，需要借助 Directory 静态类和 DirectoryInfo 实例类。

12.3.1　Directory 类

Directory 是一个静态类，该类提供了一系列操作目录的静态方法，在调用静态方法之前不必创建该类的实例。使用 Directory 类的静态方法可以创建、移动、枚举目录和子目录等，表 12-3 针对该类的静态方法进行说明。

表 12-3　Directory 类的常用静态方法

方法名称	说　明
CreateDirectory()	创建一个指定路径的目录
Delete()	删除一个指定路径的目录
Exists()	判断指定路径的目录是否存在，如果存在返回 true，否则返回 false
EnumerateDirectories()	返回指定路径中与搜索模式匹配的目录名称的可枚举集合，还可以搜索子目录

（续表）

方法名称	说　明
GetCreationTime()	返回指定目录的创建时间和日期
SetCreationTime()	为指定的文件或目录设置创建日期和时间
GetCurrentDirectory()	获取应用程序的当前工作目录
SetCurrentDirectory()	将应用程序的当前工作目录设置为指定的目录
GetDirectories()	获取指定目录中的子目录，返回为字符串数组
GetDirectoryRoot()	返回指定路径的卷信息、根信息或两者同时返回
GetFiles()	获取指定目录下的文件，返回为字符串数组
GetFileSystemEntries()	获取指定目录中的所有文件和子目录
GetLastAccessTime()	返回上次访问指定文件或目录的日期和时间
SetLastAccessTime()	设置上次访问指定文件或目录的日期和时间
GetLastWriteTime()	返回上次写入指定文件或目录的日期和时间
SetLastWriteTime()	设置上次写入目录的日期和时间
Move()	将指定目录及其内容移动到新的位置

【例 12-2】

添加新的 Web 窗体页面，在该页面中演示如何通过 Directory 类的静态方法获取目录基本信息，例如目录的创建日期和时间、当前工作目录、目录写入的日期和时间等内容。主要步骤如下。

01 向窗体页面添加一个 Label 控件，该控件用于显示目录的基本信息。有关代码如下：

```
<asp:Label ID="lblInfo" runat="server" Text=" 显示目录基本信息 " Font-Names=" 微软雅黑 "
ForeColor="#FF3300"></asp:Label>
```

02 在窗体的 Load 事件中添加代码，该代码用于获取“E:\QQLive”目录的基本信息。代码如下：

```
protected void Page_Load(object sender, EventArgs e) {
  string path = @"E:\QQLive"; // 指定目录路径
  if (Directory.Exists(path)) {  // 如果指定目录存在
    lblInfo.Text = path + " 目录的详细信息如下： "
     + " 创建日期和时间： " + Directory.GetCreationTime(path).ToString("yyyy 年 MM 月 dd 日 ")
     + " 当前工作目录： " + Directory.GetCurrentDirectory()
     + " 最后一次访问日期和时间： " + Directory.GetLastAccessTime(path)
     + " 最后一次写入日期和时间： " + Directory.GetLastWriteTime(path);
  } else {
    lblInfo.Text = " 很抱歉，您指定的目录并不存在！ ";
  }
}
```

在上述代码中，通过 Directory 类的 Exists() 方法判断指定的目录是否存在，如果不存在，给出相应的提示，如果存在，则获取目录的详细信息，如创建日期和时间、最后一次访问的日期和时间等。

03 运行 Web 窗体页面，查看效果，具体效果图不再展示。

12.3.2 DirectoryInfo 类

DirectoryInfo 类与 Directory 类一样，用于对目录进行管理。但是 DirectoryInfo 类需要实例化才可以调用其方法，从而有效地对一个目录进行多种操作。DirectoryInfo 类在实例化后，可以获取目录的创建时间和最后修改时间等状态。

虽然开发者通过 Directory 类的静态方法可以获取到目录的基本信息，但是获取到的信息并不全面，通过 DirectoryInfo 类的实例属性更容易获取目录的信息。例如，表 12-4 列出 DirectoryInfo 类的常用属性及其说明。

表 12-4　DirectoryInfo 类的常用属性

属性名称	说　明
Exists	判断指定路径的目录是否存在，如果存在则返回 true，否则返回 false
Name	获取目录的名称
Parent	获取指定子目录的父目录名称
Root	获取目录的根部分
Attributes	获取或设置当前目录的 FileAttributes
CreationTime	获取或设置当前目录的创建时间
CreationTimeUtc	获取或设置当前目录的创建时间，其格式为 UTC 时间
Extension	获取表示文件扩展名部分的字符串
FullName	获取目录或文件的完整目录
LastAccessTime	获取或设置上次访问当前文件或目录的时间
LastAccessTimeUtc	获取或设置上次访问当前文件或目录的时间，其格式为 UTC 时间
LastWriteTime	获取或设置上次写入当前文件或目录的时间
LastWriteTimeUtc	获取或设置上次写入当前文件或目录的时间，其格式为 UTC 时间

提示

除了上面介绍的属性外，DirectoryInfo 类还提供一系列的方法，通过这些方法，可以对目录进行删除、创建、复制等操作，关于该类的方法，会在下面的小节进行介绍。

【例 12-3】

创建新的 Web 窗体页面，向该页面添加 Label 控件，该控件用于显示目录的基本信息。页面代码如下：

```
<asp:Label ID="lblInfo" runat="server" Font-Names=" 微软雅黑 " ForeColor="#FF3300" Font-Size="18px"></asp:Label>
```

向窗体后台的 Load 事件中添加代码，在该代码中通过 DirectoryInfo 类的实例属性获取 E:\QQMusicCache\WhirlCache 目录的基本信息。代码如下：

```
protected void Page_Load(object sender, EventArgs e) {
    string path = @"E:\QQMusicCache\WhirlCache";
    DirectoryInfo di = new DirectoryInfo(path);
    if (di.Exists) {                                    //判断获取的目录是否存在，如果存在
        lblInfo.Text = " 目录名称：" + di.Name
        + "<br/> 父目录：" + di.Parent
        + "<br/> 所在驱动器：" + di.Root.ToString()
        + "<br/> 完整路径：" + di.FullName
        + "<br/> 目录创建时间：" + di.CreationTime.ToShortDateString()
        + "<br/> 最后一次访问时间：" + di.LastAccessTime
        + "<br/> 最后一次修改时间：" + di.LastWriteTime;
    } else {
        lblInfo.Text = " 抱歉，您要查看的目录并不存在！ ";
    }
}
```

窗体界面和后台代码设计完毕后，运行页面，查看页面效果，具体效果如图 12-2 所示。

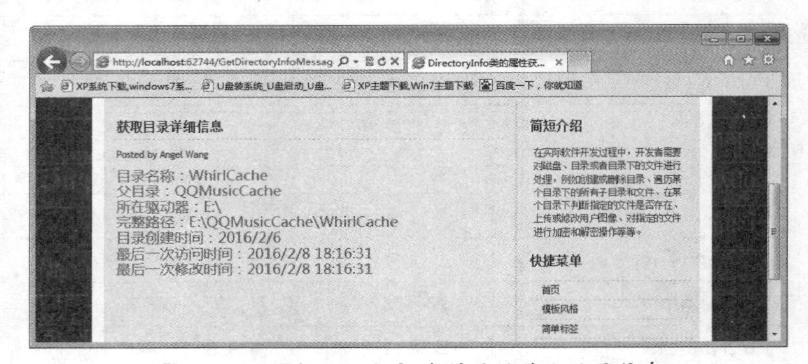

图 12-2　从 DirectoryInfo 类的属性获取目录信息

12.4　目录基本操作

开发者利用 Directory 类和 DirectoryInfo 类的有关方法可以对目录进行操作，例如创建目录、删除目录、移动或复制目录等，本节介绍几种常见的操作。

12.4.1　创建目录

创建目录是指在指定的路径中添加新的文件夹。ASP.NET 中创建目录有两种方法，一种是通过 Directory 类，一种是通过 DirectoryInfo 类。

1. 通过 Directory 类创建目录

Directory 类的 CreateDirectory() 静态方法可以创建目录，该方法返回一个 DirectoryInfo 对象。CreateDirectory() 静态方法的两种构造形式如下：

```
CreateDirectory(string path)
CreateDirectory(string path, DirectorySecurity directorySecurity)
```

其中，path 参数和 directorySecurity 参数的说明如下。

- path 参数：指定要创建的目录路径，可以是绝对路径，也可以是相对路径。例如"C:\\MyDir"或"MyDir\\MySubdir"等都是可以接受的路径。
- directorySecurity 参数：应用指定的 Windows 安全性。

【例 12-4】

例如，向"E:\ 创建目录方法 1"目录下创建 directory 目录，创建完毕后，显示目录的创建日期和时间。代码如下：

```
string path = @"E:\ 创建目录方法 1\directory";
DirectoryInfo di = Directory.CreateDirectory(path);
Label1.Text = " 创建日期和时间："+di.CreationTime;
```

2. 通过 DirectoryInfo 类创建目录

DirectoryInfo 类创建目录时有两种方法，一种是 Create() 方法，该方法可以直接创建目录；另一种是 CreateSubdirectory() 方法，该方法在指定的路径中创建一个或者多个子目录。Create() 方法和 CreateSubdirectory() 方法也有两种重载形式，其形式与 Directory 类的 Create() 方法相似，因此这里不再详细说明。

【例 12-5】

通过 DirectoryInfo 类的 Create() 方法创建"E:\ 创建目录方法 2"目录，并且向该目录中创建 directoryinfo1 和 directoryinfo2 子目录，并给出创建成功或失败的提示。代码如下：

```
protected void Page_Load(object sender, EventArgs e) {
  string path = @"E:\ 创建目录方法 2";
  try {
    DirectoryInfo di = new DirectoryInfo(path);
    di.Create();
    di.CreateSubdirectory("directoryinfo1");
    di.CreateSubdirectory("directoryinfo2");
    Label1.Text = " 创建目录成功 ";
  } catch (Exception ex) {
      Label1.Text = " 创建目录失败，失败原因
在于：" + ex.Message;
  }
}
```

12.4.2　遍历目录

遍历目录是指获取指定目录下的子目录和文件，例如，用户在删除目录时，可以首先遍历目录中的内容，判断该目录下是否包含其他子目录和文件。Directory 类和 DirectoryInfo 类都提供了多个方法来遍历目录，常用的方法说明如下。

- Directory 类的 GetDirectories() 方法：返回指定目录中子目录的名称。
- Directory 类的 GetFiles() 方法：返回指定目录中文件的名称。
- Directory 类的 GetFileSystemEntries() 方法：返回指定目录中所有文件和子目录的名称。
- DirectoryInfo 类的 GetDirectories() 方法：返回当前目录的子目录。
- DirectoryInfo 类的 GetFiles() 方法：返回当前目录的文件列表。
- DirectoryInfo 类的 GetFileSystemInfos() 方法：返回表示某目录中所有文件和子目录的强类型 FileSystemInfo 项的数组。

上面提供的遍历方法中，Directory 和 DirectoryInfo 类的 GetDirectories() 方法用于获取子目录列表；Directory 和 DirectoryInfo 类的 GetFiles() 方法用于获取子文件列表；Directory 类的 GetFileSystemEntries() 方法和 DirectoryInfo 类的 GetFileSystemInfos() 方法则用于获取所有文件和子目录的列表。

【例 12-6】

利用 Directory 类的 GetDirectories() 方法获取"E:\KuGou"目录下的所有子目录，并将子目录显示到 Label 控件中。后台实现代码如下：

```
protected void Page_Load(object sender, EventArgs e) {
  string path = @"E:\KuGou";
  string[] dilist = Directory.GetDirectories(path);
```

```
    Label1.Text = "";
    foreach (string item in dilist) {
      // 遍历子目录列表
      Label1.Text += item+"<br/>";
    }
}
```

【例 12-7】

利用 DirectoryInfo 类的 GetFiles() 方法获取“E:\KuGou\Temp”目录下的所有子文件，并显示文件名称、文件大小和文件扩展名。后台实现代码如下：

```
protected void Page_Load(object sender, EventArgs e) {
  string path = @"E:\KuGou\Temp";
  DirectoryInfo di = new DirectoryInfo(path);
  FileInfo[] fi = di.GetFiles();
  Label1.Text = "";
  Label1.Text = " 文件名称 \t\t 文件大小 \t\t 文
件扩展名 <br/>";
  foreach (FileInfo item in fi) {
    Label1.Text += item.Name + "\t\t"
      + item.Length+ "\t\t"
      + item.Extension + "<br/>";
  }
}
```

从上述代码可以看出，GetFiles() 方法的返回结果是一个 FileInfo 类型的数组对象，因此通过 FileInfo 对象的 Name 属性可以获取文件名称，Length 属性可以获取文件大小，Extension 属性可以获取文件后缀名。关于 FileInfo 对象的更多知识，会在后面的相关小节中进行介绍。

【例 12-8】

利用 DirectoryInfo 类的 GetFileSystemInfos() 方法获取“E:\QQLive\9.14.1498.0”目录下的所有子目录和子文件，并将获取的内容显示到页面中。主要实现步骤如下。

01 创建 Web 窗体页面并进行设计，在页面的合适位置添加一个多行 5 列的表格，其中的内容在窗体页面后台加载显示。窗体页面代码如下：

```
<table style="font-size: 14px; width: 100%">
  <thead>
    <tr>
      <td style="width: 15%"> 名称 </td>
      <td style="width: 20%"> 创建时间 </td>
      <td style="width: 15%"> 大小 </td>
      <td style="width: 20%"> 类型 </td>
      <td style="width: 30%"> 路径 </td>
    </tr>
  </thead>
  <tbody id="contentShow" runat="server">
  </tbody>
</table>
```

02 向 Web 窗体页面的 Load 事件中添加代码，获取“E:\QQLive\9.14.1498.0”目录下的所有子目录和子文件，并遍历显示获取的内容。代码如下：

```
protected void Page_Load(object sender, EventArgs e) {
    string path = @"E:\QQLive\9.14.1498.0";
    DirectoryInfo di = new DirectoryInfo(path);
    FileSystemInfo[] fsiList =
    di.GetFileSystemInfos();
    string showContent = "";
    // 遍历显示内容
    foreach (FileSystemInfo fsi in fsiList) {
      // 如果内容为目录
      if (fsi is DirectoryInfo) {
        di = new DirectoryInfo(fsi.FullName);
        showContent += "<tr><td>" + di.Name
+ "</td><td>" + di.CreationTime
+ "</td><td></td><td> 文件夹 </td><td>"
+ di.FullName + "</td>";
      }
      // 如果内容为文件
      if (fsi is FileInfo) {
        FileInfo fi = new FileInfo(fsi.FullName);
        showContent += "<tr><td>" + fi.Name
          + "</td><td>" + fi.CreationTime
          +"</td><td>"+fi.Length+"</td><td>"
          + fi.Extension + " 文件 </td><td>"
          + fi.FullName + "</td>";
      }
```

```
            contentShow.InnerHtml = showContent;
        }
    }
```

在上述代码中，通过 DirectoryInfo 类的 GetFileSystemInfos() 方法获取指定路径目录下的所有子目录和子文件，并通过 foreach 语句进行遍历。GetFileSystemInfos() 方法返回的结果为 FileSystemInfo 数组对象，既包含目录又包含文件，因此在遍历时需要判断获取的内容是目录还是文件，根据不同的获取类型显示不同的内容。

03 所有的代码添加完毕后，运行窗体页面查看效果，窗体界面效果如图 12-3 所示。

遍历目录

Posted by Angel Wang

名称	创建时间	大小	类型	路径
ADManage.dll	2016/7/7 18:03:02	380520	.dll文件	E:\QQLive\9.14.1498.0\ADManage.dll
AppLaunchService.prf	2015/8/27 11:53:02	13036	.prf文件	E:\QQLive\9.14.1498.0\AppLaunchService.prf
arkGraphic.dll	2016/7/7 18:04:20	360040	.dll文件	E:\QQLive\9.14.1498.0\arkGraphic.dll
arkImage.dll	2016/7/7 18:04:20	60008	.dll文件	E:\QQLive\9.14.1498.0\arkImage.dll
arkIOStub.dll	2016/7/7 18:04:20	23656	.dll文件	E:\QQLive\9.14.1498.0\arkIOStub.dll
arkIPC.dll	2016/7/7 18:04:20	50280	.dll文件	E:\QQLive\9.14.1498.0\arkIPC.dll
AsyncTask.dll	2016/7/7 18:03:02	114280	.dll文件	E:\QQLive\9.14.1498.0\AsyncTask.dll
ATL80.dll	2016/6/23 11:37:08	97280	.dll文件	E:\QQLive\9.14.1498.0\ATL80.dll
avcodec-ql-56.dll	2016/7/7 18:04:24	2741880	.dll文件	E:\QQLive\9.14.1498.0\avcodec-ql-56.dll
avformat-ql-56.dll	2016/7/7 18:04:26	435320	.dll文件	E:\QQLive\9.14.1498.0\avformat-ql-56.dll

图 12-3　遍历目录下的子目录和文件

12.4.3　移动目录

移动目录是指将当前目录移动到新的位置。移动目录实际上就是创建目标目录，然后创建目录中的内容，再将被移动的源目录删除。ASP.NET 中移动目录有两种方法：Directory 类的 Move() 方法和 DirectoryInfo 类的 MoveTo() 方法。

1. Directory 类的 Move() 方法

调用 Directory 类的 Move() 方法是一个静态方法，可以直接通过 Directory 类进行调用。调用语法如下：

```
public static void Move(string sourceDirName, string destDirName)
```

其中，第一个参数指定要移动的目录路径，即源路径；第二个参数表示目标目录路径，可以使用相对目录引用和绝对目录引用。

2. DirectoryInfo 类的 MoveTo() 方法

虽然 DirectoryInfo 类的 MoveTo() 方法也可以实现移动功能，但是与 Move() 方法不同的是，MoveTo() 方法只需要传入一个参数即可，该参数表示一个目录路径。语法如下：

```
public static void MoveTo(string destDirName)
```

注意

无论是使用 Move() 方法或 MoveTo() 方法移动目录，源路径和目标路径必须具有相同的根。移动操作在不同的磁盘卷之间无效，例如源文件和目标文件必须在E盘，一个在E盘另一个在F盘则会报错。

【例 12-9】

调用 Directory 类的 Move() 方法移动目录，并将移动后的结果显示到窗体页面。页面后台实现代码如下：

```
protected void Page_Load(object sender, EventArgs e) {
  string source = @"E:\ 创建目录方法 1\directory";
  string dir = @"E:\ 移动目录 ";
  try {
    Directory.Move(source, dir);
    lblMoveResult.Text = " 移动目录成功 ";
  } catch (Exception ex) {
    lblMoveResult.Text = " 移动目录过程出现错误。错误原因："+ex.Message;
  }
}
```

【例 12-10】

开发人员在移动目录时必须确保目标目录的根目录存在。但是，如果目标目录和源目录路径的根目录相同，此时 Move() 方法就不再移动而是重命名目录。

例如，下面直接将 E:\MyDir\MyNew 目录重命名为 E:\MyDir\New，它们具有相同的根目录“E:\\MyDir”。

```
Directory.Move("E:\\MyDir\\MyNew", "E:\\MyDir\\New");
```

注意

如果开发者在调用 Move() 方法时出现“被移动的目录访问被拒绝”的错误，则说明没有移动那个路径的权限，或者是要移动的目录存在其他进程正在使用的文件。

12.4.4 删除目录

当开发者不需要使用某个目录或者某个目录多余时，可以通过 Directory 类或 DirectoryInfo 类的 Delete() 方法将目录删除。

1. Directory 类的 Delete() 方法

Directory 类的 Delete() 方法有两种常用形式，语法如下：

```
public Delete(string path);
public Delete(string path, bool recursive);
```

在上述两种形式中，第一种形式表示从指定路径删除空目录，path 表示用户输入的指定目录；第二种形式表示删除指定的目录并删除该目录中的任何子目录，如果要删除 path 中的目录、子目录和文件则为 true，否则为 false。

2. DirectoryInfo 类的 Delete() 方法

DirectoryInfo 类的 Delete() 方法也有两种重载形式，语法如下：

```
public Delete();
public Delete(bool recursive);
```

【例 12-11】

调用 DirectoryInfo 类的 Delete() 方法删除“E:\ 创建目录方法 2”目录下的所有子目录和文件，并且将结果显示到 Label 控件中。后台实现代码如下：

```
protected void Page_Load(object sender, EventArgs e) {
  string path = @"E:\ 创建目录方法 2";
  try {
    DirectoryInfo di = new DirectoryInfo(path);
    di.Delete(true);
    lblDeleteText.Text = " 删除目录成功 ";
  } catch (Exception ex) {
    lblDeleteText.Text = " 删除目录过程出现错误。错误原因：" + ex.Message;
  }
}
```

12.5　文件操作类

目录和文件的关系非常密切，介绍目录之后，就不得不向大家提到文件。文件是一个具体的内容，例如 OperName.txt 是一个记事本文件；StudyScore.docx 是一个 Word 文档文件；“孕婴知识 .rar”是一个压缩包文件等。

下面将为大家详细介绍文件的基本操作，在介绍这些操作之前，开发者需要首先了解两个与文件操作有关的类，即 File 类和 FileInfo 类。

12.5.1　File 类

File 类是一个静态类，该类提供用于创建、复制、删除、移动和打开文件的静态方法，并且协助创建 FileStream 对象。

File 类不需要实例化而是直接调用，类中提供了数十个常用的方法，最常用的方法及其说明如表 12-5 所示。

表 12-5　File 类的常用方法

方法名称	说　明
Create()	在指定路径中创建文件
Copy()	将指定文件复制到新文件
Delete()	删除指定的文件
Exists()	判断指定的文件是否存在
Open()	打开指定的文件
OpenRead()	打开文件进行读取
OpenWrite()	打开文件进行写入
OpenText()	打开文本文件进行读取
Move()	将指定文件移到新位置，并提供指定新文件名的选项
GetCreationTime()	返回指定文件或目录的创建日期和时间
GetLastAccessTime()	返回上次访问指定文件或目录的日期和时间
GetLastWriteTime()	返回上次写入指定文件或目录的日期和时间

【例 12-12】

调用表 12-5 提供的 File 类的方法获取 E:\qq\Bin\QQShellExt64.dll 文件的基本信息，如文件创建日期和时间、最后一次创建日期和时间、最后一次写入日期和时间。后台实现代码如下：

```
protected void Page_Load(object sender, EventArgs e) {
  string path = @"E:\qq\Bin\QQShellExt64.dll";
  if (File.Exists(path)) {     // 如果指定的文件存在
    lblFileInfo.Text = " 创建日期和时间：" + File.GetCreationTime(path)
      + "<br/> 最后一次创建日期和时间：" + File.GetLastAccessTime(path)
      + "<br/> 最后一次写入日期和时间：" + File.GetLastWriteTime(path);
  } else {
```

```
        lblFileInfo.Text = " 很抱歉，" + path + " 并不存在！ ";
    }
}
```

从上述代码可以看出，开发者在调用 File 类的方法获取文件信息之前，首先通过 File 类的 Exists() 方法判断文件是否存在，如果不存在，给出不存在的提示。

12.5.2 FileInfo 类

FileInfo 类与 DirectoryInfo 类一样，也是一个密封类，不能被继承。该类提供创建、复制、删除、移动和打开文件的实例方法，并且帮助创建 FileStream 对象。

如果用户打算多次重用某个对象，可以考虑使用 FileInfo 类的实例方法，而不是 File 类的静态方法，因此 FileInfo 的实例方法并不总是需要进行安全检查。

虽然开发者通过 File 类的 GetCreationTime()、GetLastAccessTime() 和 GetLastWriteTime() 方法只能获取到文件的创建时间、上次访问和写入时间，它们不能获取到文件的完整目录，文件大小和名称等信息，但是通过 FileInfo 类则可以获取。

FileInfo 类作为一个实例对象操作类，提供了许多属性，可以获取文件的相关信息，常用属性如表 12-6 所示。

表 12-6 FileInfo 类的常用属性

属性名称	说　明
Attributes	获取或设置当前 FileSystemInfo 的 FileAttributes 属性
CreationTime	获取或设置当前 FileSystemInfo 对象的创建时间
CreationTimeUtc	获取或设置当前 FileSystemInfo 对象的创建时间，其格式为通用 UTC 时间
Directory	获取父目录的实例
DirectoryName	获取表示目录的完整路径的字符串
Exists	获取指示文件是否存在的值
Extension	获取表示文件扩展名部分的字符串
FullName	获取目录或文件的完整目录
IsReadOnly	获取或设置确定当前文件是否为只读的值
LastAccessTime	获取或设置上次访问当前文件或目录的时间
LastAccessTimeUtc	获取或设置上次访问当前文件或目录的时间，其格式为通用 UTC 时间
LastWriteTime	获取或设置上次写入当前文件或目录的时间
LastWriteTimeUtc	获取或设置上次写入当前文件或目录的时间，其格式为通用 UTC 时间
Length	获取当前文件的大小
Name	获取文件名

【例 12-13】

创建新的 Web 窗体页面，演示 FileInfo 类常用属性的使用，通过这些常用属性获取文件的基本信息。主要步骤如下。

01 向 Web 窗体页面添加 Label 控件，该控件用于显示文件的基本信息。代码如下：

```
<asp:Label ID="lblShowFileMessage"
runat="server" Font-Size="24px"
Font-Names=" 微软雅黑 " ForeColor="#FF3300">
</asp:Label>
```

02 向 Web 窗体页面后台添加 Load 事件代码，在该代码中获取“D:\【1】SEO 概述 .doc”文件的信息，例如文件名称、创建时间、目录路径、文件完整路径等。具体实现代码如下：

```
protected void Page_Load(object sender, EventArgs e) {
  string path = @"D:\【1】SEO 概述 .doc";
  FileInfo fi = new FileInfo(path);
  lblShowFileMessage.Text = " 文件名称： " + fi.Name
     + "<br/> 创建时间： " + fi.CreationTime
     + "<br/> 目录路径： " + fi.DirectoryName
     + "<br/> 完整目录： " + fi.FullName
     + "<br/> 最后一次访问时间： "
     + fi.LastAccessTime
     + "<br/> 最后一次写入时间： "
     + fi.LastWriteTime;
}
```

03 运行 Web 窗体页面查看效果，具体效果图不再展示。

12.6　文件的基本操作

FileInfo 类和 File 类提供了一系列的方法，开发者通过这些方法可以实现文件的基本操作，例如创建文件、删除文件、复制文件等，下面详细介绍如何通过有关方法操作文件。

12.6.1　创建文件

开发者创建文件可能用到两种方法，一种是 Create() 方法，一种是 CreateText() 方法。

1. Create() 方法创建文件

Create() 方法表示在指定路径中创建或覆盖文件。File 类的 Create() 方法常用的两种语法形式如下：

```
Create(string path);
Create(string path, int bufferSize);
```

path 参数表示文件路径；bufferSize 参数表示用于读取和写入文件的已放入缓冲区的字符数。

【例 12-14】

通过 File 类的 Create() 方法创建一个记事本文件，创建记事本文件前，需要先判断当前路径是否已存在该记事本文件，并给出相应的提示。Web 窗体页面后台代码如下：

```
protected void Page_Load(object sender, EventArgs e) {
  string path = @"D:\ 文件操作 \createfile.txt";
  try {
    // 如果创建的文件不存在，创建
    if (!File.Exists(path)) {
      File.Create(path);
       lblCreateFileResult.Text = " 创建文件成功 ";
    } else {    // 如果创建的文件存在，则提示
         lblCreateFileResult.Text = " 文件已经存
在，建议您直接打开文件写入内容 ";
    }
  } catch (Exception ex) {  // 创建过程出错
    lblCreateFileResult.Text = " 创建文件失败，
原因： " + ex.Message;
  }
}
```

提示

除了 File 类的 Create() 方法可以创建文件外，FileInfo 类同样为开发者提供了 Create() 方法创建文件，这里不再详细解释，读者可以亲自动手试一试。

2. CreateText() 方法创建文件

除了 Create() 方法外，File 类和 FileInfo 类还提供了 CreateText() 方法。CreateText() 方法用于创建或打开一个文件，用于写入 UTF-8 编码的文本。

【例 12-15】

利用 File 类的 CreateText() 方法创建文件，并向该文件中写入两句文本，并给出相应的执行结果提示。代码如下：

```
protected void Page_Load(object sender, EventArgs e) {
  string path2 = @"D:\ 文件操作 \ 创建文件并写入内容 .txt";
  try {
    using (StreamWriter sw = File.CreateText(path2)) {                // 创建该文件
      sw.WriteLine(" 你知道每年的 3 月 12 日是什么节日吗？ ");       // 写入第一行
      sw.WriteLine(" 答案：植树节 ");         // 写入第二行
      lblCreateFileResult.Text = " 成功 ";
    }
  } catch (Exception ex) {
    lblCreateFileResult.Text = " 失败，原因在于： " + ex.Message;
  }
}
```

12.6.2 复制文件

复制文件是指将指定文件中的内容复制到另一个文件中。ASP.NET 中复制文件有两种方法：File 类的 Copy() 方法和 FileInfo 类的 CopyTo() 方法。

1. File 类的 Copy() 方法

File 类的 Copy() 方法基本语法如下：

```
File.Copy(string sourceFileName,
string destFileName);
```

使用 File 类的 Copy() 方法复制文件时，需要传入两个参数，参数说明如下。

- sourceFileName 参数：表示源文件的路径及文件名。
- destFileName 参数：表示目标文件的名称，它不能是一个目录或现有文件。

2. FileInfo 类的 CopyTo() 方法复制文件

CopyTo() 方法的使用很简单，基本语法如下：

```
FileInfo info = new FileInfo(" 源文件 ");
info.CopyTo(" 目标文件 ");
```

从上述语法可以看出，通过 FileInfo 类复制文件时，在实例化 FileInfo 类时需要传入一个源文件，在实现复制时需要传入目录文件。

【例 12-16】

向 Web 窗体页面添加一个 Label 控件，该控件提示文件复制后的最终结果。在窗体后台实现代码中，开发者利用 FileInfo 类的 CopyTo() 方法实现文件复制功能。代码如下：

```
protected void Page_Load(object sender,
EventArgs e) {
  string source = @"D:\ 文件操作 \ 创建文件并
写入内容 .txt";
  string dest = @"E:\ 文件移动操作 \copy.txt";
  try {
```

```
        FileInfo fi = new FileInfo(source);                    // 创建 FileInfo 对象
        fi.CopyTo(dest);                                       // 实现复制
        lblCopyResult.Text = " 复制成功 ";                      // 复制成功提示
    } catch (Exception ex) {
        lblCopyResult.Text = " 复制失败！原因："+ex.Message;
    }
}
```

12.6.3 移动文件

移动文件是指将当前文件移动到一个新的位置。如果用户创建文件的路径错误，通过ASP.NET 中提供的移动文件的相关方法，可以重新移动文件到另一个位置。移动文件完成后，会删除源目录中的文件，从而在新的目录中创建新文件。

1. File 类 Move() 方法

与复制文件的功能一样，使用 File 类的 Move() 方法实现移动文件的功能时，需要两个参数：第一个参数表示源文件的名称（即要移动的文件的名称）；第二个参数表示目标文件的路径（即文件的新路径）。其语法如下：

```
File.Move(string sourceFile, string toFile);
```

2. FileInfo 类的 MoveTo() 方法

FileInfo 类的 MoveTo() 方法可以很简单地实现移动文件的功能。只需要在 MoveTo() 方法中传入目标文件的路径和名称即可。MoveTo() 方法的语法如下：

```
FileInfo 对象 .MoveTo(" 文件的新路径 ");
```

提示

移动目录时必须保证在同一个驱动器内移动；但是移动文件时，可以在同一个驱动器内移动，也可以从一个驱动器移动到另一个驱动器。

【例 12-17】

创建新的 Web 窗体页面，在窗体页面中添加提示移动结果的 Label 控件，在后台页面利用 FileInfo 类的 MoveTo() 方法实现文件移动。Load 事件的具体代码如下：

```
protected void Page_Load(object sender, EventArgs e) {
    string source = @"E:\ 文件移动操作 \copy.txt";
    string dest = @"D:\ 文件操作 \move.doc";
    try {
        FileInfo fi = new FileInfo(source);                    // 创建 FileInfo 类的实例
        fi.MoveTo(dest);                                       // 移动文件
        lblMoveResult.Text = " 移动成功 ";                      // 移动成功提示
    } catch (Exception ex) {
```

```
        lblMoveResult.Text = " 移动失败！ 原因：" + ex.Message;
    }
}
```

12.6.4 删除文件

删除文件可以调用 File 类或 FileInfo 类的 Delete() 方法，使用 File 类的 Delete() 方法删除文件时需要向该方法中传入要删除的文件路径，如果该路径不存在，则不会引发异常。使用 FileInfo 类的 Delete() 方法不需要传入参数，实例化 FileInfo 对象后直接调用此方法即可。

【例 12-18】

直接调用 File 类的 Delete() 方法删除 “D:\ 文件操作 \createfile.txt” 文件。窗体页面的后台实现代码如下：

```
protected void Page_Load(object sender,
EventArgs e) {
  string path = @"D:\ 文件操作 \createfile.txt";
  try {
    File.Delete(path);
    Label1.Text = " 删除成功 ";
  } catch (Exception ex) {
    Label1.Text = " 删除失败：" + ex.Message;
  }
}
```

12.7 文本文件的常见操作

开发人员在对文件操作时，文本文件是最经常遇到的一种情况，例如记事本文件、Word 文档文件等都属于记事本文件。本节介绍文本文件的两种常见操作，即文本文件的写入和读取。

12.7.1 写入文件

向文本文件写入内容时，需要使用 System.IO 命名空间下的 StreamWriter 类。StreamWriter 以一种特定的编码输出字符，而从 Stream 派生的类则用于字节的输入和输出，该类默认使用 UTF8Encoding 的实例，除非指定其他编码。

通常情况下，StreamWriter 被称作写入器，在使用时进行实例化。创建 StreamWriter 类的实例时，常用的几种构造形式如下：

```
new StreamWrite(Stream stream);            // 第 1 行
new StreamWrite(string path);              // 第 2 行
new StreamWrite(Stream stream,
Encoding encoding);                        // 第 3 行
new StreamWrite(string path,
bool append,Encoding encoding);            // 第 4 行
```

其中，每行代码说明如下：

- 第 1 行代码表示使用默认编码格式为指定的流初始化 StreamWriter 类的实例。
- 第 2 行代码表示使用默认编码为指定的文件做流初始化。
- 第 3 行代码通过指定的编码初始化流。
- 第 4 行代码通过指定的编码格式初始化流，其中 bool 类型的 append 参数表示是否向文件中追加内容。

提示

实例化 StreamWriter 对象时，如果指定的文件路径不存在，构造函数会自动创建一个新文件，如果存在，可以选择改写还是追加内容。

创建 StreamWriter 类的实例对象以后，开发者可以利用该对象的属性和方法进行写入操作。对于 StreamWriter 类，最常用的两个属性说明如下。

- Encoding 属性　用于获取输出写入到其中的编码格式。
- NewLine 属性　用于获取或设置由当前 TextWriter 使用的行结束符字符串。

除了属性外，StreamWriter 类还提供一系列的方法，开发者通过这些方法，可以向文件中写入内容，还可以释放资源文件。StreamWriter 类最常用的三个方法说明如下。

- Write() 方法：写入流，将字符串内容写入到文件中。
- WriteLine() 方法：向文件中写入一行字符串，即在文件中写入字符串时会换行。
- Close() 方法：关闭写入流并且释放资源，应在写入完成后调用以防止数据丢失。

【例 12-19】

通过 StreamWriter 类的方法实现向记事本文件中写入内容的功能。主要步骤如下。

01 创建 Web 页面并进行设计，在页面的合适位置添加 4 行 1 列的表格。主要代码如下：

```
<table>
  <tr><td style="font-size:20px; font-family: 微软雅黑 ;"> 输入文本内容：</td></tr>
  <tr><td><asp:TextBox ID="txtContent" runat="server"  Rows="10" Columns="50" TextMode="MultiLine">
      </asp:TextBox></td></tr>
  <tr><td><asp:Button ID="btnWrite" runat="server" Text=" 提交内容 " Height="30px" Width="100px"
      Font-Size="20px" OnClick="btnWrite_Click" /></td></tr>
  <tr><td><asp:Label ID="lblResult" runat="server" Font-Size="24px" Text=" 提示结果 " Font-Bold="True"
      Font-Names=" 微软雅黑 " ForeColor="#FF33CC"></asp:Label></td></tr>
</table>
```

02 为表格控件中的 Button 控件添加 Click 事件，当用户单击该按钮时，会将用户在文本框中输入的内容写入到指定的记事本文件中。代码如下：

```
protected void btnWrite_Click(object sender, EventArgs e) {
  if (!string.IsNullOrEmpty(txtContent.Text)) {
    string content = txtContent.Text;  // 获取用户输入的内容
    string path = @"D:\ 文本文件 \bestoper.txt"; // 指定写入的文件路径
    try {
      StreamWriter sw = new StreamWriter(path, false, Encoding.UTF8);
      sw.WriteLine(content);
      sw.Close();
      lblResult.Text = " 已经成功写入内容！ ";
    } catch (Exception ex) {
      lblResult.Text = " 写入内容出错： "+ex.Message;
    }
  } else {
    lblResult.Text = " 请向输入框中输入内容！ ";
    txtContent.Focus();
  }
}
```

在上述代码中，首先通过 string.IsNullOrEmpty() 方法判断输入框的内容是否为空，如果不为空，则创建 StreamWriter 写入器，并将用户输入的内容写入到指定的文件，并给出写入后的结果提示。

03 运行Web窗体页面，在页面的输入框中输入内容进行测试，效果如图 12-4 所示。

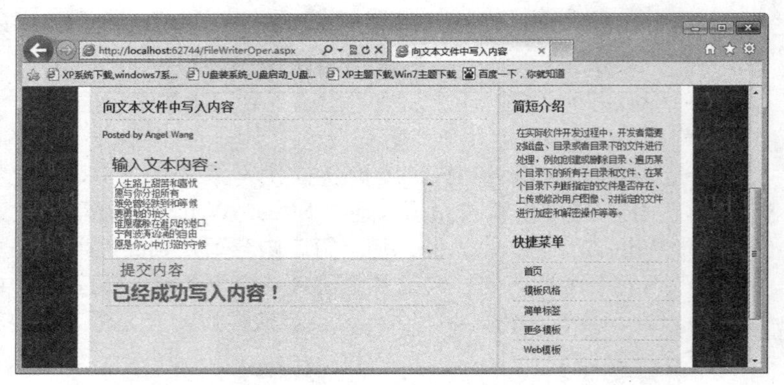

图 12-4　向文本文件中写入内容

在上述例子中，创建写入器时，将第二个参数的值设置为 false，这表示直接将数据覆盖到文件，如果要将数据追加到文件，不进行覆盖，那么需要将参数值设置为 true。代码如下：

```
StreamWriter sw = new StreamWriter(path, true, Encoding.UTF8);
```

设置完毕后，重新运行 Web 窗体页面，输入内容进行测试，写入成功后，打开文件查看记事本中的内容，效果如图 12-5 所示。

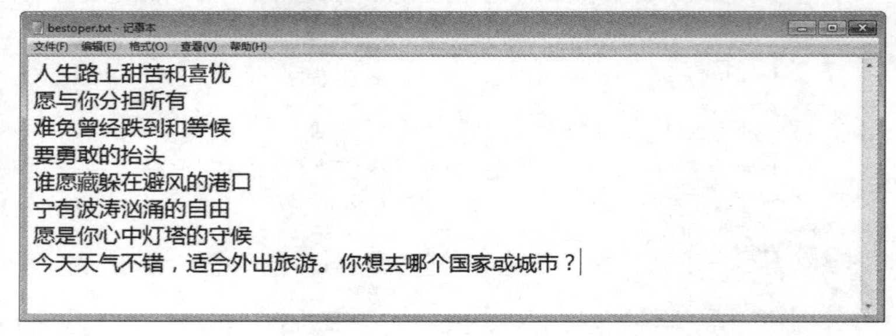

图 12-5　向文本文件中追加内容

12.7.2　读取文件

除了提供向文件中写入内容的 StreamWriter 类外，System.IO 命名空间还提供了用于读取文件内容的 StreamReader 类。StreamReader 类实现一个 TextReader，使其以一种特定的编码从字节流中读取字符。

通常将 StreamWriter 称为读取器，可以读取各种基于文本的文件。该类会以一种特定的编码从字节流中读取字符，还可以读取文件中的各行信息。默认情况下，StreamReader 类线程不安全，另外除非特意指定，否则 UTF8 是 StreamReader 类的默认编码。

与 StreamWriter 写入器一样，使用 StreamReader 时需要通过 new 关键字进行创建。创建读取器时最常用的构造函数形式如下：

```
new StreamReader(string path)                                  //第 1 行
new StreamReader(string path,Encoding encoding)                //第 2 行
```

在上述代码中，第 1 行代码为指定的文件初始化流；第 2 行则通过指定的编码来初始化文件流。其中，path 参数表示文件路径；encoding 表示编码格式。

创建 StreamReader 以后，开发者可以调用该对象的属性和方法读取有关的数据。针对 StreamReader 而言，该对象最常用的三个属性及其说明如下所示。

- BaseStream：返回基础流。
- CurrentEncoding：获取当前 StreamReader 对象正在使用的当前字符编码。
- EndOfStream：获取一个值，该值表示当前的流位置是否在流的末尾。

与属性相比，StreamReader 类最经常用到的是它的方法，通过这些方法，可以读取指定文件的内容。表 12-7 针对 StreamReader 类的方法进行说明。

表 12-7　StreamReader 类的常用方法

方法名称	说　明
Read()	读取输入流中的下一个字符或下一组字符，没有可用时则返回 -1
ReadLine()	从当前流中读取一行字符并将数据作为字符串返回，如果到达了文件的末尾，则为空引用
ReadToEnd()	读取从文件当前位置到文件结尾的字符串。如果当前位置为文件头，则读取整个文件
Close()	关闭读取器并释放资源，在读取数据完成后调用

【例 12-20】

创建 StreamReader 读取器，读取指定文件的内容，并将读取的结果显示到 TextBox 控件中。实现步骤如下。

01 创建 Web 窗体页面，在页面的合适位置添加 TextBox 控件，设置控件的 Columns 属性、Rows 属性和 TextMode 属性等。页面代码如下：

```
<asp:TextBox ID="txtReaderContent" Text=" 读 取 文 件 内 容 " runat="server" Columns="100" Rows="20"
TextMode="MultiLine"></asp:TextBox>
```

02 在页面后台添加如下 Load 事件代码：

```
protected void Page_Load(object sender, EventArgs e) {
  string filePath = @"D:\MyTestWord.txt";
  if (File.Exists(filePath)) {
    StreamReader sr = new StreamReader(filePath, Encoding.Default);    // 创建读取器
    txtReaderContent.Text = sr.ReadToEnd();                    // 读取文件内容
    sr.Close();                              // 关闭读取器
  } else {
    txtReaderContent.Text = " 很抱歉，您要读取的文件并不存在。<br/> 请确认文件路径是否正确。";
  }
}
```

在上述代码中，filePath 变量用于保存指定的文件路径；File.Exists() 方法用于判断指定的文件路径是否存在，如果不存在给出提示。如果存在，则创建 StreamReader 读取器，指定当前的读取编码格式为默认 (Default)，同时通过 ReadToEnd() 方法读取文件的内容，最后调用 Close() 方法关闭读取器。

03 运行窗体页面进行测试，具体效果图不再展示。

 12.8 文件的高级操作

在本节之前，已经详细介绍了如何通过 System.IO 命名空间下的类操作目录和文件，例如创建目录和文件、删除目录和文件、移动目录和文件、向指定文件中写入并读取内容等。

除了这些常见操作外，ASP.NET 中针对文件还有一些更高级的操作，例如文件上传和文件下载等，本节将进行详细介绍。

12.8.1 文件上传

文件上传允许用户从客户端选择一个文件，提交到服务器端进行保存。文件上传在实际应用中非常广泛，例如用户注册淘宝卖家时，需要上传身份证明，在论坛网站上需要上传个人头像，在招聘网上需要上传个人简历，在微博中上传个人的照片等。

ASP.NET 中实现文件上传功能需要用到 FileUpload 控件，FileUpload 控件可以为用户提供一种将文件从用户的计算机发送到服务器的方法，该控件在允许用户上传图片、文本文件或其他文件时很有用。要上传的文件将在回发期间作为浏览器请求的一部分提交给服务器，在上传文件完毕后，可以通过代码管理文件。

FileUpload 控件会显示一个文本框，用户可以在其中输入希望上传到服务器的文件的名称，同时还会显示一个【浏览】按钮，该按钮显示一个文件导航对话框。

与其他服务器控件一样，FileUpload 控件提供了属性、事件和方法，其中属性和方法会经常用到。最常用的方法为 SaveAs() 方法，该方法将上载文件的内容保存到 Web 服务器上的指定路径。另外，表 12-8 针对 FileUpload 控件的常用属性进行说明。

表 12-8　FileUpload 控件的常用属性及其说明

属性名称	说　明
FileBytes	从使用 FileUpload 控件指定的文件中获取一个字节数组
FileContent	获取 Stream 对象，它指向要使用 FileUpload 控件上载的文件
FileName	获取客户端上使用 FileUpload 控件上载的文件的名称
HasFile	获取一个值，该值指示 FileUpload 控件是否包含文件
PostedFile	获取使用 FileUpload 控件上载的文件的基础 HttpPostedFile 对象

在表 12-8 提供的属性中，PostedFile 属性返回一个 HttpPostedFile 对象，HttpPostedFile 对象提供对客户端已上载的单独文件的访问，该对象的常用属性及其说明如表 12-9 所示。

表 12-9　HttpPostedFile 对象的常用属性及其说明

属性名称	说　明
ContentLength	获取上传文件的大小（以字节为单位）
ContentType	获取客户端发送的文件的 MIME 内容类型
FileName	获取客户端上的文件的完全限定名称
InputStream	获取一个 Stream 对象，该对象指向一个上传文件，以准备读取该文件的内容

【例 12-21】

在实际操作过程中，经常需要用户上传或者修改个人头像，本例通过 FileUpload 控件实

现个人头像的上传功能，且用户上传成功后，可以查看头像的基本信息。主要步骤如下。

01 创建 Web 窗体页面并进行设计，在页面的合适位置添加 FileUpload 控件。代码如下：

```
选择图像：<asp:FileUpload ID="fuChoosePic" runat="server" />
```

02 在 Web 窗体页面的合适位置添加 Button 控件，该控件执行个人头像的上传操作。代码如下：

```
<asp:Button ID="btnUpload" runat="server" Text=" 上 传 " OnClick="btnUpload_Click" />
```

03 在窗体页面中添加 Image 控件，该控件用于显示上传成功后的头像。代码如下：

```
<asp:Image ID="imgUploadPic" runat="server" />
```

04 在窗体页面添加 Label 控件，该控件用于显示头像的基本信息。代码如下：

```
<asp:Label ID="lblImageMessage" runat="server" Text=" 上传结果 " Font-Size="24px" ForeColor="DarkRed"
Font-Bold="True" Font-Names=" 微软雅黑 "></asp:Label>
```

05 Web 窗体页面设计完毕后，开发者需要在窗体页面后台添加头像上传代码。具体内容如下：

```
protected void btnUpload_Click(object sender, EventArgs e) {
  if (fuChoosePic.HasFile) {                    // 判断是否选择文件
    string fileContentType = fuChoosePic.PostedFile.ContentType;     // 获取文件内容类型
    if (fileContentType == "image/bmp" || fileContentType == "image/gif"
        || fileContentType == "image/jpeg" ) {         // 判断类型是否符合条件
      string name = fuChoosePic.PostedFile.FileName;           // 客户端文件路径
      FileInfo file = new FileInfo(name);
      string fileName = DateTime.Now.ToString("yyyyMMddhhmmss") + file.Name;

      string webFilePath = Server.MapPath("fileupload/" + fileName); // 服务器端文件路径
      if (!File.Exists(webFilePath)) {          // 判断相同文件是否存在
        try {
          fuChoosePic.SaveAs(webFilePath);    // 使用 SaveAs() 方法保存文件
          imgUploadPic.ImageUrl = "fileupload/" + fileName;
          FileInfo fi2 = new FileInfo(webFilePath) ;
          lblImageMessage.Text =
            " 提示：文件 " + fileName + " 上传成功！ <br/> 路径是：" + "fileupload/" + fileName;
          lblImageMessage.Text += "<br/> 文件大小：" + fi2.Length
            + " 字节 <br/> 文件扩展名：" + fi2.Extension;
        } catch (Exception ex) {
          lblImageMessage.Text = " 提示：文件上传失败，失败原因：" + ex.Message;
        }
      }
    } else {
```

```
            lblImageMessage.Text = " 提示：您上传的文件类型不符 ";
        }
    }
}
```

在上述代码中，首先通过 HasFile 属性判断是否已选择文件，如果已经选择文件，则获取文件的内容类型，并对内容类型进行判断。

如果上传的文件类型不符合条件，给出相应的提示，如果符合条件，则获取文件路径，并且对文件重新命名，命名完毕后判断当前服务器目录下是否存在该文件，如果不存在该文件，则调用 SaveAs() 方法保存文件，并且显示文件的基本信息。

06 运行 Web 窗体页面进行测试，页面初始效果如图 12-6 所示。单击图中的【浏览】按钮选择要上传的文件，选择完毕后单击【上传】按钮执行上传操作，上传成功时的效果如图 12-7 所示。

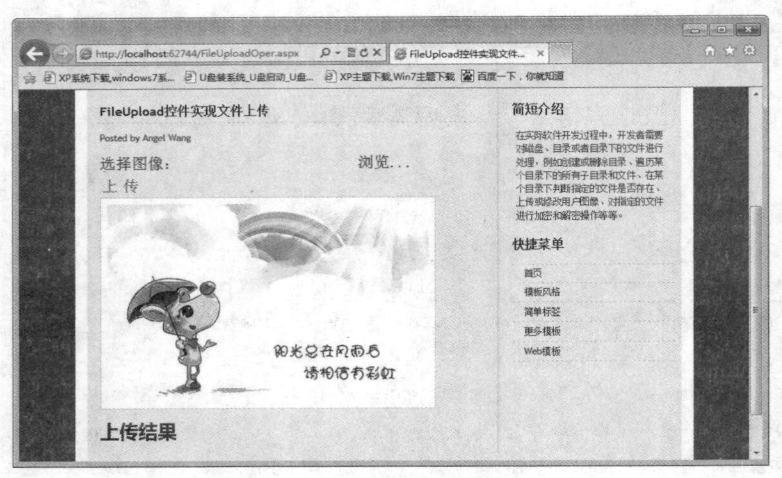

图 12-6　上传页面的初始效果

图 12-7　图片上传成功时的效果

12.8.2 文件下载

文件上传是将文件从客户端保存到服务器端，而文件下载是与文件上传相反的过程，它是将文件从服务器端下载到客户端。在文件下载时，通常会提供一个文件列表，然后通过单击链接完成下载过程。

文件下载主要通过 Response 对象的属性和方法进行实现。一般步骤如下。

01 通过 ContentType 属性设置输出流的类型。

02 调用 AddHeader() 方法定义文件下载中的应答头。

03 执行文件下载操作。

04 释放资源。

【例 12-22】

在例 12-11 的基础上实现文件下载功能，用户可以在 Web 窗体页面浏览 fileupload 文件夹下的所有文件，并在每个文件下提供下载功能，以供用户下载。主要步骤如下。

01 创建 Web 窗体页面并进行设计，在页面的合适位置添加多行多列的表格控件，表格用于显示 fileupload 目录下的文件列表，并提供下载功能。代码如下：

```
<table>
  <tr align="center" style="font-weight: bold">
    <td style="width: 70%;"> 图片名称 </td>
    <td style="width: 20%;"> 图片大小 </td>
    <td></td>
  </tr>
  <asp:Repeater ID="Repeater1" runat="server">
    <ItemTemplate>
      <tr align="left">
        <td>
          <img src='images/072.jpg' width='8' height='8' /><%# Eval("Name") %></td>
        <td><%# Eval("Length") %> 字节 </td>
        <td>
          <asp:LinkButton ID="linkBtn" runat="server" CommandName="add"
          CommandArgument='<%# Eval("Name") %>' Text=" 下载 " OnClick="linkBtn_Click">
          </asp:LinkButton>
         </td>
      </tr>
    </ItemTemplate>
  </asp:Repeater>
</table>
```

02 窗体界面设计完毕后，需要为窗体添加后台代码。首先需要创建 DownInfo 类，该类表示文件下载信息，在该类中包含文件名称和文件大小两个字段和属性。代码如下：

```
public class DownInfo {
  public DownInfo() { }
  public DownInfo(string name, long length) {
```

ASP.NET 编程

```
        this.name = name;
        this.length = length;
    }
    private string name;
    private long length;
    public string Name {
        get { return name; }
        set { name = value; }
    }
    public long Length {
        get { return length; }
        set { length = value; }
    }
}
```

03 为窗体添加 Load 加载事件，在该事件中首先判断页面是否为首次加载，如果是首次加载页面，获取 fileupload 目录下的所有文件列表，并将列表绑定到 Repeater 控件。代码如下：

```
protected void Page_Load(object sender, EventArgs e) {
    if (!Page.IsPostBack) {                        // 如果首次加载
        string downpath = Server.MapPath("~/fileupload"); // 返回指定的文件路径
        DirectoryInfo dirinfo = new DirectoryInfo(downpath);  // 创建 DirectoryInfo 对象
        if (!dirinfo.Exists)                       // 如果文件不存在
            Page.ClientScript.RegisterStartupScript(GetType(), "", "<script>alert(' 该文件目录不存在 ')</script>");
        else {
            FileInfo[] filist = dirinfo.GetFiles();       // 获取该目录下的所有文件
            IList<DownInfo> downinfo = new List<DownInfo>();     // 文件列表集合对象
            foreach (FileInfo fi in filist) {                  // 遍历列表对象
                DownInfo di = new DownInfo(fi.Name, fi.Length);
                downinfo.Add(di);
            }
            Repeater1.DataSource = downinfo;               // 指定数据源
            Repeater1.DataBind();
        }
    }
}
```

04 为 Web 页面的下载链接按钮添加 Click 事件，在该事件中添加下载文件的代码。具体实现内容如下：

```
public void linkBtn_Click(object sender, EventArgs e) {
    string downFile = ((LinkButton)sender).CommandArgument;
    string path = Server.MapPath("~/fileupload") + "\\" + downFile;  // 服务器端下载文件的路径
    if (File.Exists(path)) {
        FileInfo fi = new FileInfo(path);
```

```
        Response.ContentEncoding = System.Text.Encoding.GetEncoding("UTF-8");      // 解决中文乱码
        // 将 HTTP 头添加到输出流
        Response.AddHeader("Content-Disposition", "attachment; filename="
          + Server.UrlEncode(fi.Name));
        Response.AddHeader("Content-length", fi.Length.ToString());
        Response.ContentType = "application/octet-stream";    // 设置输出流的类型
        Response.WriteFile(fi.FullName);      // 将指定文件的内容作为文件块直接写入 HTTP 响应输出流
        Response.End();
    } else
        Page.ClientScript.RegisterStartupScript(GetType(), "", "<script>alert(' 你要下载的文件不存在，可以地
址发生改变。请确认后下载！ ')</script>");
}
```

在上述代码中，开发者首先获取【下载】链接按钮的 CommandArgument 属性的值，然后使用 File 类的 Exists() 方法判断要下载文件的路径是否存在。如果存在，则创建 FileInfo 类的实例对象，并通过 Response 对象的 AddHeader() 方法来设置 HTTP 标头名称和值。另外，ContentType 属性用于设置输出流的类型，WriteFile() 方法表示将指定文件的内容写入到 HTTP 输出流中。

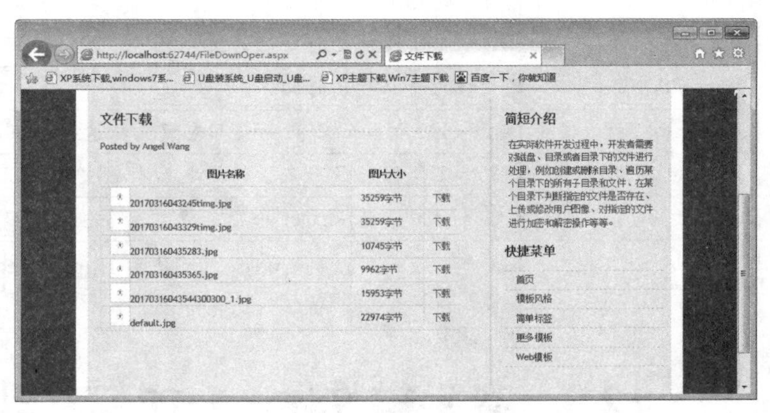

图 12-8　文件下载列表

05 运行 Web 窗体页面进行测试，效果如图 12-8 所示。单击图中的【下载】按钮下载文件，会出现下载文件时的相关提示，IE 浏览器中的效果如图 12-9 所示。

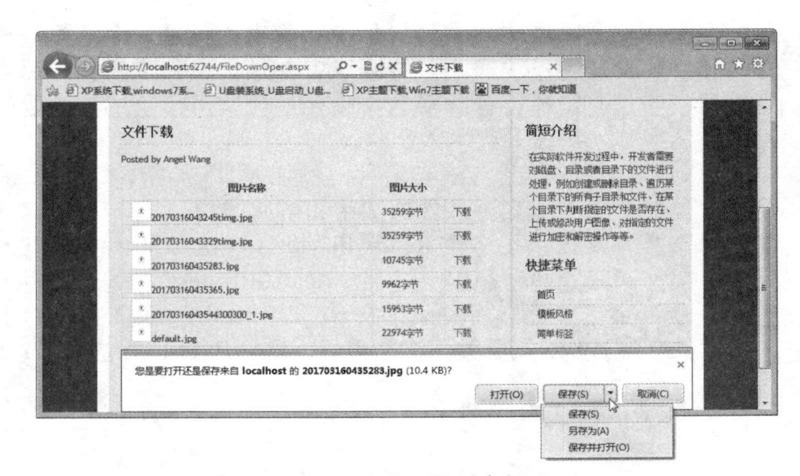

图 12-9　文件下载列表提示

开发者在实现文件下载功能的时候，需要通过 AddHeader() 方法设置应答头信息，这些信息可以是下载名称、编码格式、执行的操作和使用的语言等，表 10-10 列出了经常设置的内容。

表 10-10　通过 AddHeader() 方法经常设置的信息

应答头信息	说　明
Allow	服务器支持哪些请求方法（如 GET、POST 等）
Cache-Control	告诉浏览器或者其他客户，什么环境可以安全地缓存文档
Content-Disposition	要求浏览器询问客户，将响应存储在磁盘上给定名称的文件中
Content-Encoding	文档的编码 (Encode) 方法，只有在解码之后才可以得到 Content-Type 头指定的内容类型
Content-Language	文档使用的语言
Content-Length	表示内容长度，当浏览器使用持久 HTTP 连接时，需要这个数据
Content-Type	表示后面的文档属于什么 MIME 类型
Date	当前的 GMT 时间
Expires	确定应该在什么时候认为文档已经过期，从而不再缓存它
Last-Modified	文档的最后改动时间
Location	300~399 之间的所有响应都应该包括这个报头，它通知浏览器文档的地址
Refresh	表示浏览器应该在多少时间之后刷新文档，以秒计
Server	服务器名字，Servlet 一般不设置这个值，而是由 Web 服务器自己设置
Set-Cookie	设置与页面关联的 Cookie，可使用 HttpServletResponse 提供的专用方法 addCookie 来替代

12.9　高手带你做——如何实现文件加密与解密

在文件安全领域中，文件的加密和解密永远是一个不可缺少的话题。加密的结果非常明显，它使明文变得不再可用，增强了安全性。文件加密完成后当然需要解密，解密则是一个逆过程，它是将乱码翻译为可直接使用的明文。解密的方法是一个逆加密过程，即按十六进制转换为字节，再按顺序写入文件。

目前，文件的加密方法有多种，例如 MD5 加密、DES 加密、RSA 加密等。本例主要利用 File 类的有关方法实现文件的加密和解密操作。

静态类 File 提供了一个 ReadAllBytes() 方法和 WiriteAllBytes() 方法，这两个方法相结合完成了文件加密和解密的一个过程。ReadAllBytes() 静态方法可以打开一个文件，将文件的内容读入一个字符串，然后关闭该文件；WriteAllBytes() 方法用于创建一个新文件，在其中写入指定的字节数组，然后关闭该文件。ReadAllBytes() 方法和 WriterAllBytes() 方法的语法如下：

```
public static byte[] ReadAllBytes ( string path)
public static void WriteAllBytes (string path, byte[] bytes)
```

提示

ReadAllBytes() 方法将根据现存的字节顺序标记来自动检测文件的编码，可检测到的编码格式有 GBK、UTF-8 和 UTF-32 等。

实现文件加密和解密功能的主要步骤如下。

01 创建 Web 窗体页面并进行设计，在页面的合适位置添加 TextBox 控件、Button 控件和 Label 控件，页面代码如下：

```
文件内容：
<asp:TextBox ID="txtFileContent" runat="server" TextMode="MultiLine" Rows="15" Columns="50">
</asp:TextBox>
<asp:Button ID="btnJia" runat="server" Text=" 立即加密 " OnClick="btnJia_Click" />
<asp:Button ID="Button1" runat="server" Text=" 立即解密 " OnClick="btnJie_Click" />
<asp:Label ID="lblResult" runat="server" Text=" 操作结果 "></asp:Label>
```

02 为页面的“立即加密”按钮添加 Click 事件，该事件代码实现文件加密功能。具体代码如下：

```
string filename = @"D:\ 文本文件 \bestoper.txt";

protected void btnJia_Click(object sender, EventArgs e) {
  byte[] all = File.ReadAllBytes(filename);           // 按字节读取文件内容
  string[] allline = new string[all.Length];          // 创建与内容相同大小的数组
  for (int i = 0; i < all.Length; i++)                // 循环数组
    allline[i] = Convert.ToString(all[i], 16);        // 转换为十六进制字符串
  File.WriteAllLines(filename, allline);              // 写入文件
  lblResult.Text = " 加密成功！ ";                     // 显示提示信息
  ShowContent(filename);       // 载入文件并显示到 TextBox
}
```

03 ShowContent() 方法用于读取指定文件的内容，并将加密后的内容显示到 TextBox 控件中。代码如下：

```
public void ShowContent(string name) {
  StreamReader rdFile = new StreamReader(name, Encoding.Default);
  string content = rdFile.ReadToEnd();                            // 获取内容
  rdFile.Close();                                                 // 关闭文件
  txtFileContent.Text = content;                                  // 显示内容
}
```

04 为页面的“立即解密”按钮添加 Click 事件，该事件代码实现文件解密功能。具体代码如下：

```
protected void btnJie_Click(object sender, EventArgs e) {
  string[] allLine = File.ReadAllLines(filename);      // 按字符串读取文件内容
  byte[] allStr = new byte[allLine.Length];            // 创建与内容相同大小的字节数组
  for (int i = 0; i < allLine.Length; i++) {           // 循环每个数组元素
    int er = Convert.ToInt32(allLine[i], 16);          // 将十六进制转为十进制
```

```
        allStr[i] = Convert.ToByte(er);              // 再转为字节
    }
    File.WriteAllBytes(filename, allStr);              // 写入文件
    lblResult.Text = " 解密成功！ ";                  // 显示提示信息
    ShowContent(filename);                          // 载入文件并显示到 TextBox
}
```

05 运行 Web 窗体页面进行测试。单击【立即加密】按钮，效果如图 12-10 所示；单击【立即解密】按钮， 效果如图 12-11 所示。

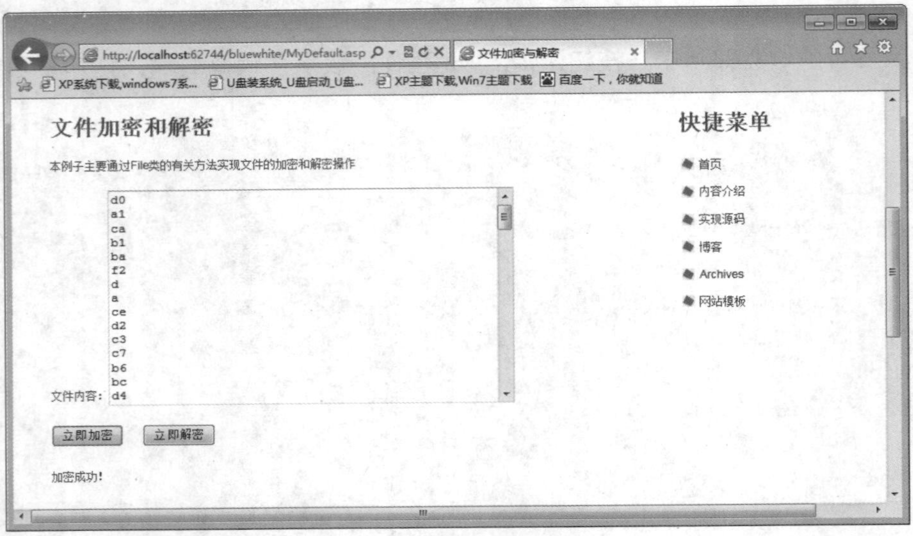

图 12-10　加密效果

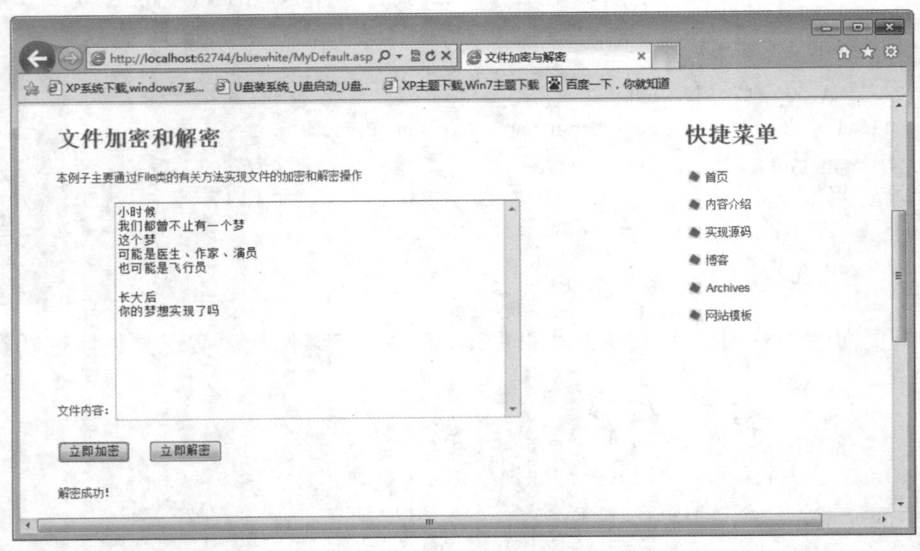

图 12-11　解密效果

12.10　成长任务

成长任务 1：目录和文件的基本操作

根据下面的要求实现目录和文件的基本操作。

01 在 F 磁盘下创建名称为 Oper 的目录，并向 Oper 目录下分别创建 directoryOper、fileBaseOper 和 fileHightOper 子目录。

02 将 directoryOper 目录移动到 F 磁盘根目录下。

03 向 fileBaseOper 目录下创建 myMoveFile.txt 文件和 myCopyFile.doc 文件。

04 向 myCopyFile.doc 文件中添加一段内容。

05 将 myCopyFile.doc 文件复制到 Oper 目录下。

06 删除 fileBaseOper 目录下的所有子目录和文件。

成长任务 2：制作简易管理器

通过本章学习的内容，开发者可以轻易制作一个简单的文件管理器。本次成长任务要求读者动手制作文件管理器，可以浏览指定目录下的子目录和文件，如果获取的内容为目录，则继续获取子目录，如果获取的内容是文件，则提供文件下载功能。图 12-12 为管理器的初始运行效果，单击文件名链接，可以进入子目录进行浏览，如图 12-13 所示。

浏览文件和目录列表　立即返回上级目录　当前目录（\\代表根目录）：

文件名	文件类型	文件大小	创建时间	最后修改时间	操作
Corporate	文件夹	0字节	2009/7/14 11:20:09	2009/7/14 10:35:53	
Help	文件夹	0字节	2011/4/12 22:45:55	2011/4/12 22:45:55	
mui	文件夹	0字节	2009/7/14 13:37:44	2011/4/12 22:45:55	
nvcpl	文件夹	0字节	2016/9/2 15:51:08	2016/9/2 15:51:18	
OEM	文件夹	0字节	2009/7/14 11:20:09	2009/7/14 10:35:53	
Windows	文件夹	0字节	2011/4/12 22:45:55	2014/3/1 11:20:31	

图 12-12　管理器的初始效果

浏览文件和目录列表　立即返回上级目录　当前目录（\\代表根目录）：Help\zh-CN\

文件名	文件类型	文件大小	创建时间	最后修改时间	操作
Help.h1c	.h1c	994字节	2011/4/12 22:45:20	2011/4/12 22:45:20	[下载]
Help.H1T	.H1T	389字节	2011/4/12 22:45:20	2011/4/12 22:45:20	[下载]
Help_AssetId.H1K	.H1K	106字节	2011/4/12 22:45:20	2011/4/12 22:45:20	[下载]
Help_BestBet.H1K	.H1K	106字节	2011/4/12 22:45:20	2011/4/12 22:45:20	[下载]
Help_LinkTerm.H1K	.H1K	107字节	2011/4/12 22:45:20	2011/4/12 22:45:20	[下载]
Help_SubjectTerm.H1K	.H1K	110字节	2011/4/12 22:45:20	2011/4/12 22:45:20	[下载]
http://localhost:62744/anli/tab/Default.aspx#C:\Windows\Help\Help\zh-CN\...			2011/4/12 22:45:14	2011/4/12 22:45:14	[下载]

图 12-13　进入子目录浏览

ASP.NET 编程

第 13 章

操作 XML

XML(eXtensible Markup Language) 是一种可扩展标记语言，用于存储数据，并且能够使数据通过网络无障碍地进行传输。XML 还允许用户创建和使用自己的标记来描述要表达的内容，并且 XML 注重的是本身的格式和数据内容。

本章将详细介绍 ASP.NET 操作 XML 文档的方法，但是在处理 XML 文档之前，会简单了解 XML 文档，例如它的特点、优势和结构等。

通过本章的学习，读者不仅会对 XML 文档有更深刻的了解，也会掌握如何使用 System.XML 命名空间下的常用类处理 XML 文档。

本章学习要点

◎ 了解 XML 文档的结构
◎ 掌握 XML 中元素和属性的创建
◎ 了解 XML 中的声明、实体和命名空间
◎ 掌握 XmlWriter 类写入 XML 数据的方法
◎ 掌握 XmlReader 类读取 XML 数据的方法
◎ 掌握 DOM 生成 XML 的方法
◎ 掌握 DOM 对 XML 节点的遍历、添加、删除和替换

扫一扫，下载
本章视频文件

13.1 XML 快速入门

越来越多的架构和语言都已经宣布了对 XML 的支持。特别是在 Web 程序的开发方面，如传输数据、存储数据、配置服务器等，都可以使用 XML。XML 还可以做成一个单独的 Web 页面，显示在客户端，从而实现数据和显示的分离。同样，ASP.NET 作为一种主流的 Web 技术，对 XML 的支持是非常彻底的。首先来了解一下 XML 的基础知识。

13.1.1 XML 简介

XML 是一种与平台无关的表示数据的方法，它和 HTML 都来自于 SGML，而且它们都包含标记，有着相似的语法。但是，XML 和 HTML 的最大区别在于：HTML 是一个定型的标记语言，它用固定的标记来描述，显示网页内容。相对地，XML 则没有固定的标记，它不能描述网页具体的外观、内容，它只是描述内容的数据形式和结构。

XML 的出现解决了 HTML 难以扩展、交互性差、语义性差以及单向超链接等缺点，它的技术优势如下所示：

- 用户可以使用 XML 自由地制定自己的标记语言，它允许各种不同的专业人士 (例如音乐家、化学家和数学学者等) 开发与自己的特定领域有关的标记语言。
- 自描述数据。XML 在基本水平上使用的是非常简单的数据格式，可以用 100% 的纯 ASCII 文本来书写，也可以用几种其他定义好的格式来书写。
- 存储数据的 XML 文件可以被程序解析，把里面的数据提取出来加以利用，这些数据可以在多种场合中被使用和调用。
- 保持用户界面和结构数据之间的分离，把数据分离出来，能够无缝集成众多来源的数据。

从本质上来讲，XML 也是一个文本文件，可以理解为一个描述数据结构的实现。而且 XML 提供异构平台之间通信的重要通信语言，是不同系统之间沟通的桥梁。XML 用于在一个文档中存储数据，但是数据存储并不是主要目的，它的主要目的是通过该通用格式标准进行数据交换和传递。

XML 支持 GB2312 格式编码，也支持 Unicode 格式编码，可以包含世界各地的任何字符集和二进制数据，并且 XML 不依赖于任何操作系统平台，是真正的跨平台技术。XML 可以适用于多个场合中，如下所示：

- 结构化数据，例如系统配置文件和邮件地址簿等。
- 标准数据交换，用于多个平台或应用系统之间的数据传递，例如 Web Service。
- 应用程序数据的通用，由于 XML 的出现，越来越多的文字处理程序都开始将原来保存为二进制的数据转换为使用 XML 保存，如微软的 Office 2007 等。
- 创建新的标记语言，用户可以建立新的标记，用以实现更多的功能和操作。例如现在流行的 RSS 和 Atom，它们都属于开放的标记语言。

13.1.2 XML 基本结构

创建一个 XML 文档时首先需要添加完整的声明格式，然后再添加处理指令、注释和实体等内容，图 13-1 为详细的 XML 文档结构。

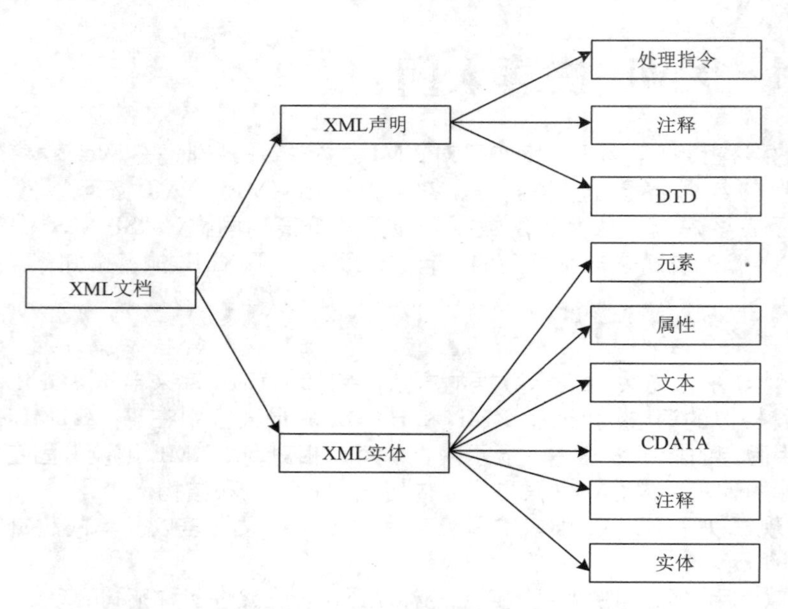

图 13-1 XML 文档的结构

从图 13-1 中可以看出，XML 文档包括两部分：XML 声明和 XML 实体。其中，XML 声明可以包括处理指令、注释和 DTD；XML 实体可以包括元素、属性、文本、CDATA、注释和实体。

13.1.3 XML 声明

XML 提供了 XML 声明语句，它用于说明文档是属于 XML 类型，另外，它还给解析器提供其他信息。XML 声明并不是必需的，如果没有这个声明语句，解析器通常也能判断一个文档是否为 XML 文档，但是加上 XML 声明语句被认为是一个很好的习惯。XML 声明的基本形式如下：

```
<?xml version="1.0" encoding="GB2312"
standalone="yes/no" ?>
```

在上述形式中，XML 声明可以指定 version、encoding 和 standalone 这三个属性。其中，version 属性表示版本号；encoding 表示编码方式；而 standalone 表示该文档是否附带 DTD 文件，其值可以是 yes 或者 no。

声明 XML 文档时需要注意以下几点：

- XML 声明语句从 <?xml 开始，到 ?> 结束。
- 声明语句里必须有 version 属性，但是 encoding 属性和 standalone 属性是可选的。
- version、encoding 和 standalone 这三个属性必须按上述顺序进行排列。
- version 属性值必须是 1.0 或者 1.1，表示版本信息。
- XML 声明必须放在文件的开头，即文件的第一个字符必须是 <，前面不能有空行或空格。关于这一点，有些解析器要求得并不严格。

13.1.4 XML 实体

根据 XML 规范，不能直接将“>”、“<”、“&”等特殊字符放置在 XML 元素内容的字符数据里。如果想要把这些字符作为普通字符处理，则需要实体引用。

实体引用是一种合法的 XML 名字，前面带有一个符号“&”，后面跟着一个分号“;”，例如“&name;”。常用的有 5 个字符的转义序列，如下所示：

- &：通常用来替换“&”字符。
- <：通常用来替换小于号“<”字符。
- >：通常用来替换大于号“>”字符。
- '：通常用来替换字符串中的单引号“'”字符。
- "：通常用来替换字符串中的双引号“"”字符。

【例 13-1】

下面通过一个实例，来演示双引号的实体引用，其他实体引用方法一样，代码如下：

```
<?xml version="1.0" encoding="UTF-8"?>
<root>
    <data>
        <name> 数据列表 </name>
        <where>if((a<b)&(a>c))</where>
    </data>
    <!-- 下面语句是错误的，不能直接使用特殊字符
        <where>if((a<b)&(a>c))</where>
    -->
</root>
```

在上述 XML 文档中，使用了小于符号“<”、大于符号“>”以及与符号“&”。如图 13-2 所示为浏览器中的运行效果。如果使用注释中的语句替换 where 元素，再次运行将看到图 13-3 所示错误。

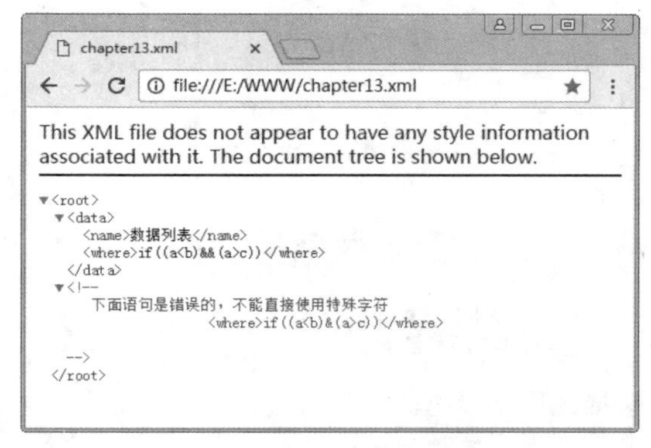

图 13-2　正确效果

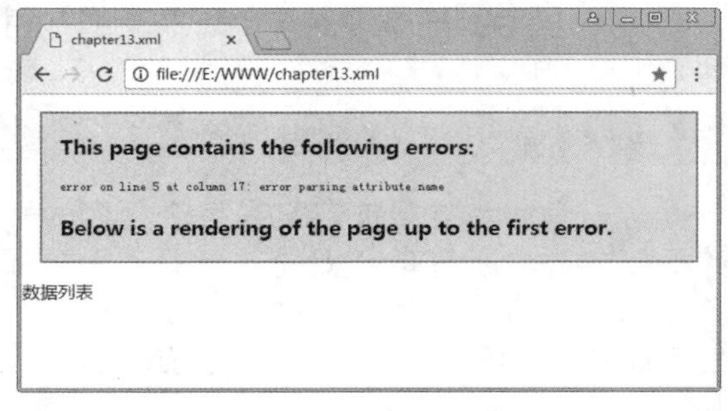

图 13-3　错误效果

13.1.5　高手带你做——创建水果信息 XML 文件

在了解 XML 文档的基本结构之后，下面通过示例，演示一个格式正确的 XML 文档，该文档描述一系列的水果信息。

【例 13-2】

创建一个 XML 文件，保存文件名为 myfruit.xml。该文件描述用户常见的一些水果的基本信息，包括水果名称和英文写法。完整代码如下：

```
<?xml version="1.0" encoding="utf-8" ?>
<fruits>
  <fruit>
    <name> 苹果 </name>
    <engname>Apple</engname>
  </fruit>
  <fruit>
    <name> 香蕉 </name>
    <engname>Banana</engname>
  </fruit>
  <fruit>
    <name> 桔子 </name>
    <engname>Orange</engname>
  </fruit>
</fruits>
```

在浏览器中打开 myfruit.xml，运行效果如图 13-4 所示。

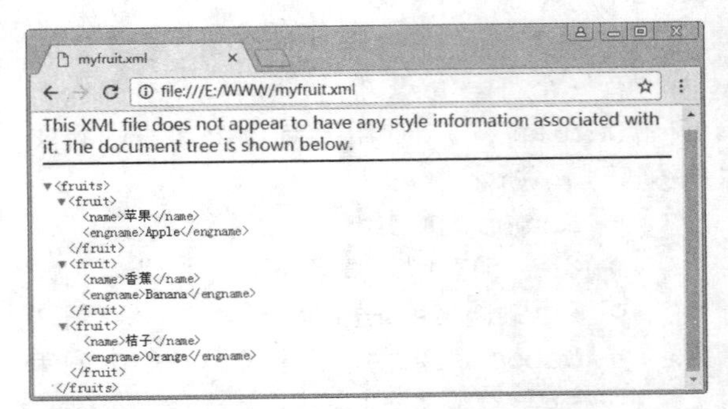

图 13-4　myfruit.xml 的运行效果

13.1.6　命名空间

由于 XML 文档中使用的元素不固定，所以两个不同的 XML 文档使用同一个名字来描述不同类型元素的情况就可能发生，发生这种情况时，会导致命名冲突。在 XML 文档中，使用命名空间解决命名冲突的问题。

XML 命名空间被放置于某个元素的开始标签中，并使用以下的语法：

```
xmlns:namespace-prefix="namespaceURL"
```

当一个命名空间被定义在某个元素的开始标签中时，所有带有相同前缀的子元素都会与同一个命名空间相关联。下面创建一个使用命名空间的 XML 文档，代码如下：

```
<?xml version="1.0" encoding="utf-8"?>
<items>
```

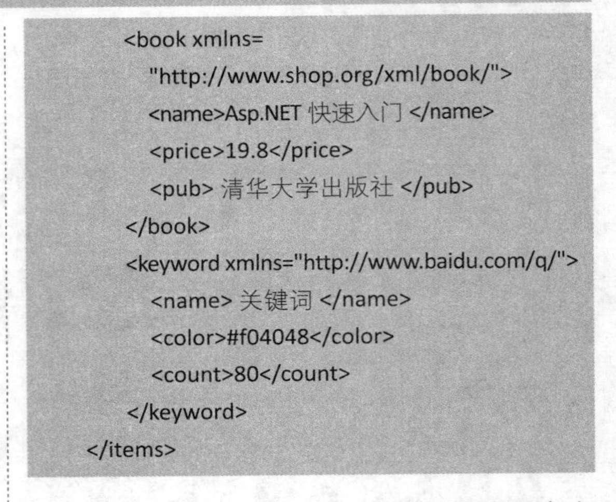

```
    <book xmlns=
      "http://www.shop.org/xml/book/">
      <name>Asp.NET 快速入门 </name>
      <price>19.8</price>
      <pub> 清华大学出版社 </pub>
    </book>
    <keyword xmlns="http://www.baidu.com/q/">
      <name> 关键词 </name>
      <color>#f04048</color>
      <count>80</count>
    </keyword>
</items>
```

在上面的代码中，创建了两个使用命名空间的 XML，并且通过使用命名空间解决了这两个 XML 文档之间的命名冲突问题。

13.2　System.Xml 命名空间简介

.NET Framework 类库对 XML 文档的访问提供了强大的支持，与处理 XML 文档相关的类都被封装在 System.Xml 命名空间下。System.Xml 命名空间根据功能，细分为多个子命名空间，这些空间包括 System.Xml.Linq、System.Xml.Resolvers、System.Xml.Schema、System.Xml.Serialization、System.XML.Xpath 以及 System.XML.Xsl 等。

开发者在处理 XML 文档中的数据之前，必须引入 System.Xml 命名空间，如果有必要，还需要引入子命名空间。引入代码如下：

```
using System.Xml;
using System.Xml.Schema;
using System.Xml.XPath;
```

System.Xml 命名空间下包含许多类，表 13-1 列出了一些常用类。

表 13-1　System.Xml 命名空间下的常用类

类名称	说　明
XmlAttribute	表示一个特性。此特性的有效值和默认值在文档类型中定义
XmlDocument	表示创建 XML 文档，在内存中以树状形式保存 XML 文档中的数据
XmlDocumentType	表示文档类型声明
XmlElement	表示 XML 文档中的一个元素，如 <Name></Name>
XmlEntity	表示 XML 文档中的一个实体声明，格式为 <!ENTITY...>
XmlNamedNodeMap	表示可以通过名称或索引访问的节点的集合
XmlNode	表示 XML 文档中的一个结点
XmlNodeList	表示排序的节点集合
XmlNodeType	枚举类型，表示 XmlNode 的具体类型。如元素开始或结束、属性、文本、空白等
XmlText	表示 XML 文档中的文本，如 <Gender> 男 </Gender> 中的文本“男”
XmlDeclaration	表示 XML 文档的声明结点，格式为 <?xml ver="1.0" ...?>
XmlComment	表示 XML 文档中的一段注释，格式为 <-- 注释文本 -->
XmlReader	表示一个读取器，它以一种快速、非缓存和只进的方式读取包含 XML 数据的流或文件
XmlWriter	表示一个编写器，它以一种快速、非缓存和只进的方式生成包含 XML 数据的流或文件
XmlTextReader	表示提供对 XML 数据进行快速、非缓存、只进访问的读取器
XmlTextWriter	表示提供快速、非缓存、只进方法的编写器

System.Xml 命名空间下的多数类都以 Xml 开头，但是也有例外。例如，该命名空间下的 ReadState 类表示读取器的读取状态；WriteState 类表示写入器的写入状态。

提示

表 13-1 列出了 System.Xml 命名空间及其子命名空间下提供的与常用操作有关的类，本章只是介绍常用的几个类以及类成员，使用它们写入、读取和访问 XML 文件中的数据。关于更多的类和更高级的技术，可以从 MSDN 或相关书籍上获取有关的资料。

13.3　基于流的 XML 处理

对 XML 文档中的数据，处理时有两种形式：基于流的 XML 处理和基于 DOM 的 XML 处理。本节首先介绍前者，基于流的 XML 处理需要通过 XmlWriter 类和 XmlReader 类，它们提供一种非缓存的只进 XML 数据处理方法。

13.3.1 写入内容

System.XML 命名空间的 XmlWriter 类用于向 XML 文件中写入内容。该类表示一个编写器，提供一种快速、非缓存和只进的方式来生成包含 XML 数据的流或文件。

XmlWriter 类的主要功能如下：

- 检查字符是不是合法的 XML 字符，元素和属性的名称是不是有效的 XML 名称。
- 检查 XML 文档的格式是否正确。
- 将二进制字节编码为 base64 或 binhex，并写出生成的文本。
- 使用公共语言运行库类型传递值，而不是使用字符串，这样可以避免必须手动执行值的转换。
- 将多个文档写入一个输出流。
- 写出有效的名称、限定名和名称标记。

1. 创建 XmlWriter 类的对象

XmlWriter 类提供了一个 Create() 静态方法创建写入器，该方法有 10 种构造形式。常用的几种形式如下：

```
public static XmlWriter Create(Stream output)
public static XmlWriter Create(string outputFileName)
public static XmlWriter Create(TextWriter output)
public static XmlWriter Create(XmlWriter output)
```

在上述形式中，第一行代码使用指定的流创建一个新的 XmlWriter 实例；第二行代码使用指定的文件名创建一个新的 XmlWriter 实例；第三行代码使用指定的 TextWriter 创建一个新的 XmlWriter 实例；最后一行代码使用指定的 XmlWriter 对象创建一个新的 XmlWriter 实例。

2. XmlWriter 类的常用方法

创建 XmlWriter 对象后，就可以调用其方法设置 XML 文档了，该对象中包含多个常用方法，其说明如表 13-2 所示。

表 13-2　XmlWriter 类的常用方法

方法名称	说　明
WriteAttributes()	写入在 XmlReader 中当前位置找到的所有属性
WriteComment()	写入包含指定文本的注释 <!-- -->
WriteCData()	写入包含指定文本的 <![CDATA[...]]> 块
WriteChars()	以每次一个缓冲区的方式写入文本
WriteStartDocument()	编写版本为 1.0 并具有独立特性的 XML 声明
WriteStartElement()	写出具有指定的本地名称的开始标记
WriteString	编写给定的文本内容
WriteEndDocument()	关闭任何打开的元素或特性并将编写器重新设置为 Start 状态
WriteEndElement()	关闭一个元素并弹出相应的命名空间范围。必需和 WirteStartElement() 成对使用
WriteName()	写出指定的名称，确保它是符合 W3C XML 1.0 建议的有效名称
WriteValue()	编写一个 System.Int64 值
WriteWhitespace	写入给定的空白。如果传入字符串不是空字符串，则会抛出一个异常
WriteElementString	使用指定的本地名称、命名空间 URI 和值编写元素
WriteAttributeString()	写入具有指定的前缀、本地名称、命名空间 URI 和值的特性
WriteFullEndElement()	当在派生类中被重写时，关闭一个元素并弹出相应的命名空间范围

在表 13-2 列出的方法中，通过 WriteStartElement() 方法创建一个指定的节点开始标记，使用 WriteEndElement() 方法创建一个对应的节点结束标记，在这两个方法中间，通过 WriteString() 方法，可以设置元素节点中包含的值。

还有一种更加简单的办法是直接使用 WriteElementString() 方法，它的效果与 WriteStartElement()、WriteString() 和 WriteEndElement() 方法创建的效果一样。

13.3.2　高手带你做——生成水果信息 XML 文件

在了解 XmlWriter 类的创建和方法之后，下面通过一个案例，讲解如何调用该类的方法生成一个 XML 文档。

【例 13-3】

以 13.1.5 小节介绍的水果信息为例，生成一个名为 fruits.xml 文件。具体实现步骤如下。

01 创建一个空白 WebForm，然后在 Page_Load 事件中开始编码。首先调用 XmlWriter 类的 Create() 静态方法向当前网站中创建 fruits.xml 文件。代码如下：

```
protected void Page_Load (object sender, EventArgs e)
{
  XmlWriter writer = XmlWriter.Create(Server.MapPath(".") + "\\fruits.xml");
  /* 省略其他代码 */
}
```

02 继续向 fruits.xml 文件中添加 XML 文档的声明，通过 WriteStartDocument() 方法实现。代码如下：

```
writer.WriteStartDocument();                    // 添加一个头部元素
writer.WriteWhitespace(System.Environment.NewLine);   // 添加一个空白
```

03 添加名称是 fruits 的根节点元素，然后为该元素添加一个 count 属性，该属性的值为 3，它表示 list 根节点下包含 3 个子节点。代码如下：

```
writer.WriteStartElement("fruits");             // 根节点 fruits
writer.WriteAttributeString("count", "3");      // 包含一个 count 属性，其值为 3
writer.WriteWhitespace(System.Environment.NewLine);
```

04 声明一个 string 类型的二维数组，它用于显示 3 个常用的水果。代码如下：

```
string[,] list = {
  { " 苹果 ", "Apple" },
  { " 香蕉 ", "Banana" },
  { " 桔子 ", "Orange" }
};
```

05 遍历 list 二维数组，分别向 fruits.xml 文件中添加元素节点，并且为每一个元素节点添加注释。代码如下：

```
for (int i = 0; i < list.GetLength(0); i++)
```

```
{
  writer.WriteStartElement("fruit");
  writer.WriteWhitespace(System.Environment.NewLine);
  for (int j = 0; j < list.GetLength(1); j++)
  {
    if (j == 0)
    {
      writer.WriteComment(" 中文名称 ");           // 添加注释说明
      writer.WriteWhitespace(System.Environment.NewLine);
      writer.WriteElementString("name", list[i, j]);
    }
    else {
      writer.WriteComment(" 英文名称 ");          // 添加注释说明
      writer.WriteWhitespace(System.Environment.NewLine);
      writer.WriteElementString("engname", list[i, j]);
    }
    writer.WriteWhitespace(System.Environment.NewLine);
  }
  writer.WriteEndElement();
  writer.WriteWhitespace(System.Environment.NewLine);
}
```

上述代码通过 GetLength(0) 获取二维数组的行数；GetLength(1) 获取二维数组的列数；WriteStartElement(“fruit”) 方法创建 fruit 元素节点；WriteComment() 则对元素进行解释说明；WriteElementString() 方法创建指定的元素节点，并指定文本值；WriteEndElement() 方法结束 fruit 元素节点。

06 创建根节点元素的结束标记，并且结束写入器。代码如下：

```
writer.WriteFullEndElement();
writer.WriteWhitespace(System.Environment.NewLine);
writer.WriteEndDocument();
writer.Close();        // 关闭 XML 文件
Response.Write(Server.MapPath(".") + "\\fruits.xml" + " 文件生成成功。");
```

07 运行页面，如果成功，会在网站中生成一个 fruits.xml 文件。在浏览器中打开该文件，其中的内容如图 13-5 所示，表示 XmlWriter 写入成功。

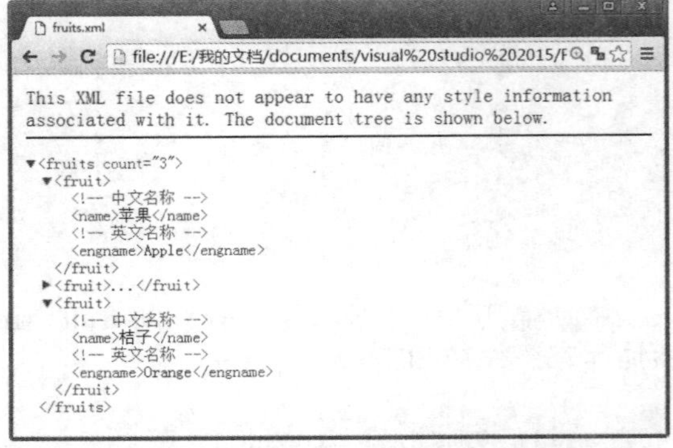

图 13-5　fruits.xml 文件的内容

本例中，通过XmlWriter类创建了一个XML文档，下面根据该例，总结出使用XmlWriter类的步骤。

01 通过调用静态方法Create()创建基于文件或数据流的XmlWriter对象。

02 通过WriteStartDocument()方法写入XML文件的标准头部内容“<?xml...?>”。如果没有该操作，在XmlWriter第一次写入数据时，会自动调用该方法写入XML文件的头部。

03 必要时，可通过WriteComment()方法写入文件描述。

04 通过调用WriteStartElement()方法写入元素的头。

05 如果该元素有属性，需要通过WriteAttributeString()方法写入该元素的所有属性。

06 如果该元素需要直接写入值，可以通过WriteValue()方法写入各种类型的值。

07 最后通过WriteEndElement()方法关闭该元素的写入。

08 如果元素带有多个子元素，则对每个子元素重复第04~08步的写入操作。

09 通过XmlWriter.Close()关闭写入器和数据流或文件。

13.3.3　读取内容

XmlReader类与XmlWriter类相反，它表示一个读取器，以一种快速、非缓存和只进的方式读取包含XML数据的流或文件。XmlReader类定义的方法和属性使用户可以浏览数据并读取节点的内容，当前节点指读取器所处的节点。

XmlReader类的主要功能如下：

- 检查字符是不是合法的XML字符，元素和属性名称是不是有效的XML名称。
- 检查XML文档的格式是否正确。
- 根据DTD或架构验证数据。
- 从XML流检索数据或使用提取模型跳过不需要的记录。

1. 创建XmlReader读取器

创建写入器时可使用Create()静态方法，同样，XmlReader类也提供了一个Create()静态方法创建读取器。该方法包含12种构造形式，常见的三种形式如下：

```
public static XmlReader Create(string inputUri);
public static XmlReader Create(Stream input);
public static XmlReader Create(TextReader input);
```

上述形式中，inputUri表示包含XML数据的URL地址，它可以是一个文件名，也可以是网络上的URL地址；input表示包含XML数据的数据流，可以是任何包含XML数据的流，也可以是TextReader流。

直接将XML文件的地址传入到Create()方法中创建读取器。代码如下：

```
XmlReader reader = XmlReader.Create(
@"E:\work\BookInfo.xml");
```

2. XmlReader类的常用属性

XmlReader类与XmlWriter类一样，它提供了大量读取XML数据的属性和方法，用户通过这些属性可以解析XML文档，常用属性如表13-3所示。

表13-3　XmlReader类的常用属性

属性名称	说　明
CanReadBinaryContent	获取一个值，该值指示XmlReader是否实现二进制内容读取方法
CanReadValueChunk	获取一个值，该值指示XmlReader是否实现ReadValueChunk()方法
Depth	当在派生类中被重写时，获取XML文档中当前节点的深度
HasValue	当在派生类中被重写时，获取一个值，该值指示当前节点是否可以具有Value

（续表）

属性名称	说　明
Name	当在派生类中被重写时，获取当前节点的限定名
ReadState	当在派生类中被重写时，获取读取器的状态
Value	当在派生类中被重写时，获取当前节点的文本值

3. XmlReader 类的常用方法

除了属性外，XmlReader 类中还包含多个方法，通过这些方法，可以获取与定位有关的信息，可以读取 XML 文档的内容，常用方法如表 13-4 所示。

表 13-4　XmlReader 类的常用方法

方法名称	说　明
MoveToAttribute()	移动到指定的属性
MoveToContent()	检查当前节点是否是内容节点，如果此节点不是内容节点，则读取器向前跳至下一个内容节点或文件结尾
MoveToElement()	移动到包含当前属性节点的元素
MoveToFirstAttribute()	移动到第一个属性
MoveToNextAttribute()	移动到下一个属性
Skip()	跳过当前节点的子级
IsStartElement()	测试当前内容节点是否为开始标记
Read()	从流中读取下一个节点
ReadString()	将元素或文本节点的内容读取为一个字符串
ReadInnerXml()	将所有内容（包括标记）当作字符串读取
ReadOuterXml()	读取表示该节点和所有它的子级的内容（包括标记）
ReadStartElement()	检查当前节点是否为元素并将读取器推进到下一个节点
ReadElementString()	用于读取简单纯文本元素的帮助方法
ReadAttributeValue()	将属性值分析为一个或多个 Text、EntityReference 或 EndEntity 节点
ReadEndElement()	检查当前内容节点是否为结束标记并将读取器推进到下一个节点
GetAttribute()	获取属性的值
ReadContentAs()	将内容作为指定类型的对象读取

在上述表中，通常会使用 Read()、ReadString()、ReadInnerXml() 和 ReadOuterXml() 方法读取数据。Read() 方法非常容易理解，下面对其他三个方法进行了简单说明。

- ReadString()：以字符串的形式返回元素或者文本节点的内容。根据读取器的位置分为以下三种情况。
  - 如果 XmlReader 位于某个元素上，此方法会将所有文本、有效空白、空白和 CDATA 节节点串联在一起，并以元素内容的形式返回串联的数据。遇到任何标记时，读取器停止，可以在混合内容模型中发生，也可以在读取元素结束标记时发生。
  - 如果 XmlReader 位于某个文本节点上，此方法将对文本、有效空白、空白和 CDATA

节节点执行相同的串联。

- 如果 XmlReader 定位在属性文本节点上，则 ReadString() 方法与读取器定位在元素开始标记上时的功能相同，它返回所有串联在一起的元素文本节点。

- ReadInnerXml()：返回当前节点的所有内容（包括标记），不返回当前节点（开始标记）和对应的结束节点（结束标记）。例如，如果有 XML 字符串“<node>this<child id="123"/></node>”，则使用 ReadInnerXml() 方法将会返回字符串“this<child id="123"/>”。
- ReadOuterXml()：返回当前节点及其所有子级的所有 XML 内容（包括标记）。其行为与 ReadInnerXml() 方法类似，只是同时还返回开始标记和结束标记。

13.3.4 高手带你做——显示水果列表

在了解 XmlReader 类的属性和方法等内容后，下面通过一个案例，讲解如何调用该类的方法生成一个 XML 文档。

【例 13-4】

本例以读取 13.3.2 节生成的 fruits.xml 文件为例。具体实现步骤如下。

01 在页面中添加一个表格，为表格指定表头，然后添加一个 tbody 元素，它动态显示内容。代码如下：

```
<table class="table table-bordered">
  <thead>
    <tr>
      <th> 编号 </th>
      <th> 中文名称 </th>
      <th> 英文名称 </th>
    </tr>
  </thead>
  <tbody  id="showinfo" runat="server">
  </tbody>
</table>
```

02 向页面后台的 Load 事件中添加代码，在 Load 事件中，首先通过 XmlReader 类创建一个读取器，然后通过 Read() 方法循环读取内容。代码如下：

```
protected void Page_Load(object sender,
 EventArgs e)
{
    string xmlpath =
      Server.MapPath("~") + "\\fruits.xml";
    XmlReader reader =
      XmlReader.Create(xmlpath);
    string showtr = "";
    showtr += "<tr>";
    int i = 1;
    while (reader.Read())
    {
      if (reader.NodeType
          == XmlNodeType.Element)
      {

        if (reader.Name == "name")
        {
          showtr += "<td >" + i + "</td>";
          showtr += "<td>"
               + reader.ReadString() + "</td>";
          i++;
        }

        if (reader.Name == "engname")
          showtr += "<td>"
               + reader.ReadString() + "</td>";
      }
      else if (reader.NodeType
          == XmlNodeType.EndElement)
      {
        if (reader.Name == "fruit")
          showtr += "</tr>";
      }
    }
    showinfo.InnerHtml = showtr;
```

```
        reader.Close();
    }
```

在上述循环读取 fruits.xml 文件中的内容时，通过 XmlNode 对象的 Element 属性判断当前内容是否为元素节点，如果是，则判断读取的内容是否等于 name 或者 engname，分别根据 Name 的值添加内容。

通过 XmlNodeType 对象的 EndElement 属性判断是否为结束的元素节点，如果获取的 Name 值为 fruit，则获取当前行。

03 运行并查看效果，如图 13-6 所示。

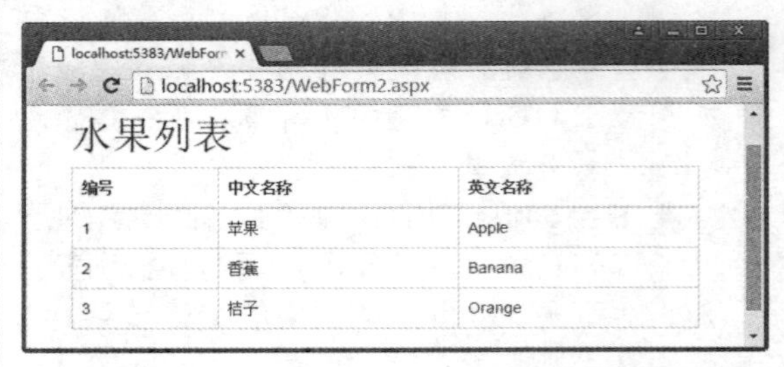

图 13-6　读取 fruits.xml 的效果

13.4　DOM 处理 XML

.NET Framework 包括三个基于 DOM 处理 XML 数据的模型，分别是：XmlDocument 类、XPathDocument 类和 LINQ to XML。其中 XmlDomcument 类是最常用的，因此本节以它为例介绍处理 XML 文档的具体方法。

13.4.1　DOM 简介

W3C 文档对象模型被分为三个不同的部分：核心文档对象模型、XML 文档对象模型和 HTML 文档对象模型。其中，核心文档对象模型用于结构化文档的标准模型；XML 文档对象模型用于 XML 文档的标准模型；HTML 文档对象模型用于 HTML 文档的标准模型。

XML 文档对象模型 (Document Object Model，DOM) 是 XML 文档的内存中表示形式。DOM 使开发者能够以编程方式读取、处理和修改 XML 文档。XmlReader 类也读取 XML 文档，但是它提供非缓存的只进、只读访问。这就意味着使用 XmlReader 类无法编辑属性值或者元素内容，也无法插入和移除节点。编辑是 DOM 的主要功能，XML 数据在内存中表示是常见的结构化方法，尽管实际的 XML 数据在文件中时或从另一个对象传入时以线性方式存储。

XML 文档对象模型把 XML 文档视为一种树结构或者树模型，对于要解析的 XML 文档，首先利用 DOM 解析器加载到内存中，在内存中为 XML 文件建立逻辑形式的树。从本质上来讲，DOM 就是 XML 文档在内存中的一个结构化视图，它将一个 XML 文档视为一棵节点树，而其中的每一个节点代表一个可以与其进行交互的对象。

【例 13-5】

XML 文档的树结构展示了节点的集合和它们之间的关系，这棵树从根节点开始，然后在树的最低层级向文本节点添加内容。例如，下面代码为一段 XML 文档：

```
<?xml version="1.0"?>
<books>
  <book>
    <author>tom</author>
    <price format="CNY">88</price>
    <pubdate>04/01/2017</pubdate>
  </book>
  <pubinfo>
```

```
        <publisher>TUP Press</publisher>
        <state>CN</state>
    </pubinfo>
</books>
```

根据 XML 文档的内容，在图 13-7 中显示了将 XML 数据读入 DOM 结构中时如何构造内存。

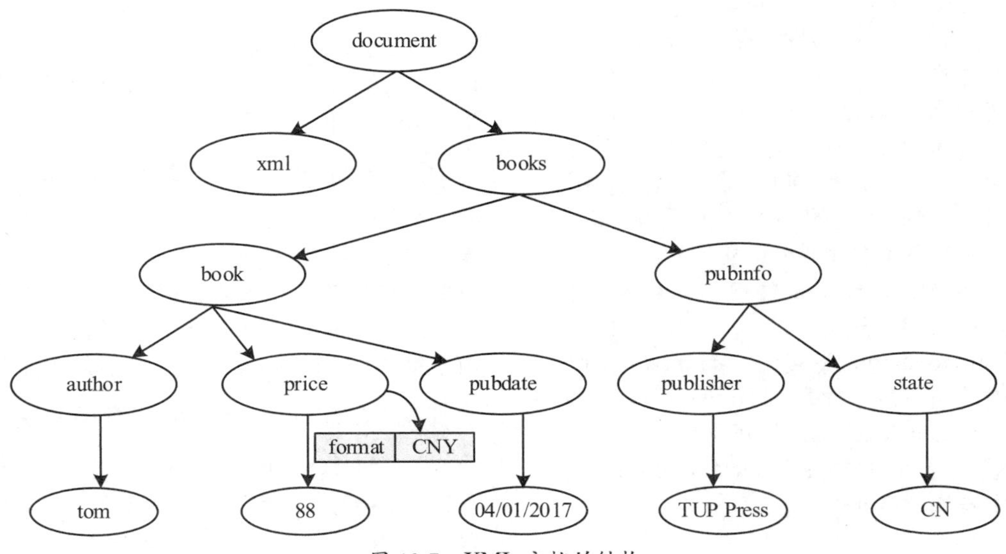

图 13-7　XML 文档的结构

该图中的每个圆圈表示一个节点，称为 XmlNode 对象。XmlNode 对象是 DOM 树中的基本对象。XmlDocument 类 (扩展 XmlNode) 支持用于对整个文档执行操作的方法。另外，XmlDocument 提供了查看和处理整个 XML 文档中的节点的方法。通过使用 XmlNode 和 XmlDocument 的方法和属性可以执行以下操作：

- 访问和修改 DOM 特定的节点，例如元素节点和实体引用节点等。
- 除检索节点包含的信息 (例如元素节点中的文本) 外，还检索整个节点。

节点树中的节点之间都有等级关系，可以将图 13-6 中的 books 看作是父节点或根节点，父节点拥有子节点，位于相同层级上的子节点称为同级节点 (兄弟或姐妹)。books 节点中包含 book 和 pubinfo 两个子节点，这两个节点之间是同级关系。其中，第一个子节点称为首个子节点，然后第二个往下可以称为下一个同级子节点，最后一个子节点可以称为最末子节点。根据图 13-6，可以得出以下结论：

- 在树结构中，顶端的节点被称为根节点。
- 根节点之外的每个节点都有一个父节点。
- 节点下可以包含任何数量的子节点。
- 叶子是没有子节点的节点。也可以说，将没有子节点的节点称为叶子。
- 同级节点是拥有相同父节点的节点。

13.4.2　XmlDocument 类

接口是一组方法声明的集合，没有具体的实现。这些方法具有共同的特征，即共同作用于 XML 文档中某一个对象的一类方法，当使用编程语言实现这个接口的一个对象时，

就可以称为 DOM 对象。

在 DOM 对象中包含三个常用的对象：XML 文档对象、XML 节点对象和 XML 节点列表对象。

XML 文档既是一种对象，同时又代表整个 XML 文档。它由根节点和子节点组成，同时由 XmlDocument 类来实现。如果对一个 XML 文档进行操作，首先要获取到整个文档对象，再根据应用程序的需要调用该对象的其他子对象。

在前面简单介绍文档对象模型时提到了 XmlDocument 类，该类是实现 W3C 文档对象模型级别 1 核心和 DOM 级别 2 核心建议。DOM 是 XML 文档的内存中（缓存）树表示形式。使用 XmlDocument 及其相关的类，可以构造 XML 文档、加载和访问数据、修改数据以及保存更改。

XmlDocument 类实现 IXpathNavigable 接口，因此它还可用作 XslTransform 类的源文档。XmlDataDocument 类对 XmlDocument 进行扩展，允许通过关系 DataSet 存储、检索和操作结构化数据。

1. XmlDocument 类的构造函数

使用 XmlDocument 类之前必须初始化该类的新实例，它有两种构造方法。形式如下：

```
public XmlDocument()
public XmlDocument(XmlNameTable nt)
```

在上述形式中，第一行表示直接初始化 XmlDocument 类的新实例；第二行则表示用指定的 System.Xml.XmlNameTable 初始化 XmlDocument 类的新实例。

2. XmlDocument 类的常用属性

XmlDocument 类实例化后可以调用相关属性获取信息，包括当前节点的基本 URL、当前节点的第一个子级，以及是否包含子节点等。XmlDocument 类的大多数常用属性都来自于继承的 XmlNode 类，这里不再详细解释。

3. XmlDocument 类的常用方法

XmlDocument 类中还包含多个方法，大多数常用的方法都是继承或重写自 XmlNode 类的，如表 13-5 列出了常用方法。

表 13-5　XmlDocument 类的常用方法

方法名称	说　明
CreateComment()	创建包含指定数据的 XmlComment
CreateElement()	创建具有指定名称的元素
CreateTextNode()	创建具有指定文本的 XmlText
CreateWhitespace()	创建一个 XmlWhitespace 节点
Load()	从指定的流 /URL/TextReader/XmlReader 中加载 XML 文档
LoadXml()	从指定的字符串加载 XML 文档
ReadNode()	根据 XmlReader 中的信息创建 XmlNode 对象。读取器必须定位在节点或特性上
Save()	保存 XML 文档
WriteTo()	将 XmlDocument 节点保存到指定的 XmlWriter。 （继承自 XmlNode.WriteeTo() 方法）

4. XmlDocument 类加载 XML 文档

XmlDocument 类中包含多个属性和方法，但是，大多数常用的属性和方法都是从其他类继承而来的。使用 XmlDocument 可以从不同的格式读入内存，读取源包括字符串、流、URL、文本读取或 XmlRead 的派生类。

【例 13-6】

假设有如下所示的字符串信息：

```
<?xml version="1.0" encoding="utf-8" ?>
<hosts>
 <host>
  <ip>127.0.0.1</ip>
  <username>root</username>
  <userpass>123456</userpass>
 </host>
</hosts>
```

请使用 XmlDocument 类的 LoadXml() 方法加载该信息，并保存到 hosts.xml 文件中。

要实现上述功能，首先需要创建一个 XmlDocument 类实例，再依次调用 LoadXml() 方法和 Save() 方法。最终实现代码如下：

```
protected void Page_Load(object sender, EventArgs e)
{
   try
   {
      string xmlStr= "<?xml version=\"1.0\" encoding=\"utf-8\" ?>"
                  +"<hosts>"
                  +"  <host>"
                  +"    <ip>127.0.0.1</ip>"
                  +"    <username>root</username>"
                  +"    <userpass>123456</userpass>"
                  +"  </host>"
                  +"</hosts>";
      string xmlpath = Server.MapPath("~") + "hosts.xml";    //hosts.xml 文件的路径
      XmlDocument doc = new XmlDocument();          // 创建 XmlDocument 类的实例
      doc.LoadXml(xmlStr);                       // 从字符串中加载 XML 文档
      doc.Save(xmlpath);                        // 保存 XML 文档到指定的文件
      Response.Write("XML 文档加载并保存完成 ");
   }
   catch (Exception ex)
   {
      Response.Write(" 加载 XML 文档过程中出现了错误。原因是：" + ex.Message);
   }
}
```

上述代码定义了当前网站根目录下 hosts.xml 文件的完整路径；接着创建 XmlDocument 类的实例；然后调用 LoadXml() 方法从字符串中加载 XML 文档；最后调用 Save() 方法保存内容，并且输出结果。

运行页面，保存成功后，当前网站根目录下将有一个 hosts.xml 文件。

图 13-8 所示为 hosts.xml 在浏览器和记事本中的打开效果。

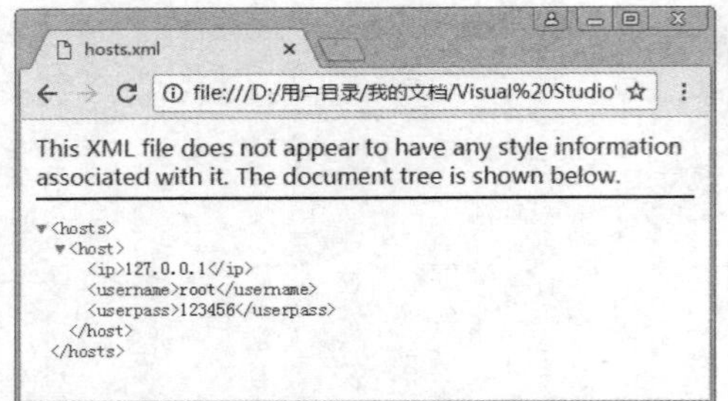

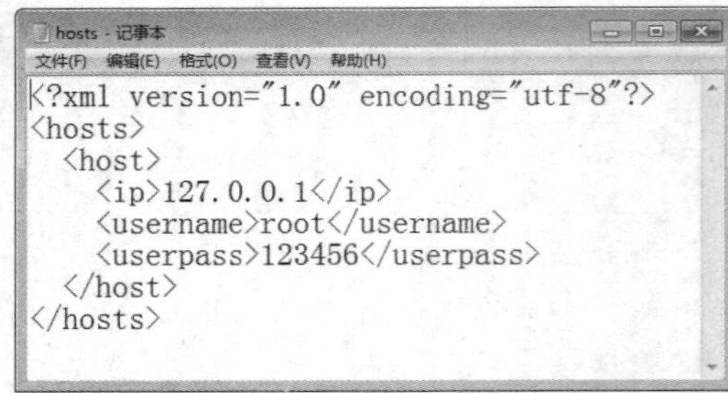

图 13-8 hosts.xml 文件的内容

注意

虽然 Load() 和 LoadXml() 两个方法都可以加载 XML 文档，但是它们之间也存在着一些区别。LoadXml() 方法从字符串中读取 XML 文档。Load() 方法将文档置入内存中并包含可用于从每个不同的格式中获取数据的重载方法。

13.4.3 XmlNode 类

XmlNode 类表示 XML 文档中的单个节点，它实现 W3C 文档对象模型级别 1 核心和核心 DOM 级别 2。DOM 是 XML 文档的内存中（缓存）树状表示形式。XmlNode 是 DOM 中 .NET 实现的基类，它支持 XPath 选择并提供编辑功能。XmlDocument 类扩展 XmlNode 并代表 XML 文档，前面已经简单介绍过它。

XmlNode 类中包含多个属性和方法，XmlDocument 类中的多数常用属性就是从该类继承而来，如表 13-6 列出了它的常用属性。

表 13-6 XmlNode 类的常用属性

属性名称	说 明
BaseURI	获取当前节点的基 URI
ChildNodes	获取节点的所有子节点
FirstChild	获取节点的第一个子级
HasChildNodes	获取一个值，该值指示节点是否有任何子节点
InnerText	获取或设置节点及其所有子节点的串联值
InnerXml	获取或设置仅代表该节点的子节点的标记
IsReadOnly	获取一个值，该值指示节点是否是只读的
Item[string]	获取具有指定 Name 的第一个子元素
Item[string, string]	获取具有指定 LocalName 和 NamespaceURI 的第一个子元素
LastChild	获取节点的最后一个子级
NextSibing	获取紧接在该节点之后的节点

（续表）

属性名称	说　明
OuterXml	获取包含此节点及其所有子节点的标记
ParentNode	获取该节点（对于可以具有父级的节点）的父级
Value	获取或设置节点的值

XmlNode 类中还包含数十个方法，其常用方法如表 13-7 所示。

表 13-7　XmlNode 类的常用方法

方法名称	说　明
AppendChild()	将指定的节点添加到节点的子节点列表的末尾
Clone()	创建此节点的一个副本
CloneNode()	在派生类创建节点的副本
RemoveAll()	移除当前节点的所有子节点和 / 或特性
RemoveChild()	移除指定的子节点
ReplaceChild()	使用新节点来替换旧节点
SelectNodes()	选择匹配 XPath 表达式的节点列表
SelectSingleNode()	选择匹配 XPath 表达式的第一个 XmlNode

13.4.4　XmlNodeList 类

XmlDocument 类中包含一个继承自 XmlNode 类的 ChildNodes 属性，该属性表示排序的节点集合，它是 XmlNode 对象的集合。XmlNodeList 即节点列表对象，它对创建集合的节点对象的子级的更改将立即反映在由 XmlNodeList 属性和方法返回的节点中，XmlNodeList 支持迭代和索引访问。除了 ChildNodes 属性外，XmlNode 对象的 SelectNodes 属性和 XmlDocument 与 XmlElement 类中的 GetElementsByTagName() 方法也返回一个 XmlNodeList 对象。

获取到 XmlNodeList 类的对象后再调用属性和方法进行操作。使用 XmlNodeList 对象的 Count 属性可以获取 XmlNodeList 中的节点数。另外，它还包含多个方法，但是 Items() 方法最为常用，它检索给定索引处的节点。

13.4.5　节点类型

当将 XML 文档作为节点树读入内存时，这些节点的节点类型在创建节点时确定。XML 文档对象模型具有多种节点类型，这些类型由 W3C 确定。表 13-8 列出了节点类型、分配给该节点类型的对象以及每种节点类型的简短说明。

表 13-8　XmlNode 类的常用方法

DOM 节点类型	Object	说　明
Document	XmlDocument 类	树中所有节点的容器。它也称作文档根，文档根并非总是与根元素相同
DocumentFragment	XmlDocumentFragment 类	包含一个或多个不带任何树结构的节点的临时袋

（续表）

DOM 节点类型	Object	说　明
DocumentType	XmlDocumentType 类	表示 <!DOCTYPE... > 节点
EntityReference	XmlEntityReference 类	表示非扩展的实体引用文本
Element	XmlElement 类	表示元素节点
Attr	XmlAttribute 类	为元素的属性
ProcessingInstruction	XmlProcessinigInstruction 类	为处理指令节点
Comment	XmlComment 类	注释节点
Text	XmlText 类	属于某个元素或属性的文本
CDATASection	XmlCDataSection 类	表示 CDATA
Entity	XmlEntity 类	表示 XML 文档(来自内部文档类型定义(DTD)子集或来自外部 DTD 和参数实体)中的 <!ENTITY...> 声明
Notation	XmlNotation	表示 DTD 中声明的表示法

在表 13-8 中列出了 W3C 中定义的节点类型，实际上，还有一些节点类型并没有被写入到 W3C 标准中，但这些类型可以作为 XmlNodeType 枚举在 .NET Framework 对象模型中使用，因此，这些节点类型不存在匹配的 DOM 节点类型列。表 13-9 对没有被写入到 W3C 的节点类型进行说明。

表 13-9　未被写入到 W3C 中的节点类型

节点类型	说　明
XmlDeclaration	表示声明节点 <?xml version="1.0"...>
XmlSignificantWhitespace	表示有效空白(混合内容中的空白)
XmlWhitespace	表示元素内容中的空白
EndElement	当 XmlReader 到达元素的末尾时返回
EndEntity	由于调用 ResolveEntity 而在 XmlReader 到达实体替换的末尾时返回

13.4.6　高手带你做——操作 APP 信息

前面已经介绍了 DOM 中操作 XML 的 XmlDocument、XmlNode 和 XmlNodeList 类。本节将分别调用这些类的属性和方法，对 XML 节点进行操作，例如遍历节点、添加节点、删除节点、替换节点以及复制节点等。

假设有一个保存了用户已经安装 APP 应用信息的 XML 文档。XML 文档的文件名称为 apps.xml，内容如下：

```
<?xml version="1.0" encoding="utf-8"?>
<apps>
    <app>
        <name>企业小助手</name>
        <desc>该应用为默认应用，可以通过它向全公司范围推送消息。如关注成功通知，公司文件，通报等。</desc>
        <icon>images/app0.jpg</icon>
        <level>1</level>
    </app>
    <app>
```

```
        <name> 通讯录 </name>
        <desc> 员工通讯录快速共享，常用、保密联系人自由设置。</desc>
        <icon>images/app7.png</icon>
        <level>3</level>
    </app>
</apps>
```

1. 遍历节点

遍历节点是经常使用的操作之一，它表示在节点树中进行循环或移动。例如，开发者需要提取每个元素的值时就需要进行遍历操作，可以将这个过程叫作“遍历节点树”。

使用 XmlDocument 对象加载 XML 文件，用 XmlNodeList 对象获取节点的集合，用 XmlNode 对象显示节点的基本信息。将 XmlDocument、XmlNodeList 和 XmlNode 结合起来，可以访问 XML 文档中的每个节点。通常情况下有三种方式来访问：

- 通过利用节点的关系在节点树中导航。
- 通过使用 getElementsByTagName() 方法，返回节点列表 NodeList 对象。
- 通过循环遍历树结构中的节点。

【例 13-7】

将 XmlDocument 对象、XmlNodeList 对象和 XmlNode 对象结合，遍历 apps.xml 文件中的元素节点的内容。实现步骤如下。

01 新建一个 WebForm 页面，然后在布局添加用于显示应用数量和 APP 列表的代码。本例中的最终代码如下：

```
<table class="table table-bordered">
    <thead>
     <tr>
      <th> 编号 </th>
      <th> 应用名称 </th>
      <th> 优先级 </th>
      <th> 简介 </th>
     </tr>
    </thead>
    <tbody id="showinfo" runat="server">
    </tbody>
</table>
<asp:Label ID="lblResult" runat="server"
Font-Size="Large"></asp:Label>
```

02 向页面的 Load 事件中添加代码，首先创建 XmlDocument 对象并加载 mygood.xml；接着通过 DocumentElement.ChildNodes 获取根节点下的子节点元素并显示元素个数；调用 GetElementsByTagName() 方法获取 apps.xml 文件中的节点的集合；最后通过 for 循环语句遍历输出各个元素节点的值。代码如下：

```
protected void Page_Load(object sender, EventArgs e)
{
    string xmlpath = Server.MapPath("~")
     + "\\apps.xml"; //apps.xml 文件的完整目录
    XmlDocument doc = new XmlDocument();
    doc.Load(xmlpath);      // 加载 XML 文档
    // 获取根节点下的子节点列表
    XmlNodeList nodeList =
      doc.DocumentElement.ChildNodes;
    lblResult.Text = " 一共安装 <font color='red'>"
      + nodeList.Count + "</font> 个应用 ";
    XmlNodeList nameList =
      doc.GetElementsByTagName("name");
    XmlNodeList descList =
      doc.GetElementsByTagName("desc");
    XmlNodeList iconList =
      doc.GetElementsByTagName("icon");
    XmlNodeList levelList =
      doc.GetElementsByTagName("level");
    // 遍历子节点
    for (int i = 0; i < nodeList.Count; i++)
    {
        showinfo.InnerHtml += "<tr><td>" + (i + 1)
         + "</td>"
         +"<td><img src=\"" + iconList[i].InnerText
         + "\" />" + nameList[i].InnerText + "</td>"
         +"<td>" + levelList[i].InnerText + "</td>"
         +"<td>" + descList[i].InnerText + "</td>"
         +"</tr>";
    }
```

```
}
```

03 运行页面，查看输出结果，如图 13-9 所示。

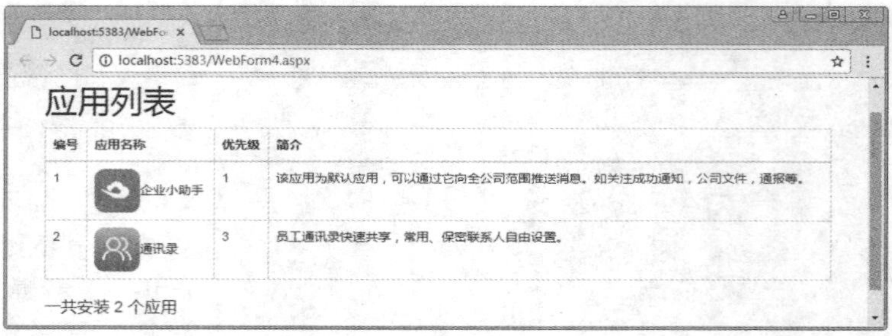

图 13-9 遍历节点内容

注意

DOM 树形结构中，每个部分都是节点，但是元素节点没有文本值。元素节点的文本存储在子节点中，这个节点称为文本节点，获取元素文本的方法，就是获取这个子节点（即文本节点）的值。

2. 追加节点

一个 XML 文档中的节点有许多种形式，例如元素节点、属性节点、文本节点和注释节点等。添加不同形式的节点时，可以调用不同的方法。例如在添加注释节点时，可以调用 CreateComment() 方法；添加属性节点时，可以调用 CreateAttribute() 方法。但是，在最后都需要调用 AppendChild() 方法将其添加到指定的节点对象中。

【例 13-8】

通过 AppendChild() 方法向 apps.xml 文件中添加一个注释节点与一个 app 元素节点，它包含 4 个子元素节点，每个元素节点都有指定的文本内容。添加内容完毕后，重新查看 XML 文件的内容，实现步骤如下。

01 向新建页面的 Load 事件编写代码。首先创建 XmlDocument 类的实例，并且调用 Load() 方法加载 XML 文档。代码如下：

```
protected void Page_Load(object sender, EventArgs e)
{
  string xmlpath = Server.MapPath("~") + "\\apps.xml";    //apps.xml 文件的完整目录
  XmlDocument doc = new XmlDocument();
  doc.Load(xmlpath);                         // 加载 XML 文档

}
```

02 接着调用 doc 对象的 CreateComment() 方法创建一个注释节点，调用 CreateElement() 方法创建 4 个不同的元素节点，并为指定的部分元素设置 InnerText 属性的值。代码如下：

```
XmlComment comment = doc.CreateComment(" 这是使用 DOM 新增的节点 ");
XmlElement appNode = doc.CreateElement("app");  // 创建元素
XmlElement nameNode = doc.CreateElement("name"); // 创建子元素
XmlElement descNode = doc.CreateElement("desc"); // 创建子元素
XmlElement iconNode = doc.CreateElement("icon"); // 创建子元素
```

```
XmlElement levelNode = doc.CreateElement("level"); // 创建子元素
nameNode.InnerText = " 流程审批 ";
descNode.InnerText = " 审批流程完全自定义、审批人员自由配置，满足您个性化的流程审批需求。";
iconNode.InnerText = "images/app5.png";
levelNode.InnerText = "5";
```

03 通过调用 appNode 对象的 AppendChild() 方法添加 4 个子节点。代码如下：

```
appNode.AppendChild(nameNode);    // 添加一个 name 元素
appNode.AppendChild(descNode);    // 添加一个 desc 元素
appNode.AppendChild(iconNode);    // 添加一个 icon 元素
appNode.AppendChild(levelNode);   // 添加一个 level 元素
```

04 调用 list 对象的 SelectSingleNode() 方法找到根节点，并且调用 AppendChild() 方法分别添加注释节点和 appNode 节点，添加完毕后调用 Save() 方法重新保存到文档中。代码如下：

```
XmlNode list = doc.SelectSingleNode("apps"); // 找到根节点
list.AppendChild(comment);
list.AppendChild(appNode);            // 添加第 3 个元素
doc.Save(xmlpath);
```

05 由于向 apps.xml 文件中添加了一个注释节点，它也算是一个子节点，因此得到的子节点列表是 4 个。但是，注释节点中并没有 name、desc、icon 和 level 等节点，因此上个例子中的遍历方法在这里执行时会出现错误。如下所示为遍历 apps.xml 文件的新代码：

```
protected void Page_Load(object sender, EventArgs e)
{
        string xmlpath = Server.MapPath("~") + "\\apps.xml";     //apps.xml 文件的完整目录
        XmlDocument doc = new XmlDocument();
        doc.Load(xmlpath);     // 加载 XML 文档
        XmlNodeList nodeList = doc.DocumentElement.ChildNodes;     // 获取根节点下的子节点列表
        lblResult.Text = " 一共安装 <font color='red'>" + nodeList.Count + "</font> 个应用 ";

        string showtr = "";
        int count = 1;
        // 遍历子节点
        for (int i = 0; i < nodeList.Count; i++)
        {
          // 如果是节点元素
          if (nodeList[i].NodeType == XmlNodeType.Element)
          {
            XmlNodeList sonNodeList = nodeList[i].ChildNodes;     // 当前子节点元素
            for (int j = 0; j < sonNodeList.Count; j++)
            {
```

```
                if (sonNodeList[j].Name == "name") {
                    showtr += "<tr>"+
                        "<td>" + count + "</td>"+
                        "<td>" + sonNodeList[j].InnerText + "</td>" ;
                }
                if (sonNodeList[j].Name == "desc")
                    showtr += "<td>" + sonNodeList[j].InnerText + "</td>";
                if (sonNodeList[j].Name == "icon")
                    showtr += "<td><img src=\"" + sonNodeList[j].InnerText + "\" /></td>";
                if (sonNodeList[j].Name == "level")
                {
                    showtr += "<td>" + sonNodeList[j].InnerText + "</td>"+
                        "</tr>";
                    count++;
                }
            }
        }
        else if (nodeList[i].NodeType == XmlNodeType.Comment)
        {
            // 注释节点的处理
        }
        else
        {
            // 既不是元素节点，也不是注释节点的处理
        }
    }
    showinfo.InnerHtml = showtr;
}
```

在上述代码中，首先获取根节点下的子节点列表，接着输出子节点的数量。通过 for 语句来遍历根节点下的子节点，在该语句中通过 NodeType 属性判断获取到的节点的类型。如果是元素节点，则获取当前元素节点的所有子节点，并且通过另一个 for 语句遍历，在该语句中根据 Name 属性的值进行判断，并显示不同的内容。

06 运行页面，查看输出结果，页面效果如图 13-10 所示。为了再次确认用户添加的内容是否成功，可以找到 apps.xml 文件并打开查看，如图 13-11 所示。

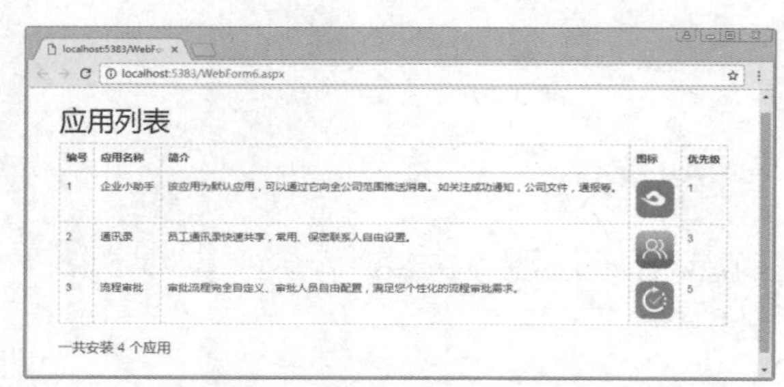

图 13-10　遍历 apps.xml 文件的效果

图 13-11　apps.xml 文件的内容

3. 删除节点

当用户发现有多余的节点存在时，可以删除这些多余的节点。删除节点时，常用 RemoveAll() 方法和 RemoveChild() 方法。当使用 RemoveChild() 方法移除指定的子节点时，需要向该方法中传入一个参数，它表示正在被移除的节点。基本形式如下：

```
public virtual XmlNode RemoveChild(XmlNode oldChild)
```

【例 13-9】

在前面页面效果的基础上添加删除指定节点的代码，页面设计效果不变，更改后台 Load 事件的代码。

假设，用户卸载了“企业小助手”的应用，也就是需要从 apps.xml 文件中删除第一个 app 节点。实现代码如下：

```
protected void Page_Load(object sender, EventArgs e)
{
    string xmlpath = Server.MapPath("~") + "\\apps.xml";     //apps.xml 文件的完整目录
    XmlDocument doc = new XmlDocument();
    doc.Load(xmlpath);                                        // 加载 XML 文档
    XmlNode list = doc.SelectSingleNode("apps");              // 找到根节点
    list.RemoveChild(list.FirstChild);                        // 移除第一个元素节点的 app 元素
    doc.Save(xmlpath);                                        // 保存修改
}
```

在上述代码中，首先创建了 XmlDocument 类的实例对象 doc 并调用 Load() 方法加载 XML 文档；接着获取当前 apps.xml 文件中的根节点，然后调用 RemoveChild() 方法将该节点下的第一个子节点删除；最后重新保存到 apps.xml 文件。

重新运行页面查看效果，删除节点后，再次遍历 XML 文件，效果如图 13-12 所示。

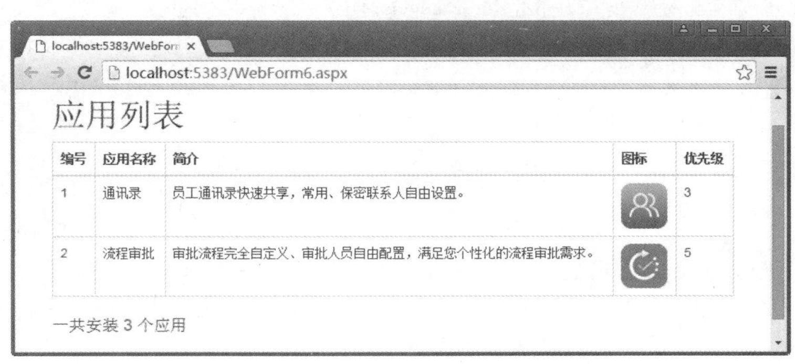

图 13-12　删除指定节点后再次遍历

4. 替换节点

XmlNode 对象提供了一个专门用于替换节点的 ReplaceChild() 方法。基本形式如下：

```
public virtual XmlNode ReplaceChild( XmlNode newChild, XmlNode oldChild)
```

上述形式中 newChild 表示要放入子列表的新节点；oldChild 表示列表中正在被替换的节点；该方法的返回值是一个被替换后的节点。如果 newChild 已经在树中，则先将其移除；如果 newChild 是从另一个文档中创建的，可以使用 XmlDocument 对象的 ImportNode() 方法将节点导入到当前文档，然后可将导入的节点传递给 ReplaceChild() 方法。

【例 13-10】

利用 ReplaceChild() 方法将新创建的一个元素节点替换 apps.xml 文件中的最后一个子元素节点。部分代码如下：

```
protected void Page_Load(object sender, EventArgs e)
{
    string xmlpath = Server.MapPath("~") + "\\apps.xml";    //apps.xml 文件的完整目录
    XmlDocument doc = new XmlDocument();
    doc.Load(xmlpath);     // 加载 XML 文档

    XmlElement appNode = doc.CreateElement("app"); // 创建 app 元素
    XmlElement nameNode = doc.CreateElement("name"); // 创建子元素
    XmlElement descNode = doc.CreateElement("desc"); // 创建子元素
    XmlElement iconNode = doc.CreateElement("icon"); // 创建子元素
    XmlElement levelNode = doc.CreateElement("level"); // 创建子元素
    nameNode.InnerText = " 投票 ";
    descNode.InnerText = " 快速发起投票，数据自动统计，实时结果显示，为您节省宝贵的时间。";
    iconNode.InnerText = "images/app8.png";
    levelNode.InnerText = "9";
    appNode.AppendChild(nameNode);    // 添加一个 name 元素
    appNode.AppendChild(descNode);    // 添加一个 desc 元素
    appNode.AppendChild(iconNode);    // 添加一个 icon 元素
    appNode.AppendChild(levelNode);    // 添加一个 level 元素
    // 使用 appNode 替换最后一个节点
    doc.DocumentElement.ReplaceChild(appNode, doc.DocumentElement.LastChild);
    doc.Save(xmlpath);                                              // 重新保存到 XML 文档
}
```

在上述代码中，核心语句是“doc.DocumentElement.ReplaceChild(appNode, doc.DocumentElement.LastChild)”，意思是指使用 appNode 这个节点，替换 doc 文件中的最后一个节点。

运行上面的代码，然后再次遍历 apps.xml 查看应用列表，此时效果如图 13-13 所示。apps.xml 文件的内容如图 13-14 所示。

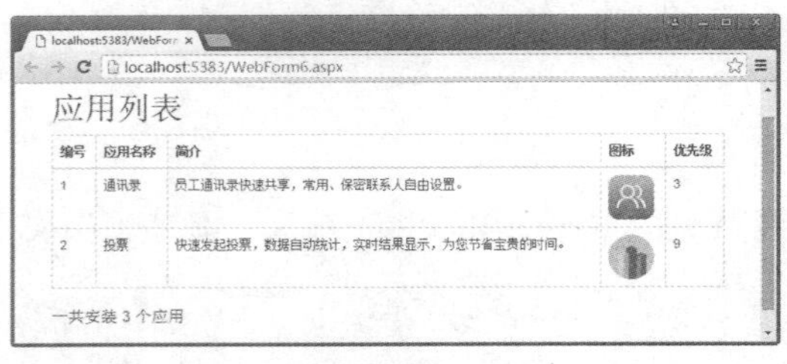

图 13-13　替换节点内容后遍历节点

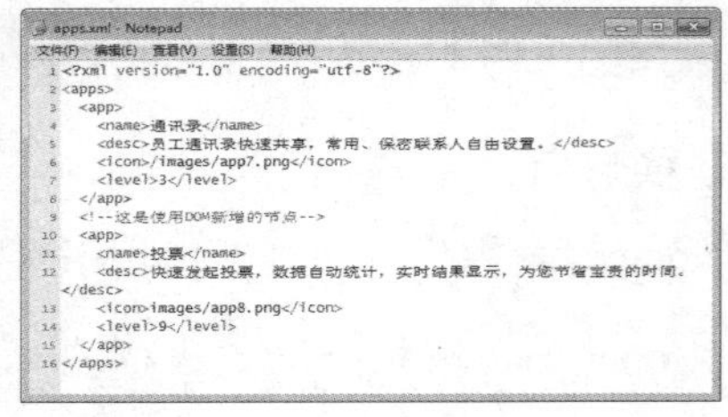

图 13-14　XML 文档的内容

5. 复制节点

除了对 XML 中的节点进行追加、删除、遍历和替换等操作外，还可以复制节点。复制节点时，可以使用 Clone() 方法与 CloneNode() 方法，这两个方法都返回复制后的节点。Clone() 方法可以直接使用，CloneNode() 方法则需要传入一个参数值。基本形式如下：

```
public abstract XmlNode CloneNode(bool deep)
```

上述内容中 deep 参数是一个布尔类型，如果它的值为 True，则递归地复制指定节点下的子树；如果为 False，则只复制节点本身。

【例 13-11】

继续在前面例子的基础上进行更改，从 apps.xml 文件选中根元素下的第一个元素；然后调用 CloneNode() 方法复制该元素的所有内容，并保存到 XmlNode 类型的 clone 对象中；最后将复制后的元素追加到根元素下。部分代码如下：

```
protected void Page_Load(object sender, EventArgs e)
{
    string xmlpath = Server.MapPath("~") + "\\apps.xml";     //apps.xml 文件的完整目录
    XmlDocument doc = new XmlDocument();
    doc.Load(xmlpath);      // 加载 XML 文档
    XmlNode firstNode = doc.DocumentElement.FirstChild;  // 获取第一个元素
    XmlNode cloneNode = firstNode.CloneNode(true);
    doc.DocumentElement.AppendChild(cloneNode);     // 复制后的节点添加到根元素中
    doc.Save(xmlpath);  // 重新保存到 XML 文档
}
```

运行上述代码，然后在浏览器中查看 apps.xml 文件最终内容，效果如图 13-15 所示。

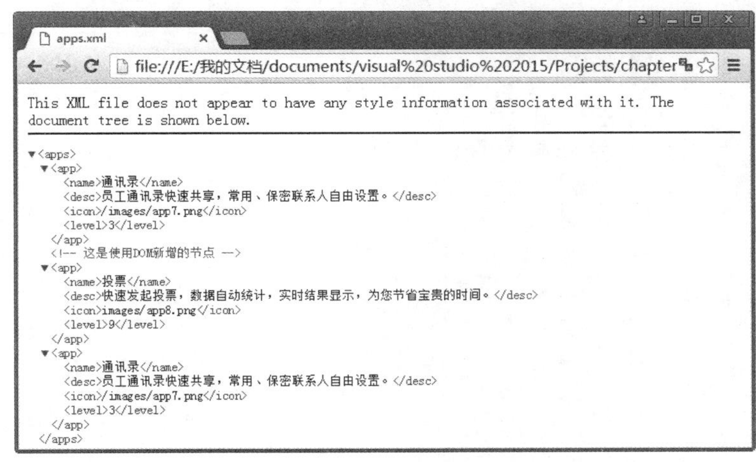

图 13-15　克隆节点内容后再遍历

13.5　高手带你做——Repeater 控件遍历 XML

在前面讲解导航控件时介绍了使用 XmlDataSource 控件连接 XML 文件实现导航功能的过程。本案例使用该控件与 Repeater 控件进行结合，实现遍历 XML 文件的功能。

【例 13-12】

假设有一个存放项目信息的 XML 文件，包括项目编号、名称、单位名称、项目简介和服务器数量。以第一个项目信息为例，XML 文件 projects.xml 的内容如下：

```
<?xml version="1.0" encoding="utf-8"?>
<projects>
    <project >
      <id>2</id>
      <type> 物联网云 </type>
      <company> 方快锅炉 </company>
      <detail>OA、ERP、CRM、PDM、锅炉监控、一卡通系统 </detail>
      <num>6</num>
    </project>
  <!-- 省略其他内容 -->
</projects>
```

接下来创建一个 WebForm 页面，添加一个 XmlDataSource 控件，设置控件的 DataFile 属性为 projects.xml 的路径。

然后通过 XmlDataSource 控件绑定 Repeater 控件，并在 Repeater 控件的 ItemTemplate 模板项中添加绑定 XML 文件的代码。完整代码如下：

```
<h1> 项目列表 </h1>
<asp:XmlDataSource ID="XmlDataSource1" runat="server" DataFile="~/projects.xml">
</asp:XmlDataSource>
<asp:Repeater ID="xml1" runat="server" DataSourceID="XmlDataSource1">
  <HeaderTemplate>
    <table class="table table-bordered">
      <thead>
        <tr>
          <th> 编号 </th>
          <th> 名称 </th>
          <th> 单位名称 </th>
          <th> 服务器数量 </th>
          <th> 项目简介 </th>
        </tr>
  </HeaderTemplate>
  <ItemTemplate>
    <tr>
      <td style="color: Blue;"> 《<%# Server.HtmlEncode(XPath("id").ToString()) %>》 </td>
      <td>(<%# Server.HtmlEncode(XPath("type").ToString()) %>)</td>
      <td><%# Server.HtmlEncode(XPath("company").ToString()) %></td>
      <td><%# Server.HtmlEncode(XPath("num").ToString()) %></td>
      <td><%# Server.HtmlEncode(XPath("detail").ToString()) %></td>
```

```
        </tr>
    </ItemTemplate>
    <FooterTemplate>
        </table>
    </FooterTemplate>
</asp:Repeater>
```

最后运行页面，这时会看到 Repeater 控件循环遍历 XML 文件中数据的效果，如图 13-16 所示。

localhost:5383/WebForm10.aspx

项目列表

编号	名称	单位名称	服务器数量	项目简介
《2》	（物联网云）	方快锅炉	6	OA、ERP、CRM、PDM、锅炉监控、一卡通系统
《3》	（物联网云）	翔宇医疗设备	8	大数据可视化系统、云会议
《4》	（政务云）	市第一高级中学	4	云OA办公平台

图 13-16　显示 XML 文档的数据

13.6　成长任务

成长任务 1：DOM 解析 XML

假设有一个名为 books 的 XML 文件包含了如下内容：

```
<?xml version="1.0" encoding="UTF-8"?>
<books>
    <book id="1">
        <name>《ASP.NET 从入门到精通 ( 第 2 版 )》</name>
        <publisher> 清华大学出版社 </publisher>
        <author sex=" 男 "> 王小科 </author>
        <ISBN>9787302226628</ISBN>
        <price unit="yuan" unitType="RMB">69.80</price>
        <url>http://www.book.com/bookinfo.php?id=227</url>
    </book>
</books>
```

本任务要求读者使用 ASP.NET 的 DOM 对文档进行创建，并遍历其中 book 节点的 id 属性和 book 节点的子节点。

成长任务 2：遍历学生信息 XML 文档

假设有一个 XML 文档中保存了如下结构的学生信息：

```
<?xml version="1.0" encoding="utf-8"?>
<list>
    <!-- 设置第一条数据 -->
    <student>
            <!-- 学生姓名 -->
            <name> 王丽丽 </name>
            <!-- 学生班级 -->
            <class> 2 班 </class>
            <!-- 出生日期 -->
            <birth> 1988-02-21</birth>
            <!-- 星座 -->
            <constell> 双鱼座 </constell>
            <!-- 联系电话 -->
            <mobile>12568487895</mobile>
     </student>
</list>
```

根据本章所学的内容，选择合适的解析器进行操作，最终实现遍历并输出，运行效果如图 13-17 所示。

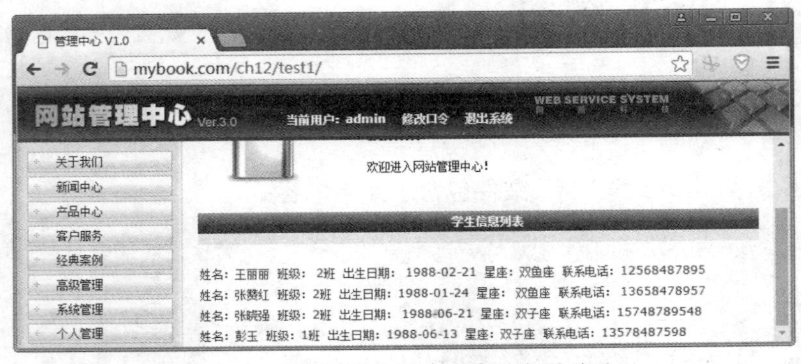

图 13-17　遍历学生信息列表运行的效果

第 14 章

配置文件和网站部署

俗话说：麻雀虽小，五脏俱全。虽然在本章之前已经详细介绍了以 ASP.NET 开发网站所需的各种知识，但是细心的读者可以发现，前面没有介绍网站的部署和发布，即如何让互联网中的其他用户能够访问服务器中的页面呢？其实很简单，只要开发者对其网站进行部署和发布即可。

在部署网站之前，还需要对网站的配置信息进行更改，例如，将连接字符串信息放置在 Web.config 文件中，或者在 Web.config 文件中配置其他信息等。因此，本章还将介绍与配置文件相关的信息。

通过本章的学习，读者不仅可以了解如何在 Web.config 文件中进行配置，也可以掌握如何部署和发布网站。

本章学习要点

- ◎ 熟悉 Web.config 配置文件的基本结构
- ◎ 掌握如何创建一个 Web.config 配置文件
- ◎ 了解 <appSettings>、<configSections> 和 <location> 配置节
- ◎ 掌握 <connectionStrings> 节点的使用
- ◎ 掌握 <system.web> 配置节下的常用节点
- ◎ 掌握如何通过“发布网站”的方式发布网站
- ◎ 熟悉“复制网站”和 XCOPY 发布网站

扫一扫，下载
本章视频文件

14.1 了解配置文件

.NET Framework 提供的配置管理包括范围广泛的设置，允许管理员管理 Web 应用程序及其环境。这些设置存储在 XML 配置文件中，其中一些控制计算机范围的设置，而另一些控制应用程序特定的配置。

ASP.NET 的配置文件为 XML 文件，.NET Framework 定义了一组实现配置设置的一系列元素，并且 ASP.NET 配置架构包含控制 ASP.NET Web 应用程序行为的元素。本节将简单了解一下 ASP.NET 中的配置文件。

14.1.1 配置文件概述

程序开发人员可以使用任何文本编辑器编辑配置文件，它实际上就是遵循 XML 文档格式的。在 ASP.NET Web 应用程序的配置文件中，Web.config 文件最为常用，但是，除了该文件外，还有用于其他功能的配置文件。例如，配置文件可以用于应用程序，也可以用于机器和代码访问安全性，如图 14-1 所示为可用于配置 ASP.NET Web 应用程序的配置文件。

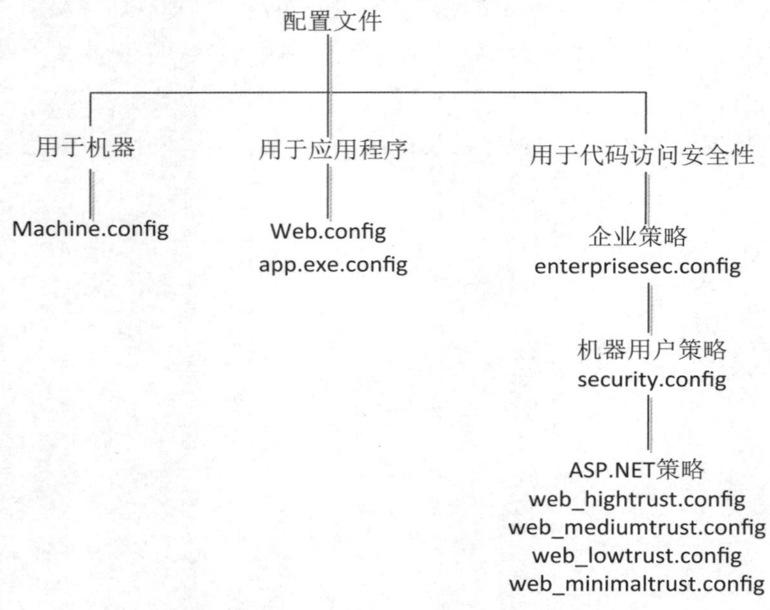

图 14-1　配置 ASP.NET Web 应用程序的配置文件

从图 14-1 中可以看出：配置 Web 应用程序的配置文件可以有多种，Machine.config 和 Web.config 文件共享许多相同的配置部分和 XML 元素。另外在该图中，Machine.config 文件用于将计算机访问的策略应用到本地计算机上运行的所有 .NET Framework 应用程序，开发者还可以使用应用程序特定的 Web.config 文件自定义单个应用程序的设置。

在图 14-1 中的 Machine.config 文件包含了整个服务器的配置信息；Web.config 文件包含了运行一个 ASP.NET 服务器需要的所有配置信息。

14.1.2 配置文件及其说明

从图 14-1 中可以看出，用于不同功能的配置文件包含多个。开发者对配置文件所做的更改将会被动态应用，通常无须重新启动服务器或者任何服务，除非更改了 Machine.config 中的名称为 processModel 的节点元素。

例如，在下面的表 14-1 中对图 14-1 中的文件进行了简单说明，并且显示了这些配置文件的位置。

表 14-1 配置文件的说明及其位置

配置文件	说 明	位 置
Machine.config	每台计算机 每个 .NET Framework 安装版一个	%system32%\Microsoft.NET\Framework\{version}\CONFIG 以 Windows XP 操作系统为例，Machine.config 文件存储在 C:\WINDOWS\Microsoft.NET\Framework\[version]\Config
Web.config	每个应用程序有零个、一个或多个	\inetpub\wwwroot\Web.config \inetpub\wwwroot\YourApplication\Web.config \inetpub\wwwroot\YourApplication\SubDir\Web.config
Enterprisesec.config	企业级 CAS 配置	%system32%\Microsoft.NET\Framework\{version}\CONFIG
Security.config	计算机级 CAS 配置	%system32%\Microsoft.NET\Framework\{version}\CONFIG
Security.config	用户级 CAS 配置	\Documents and Settings\{user}\Application Data\Microsoft\CLR Security Config\{version}
Web_hightrust.config Web_mediumtrust.config Web_lowtrust.config Web_minimaltrust.config	ASP.NET Web 应用程序 CAS 配置	%system32%\Microsoft.NET\Framework\{version}\CONFIG

14.1.3 配置文件的保存和加载

我们知道配置文件有很多，例如配置企业级 CAS 的 enterprisesec.config 文件、计算机级 CAS 的 security.config 文件和 Web_hightrust.config 等。但是，最主要的配置文件有两个：machine.config 和 Web.config。这两个文件一般都不需要开发人员手工去维护，直接保持默认的内容即可。

但是，针对 ASP.NET 应用程序而言，它自身会包含 0 个、1 个或者多个 Web.config 配置文件。ASP.NET 网站 IIS 启动的时候会加载这些配置文件中的配置信息，然后缓存这些信息，这样就不必每次都去读取配置信息。在运行过程中 ASP.NET 应用程序会监视配置文件的变化情况，一旦编辑了这些配置信息，就会重新读取这些配置信息并且缓存。

下面展示了 ASP.NET 网站运行时加载配置文件的顺序。

01 如果在当前网页所在的目录下存在 Web.config 文件，则查看是否存在所要查找的节点名称。如果存在，则返回结果，并且停止查找。

02 如果当前网页所在的目录下不存在 Web.config 文件，或者此文件中不存在该节点名，则查找它的上一级目录，直到网站的根目录。

03 如果网站根目录下不存在 Web.

config 文件，或者这个文件中不存在该节点名称，则转到“Windows 目录 \Microsoft.NET\Framework\ 对应 .NET 版本 \config\Web.config”中进行查找。

04 如果在上一条的文件夹下还没有找到相应节点，则在“Windows 目录 \Microsoft.NET\Framework\ 对应 .NET 版本 \config\machine.config”中进行查找。

05 如果仍然没有找到相应的节点，则返回 null。

通常情况下，开发人员对某个网站或者某个文件夹有特定的要求配置时，可以在相应的文件夹下创建一个 Web.config 文件，这样会覆盖一级文件夹 Web.config 文件中的同名配置文件，这些配置信息只查找一次，以后就会被缓存起来，供后来的调用。

ASP.NET 应用程序运行过程中，Web.config 文件发生更改就会导致相应的应用程序重新启动，这时存储在服务器内存中的用户会话信息就会丢失(如存储在内存中的 Session)。一些软件(如杀毒软件)每次完成对 Web.config 的访问时，就会修改 Web.config 的访问时间属性，也会导致 ASP.NET 应用程序的重启。

14.2 了解 Web.config 文件

在众多的配置文件中 Web.config 是最常用到的配置文件，它用于设置应用程序的配置信息。下面将详细介绍 Web.config 配置文件的优点、创建方法、文件的结构以及其中常用的配置节点等。

14.2.1 Web.config 文件的优点

Web.config 文件使 ASP.NET 应用程序的配置变得灵活、高效和容易实现，同时 Web.config 配置文件还为 ASP.NET 应用提供了可扩展的配置，使得应用程序能够自定义配置。

Web.config配置文件主要具有如下优点。

(1) 配置设置的易读性。

Web.config 配置文件是基于 XML 文件类型的，所有的配置信息都存放在 XML 文本文件中，可以使用文本编辑器(如记事本)或者 XML 编辑器直接修改和设置相应的配置节。

(2) 更新的即时性。

在 Web.config 配置文件中的某些配置节被更改后，无须重启 Web 应用程序，就可以自动更新 ASP.NET 应用程序配置。但是在更改有些特定的配置节时，Web 应用程序会自动保存设置并重启。

(3) 本地服务器访问。

在更改了 Web.config 配置文件后，ASP.NET 应用程序可以自动探测到 Web.config 配置文件中的变化，然后创建一个新的应用程序实例。当用户访问 ASP.NET 应用程序时，会被重定向到新的应用程序。

(4) 安全性。

由于 Web.config 配置文件通常存储的是 ASP.NET 应用程序的配置，所以 Web.config 配置文件具有较高的安全性，一般的外部用户无法访问和下载 Web.config 配置文件。当外部用户尝试访问 Web.config 配置文件时，会导致访问错误。

(5) 可扩展性。

Web.config配置文件具有很强的扩展性，通过 Web.config 配置文件，开发人员能够自定义配置节，在应用程序中自行使用。

(6) 保密性。

开发人员可以对 Web.config 配置文件进行加密操作，而不会影响到配置文件中的配置信息。虽然 Web.config 配置文件具有安全性，但是通过下载工具依旧可以进行文件下载。对 Web.config 配置文件进行加密，可以提高应用程序配置的安全性。

14.2.2 创建 Web.config 文件

所有的 .config 文件实际上都是一个 XML 文本文件，Web.config 文件也不例外。它可以出现在应用程序的每一个目录中。当创建一个 Web 应用程序后，默认情况下会自动创建一个默认的 Web.config 文件，包括默认的配置设置，所有的子目录都继承它的配置设置，如果想要修改子目录的配置设置，可以在该子目录下新建一个 Web.config 文件，它可以提供除从父目录继承的配置信息以外的配置信息，也可以重写或修改父目录中定义的设置。

【例 14-1】

例如，当用户新建一个默认的 ASP.NET 空网站时，自动创建的 Web.config 文件的配置信息如下：

```
<?xml version="1.0"?>
<!--
 For more information on how to configure your
ASP.NET application, please visit
 http://go.microsoft.com/
 fwlink/?LinkId=169433
 -->
<configuration>
  <system.web>
   <compilation debug="false"
   targetFramework="4.0" />
  </system.web>
</configuration>
```

上述的信息非常简单，configuration 是节的根元素，其他节都是在它的内部；在该元素下添加了一个 system.web 节点，它用于控制 ASP.NT 运行时的行为。在 system.web 节点下创建 compilation 子节点，compilation 中的 debug 属性指明是否需要调试程序；targetFramework 属性指明 .NET Framework 的版本。

一个应用程序中可以包含一个或者多个 Web.config 文件，因此，用户可以手动创建一个 Web.config 文件，并且向该文件中自定义配置信息。

【例 14-2】

新建 Web.config 配置文件很简单，一种方法是直接复制根目录中存在的 Web.config 文件到指定的目录下，在复制后的文件中自定义配置信息；另一种方法是像创建 Web 窗体页那样创建一个 Web.config 配置文件。

创建 Web.config 配置文件的主要步骤是：选择当前项目后，单击右键，选择【添加新项】菜单命令，这时会弹出一个【添加新项】对话框。在对话框中找到【Web 配置文件】选项并选中，然后直接单击【添加】按钮，如图 14-2 所示。

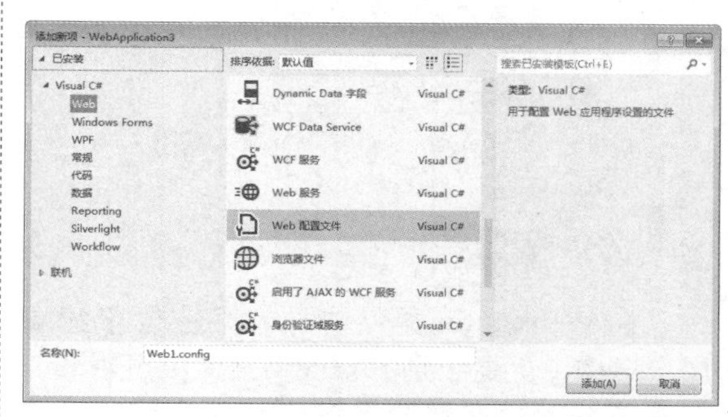

图 14-2 创建一个新的 Web.config 配置文件

14.2.3 配置文件结构

所有的 ASP.NET 配置信息都驻留在 .config 文件中。位于 .NET Framework 系统文件夹中的 Machine.config 文件和根 Web.config 文件为服务器上运行的所有网站提供默认值。位于网站根文件夹中的各个网站的 Web.config 文件提供对这些网站配置的特定的重写，还可以将其他 Web.config 文件置于一个网站的子文件夹中，以提供专用于该网站内的文件夹的重写。

Web.config 文件包含将 configuration 元

素作为根节点的 XML，此元素中的信息分为两个主区域：配置节处理程序声明区域和配置节设置区域。

【例 14-3】

节处理程序是用来实现 Configuration Section 接口的 .NET Framework 类，声明区域可标识每个节处理程序类的命名空间和类名。节处理程序用于读取和设置与节有关的设置，如下代码演示 Web.config 文件的 XML 结构的简化视图：

```
<configuration>
 <!-- Configuration section-handler declaration area. -->
 <configSections>
  <section name="section1"
  type="section1Handler" />
  <section name="section2"
   type="section2Handler" />
 </configSections>
 <!-- Configuration section settings area. -->
 <section1>
  <s1Setting1 attribute1="attr1" />
 </section1>
 <section2>
  <s2Setting1 attribute1="attr1" />
 </section2>
 <system.web>
  <authentication mode="Windows" />
 </system.web>
</configuration>
```

在 Web.config 文件中，如果在位于配置层次结构中更高级别的.config文件中声明节，则相应的节会在声明区域中尚未声明的设置区域中出现。例如，Machine.config 文件中声明了 system.web 节点。因此，无须在单个网站级 Web.config 文件中声明此节，如果在位于网站的根文件夹的 Web.config 文件中声明某个节，则可以包含该节的设置，而无须将其包含在位于子文件夹中的 Web.config 文件中。

1. 配置节处理程序声明

配置节处理程序声明区域位于配置文件中的 configSections 元素内，它包含在其中声明节处理程序的 ASP.NET 配置 section 元素。可以将这些配置节处理程序声明嵌套在 sectionGroup 元素中，以帮助组织配置信息。通常，sectionGroup 元素表示要应用配置设置的命名空间。例如，所有 ASP.NET 配置节处理程序都分组到 system.web 节组中。代码如下：

```
<sectionGroup name="system.web"
type="System.Web.Configuration.
SystemWebSectionGroup, System.Web,
Version=2.0.0.0, Culture=neutral,
PublicKeyToken=b03f5f7f11d50a3a">
  <!-- <section /> elements. -->
</sectionGroup>
```

配置节设置区域中的每个配置节都有一个节处理程序声明，节处理程序声明中包含配置设置节的名称(如 pages) 以及用来处理该节中配置数据的节处理程序类的名称(如 System.Web.Configuration.PagesSection)。如下代码演示映射到配置设置节的节处理程序类：

```
<section name="pages"
type="System.Web.Configuration.PagesSection,
System.Web, Version=2.0.0.0, Culture=neutral,
PublicKeyToken=b03f5f7f11d50a3a">
</section>
```

程序员可能需要声明配置节处理程序一次，默认 ASP.NET 配置节的节处理程序已经在 Machine.config 文件中进行声明。网站的 Web.config 文件和 ASP.NET 应用程序中的其他配置文件都自动继承在 Machine.config 文件中声明的配置处理程序。只有当创建用来处理自定义设置节的自定义节处理程序类时，才需要声明新的节处理程序。

2. 配置节的设置

配置节设置区域位于配置节处理程序声明区域之后，它包含实际的配置设置。默认情况下，在当前配置文件或某个根配置文件中，对于 configSections 区域中的每个 section 和 sectionGroup 元素都会有一个配置节元素。

可以在 systemroot\Microsoft.NET\Framework\versionNumber\CONFIG\Machine.config.comments 文件中查看这些默认值。

【例 14-4】

配置节元素还可以包含子元素，这些子元素与其父元素由同一个节处理程序处理。例如，下面的 pages 元素包含一个 namespace 元素，该元素没有相应的节处理程序，这是因为它是由 pages 节处理程序来处理的：

```
<pages buffer="true" enableSessionState="true"
asyncTimeout="45"
 <!-- Other attributes. -->>
 <namespaces>
  <add namespace="System" />
  <add namespace="System.Collections" />
 </namespaces>
</pages>
```

14.2.4　Web.config 的常用配置节

可以向 Web.config 文件中自定义配置信息，下面列出了一些常用的配置节以及配置信息。

1. <appSettings> 配置节

<appSettings> 配置节用于定义应用程序设置项，对一些不确定的设置，还可以让用户根据自己的实际情况进行设置。向该配置节中添加内容时，需要通过 <add> 节点，它常用的属性有两个，分别是 key 属性和 value 属性。其中 key 属性指定自定义属性的关键字，以方便在应用程序中使用该配置节；value 属性表示自定义属性的值。细心的读者可以发现，我们在介绍模块和处理程序时使用过 <appSettings> 配置节。

【例 14-5】

向 <appSettings> 配置节中添加两个 <add> 节点内容。代码如下：

```
<appSettings>
 <add key="ConnectionStr" value="server=.;user
id=sa;password=123456;database=mytest;" />
 <add key="ErrPage" value="Error.aspx" />
</appSettings>
```

上述代码中，第一个 <add> 节点定义了一个连接字符串常量，并且在实际应用时可以修改连接字符串，不用修改程序代码；第二个 <add> 节点定义了一个错误重定向页面，它指向 Error.aspx 页面。

一般情况下，向 <appSettings> 配置节下添加内容后，可以在页面中进行调用，以上面例子中的 ConnectionStr 为例，它可以在通用类中进行获取。通过 ConfigurationManager 对象的 AppSettings[int index] 或者 AppSettings[string key] 属性获取对应 key 的 value 属性值。其中，index 表示配置节中的索引值；而 key 则表示配置节中的 key 值。

【例 14-6】

下面在后台页面中分别通过索引和 key 两种形式获取连接字符串的内容，这两种形式的效果是一样的：

```
protected void Page_Load(object sender, EventArgs e)
{
  string conn = ConfigurationSettings.
    AppSettings[0].ToString();
  string conn = ConfigurationSettings.
    AppSettings["ConnectionStr"].ToString();
}
```

2. <configSections> 配置节

<configSections> 指定了配置节和处理程序声明，虽然 ASP.NET 不对如何处理配置文件内的设置做任何假设，但是 ASP.NET 会将配置数据的处理委托给配置节处理程序。该配置节由多个 <section> 配置节组成，可以将这些配置节处理程序声明嵌套在 <sectionGroup> 节点中，以帮助组织配置信息。

<configSections> 配置节的组成结构如下：

```
<configSections>
<section />
<sectionGroup></sectionGroup>
</configSections>
```

上述结构中 <section/> 定义配置节处理程序与配置元素之间的关联；<sectionGroup> 定义配置节处理程序与配置节之间的关联。可以在 <sectionGroup> 中对 <section> 进行逻辑分组，以对 <section> 进行组织，并且避免命名冲突。

【例 14-7】

<sectionGroup> 中包含 name 和 type 两个属性，而 <section> 中这两个属性也经常被使用到。其中，name 属性指定配置数据配置节的名称；而 type 属性指定与 name 属性相关的配置处理程序类。在本例中，首先向 <configSections> 中自定义配置信息，然后在页面中进行调用。操作步骤如下。

01 向 Web.config 配置文件的根节点 <configuration> 下添加一个 <configSections> 子节点，它必须是根元素下的第一个子元素节点。内容如下：

```
<configSections>
 <sectionGroup name="mySectionGroup">
 <section name="mySection"
  requirePermission="true" type="SectionHandler" />
 </sectionGroup>
</configSections>
```

02 在上个步骤中，<sectionGroup> 节点中提到了 mySectionGroup 和 mySection，它们是在 Web.config 中自定义的模块。代码如下：

```
<mySectionGroup>
 <mySection>
  <add key="No1" value=" 李磊 " />
  <add key="No2" value=" 许飞 " />
  <add key="No3" value=" 陈艳 " />
  <add key="No4" value=" 朱小小 " />
  <add key="No5" value=" 陈海风 " />
 </mySection>
</mySectionGroup>
```

03 在这一步中，我们向当前网站里面创建一个 SectionHandler 类，该类实现 IConfigurationSectionHandler 接口。在该类中为 Create() 方法添加代码，在代码中创建 Hashtable 集合类，向该集合对象中读取数据并添加。代码如下：

```
public class SectionHandler : IConfiguration
SectionHandler
{
   public object Create(object parent, object
configContext, System.Xml.XmlNode section) {
     // 创建 Hashtable 数据
     Hashtable ht = new Hashtable();
     foreach (XmlNode node in
      section.ChildNodes) {
       if (node.Name == "add")
          ht.Add(node.Attributes["key"].Value,
          node.Attributes["value"].Value);
     }
     return ht;
   }
}
```

04 向 Web 窗体页面的后台 Load 事件中添加代码，首先通过 ConfigurationManager 类的 GetSection() 方法获取 Web.config 配置文件中 mySectionGroup/mySection 元素节点下的内容，得到返回的 Hashtable 对象。然后遍历 Hashtable 集合对象中的信息，并且将内容输出到网页中。代码如下：

```
protected void Page_Load(object sender, EventArgs e)
{
  Hashtable ht = ConfigurationManager.
   GetSection("mySectionGroup/mySection")
   as Hashtable;
   // 遍历 Hashtable 对象
   foreach (DictionaryEntry de in ht) {
     Response.Write(de.Key + " - " + de.Value + "<br>");
   }
}
```

05 运行本例的代码，查看窗体页的输出结果，最终效果图不再展示。

3. <location> 配置节

在 Web.config 配置文件中的 <location> 配置节也会被使用到，它可以在同一个配置文件中指定多个设定组，使用 <location> 元素的 path 属性，可以指定设定应该被应用到的子目录或文件。

【例 14-8】

多个 <location> 节点可以存在于同一个配置文件中，并且为相同的配置节指定不同的范围。例如，下面向 Web.config 配置文件中添加两个 <location> 节点，设置该节点的 path 属性，然后分别向 <location> 节点下添加内容，指定 HttpHandler 处理时的相关信息。代码如下：

```
<configuration>
  <system.web>
    <sessionState cookieless="true" timeout="10" />
  </system.web>
  <location path="sub1">   <!-- Configuration for the "Sub1" subdirectory. -->
    <system.web>
      <httpHandlers>
        <add verb="*" path="Sub1.Scott" type="Sub1.Scott" />
        <add verb="*" path="Sub1.David" type="Sub1.David" />
      </httpHandlers>
    </system.web>
  </location>
  <location path="sub2">   <!-- Configuration for the "Sub2" subdirectory. -->
    <system.web>
      <httpHandlers>
        <add verb="*" path="Sub2.Scott" type="Sub2.Scott" />
        <add verb="*" path="Sub2.David" type="Sub2.David" />
      </httpHandlers>
    </system.web>
  </location>
</configuration>
```

4. <connectionStrings> 配置节

除了向 <appSettings> 节点中添加连接字符串的内容外，还可以向 <connectionStrings> 节点中添加数据库的连接字符串信息。代码如下：

```
<connectionStrings>
  <add name="ConnStr" connectionString="server=.;userid=sa;password=123456;database=mytest;"/>
</connectionStrings>
```

在上述代码中，通过 name 指定连接字符串的名称；connectionString 属性来指定连接的字符串，包括数据库名称和连接用户名与密码等。

14.2.5 <system.web> 配置节

除了前面介绍的三个配置节外，还有一个配置节被使用到，通过向该配置节中添加子节点，不仅可以指定数据库连接字符串，也可以实现身份验证和自定义错误等，下面将详细介绍 <system.web> 配置节。

1. <authentication> 节点

<authentication> 节点用来配置 ASP.NET 身份验证方案，该方案用于识别查看 ASP.NET 应用程序的用户。此节点中最常用的属性是 mode，该属性包含以下 4 种身份验证模式。

(1) Windows(默认验证)。

将 Windows 验证指定为默认的身份验证模式，将它与以下任意形式的 Microsoft Internet 信息服务 (IIS) 身份验证结合起来使用：基本、摘要、集成 Windows 身份验证 (NTLM/Kerberos) 或证书。在这种情况下，开发人员的应用程序将身份验证责任委托给基础 IIS。

(2) Forms 身份验证。

将 ASP.NET 基于窗体的身份验证指定为默认身份验证模式，Forms 身份验证是最常用的一种身份验证方式。

(3) Passport 身份验证。

将 Microsoft Passport Network 身份验证指定为默认身份验证模式。

(4) None。

不会指定任何身份验证，允许匿名访问，或手动编码控制用户访问。

【例 14-9】

例如，下面的代码为基于窗体 (Forms) 的身份验证配置站点，当没有登录的用户访问需要验证的网页时，网页将自动跳转到登录页面。代码如下：

```
<authentication mode="Forms" >
 <forms loginUrl="logon.aspx"
 name=".FormsAuthCookie"/>
</authentication>
```

上述代码中 loginUrl 表示登录网页的名称，即网址；name 则表示 Cookie 的名称。除了 loginUrl 和 name 属性外，还可以向该节点中添加其他属性，这些属性说明如下。

- name：指定用于身份验证的 Cookie 名称。
- loginUrl：指定为登录而要重写向的 URL，默认值为 Default.aspx。
- defaultUrl：默认页的 URL，通过 Forms Authentication.DefaultUrl 属性得到该值。
- timeout：指定以整数分钟为单位，表单验证的有效时间即是 Cookie 的过期时间。
- path：Cookie 的作用路径。默认为正斜杠 (/)，表示该 Cookie 可用于整个站点。
- requireSSL：在进行 Forms 身份验证时，与服务器交互是否要求使用 SSL。
- slidingExpiration：是否启用“弹性过期时间”，如果该属性设置为 false，从首次验证之后过 timeout 时间后 Cookie 即过期；如果该属性为 true，则从上次请求开始过 timeout 时间才过期，这表示首次验证后，如果保证每 timeout 时间内至少发送一个请求，则 Cookie 将永远不会过期。
- enableCrossAppRedirects：是否可以将已进行了身份验证的用户重定向到其他应用程序中。
- cookieless：定义是否使用 Cookie 以及 Cookie 的行为。
- domain：Cookie 的域。

2. <authorization> 节点

<authorization> 节点的作用是控制对 URL 资源的客户端访问 (例如允许匿名用户访问)，该元素可以在任何级别 (计算机、站点、应用程序、子目录或页) 上声明，它必须与 <authentication> 节点配合使用。

【例 14-10】

通过向 <authorization> 节点中添加内容，来禁止匿名用户的访问，允许角色是 admin 的访问。代码如下：

```
<system.web>
  <authorization>
    <deny users="?"/>
    <allow roles="admin"/>
  </authorization>
</system.web>
```

上述代码在 <authorization> 节点下添加了 deny 和 allow 两个元素，其中 deny 表示拒绝，allow 表示允许。deny 和 allow 中都可以添加 user、roles 和 verbs 这三个属性，其说明如下。

- user：一个使用逗号进行分隔的用户名列表，列表中的用户被授予（或拒绝）对资源的访问。其中“?”表示匿名用户，而“*”则代表所有用户。
- roles：以逗号进行分隔的角色列表，这些角色被授予（或拒绝）对资源的访问。
- verbs：以逗号进行分隔的谓词列表，比如 GET、HEAD、POST 或 DEBUG 等。

3. <customErrors> 节点

<customErrors> 能够指定当出现错误时系统自动跳转到一个错误发生的页面，同时也能够为应用程序配置是否支持自定义错误。添加 <customErrors> 节点时，可以指定它的 mode 属性和 defaultRedirect 属性，其中前者表示自定义错误的状态，后者表示应用程序发生错误时所要跳转的页面。mode 属性的取值有 On、Off 和 RemoteOnly 三个，说明如下。

- On：表示启动自定义错误。
- Off：表示不启动自定义错误。
- RemoteOnly：表示给远程用户显示自定义错误。

【例 14-11】

分别向 <customErros> 节点中添加两个 <error> 子节点，这两个节点用于处理访问页面时出现的 403 和 404 错误。代码如下：

```
<system.web>
 <customErrors mode="RemoteOnly" defaultRedirect="GenericErrorPage.htm">
  <error statusCode="403" redirect="NoAccess.htm" />
  <error statusCode="404" redirect="FileNotFound.htm" />
 </customErrors>
</system.web>
```

从上述代码中可以看出，添加 <error> 节点时为其指定了 statusCode 属性和 redirect 属性，statusCode 属性用于捕捉发生错误时的状态码。例如请求资源不可用时的 403 错误；找不到网页时的 404 错误；redirect 属性表示发生错误后跳转的页面。

4. <httpModules> 节点和 <httpHandlers> 节点

细心的读者对这两个节点一定会很熟悉，在前面的章节中提到过模块和处理程序，它们就是用来配置与模块和处理程序有关的信息的。

【例 14-12】

<httpModules> 节点定义 HTTP 请求时与模块有关的信息。代码如下：

```
<httpModules>
```

```
<add name="MyHttpModule" type="MyHttpModule"/>
</httpModules>
```

<httpHandlers> 节点可以用于根据请求中指定的 URL 和 HTTP 谓词 (如 GET 和 POST) 将传入的请求映射到相应的处理程序，可以针对某个特定的目录下指定的特殊文件进行特殊的处理。

【例 14-13】

向 <httpHandlers> 节点添加内容，针对网站 path 目录下的所有 *.jpg 文件来编写自定义的处理程序。代码如下：

```
<httpHandlers>
<add path="path/*.jpg" verb="*" type="HttpHandlerImagePic"/>
</httpHandlers>
```

5. <httpRuntime> 节点

<httpRuntime> 节点的作用是配置 ASP.NET HTTP 运行库设置，该节可以在计算机、站点、应用程序和子目录级别声明。

【例 14-14】

向 <httpRuntime> 节点中添加内容，控制用户上传文件最大为 4MB，最长时间为 60 秒，最多请求数为 100。代码如下：

```
<system.web>
<httpRuntime maxRequestLength="4096" executionTimeout="60" appRequestQueueLimit="100"/>
</system.web>
```

6. <sessionState> 节点

<sessionState> 节点的作用是为当前应用程序配置会话状态设置，例如设置是否启用会话状态和会话状态保存位置等。

【例 14-15】

向 <sessionState> 节点中添加代码，分别指定 mode、cookieliess 和 timeout 属性的值。代码如下：

```
<sessionState mode="InProc" cookieless="true" timeout="20"/></sessionState>
```

在上面的代码中，mode 属性表示在本地储存会话状态；cookieless 属性的值表示如果用户浏览器不支持 Cookie 时启用会话状态 (默认为 False)；timeout 表示会话可以处于空闲状态的分钟数。mode 属性的取值可以有多个，包括 Off、InProc、StateServer 和 SqlServer 这 4 个，说明如下。

- Off：设置为该值时表示禁用该设置。
- InProc：表示在本地保存会话状态。
- StateServer：表示在服务器上保存会话状态。
- SqlServer：表示在 SQL Server 保存会话设置。

除了上面介绍的向 <sessionState> 节点中添加的属性外，还可以添加其他的属性，例如用来指定远程存储会话状态的服务器名和端口号的 stateConnectionString 属性；用来连接 SQL Server 的连接字符串的 sqlConnectionString 属性，当在 mode 属性中设置 SqlServer 时，则需要使用到该属性。

7. <trace> 节点

<trace> 节点的作用是配置 ASP.NET 跟踪服务，主要用来让程序测试并判断哪里出错。下面的代码为 Web.config 中的默认配置：

```
<trace enabled="false" requestLimit="10" pageOutput="false" traceMode="SortByTime" localOnly="true" />
```

上述代码中，enabled 表示是否启用连接，默认为 false 时表示不启用连接；requestLimit 属性表示指定在服务器上存储的跟踪请求的数目；pageOutput 属性设置为 false 时，表示只能通过跟踪实用工具访问跟踪输出；traceMode 属性指定为 SortByTime，表示以处理跟踪的顺序来显示跟踪信息；localOnly 属性的值为 true，表示跟踪查看器 (trace.axd) 只用于宿主 Web 服务器。

14.3　网站部署和发布

部署是指将应用程序从开发环境移植到运行环境的过程。在部署网站之前，需要进行两个操作：首先需要在 Web.config 配置文件中关闭调试功能，因为调试功能打开会降低应用程序的性能；其次需要使用 Release（发行版）方式编译应用程序（直接单击工具栏中的配置即可）。

下面通过两种方式介绍如何将一个开发好的网站部署到目标环境。

14.3.1　通过“发布网站”工具发布

“发布网站”工具可以将某些源代码编译为程序集，然后将这些程序集和其他必需的文件复制到指定的文件夹，可以使用任何所需的方法将文件复制到其他服务器。这种方式经常被使用到，通过这种方式发布的网站没有源代码，即不会显示 .aspx.cs 文件及其内容。

“发布网站”工具对网站内容进行预编译，然后将输出复制到所指定的目录或服务器位置。使用文件传输协议 (FTP) 或 HTTP，可以将输出写入本地或内部网络文件系统中可用的任何文件夹中。必须具有相应权限才能向目标网站写入，可以在发布过程中直接发布到 Web 服务器，也可以预编译到本地文件夹，然后自己将文件复制到 Web 服务器。

“发布网站”工具通常适用于以下两种情况：

- 希望预编译站点以避免将源代码或标记放在 Web 服务器上，这有助于保护知识产权。
- 希望进行预编译，以避免 Web 服务器首次请求某页时由动态编译引发的延迟。在决定出于此原因需要预编译站点之前，应该测试站点，以确定此延迟是否显著。

【例 14-16】

使用 VS 创建一个使用默认示例的 ASP.NET Web 应用程序，假设该应用程序名称为 WebApplication3。使用“发布网站”工具发布该应用程序的步骤如下。

01 在 VS 中打开 WebApplication3 所在的解决方案。

02 从【解决方案资源管理器】窗格中右击 WebApplication3，选择【发布网站】命令，弹出【发布 Web】对话框。

03 新建一个名为 default 的配置文件，如图 14-3 所示。

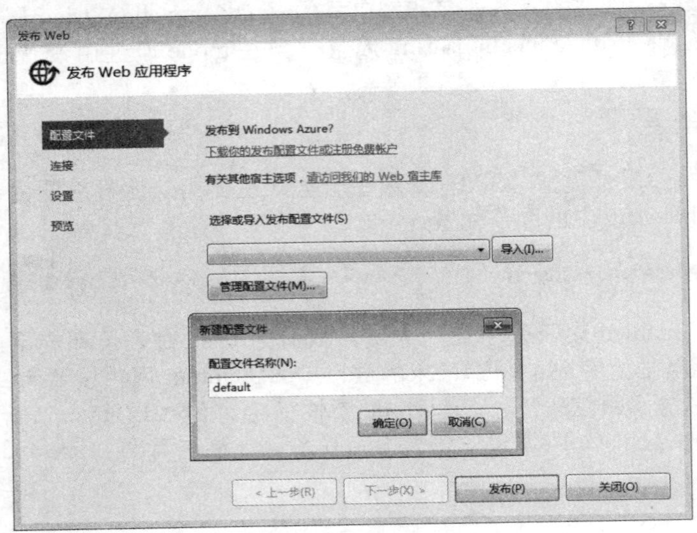

图 14-3　新建配置文件

04 单击【确定】按钮，再单击【下一步】按钮，从【发布方法】下拉列表中选择一种发布方式。默认提供了 5 种发布方式，分别是 Web Deploy、Web Deploy 包、FTP、文件系统和 FPSE。在这里选择【文件系统】选项，将网站发布到本地磁盘。

05 单击【目标位置】文本框后的按钮，在弹出的【目标位置】对话框中指定一个网站发布后存放的目录，这里为 C:\inetpub\wwwroot\WebSite1，如图 14-4 所示。

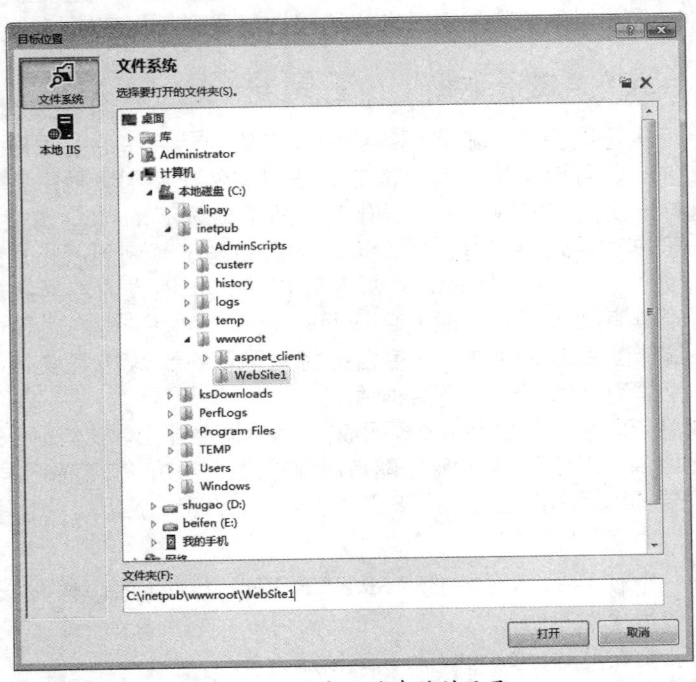

图 14-4　指定网站存放的目录

06 然后为指定的目录设置一个目标 URL，该 URL 必须能访问到网站目录，否则将出错。这里所设置的目标 URL 为 http://localhost，如图 14-5 所示。

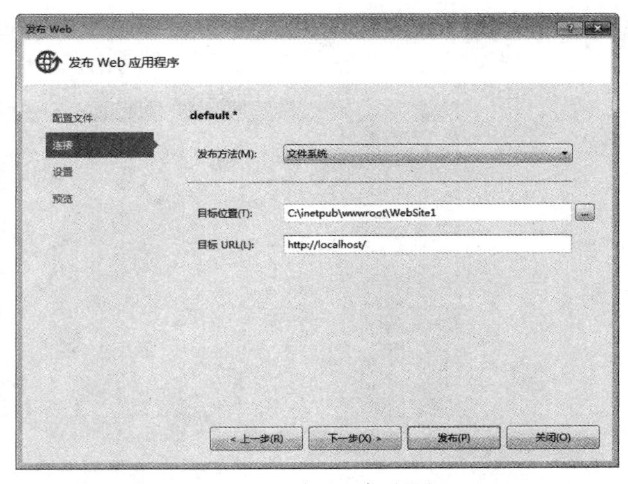

图 14-5　设置目标 URL

07 单击【下一步】按钮，从【配置】列表中选择 Release 选项，如图 14-6 所示，即配置为发布版本，该版本通常对代码和配置进行了优化，使得应用程序可以更快地运行。另一个选项是 Debug，即配置为调试版本，该版本通常用于开发时，可以帮助开发人员跟踪和调试程序，并不做任何优化。

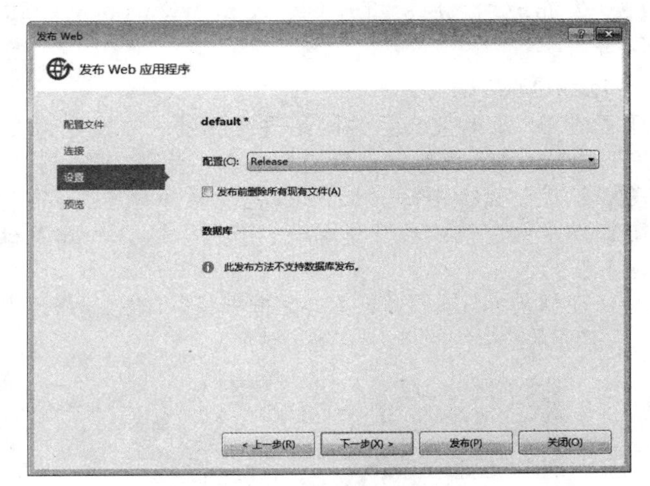

图 14-6　指定配置信息

08 单击【下一步】按钮，进入发布前的预览界面，如图 14-7 所示。

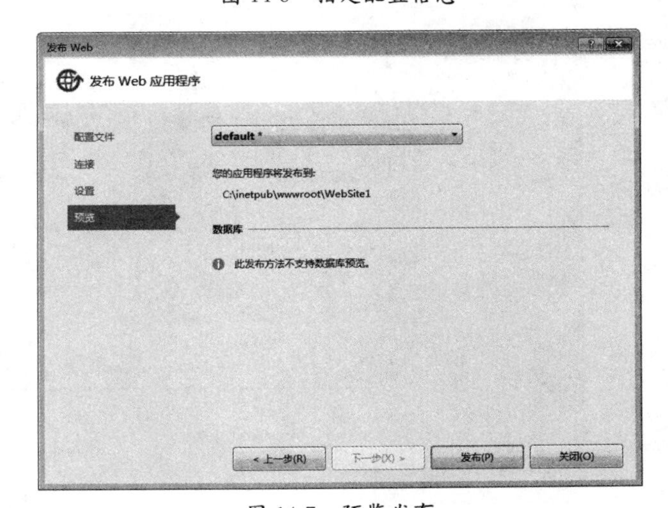

图 14-7　预览发布

09 单击【发布】按钮确认发布。在发布过程中，VS 的【输出】窗格会实时显示正在发布的文件夹，以及最终的发布状态，如图 14-8 所示。

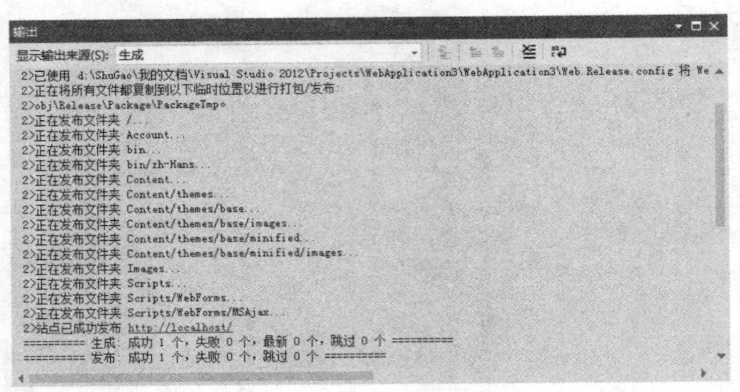

图 14-8　查看发布内容

10 发布成功之后，打开 C:\inetpub\wwwroot\WebSite1 目录，将会看到发布之后输出的最终文件。

【例 14-17】

下面在 IIS 下对发布后的网站进行测试，并设置为发布时指定的 URL。这里以 Windows 7 系统下的 IIS 为例，具体安装过程忽略。步骤如下。

01 从控制面板中打开 Internet 信息服务管理器 (简称 IIS)。

02 从左侧窗格中展开【网站】节点下的 Default Web Site 选项，从右侧窗格中单击【基本设置】链接。

03 在弹出的【编辑网站】对话框中将网站物理路径设置为 C:\inetpub\wwwroot\WebSite1，如图 14-9 所示。

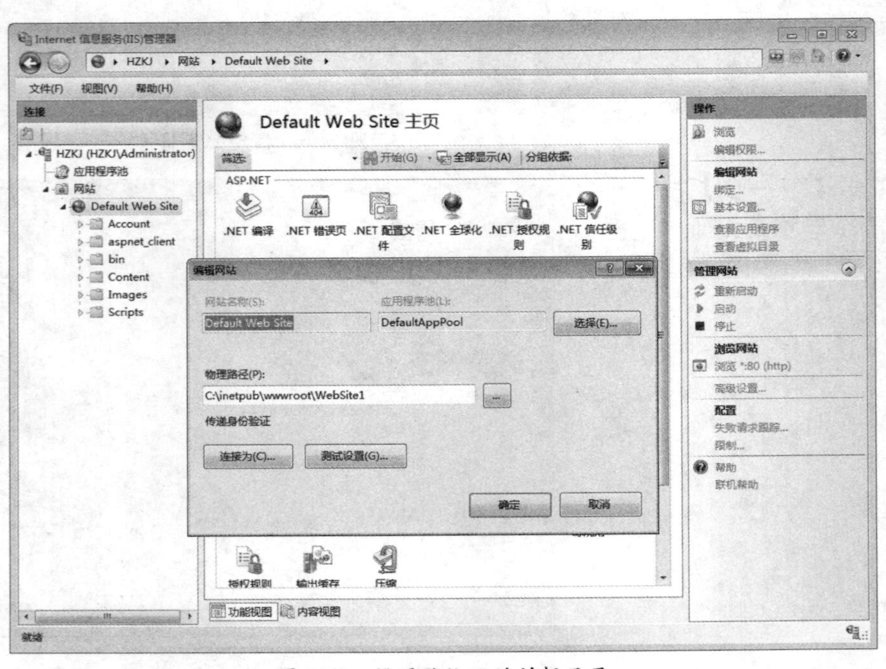

图 14-9　设置默认网站的根目录

04 指定路径之后单击【确定】按钮。由于使用VS发布的网站是使用的.NET Framework 4.0版本，而IIS默认使用的是.NET Framework 2.0。所以此时浏览网站将会看到错误。解决方法是，在IIS的左侧窗格选中最顶层的节点(默认为当前机器名称)，再从右侧窗格中单击【更改.NET Framework版本】链接，在弹出的对话框中选择4.0，如图14-10所示。

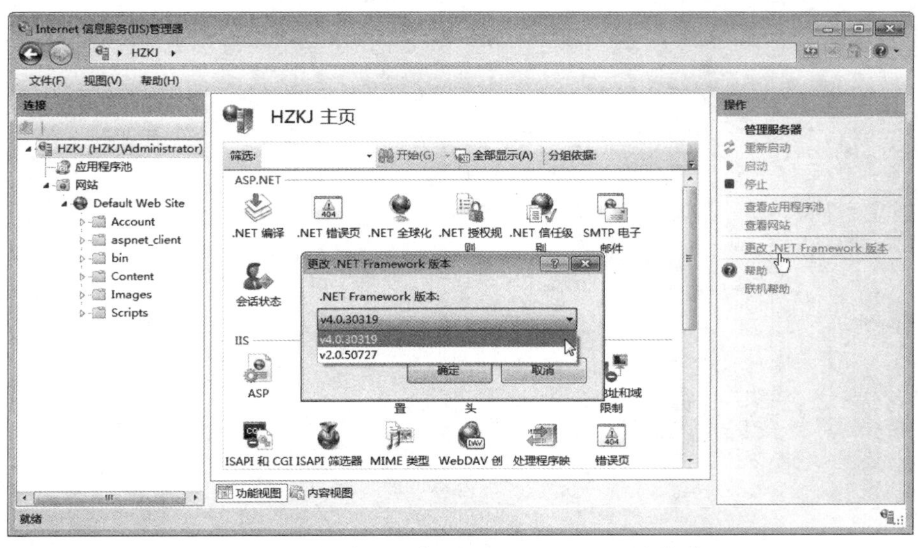

图14-10　更改IIS的默认.NET Framework版本

05 更改默认网站使用应用程序池的.NET Framework版本。方法是从左侧窗格中选择【应用程序池】节点，在【功能视图】列表中选择DefaultAppPool选项，再从右侧窗格中单击【设置应用程序池默认设置】链接。

06 在打开的【应用程序池默认设置】对话框中将.NET Framework版本更改为V4.0，如图14-11所示。

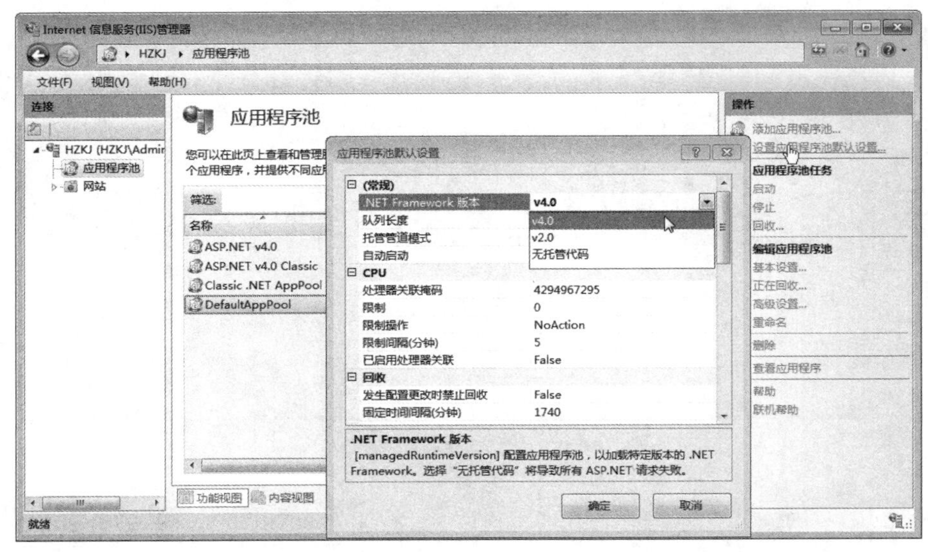

图14-11　更改应用程序池的.NET Framework版本

【例 14-18】

除了上面的几个步骤外，还需要在本机上为 IIS 安装 .NET Framework 4.0。方法是打开【命令提示符】窗口，进入 .NET Framework 4.0 的安装目录。以 Windows 7 系统为例，目录为 C:\Windows\Microsoft.NET\Framework\v4.0.30319，命令如下：

```
cd C:\Windows\Microsoft.NET\Framework\v4.0.30319
```

再运行如下命令进行安装：

```
aspnet_regiis.exe -i
```

安装成功之后，将看到如图 14-12 所示的提示信息。

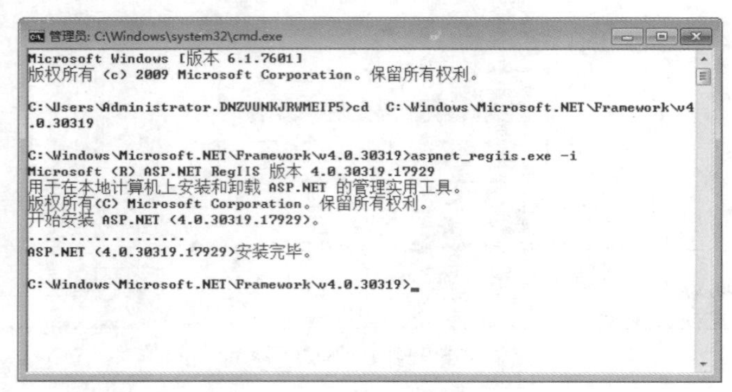

图 14-12　安装成功

现在打开浏览器，输入“http://localhost/default.aspx”，将会看到发布后网站的运行效果，如图 14-13 所示。

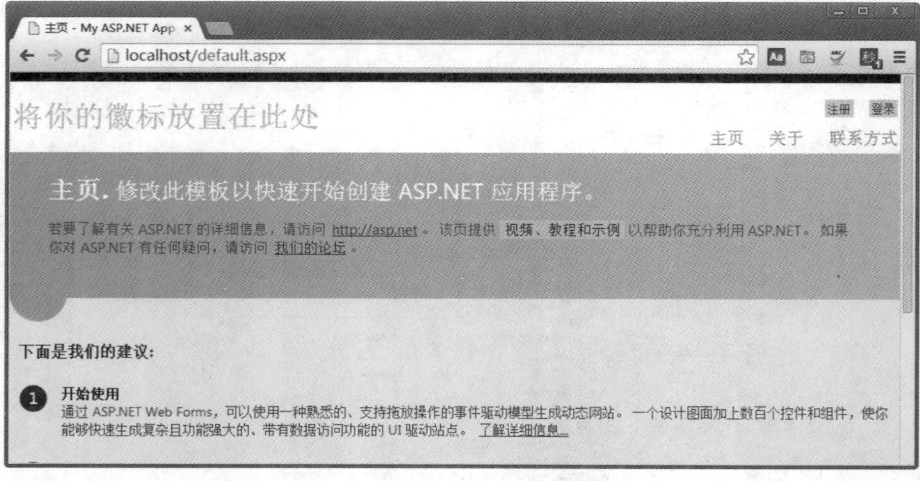

图 14-13　发布后网站的运行效果

14.3.2　通过“复制网站”工具发布

“复制网站”工具可以帮助自动完成在打开的网站项目和其他站点之间复制和同步文件

的过程。利用复制网站工具，可以打开目标站点上的文件夹(它可能在远程计算机上或仅是同一计算机上的不同文件夹中)，然后在源网站和目标网站之间复制文件。

“复制网站”工具主要支持以下功能。

- 可以将源文件(包括 .aspx 文件和类文件)复制到目标站点，在目标服务器上请求网页时动态编译这些网页。
- 可以使用 Visual Studio 所支持的任何连接协议复制文件。这包括本地 IIS、远程 IIS 和 FTP。如果使用 HTTP 协议，则目标服务器必须具有 FrontPage 服务器扩展。
- 同步功能检查源网站和目标网站中的文件，通知每个站点中哪些文件较新，并使开发人员能够选择要复制哪些文件以及要按照哪个方向复制它们。
- 在复制应用程序文件之前，此工具将名为 App_offline.htm 的文件放置在目标网站的根目录中。当 App_offline.htm 文件存在时，对网站的任何请求都将重定向到该文件。该文件显示一条友好消息，让客户端知道正在更新网站。复制完所有网站文件后，这种工具从目标网站删除 App_offline.htm 文件。

通过“复制网站”工具发布网站项目时有两种方式：一种是选择当前网站后右击，选择【复制网站】菜单命令；另一种是在菜单栏中选择【网站】|【复制网站】菜单命令进行发布。

【例 14-19】

通过“复制网站”的方式将一个 ASP.NET 网站发布到指定的磁盘目录中。操作步骤如下。

01 打开要发布的 ASP.NET 网站。然后从菜单栏中选择【网站】|【复制网站】命令，如图 14-14 所示。

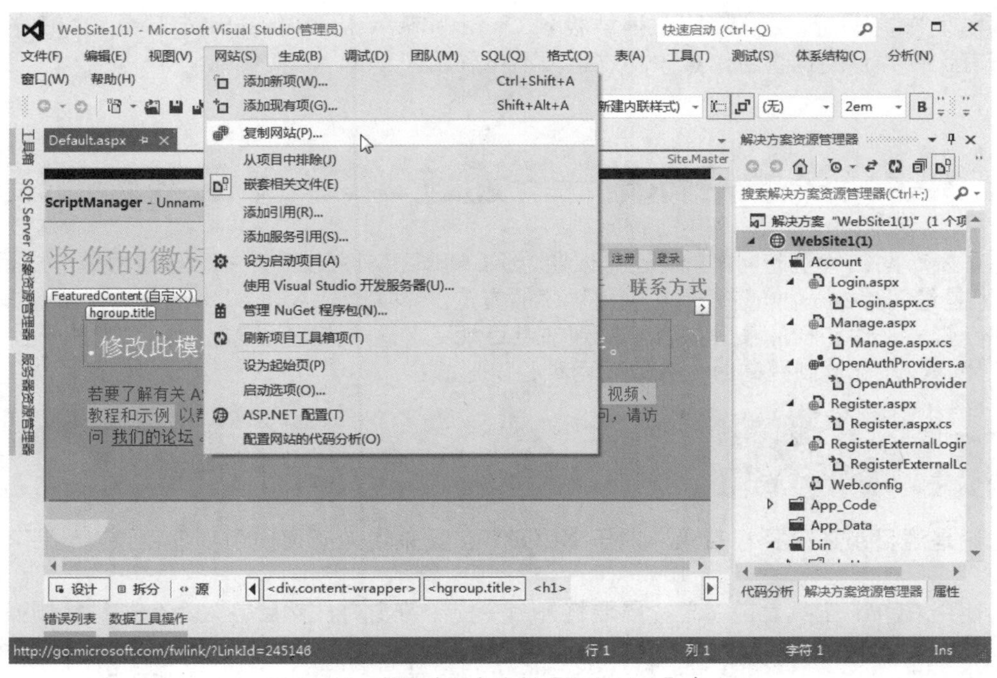

图 14-14　在菜单栏中选择【复制网站】命令

02 这时会弹出【复制网站】窗格，单击【连接】按钮，在弹出的【发布网站】对话框中指定路径为 C:\inetpub\wwwroot\WebSite2。

03 从【源网站】列表中选中所有文件，然后再单击相关的按钮，复制到右侧的远程网站，复制完成后的效果如图 14-15 所示。

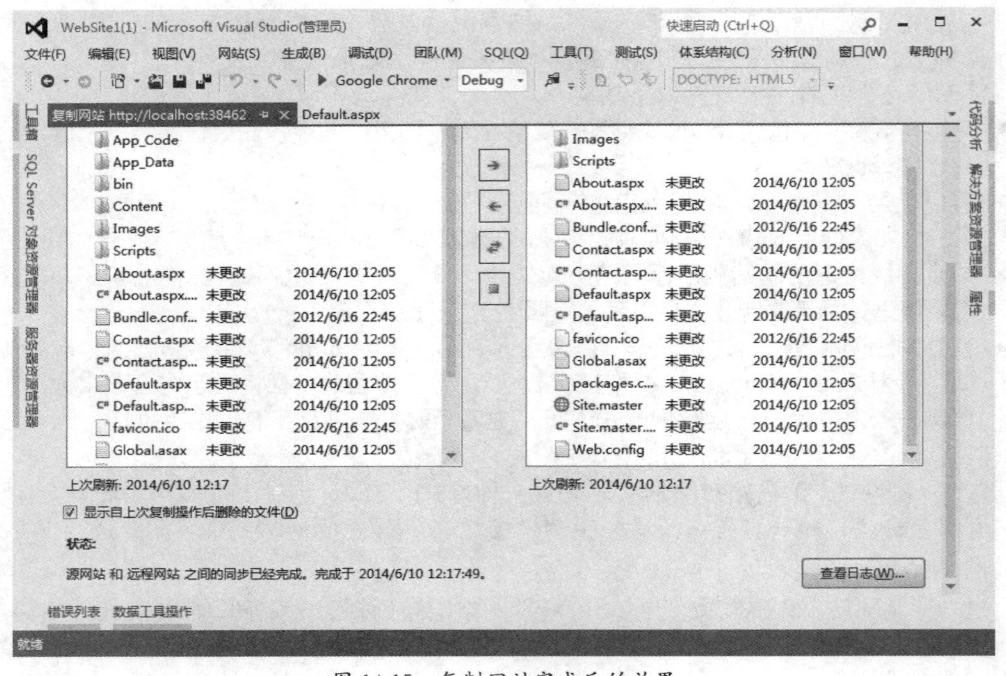

图 14-15 复制网站完成后的效果

04 发布完毕后，在 IIS 服务器中找到 C:\inetpub\wwwroot\WebSite2 目录，打开该目录下的所有文件并且浏览查看，具体的效果图不再展示。

14.4 高手带你做——通过 XCOPY 工具进行发布

除了发布网站和复制网站外，还可以通过 XCOPY 工具来发布网站。与前两种方式相比，XCOPY 是最简单的一种部署 Web 应用程序的方法。事实上，ASP.NET 的部署本身就是将页面文件、资源文件和程序集等内容复制到站点目录下，这一点与“复制网站”工具一致。

使用 XCOPY 复制网站时，有以下两种语法形式：

```
xcopy /I /s 源目标 目标目录
xcopy 源目录 目标目录 /f /e /k /h
```

无论是源目录还是目标目录，对于 XCOPY 工具来说，必须使用物理目录名称而不是虚拟目录名。

在使用 COPY 工具之前，首先需要打开命令提示符窗口，然后输入命令进行复制操作：

```
XCOPY C:\inetpub\wwwroot\WebSite2 E:\WebSite2 /f /e /k /h
```

执行上述命令后，会提示指定的目标是文件还是目录，这里输入 D，复制过程如图 14-16 所示，复制成功后的效果如图 14-17 所示。

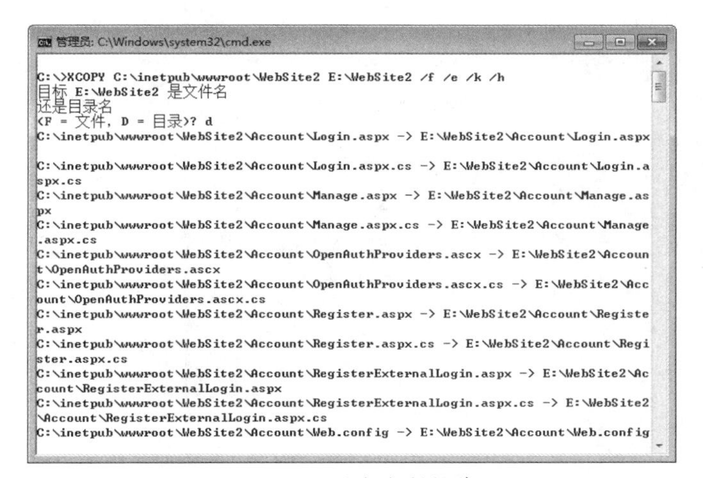

图 14-16　进行复制操作

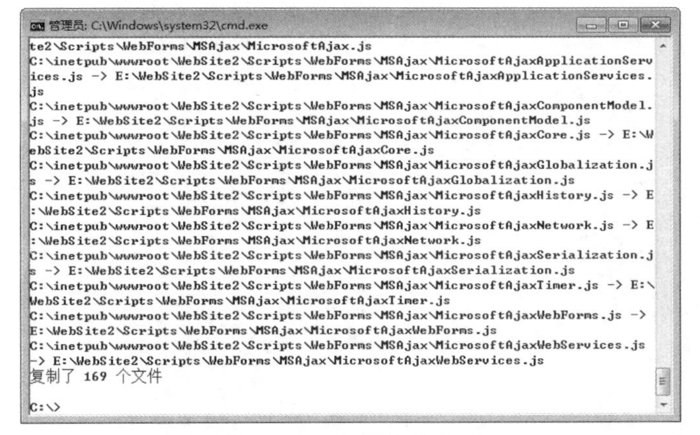

图 14-17　复制操作成功

通常情况下，通过 XPOCY 工具发布网站成功后，可能发现原来的项目有一个地方出错需要进行更改，这时不必再将所有的文件重新复制一次，而是直接部署或更新 Web 应用程序中的单个文件即可。

在打开的 DOS 窗口中执行以下形式的命令：

```
xcopy 源路径 目标路径
```

例如执行以下命令，将一个驱动器上 \bin 目录中的一个 DLL 复制到另一个驱动器上的 \bin 目录下：

```
xcopy c:\inetpub\wwwroot\devapp\bin\sampleAssembly.dll d:\publicsites\liveapp\bin
```

执行 xcopy 命令时也支持通配符，执行命令将一个驱动器上 \bin 目录下的所有 DLL 文件复制到另一个驱动器上的 \bin 目录下。代码如下：

```
Xcopy c:\inetpub\wwwroot\devapp\bin\*.dll d:\publicsites\liveapp\bin
```

14.5 成长任务

成长任务 1：部署示例网站

创建一个示例 ASP.NET 站点，然后根据本章内容分别使用“发布网站”、“复制网站”和 XCOPY 方式进行部署，并了解这些方法的优缺点。

第 15 章

LINQ 技术

LINQ 是 Language Integrated Query(语言集成查询)的简称，是一种与 .NET Framework 中使用的编程语言紧密集成的新查询语言。它使得开发人员可以像使用 SQL 查询数据库的数据那样从 .NET 编程语言中查询数据。LINQ 可以大量减少查询或操作数据库或数据源中的数据的代码，并在一定程度上避免了 SQL 注入，提高了应用程序的安全性。

本章主要介绍 LINQ 的组成部分、各子句的应用以及 LINQ to SQL 操作数据库的方法。

本章学习要点

◎ 了解 LINQ 语句的组成
◎ 掌握各个 LINQ 子句的使用
◎ 熟悉 LINQ 连接多个数据源的方法
◎ 掌握对象关系设计器的创建
◎ 掌握数据的插入、更新和删除

扫一扫，下载
本章视频文件

15.1 LINQ 概述

LINQ 在对象领域和数据领域之间架起了一座桥梁。它将数据查询操作直接引入到 C# 中，从而直接实现了查询、更新和删除功能，而不是以字符串嵌入到应用程序代码中。下面首先了解一下 LINQ 的概念、分类及语法结构。

15.1.1 LINQ 简介

根据数据源的不同，其查询语言也不相同；例如，用于关系数据库的 SQL 和用于 XML 的 XQuery。这样一来，开发人员必须为支持的每种数据源或数据格式而学习新的查询语言。

LINQ 通过提供一种跨各种数据源和数据格式使用数据的一致模型，简化了这一情况。

LINQ 可以使用相同的模式来查询和转换 XML 文档、SQL 数据库、ADO.NET 数据集、.NET 集合中的数据以及 LINQ 提供程序的任何其他格式的数据。

LINQ 可以查询数据源包含一组数据的集合对象 (IEnumerable<T> 或者 IQueryable<T> 类)，返回的查询结果也是一个包含一组数据的集合对象。所以，编译时，将对查询的数据类型进行检查，增强了类型安全性。

由于 LINQ 中查询表达式访问的是一个对象，所以该对象可以表示各种类型的数据源。在 .NET Framework 类库中，与 LINQ 相关的类都在 System.Linq 命名空间下。该命名空间提供支持使用 LINQ 进行查询的类和接口，其中最常用的有如下类和接口。

- IEnumerable<T> 接口：它表示可以查询的数据集合，一个查询通常是逐个对集合中的元素进行筛选操作，返回一个新的 IEnumerable<T> 对象，用来保存查询结果。
- Enumerable 类：它通过对 IEnumerable<T> 提供扩展方法，实现 LINQ 标准查询运算符，包括过滤、排序、查询、联接、求和等操作。
- IQueryable<T> 接口：它继承 IEnumerable<T> 接口，表示一个可以查询的表达式目录树。
- Queryable 类：它通过对 IQueryable<T> 提供扩展方法，实现 LINQ 标准查询运算符，包括过滤、排序、查询、联接、求和等操作。

提示

在学习 LINQ 表达式之前，读者应该具备使用 LINQ 所需的 C# 高级特性，如接口、泛型、扩展方法和匿名类型等。

15.1.2 LINQ 分类

根据数据源类型的不同，LINQ 技术可以分为如下 4 种类型。

- LINQ to Objects：查询任何可枚举的集合，如数组、泛型列表和字典等，是最基础的类型。
- LINQ to XML：查询和处理基于 XML 结构的数据。
- LINQ to SQL：查询和处理基于关系数据库的数据。
- LINQ to DataSet：查询和处理 DataSet 对象中的数据，并对这些数据进行检索、过滤和排序等操作。

图 15-1 描述了 LINQ 如何关联到其他数据源和高级编程语言。

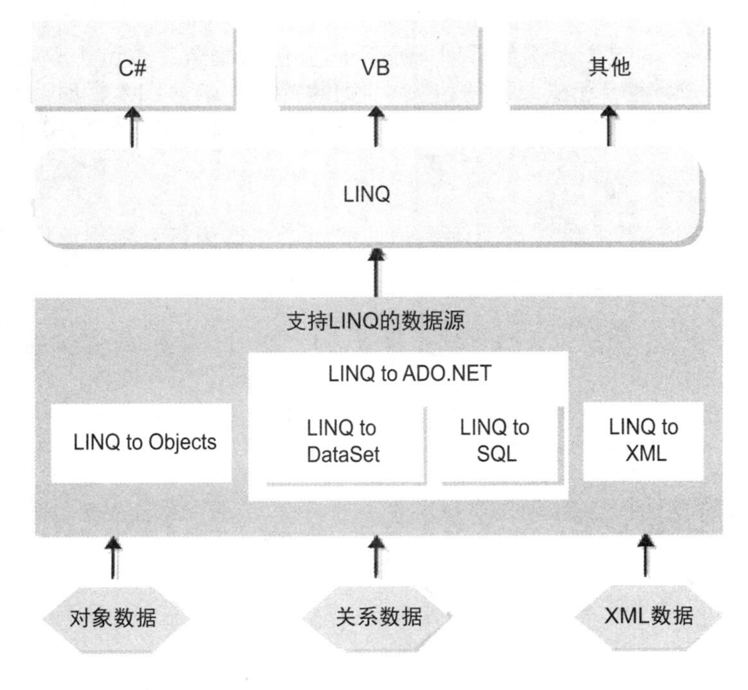

图 15-1　LINQ 相关技术描述

要使用 LINQ，首先必须引用与 LINQ 相关的命名空间。例如，要使用 LINQ to XML 和 LINQ to SQL，需要引用如下的命名空间：

```
using System.Linq;
using System.Xml.Linq;
using System.Data.Linq;
```

除了 System.Linq 命名空间会自动导入外，其他两个需要用户手动添加。

15.1.3　LINQ 语句的语法

引用 LINQ 命名空间之后，在 C# 中可以非常简单地使用 LINQ 查询。只需将它看作普通的对象编写代码即可。例如，如下的 SQL 语句从 products 数据表中查询出商品名称。在该语句中使用查询关键字来表示特定的功能，包括指定数据源、查询结果、筛选条件等。

```
select name from products
```

在上述语句中，select 和 from 是关键字，分别用来指定要查询的结果和数据源。

LINQ 中的查询与传统查询类似，同样可以采用具有一定语义的文本来表示。例如，如下是从 products 数据表中查询出商品名称的 LINQ 实现：

```
var result = from name in products select name;
```

这种方式在 LINQ 中称为查询表达式。这里的 from 和 select 都是 LINQ 中的子句，后文将详细介绍这些子句及它们的具体作用。

LINQ 查询的目的，是从指定的数据源中查询满足特定条件的数据元素，并且根据需要对这些元素进行排序、分组、统计及联接等操作。所以，一个 LINQ 查询应该包含如下几个主要元素。

(1) 数据源。

数据源表示 LINQ 查询将从哪里获取数据，它通常是一个或者多个数据集，每一个数据集包含一系列的元素。数据集是一个类型为 IEnumerable<T> 或者 IQueryable<T> 的对象，可以对它进行枚举，遍历每一个元素。此外，它的元素可以是任意数据类型，所以可以表示任何数据的集合。

(2) 目标数据。

数据源中的元素并不是查询所需要的结果。例如，对于一个学生信息集合，查询1只需要查询学生学号，查询2只需要查询学生姓名和班级编号，查询3则需要学生学号和入学时间。因此，目标数据用来指定查询具体想要的数据，在LINQ中，它定义了查询结果数据集中元素的具体类型。

(3) 筛选条件。

筛选条件定义了对数据源中元素的过滤条件。只有满足条件的元素才作为查询结果返回。筛选条件可以是简单的逻辑表达式，也可以是具有复杂运算的函数。

(4) 附加操作。

附加操作表示一些其他的具体操作。例如，对查询的结果进行排序、计算查询结果中的最大值，或者进行分组等。

其中，每个LINQ查询必须具有数据源和目标数据两个元素，筛选条件和附加操作是可选元素。

15.1.4 LINQ查询表达式

LINQ查询表达式是由查询关键字和对应的操作数组成的表达式整体。其中，查询关键字包括与SQL对应的子句，这些子句的简单说明如表15-1所示。

表15-1 查询关键字和子句

关键字	说明
from	指定要查找的数据源以及范围变量，多个from子句则表示从多个数据源查找数据
where	指定元素的筛选条件，多个where子句则表示了并列条件，必须全部都满足才能入选
select	指定查询要返回的目标数据，可以指定任何类型，甚至是匿名类型
group	按照指定的键值，对查询结果进行分组
into	提供一个标识符，它可以充当对join、group或select子句的结果的引用
orderby	基于元素类型的默认比较器按升序或降序对查询结果进行排序
join	基于两个指定匹配条件之间的相等比较来联接两个数据源
let	引入一个用于存储查询表达式中的子表达式结果的范围变量

LINQ查询表达式必须以from子句开头，并且必须以select或group子句结尾。在第一个from子句和最后一个select或group子句之间，查询表达式可以包含一个或多个可选子句：where、orderby、join、let甚至附加的from子句。还可以使用into关键字使join或group子句的结果能够充当同一查询表达式中附加查询子句的源。

15.2 LINQ的基本应用

凡是使用LINQ查询表达式查询的数据，都属于LINQ to Object。LINQ to Object是指直接对任意IEnumerable或IEnumerable<(Of <(T>)>)集合使用LINQ查询，无须使用中间LINQ提供程序或API，如LINQ to SQL或LINQ to XML。因此本节以LINQ to Object为例，介绍LINQ各个子句及它们的具体作用。

15.2.1 from 子句

在一个查询中，数据源是必不可少的。LINQ 的数据源是实现泛型接口 IEnumerable<T> 或者 IQueryable<T> 的类对象，可以使用 foreach 遍历它的所有元素，从而完成查询操作。

通过为泛型数据源指定不同的元素类型，可以表示任何数据集合。C# 中的列表类、集合类以及数组等都实现了 IEnumerable<T> 接口，所以可以直接将这些数据对象作为数据源，在 LINQ 查询中使用。

LINQ 使用 from 子句来指定数据源，它的语法格式如下：

```
from 变量 in 数据源
```

一般情况下，不需要为 from 子句的变量指定数据类型，因为编译器会根据数据源类型自动分配，通常，元素类型为 IEnumerable<T> 中的类型 T。例如，当数据源为 IEnumerable<string> 时，编译器为变量分配 string 类型。

【例 15-1】

创建一个 string 类型的数组，然后将它作为数据源，使用 LINQ 查询所有元素。示例代码如下：

```
// 定义 string 类型数组 Weathers
string[] Weathers = { "sunshine", "cloudy", "shower", "stormy", "snowy", "rainy" };
//LINQ 查询所有元素
var result = from weather in Weathers
          select weather;
```

在上述语句中，由于 Weathers 数组是 string 类型，所以在 LINQ 查询时的 weather 变量也是 string 类型。

【例 15-2】

如果不希望 from 子句中的变量使用默认类型，也可以指定数据类型。例如，下面的代码将 from 子句中的变量转换为 object 类型：

```
// 定义 string 类型数组 Weathers
string[] Weathers = { "sunshine", "cloudy", "shower", "stormy", "snowy", "rainy" };
//LINQ 查询所有元素
var result = from object weather in Weathers
          select weather;
```

【例 15-3】

在使用 from 子句时要注意，由于编译器不会检查遍历变量的类型。所以当指定的数据类型无法与数据源的类型兼容时，虽然不会有语法上的错误，但是当使用 foreach 语句遍历结果集时，将会产生类型转换异常。

示例代码如下：

```
// 定义 string 类型数组 Weathers
string[] Weathers = { "sunshine", "cloudy", "shower", "stormy", "snowy", "rainy" };
```

```
// 使用 int 类型变量查询 Weathers 数据源
var result = from int weather in Weathers
        select weather;
foreach (var str in result)                          // 遍历查询结果的集合
{
  Response.Write(str);                               // 输出集合中的元素
}
```

上述代码创建一个 string 类型的数据源，然后使用 int 类型的变量来进行查询，由于 int 类型和 string 类型不兼容，也不能转换。所以在运行时，将会产生异常信息，如图 15-2 所示。

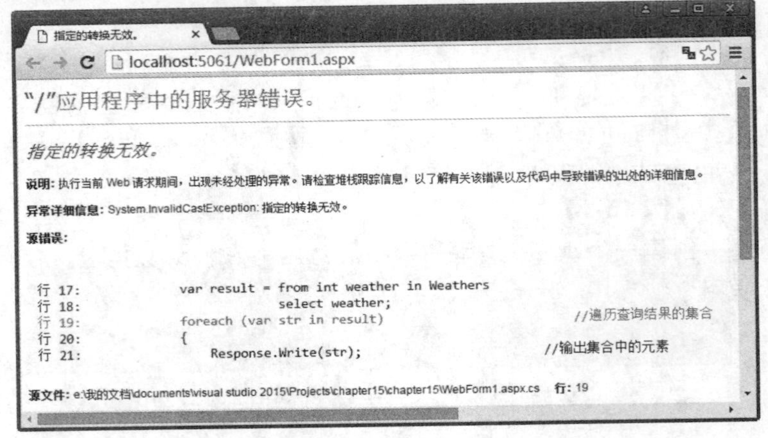

图 15-2　异常信息

> **注意**
>
> 建议读者不要在 from 子句中指定数据类型，应该让编译器自动根据数据源分配数据类型，避免发生异常信息。

15.2.2　select 子句

select 子句用于指定执行查询时产生结果的结果集，它也是 LINQ 查询的必备子句。语法如下：

```
select 结果元素
```

其中，select 是关键字，结果元素则指定了查询结果集合中元素的类型及初始化方式。如果不指定结果的数据类型，编译器会将查询中结果元素的类型自动设置为 select 子句中元素的类型。

【例 15-4】

例如，下面的范例从 string 类型的数组 Weathers 中执行查询，而且在 select 子句中没有指定数据类型：

```
// 定义 string 类型数组 Weathers
string[] Weathers = { "sunshine", "cloudy", "shower", "stormy", "snowy", "rainy" };
// 查询 Weathers 数据源
var result = from  weather in Weathers
```

```
            select weather;
    foreach (var str in result)                    // 遍历查询结果的集合
    {
        Response.Write(str+"、");                  // 输出集合中的元素
    }
```

此时，str 结果元素将会自动编译为 string 类型，因为 result 的实际类型为 IEnumerable <string>。

执行后的查询结果如下：

```
sunshine、cloudy、shower、stormy、snowy、rainy、
```

【例 15-5】

在例 15-4 中使用 select 子句获取数据源的所有元素。该子句还可以获取目标数据源中子元素的操作结果，例如属性、方法或者运算等。

例如，下面从一个包含商品名称、价格和数量的数据源中获取商品名称信息：

```
var Foods = new[]                                          // 定义数据源
{
    new{name=" 面包 ",price=5,amount=25},
    new{name=" 饼干 ",price=6,amount=21},
    new{name=" 饮料 ",price=3,amount=22},
    new{name=" 瓜子 ",price=4,amount=24}
};                                                         // 通过匿名类创建商品列表对象
var foodNames = from foods in Foods
        select foods.name;                                 // 从数据源中查询 name 属性
foreach (var str in foodNames)                             // 遍历结果
{
    Response.Write (" 名称：" + str + "<br/>");
}
```

上述代码首先创建一个名为 Foods 的数据源，然后在该数据源中通过 new 运算符创建 4 个匿名的商品信息对象。每个对象包含 3 个属性，name(商品名称)、price(价格) 和 amount(数量)。

LINQ 语句从数据源中查询所有对象，每个对象为一个匿名商品信息，select 子句从商品信息中提取 name 属性，即名称信息。运行之后的输出结果如下：

```
名称：面包
名称：饼干
名称：饮料
名称：瓜子
```

【例 15-6】

如果希望获取数据源中的多个属性，可以在 select 子句中使用匿名类型来解决。以例 15-5 中的数据源为例，现在要查询出商品名称和数量信息，实现代码如下：

```
var result = from food in Foods
        select new { food.name, food.amount };
foreach (var food in result)
{
   Response.Write(string.Format(" 名称：{0}  数量 :{1}<br/>", food.name, food.amount));
}
```

上述语句在select子句中使用new创建一个匿名类型来描述包含商品名称和数量的对象。由于在 foreach 遍历时无法表示匿名类型，所以只能通过 var(可变类型) 关键字让编译器自动判断查询中元素的类型。运行之后的输出结果如下：

```
名称：面包 数量 :25
名称：饼干 数量 :21
名称：饮料 数量 :22
名称：瓜子 数量 :24
```

技巧

通常情况下，不需要为 select 子句的元素指定具体数据类型。另外，如果查询结果中的元素只在本语句内临时使用，应该尽量使用匿名类型，这样可以减少很多不必要类的定义。

15.2.3 where 子句

在实际查询时并不总是需要查询出所有数据，而是希望对查询结果的元素进行筛选。只有符合条件的元素才能最终显示。在 LINQ 中使用 where 子句来指定查询的条件，语法格式如下：

```
where 条件表达式
```

这里的条件表达式可以是任何符合 C# 规则的逻辑表达式，最终返回 true 或者 false。当被查询的元素与条件表达式的运算结果为 true 时，该元素将出现在结果中。

【例 15-7】

假设要从一个 int 类型数据源中查询出数值大于 80 的元素。实现代码如下：

```
int[] scores = { 100,58,60,90,78,82,85 };      // 创建数据源
var result = from num in scores
        where num > 80                    // 使用 where 子句查询大于 80 的元素
        select num;
foreach (var num in result)           // 遍历查询结果
{
   Response.Write(num + "、");
}
```

上述代码使用 where 子句对 num 进行筛选，只有满足 num>80 条件的元素会出现在结果

集合中。运行结果如下：

```
100、90、82、85、
```

下面的语句从数据源中查询出大于 60 的偶数：

```
var result = from num in numbers
        where (num%2==0)&&(num>60)
        select num;
```

上述语句在 where 子句中使用出两个表达式，并使用运算符 && 连接两个表达式以达到同时满足两个条件数据的筛选要求。

【例 15-8】

从例 15-5 创建的商品信息数据源中执行如下条件查询。

01 查询价格为 5 的商品名称和数量：

```
var result = from food in Foods
        where f.price==5
        select new { food.name, food.amount };
```

02 查询价格大于 3 的商品名称：

```
var result = from food in Foods
        where food.price>3
        select food.name;
```

03 查询价格大于 4，并且数量大于 10 的商品名称：

```
var result = from food in Foods
        where (food.price>4) && (food.amount >10)
        select food.name;
```

04 查询价格大于 4，或者数量大于 10 的商品名称、价格和数量：

```
var result = from food in Foods
        where (food.price>4) || (food.amount >10)
        select new {food.name, food.price , food.amount};
```

15.2.4 orderby 子句

orderby 子句用来对结果中的元素进行排序，语法格式如下：

```
orderby 排序元素 [ascending | descending]
```

其中，排序元素必须在数据源中，中括号内是排序方式，默认是 ascending 关键字表示升序排列，descending 关键字表示降序排列。

【例 15-9】

对一个保存有成绩信息的 int 数组使用 orderby 子句并输出升序和降序的结果。实现代码如下：

```
// 创建数据源
int[] scores = { 100, 58, 60, 90, 78, 82, 85 };
var result3 = from num in scores
        orderby num
        select num;        // 使用默认升序排列
Response.Write(" 默认排序结果是：<br>");
foreach (var num in result3)
{
    Response.Write(num + "、");
}
var result4 = from num in scores
        orderby num descending
        select num;    // 指定降序排列
Response.Write(
    "<br> 降序排列结果是：<br>");
foreach (var num in result4)
{
    Response.Write(num + "、");
}
```

输出结果如下：

```
默认排序结果是：
58、60、78、82、85、90、100、
降序排列结果是：
100、90、85、82、78、60、58、
```

【例 15-10】

对商品信息按价格降序排列，输出商品名称和价格。代码如下：

```
var foods = from food in Foods
        orderby food.price descending
        select new { food.name, food.price };
foreach (var f in foods)
{
    Response.Write(string.Format(" 名称：{0}  价格 :{1}<br>", f.name, f.price));
}
```

运行后的输出结果如下：

```
名称：饼干 价格 :6
名称：面包 价格 :5
名称：瓜子 价格 :4
名称：饮料 价格 :3
```

15.2.5 group 子句

group 子句用于对 LINQ 查询结果中的元素进行分组，这一点与 SQL 中的 group by 子句作用相同。group 子句的语法格式如下：

```
group 结果元素 by 要分组的元素
```

其中，要分组的元素必须在结果中，而且 group 子句返回的是一个分组后的集合，集合的键名为分组的名称，集合中的子元素为该分组下的数据。因此，必须使用嵌套 foreach 循环来遍历分组后的数据。

【例 15-11】

对学生信息列表中的性别进行分组，输出每组下的学生姓名和年龄。实现代码如下：

```
var students = new[]                                        // 定义学生信息数据源
 {
    new{name=" 小刘 ",age=15,sex=" 男 "},
    new{name=" 小丽 ",age=16,sex=" 女 "},
    new{name=" 小李 ",age=13,sex=" 男 "},
    new{name=" 小红 ",age=14,sex=" 女 "},
    new{name=" 小陈 ",age=16,sex=" 男 "}
 };
var stu_data = from stu in students
          group stu by stu.sex;    // 对 students 数据源按照 sex 元素进行分组
foreach (var stu_group in stu_data)       // 遍历分组结果
{
    Response.Write(String.Format(" 性别为 {0} 的共 {1} 个 <br>", stu_group.Key, stu_group.Count()));
```

```
        foreach (var f in stu_group)
        {
            Response.Write(string.Format(
            "名称: {0}  年龄: {1}<br>", f.name, f.age));
        }
    }
```

上述代码将分组结果保存在 stu_data 变量中，此时该变量是一个二维数组。在遍历二维数组时通过调用Key属性获取分组的名称，调用 Count() 方法获取该组子元素的数量，最后再使用一个foreach循环遍历子元素的内容。

运行后输出结果如下：

```
性别为男的共 3 个
名称：小刘 年龄：15
名称：小李 年龄：13
名称：小陈 年龄：16
性别为女的共 2 个
名称：小丽 年龄：16
名称：小红 年龄：14
```

group 子句还可以与其他子句结合使用，实现精确查询的功能。例如，下面的语句实现了对学生信息列表先按性别进行分组，再按年龄进行降序排列：

```
// 按照 sex 元素进行分组，按 age 进行排序
var stu_data = from stu in students
        orderby stu.age descending
        group stu by stu.sex;
```

输出结果如下：

```
性别为女的共 2 个
名称：小丽 年龄：16
名称：小红 年龄：14
性别为男的共 3 个
名称：小陈 年龄：16
名称：小刘 年龄：15
名称：小李 年龄：13
```

15.3　高手带你做——关联部门和人员信息

与 SQL 一样，LINQ 也允许根据一个或者多个关联键来联接多个数据源。join 子句实现了将不同的数据源在查询中进行关联的功能。

join 子句使用特殊的 equals 关键字比较指定的键是否相等，并且 join 子句执行的所有联接都是同等联接。join 子句的输出形式取决于所执行联接的类型，联接类型包括：内部联接、分组联接和左外部联接。

本节用到两个数据源，第一个是部门信息，如表 15-2 所示，第二个是人员信息，如表 15-3 所示。

表 15-2　部门信息

部门编号	部门名称	上级部门编号
1	集客部	0
2	研发部	0
3	售后部	0

（续表）

部门编号	部门名称	上级部门编号
4	前台部	1
5	美工部	2
6	运维部	2
7	客服部	3

表 15-3　人员信息

人员编号	人员姓名	性别	年龄	所在部门编号
1	李小玉	男	25	4
2	张均涛	男	28	4
3	王丽静	女	24	5
4	周晓晓	女	27	7
5	贺悦桐	女	26	5
6	陈欣宇	男	25	6

15.3.1 内部联接

内部联接是LINQ查询中最简单的一种联接方式。它与SQL语句中的INNER JOIN子句比较相似，要求元素的联接关系必须同时满足被联接的两个数据源，即两个数据源都必须存在满足联接关系的元素。

【例15-12】

使用内联接将部门编号作为关联，查询人员姓名、年龄和部门名称。实现步骤如下。

01 创建保存部门信息的数据源，代码如下：

```
var Departs = new[]
{
    new {tid=1,tname=" 集客部 ",pid=0},
    new {tid=2,tname=" 研发部 ",pid=0},
    new {tid=3,tname=" 售后部 ",pid=0},
    new {tid=4,tname=" 前台部 ",pid=1},
    new {tid=5,tname=" 美工部 ",pid=2},
    new {tid=6,tname=" 运维部 ",pid=2},
    new {tid=7,tname=" 客服部 ",pid=3}
};
```

02 创建保存人员信息的数据源，代码如下：

```
var Members = new[]
{
    new{id=1,name=" 李小玉 ",sex=" 男 ",age=25,tid=4},
    new{id=2,name=" 张均涛 ",sex=" 男 ",age=28,tid=4},
    new{id=3,name=" 王丽静 ",sex=" 女 ",age=24,tid=5},
    new{id=4,name=" 周晓晓 ",sex=" 女 ",age=27,tid=7},
    new{id=5,name=" 贺悦桐 ",sex=" 女 ",age=26,tid=5},
    new{id=6,name=" 陈欣宇 ",sex=" 男 ",age=25,tid=6}
};
```

03 创建LINQ查询，使用join子句按tid元素关联部门信息和人员信息，并选择人员名称、年龄和部门名称作为结果。实现语句如下：

```
var result = from m in Members
         join d in Departs
         on m.tid equals d.tid
         select new
         {
            name = m.name,
            age = m.age,
            tname = d.tname
         };
```

上述语句指定以Members数据源为依据，根据tid键在Departs数据源中查找匹配的元素。

> **提示**
>
> 与SQL不同，LINQ内联接的表达式顺序非常重要。equals关键字左侧必须是外部数据源的关联键(from子句的数据源)，右侧必须是内部数据源的关联键(join子句的数据源)。

04 使用foreach语句遍历结果集，输出每一项的内容。代码如下：

```
foreach (var item in result)
{
  Response.Write(string.Format(" 姓名：{0}  
    年龄：{1}    所在部门：
  {2}<br/>", item.name, item.age, item.tname));
}
```

05 运行上述代码，输出结果如下所示：

```
姓名：李小玉  年龄：25  所在部门：前台部
姓名：张均涛  年龄：28  所在部门：前台部
姓名：王丽静  年龄：24  所在部门：美工部
姓名：周晓晓  年龄：27  所在部门：客服部
姓名：贺悦桐  年龄：26  所在部门：美工部
姓名：陈欣宇  年龄：25  所在部门：运维部
```

15.3.2 分组联接

分组联接是指包含 into 子句的 join 子句的联接。分组联接将产生分层结构的数据，它将第 1 个数据源中的每个元素与第 2 个数据源中的一组相关元素进行匹配。第 1 个数据源中的元素都会出现在查询结果中。如果第 1 个数据源中的元素在第 2 个数据中找到相关元素，则使用被找到的元素，否则为空。

【例 15-13】

使用分组联接完成如下查询：

- 从 Departs 类中查询部门分类信息。
- 用 join 子句联接 Departs 和 Members，联接关系为相等 (equal)，并设置分组的标识为 g。
- 使用 select 子句获取结果集，要求包含部门名称及其部门下的人员名称。

实现上述查询要求的 LINQ 语句如下：

```
var result1 = from d in Departs
        join m in Members
        on d.tid equals m.tid into g
        select new
        {
          groupName = d.tname,
          members = g.ToList()
        };
```

上述语句在 join 子句中通过 into 关键字将某一部门下对应的人员信息放到 g 变量中。select 子句使用 g.ToList() 方法将人员信息作为集合放在结果的 members 属性中。

使用嵌套的 foreach 遍历分组及分组中的内容，语句如下：

```
foreach (var item in result1)
{
  Response.Write(string.Format(" 部门名称 [ {0} ] 下的人员有：<br/>", item.groupName));
  foreach (var mem in item.members)
  {
    Response.Write(
      string.Format("{0}<br/>", mem.name));
  }
  Response.Write("<br/>");
}
```

执行后的输出结果如下所示：

```
部门名称 [ 集客部 ] 下的人员有：

部门名称 [ 研发部 ] 下的人员有：

部门名称 [ 售后部 ] 下的人员有：

部门名称 [ 前台部 ] 下的人员有：
李小玉
张均涛

部门名称 [ 美工部 ] 下的人员有：
王丽静
贺悦桐

部门名称 [ 运维部 ] 下的人员有：
陈欣宇

部门名称 [ 客服部 ] 下的人员有：
周晓晓
```

15.3.3 左外联接

左外部联接与 SQL 语句中的 LEFT JOIN 子句比较相似，它将返回第一个集合中的每一个元素，而无论该元素在第二个集合中是否具有相关元素。LINQ 为左外联接提供了 DefaultIfEmpty() 方法。如果第一个集合中的元素没有找到相关的元素，DefaultIfEmpty() 方法可以指定该元素的相关元素的默认元素。

【例 15-14】

使用左外部联接来联接部门信息和人员信息，并显示部门编号、部门名称和人员信息。查询语句如下：

```
var result2 = from d in Departs
        join m in Members
        on d.tid equals m.tid into g
        from left in g.DefaultIfEmpty(
            new { id = 0, name = " 暂无人员 ", sex = " 男 ", age = 0, tid = d.tid }
        )
        select new
        {
          id = d.tid,
          name = d.tname,
          memName = left.name
        };
```

上述代码使用 left 指定为左外联接，在联接时，如果找不到右侧数据源中的匹配元素，则使用 DefaultIfEmpty() 方法创建一个匿名类型作为值。编写 foreach 语句遍历查询结果：

```
foreach (var item in result2)
 {
     Response.Write(string.Format(" 部门编号：{0}   部门名称：{1}   人员名称：
{2}<br/>", item.id, item.name, item.memName));
 }
```

执行后的结果如下所示：

```
部门编号：1 部门名称：集客部 人员名称：暂无人员
部门编号：2 部门名称：研发部 人员名称：暂无人员
部门编号：3 部门名称：售后部 人员名称：暂无人员
部门编号：4 部门名称：前台部 人员名称：李小玉
部门编号：4 部门名称：前台部 人员名称：张均涛
部门编号：5 部门名称：美工部 人员名称：王丽静
部门编号：5 部门名称：美工部 人员名称：贺悦桐
部门编号：6 部门名称：运维部 人员名称：陈欣宇
部门编号：7 部门名称：客服部 人员名称：周晓晓
```

注意

左外部联接和分组联接虽然相似，但并非一样。分组联接返回的查询结果是一种分层数据结构，需要使用两层 foreach 才能遍历它的结果。而左外部联接是在分组联接的查询结果上再进行一次查询，所以它在 join 之后还需要一个 from 子句进行查询。

15.4 查询方法

前面详细介绍了 LINQ 查询的组成部分，各个 LINQ 查询子句的语法及应用示例。本节介绍 LINQ 查询的另一种实现方法，即通过面向对象的方式（调用属性和方法等）实现对数据源的查询。

15.4.1 查询方法简介

在 LINQ 中，数据源实际上是实现了 IEnumerable<T> 接口的类，该接口定义了一组扩展方法，用来对数据集合中的元素进行定位、遍历、排序和筛选等操作。通过 select 子句返回的结果也是一个实现了 IEnumerable<T> 的类，所以在使用上与成员方法很类似。

如表 15-4 列出了 LINQ 查询关键字与 IEnumerable<T> 接口方法之间的对应关系。

表 15-4 LINQ 关键字与方法的对应关系

关键字名称	方法名称	说 明
from	Cast()	用显式类型化的范围变量，如 from int i in intAry
select	Select()	指定要选择的元素
select	SelectMany()	从多个 from 子句进行查询
where	Where()	条件过滤
join in on equals	Join()	内部联接查询
join in on equals into	GroupJoin()	左外联接查询
orderby	OrderBy()	从小到大排序
orderby	ThenBy()	多个排序元素时，第二个排序元素按从小到大排序
orderby descending	OrderByDescending()	从大到小排序
orderby descending	ThenByDescending()	多个排序元素时，第二个排序元素按从大到小排序
group	GroupBy()	对查询结果进行分组

IEnumerable<T> 接口提供了 LINQ 查询所需要的所有方法，在表 15-4 中仅列出了常用的方法。例如，如下是一个 LINQ 查询语句，实现从一个 int 类型数据源中查询出数值大于 80 的元素。实现代码如下：

```
int[] scores = { 100,58,60,90,78,82,85 };        // 创建数据源
var result = from num in scores
         where num > 80              // 使用 where 子句查询大于 80 的元素
         select num;
```

在上述语句中，使用 where 子句指定从数据源筛选数据的条件，可以使用表 15-4 中的 Where() 方法实现该功能。如下所示为使用查询方法的替代实现语句：

```
var result= scores.Where(num => num >80);
```

上述语句实现上调用的是 IEnumerable<T> 接口的 Where() 方法，该方法的参数“num => num > 80”表示提取大于 80 的元素，这也是一种 Lambda 表达式的表示方法。

Lambda 表达式实际上是一个匿名函数，它包含表达式和语句，常用于创建委托或者表达式目标类型。所有 Lambda 表达式都使用“=>”运算符，该运算符的语法格式如下：

```
( 输入参数 ) => 表达式
```

该运算符的左边是输入参数，只有一个参数时可以省略括号，多个参数时使用逗号分隔。表达式的参数都是可变类型的，由编译器自动确定它的具体类型。但有时编译器难于判断输入类型，就需要为参数显式指定类型，即在参数之前添加参数类型。

如下的 Lambda 表达式包括两个参数 x 和 y，其中 x 和 y 都是 int 类型。

```
( int x,int y)=> x > y
```

当 Lambda 表达式没有参数时，需要使用空的括号表示。例如，下面的示例表示直接调用 Count() 方法，该方法的返回值就是 Lambda 表达式的返回值：

```
()=>Count()
```

15.4.2　筛选数据

LINQ 查询表达的 where 子句可以通过 IEnumerable<T>.Where() 方法来实现。Where() 方法接受一个函数委托作为参数，该委托指定过滤的具体实现，返回符合条件的元素集合。

【例 15-15】

假设要从一个 int 类型数据源中查询出数字大于 80 的偶数元素。实现代码如下：

```
int[] scores = { 100, 58, 60, 90, 78, 82, 85 };        // 创建数据源
 // 使用 where() 方法查询大于 80 的偶数元素
 var result = scores.Where(num => (num > 80) && (num % 2 == 0));
 foreach (var num in result)          // 遍历查询结果
 {
    Response.Write(num + "、");
 }
```

运行结果如下：

```
100、90、82、
```

【例 15-16】

假设要从一个字符串类型的数据源中查询出长度小于 6 的字符串。实现代码如下：

```
string[] fruits = { "apple", "passionfruit", "banana", "mango",
            "orange", "blueberry", "grape", "strawberry" }; // 创建数据源
 var query = fruits.Where(fruit => fruit.Length < 6);          // 对元素的长度进行判断
 foreach (string fruit in query)                        // 遍历结果
 {
    Response.Write(fruit.ToString() + "、");
 }
```

在 Where() 方法中的 fruit 表示数据源中的一个字符串，调用它的 Length 属性获取长度再进行比较。运行结果如下：

```
apple、mango、grape、
```

Where() 方法还可以对数据源中元素的索引进行筛选。如下语句筛选索引为偶数的元素：

```
var query = fruits.Where((fruit, index) => index%2==0);
```

索引从 0 开始，所以运行结果如下：

```
apple、banana、orange、grape、
```

15.4.3　排序

按特定顺序进行排序需要使用 OrderBy() 方法。与 Where() 方法一样，OrderBy() 方法也要求以一个方法作为参数。该方法标识了对数据进行排序的表达式。

【例 15-17】

对包含有商品名称和商品价格的数据源按价格升序进行排列。实现代码如下：

```
var Products = new[]
{
    new{name=" 牙膏 ",price=5.5},
    new{name=" 可乐 ",price=2.9},
    new{name=" 饼干 ",price=4.2},
    new{name=" 牛奶 ",price=2.8},
    new{name=" 啤酒 ",price=3.5}
};
var result1 = Products.OrderBy(p => p.price);          // 按价格升序排列
foreach (var item in result1)
{
    Response.Write(string.Format(" 商品名称：{0} 价格：{1}<br/>", item.name, item.price));
}
```

运行结果如下：

```
商品名称：牛奶 价格：2.8
商品名称：可乐 价格：2.9
商品名称：啤酒 价格：3.5
商品名称：饼干 价格：4.2
商品名称：牙膏 价格：5.5
```

如果希望按价格降序方式排列，可以调用 OrderByDescending() 方法，语句如下：

```
var result1 = Products.OrderByDescending(p => p.price);          // 按价格降序排列
```

提示

如果希望根据多个元素来进行排序，可以在 OrderBy() 或者 OrderByDescending() 方法之后使用 ThenBy() 或者 ThenByDescending() 方法。

15.4.4 分组

LINQ 中 group 子句对应的是 GroupBy() 方法，该方法可以对数据源中的元素进行分组排列。GroupBy() 方法返回的是带键分组后的元素集合，需要使用 foreach 嵌套遍历数据。

【例 15-18】

使用 GroupBy() 方法实现 15.2.5 节 (例 15-11) 的功能，即对学生信息列表中的性别进行分组，输出每组下的学生姓名和年龄。实现代码如下：

```
// 省略数据源创建
var result = students.GroupBy(stu => stu.sex);                // 按 sex 进行分组
// 省略遍历结果
```

15.4.5 取消重复

在 SQL 中可以使用 DISTINCT 关键字对结果集中的重复元素进行过滤。LINQ 中的 Distinct() 方法同样可以实现该功能，下面通过一个案例介绍该方法的使用。

【例 15-19】

假设在一个成绩数据源中包含学生编号、课程名称和成绩，现在要查询出所有的课程名称。实现语句如下：

```
var scores = new[]                                    // 创建数据源
{
   new{id=1,clsname=" 数学 ",score=80 },
   new{id=2,clsname=" 语文 ",score=90 },
   new{id=3,clsname=" 语文 ",score=40 },
   new{id=4,clsname=" 数学 ",score=60 },
   new{id=5,clsname=" 英语 ",score=60 }
};
var result = scores.Select(s => s.clsname);           // 查询课程名称
foreach (var item in result)                                   // 遍历结果
{
   Response.Write(string.Format(" 课程名称：{0}<br/>", item));
}
```

在上述语句中通过 Select() 方法从数据源中查询出表示课程名称的 clsname 属性，查询结果保存在 result 变量中。此时 result 变量中包含了数据源中的所有课程名称，运行的输出结果如下所示：

```
课程名称：数学
课程名称：语文
课程名称：语文
课程名称：数学
课程名称：英语
```

从结果中可以看出，“数学”和“语文”出现了两次，为了筛选出这些重复的元素，可以对结果集调用 Distinct() 方法。如下所示为修改后的查询语句：

```
var result = scores.Select(s => s.clsname).Distinct();                // 查询不重复的课程名称
```

再次运行，将看到正确的输出结果，如下所示：

```
课程名称：数学
课程名称：语文
课程名称：英语
```

15.4.6 聚合

在标准 SQL 中，除了对数据源进行筛选、查找、提取和分组之外，还提供了很多内置函数，来对结果集中的行执行聚合计算。在 LINQ 中同样提供了实现聚合计算的方法，例如 Count() 方法统计元素数量，Max() 方法统计元素的最大值，Min() 方法统计元素最小值等，下面介绍常见聚合方法的使用。

【例 15-20】

假设有一个商品信息数据源，其中包含了商品编号、商品名称、商品价格和订购数量。现在要求从数据源中获取如下信息：

- 统计商品的总数量。
- 统计价格在 5 元以上商品的总数。
- 统计商品的最高价格、最低价格和平均价格。
- 统计所有商品的总数量。

具体实现步骤如下。

01 创建商品信息数据源，语句如下：

```
var Products= new[]
{
  new{id=1,name=" 纯净水 ",price=4,quality=40},
  new{id=2,name=" 可乐 ",price=5,quality=51},
  new{id=3,name=" 果汁 ",price=3,quality=38},
  new{id=4,name=" 绿茶 ",price=4,quality=90},
  new{id=5,name=" 凉茶 ",price=6,quality=80},
  new{id=6,name=" 啤酒 ",price=3,quality=66},
  new{id=7,name=" 苏打水 ",price=7,quality=72}
};
```

02 调用 Count() 方法实现统计商品的总数量。语句如下：

```
var result1 = Products.Count();
```

03 先调用 Where() 方法返回价格在 5 元以上的商品，再调用 Count() 方法统计数量。语句如下：

```
var result2= Products.Where(p => p.price >= 5).Count();
```

04 调用 Max() 方法实现统计商品的最高价格。语句如下：

```
var result3 = Products.Max(p => p.price);
```

05 调用 Min() 方法实现统计商品的最低价格。语句如下：

```
var result4 = Products.Min(p => p.price);
```

06 调用 Average() 方法实现统计商品的平均价格。语句如下：

```
var result5 = Products.Average(p => p.price);
```

07 调用 Sum() 方法实现统计商品订购的总量。语句如下：

```
var result6 = Products.Sum(p => p.quality);
```

08 输出统计结果。语句如下：

```
Response.Write(string.Format(" 统计结果如下：<br/>"));
Response.Write(string.Format(" 一共包含 {0} 件商品 <br/>", result1));
Response.Write(string.Format(" 其中价格在 5 元以上的商品一共 {0} 件 <br/>", result2));
Response.Write(string.Format(" 商品的最高价格是 {0} 元 <br/>", result3));
Response.Write(string.Format(" 商品的最低价格是 {0} 元 <br/>", result4));
Response.Write(string.Format(" 商品的平均价格是 {0} 元 <br/>", result5));
Response.Write(string.Format(" 商品的订购总量是 {0} 件 <br/>", result6));
```

09 运行程序，输出结果如下所示。

```
统计结果如下：
一共包含 7 件商品
其中价格在 5 元以上的商品一共 3 件
商品的最高价格是 7 元
商品的最低价格是 3 元
商品的平均价格是 4.57142857142857 元
商品的订购总量是 437 件
```

15.4.7 联接

LINQ 查询表达式中通过 join 子句实现多个数据源之间的关联，它对应的是 Join() 方法。下面的案例演示了 Join() 方法如何联接两个数据源。

【例 15-21】

创建一个包含食品分类信息的数据源。语句如下：

```
var Types = new[]
{
 new{tid=1,tname=" 零食 "},
 new{tid=2,tname=" 日化 "},
 new{tid=3,tname=" 饮料 "}
};
```

创建一个包含食品信息和分类编号的数据源。语句如下：

```
var Foods = new[]
{
 new{fid=1,fname=" 瓜子 ",tid=1},
 new{fid=2,fname=" 洗发水 ",tid=2},
 new{fid=3,fname=" 牙膏 ",tid=2},
 new{fid=4,fname=" 百事 ",tid=3},
 new{fid=5,fname=" 雪碧 ",tid=3},
 new{fid=6,fname=" 葡萄干 ",tid=1}
};
```

使用分类编号作为键关联这两个数据源，并查询出食品编号、名称和分类名称。语句如下：

```
var result7 = Foods.Select(f => new { f.fid,f.fname ,f.tid})
    .Join(Types, f => f.tid, t => t.tid,
        (f, t) => new { f.fid, f.fname, t.tname }
    );
```

如上述代码所示，Join() 方法需要 4 个参数，各个参数的含义如下：

- 第一个参数表示要关联的内部数据源，这里指定为部门信息数据源 Types。
- 第二个参数表示外部数据源中作为关联的键，这里使用食品信息的 tid 键。

- 第三个参数表示内部数据源中作为关联的键，这里使用食品分类信息的 tid 键。
- 第四个参数表示关联后的结果集，这里指定结果集中包含 4 个属性。

遍历结果集，输出员工信息，语句如下：

```
foreach (var item in result7)
{
    Response.Write(string.Format(" 编号：{0}\t 名称：{1}\t 所属分类：{2} <br/>",
                item.fid, item.fname, item.tname));
}
```

运行后的输出结果如下所示：

```
编号：1      名称：瓜子      所属分类：零食
编号：2      名称：洗发水    所属分类：日化
编号：3      名称：牙膏      所属分类：日化
编号：4      名称：百事      所属分类：饮料
编号：5      名称：雪碧      所属分类：饮料
编号：6      名称：葡萄干    所属分类：零食
```

15.5　LINQ to SQL

LINQ to SQL 建立在公共语言类型系统中基于 SQL 的模式定义之上，当要查询关系模型底层中的数据时，这种技术非常有效。下面详细介绍 LINQ to SQL 的具体使用方法。

15.5.1　OR 设计器简介

OR 设计器（对象关系设计器、Object Relation 设计器）是 VS 2015 提供的一个可视化设计界面，可用于创建基于数据库中对象的 LINQ to SQL 实体类和关联。它会将数据库对象与 LINQ to SQL 类之间的映射保存到名为“.dbml”的文件中。

使用 OR 设计器，可以在应用程序中创建映射到数据库对象的对象模型。同时还会生成一个 DataContext 类，用于在实体类与数据库之间发送和接收数据。此外，OR 设计器还提供了将存储过程和函数映射到 DataContext 类的方法，以返回数据并填充实体类的功能。OR 设计器还支持对实体类之间的继承关系进行设计。

【例 15-22】

使用 OR 设计器创建一个到 Databases1 数据库中 BookMessage 数据表的映射关联，并显示该表中的图书信息。主要步骤如下所示。

01 在 VS 2015 中打开【添加新项】对话框。选择其中的【LINQ to SQL 类】项，定义【名称】为 dbBooks.dbml，最后单击【添加】按钮，如图 15-3 所示。

02 打开【服务器资源管理器】窗格，创建一个到 SQL Server 服务器 Databases1 数据库的连接。然后展开【表】节点，将 BookMessage 表选中，拖动到右侧的实体窗格。此时会自动生成名为 BookMessage 的实体，将 BookMessage 表中的列生成为实体属性，如图 15-4 所示。

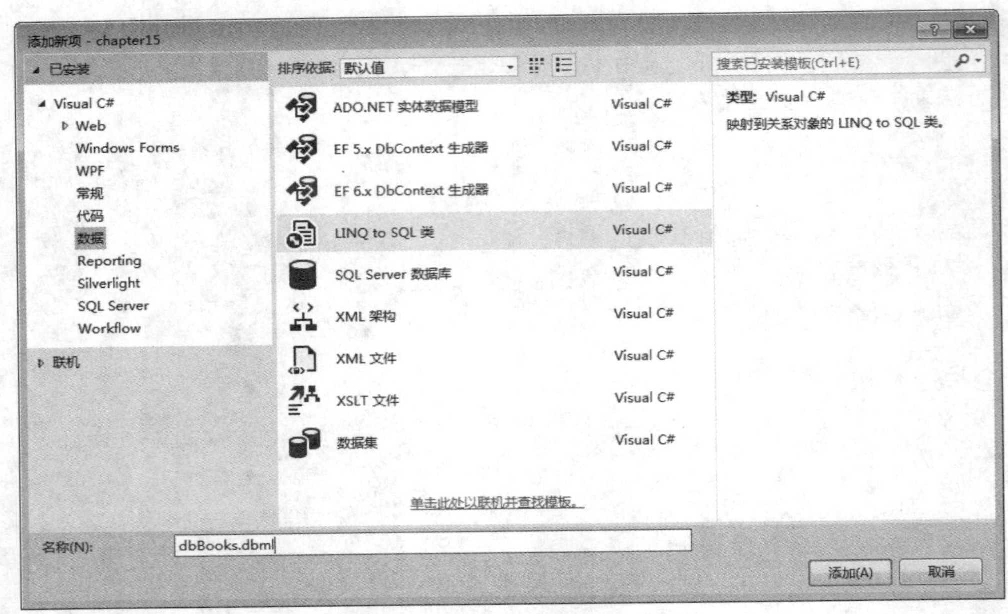

图 15-3 【添加新项】对话框

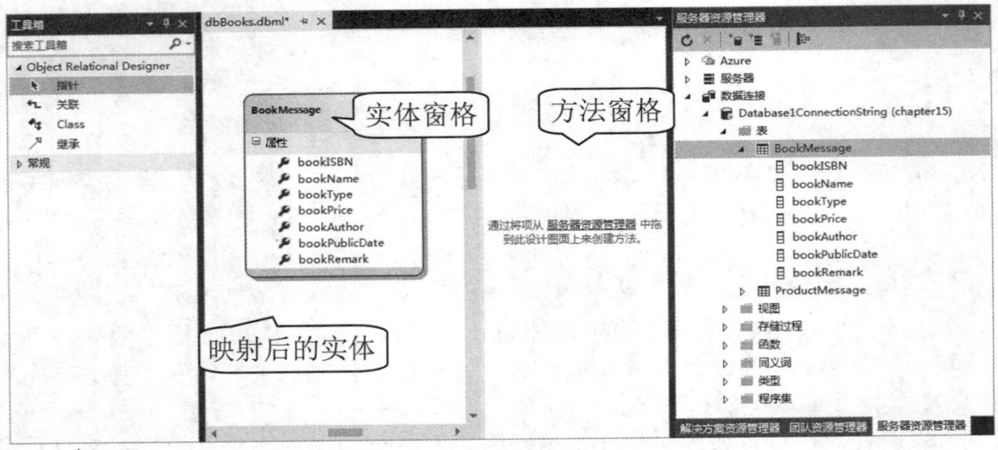

图 15-4 OR 设计器中的效果

OR 设计器的设计界面有两个不同的区域：左侧的实体窗格以及右侧的方法窗格。实体窗格是主设计界面，其中显示实体类、关联和继承层次结构；方法窗格是显示映射到存储过程和函数的 DataContext 方法的设计界面。

提示

通过将数据表从【服务器资源管理器】或者【数据库资源管理器】窗格拖动到 OR 设计器上，可以创建基于这些表的实体类，并由 OR 设计器自动生成代码。

03 新建一个 Web 窗体，并添加一个 GridView 控件。在 Load 事件中使用 LINQ 查询数据源 (BookMessage 数据表) 中的信息并绑定到 GridView 控件中显示。实现代码如下：

```
protected void Page_Load(object sender, EventArgs e)
{
   dbBooksDataContext db = new dbBooksDataContext();  // 初始化 dbBooksDataContext 类
   var books = from b in db.BookMessage
              select new
              {
                 ISBN 号 = b.bookISBN,
                 图书名称 = b.bookName,
                 类型 = b.bookType,
                 价格 = b.bookPrice
              };              // 创建一个 LINQ 查询
   GridView1.DataSource = books;        // 为 GridView 控件绑定数据
   GridView1.DataBind();

}
```

04 然后运行 Web 页面，此时，将会显示出 BookMessage 数据表中的图书信息，如图 15-5 所示。

ISBN号	图书名称	类型	价格
ISBN20170001	十万个为什么	文学	25
ISBN20170002	白雪公主和七个小矮人	文学	18.9
ISBN20170003	麦田里的守望者	文学	36
ISBN20170004	童年	文学	45

图 15-5 显示图书信息

15.5.2 DataContext 类简介

DataContext 类是一个 LINQ to SQL 类，它在 SQL Server 数据库与映射的数据库实体类之间建立了管道。DataContext 类包含用于连接数据库以及操作数据库数据的连接字符串信息和方法。

DataContext 类的构造函数有很多，常用的构造函数形式如下，这种形式将使用连接对象创建 DataContext 类的实例：

```
public DataContext(IDbConnection connection)
```

下面这种形式使用连接字符串、数据库所在的服务器的名称（将使用默认数据库）或数据库所在文件的名称创建 DataContext 类的实例：

```
public DataContext(string fileOrServerOrConnection)
```

下面这种形式将使用连接对象和映射源创建 DataContext 类的实例：

```
public DataContext(IDbConnection connection,
MappingSource mapping),
```

下面这种形式使用连接字符串、数据库所在的服务器的名称（将使用默认数据库）或数据库所在文件的名称和映射源创建 DataContext 类的实例：

```
public DataContext(string fileOrServerOrConnect-
ion,MappingSource mapping)
```

1. DataContext 类的方法

DataContext 类包含多个可以调用的方

法，例如将已更新数据从 LINQ to SQL 类提交到数据库的 SubmitChanges() 方法。表 15-5 列出了 DataContext 类的常用方法和说明。

表 15-5　DataContext 类的常用方法

方　法	说　明
DatabaseExists()	检测指定的数据库是否存在，如果存在，则返回 true，否则返回 false
CreateDatabase()	在 DataContext 类的实例的连接字符串指定的服务器上创建数据库
DeleteDatabase()	删除 DataContext 类的实例的连接字符串标识的数据库
ExecuteCommand()	执行指定的 SQL 语句，并通过该 SQL 语句来操作数据库
ExecuteQuery()	执行指定的 SQL 查询语句，并通过 SQL 查询语句检索数据，查询结果保存数据类型为 IEnumerable 或 IEnumerable<TResult> 的对象
SubmitChanges()	计算要插入、更新或删除的已修改对象的集合，并执行相应的修改，提交到数据库，并修改数据库
GetCommand()	获取指定查询的执行命令的信息
GetTable()	获取 DataContext 类的实例的表的集合
GetChangeSet()	获取被修改的对象，它返回由 3 个只读集合 (Inserts、Deletes 和 Updates) 组成的对象
Translate()	将 DbDataReader 对象中的数据转换为数据类型为 IEnumerable<TResult> 或 IMultipleResults 或 IEnumerable 的新对象
Refresh()	刷新对象的状态，刷新的模式由 RefreshMode 枚举的值指定。该枚举包含 3 个枚举值：KeepCurrentValues、KeepChanges 和 OverwriteCurrentValues

例如，下面的示例调用 DatabaseExists() 方法判断 db_product 数据库是否存在，如果存在则调用 DeleteDatabase() 方法删除该数据库；否则就调用 CreateDatabase() 方法创建该数据库：

```
// 检测 Northwind 数据库是否存在
if (db.DatabaseExists()){
    Response.Write("db_product 数据库存在 ");
    db.DeleteDatabase();                    // 删除数据库
}
else {
    Response.Write("db_product 数据库不存在 ");
    db.CreateDatabase();                    // 创建数据库
}
```

2. DataContext 类的属性

表 15-6 中列出了 DataContext 类的常用属性及其说明。

表 15-6　DataContext 类的常用属性

属　性	说　明
Connection	可以获取 DataContext 类的实例的连接 (类型为 DbConnection)

（续表）

属 性	说 明
Transaction	为 DataContext 类的实例设置访问数据库的事务。其中，LINQ to SQL 支持三种事务：显式事务、隐式事务和显式可分发事务
CommandTimeout	可以设置或获取 DataContext 类的实例的查询数据库操作的超时期限。该时间的单位为秒，默认值为 30 秒
ChangeConflicts	返回 DataContext 类的实例调用 SubmitChanges() 方法时导致并发冲突的对象的集合
DeferredLoadingEnabled	可以设置或获取 DataContext 类的实例是否延时加载关系
LoadOptions	可以获取或设置 DataContext 类的实例的 DataLoadOptions
Log	可以将 DataContext 类实例的 SQL 查询或命令显示在网页或控制台中

例如，下面的示例使用 Log 属性在 SQL 代码执行前在控制台窗口中显示此代码，我们可以将此属性与查询、插入、更新和删除命令一起使用：

```
// 关闭日志功能
//db.Log = null;
// 使用日志功能：日志输出到控制台窗口
db.Log = Console.Out;
var q = from c in db.Customers
    where c.City == "London"
    select c;
// 日志输出到文件
StreamWriter sw = new StreamWriter(Server.MapPath("log.txt"), true);
db.Log = sw;
var q = from c in db.Customers
     where c.City == "London"
     select c;
sw.Close();
```

15.5.3 SubmitChanges() 方法简介

除了使用 LINQ 对数据表进行查询外，LINQ to SQL 还可以对表的数据进行添加、更新和删除数据，这与 SQL 中的 INSERT、UPDATE 和 DELETE 语句实现的功能相同。

在使用本地数据时，无论对象做了多少项更改，都只是在更改内存中的副本，并未对数据库中的实际数据做任何更改。直到对 DataContext 显式调用 SubmitChanges() 方法时，所做的更改才会传输到服务器。DataContext 会设法将所做的更改转换为等效的 SQL 命令。

也可以使用自定义逻辑来重写这些操作，但提交顺序是由 DataContext 的一项称作“更改处理器”的服务来协调的。事件的顺序如下。

01 当调用 SubmitChanges() 方法时，LINQ to SQL 会检查已知对象的集合以确定新实例是否已附加到它们。如果已附加，这些新实例将添加到被跟踪对象的集合。

02 所有具有挂起更改的对象将按照它们之间的依赖关系排序成一个对象序列。如果一个对象的更改依赖于其他对象，则这个对象将排在其依赖项之后。

03 在即将传输任何实际更改时，LINQ to SQL 会启动一个事务来封装由各条命令组成的系列。

04 对对象的更改会逐个转换为 SQL 命令，然后发送到服务器。

注意

如果数据库检测到任何错误，都会造成提交进程停止并引发异常。将回滚对数据库的所有更改，就像未进行过提交一样。

15.6 高手带你做——管理商品信息

在上节通过简单的示例介绍了如何使用 LINQ to SQL 创建一个 DataContext 类，并使用该类读取数据表中的数据，再绑定显示到页面。本节将通过一个综合案例，讲解如何使用 LINQ to SQL 向数据表中插入数据、更新数据和删除数据。

案例使用了一个名为 ProductMessage 的商品信息表，该表的原始数据如图 15-6 所示。

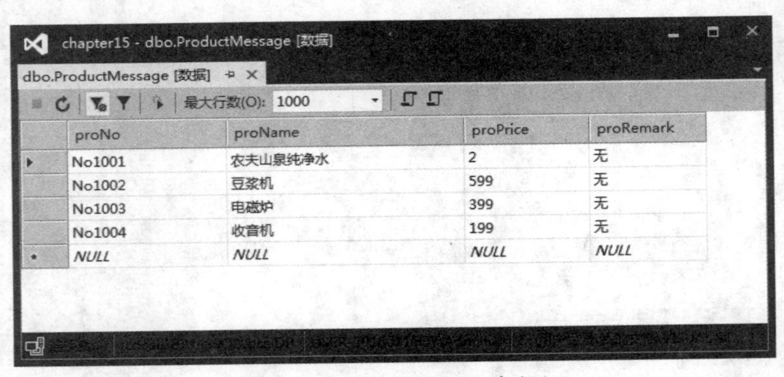

proNo	proName	proPrice	proRemark
No1001	农夫山泉纯净水	2	无
No1002	豆浆机	599	无
No1003	电磁炉	399	无
No1004	收音机	199	无
NULL	NULL	NULL	NULL

图 15-6 ProductMessage 表数据

15.6.1 插入商品数据

使用 LINQ to SQL 向数据库中插入数据时，必须完成个三个步骤：首先要创建一个包含要提交的列数据的新对象，其次将这个新对象添加到与数据库中的目标表关联的 LINQ to SQL Table 集合，最后将更改提交到数据库。此时，LINQ to SQL 会将在应用程序中所做的更改转换成相应的 INSERT 语句。

【例 15-23】

创建一个新的 Web 页面，按照 15.5.1 节的介绍将 ProductMessage 表添加到 OR 设计器中。然后创建一个商品信息对象，再将该对象使用 DataContext 类添加到 ProductMessage 表中，最后调用 SubmitChanges() 方法保存上述修改。

实现代码如下：

```
protected void Page_Load(object sender, EventArgs e)
{
    dbBooksDataContext db = new dbBooksDataContext();  // 初始化 dbBooksDataContext 类
    var newProduct = new ProductMessage     // 创建一个 ProductMessage 类对象
    {                           // 通过属性设置新行中各列的值
        proNo = "No1005",
        proName = " 家教机 ",
        proPrice = 1399,
        proRemark = " 适用小学 3 年级以下 "
    };
    db.ProductMessage.InsertOnSubmit(newProduct);            // 将新对象添加到原来的数据中
    try
    {
        db.SubmitChanges();                              // 提交变更，将最近的新增操作保存到数据库
    }
    catch (Exception ex)
    {
        Response.Write(" 出错了。信息： " + ex.ToString());
    }
}
```

上述代码首先创建了一个表示 OR 设计器的 dbBooksDataContext 类，然后创建了一个 ProductMessage 类对象 newProduct 表示要新增的商品信息。然后调用 InsertOnSubmit() 方法将 newProduct 插入到 ProductMessage 中，最后调用 SubmitChanges() 方法将修改后的集合提交到 ProductMessage 表。如图 15-7 所示为添加后的 ProductMessage 表内容。

chapter15 - dbo.ProductMessage [数据]

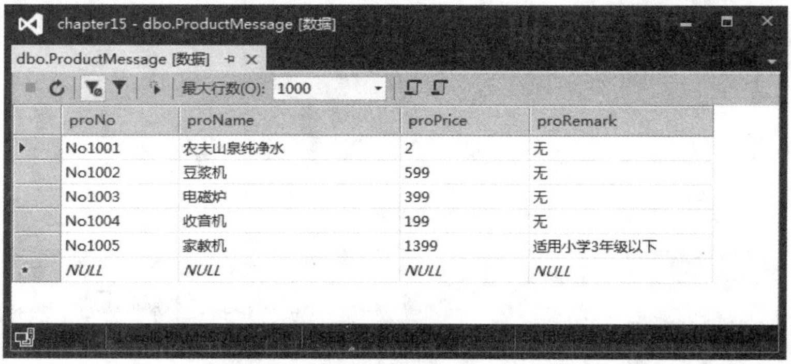

proNo	proName	proPrice	proRemark
No1001	农夫山泉纯净水	2	无
No1002	豆浆机	599	无
No1003	电磁炉	399	无
No1004	收音机	199	无
No1005	家教机	1399	适用小学3年级以下
NULL	NULL	NULL	NULL

图 15-7　添加后的 ProductMessage 表内容

15.6.2　更新商品数据

使用 LINQ to SQL 更新数据库中的数据需要三个步骤：首先要创建一个包含所有数据的集合，然后在集合中对数据进行更改，最后将更改提交到数据库。此时，LINQ to SQL 会将所有更改转换成相应的 UPDATE 语句。

【例 15-24】

在上小节的基础上对商品进行如下更改：

- 将编号为 No1001 的商品名称修改为“酸奶”，价格修改为 5。
- 将所有价格大于 500 的打八折出售。

实现代码如下：

```
protected void Page_Load(object sender, EventArgs e)
{
    dbBooksDataContext db = new dbBooksDataContext();  // 初始化 dbBooksDataContext 类
    ProductMessage aProduct= (from b in db.ProductMessage
                    where b.proNo == "No1001"
                    select b).First();          // 查询编号为 No1001 的商品
    aProduct.proName = " 酸奶 ";                    // 修改商品名称
    aProduct.proPrice = 5;                      // 修改商品价格
    var bProudcts = from b in db.ProductMessage
                where b.proPrice>=500
                select b;                   // 查询所有价格大于 500 的商品
    foreach (var b in bProudcts)
    {
        b.proPrice *= 0.8;                      // 批量修改商品价格
    }
    try
    {
        db.SubmitChanges();
    }
    catch (Exception ex)
    {
        Response.Write(" 出错了。信息：" + ex.ToString());
    }
}
```

如图 15-8 所示为更新后的 ProductMessage 表内容。

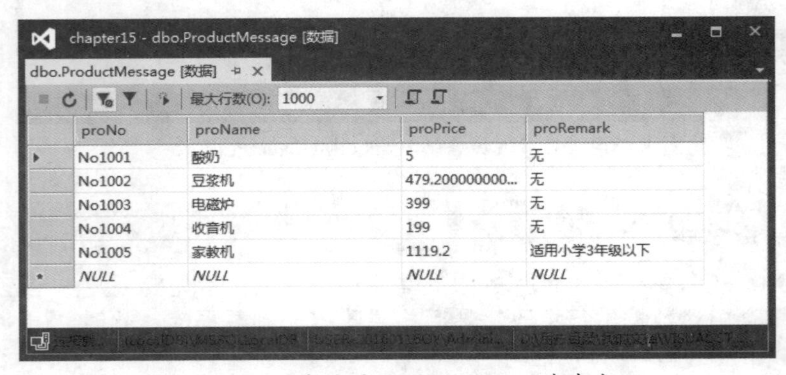

	proNo	proName	proPrice	proRemark
▸	No1001	酸奶	5	无
	No1002	豆浆机	479.200000000...	无
	No1003	电磁炉	399	无
	No1004	收音机	199	无
	No1005	家教机	1119.2	适用小学3年级以下
*	NULL	NULL	NULL	NULL

图 15-8　更新后的 ProductMessage 表内容

15.6.3　删除商品数据

如果要删除数据表中的数据，可以通过将表从对应的 LINQ to SQL 对象集合中删除来实现。此时，LINQ to SQL 会将更改转换为相应的 DELETE 语句。

【例 15-25】

在 15.6.1 小节的基础上对 ProductMessage 商品信息表进行如下更改：

- 删除编号为 No1001 的商品信息。
- 删除所有价格大于 1000 的商品信息。

实现代码如下：

```
protected void Page_Load(object sender, EventArgs e)
{
   dbBooksDataContext db = new dbBooksDataContext();  // 初始化 dbBooksDataContext 类
   ProductMessage delProduct = (from b in db.ProductMessage
                      where b.proNo == "No1001"
                      select b).First();
   db.ProductMessage.DeleteOnSubmit(delProduct);         // 删除编号为 No1001 的商品信息
   var delProducts = from b in db.ProductMessage
             where b.proPrice >= 1000
             select b;
   foreach (var b in delProducts)
   {
      db.ProductMessage.DeleteOnSubmit(b);           // 批量删除价格大于 1000 的商品信息
   }
   try
   {
      db.SubmitChanges();
   }
   catch (Exception ex)
   {
      Response.Write(" 出错了。信息： " + ex.ToString());
   }
}
```

如图 15-9 所示为删除后的 ProductMessage 表内容。

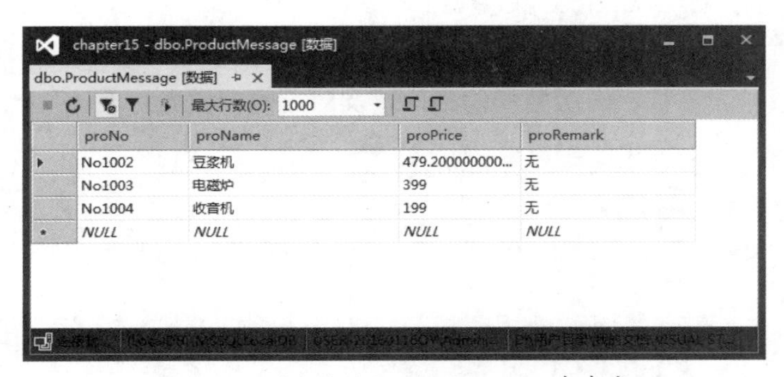

图 15-9　删除后的 ProductMessage 表内容

注意

LINQ to SQL 不支持且无法识别级联删除操作。如果要在对行有约束的表中删除行，就必须在数据库的外键约束中设置 ON DELETE CASCADE 规则，或者使用自己的代码首先删除，防止删除父对象的子对象，否则会引发异常。

15.7 高手带你做——查看带分类的图书信息

在 LINQ to SQL 中创建表间关系属性非常简单，只需要在表中设置好表之间的主外键关系，那么在 OR 设计器中就会自动生成这种关系属性。本节通过一个案例介绍 LINQ to SQL 的多表查询。

【例 15-26】

假设在 db_Books 数据库中有表示图书分类的 Types 表和表示图书信息的 Books 表，其中 Books 表使用 tid 列关联到 Types 表的主键 tid。

现在要同时查询出图书信息及所属分类信息，可进行如下操作。

01 打开 OR 设计器，将 Books 表和 Types 表添加到设计器环境中。

02 在 OR 设计器空白处右击，选择【添加】|【关联】菜单命令，在弹出的【关联编辑器】对话框中对关联进行编辑，如图 15-10 所示。如图 15-11 所示为关联后的实体图。

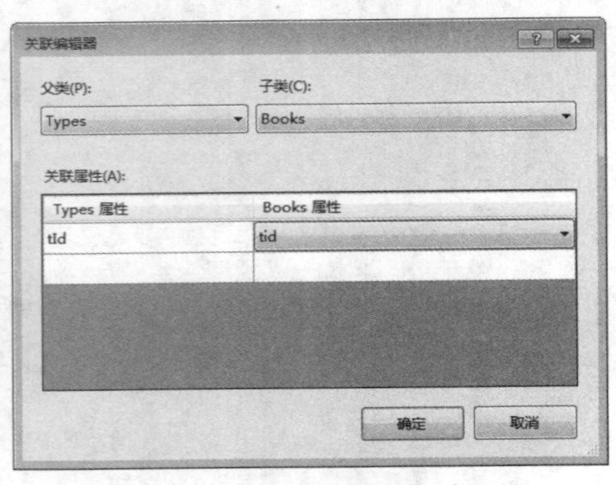

图 15-10 【关系编辑器】对话框

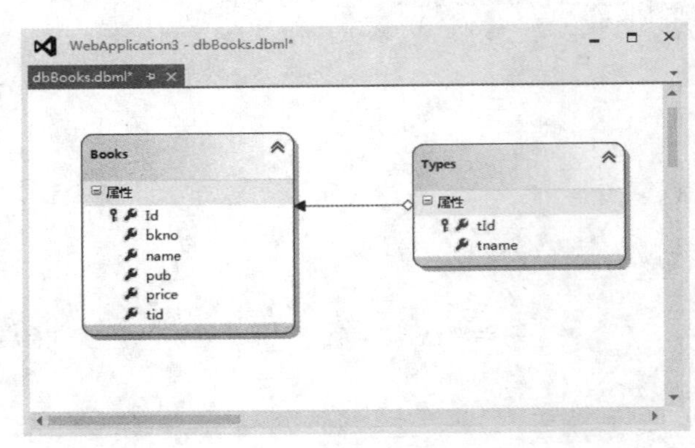

图 15-11 带关联的实体图

03 创建一个 Web 窗体并添加 GridView 控件。然后使用 LINQ to SQL 查询出图书编号、书号、名称、出版社和价格，以及对应的分类名称。实现代码如下：

```
protected void Page_Load(object sender, EventArgs e)
{
  dbBooksDataContext db = new dbBooksDataContext();       // 初始化 dbBooksDataContext 类
  var books = from b in db.Books
          select new
          {
```

```
            编号 = b.Id,
            书号 = b.bkno,
            名称 = b.name,
            出版社 = b.pub,
            价格 = b.price,
            分类名称 =b.Types.tname                    // 关联 Types 表的 tname 列
        };                                                         // 创建一个 LINQ 查询
    GridView1.DataSource = books;
    GridView1.DataBind();
}
```

04 在浏览器中打开 Web 页面，运行效果如图 15-12 所示。

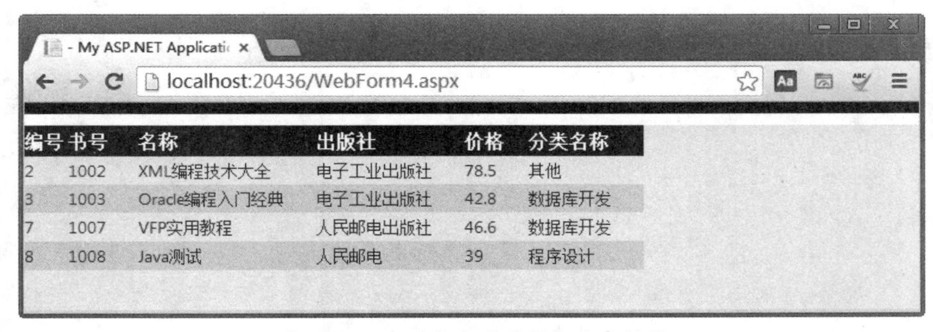

编号	书号	名称	出版社	价格	分类名称
2	1002	XML编程技术大全	电子工业出版社	78.5	其他
3	1003	Oracle编程入门经典	电子工业出版社	42.8	数据库开发
7	1007	VFP实用教程	人民邮电出版社	46.6	数据库开发
8	1008	Java测试	人民邮电	39	程序设计

图 15-12　查看带分类的图书信息效果

15.8　成长任务

成长任务 1：实现分组统计功能

假设在一个数据表中有如下数据：

```
姓名 部门 工资 奖金
-----------------------------
张超 业务部 2200 300
李莎 资源部 3100 200
王涛 工 会 2800 100
赵军 财务部 3300 500
张超 业务部 1000 100
马均 工程部 3300 300
王涛 工 会 1200 300
```

想要合并后的结果如下：

```
姓名 部门 工资 奖金
------------------------------
张超 业务部 3200 400
李莎 资源部 3100 200
王涛 工 会 4000 400
赵军 财务部 3300 500
马均 工程部 3300 300
```

请读者使用本节介绍的 LINQ 实现，即：把姓名和部门相同的某人工资奖金求和。

第 16 章

ASP.NET Ajax 技术

Ajax 是 Web 2.0 的关键技术。与传统的开发模式相比，Ajax 提供了一种以异步方式与服务器通信的机制，它可以实现异步传输、局部刷新内容和输入内容智能提示等功能。ASP.NET Ajax 封装了 Ajax 异步机制的特点，同时提供了大量服务器控件辅助开发人员实现局部更新的效果。

本章首先介绍了原生 Ajax 与 ASP.NET 的结合使用，然后介绍 ASP.NET Ajax 的核心控件及其扩展包。

本章学习要点

◎ 了解 Ajax 的运行机制
◎ 掌握 XMLHttpRequest 对象的创建
◎ 掌握原生 Ajax 发送请求和处理结果的流程
◎ 熟悉处理文本、XML 和 JSON 的方法
◎ 了解 ScriptManager 控件
◎ 熟悉 UpdatePanel 控件和 UpdateProgress 控件
◎ 了解 Timer 控件

扫一扫，下载
本章视频文件

16.1 Ajax 原生技术

Ajax 的最大特点就是不必刷新整个页面便可以对页面的局部进行更新。应用 Ajax 使客户端与服务器端的功能划分得更细，客户端只获取需要的数据，而服务器也只为有用的数据工作，从而大大节省了网络带宽、提高网页加载速度和运行效果。

16.1.1 Ajax 简介

Ajax 是 Asynchronous JavaScript And XML 的简称，中文含义为异步 JavaScript 和 XML。基于 Ajax 的开发与传统 Web 开发模式最大的区别就在于传输数据的方式不同，前者为异步，后者为同步。

那 Ajax 与传统的 Web 相比，具有哪些优势呢？我们通过两张图来对比一下，其中，如图 16-1 所示为传统 Web 应用程序的工作原理，如图 16-2 所示为 Ajax 程序的工作原理。

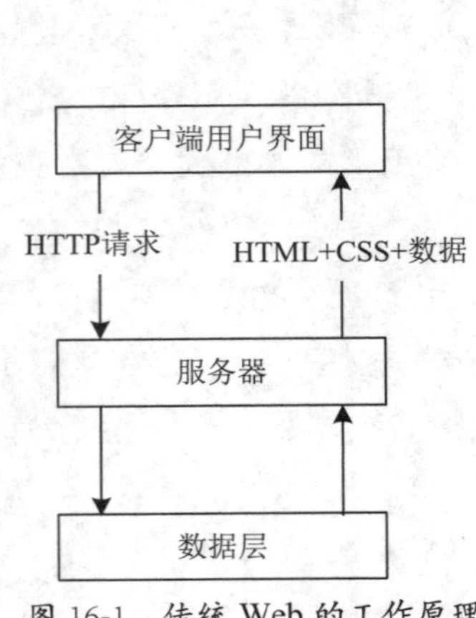

图 16-1 传统 Web 的工作原理

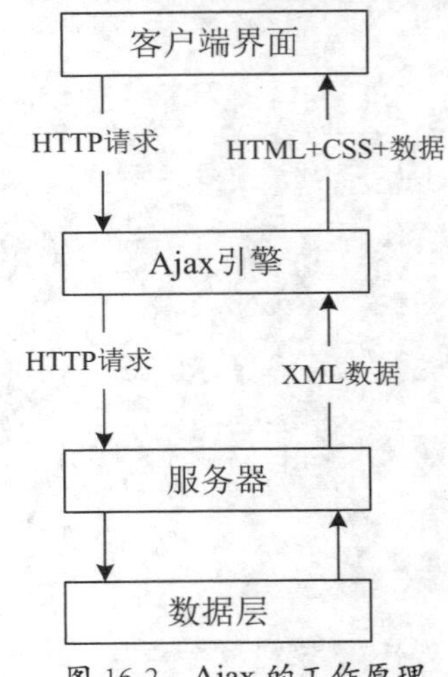

图 16-2 Ajax 的工作原理

结果很明显：图 16-1 给出的传统方式在提交请求时，服务器承担大量的工作，客户端只有数据显示的功能；而图 16-2 给出的 Ajax 方式中，客户端界面和 Ajax 引擎都是在客户端运行，这样，大量的服务器工作可以在 Ajax 引擎处实现。

也就是说，与传统的 Web 应用不同，Ajax 采用异步交互过程。Ajax 在用户与服务器之间引入了一个中间介质，消除了网络交互过程中的处理和等待缺点。相当于在用户和服务器之间增加了一个中间层，使用户操作与服务器响应异步化。这把以前服务器负担的一些工作转移到客户端，利用客户端闲置的处理能力，减轻了服务器和带宽的负担，从而达到节约服务器空间以及降低带宽租用成本的目的。

虽然 Ajax 如此先进，但它不是一项新技术，而是很多成熟技术的集合。主要包括客户端脚本语言 JavaScript、异步数据获取技术 XMLHttpRequest、数据互换和操作技术 XML 和 XSLT、XHTML 和 CSS 显示技术等。

16.1.2 XMLHttpRequest 对象简介

XMLHttpRequest 对象是整个 Ajax 开发过程中的核心，它实现了与其他 Ajax 技术的结合。例如发送请求、传递参数、获取响应以及处理结果等。

1. 创建 XMLHttpRequest 对象

XMLHttpRequest 对象并非最近才出现，最早在 Microsoft Internet Explorer 5.0 中将 XMLHttpRequest 对象以 ActiveX 控件的方式引入，被称为 XMLHTTP。其他浏览器（如 Firefox、Safari 和 Opera）将其实现为一个本地 JavaScript 对象。由于存在这些差别，在创建

XMLHttpRequest 对象实例时，JavaScript 代码中必须包含有关的逻辑，从而决定使用 ActiveX 技术还是使用本地 JavaScript 对象技术来创建 XMLHttpRequest 的一个实例。

【例 16-1】

根据 XMLHttpRequest 对象的不同实现方式，编写一个可以创建跨浏览器的 XMLHttpRequest 对象实例：

```
<script type="text/javascript">
var xmlHttp;
function createXMLHttpRequest()
{
 // 在 IE 下创建 XMLHttpRequest 对象
 try {
  xmlHttp = new ActiveXObject("Msxml2.XMLHTTP");
 }
 catch(e) {
  try {
   xmlHttp = new ActiveXObject("Microsoft.XMLHTTP");
  }
 catch(oc) {
   xmlHttp = null;
  }
 }
 // 在 Mozilla 和 Safari 等非 IE 浏览器下
 // 创建 XMLHTTPRequest 对象
 if(!xmlHttp &&
 typeof XMLHttpRequest != "undefined") {
    xmlHttp = new XMLHttpRequest();
 }
 return xmlHttp;
}
</script>
```

可以看到，创建 XMLHttpRequest 对象实例时，只需要检查浏览器是否提供对 ActiveX 对象的支持。如果浏览器支持 ActiveX 对象，就可以使用 ActiveX 创建 XMLHttpRequest 对象，否则就使用本地 JavaScript 对象创建。

2. XMLHttpRequest 的属性和方法

XMLHttpRequest 对象创建好之后，就可以调用该对象的属性和方法和进行数据异步传输数据。表 16-1 展示了这些属性的名称及简要说明。

表 16-1 XMLHttpRequest 对象的属性

名 称	说 明
readyState	通信的状态。从 XMLHttpRequest 对象把一个 HTTP 请求发送到服务器，到接收到服务器响应信息，整个过程将经历 5 种状态，取值范围为 0~4
onreadystatechange	设置回调事件处理程序。当 readState 属性的值改变时，会触发此回调
responseText	服务器返回的文本格式文档
responseXML	服务器返回的 XML 格式文档
status	返回 HTTP 响应的数字类型状态码。100 表示正在继续；200 表示执行正常；404 表示未找到页面；500 表示内部程序错误
statusText	HTTP 响应的状态代码对应的文本 (OK、Not Found 等)

XMLHttpRequest 对象的 readyState 属性在开发时最常用。根据它的值，可以得知 XMLHttpRequest 对象的执行状态，以便我们在实际应用中做出相应的处理。表 16-2 中列出了 readyState 属性值及其说明。

表 16-2 readyState 属性值

值	说 明
0	表示未初始化状态；此时已经创建一个 XMLHttpRequest 对象，但还没有初始化
1	表示发送状态；此时已经调用 open() 方法，并且 XMLHttpRequest 已经准备好把一个请求发送到服务器
2	表示发送状态；此时已经通过 send() 方法把一个请求发送到服务器端，但还没有收到一个响应
3	表示正在接收状态；此时已经接收到 HTTP 响应头部信息，但消息体部分还没有完全接收结束
4	表示已加载状态；此时响应已经被完全接收

通过属性可以了解 XMLHttpRequest 对象的状态，但如果要操作 XMLHttpRequest 对象，则需要通过它的方法。如表 16-3 列出了该对象的常用方法及其说明。

表 16-3 XMLHttpRequest 对象的常用方法

方法名称	说 明
abort()	中止当前请求
open(method,url)	使用请求方式 (GET 或 POST 等) 和请求地址 URL 初始化一个 XMLHttpRequest 对象 (这是该方法最常用的重载形式)
send(args)	发送数据，参数是提交的字符串信息
setRequestHeader(key,value)	设置请求的头部信息
getResponseHeader(key)	方法用于检索响应的头部值
getAllResponseHeaders()	方法用于返回响应头部信息 (键 / 值对) 的集合

注意

getResponseHeader() 和 getAllResponseHeaders() 仅在 readyState 值大于或等于 3(接收到响应头部信息以后) 时才可用。

3. XMLHttpRequest 对象工作流程

Ajax 程序主要通过 JavaScript 事件来触发，在运行时需要调用 XMLHttpRequest 对象发送请求和处理响应。客户端处理完响应之后，XMLHttpRequest 对象就会一直处于等待状态，这样一直周而复始地工作。

所以这个基本流程是：XMLHttpRequest 对象初始化 -> 发送请求 -> 服务器接收 -> 服务器返回 -> 客户端接收 -> 修改客户端页面内容。只不过这个过程是异步的，如图 16-3 所示。

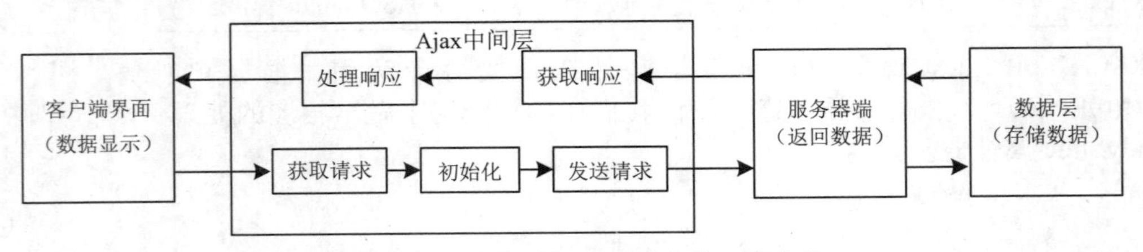

图 16-3 XMLHttpRequest 对象的工作流程

在图 16-3 中，Ajax 中间层显示 XMLHttpRequest 对象的工作流程。当 Ajax 中间层从客户端界面获取请求信息之后，需要初始化 XMLHttpRequest 对象。初始化完成之后，通过 XMLHttpRequest 对象将请求发送给服务器端。服务器端获取请求信息后，处理并返回响应信息。然后 Ajax 中间层获取响应，通过 XMLHttpRequest 对象将响应信息和 Ajax 中间层所设置的样式信息进行组合，即处理响应。最后 Ajax 中间层将所有的信息发送给客户端界面，并显示由服务器返回的信息。

16.1.3 高手带你做——读取异步提交的项目信息

前面详细介绍了 XMLHttpRequest 对象的内容，本小节将通过一个具体的案例，来讲解最简单的获取文本数据的方法。

XMLHttpRequest 对象可以使用 GET 或 POST 方式发送请求，这与传统的 Web 编程是一样的。唯一的区别是，当使用 GET 发送请求时，必须把参数串追加到请求 URL 中；而使用 POST 时，则需要在调用 XMLHttpRequest 对象的 send() 方法时发送参数串。

【例 16-2】

本案例首先是一个项目提交表单，然后使用 Ajax 实现将用户在项目表单中输入的信息异步发送到服务器，服务器处理后再返回客户端，最后客户端进行显示。

01 首先设计一个项目提交表单，代码如下所示：

```
<form class="form-horizontal" action="projects_list.aspx"  method="POST">
  <div class="xy_c3a_txt">
      <div class="form-group">
        <label class="col-sm-2 control-label"> 项目名称 </label>
        <div class="col-sm-10">
          <input type="text" class="form-control" id="p_name">
        </div>
      </div>
      <div class="form-group">
        <label  class="col-sm-2 control-label"> 项目地址 </label>
        <div class="col-sm-10">
          <input type="text" class="form-control" id="p_address">
        </div>
      </div>
      <div class="form-group">
        <label  class="col-sm-2 control-label"> 项目负责人 </label>
        <div class="col-sm-10">
          <input type="text" class="form-control" id="p_person">
        </div>
      </div>
      <div class="form-group">
        <label  class="col-sm-2 control-label"> 负责人电话 </label>
        <div class="col-sm-10">
          <input type="text" class="form-control" id="p_phone">
        </div>
```

```
        </div>

    </div>
    <div class="xy_c3a_btn">
      <button type="button" class="btn btn-default" > 取消 </button>
      <button type="button"  class="btn btn-info active" onclick ="sendMessage();"> 确认 </button>
    </div>
  </form>
```

在上述代码中，单击【确认】按钮将调用 sendMessage() 函数以异步方式发送请求。

02 如果要发送请求，必须先创建 XMLHttpRequest 对象，然后调用 XMLHttpRequest 对象的属性方法实现发送。这里使用的是 GET 方式提交到 server1.ashx 文件，因此参数会附加到 URL 上。具体实现代码如下所示：

```
<script type="text/Javascript">
var xmlHttp;
// 省略创建 XMLHttpRequest 对象的代码定义
// 发送 GET 请求
function sendMessage()
{
  // 创建 XMLHttpRequest 对象
  createXMLHttpRequest();
  // 定义变量保存输入的项目信息
  var p_name = encodeURIComponent($("#p_name").val());    // 项目名称
  var p_address = encodeURIComponent($("#p_address").val()); // 地址
  var p_phone = encodeURIComponent($("#p_phone").val());   // 电话
  var p_person = encodeURIComponent($("#p_person").val());  // 负责人
  // 组成参数字符串
  var para = "name="+p_name+"&address="+p_address+"&phone="+p_phone+"&person="+p_person;
  var url="server1.ashx?"+para;                    // 设置 URL 和参数
  xmlHttp.onreadystatechange=handleStateChange;   // 指定回调函数
  xmlHttp.open("GET",url,true);                // 指定 GET 请求的数据
  xmlHttp.send(null);                       // 发送 GET 请求
 }
</script>
```

在 sendMessage() 函数中的 $(“#p_name”).val() 语句表示获取 id 为 p_name 的值，即项目名称。将获取的 4 个值组成一个新的字符串 para，每个属性之间用“&”符号隔开，属性和属性值用“=”进行赋值。

在 url 变量中将提交的服务器端文件与参数进行组合，它将作为 open() 方法的第二个参数。onreadystatechange 属性设置处理服务器端响应的函数为 handleStateChange。最后调用 open() 方法发送一个 GET 请求，并指定 URL，在这里 URL 中包含编码的参数。send() 方法将请求发送给服务器。

03 POST 与 GET 方式的不同之处在于 POST 允许发送任何格式、任何长度的数据，而 GET 方式最大只能发送 2KB 数据。下面的代码实现用 POST 方式发送请求：

```
// 发送 POST 请求
function sendMessage()
{
  // 创建 XMLHttpRequest 对象
  createXMLHttpRequest();
  // 定义变量保存输入的项目信息
  var p_name = encodeURIComponent($("#p_name").val());    // 项目名称
  var p_address = encodeURIComponent($("#p_address").val());    // 地址
  var p_phone = encodeURIComponent($("#p_phone").val());    // 负责人
  var p_person = encodeURIComponent($("#p_person").val());    // 电话
  // 组成参数字符串
  var para = "name="+p_name+"&address="+p_address+"&phone="+p_phone+"&person="+p_person;
  // 定义一个变量，保存服务器端的文件名
  var url="server1.ashx";
  xmlHttp.onreadystatechange=handleStateChange;    // 指定回调函数
  xmlHttp.setRequestHeader("Content-Type","application/x-www-form-urlencoded;");
  xmlHttp.open("POST",url,true);                // 设置 POST 方式
  xmlHttp.send(para);                     // 发送 POST 请求
}
```

为了确保服务器中知道有请求参数，需要调用 setRequestHeader() 方法将 Content-Type 值设置为 application/x-www-form-urllencode。最后调用 send() 方法并将数据作为参数传递给这个方法。

04 无论使用 GET 方式，还是使用 POST 方式传递，其处理服务器端响应信息的回调函数相同。如下所示为 handleStateChange() 函数的代码：

```
function handleStateChange()           // 处理结果的回调函数
{
   if((xmlHttp.readyState == 4)&&(xmlHttp.status == 200))
   {
      var result=$("#ret").html()+xmlHttp.responseText;
      $("#ret").html(result);
   }
}
```

05 保存上面对 HTML 页面的修改。这一步来创建服务器端页面 server1.ashx，实现获取数据并输出结果的功能。具体代码如下所示：

```
public void ProcessRequest(HttpContext context)
{
   context.Response.ContentType = "text/plain";
```

```
if (context.Request.QueryString["name"].ToString()!="")
{
    string name = context.Request.QueryString["name"].ToString();
    string address = context.Request.QueryString["address"].ToString();
    string phone = context.Request.QueryString["phone"].ToString();
    string person = context.Request.QueryString["person"].ToString();

    context.Response.Write(
     string.Format("<tr><td>{0}</td><td>{1}</td><td>{2}</td><td>{3}</td></tr>", name, address, person, phone)
       );
 }

}
```

06 在浏览器中运行HTML页面，项目提交表单在上面，结果表格在下方，如图16-4所示。在表单中输入项目信息，再单击【确认】按钮，会在下方显示结果，如图16-5所示。

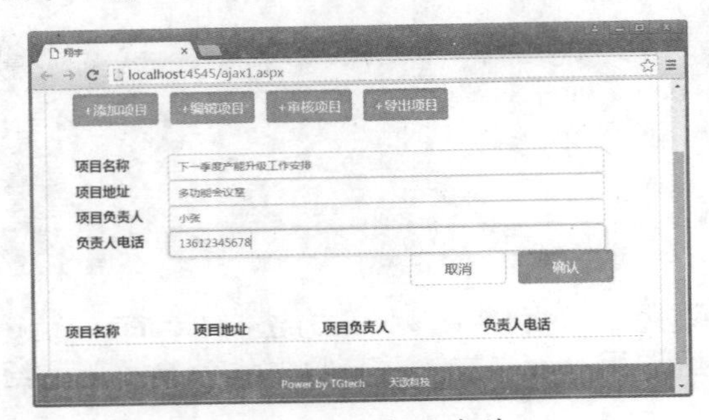

图 16-4　提交表单

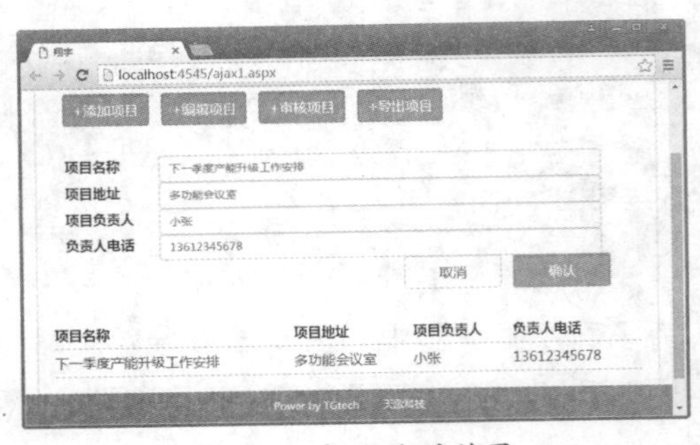

图 16-5　提交后的效果

16.1.4　高手带你做——读取用户列表

前面介绍了使用 XMLHttpRequest 对象发送 GET 和 POST 请求，然后处理服务器端返回的 HTML 文本。对于复杂结构的数据，在服务器端通常使用 XML 文件格式返回。此时 XML 数据的操作是重点，这些 XML 数据可以预先设定，也可以来自于数据库表或文件。

XMLHttpRequest 对象提供了一个 responseXML 属性，专门用于接收 XML 响应。

【例 16-3】

下面创建一个案例，演示如何将服务器端返回的 XML 文件以列表形式显示到页面。具体步骤如下所示。

01 首先创建服务器端的页面 xml_server.ashx。这里直接输出一个 XML 格式的字符串，实际开发可能会用到从数据库中读取并输出，代码如下所示：

```
public void ProcessRequest(HttpContext context)
{
   context.Response.ContentType = "text/xml";
   string xml = "<?xml version=\"1.0\" encoding=\"utf-8\"?>"
      +"<users>"
```

```
        +"<user><name>xiangyu</name><email>xiangyu@airoa.cn</email></user>"
        +"<user><name>admin</name><email>admin@163.com</email></user>"
        +"<user><name>xiake</name><email>xiake@qq.com</email></user>"
        +"</users>";
    context.Response.Write(xml); // 输出上面定义的 XML 格式字符串
  }
```

02 新建一个 xml_ajax.html 文件作为客户端，在 body 的 onload 事件中调用 getAllUsers() 函数，再添加结果显示区域，代码如下所示：

```
<body onload=" getAllUsers();">
  <ul class="xy_c3b_ul" id="users_ret"> </ul>
  <!-- 省略其他布局 -->
</body>
```

03 使用 JavaScript 代码创建页面，加载要调用的 getAllUsers() 函数，代码如下所示：

```
<script language="javascript" type="text/javascript">
function getAllUsers()
{
  createXMLHttpRequest();                    // 创建 XMLHttpRequest 对象
  var url="xml_server.ashx";                 // 定义一个变量保存服务器端的文件名
  xmlHttp.onreadystatechange=handleStateChange; // 指定回调函数
  xmlHttp.open("POST",url,true);             // 指定 POST 请求
  xmlHttp.send(null);
}
</script>
```

从上述代码中可以看到，代码非常简洁。这是因为处理 XML 格式响应的重点是客户端的回调函数，即 handleStateChange() 函数。

04 接下来创建回调函数 handleStateChange()，并在函数体内获取服务器端返回的 XML 格式数据。然后对它进行解析，并以表格的形式显示到页面上。具体代码如下所示：

```
function handleStateChange()
{
   if((xmlHttp.readyState == 4)&&(xmlHttp.status == 200))
   {
      var xml_data = xmlHttp.responseXML;              // 获取返回的 XML 响应
      var users = xml_data.getElementsByTagName("user");      // 获取所有 user 节点
      var str = "";
      for(var i=0;i<users.length;i++)                 // 循环输出各个节点
      {
        var name=users[i].childNodes[0].firstChild.data;          // 获取 name 元素的值
        var email=users[i].childNodes[1].firstChild.data;         // 获取 email 元素的值
```

```
        str+="<li class='clearfix'>"+name+" / <span>"+email+"</span></li>";
    }
    $("#users_ret").html(str);             // 在页面上显示结果
  }
}
```

在 handleStateChange() 函数中获取 XML 文件中的根节点 users，然后通过 xml_data.getElementsByTagName("user") 获取所有的 user 节点。接下来使用 for 循环遍历节点中的元素，并且将遍历的元素保存到 str 变量中。最后将 str 的数据显示在 id 为 users_ret 的 ul 标签中。

05 在浏览器中单独运行 xml_server.ashx，将看到一个完整的 XML 文件，如图 16-6 所示。然后运行 xml_ajax.html，页面加载完成后，会看到以列表形式显示 xml_server.ashx 文件中的数据，如图 16-7 所示。

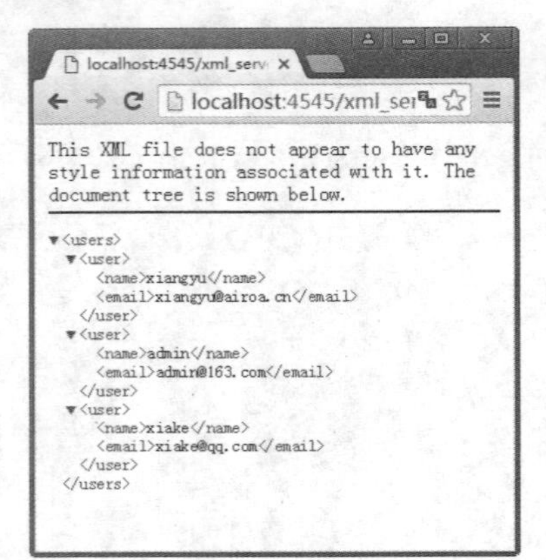

图 16-6　运行 xml_server.ashx 的效果

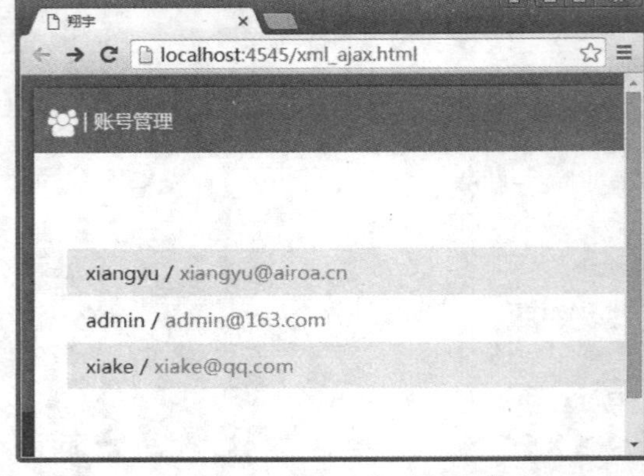

图 16-7　显示用户列表的效果

16.1.5　高手带你做——处理 JSON

除了以简单的字符串和标准的 XML 在客户端和服务器端进行传输外，Ajax 还支持 JSON 格式的数据。

【例 16-4】

下面通过一个实例来具体演示服务器端如何使用 ASP.NET 输出一个 JSON 格式的字符串，以及如何在客户端处理 JSON 格式的响应。

01 这里使用前面介绍的 XML 作为 JSON 数据源。创建一个 json_server.ashx 文件，XML 对应的 JSON 代码如下：

```
public void ProcessRequest(HttpContext context)
{
  context.Response.ContentType = "text/plain";
  List<User> list = new List<User>()                    // 定义用户列表
  {
    new User() {Name="xiangyu" ,Email="xiangyu@airoa.cn"},
    new User() {Name="admin" ,Email="admin@163.com"},
    new User() {Name="xiake" ,Email="xiake@qq.cn"}
```

```
    };
    // 转换成 JSON 字符串
    string jsonString = JsonHelper.JsonSerializer<List<User>>(list);
    context.Response.Write(jsonString);
}
```

上述代码在 list 集合中定义用户列表，接着使用 JsonSerializer() 方法将 list 集合序列化为 JSON 字符串，最后输出 JSON 字符串。

02 创建一个 User 类表示用户信息，包含 Name 和 Email 两个属性。代码如下所示：

```
public class User
{
  public string Name { set; get; }
  public string Email { set; get; }
}
```

03 创建 HTML 页面 json_ajax.html 作为客户端，并且在 body 的 onload 事件中调用 getAllUsers() 函数，再添加结果显示区域，代码如下所示：

```
<body onload=" getAllUsers();">
  <ul class="xy_c3b_ul" id="users_ret"> </ul>
  <!-- 省略其他布局 -->
</body>
```

04 使用 JavaScript 代码创建页面加载完成要调用的 getAllUsers() 函数，代码如下所示：

```
<script language="javascript" type="text/javascript">
function getAllUsers()
{
 createXMLHttpRequest();                    // 创建 XMLHttpRequest 对象
 var url="json_server.ashx";                // 定义一个变量，保存服务器端的文件名
 xmlHttp.onreadystatechange=handleStateChange;    // 指定回调函数
 xmlHttp.open("POST",url,true);                // 指定 POST 请求
 xmlHttp.send(null);
}
</script>
```

05 接下来创建回调函数 handleStateChange()，并在函数体内获取服务器端返回的 XML 格式数据。然后对它进行解析，并以表格的形式显示到页面上。具体代码如下所示：

```
function handleStateChange()
{
  if((xmlHttp.readyState == 4)&&(xmlHttp.status == 200))
  {
    var json_str = xmlHttp.responseText;          // 获取返回的 JSON 响应
```

```
    var json_data = eval("(" + json_str + ")");     // 调用 eval() 方法执行 JSON 字符串

    var str = "";
    for(var i=0;i<json_data.length;i++)           // 循环以输出各个内容
    {
      var name=json_data[i].Name;                                          // 获取 JSON 中的 Name 数据
      var email=json_data[i].Email;                                        // 获取 JSON 中的 Email 数据
      str+="<li class=' clearfix' >"+name+" / <span>"+email+"</span></li>";
    }
    $("#users_ret").html(str);           // 在页面上显示结果
  }
}
```

在 handleStateChange() 函数中 json_str 变量保存的是 json_server.ashx 返回的 JSON 字符串。为了遍历其中的数据，需要使用 eval() 函数将它转换为 JSON 对象。接下来使用 for 循环遍历节点中的元素，并且将遍历的元素保存到 str 变量中。最后将 str 的数据显示在 id 为 users_ret 的 ul 标签中。

06 在浏览器中单独运行 json_server.ashx，将看到一个 JSON 字符串，如图 16-8 所示。然后运行 json_ajax.html，页面加载完成后，会看到以列表形式显示 json_server.ashx 文件中的数据。

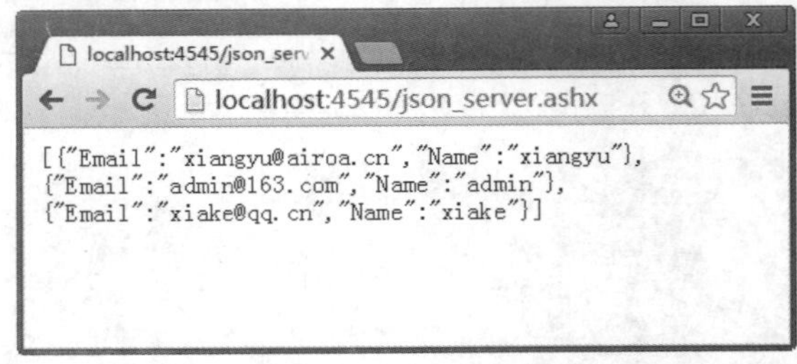

图 16-8　json_server.ashx 文件的效果

16.2　ASP.NET Ajax 简介

ASP.NET Ajax 作为 ASP.NET 的一个扩展，它采用 ASP.NET 服务器端的开发环境，因此它提供对于客户端脚本和强大的 ASP.NET 服务器端脚本的融合。使开发人员能够更方便地创建绚丽、互动的 Web 应用程序界面。

ASP.NET Ajax 框架的使用非常简单，只需要简单地拖曳几个控件到 Web 页面上，就可以使 Web 页面具有精彩的 Ajax 用户界面效果，同时大量地降低应用服务器层的资源消耗。它可以弥补 ASP.NET 不尽如人意的地方，也提供了 ASP.NET 无法提供的几个功能。具体说明如下：

- 允许 Web 页响应回调操作实现 Web 页面的局部更新，而不整页更新。
- 拥有大量的客户端控件，可以更加方便地实现 JavaScript 功能和特效。
- 可以异步取回服务器端的数据，从而加快响应能力。
- 可以改善用户操作体验，不会因为整页重新加载造成闪动。
- 提供跨浏览器的兼容性支持。

ASP.NET Ajax 包括两部分：客户端和服务器端。它们非常适合用来创建操作方式更便利、反应更快速的跨浏览器页面应用程序。

1. 客户端部分

ASP.NET Ajax 客户端主要包括应用程序接口、API 函数、基础类库、ASP.NET Ajax XML 引擎、ASP.NET Ajax 的客户端控件和封装的 XMLHttpRequest 对象等。

ASP.NET Ajax 的客户端控件在浏览器上运行，提供管理界面元素、调用服务器端方法获取数据等功能。

2. 服务器端部分

ASP.NET Ajax 服务器端提供了处理服务器端的脚本代码，它同时包括 4 个部分，使得开发人员可以轻松实现异步网页和无刷新的 Web 环境：

- ASP.NET Ajax 服务器端控件。
- ASP.NET Ajax 服务器端扩展控件。
- ASP.NET Ajax 服务器端远程 Web Service 桥。
- ASP.NET Web 程序的客户端代理。

ASP.NET Ajax 服务器控件包含服务器和代码，以实现类似 Ajax 的功能。表 16-4 列出了最核心的 ASP.NET Ajax 服务器控件。

表 16-4　ASP.NET Ajax 核心服务器控件

控件名称	描　述
ScriptManager	管理客户端组件的脚本资源和局部页面的绘制，一个 ASP.NET 页面中只能包含一个 ScriptManager 控件，且它必须出现在任何 Ajax 控件之前
UpdatePanel	通过异步调用来刷新的局部页面使用此控件进行定义
UpdateProgress	提供 UpdatePanel 控件更新局部页面时的状态信息
Timer	一个定时器，可以定时刷新整个页面，或者与 UpdatePanel 控件结合使用，执行定时局部刷新

16.3　ScriptManager 控件

ScriptManager 控件是 ASP.NET Ajax 实现页面异步更新的基础。默认情况下，ScriptManager 控件会向页面注册 ASP.NET Ajax Library 的脚本。这将使客户端脚本能够使用系统扩展，并支持部分页呈现和 Web 服务调用这样的功能。下面详细介绍 ScriptManager 控件的应用。

16.3.1　ScriptManager 简介

ScripManager 控件是一个页面的全局脚本控制器，是所有 Ajax 控件的基础。

ScriptManager 掌管着客户端 Ajax 页的多个脚本，并在页面中注册 Ajax 类库，用来实现页面的局部更新和对 Web 服务的调用。一个页面只允许有一个 ScriptManager，并且必须放在其他 Ajax 控件的前面。

Ajax 可向 JavaScript 添加类型系统扩展，以提供命名空间、继承、接口、枚举、映射以及字符串和数组的辅助函数。这些扩展可以在客户端脚本中提供与 .NET Framework 类似的功能。

利用这些扩展，可按一种结构化方式编写支持 Ajax 的 ASP.NET 应用程序，这不仅能提高可维护性，还使添加功能和功能分层的操作更容易。

ScripManager 控件的基本属性如表 16-5 所示。

表 16-5　ScripManager 控件的基本属性

属性名称	说　明
AllowCustomError	是否要使用错误处理
AsyncPostBackErrorMessage	异步返回错误的时候是否返回错误消息
AsypostBackTimeOut	异步返回事件显示，默认为 90 秒
EnablePartialZRendering	是否支持页面的局部刷新
ScriptMode	指定发送到客户端的脚本模式，有四种取值：Auto、Inherit、Debug、Release，默认为 Auto
ScripPath	设置所有脚本块的根目录，作为全局属性

虽然 Ajax 功能需要借助 ScriptManager 控件才能起作用，但 ScriptManager 控件是不在页面中显示的，而是控制着页面中的 UpdatePanel 控件来显示。这样的关系相当于数据源控件与数据显示控件，数据源控件能够获取数据，但不显示，而数据显示控件能够显示数据源中的数据。当页包含一个或多个 UpdatePanel 控件时，ScriptManager 控件将管理浏览器中的部分页呈现，与页生命周期进行交互，更新 UpdatePanel 控件内的区域。

16.3.2　ScriptManager 控件的应用

ScriptManager 控件管理一个页面上的所有 Ajax 资源。其中包括将 Ajax 脚本下载到浏览器和协调通过使用 UpdatePanel 控件启用的部分页面更新。此外，通过 ScriptManager 控件还能执行以下操作：

- 注册与部分页面更新兼容的脚本。为了管理脚本与核心库之间的依赖项，将在加载 Ajax 脚本之后加载注册的所有脚本。
- 指定是发布还是调试发送到浏览器的脚本。
- 通过向 ScriptManager 控件注册 Web 服务，提供从脚本访问 Web 服务方法的权限。
- 通过向 ScriptManager 控件注册 ASP.NET 身份验证、角色和配置文件应用程序服务，提供从客户端脚本访问这些服务的权限。
- 在浏览器中以区域性特定的形式显示脚本的 Date、Number 和 String 函数。
- 使用 ScriptReference 控件的 ResourceUICultures 属性来访问嵌入式脚本文件或独立脚本文件的本地化资源。
- 向 ScriptManager 控件注册可实现 IExtenderControl 或 IScriptControl 接口的服务器控件，以便呈现客户端组件和行为所需的脚本。

一个网页只能包含一个 ScriptManager 控件，该控件既可以直接位于页面中，也可以间接位于嵌套组件或父组件内部。下面将介绍 ScriptManager 控件常见的几种应用方式。

1. 脚本的管理和注册

ScriptManager 控件控制脚本的使用，可以直接通过控件的集合，也可通过注册方法，再指定脚本。ScriptManager 控件的 Scripts 集合中针对浏览器中可用的每个脚本包含一个 ScriptReference 对象。可以以声明方式或编程方式指定脚本。

ScriptManager 控件公开了一些注册方法，以编程方式管理客户端脚本和隐藏字段。当为支持部分页更新的脚本或隐藏字段注册时，必须调用 ScriptManager 控件的注册方法。

通过 ScriptManager 控件可注册随后将作为页面一部分呈现的脚本。ScriptManager 控件注册方法可以细分为以下三种类别：

- 保证维护 Ajax 上脚本依赖项的。

- 不依赖 Ajax 但与 UpdatePanel 控件兼容的。
- 支持与 UpdatePanel 控件协作的。

要注册依赖 Ajax 的脚本，可以使用表 16-6 中的方法，以保证维护 Ajax 上所有依赖项的方式注册脚本文件。

表 16-6 维护 Ajax 上所有依赖项的注册方法

方法名称	说　明
RegisterScriptControl <TScriptControl>	注册可实现用来定义 Sys.Component 客户端对象的 IScriptControl 接口的服务器控件。ScriptManager 控件呈现支持该客户端对象的脚本
RegisterExtenderControl <TExtenderControl>	注册可实现用来定义 Sys.UI.Behavior 客户端对象的 IExtenderControl 接口的服务器控件。ScriptManager 控件呈现支持该客户端对象的脚本

可以使用表 16-7 中的方法注册不依赖 Ajax 但与 UpdatePanel 控件兼容的脚本文件。这些方法与 ClientScriptManager 控件的类似方法相对应。如果为便于在 UpdatePanel 控件中使用而呈现脚本，则应确保调用 ScriptManager 控件的方法。

表 16-7 与 UpdatePanel 控件兼容的脚本注册方法

方法名称	说　明
RegisterArrayDeclaration()	在 JavaScript 数组中添加值。如果该数组不存在，则创建它
RegisterClientScriptBlock()	在页面的 <form> 开始标记之后呈现一个 script 元素。该脚本被指定为字符串参数
RegisterClientScriptInclude()	在页面的 <form> 开始标记之后呈现一个 script 元素。通过将 src 特性设置为指向脚本文件的 URL 来指定脚本内容
RegisterClientScriptResource()	在页面的 <form> 开始标记之后呈现一个 script 元素。脚本内容是使用程序集中的资源名称指定的。通过调用从程序集中检索命名脚本的 HTTP 处理程序，来使用 URL 自动填充 src 特性
RegisterExpandoAttribute()	在标记中为指定控件呈现一个自定义名称 / 值特性对 (一个 expando)
RegisterHiddenField()	呈现隐藏字段
RegisterOnSubmitStatement()	注册为响应 form 元素的 submit 事件而执行的脚本。onSubmit 特性引用指定脚本
RegisterStartupScript()	在页面的 </form> 结束标记之前呈现启动脚本块。要呈现的脚本被指定为字符串参数

在注册方法时，可为该脚本指定类型 / 键对。如果已注册了一个包含相同类型 / 键对的脚本，则不会注册新的脚本。同样，如果所注册脚本的类型 / 资源名称对已存在，则不会再添加引用该资源的 script 元素。

在调用 RegisterClientScriptInclude() 或 RegisterClientScriptResource() 方法时，应避免注册执行内联函数的脚本。相反，应注册包含函数定义 (如事件处理程序) 或应用程序的自定义类定义的脚本。

2. Web 服务应用

若要注册想要从支持 Ajax 的 ASP.NET 页调用的 Web 服务，可以通过将该 Web 服务添加到 ScriptManager 控件的 Services 集合来注册它。ASP.NET Ajax 会为 Services 集合中的每个 ServiceReference 对象生成一个客户端代理对象。这些代理类及其强类型成员将简化从客户端脚本使用 Web 服务的过程。

通过创建一个 ServiceReference 对象，然后将其添加到 ScriptManager 控件的 Services 集合中，可以注册一个要从客户端脚本调用的 Web 服务。ASP.NET 可为 Services 集合中的每个 ServiceReference 对象生成一个客户端代理对象。可通过编程方式将 ServiceReference 对象添加到 Services 集合中，以便在运行时注册 Web 服务。

ScriptManager 控件可在呈现页面中生成指向适当的本地化脚本文件 (嵌入程序集中的脚本文件或独立脚本文件) 的引用。

在将 EnableScriptLocalization 属性设置为 true 时，ScriptManager 控件会检索当前区域中诸如本地化字符串这样的本地化资源 (如果存在)。ScriptManager 控件可为使用本地化资源提供下列功能。

(1) 嵌入到程序集中的脚本文件。

ScriptManager 控件可确定将哪个区域性特定的脚本文件发送到浏览器。为此，它会使用区域性特定的 NeutralResourcesLanguage Attribute 程序集特性、打包在程序集中的资源以及浏览器的 UI 区域性。

(2) 独立脚本文件。

ScriptManager 脚本管理控件可以使用 ScriptReference 对象的 ResourceUICultures 属性来定义所支持的区域性列表。

(3) 在调试模式中的脚本文件。

ScriptManager 控件尝试呈现包含调试信息的区域性脚本文件。例如，如果页面处于调试模式且当前区域性设置为 en-MX，则该控件会呈现一个其名称如 scriptname.en-MX.debug.js 这样的脚本文件 (如果该文件存在)。如果该文件不存在，则呈现标准区域性的调试文件。

3. 从客户端脚本使用身份验证、配置文件和角色服务

Ajax 包含用于从 JavaScript 直接调用 ASP.NET Forms 身份验证、配置文件和角色应用程序服务的代理类。如果要使用自定义身份验证服务，则可通过使用 ScriptManager 控件来注册该服务。

4. 添加特定于嵌套组件的脚本和服务

如前所述，在一个页面中，我们只能添加 ScriptManager 控件的一个实例。该页可以直接包含该控件，也可以将其间接包含在嵌套的组件中，如用户控件、母版页的内容页或嵌套的母版页。如果页面已包含 ScriptManager 控件，但嵌套的组件或父组件需要 ScriptManager 控件的其他功能，则该组件可以包含 ScriptManagerProxy 控件。

使用 ScriptManagerProxy 控件，可在母版页或宿主页已包含 ScriptManager 控件的情况下，将脚本和服务添加到内容页和用户控件中。

在使用 ScriptManagerProxy 控件时，可以将脚本和服务添加到 ScriptManager 控件所定义的脚本和服务集合。如果不希望在包含特定 ScriptManager 控件的每一页上都包含特定的脚本和服务，则可以将这些脚本和服务从 ScriptManager 控件中移除。

5. 局部更新

ScriptManager 控件的 EnablePartialRendering 属性确定某个页是否参与局部更新。默认情况下，EnablePartialRendering 属性为 true。因此，默认情况下，向页面添加 ScriptManager 控件时，将启用局部更新。

ASP.NET 页面支持局部更新的能力受到以下因素的限制：

- ScriptManager 控件的 EnablePartial Rendering 属性必须为 true(默认值)。
- 页面上必须至少有一个 UpdatePanel 控件。
- SupportsPartialRendering 属性必须为 true(默认值)。如果没有显式设置

SupportsPartialRendering 属性，则其值依浏览器功能而定。

当页面支持局部更新时，ScriptManager 控件会呈现脚本，以启用异步回发和部分页面更新。可使用 UpdatePanel 控件来指定要更新的页面区域。ScriptManager 控件会处理异步回发，并且只刷新必须更新的页面区域。

16.4 UpdatePanel 控件

UpdatePanel 控件是 ASP.NET 中 Ajax 功能的中心部分。它们与 ScriptManager 控件一起使用，以启用部分页呈现。本节介绍 UpdatePanel 控件的概念及其应用。

16.4.1 UpdatePanel 简介

在一个页面中没有限制使用 UpdatePanel 控件的数量，也就是说可以不使用、使用一个或多个。所以可以为不同的需要局部更新的页面区域加上不同的 UpdatePanel 控件。

图 16-9 展示了在页面上存在多个 UpdatePanel 控件的情况。

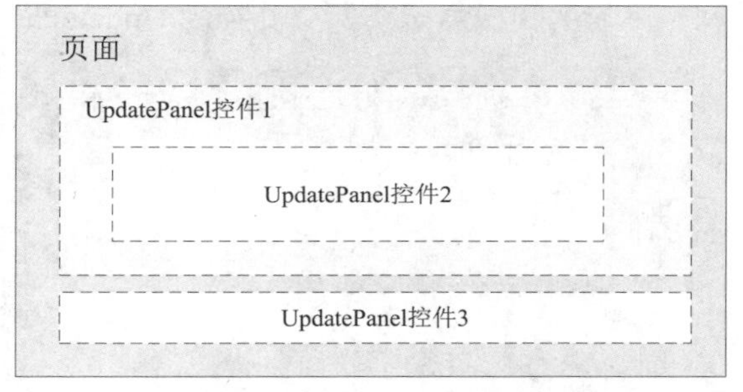

图 16-9 多个 UpdatePanel 控件共存

此时，更新一个 UpdatePanel 控件 3，并不会连带更新 UpdatePanel 控件 1。但当嵌套使用时，最外面的 UpdatePanel 控件 1 被触发更新，里面的 UpdatePanel 控件 2 也随着更新。而当里面的 UpdatePanel 控件 2 触发更新时，并不会更新外层的 UpdatePanel 控件 1。

简单的 UpdatePanel 控件嵌套定义代码如下所示：

```
<asp:UpdatePanel ID="UpdatePanel1" runat="server">
  <ContentTemplate>
    <!-- 顶层内容 -->
    <asp:UpdatePanel ID="UpdatePanel2" runat="server">
      <ContentTemplate>
        <!-- 嵌套内容 -->
      </ContentTemplate>
      <Triggers>
      </Triggers>
    </asp:UpdatePanel>
  </ContentTemplate>
  <Triggers>
  </Triggers>
</asp:UpdatePanel>
```

UpdatePanel 控件作为 ASP.NET Ajax 中实现页面局部刷新的重要控件，它也有一些自己的属性，如下所示。

- ChildrenAsTriggers 属 性： 应 用 于 UpdateMode 属 性 为 Conditional 时， 指 定 UpdatePanel 中的子控件的异步回送是否会引发 UpdatePanel 的更新。
- RenderMode 属性：表示 UpdatePanel 最终呈现的 HTML 元素，默认 Block 表示 <div>，Inline 表示 <span>。
- Triggers 属性：用于引起更新的事件。
- UpdateMode 属性：表示 UpdatePanel 的更新模式，可以是 Always 或者 Conditional。

提示

Always 表示无论有没有 Trigger，其他控件都将触发 UpdatePanel。Conditional 表示只有当前 UpdatePanel 的 Trigger 或 ChildrenAsTriggers 属性为 true 时，才会引发更新 UpdatePanel。

为了避免页面上一个局部更新被触发时所有的 UpdatePanel 都将更新这种情况，需要把 UpdateMode 属性设置为 Conditional，然后为每个 UpdatePanel 设置专用的触发器。

下面的代码展示了两个共存的 UpdatePanel 控件：

```
<asp:UpdatePanel ID="UpdatePanel1" runat="server" UpdateMode="always">
  <ContentTemplate>
    <%= DateTime.Now %>
     <asp:Button ID="Button1" runat="server" Text=" 更新 1" />
  </ContentTemplate>
</asp:UpdatePanel>
<hr />
<asp:UpdatePanel ID="UpdatePanel2" runat="server" UpdateMode="Conditional" ChildrenAsTriggers="false">
  <ContentTemplate>
     <%= DateTime.Now %>
     <asp:Button ID="Button2" runat="server" Text=" 更新 2" />
   </ContentTemplate>
</asp:UpdatePanel>
```

在如上代码所示的页面中，如果用户单击“更新 1”按钮，将更新自己的 UpdatePanel1，而不能更新 UpdatePanel2，因为 UpdatePanel2 的 UpdateMode 属性值为 conditional。

如果单击“更新 2”按钮，将会更新 UpdatePanel1，因为在 UpdatePanel2 中设置了 ChildrenAsTriggers 属性值为 false，所以不能更新自己。希望读者能自己尝试设置这几个属性的值，通过不同的执行结果体会具体的含义。

【例 16-5】

向页面中添加一个 ScriptManager 和一个 UpdatePanel 控件，分别在 UpdatePanel 控件内部和 UpdatePanel 控件外部添加一个按钮，在 UpdatePanel 控件外部添加一个标签，并定义页面的加载事件，判断页面是否是第一次加载：

- 若页面是第一次加载，则标签的标题是“页面首次加载”。
- 若页面不是第一次加载，则标签的标题是“感谢再次光临！”。

省略控件的添加步骤，页面加载事件代码如下：

```
protected void Page_Load(object sender, EventArgs e)
```

```
{
  if (!Page.IsPostBack)       // 页面是否首次加载
  {
    num.Text = " 页面首次加载 ";
  }
  else                    // 页面非首次加载
  {
    num.Text = " 感谢再次光临！ ";
  }
}
```

运行该页面，单击 UpdatePanel 控件内的按钮，页面没有变化，标签的标题是“页面首次加载”；而单击 UpdatePanel 控件外的按钮，标签的标题被修改为“感谢再次光临！”。可见 UpdatePanel 控件内的按钮只是进行了局部的更新，而 UpdatePanel 控件外的按钮可进行整页的更新。

16.4.2　异步更新的限制

并不是所有的控件、方法和属性都支持页面的异步更新，其应用限制主要表现在三个方面：不支持异步更新的 ASP.NET 控件、不支持异步更新的 Web 控件和不支持异步更新的属性和方法。以下分别介绍不支持异步更新的控件、方法和属性。

1. 不支持异步更新的 ASP.NET 控件

下面的 ASP.NET 控件与异步更新不兼容，因此不应在 UpdatePanel 控件内使用。

- 处于多种情况下的 TreeView 控件：一种情况是启用了不是异步回发的一部分的回调。另一种情况是将样式直接设置为控件属性，而不是通过使用对 CSS 样式的引用来隐式设置控件的样式。还有一种情况是 EnableClientScript 属性为 false(默认值为 true)。另外，还有一种情况，即在异步回发之间更改了 EnableClientScript 属性的值。
- Menu 控件：将样式直接设置为控件属性，而不是通过使用对 CSS 样式的引用来隐式设置控件的样式时。
- FileUpload 和 HtmlInputFile 控件：当它们作为异步回发的一部分用于上载文件时。
- GridView 和 DetailsView 控件：当它们的 EnableSortingAndPagingCallbacks 属性设置为 true 时。默认值为 false。
- Login、PasswordRecovery、ChangePassword 和 CreateUserWizard 控件：其内容尚未转换为可编辑的模板。
- Substitution 控件。

要在 UpdatePanel 控件内使用 FileUpload 或 HtmlInputFile 控件，须将提交文件的回发控件设置为面板的 PostBackTrigger 控件。仅可以在回发方案中使用 FileUpload 和 HtmlInputFile 控件。

所有其他控件都可以在 UpdatePanel 控件内发挥作用。不过，在某些情况下，控件在 UpdatePanel 控件内可能不会按预期方式工作。这些情况包括：

- 通过调用 ClientScriptManager 控件注册方法的注册脚本。
- 在该控件呈现过程中直接呈现脚本或标记，例如，通过调用 Write() 方法。

2. 不支持异步更新的 Web 控件

Web 控件是一组集成控件，用于创建网站使最终用户可以直接从浏览器修改网页的内容、外观和行为。可以在 UpdatePanel 控件内使用 Web 控件，但具有以下限制：

- 每个 WebPartZone 控件都必须在同一 UpdatePanel 控件内。例如，页上不能具有两个带有各自 WebPartZone 控件的 UpdatePanel 控件。
- WebPartManager 控件管理 Web 部件控件的所有客户端状态信息。它必须在页面上最外部的 UpdatePanel 控件内。
- 不能通过使用异步回发导入或导出 Web 控件。需要 FileUpload 控件执

行此任务，该控件不能与异步回发一起使用。默认情况下，导入 Web 控件将执行完全回发。

- 在异步回发过程中，不能添加或修改 Web 部件控件的样式。

3. 不支持异步更新的属性和方法

在异步回发过程中，不支持在页面上设置默认回发按钮的以下方法：

- 在异步回发过程中以编程方式更改 DefaultButton。
- 在异步回发过程中，当 Panel 控件不在 UpdatePanel 控件内部时，以编程方式更改 DefaultButton。

仅在回发方案（不包括异步回发方案）之下，才能够支持 HttpResponse 类之中的以下这些方法：BinaryWrite()、Clear()、ClearContent()、ClearHeaders()、Close()、End()、Flush()、TransmitFile()、Write()、WriteFile() 和 WriteSubstitution()。

16.4.3 UpdateProgress 控件

UpdateProgress 控件是 ASP.NET Ajax 框架中最简单的控件，用于当页面异步更新数据时，显示给用户友好的提示信息。该信息可以是文本信息，也可以是图片信息，用户可以根据自己的项目需要进行选择。UpdateProgress 控件的定义形式如下所示：

```
<asp:UpdateProgress ID="UpdateProgress1" runat="server">
  <ProgressTemplate>
    <!-- 表示进度的信息 -->
  </ProgressTemplate>
</asp:UpdateProgress>
```

在默认情况下，UpdageProgress 控件将显示页面上所有 UpdatePanel 控件更新的进度信息。在以前版本的 UpdateProgress 中，无法设置让 UpdateProgress 只显示某一个 UpdatePanel 的更新。而在最新版本的 UpdateProgress 控件中提供了 AssociatedUpdatePanelID 属性，可以指定 UpdateProgress 控件显示哪一个 UpdatePanel 控件。

下面给出 UpdateProgress 控件的三个重要属性。

- AssociatedUpdatePannelID：通常用于有多个 UpdatePanel 的情况下，设置为与 UpdateProgress 相关联 UpdatePanel 的 ID。
- DisplayAfter：进度信息被展示后的毫秒数。
- DynamicLayout：UpdateProgress 控件是否动态绘制，而不占用网页空间。

16.4.4 高手带你做——无刷新加载备注信息

前面详细介绍了 ScriptManager 控件和 UpdatePanel 控件的用法。本案例演示如何使用 ScriptManager 控件和 UpdatePanel 控件无刷新实现加载备注信息。案例使用 StreamReader 类读取记事本中的内容，StreamWriter 类向记事本中写入内容，ScriptManager 控件和 UpdatePanel 控件实现添加内容完成后页面无刷新立即显示内容的功能。

【例 16-6】

本案例的实现步骤如下。

01 添加新的 Web 窗体页，在窗体中添加 ScriptManager 控件，并在合适位置添加 UpdatePanel 控件。在 UpdatePanel 控件中添加 Repeater 控件，该控件用于显示记事本中的所有内容，页面设计效果如图 16-10 所示。

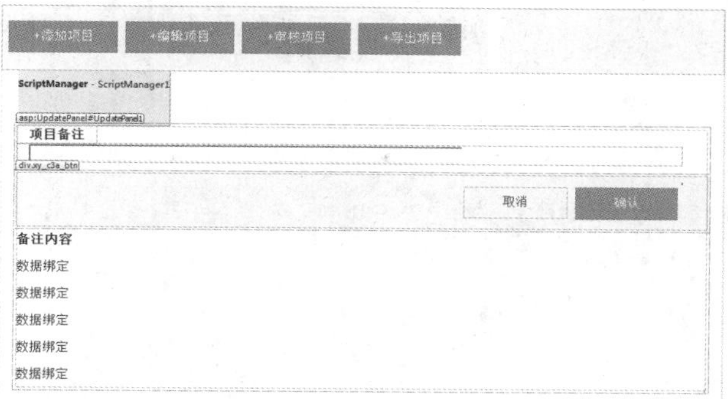

图 16-10　布局设计效果

02 创建实体类并向该类添加构造函数，该类包含文件的相关内容。其主要代码如下：

```
public class Info
{
    public Info(string _content) { this.Content = _content; }
    public string Content { set; get; }
}
```

03 页面加载时读取显示记事本中的所有内容。其具体代码如下：

```
protected void Page_Load(object sender, EventArgs e)
{
    if (!Page.IsPostBack)
        GetList();                                          //读取记事本内容
}
public void GetList()
{
    IList<Info> filist = new List<Info>();                                  //创建集合对象
    FileInfo fi = new FileInfo(Server.MapPath("~/UploadFile/Info.txt"));    //创建 FileInfo 实例对象
    StreamReader sr = fi.OpenText();                                        //创建 StreamReader 类
    string content = string.Empty;                                          //声明内容变量
    while ((content = sr.ReadLine()) != null)                               //读取内容
        filist.Add(new GameInfo(content));                          //将内容添加到集合中
    sr.Close();                                                             //关闭 StreamReader 对象
    Repeater1.DataSource = filist;                                          //绑定数据
    Repeater1.DataBind();
}
```

上述代码中，Load 事件首先判断页面是否为首次加载，如果是，调用 GetList() 方法读取文件中的所有内容。GetList() 方法中首先创建 FileInfo 类的实例对象 fi，接着调用该对象的 OpenText() 方法读取文件中的内容，然后添加到集合对象 filist 中。最后通过 Repeater 控件的

DataSource 属性和 DataBind() 方法绑定数据。

04 单击【保存】按钮时，将用户输入的内容写入到记事本中，然后调用 GetList() 方法重新加载显示内容。该按钮 Click 事件的主要代码如下：

```
protected void Button1_Click(object sender, EventArgs e)
{
    if (this.TextBox1.Text.Trim() == string.Empty)   return;
    FileInfo DBFile = new FileInfo(Server.MapPath("~/UploadFile/Info.txt"));
    StreamWriter sw = DBFile.AppendText();                    // 以追加的方式打开该文件
    sw.WriteLine(this.TextBox1.Text);                         // 写入内容
    sw.Close();                                               // 关闭流
    GetList();
}
```

上述代码中首先创建 FileInfo 类的实例对象，接着调用该对象的 AppendText() 方法以追加的方式打开文件。然后使用 Write() 方法将用户输入的内容写入数据，最后重新调用 GetList() 方法刷新文件中的内容。

05 运行本案例，输入内容后单击【确定】按钮进行测试，运行效果如图 16-11 所示（注意观察无刷新的效果，与删除 ScriptManager 控件和 UpdatePanel 控件相关代码后的页面进行对比）。如图 16-12 所示为此时 Info.txt 文件中被写入的内容。

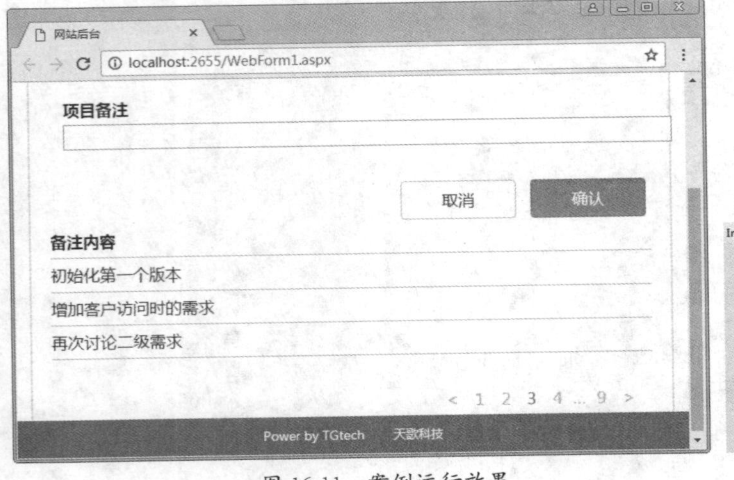

图 16-11 案例运行效果

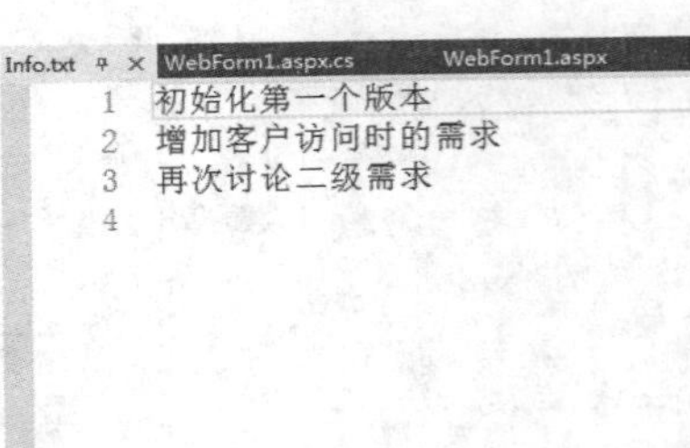

图 16-12 Info.txt 文件中的内容

06 为了使页面的运行效果更加友好，可以在写入和加载时显示一个动画。具体方法是在 UpdatePanel 控件的 ContentTemplate 模板中添加一个 UpdateProgress 控件，具体代码如下：

```
<asp:UpdateProgress ID="UpdateProgress1" runat="server">
  <ProgressTemplate>
    <div style="color: #FF0000">
      <img src="images/loader.gif" /> 正在处理，请稍候 ....
    </div>
  </ProgressTemplate>
```

```
</asp:UpdateProgress>
```

07 然后在后台中使用"System.Threading.Thread.Sleep(4000);"代码延时4秒，再次运行时，将看到图16-13所示的加载动画。

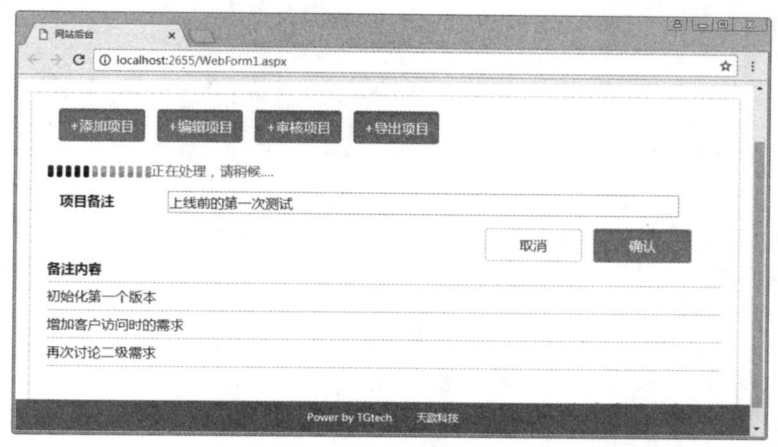

图 16-13　带动画的效果

16.5　Timer 控件

Timer控件也叫计时器控件，它用于以一定的间隔时间自动刷新页面或完成特定的任务。在实际开发过程中，经常使用该控件完成自动刷新的功能，如聊天室内容的及时更新。

ASP.NET Ajax中的Timer控件与C#中的Timer控件类似，主要通过一个Interval属性和Tick事件来实现。使用Timer控件，可以以指定间隔执行回发。在将Timer控件用作UpdatePanel控件的触发器时，使用异步更新或部分页更新来刷新UpdatePanel控件。

Timer控件的使用分两种情况。一种是位于UpdatePanel控件的内部，具体格式如下面的代码所示：

```
<asp:ScriptManager ID="ScriptManager2" runat="server" ></asp:ScriptManager>
<asp:UpdatePanel ID="UpdatePanel1" runat="server" UpdateMode="Conditional">
    <ContentTemplate>
      <asp:Timer ID="Timer1" runat="server" Interval="10000" OnTick="Timer1_Tick">
      </asp:Timer>
   </ContentTemplate>
</asp:UpdatePanel>
```

另一种是Timer控件位于UpdatePanel控件的外部，具体格式如下面的代码所示：

```
<asp:ScriptManager ID="ScriptManager1" runat="server" ></asp:ScriptManager>
<asp:Timer ID="Timer1" runat="server" Interval="10000" OnTick="Timer1_Tick">
</asp:Timer>
```

```
<asp:UpdatePanel ID="UpdatePanel1" runat="server" UpdateMode="Conditional">
    <Triggers>
      <asp:AsyncPostBackTrigger ControlID="Timer1" EventName="Tick" />
    </Triggers>
    <ContentTemplate>
    <!-- 显示内容 -->
    </ContentTemplate>
</asp:UpdatePanel>
```

这里需要说明的是，虽然 Timer 控件是一个服务器控件，但事实上它会在页面内嵌入一个 JavaScript 组件。此 JavaScript 组件会在 Timer 控件的 Interval 属性所设置的间隔时间到达时从浏览器引发回送。用户可以利用服务器端程序代码来设置 Timer 控件的属性，而所做的设置会传递给 JavaScript 组件。

Timer 控件有两个重要的属性以及一个常用事件。

- Enabled 属性：用于表示 tick 事件是否可用。
- Interval 属性：用于指定间隔时间。
- Tick 事件：指定间隔到期后执行。

【例 16-7】

使用 Timer 控件模拟一个性能计数器监视服务器的各个状态，实时反映运行情况，从而为管理员提供一个参考。具体步骤如下。

01 打开网站后台的系统页面，将 ScriptManager 控件添加到布局上。

02 添加一个 UpdatePanel 控件。向其中使用 DropDownList 控件来制作一个更新时间的间隔列表，最终代码如下：

```
<asp:UpdatePanel ID="UpdatePanel1" runat="server">
  <ContentTemplate>
    请选择服务器之性能计数器的更新时间间隔：
<asp:DropDownList ID="DropDownList1" runat="server" AutoPostBack="True"
      Width="128px" OnSelectedIndexChanged="DropDownList1_SelectedIndexChanged">
      <asp:ListItem Value="1000" Selected="True">1 秒钟 </asp:ListItem>
      <asp:ListItem Value="3000">3 秒钟 </asp:ListItem>
      <asp:ListItem Value="5000">5 秒钟 </asp:ListItem>
      <asp:ListItem Value="10000">10 秒钟 </asp:ListItem>
      <asp:ListItem Value="60000">1 分钟 </asp:ListItem>
      <asp:ListItem Value="0"> 不更新 </asp:ListItem>
    </asp:DropDownList>
  </ContentTemplate>
</asp:UpdatePanel>
```

03 在 UpdatePanel 控件之外添加一个 Timer 控件，用来定时更新：

```
<asp:Timer ID="Timer1" runat="server" OnTick="Timer1_Tick">
</asp:Timer>
```

04 设置一个 ID 为 lblPerformanceCounter 的 Label 控件来显示当前服务器的性能状态。

05 接下来切换到后台代码文件，在定时器的间隔事件中编写代码：

```
protected void Timer1_Tick(object sender, EventArgs e)
{
  lblPerformanceCounter.Text = GetPerformanceCounter();            // 更新显示
}
```

06 在 Page_Load 中添加更新显示的代码。当从列表中选择一个间隔时间后，OnSelectedIndexChanged 事件执行，它会使用指定间隔来更新状态。实现代码如下：

```
protected void DropDownList1_SelectedIndexChanged(object sender, EventArgs e)
{
  if (Convert.ToInt16(DropDownList1.SelectedValue) == 0)           // 判断是否选择更新
  {
    Timer1.Enabled = false;                                        // 禁用定时器
  }
  else {                                                           // 更新显示
    Timer1.Interval = Convert.ToInt16(DropDownList1.SelectedValue);
    Timer1.Enabled = true;                                         // 启用定时器
  }
}
```

07 GetPerformanceCounter() 方法的主要内容为获取当前服务器的状态并返回一个字符串，具体的代码这里就不再给出，读者可以参考提供的源代码。运行效果如图 16-14 所示。

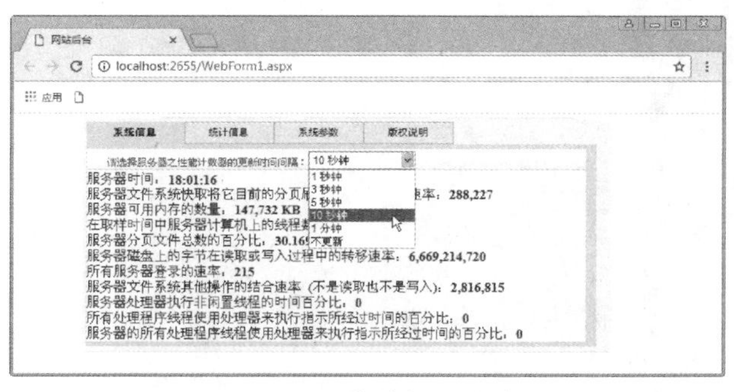

图 16-14 性能计数器的效果

16.6 成长任务

成长任务 1：验证用户名是否可用

输入校验是我们经常遇到的问题，这种问题很多时候是可以在 JS 里解决的。但有些时候，却需要访问后台，如在申请用户的时候检查用户名是否重复等。这时就需要使用 Ajax。本任务要求读者使用原生的 Ajax 来实现注册时用户名是否可用的提示，运行效果如图 16-15 所示。

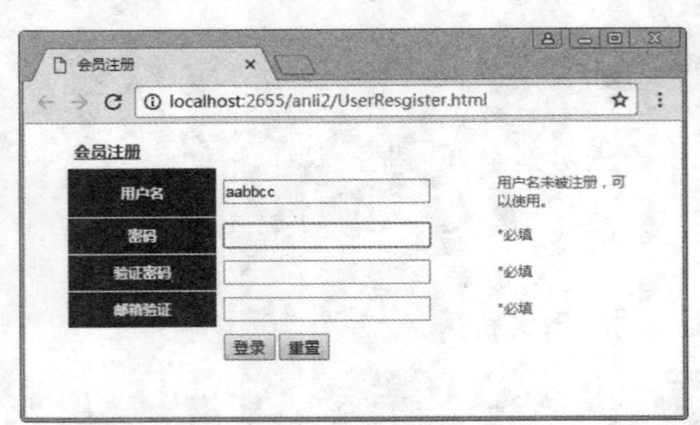

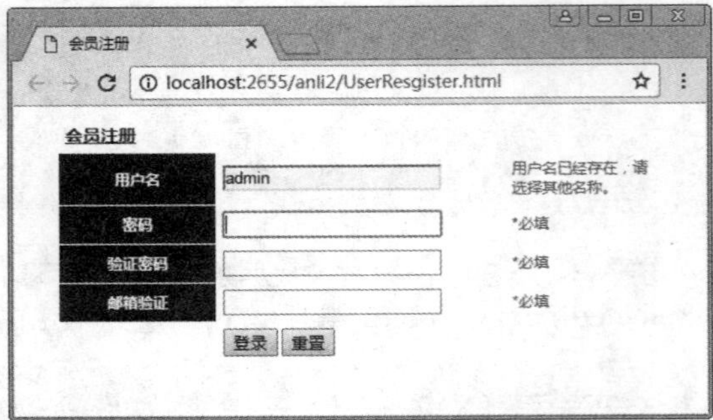

图 16-15　用户名可用与不可用的提示效果

成长任务 2：使用 ASP.NET Ajax ControlToolkit

通过本章的学习，我们知道 Ajax 在用户体验和交互方面的优势非常明显。为了方便开发人员使用 Ajax，出现了很多的 Ajax 框架。

本任务要求读者下载并安装 Microsoft 提供第三方 Ajax 框架，即 ASP.NET Ajax ControlToolkit，其官方网站为 http://www.ajaxcontroltoolkit.com。

第 17 章

WCF 技术

WCF 是一个基于 SOA(Service Oriented Architecture，面向服务架构) 的 .NET 平台下的统一框架，它代表了软件架构与开发的一种发展方向。

WCF 使开发人员可以用最少的时间建立软件与外界通信的模型。它整合了 .NET 平台下所有与分布式系统有关的技术，如 Web Service、.NET Remoting、WSE 和 MSMQ 等。这使得开发者能够建立一个跨平台的、安全的、可依赖的、事务性的解决方案，并且能与已有系统兼容协作。

通过本章的学习，读者将了解 WCF 的概念、WCF 的创建和调用，同时会对 WCF 的核心组成部分有一定认识，如地址、绑定、合约和端点。

本章学习要点

◎ 了解 WCF 的作用和组成部分

◎ 掌握创建 WCF 项目的方法

◎ 了解 WCF 的测试方法

◎ 理解 WCF 中地址、绑定和合约的作用和设置方法

◎ 熟悉使用端点来配置 WCF 服务

扫一扫，下载
本章视频文件

17.1 WCF 概述

WCF 是英文 Windows Communication Foundation 的缩写，中文含义为 Windows 通信基础。WCF 最开始由 .NET Framework 3.0 引入，与 WPF 和 WF 组成了三大开发类库。WCF 的最终目标是通过进程或者不同的系统、通过本地网络或者是通过 Internet 收发客户和服务之间的消息。

17.1.1 WCF 简介

WCF 是一个面向服务编程的分布式架构。它是 .NET 框架的一部分，因为 WCF 并不能脱离 .NET 框架而单独存在。因此，虽然 WCF 是微软为应对 SOA 解决方案的开发需要而专门推出的，但它并不是像 Spring 和 Struts 那样的框架，也不是像 EJB 那样的容器或者服务器。

WCF 是微软对分布式编程技术的最大集成者，它将 DCOM、.NET Remoting、Enterprise Service、Web Service、WSE 以及 MSMQ 集成在一起，从而降低了学习分布式系统开发者的难度曲线，并统一了开发标准。

也就是说，在 WCF 框架下开发基于 SOA 的分布式系统变得容易了。微软将所有与此相关的技术要素都包含在内，掌握了 WCF 就相当于掌握了敲开 SOA 大门的钥匙。

例如，下面通过一个实例说明 WCF 的优势所在。我们要为一家汽车租赁公司开发一个新的应用程序，用于租车预约服务。该租车预约服务会被多种应用程序访问，包括呼叫中心，基于 J2EE 的租车预约服务以及合作伙伴的应用程序，如图 17-1 所示。

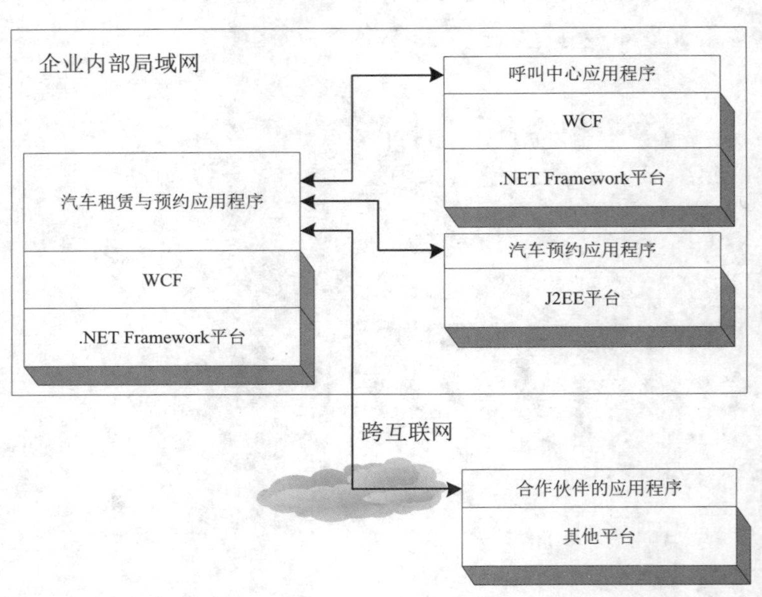

图 17-1　汽车租赁公司应用程序分布

呼叫中心运行在 Windows 平台下，是在 .NET Framework 下开发的应用程序，用户为公司员工。由于该汽车租赁公司兼并了另外一家租赁公司，该公司原有的汽车预约服务应用程序是 J2EE 应用程序，运行在非 Windows 操作系统下。呼叫中心和已有的汽车预约应用程序都运行在企业内部局域网环境下。合作伙伴的应用程序可能会运行在各种平台下，这些合作伙伴包括婚纱拍摄公司、司仪策划公司等，他们会通过 Internet 来访问汽车预约服务，实现对汽车的租用。

这样一个案例是一个典型的分布式应用系统。如果没有 WCF，利用 .NET 现有的技术应该如何开发呢？

首先考虑呼叫中心，它和我们要开发的汽车预约服务一样，都是基于 .NET Framework 的应用程序。呼叫中心对于系统的性能要求较高，在这样的前提下，.NET Remoting 是最佳的实现技术，它能够高性能地实现 .NET 与 .NET 之间的通信。

要实现与已有的J2EE汽车预约应用程序之间的通信，只有基于SOAP的Web Service可以实现此种目的，它保证了跨平台的通信；而合作伙伴由于是通过Internet来访问，利用ASP.NET Web Service，也是较为合理的选择，它保证了跨网络的通信。由于涉及到网络之间的通信，还要充分考虑通信的安全性，利用WSE(Web Service Enhancements)可以为Web Service提供安全的保证。

一个好的系统除了要保证访问和管理的安全和高性能，同时还要保证系统的可依赖性。因此，事务处理是企业应用必须考虑的因素，对于汽车预约服务，同样如此。在.NET中，Enterprise Service(COM+)提供了对事务的支持，其中还包括分布式事务(Distributed Transactions)。不过对于Enterprise Service而言，它仅支持有限的几种通信协议。

如果还要考虑异步调用、脱机连接、断点连接等功能，我们还需要应用MSMQ(Microsoft Message Queuing)利用消息队列支持应用程序之间的消息传递。

如此看来，要建立一个好的汽车租赁预约服务系统，需要用到的.NET分布式技术包括：.NET Remoting、Web Service、COM+等技术，这既不利于开发者的开发，也加大了程序的维护难度和开发成本。正是由于这样的缺陷，WCF才会在.NET 3.0中作为全新的分布式开发技术被微软强势推出，它整合了上面介绍的分布式技术，成为理想的分布式开发解决方案。表17-1列出了WCF与先前相关技术的比较。

表17-1 WCF与现有技术的比较

	Web Service	.NET Remoting	Enterprise Services	WSE	MSMQ	WCF
具有互操作性的Web服务	支持					支持
支持.NET之间的通信		支持				支持
分布式事务			支持			支持
支持WS标准				支持		支持
消息队列					支持	支持

从表17-1中来看，WCF完全可以视为Web Service、.NET Remoting、Enterprise Service、WSE、MSMQ等技术的并集。因此，对于上述汽车预约服务系统的例子，利用WCF就可以解决包括安全、可依赖、互操作、跨平台通信等需求。开发者再不用去分别了解.NET Remoting和WSE等各种技术了。

注意

事实上，WCF远非单纯的并集这样简单，它是真正面向服务的产品，它已经改变了通常的开发模式。

17.1.2 WCF组成部分

软件设计的一个重要原则在于：软件组件必须针对特定的任务专门设计和优化。假如我们要做一个管理软件，想象一下，如果一个软件非常依赖于与外界通信，那么在开发时，不能把管理软件与外界通信的逻辑考虑在管理系统内部。所以，必须把通信任务委托给不同的组件。用WCF术语来说，这个组件称为WCF服务。更通俗地说，WFC服务就是负责与外界通信的软件。

一个 WCF 服务由下面三部分组成。

- Service Class：一个标记了 ServiceContract 属性的类，其中可以包含多个方法。该类除了标记一些 WCF 特有的属性外，与一般的类没有区别。
- Host：可以是应用程序、进程或者 Windows 服务等，它是 WCF 服务的运行环境。
- Endpoints：可以是一个，也可以是一组，它是 WCF 实现通信的核心要素。

图 17-2 展示了这三部分在 WCF 服务中的位置。

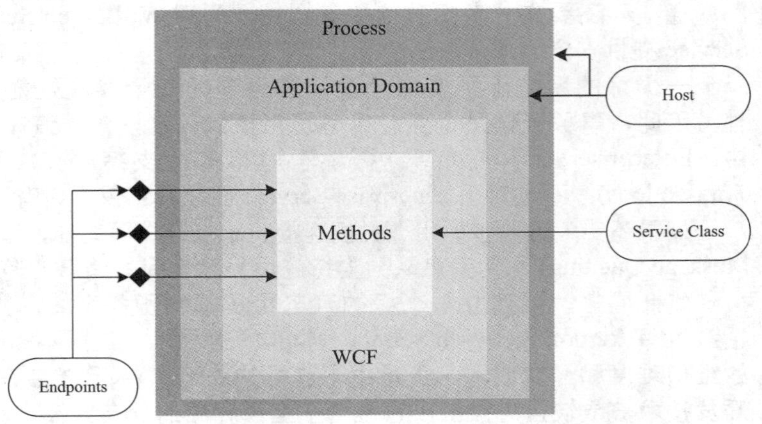

图 17-2　WCF 的组成部分

一个 WCF 服务必须能为不同的通信场景提供不同的访问点，这些访问点称为 WCF 端点，也就是上面所提到的 EndPoint。每个端点都有一个绑定 (Binding)、一个地址 (Address) 和一个合约 (Contract)，如图 17-3 所示。

- 绑定：指定该端点如何与外界通信，也就是为端点指定通信协议，包括传输协议、编码协议和安全协议。
- 地址：一个端点地址，如果通过端点与 WCF 通信，必须把通信指定到网络地址。
- 合约：一个端点上的合约指定通过该端点的用户能访问到 WCF 服务的什么操作。

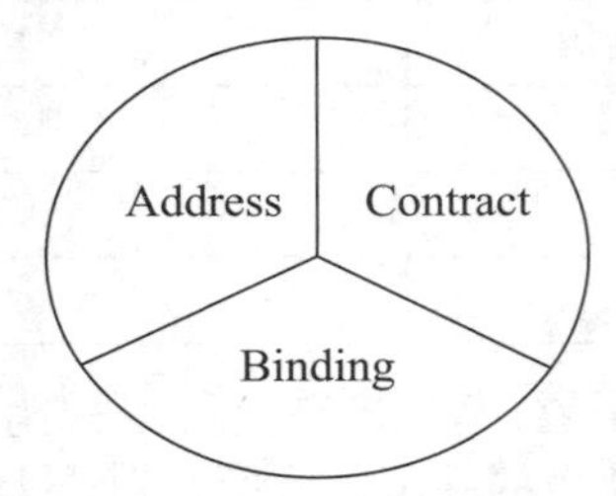

图 17-3　端点的组成部分

技巧

为了便于记忆 EndPoint 的这三个部分，可以将 Address、Binding 和 Contract 简称为“ABC”。

17.2　高手带你做——创建第一个 WCF 服务程序

通过上节的学习，相信大家对 WCF 的概念、作用及其组成部分有了一个大致的了解。下面通过一个简单的 WCF 案例，使读者了解 WCF 程序的开发步骤和运行流程，为后面核心元素的理解奠定基础。

01 在 VS 中新建一个空白解决方案，名称为 wcfDemo。

02 向解决方案中添加一个类型为【WCF 服务应用程序】的项目，定义名称为

WcfService1，单击【确定】按钮完成创建，如图 17-4 所示。

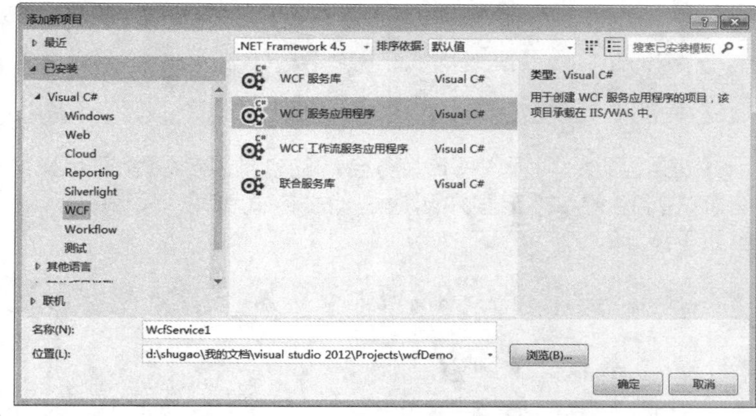

图 17-4 创建 WCF 项目

03 WCF 项目创建完成后，在【解决方案资源管理器】窗口中将看到默认生成的项目结构及 IService1.cs 文件的内容，如图 17-5 所示。

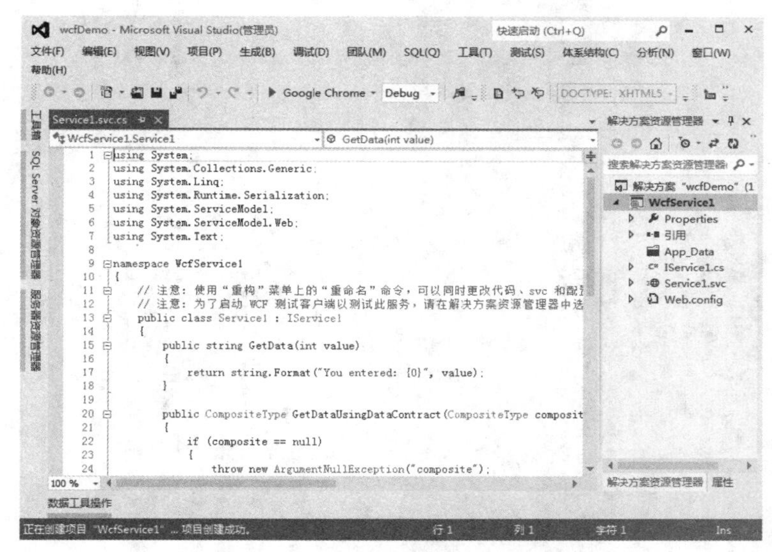

图 17-5 WCF 项目的内容

在这里，IService1.cs 称为合约，WCF 的合约必须要以接口的方式定义。Service1.svc 为服务的实现，即它继承接口并进行实现。Web.config 是 WCF 服务的配置信息。

04 在 IService1.cs 文件中的 [ServiceContract] 为服务合约，[OperationContract] 声明该方法可以在 WCF 中调用。按照这种规则，手动创建一个方法，代码如下：

```
// 手动创建的方法
[OperationContract]
string Welcome(string str);
```

05 打开 Service1.svc 文件，添加服务合约中声明的 Welcome() 方法的实现代码。具体代码如下所示：

```
// 实现在服务合约中声明的 Welcome() 方法
public string Welcome(string str)
```

```
{
  return string.Format(" 你好 {0}，欢迎来到 WCF 的世界。当前时间是：{1}。", str, DateTime.Now.ToString());
}
```

06 至此，关于 WCF 服务合约的创建及实现就都定义好了。下面，对 WCF 服务的配置信息进行定义，指定客户端通过什么方式引用 WCF 服务。打开 Web.config 文件，其中的内容如下所示：

```
<?xml version="1.0" encoding="utf-8"?>
<configuration>
  <appSettings>
    <add key="aspnet:UseTaskFriendlySynchronizationContext" value="true" />
  </appSettings>
  <system.web>
    <compilation debug="true" targetFramework="4.5" />
    <httpRuntime targetFramework="4.5"/>
  </system.web>
  <system.serviceModel>
    <behaviors>
      <serviceBehaviors>
        <behavior>
          <!-- 为避免泄漏元数据信息，请在部署前将以下值设置为 false -->
          <serviceMetadata httpGetEnabled="true" httpsGetEnabled="true"/>
          <!-- 要接收故障异常详细信息以进行调试，请将以下值设置为 true。在部署前设置为 false 以避免
          泄露异常信息 -->
          <serviceDebug includeExceptionDetailInFaults="false"/>
        </behavior>
      </serviceBehaviors>
    </behaviors>
    <protocolMapping>
      <add binding="basicHttpsBinding" scheme="https" />
    </protocolMapping>
    <serviceHostingEnvironment aspNetCompatibilityEnabled="true" multipleSiteBindingsEnabled="true" />
  </system.serviceModel>
  <system.webServer>
    <modules runAllManagedModulesForAllRequests="true"/>
    <!--
      若要在调试过程中浏览 Web 应用程序根目录，请将下面的值设置为 True。
      在部署之前将该值设置为 False 可避免泄露 Web 应用程序文件夹信息
    -->
    <directoryBrowse enabled="true"/>
  </system.webServer>
</configuration>
```

07 现在运行上面创建的 WCF 项目 WcfService1。VS 检测到当前要运行的是 WCF 项目时会打开【WCF 测试客户端】工具。在这里可以浏览 WCF 服务的地址、提供的方法、配置文件，而且还可以对方法进行测试。如图 17-6 所示为测试 Welcome() 方法时的窗口。

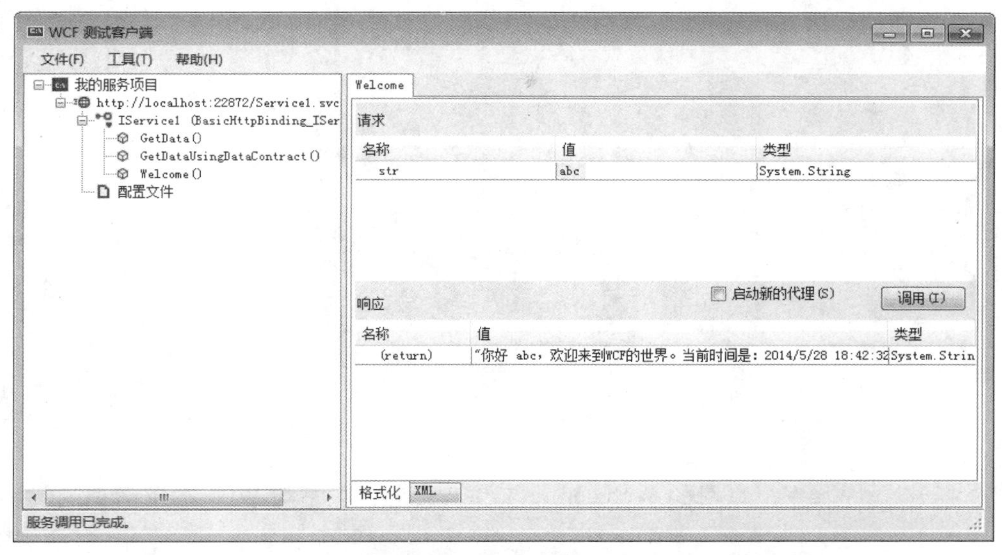

图 17-6　使用【WCF 测试客户端】测试 Welcome() 方法

08 与 Web 服务类似，WCF 服务也可以在浏览器中浏览。例如，在本实例中可以通过地址 http://localhost:22872/Service1.svc 来浏览 WCF 服务，如图 17-7 所示。

如果输入地址"http://localhost:22872/Service1.svc?singleWsdl"，将可以看到 WCF 服务的 WSDL 内容，如图 17-8 所示。

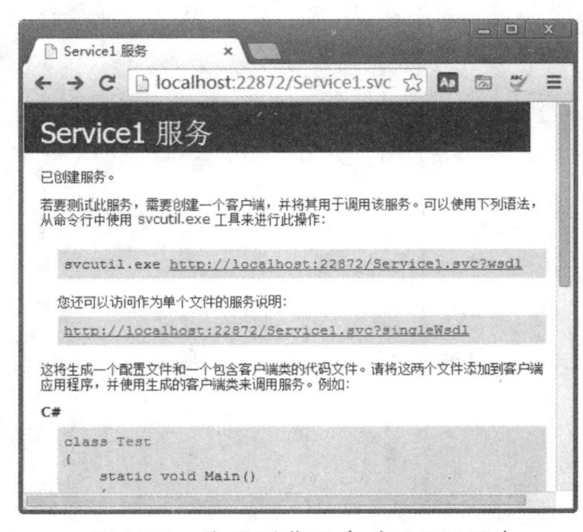

图 17-7　使用浏览器查看 WCF 服务

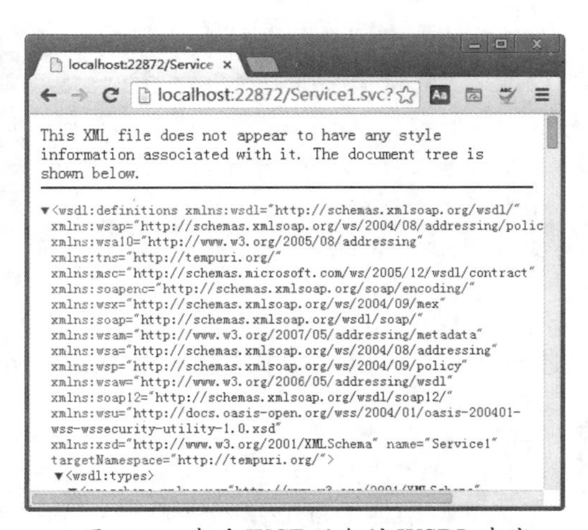

图 17-8　查看 WCF 服务的 WSDL 内容

09 向解决方案中添加一个名为 testWcfWeb 的 Web 应用程序项目，使用此项目调用 WCF 服务来进行测试。在【解决方案资源管理器】窗格中右击 testWcfWeb 项目，选择【添加服务引用】命令，打开【添加服务引用】对话框。

10 单击【发现】按钮，选择【解决方案中的服务】项。然后从【服务】列表中选择 Service1.svc 文件中 Service1 类的 IService1，右侧的【操作】列表中会显示所有可用的方法，

并可以定义命名空间，这里使用默认值，如图 17-9 所示。

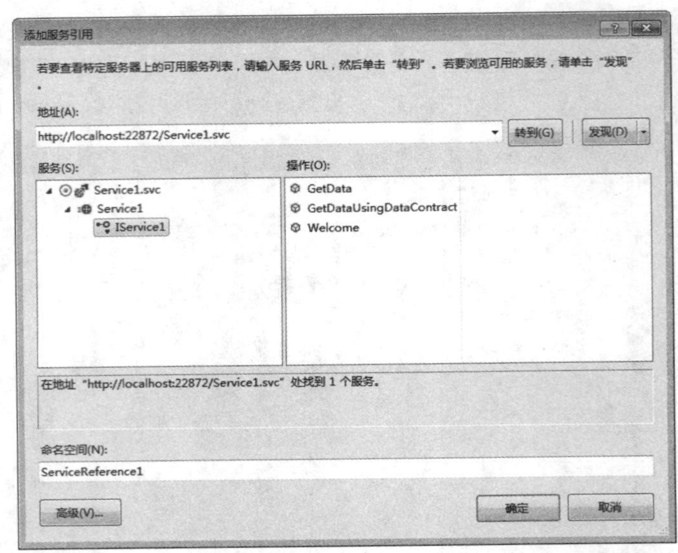

图 17-9 【添加服务引用】对话框

11 打开 testWcfWeb 项目的 Web.config 文件，会看到如下与 WCF 服务有关的代码：

```
<system.serviceModel>
  <bindings>
    <basicHttpBinding>
      <binding name="BasicHttpBinding_IService1" />
    </basicHttpBinding>
  </bindings>
  <client>
    <endpoint address="http://localhost:22872/Service1.svc" binding="basicHttpBinding"
      bindingConfiguration="BasicHttpBinding_IService1"
      contract="ServiceReference1.IService1"  name="BasicHttpBinding_IService1" />
  </client>
</system.serviceModel>
```

上述代码中的 http://localhost:22872/Service1.svc 为 WCF 服务的引用地址。

12 在 Web 应用程序中添加一个 WebForm1.aspx 文件，并添加如下代码：

```
<h1> 测试 WCF 服务 </h1>
<p>  请输入您的名称：
  <asp:TextBox ID="txtName" runat="server"></asp:TextBox>
  <asp:Button ID="Button1" runat="server" Text=" 确定 " OnClick="Button1_Click" />
  <asp:Literal ID="ltTarget" runat="server"></asp:Literal>
</p>
```

13 为【确定】按钮创建 Click 事件，实现调用 WCF 服务中的 Welcome() 方法并显示结果。代码如下：

```
protected void Button1_Click(object sender, EventArgs e)
{
    // 创建对 WCF 服务库的引用对象 sc
    ServiceReference1.Service1Client sc = new ServiceReference1.Service1Client();
    // 调用 WCF 服务库中的 Welcome() 方法，将结果保存到 result
    string result=sc.Welcome(txtName.Text);
    ltTarget.Text = result;                              // 显示结果
}
```

14 在浏览器中运行 WebForm1.aspx 页面，效果如图 17-10 所示。

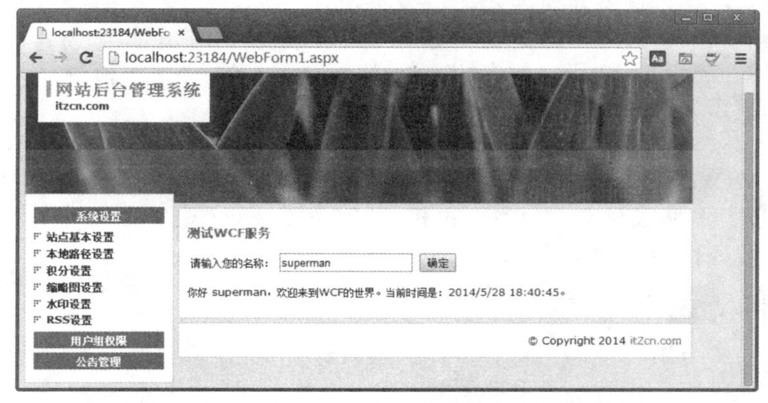

图 17-10　WebForm1.aspx 页面调用 WCF 的效果

 17.3　WCF 的核心元素

WCF 框架中包含了大量的基础概念，在上节创建了一个简单的 WCF 程序，本节将对前面出现的 WCF 核心概念进行详细介绍，如 WCF 地址、绑定和合约等。

17.3.1　地址

WCF 的每一个服务都具有一个唯一的地址 (Address)。每个地址都包含两个重要元素：服务位置与传输协议，或者是用于服务通信的传输方式。服务位置包括目标主机名、站点 (或者网络)、通信端口、管道 (或者队列)，以及一个可选的特定路径或者 URI。

总地来说，WCF 支持如下几种传输方式：

- HTTP。
- TCP。
- Peer Network(对等网)。
- IPC(基于命名管道的内部进程通信)。
- MSMQ。

地址通常采用如下格式：

```
[ 传输协议 ]://[ 主机名或域名 ][: 可选端口 ]
```

例如，下面都是正确的地址：

```
http://localhost:8080
http://localhost:5678/MyWcfService
net.tcp://localhost:1010/MyWcfService
net.pipe://localhost/MyWcfPipe
net.msmq://localhost/public/MyWcfService
net.msmq://localhost/MyWcfService
```

如上面的示例所示，可以将地址“http://localhost:8080”理解为“采用HTTP协议访问localhost主机，并在8080端口等待用户的调用”。

对于“http://localhost:5678/MyWcfService”地址，则可以理解为“采用HTTP协议访问localhost主机，MyWcfService服务在5678端口处等待用户的调用。”

1. TCP地址

TCP地址采用net.tcp作为协议进行传输，通常它还带有端口号。例如：

```
net.tcp://localhost:8018/MyWcfService
```

如果没有指定端口号，则TCP地址的默认端口号为808。例如：

```
net.tcp://localhost/MyWcfService
```

另外，两个TCP地址（来自相同的主机）可以共享一个端口。例如：

```
net.tcp://localhost:8018/MyWcfService
net.tcp://localhost:8018/MyOtherWcfService
```

2. HTTP地址

HTTP地址是使用频率最高的一种地址，它使用HTTP协议进行传输，也可以利用HTTPS进行安全传输。HTTP地址通常会被用作对外的基于Internet的服务，并为其指定端口号。例如：

```
http://localhost:8088
http://localhost:8088/MyWcfService
https://localhost/MyWcfService
```

如果没有指定端口号，则默认为80。与TCP地址相似，两个相同主机的HTTP地址可以共享一个端口，甚至相同的计算机。

3. IPC地址

IPC地址使用net.pipe协议进行传输，这意味着它将使用Windows的命名管道机制。在WCF中，使用命名管道的服务只能接收来自同一台计算机的调用。

因此，在使用时必须明确指定本地计算机名或者直接命名为localhost，然后再为管道名提供一个唯一的标识字符串。例如：

```
net.pipe://localhost/MyWcfPipe
net.pipe://zhht/MyWcfPipe
```

提示

每台计算机只能打开一个命名管道。因此，两个命名管道地址在同一台计算机上不能共享一个管道名。

4. MSMQ地址

MSMQ地址使用net.msmq协议进行传输，即使用微软消息队列(Microsoft Message Queue)机制。使用时必须为MSMQ地址指定队列名。如果是处理私有队列，则必须指定队列类型。例如：

```
net.msmq://localhost/private/MyWcfService
net.msmq://localhost/private/
MyOtherWcfService
```

但对于公有队列而言，队列类型可以省略。例如：

```
net.msmq://localhost/MyWcfService
net.msmq://zhht/private/MyWcfService
```

5. 对等网地址

对等网地址(Peer Network Address)使用net.p2p协议进行传输，它使用了Windows的

对等网传输机制。如果没有使用解析器，就必须为对等网地址指定对等网名称、唯一的路径以及端口。

17.3.2　绑定

WCF 中的绑定 (Binding) 指定了服务的通信方式。使用绑定也是 WCF 开发区别于 Web 服务开发的一个重要方面。因为 WCF 带有许多可供选择的绑定，每种绑定都适合于特定的需求。另外，如果现有的绑定类型不能满足需求，还可以通过扩展 CustomBinding 类型创建绑定。

简单地说，WCF 绑定可以指定如下特性：

- 传输协议。
- 安全要求。
- 编码格式。
- 事务处理要求。

一个绑定类型包含多个绑定元素，它们描述了上面所有的绑定要求。WCF 内置了 9 种类型的绑定，表 17-2 列出了这些类型及其说明。

表 17-2　WCF 绑定类型

绑定类型	说　明
BasicHttpBinding	BasicHttpBinding 在 Web 服务的交互操作中使用最广泛，可使用 HTTP 协议或者 HTTPS 协议进行传输，其安全性取决于协议安全
WSHttpBinding	WSHttpBinding 是对 BasicHttpBinding 的增强，它使用扩展的 SOAP 确保安全性、可靠性和事务处理。同样使用 HTTP 协议或者 HTTPS 协议进行传输，但是为了确保安全，使用了 WS-Security
WSFederationHttpBinding	WSFederationHttpBinding 是一种安全、可交互操作的绑定，它支持在多个系统上共享身份，以进行身份验证和授权
WSDualHttpBinding	与 WSHttpBinding 相反，这种类型支持消息的双向传输
NetTcpBinding	使用 TCP/IP 协议为通信提供绑定
NetPeerTcpBinding	使用对等网协议为通信提供绑定
NetNamedPipeBinding	使用命名管道协议为通信提供绑定，该类型为在同一系统的不同进程之间的通信进行了优化
NetMsmqBinding	该类型的绑定会将消息发送到消息队列中，它要求 WCF 应用程序位于客户端和服务器上
MsmqIntegrationBinding	该类型的绑定将会使用消息队列的已有应用程序
CustomBinding	这种类型是自定义的绑定类型

提示

所有以 Net 前缀开始的绑定类型都使用二进制编码在 .NET 应用程序之间通信，这种编码格式比文本格式要快。

在表 17-2 中列出的每种绑定类型都有自己的特性。例如，以 WS 为前缀的绑定类型是独立于平台的，支持 Web 服务规范。以 Net 为前缀的是使用二进制格式，使 .NET 应用程序之间的通信具有更高的性能。表 17-3 中针对这些绑定类型按特性进行了分类。

表 17-3　绑定类型支持的特性

特　性	支持的绑定类型
会话	WSHttpBinding、WSDualHttpBinding、WSFederationHttpBinding、NetTcpBinding、NetNamedPipeBinding
可靠的会话	WSHttpBinding、WSDualHttpBinding、WSFederationHttpBinding、NetTcpBinding
事务处理	WSHttpBinding、WSDualHttpBinding、WSFederationHttpBinding、NetTcpBinding、NetNamedPipeBinding、NetMsmqBinding、MsmqIntegrationBinding
双向通信	WSDualHttpBinding、NetTcpBinding、NetNamedPipeBinding、NetPeerTcpBinding

除了定义绑定之外，WCF 服务还必须定义端点。端点依赖于合约、服务的地址和绑定。例如，在下面的示例代码中，实例化了一个 ServiceHost 对象，将地址“http://localhost:8080/MyWcfService”和一个 WSHttpBinding 实例绑定到服务的一个端点上：

```
static void StartService()
{
  ServiceHost host;
  Uri baseAddress = new Uri("http://localhost:8080/MyWcfService");
  host = new ServiceHost(typeof(Service1));
  WSHttpBinding binding = new WSHttpBinding();
  host.AddServiceEndpoint(typeof(Service1), binding, baseAddress);
  host.Open();
}
```

除了以编程方式定义绑定之外，还可以在应用程序的配置文件中定义它。WCF 的所有配置都位于 <system.serviceModel> 节点中，<service> 节点定义了 WCF 中所提供的服务，<bindings> 节点定义了绑定信息。

例如，下面的配置文件同样实现了上述代码的功能：

```
<?xml version="1.0" encoding="utf-8" ?>
<configuration>
 <system.serviceModel>
  <services>
   <service name="FirstWcfServiceLibrary.Service1">
    <host>
     <baseAddresses>
      <add baseAddress = "http://localhost:8080/MyWcfService" />
     </baseAddresses>
    </host>
    <endpoint address ="" binding="wsHttpBinding" contract="FirstWcfServiceLibrary.IService1"
    bindingConfiguration="config1"/>
```

```
    </service>
  </services>
  <bindings>
    <wsHttpBinding>
      <binding name="config1">
        <reliableSession enabled="true"/>
      </binding>
    </wsHttpBinding>
  </bindings>
  </system.serviceModel>
</configuration>
```

可以看到，在一个 WCF 服务中必须有一个端点，该端点包含地址、绑定和合约信息。WSHttpBinding 的默认配置由 bindingConfiguration 属性指定，该属性引用了下方名为“config1”的绑定配置信息。该配置信息位于 <bindings> 节点中，并启用了 reliableSession。

17.3.3 合约

任何一个分布式应用程序，之所以能够互相传递消息，都是因为事先制定好了数据交换的规则，这个规则正是交换数据的双方(比如服务器端和客户端)能彼此理解对方的依据。WCF 作为分布式开发技术的一种，同样具有这样一种特性。而在 WCF 中制定的规则就被称为合约(Contract)，它是 WCF 的消息标准，是任何一个 WCF 程序不可或缺的一部分。

在 WCF 中，合约分为 4 种，分别为定义服务操作的服务合约(Service Contract)、定义自定义数据结构的数据合约(Data Contract)、定义错误异常的异常合约(Fault Contract)，以及直接控制消息格式的消息合约(Message Contract)。

1. 服务合约

一般情况下，我们用接口(Interface)来定义服务合约。虽然也可以使用类(Class)来定义，但使用接口的好处更明显一些。主要表现在如下方面：

- 便于合约的继承，不同的类型可以自由实现相同的合约。
- 同一服务类型可以实现多个合约。
- 与接口隔离原则相同，我们随时可以修改服务类型。
- 便于制定版本升级策略，让新老版本的服务合约同时使用。

服务合约定义了 WCF 服务可以执行的操作，它又包括 ServiceContract 和 OperationContract 两种。ServiceContract 用于类或者接口，用于指定此类或者接口能够被远程调用，而 OperationContract 用于类中的方法，以指定该方法可被远程调用。

例如，在下面的示例代码中，使用 ServiceContract 属性声明接口 IMyFirstService 可以被远程调用，使用 OperationContract 属性声明 getTime() 方法也可以被远程调用：

```
[ServiceContract]
public interface IMyFirstService
{
  [OperationContract]
  string getTime();
}
```

表 17-4 中列出了 ServiceContract 属性的可用选项及其说明。

表 17-4 ServiceContract 属性的选项及说明

选　项	说　明
ConfigurationName	用于定义配置文件中服务配置的名称
CallbackContract	当服务用于双向消息传递时，此选项定义了客户端程序中实现的合约
Name	此选项定义了 WSDL 中 portType 节点的名称

（续表）

选　项	说　明
Namespace	此选项定义了 WSDL 中 portType 节点的命名空间
SessionMode	此选项可定义调用这个合约的操作所需的会话。其值是 SessionMode 枚举值，可选的值有 Allowed、NotAllowed 和 Required
ProtectionLevel	此选项确定了绑定是否必须能保护通信。其值是 ProtectionLevel 枚举值，可选的值有 None、Sign 和 EntryptAndSign

表 17-5 中列出了 OperationContract 属性的可用选项及其说明。

表 17-5　OperationContract 属性的选项及说明

选　项	说　明
Action	WCF 使用 SOAP 请求的 Action 选项把该请求映射到相应的方法上。因此使用此选项可以对请求的方法进行重命名
ReplyAction	此选项用于设置回应消息的 Action 名称
AsyncPattern	如果使用异步模式来实现操作，则可以将此选项设置为 true
IsInitiating	如果合约由一系列操作组成，则可以使用此选项指定初始化时执行的方法
IsTerminating	如果合约由一系列操作组成，则可以使用此选项指定结束时执行的方法
IsOneWay	使用此选项后，客户端程序将不会等待回应消息。因此在发送请求消息后，单向操作的调用者就无法直接检查是否失败
Name	操作的默认名称是方法的名称，使用此选项可进行重命名
ProtectionLevel	此选项可用于确定消息仅仅是签名，还是应先加密后签名

提示

在服务合约中，还可以使用 DeliveryRequirements 属性来定义服务的传输要求；使用 RequireOrderedDelivery 属性指定所传递的消息必须以相同的顺序到达；使用 QueuedDelivery Requirements 属性指定消息以断开连接的方式传送。

2. 数据合约

数据合约也分为两种：DataContract 和 DataMember。DataContract 用于类或者结构上，指定此类或者接口能够被序列化并传输，而 DataMember 只能用在类或者接口的属性 (Property) 或者字段 (Field) 上，指定该属性或者字段能够被序列化传输。

数据合约的序列化不同于普通 .NET 的序列化机制，在运行时，所有的字段（包括私有字段）都会被序列化，而在执行数据合约的序列化时，只有被标记了 DataMember 的属性才会被序列化。

例如，下面创建一个 Person 类，并使用 DataContract 属性指定为可序列化。另外还创建一个服务合约并定义了一个 Add() 方法接受一个 Person 类型的参数：

```
[DataContract]
public class Person
{
  [DataMember]
```

```
    public int Id;
    [DataMember]
    public string Name;
    [DataMember]
    public DateTime Birthday;
    [DataMember]
    public string Email;
}
```

```
[ServiceContract]
public interface IPerson
{
    [OperationContract]
    bool Add(Person p);
}
```

表 17-6 中列出了 DataMember 属性可用的选项及其说明。

表 17-6 DataMember 属性的选项及说明

选 项	说 明
Name	序列化时默认名称与类中的声明相同，使用此选项可以进行重命名
Order	获取或设置成员的序列化和反序列化的顺序
IsRequired	获取或设置一个值，该值用于指定序列化引擎在读取或反序列化时成员必须存在
EmitDefaultValue	获取或设置一个值，该值指定是否对正在被序列化的字段或属性的默认值进行序列化。默认值为 true

例如，我们要对 Order 对象进行序列化，它的定义如下：

```
[DataContract(Namespace = "http://www.itzcn.com")]
public class Order
{
    [DataMember(Name="OrderId",Order=1)]
    public Guid ID;
    [DataMember(Name="OrderDate",Order=2)]
    public DateTime Date;
    [DataMember]
    public string Customer;
    [DataMember]
    public string Address;
    public double TotalPrice;
}
```

在这里我们使用 Namespace 选项重新定义了命名空间。对于数据成员使用 Name 选项指定了一个别名，使用 Order 选项指定了显示的顺序。

执行后，Order 对象的序列化 XML 如下所示：

```
<Order xmlns:i="http://www.w3.org/2001/XMLSchema-instance" xmlns="http://www.itzcn.com">
    <Address></Address>
    <Customer></Customer>
    <OrderId></OrderId>
    <OrderDate></OrderDate>
</Order>
```

通过定义的数据合约以及与最终生成 XML 结构的对比，我们可以总结出 WCF 默认采用如下的数据合约序列化规则：

- XML 的根节点为数据合约中类的名称，默认命名空间格式为“http://schemas.datacontract.org/2004/07/{ 类所在命名空间 }”。
- 只有使用 DataMember 属性定义的字段或者属性才能作为数据成员参与序列化 (例如本实例中的 TotalPrice 属性不会再现在序列化后的 XML 中)。
- 所有数据成员均以 XML 元素的形式被序列化。
- 默认数据成员按照字母顺序排列。
- 如果通过 Order 指定了顺序，且值相同，则以字母先后顺序排列。
- 未指定 Order 的成员顺序在指定 Order 顺序之前。
- 如果 DataContract 处于继承的类中，那么将优先显示父类中的成员。

3. 消息合约

如果需要在WCF服务中对SOAP消息进行控制，则必须使用消息合约。在消息合约中可以指定消息的哪些部分出现在SOAP标题中，哪一部分要放在SOAP的主体中。

例如，下面的示例代码演示了怎样使用ProcessOrderMessage类定义消息合约：

```
[MessageContract]
public class ProcessOrderMessage
{
    [MessageHeader]
    public Guid ID;
    [MessageBodyMember]
    public Order order;
}
```

上述代码使用MessageContract属性指定ProcessOrderMessage为一个消息合约，对于SOAP消息中的标题使用MessageHeader属性指定，SOAP主体使用MessageBodyMember属性指定。

为了使用上面定义的消息合约，这里将IProcessOrder接口定义为服务合约，并定义了一个可调用的ProcessOrder()方法。代码如下所示：

```
[ServiceContract]
public interface IProcessOrder
{
    [OperationContract]
    ProcessOrderMessage ProcessOrder(
        ProcessOrderMessage message);
}
```

4. 异常合约

在WCF中，所有合约基本上都是围绕着一个服务调用时的消息交换来进行的。

例如，服务的客户端向服务的提供者发送请求消息；服务提供者接收到该请求后，激活服务实例，并调用相应的服务操作；最终将返回的结果以回复消息的方式返回给服务的客户端。

但是，如果服务操作不能正确地执行，服务端将会通过一种特殊的消息将错误信息返回给客户端，这种消息被称为异常消息。对于异常消息，同样需要相应的合约来定义其结构，我们把这种合约称为异常合约(Fault Contract)。

WCF通过FaultContract属性来定义异常合约。由于异常合约是基于服务操作级别的，所以该属性将直接应用于服务合约接口或者操作合约的方法上。

下面的示例代码演示了FaultContract定义异常合约的方式：

```
[ServiceContract]
public interface IUser
{
  [OperationContract]
  [FaultContract(typeof(LoginTimeOut))]
  bool Login(string username, string userpass);
}
```

上述代码中，使用FaultContract属性声明调用Login()方法时会抛出LoginTimeOut类的异常，表示登录超时。

与本节前面介绍的其他合约一样，异常合约的FaultContract属性也有很多可用选项。表17-7中列出了它们的说明。

表 17-7　FaultContract 属性的选项及说明

选　项	说　明
Action	此选项用于设置当操作合约出现SOAP异常消息时要调用的操作。默认值为"当前操作的名称+Fault"
DetailType	此选项用于指定封装异常信息的自定义类，例如在上面定义的登录超时类LoginTimeOut

（续表）

选　项	说　明
Name	此选项用于设置 WSDL 中异常消息的名称
Namespace	此选项用于设置 SOAP 异常的命名空间
HasProtectionLevel	此选项用于设置 SOAP 异常消息是否分配有保护级别
ProtectionLevel	此选项用于设置 SOAP 异常消息要绑定的保护级别

17.4　端点

每个 WCF 服务都会关联到一个用于定位服务位置的地址，一个用于定义如何与服务进行通信的绑定，以及一个告知客户端服务能做什么的合约。这三样共同组成了服务的端点。

每个端点都必须完整拥有这三个组成部分，主机通过公开端点来对外提供服务。理论上，端点就是服务的外部交互接口、就像 CLR 或者 COM 接口。每个服务至少需要公开一个端点，服务上所有的端点都必须拥有唯一的定位地址，单个服务可以提供多个端点，供不同类型的客户端调用。这些端点可以使用相同或不同的绑定对象，可以拥有相同或不同的服务契约。但是，对于单个服务的不同端点，它们之间没有任何关联。

下面对如何通过配置文件和编程方式定义端点进行介绍。

17.4.1　通过配置文件方式定义端点

这种方式是将端点的信息保存到主机的配置文件中，通常是 app.config 文件或者 web.config 文件。

假设，我们使用如下代码定义了一个服务合约及其实现类：

```
// 指定命名空间
namespace MyNameSpace
{
  [ServiceContract]
  public interface IMyContract
  {
    // 这里是 IMyContract 接口的定义
  }
  public class MyService : IMyContract
  {
    // 这里是 IMyContract 接口的实现
  }
}
```

如下配置给出了针对这个 WCF 服务的端点信息，其中包含服务的完整名称、绑定类型、合约的完整名称等：

```
<system.serviceModel>
  <services>
    <service name = "MyNameSpace.MyService">
      <endpoint
        address = "http://localhost:8000/MyService/"
        binding  = "wsHttpBinding"
        contract = "MyNameSpace.IMyContract"
      />
    </service>
  </services>
</system.serviceModel>
```

注意

在这里指定的服务名称和服务合约必须是带命名空间的完整名称，否则将无法正确引用其地址。而且地址的类型与绑定类型必须匹配，否则就会在加载服务时导致异常。

当然，也可以在配置文件中为一个单独的服务提供多个端点设置。这些端点可以使用相同的绑定类型，但是必须保证 URL 是唯一的。例如，如下是多个端点的示例配置文件：

```
<service name = "MyService">
  <endpoint
    address = "http://localhost:8000/MyService/"
    binding = "wsHttpBinding"
    contract = "IMyContract"
  />
  <endpoint
    address = "net.tcp://localhost:8001/MyService/"
    binding = "netTcpBinding"
    contract = "IMyContract"
  />
  <endpoint
    address = "net.tcp://localhost:8002/MyService/"
    binding = "netTcpBinding"
    contract = "IMyOtherContract"
  />
</service>
```

还可以提供一个或多个默认的基本地址 (Base Address)，这样，在端点设置中，只需提供相对地址。多个基本地址之间不能冲突，不能在同一个端口进行监听。

相对地址通过端点绑定类型与基本地址进行匹配，从而在运行时获得完整地址。如果将某个端点设置中的地址设为空值 (省略 address)，则表示直接使用某个相匹配的基本地址。

例如，如下所示的配置文件演示了这种方式：

```
<service name = "MyService">
  <host>
    <baseAddresses>
      <add baseAddress="http://localhost:8080/" />
      <add baseAddress="net.tcp://localhost:8081/" />
    </baseAddresses>
  </host>
  <endpoint
    address = "MyService"                <!-- http://localhost:8080/MyService -->
    binding = "wsHttpBinding"
    contract = "IMyContract"
  />
  <endpoint
    address = "MyService"                <!-- net.tcp://localhost:8081/MyService -->
    binding = "netTcpBinding"
    contract = "IMyContract"
  />
```

```
    <endpoint
      address  = "net.tcp://localhost:8002/MyService/"
      binding  = "netTcpBinding"
      contract = "IMyOtherContract"
    />
  </service>
```

此外，还可以进一步对端点中的绑定参数进行设置。每种绑定类型可拥有多个名称不同的参数设置，然后在端点的 bindingConfiguration 属性中指定关联设置名称。例如，在下面的配置文件中使用 bindingConfiguration 属性指定关联名称为 TransactionalTCP 的绑定信息：

```
<system.serviceModel>
  <services>
    <service name = "MyService">
      <endpoint
        address  = "net.tcp://localhost:8000/MyService/"
        bindingConfiguration = "TransactionalTCP"
        binding  = "netTcpBinding"
        contract = "IMyContract" />
    </service>
  </services>
  <bindings>
    <netTcpBinding>
      <binding name = "TransactionalTCP"
        transactionFlow = "true"   />
    </netTcpBinding>
  </bindings>
</system.serviceModel>
```

17.4.2　通过编程方式定义端点

编程方式配置端点与使用配置文件的方式是等效的。它的优点是不需要编写额外的配置文件，而是通过编程的方式将端点添加到 ServiceHost 实例中。如下所示为创建 ServiceHost 实例时可用的两个构造函数形式：

```
public ServiceHost(object singletonInstance, params Uri[] baseAddresses);
public ServiceHost(Type serviceType, params Uri[] baseAddresses);
```

ServiceHost 提供了一个 AddServiceEndpoint() 方法来向当前的服务中添加端点。如下所示为该方法的重载形式：

```
public ServiceEndpoint AddServiceEndpoint(Type implementedContract, Binding binding, string address);
public ServiceEndpoint AddServiceEndpoint(Type implementedContract, Binding binding, Uri address);
```

```
public ServiceEndpoint AddServiceEndpoint(Type implementedContract, Binding binding, string address,
Uri listenUri);
public ServiceEndpoint AddServiceEndpoint(Type implementedContract, Binding binding, Uri address,
Uri listenUri);
```

在使用时，address 参数可以是相对地址，也可以是绝对地址，这与使用配置文件时是一致的。例如，下面的代码演示了如何通过编程方式配置端点：

```
ServiceHost host = new ServiceHost(typeof(MyService));

Binding wsBinding  = new WSHttpBinding( );
Binding tcpBinding = new NetTcpBinding( );

host.AddServiceEndpoint(typeof(IMyContract), wsBinding, "http://localhost:8000/MyService");
host.AddServiceEndpoint(typeof(IMyContract), tcpBinding, "net.tcp://localhost:8001/MyService");
host.AddServiceEndpoint(typeof(IMyOtherContract), tcpBinding, "net.tcp://localhost:8002/MyService");

host.Open( );
```

17.5 成长任务

成长任务 1：编写用户注册服务

通过本章的学习，读者了解了如何创建一个 WCF 服务，以及对服务各个组成部分的配置。本任务要求读者编写一个实现用户注册的服务，并对信息进行校验，如果成功，返回 true；如果失败则返回失败信息。

前面界面提供的用户注册信息包括用户名称、登录密码、用户年龄、手机、居住地址和个人介绍。校验规则如下：

- 用户名称、登录密码、年龄和手机为必填项。
- 登录密码不能少于 6 位，不能多于 10 位。
- 年龄必须在 18 岁到 88 岁之间。
- 手机号必须符合规范。
- 个人介绍不能超过 150 个字。

第 18 章 ASP.NET 实用开发技巧

ASP.NET 的功能非常强大，除了前面介绍的内容外，本章将会介绍一些实用的 ASP.NET 开发技巧。例如，生成水印、实现验证码、发送邮件、压缩和解压文件、对象序列化和反序列化，以及绘制饼图和柱状图等。通过本章的学习，读者不仅可以掌握这些技术，而且还能对 ASP.NET 有一个全新的认识，为项目的实战开发打下坚实的基础。

本章学习要点

◎ 掌握 HTTP 模块的使用
◎ 掌握 HTTP 处理程序的使用
◎ 熟悉防盗链的实现流程
◎ 掌握 SerialNumber 控件的引用和调用方法
◎ 了解自定义验证码类的实现方法
◎ 掌握 CKEditor 编辑器的使用
◎ 掌握日志记录组件的使用
◎ 了解发送邮件的流程
◎ 了解文件的压缩和解压缩方法
◎ 熟悉读取 INI 文件的流程
◎ 熟悉对象序列化和反序列化的实现
◎ 熟悉绘制饼图和柱状图的方法

18.1 ASP.NET 模块和处理程序

一个网站或系统最重要的一部分便是安全，HTTP 模块基本上是提供一种定制的身份认证服务。ASP.NET 中提供了处理程序和模块两部分内容，它们可以实现图片水印的添加、防盗链，也可以验证用户的身份凭证是否有效。下面将介绍 ASP.NET 中的 HTTP 模块和 HTTP 处理程序。

18.1.1 HTTP 模块

HTTP 模块通常可以叫作 HttpModule，它是一个在每次针对应用程序发出请求时调用的程序集。HTTP 模块作为 ASP.NET 请求管道的一部分调用，它们能够在整个请求过程中访问生命周期事件。HTTP 模块使工作人员可以检查传入和传出的请求，并根据请求进行操作，图 18-1 展示了 HttpMudule 的工作过程。

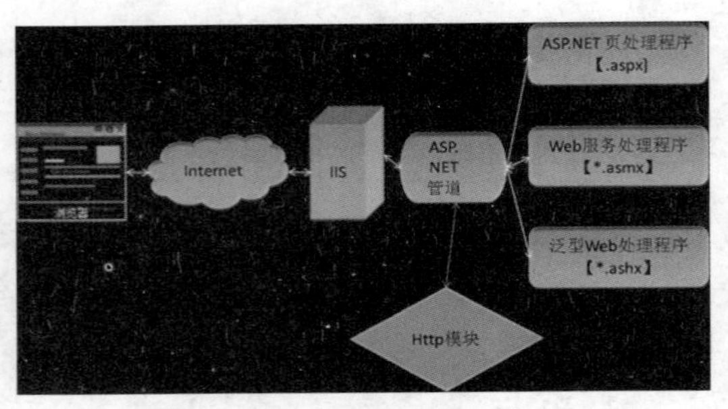

图 18-1　HttpModule 的工作过程

当一个 HTTP 请求到达 HttpModule 时，整个 ASP.NET Framework 系统还并没有对这个 HTTP 请求做任何处理。简单地说，就是此时对于 HTTP 请求来说，HttpModule 是一个 HTTP 请求的“必经之路”，所以可以在这个 HTTP 请求传递到真正的请求处理中心 (HttpHandler) 之前附加一些需要的信息在这个 HTTP 请求信息之上，或者针对截获的这个 HTTP 请求信息做一些额外的工作，或者在某些情况下干脆终止满足一些条件的 HTTP 请求，从而可以起到一个 Filter 过滤器的作用。

一般来讲，HttpMudule 模块通常具有以下用途。

(1) 安全。

可以检查传入的请求，HttpModule 可以在调用请求页、XML Web Services 或处理程序之前执行自定义的身份验证或其他安全检查。在以集成模式运行的 Internet 信息服务 IIS 7.0 中，可以将 Forms 身份验证扩展到应用程序中的所有内容类型。

(2) 统计信息和日志记录。

HttpModule 是在每次请求时调用的，因此可以将请求统计信息和日志信息收集到一个集中的模块中，而不是收集到各页中。

(3) 自定义的页眉或页脚。

开发者可以修改传出响应，可以在每一个页面或 XML Web Services 响应中插入内容，例如自定义的标头信息。

18.1.2 HTTP 处理程序

ASP.NET 请求处理过程是基于管道模型的，在模型中把 HTTP 请求传递给管道中的所有模块，每个模块都接收 HTTP 请求，并没有完全控制权限。模块可以用任何自认为适合的方式来处理请求，一旦请求经过了所有的 HttpModule，最终就会被 HTTP 处理程序 (HttpHandler) 处理。

简单地说，HttpHandler 是为了响应对 ASP.NET Web 应用程序的请求而运行的过程。如图 18-2 所示为 Httphandler 的工作过程。

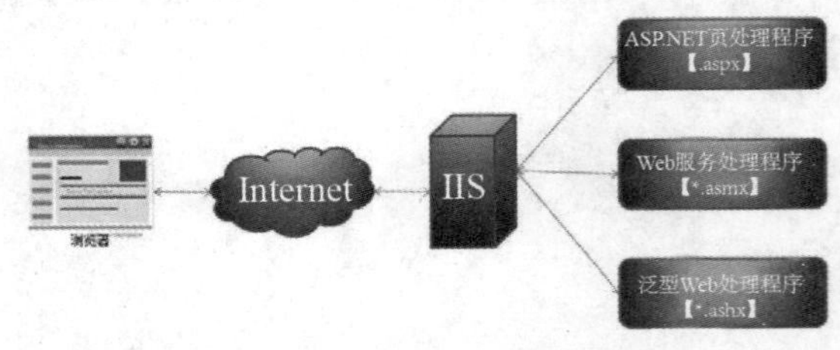

图 18-2　HttpHandler 的工作过程

ASP.NET 根据文件扩展名将 HTTP 请求映射到 HttpHandler，每个 HTTP 处理程序都可以处理应用程序中的单个 HTTP URL 或 URL 扩展名组。图 18-2 中展示了 ASP.NET 中所内置的 HTTP 处理程序：页处理程序 (*.aspx)、Web 服务处理程序 (*.asmx) 和泛型处理程序 (*.ashx)。

- 页处理程序：用于所有 ASP.NET 页的默认 HTTP 处理程序，这是最常用的一种类型的处理程序。当用户请求 .aspx 文件时，通过页处理程序来处理请求。
- Web 服务处理程序：ASP.NET 中作为 .asmx 文件创建的 Web 服务页的默认 HTTP 处理程序。
- 泛型处理程序：不含 UI 和包括 @WebHandler 指令的所有 Web 处理程序的默认 HTTP 处理程序。

开发者可以创建自定义的 HTTP 处理程序，将自定义输出呈现给浏览器。如果创建自定义 HTTP 处理程序，可以创建实现 IHttpHandler 接口的类，获得一个同步处理程序，或实现 IHttpAsyncHandler，获得一个异步处理程序。

自定义 HttpHandler 时具有以下用途。

(1) 作为 RSS 源。

如果要为网站创建 RSS 源，可以创建一个可发出 RSS 格式 XML 的处理程序。然后可以将文件扩展名 (如 .rss) 绑定到此自定义处理程序。当用户向站点发送以 .rss 结尾的请求时，ASP.NET 将调用自定义的 HttpHandler 处理请求。

(2) 作为图像服务器。

如果希望 Web 应用程序能够提供不同大小的图像，可以编写一个自定义处理程序来调整图像大小，然后将调整后的图像作为处理程序的响应发送给用户。

18.1.3　IHttpModule 和 IHttpHandler

开发自定义 HttpHandler 和 HttpModule 前，必须了解 IHttpHandler 和 IHttpModule 接口，它们是开发处理程序和模块的起始点。此外，还有一个 IHttpAsyncHandler 接口，它是开发异步处理程序的起始点。

HttpModule 实现了 IHttpModule 接口，用于页面处理前和处理后的一些事件的处理；HttpHandler 则是实现 IHttpHandler 接口，这才是 HTTP 请求的真正处理中心，对请求页面进行真正的处理。

IHttpModule 接口和 IHttpHandler 接口是两个不同的概念，其不同点如下所示。

(1) 执行的先后顺序不同。

HTTP 请求页面时，首先执行实现了 IHttpModule 接口的内容，然后再执行实现了 IHttpHandler 接口的内容。

(2) 请求处理不同。

无论客户端请求什么文件 (例如 .aspx、.html 或 .rar) 都会调用实现 IHttpModule 接口的内容；而只有 ASP.NET 注册过的文件类型 (如 .aspx 和 .asmx) 才会调用实现了 IHttpHandler 接口的内容。

(3) 任务不同。

IHttpModule 主要是对请求进行预处理，例如验证、修改和过滤等，同时也可以对响应进行处理；IHttpHandler 则是按照请求生成相应的内容。

开发者在实现 IHttpHandler 接口时，必须实现该接口中的 IsReusable 属性以及 ProcessRequest() 方法。IsReusable 属性表示获取一个值，该值指示其他请求是否可以使用 IHttpHandler 实例；ProcessRequest() 方法则表示通过实现 IHttpHandler 接口的自定义 HttpHandler 启用 HTTP Web 请求的处理。

18.1.4　实现局部水印

习惯上网的用户会发现大多数网站或管理系统中的图片都有水印，如新浪微博、企业门户网站以及销售系统等。如果网站中有一些重要的资源不想被其他人利用，最好的办法就是在图片上添加水印文字或图片。为图片添加水印有多种方法，其具体说明如下。

- 直接编辑每张图片：使用图片编辑工具（如 PhotoShop）对每张图片进行编辑，但是省脑力、费人工。
- 编程实现批量编辑图片：通过编程添加图片（如 WinForms 加上 GDI+），但是有一个缺点，它的原始图片会被破坏。
- 显示图片时动态添加水印效果：不修改原始的图片，在服务器端发送图片到客户端前通过 HttpHandler 进行处理。

【例 18-1】

在 ASP.NET 中可以很方便地创建后缀后为 .ashx 的 HttpHandler 的应用，下面介绍如何使用 HttpHandler 方式实现封面图片水印的效果。主要步骤如下。

01 在 VS 中新建一个 ASP.NET Web应用程序项目，添加一个名为 Handler1.ashx 的一般处理程序，如图 18-3 所示。

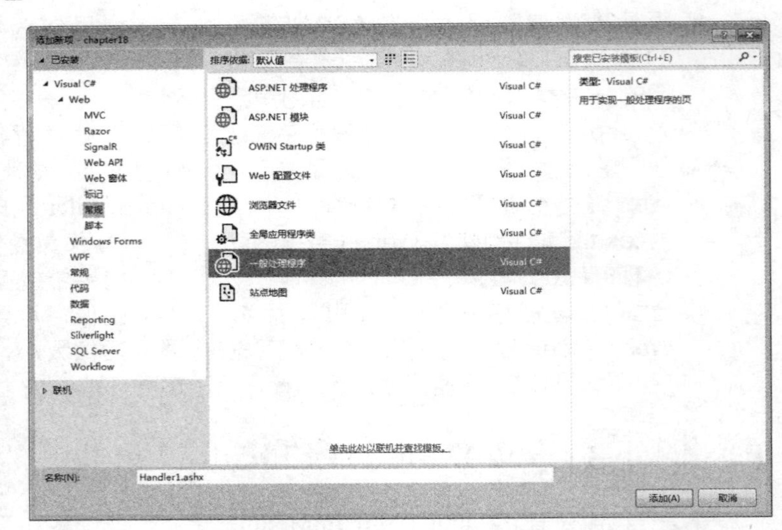

图 18-3　添加一般处理程序

02 添加后的 Handler1.ashx 会自动生成一个 IsReusable 属性和一个 ProcessRequest() 方法。其中 IsReusable 属性用于设置是否可重用该 HttpHandler 的实例，ProcessRequest() 方法是整个 HTTP 请求的最终处理方法。重写该方法，具体代码如下：

```
// 水印图片的路径
private const string WATERMARK_URL = "~/Images/WaterMark.png";
// 默认的图片路径
private const string DEFAULT_URL = "~/Images/pic2.jpg";
// 图片存放位置
private const string cover = "~/Images/";
public void ProcessRequest(HttpContext context)
{
        System.Drawing.Image bookCover;
        // 获取要加水印的图片
        string paths = context.Request.MapPath(cover + context.Request.Params["img"].ToString() + ".jpg");
        // 判断路径是否存在，如果存在
        if (System.IO.File.Exists(paths))
        {
          bookCover = Image.FromFile(paths);
          // 加载水印图片
```

```
            Image watermark = Image.FromFile(context.Request.MapPath(WATERMARK_URL));
            Graphics g = Graphics.FromImage(bookCover);          // 实例化画布
            g.DrawImage(watermark, new Rectangle(bookCover.Width - watermark.Width,
                bookCover.Height - watermark.Height, watermark.Width, watermark.Height), 0, 0,
                watermark.Width, watermark.Height, GraphicsUnit.Pixel);          // 在 image 上绘制水印
            g.Dispose();
            watermark.Dispose();                         // 释放水印图片
        }
        else
        {
            // 否则不存在，加载默认图片
            bookCover = Image.FromFile(DEFAULT_URL);
        }
        context.Response.ContentType = "image/jpeg";           // 设置输出格式
        bookCover.Save(context.Response.OutputStream, ImageFormat.Jpeg);      // 将图片存入输出流
        context.Response.End();
    }
```

上述代码中首先导入需要的命名空间，然后声明全局变量表示水印图片以及默认图片。在 ProcessRequest() 方法中首先使用 Request 对象的 MapPath() 方法获取图片的路径，Request.Params 属性用于获取参数名。if 语句中使用 File 对象的 Exists() 方法判断请求路径是否存在，如果存在，则加载水印图片，实例化画布后在图片上绘制水印，最后释放水印图片。全部完成后使用 Response 对象的 ContentType 属性设置输出的格式，然后将图片存入输出流。

03 添加新的 Web 窗体页，假设原来使用如下的代码显示一张图片：

```
<img src="images/xy415_bg2.jpg" />
```

为了使该图片有水印效果，可以使用 Image 控件代替，并设置 Image 控件的 ImageUrl 的属性值为“~/Handler1.ashx?img=xy415_bg2”。其中，img 表示向 Handler1.ashx 文件中传递的参数，xy415_bg2 表示图片的名称。具体代码如下：

```
<asp:Image ID="img1"
runat="server" ImageUrl="~/
Handler1.ashx?img=xy415_
bg2" />
```

04 运行本案例进行测试，最终效果如图 18-4 所示。

图 18-4　水印的运行效果

提示

ProgressRequest() 方法中的 context 对象表示上下文对象，它被用于在不同的 HttpModule 和 HttpHandler 之间传递数据，也可以用于保持某个完成请求的相应信息。context 对象还为 HTTP 请求提供服务的内部服务器对象（如 Request、Session 和 Server 等）。

18.1.5 实现批量图片水印

前面通过案例详细介绍了如何使用 HttpHandler 方式实现水印效果，但是这样也存在着缺点。如果图片有几十张甚至几百张，需要把图片的路径全部修改掉，这样使用非常麻烦。那么有没有一种简单的方法可以在不修改任何访问路径的情况下实现图片的水印效果？答案是肯定的。本小节将介绍如何通过全局 HttpHandler 的方式实现为图片批量添加水印的功能。

【例 18-2】

本案例通过创建自定义的 HttpHandler 类实现图片的批量添加水印的效果，主要步骤如下。

01 假设在一个页面中使用标准 HTML 的形式显示了 cover 目录下的几张图片，运行效果如图 18-5 所示。

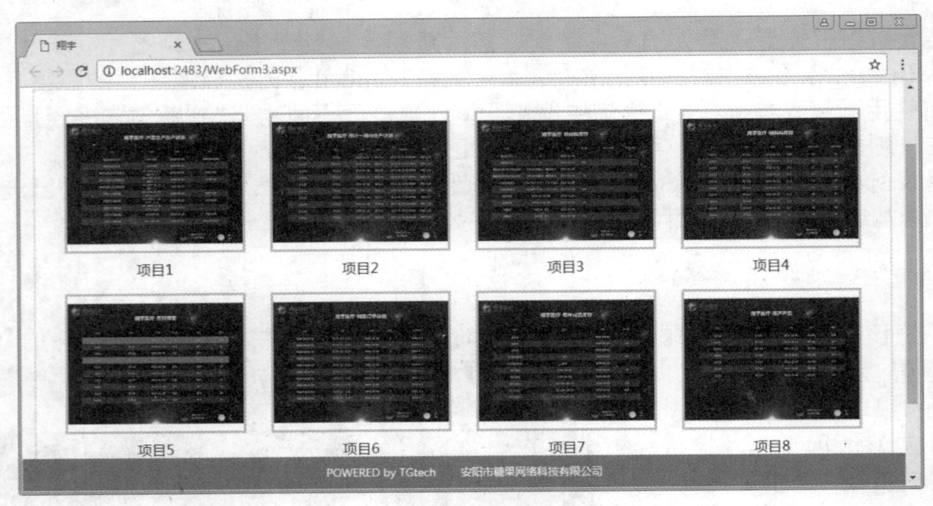

图 18-5　需要添加水印的图片

02 要为上面的这些图片添加水印，首先需要创建一个名称为 HttpHandlerImage 的类。然后让该类实现 IHttpHandler 接口，包括修改 IsReusable 属性中 get 访问器的值和重新实现 ProcessRequest() 方法。

HttpHandlerImage 类的最终主要代码如下：

```
public class HttpHandlerImage : IHttpHandler
{
    public bool IsReusable
    {
      get { return false; }
```

```
    }
    // 水印图片的路径
    private const string WATERMARK_URL = "~/Images/xy415_bg3.jpg";
    // 默认的图片路径
    private const string DEFAULT_URL = "~/Images/pic2.jpg";
    // 图片存放位置
    private const string cover = "~/Images/";
    public void ProcessRequest(HttpContext context)
    {
      System.Drawing.Image bookCover;
      // 获取要加水印的图片
      string paths = context.Request.PhysicalPath;
      // 省略部分代码，参考例 18-1
    }
}
```

上述代码中主要通过 Request 对象的 PhysicalPath 属性获取与请求的 URL 相对应的物理文件系统路径，然后使用 Exists() 方法判断该路径是否存在。如果存在，为图片添加水印，否则加载显示默认图片。

03 如果要捕获图片的访问请求，还需要在 web.config 文件中进行配置。添加的代码如下：

```
<system.webServer>
  <handlers>
    <add verb="*" name="HttpHandlerImage" path="cover/*.jpg" type="chapter18.HttpHandlerImage" />
  </handlers>
  <validation validateIntegratedModeConfiguration="false"/>
</system.webServer>
```

上述代码中，verb 代表谓词（如 GET、POST 和 FTP 等）列表，也叫动词列表。“*”表示通配符，处理所有请求。path 表示访问路径，它表示所有访问“cover/*.jpg”路径的请求都将交给 HttpHandlerImage 类处理。type 指定逗号分隔的类或程序集的组合，HttpHandlerImage 指编写的 HttpHandler 程序。

04 运行本案例，最终效果如图 18-6 所示。

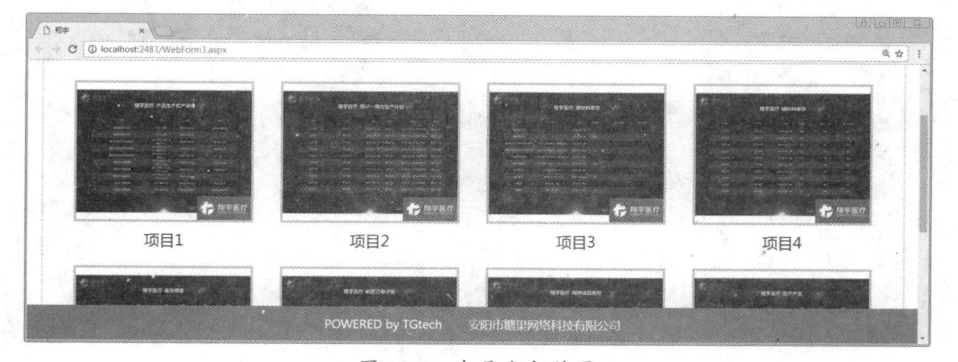

图 18-6　全局水印效果

注意

通过这种配置方式，在开发服务器上运行没有任何问题，但是，如果在IIS上运行，将没有任何效果。这时需要在IIS上对JPG文件进行配置处理。

18.2 实现防盗链

有时候，使用者需要防止其他网站直接引用系统或网站中的图片，或下载文件链接。在ASP.NET中可以很容易地实现类似这种禁止盗链接的功能。

下面通过一个简单图片示例讲解实现过程。例如在当前网站中新建一个文件夹，在该文件夹下创建images文件夹。image文件夹下存放两种图片：一张为正常显示的图片；另一张用于提示非法盗链的error.jpg图片。

【例18-3】

实现防盗链功能的主要步骤如下。

01 创建一个ASPX页面，向该页面中添加一个链接，链接到一个ChainHandler.ashx文件。内容如下：

```
<form id="form1" runat="server">
  <div><a href="ChainHandler.ashx"> 图片 </a></div>
</form>
```

02 在当前文件夹下创建ChainHandler.ashx文件，向该文件的ProcessRequest()方法中添加实现防盗的代码。代码如下：

```
public void ProcessRequest(HttpContext context)
{
  string picpath = context.Server.MapPath("~/zhidao2/images/1.jpg");          // 正常显示图片
  string errorpic = context.Server.MapPath("~/zhidao2/images/error.jpg");     // 防盗图片
  if (context.Request.UrlReferrer == null) {   // 如果请求为空
    context.Response.Expires = 0;        // 设置客户端缓冲过期时间为 0，即立即过期
    context.Response.Clear();          // 清空服务器端为此会话开启的输出缓存
    context.Response.ContentType = "image/jpg";   // 设置输出文件类型
    context.Response.WriteFile(errorpic);        // 将请求文件写入到输出缓存中
    context.Response.End();                // 将输出缓存中的信息传送到客户端
  } else {
    if (context.Request.UrlReferrer.Host != "localhost") { // 如果不是本地引用，则是盗链本站图片
      /* 省略防盗代码，可参考 if 语句 */
    } else {         // 如果是本地网站引用图片，则返回正确的图片
      context.Response.Expires = 0;   // 设置客户端缓冲过期时间为 0，即立即过期
```

```
            context.Response.Clear();      // 清空服务器端为此会话开启的输出缓存
            context.Response.ContentType = "image/jpg"; // 设置输出文件类型
            context.Response.WriteFile(picpath);      // 将请求文件写入到输出缓存中
            context.Response.End();             // 将输出缓存中的信息传送到客户端
        }
    }
}
```

在上述代码中首先声明两个变量，它们分别用于显示正常图片和防盗图片；接着判断请求是否为空，如果是，则输出防盗图片；否则的话再次进行判断，判断是否为本地网站引用图片。如果不是本地引用图片，则输出防盗本站图片；否则将正常图片输出传送到客户端。

03 运行本程序的窗体，查看效果，如图 18-7 所示。更改图片的访问地址查看效果，如图 18-8 所示。

图 18-7　正常访问图片

图 18-8　访问出错的效果

18.3　验证码

读者对验证码一定不会陌生，它是一张图片，包含随机生成的数字、字母和汉字等。使用验证码最大的好处就是可防止破解密码，下面分别介绍常用的验证码控件和如何以自定义类实现验证码。

18.3.1　验证码控件

在 ASP.NET 中最常用第三方验证码控件是 SerialNumber。该控件包含两个常用的方法，其中 Create() 方法用于自动生成验证码；CheckSN() 方法验证用户输入的验证码是否与生成的验证码一致，它返回一个布尔值。

【例 18-4】

SerialNumber 控件被封装在 Webvalidates.dll 文件中。因此在使用之前，必须先下载该文件，并在 ASP.NET 中添加对该文件的引用，添加后在【工具箱】中会出现 SerialNumber 控件。主要步骤如下所示。

01 在【工具箱】窗格中右击，选择【选择项】菜单命令，弹出【选择工具箱项】对话框。单击【浏览】按钮，选择下载的 Webvalidates.dll 文件，此时会自动添加该文件中的所有组件，如图 18-9 所示。

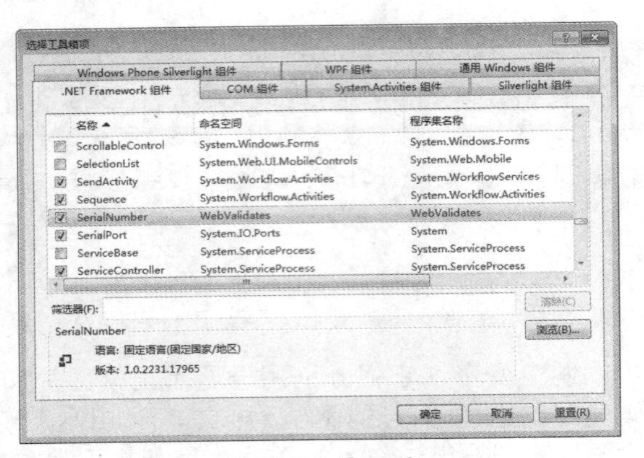

图 18-9　添加项

02 单击【确定】按钮完成添加，即可在【工具箱】窗格中看到 SerialNumber 控件。

03 创建一个 Web 页面，并添加 SerialNumber 控件的布局。部分代码如下：

```
<div class="xy_login_btn">
    <asp:TextBox ID="TextBox1" runat="server"></asp:TextBox>
    <cc1:SerialNumber ID="SerialNumber1" runat="server"></cc1:SerialNumber>
    <asp:LinkButton ID="lbRefersh" runat="server" Text=" 点击更改验证码 "></asp:LinkButton>
     <div id="captcha_error" runat="server" class="mt10" style="color: red; display: none;"> 验证码有误
或已过期，请重新输入 </div>
</div>
```

SerialNumber 控件在页面中会提示“请求在此上下文中不可用”，如图 18-10 所示。此时可以忽略这个错误，只要正常使用就行了。

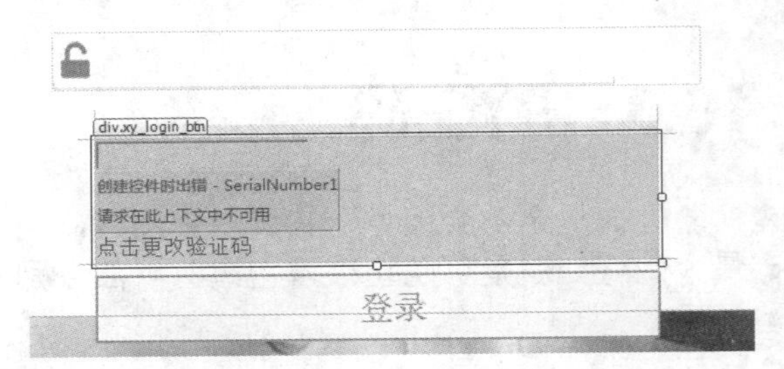

图 18-10　添加了 SerialNumber 控件

04 除了在页面的【设计】窗口提示外，还会在【源】窗口中首先对该控件进行注册，再使用，这点与用户控件一样。相关代码如下：

```
<%@ Register Assembly="WebValidates" Namespace="WebValidates" TagPrefix="cc1" %>
<cc1:SerialNumber ID="SerialNumber1" runat="server"></cc1:SerialNumber>
```

05 在窗体页的后台 Load 事件中添加代码，当页面首次加载时调用 SerialNumber 控件的 Create() 方法生成验证码。代码如下：

```
protected void Page_Load(object sender, EventArgs e)
{
  if (!IsPostBack) {                                    // 页面首次加载时生成验证码
    SerialNumber1.Create();                             // 自动生成验证码
```

```
    }
}
```

06 创建一个 protected 类型的 CheckCode() 方法，该方法判断用户输入的验证码是否正确。在该方法中通过 CheckSN() 方法进行判断，用户输入的验证码正确则返回 true，否则重新调用 Create() 方法生成验证码，并返回 false。代码如下：

```
protected bool CheckCode()
{
  if (SerialNumber1.CheckSN(captcha.Text.Trim())) {              // 如果用户输入的验证码正确
    return true;
  } else {
    SerialNumber1.Create();                                       // 重新生成验证码
    return false;
  }
}
```

07 为图 18-10 中的【登录】按钮添加 Click 事件，在该事件中调用 CheckCode() 方法进行判断。代码如下：

```
protected void btnSubmit_Click(object sender, EventArgs e)
{
  if (!CheckCode()) {                                 // 如果验证码不正确，则显示提示信息
    captcha_error.Style.Add("display", "block");
    return;
  } else {
    captcha_error.Style.Add("display", "none");
  }
}
```

08 重新运行页面，输入验证码进行查看，输入错误时的效果如图 18-11 所示。

图 18-11　验证码输入错误时的提示

【例 18-5】

验证控件验证内容时不区分用户输入的大小写，但是区分全角和半角。上面例子通过调用 Create() 方法生成随机位数的验证码，还可以通过自定义实现生成固定长度的验证码功能。

具体方法是在后台页面声明一个私有类型的 GetCode() 方法。在该方法中首先调用 Create() 方法生成验证码，然后通过 SerialNumber 控件的 SN 属性获取生成的随机验证码位数并保存到 str 变量中，最后通过 while 语句判断 str 的长度，如果 Length 属性的值不等于 4 则一直循环。代码如下：

```
private void GetCode()
{
  SerialNumber1.Create();                              // 生成验证码
  string str = SerialNumber1.SN.ToString();            // 生成的随机位数
  while (str.Length != 4) {                            // 生成 4 位随机码
    SerialNumber1.Create();
    str = SerialNumber1.SN.ToString();
  }
}
```

在后台页面的 Load 事件中直接调用 GetCode() 方法，调用完毕后运行窗体页查看效果，具体效果图不再展示。

18.3.2 自定义验证码类

使用 SerialNumber 控件可以方便地显示验证码，并且对用户输入的验证码进行判断。但是它的灵活度不高、安全性不高，并且不容易控制验证码显示时的宽度和高度，更重要的是用户只能调用 SerialNumber 控件的属性和方法，不能对其进行更改。因此，在实际工作开发中，程序员可以通过自定义类实现验证码的生成。

1. 自定义类实现验证码

自定义类实现验证码非常容易理解，向自定义的类中添加多个方法代码，最后在窗体页面的后台中调用，下面详细进行说明。

【例 18-6】

先在网站中添加名称为 MyCustomCode 的类，该类用于生成验证码，向该类中添加多个验证码生成的方法，以及处理验证码的方法。步骤如下。

01 首先声明一个 CreateCheckCodeImage() 方法，该方法用于创建验证码图片。完整代码如下：

```
public void CreateCheckCodeImage()
{
  string checkCode = GenerateCheckCode();                                    // 生成随机验证数
  if (checkCode == null || checkCode.Trim() == String.Empty)   // 判断生成的随机数是否为空
    return;
  Bitmap image = new Bitmap((int)Math.Ceiling((checkCode.Length * 12.5)), 22);
  Graphics g = Graphics.FromImage(image);
```

```
        try {
            Random random = new Random();          // 生成随机生成器
            g.Clear(Color.White);                  // 清空图片背景色
            for (int i = 0; i < 25; i++) {         // 画图片的背景噪音线
                int x1 = random.Next(image.Width);
                int x2 = random.Next(image.Width);
                int y1 = random.Next(image.Height);
                int y2 = random.Next(image.Height);
                g.DrawLine(new Pen(Color.Silver), x1, y1, x2, y2);
            }
            Font font = new Font("Arial", 12, (FontStyle.Bold | FontStyle.Italic));
            LinearGradientBrush brush = new LinearGradientBrush(new Rectangle(0, 0, image.Width, image.Height),
                Color.Blue, Color.DarkRed, 1.2f, true);
            g.DrawString(checkCode, font, brush, 2, 2);
            for (int i = 0; i < 100; i++) {        // 画图片的前景噪音点
                int x = random.Next(image.Width);
                int y = random.Next(image.Height);
                image.SetPixel(x, y, Color.FromArgb(random.Next()));
            }
            // 画图片的边框线
            g.DrawRectangle(new Pen(Color.Silver), 0, 0, image.Width - 1, image.Height - 1);
            MemoryStream ms = new MemoryStream();
            image.Save(ms, ImageFormat.Jpeg);
            HttpContext.Current.Response.ClearContent();
            HttpContext.Current.Response.ContentType = "IMAGE/Jpeg";
            HttpContext.Current.Response.BinaryWrite(ms.ToArray());
            HttpContext.Current.Response.End();
        } finally {
            g.Dispose();
            image.Dispose();
        }
    }
```

在上述代码中，首先调用 GenerateCheckCode() 方法获取随机生成数并保存到 checkCode 变量中，判断 checkCode 变量的值是否为空，如果为空则返回。然后分别创建 Bitmap 和 Graphics 的实例对象，它们分别用于创建位图和画布。在创建 Bitmap 实例对象时更改数字可以控制显示验证码图片的宽度和高度。

另外，在 try 语句中绘制背景噪音线、前景噪音点和图片的边框线等内容；在 finally 语句中释放资源。

02 创建生成 5 位随机数字或字母的 GenerateCheckCode() 方法，并且将生成的随机内容放到 Cookie 对象中。代码如下：

```
    private string GenerateCheckCode()
```

```
{
   int number;
   char code;
   string checkCode = String.Empty;
   Random random = new Random();
   for (int i = 0; i < 6; i++) {                          // 生成5位随机数
      number = random.Next();
      if (number % 2 == 0)
         code = (char)('0' + (char)(number % 10));
      else
         code = (char)('A' + (char)(number % 26));
      checkCode += code.ToString();
   }
   HttpCookie cookie = new HttpCookie("CheckCode", EncryptPassword(checkCode, "SHA1"));
   HttpContext.Current.Response.Cookies.Add(cookie);
   return checkCode;                                       // 返回生成的随机数
}
```

03 上个步骤在生成随机数时调用 EncryptPassword() 方法对其以 SHA1 的形式进行加密。除了以 SHA1 形式加密外，还可以以 MD5 形式进行加密。EncryptPassword() 方法的代码如下：

```
static public string EncryptPassword(string PasswordString, string PasswordFormat)
{
   switch (PasswordFormat) {
      case "SHA1":
           passWord = FormsAuthentication.HashPasswordForStoringInConfigFile(PasswordString, "SHA1");
            break;
      case "MD5":
           passWord = FormsAuthentication.HashPasswordForStoringInConfigFile(PasswordString, "MD5");
            break;
      default:
            passWord = string.Empty;
            break;
   }
   return passWord;
}
```

04 添加其他处理字符串的方法，这些方法可以对用户输入的字符串进行验证。例如判断输入的内容是否为数字；输入的内容全角到半角的转换、半角到全角的转换；替换字符串中的某些内容；以及获取汉字的第一个拼音等。下面为将全角字符串转换为半角的代码：

```
static public string GetBanJiao(string QJstr)
{
```

```
        char[] c = QJstr.ToCharArray();
        for (int i = 0; i < c.Length; i++) {
            byte[] b = Encoding.Unicode.GetBytes(c, i, 1);
            if (b.Length == 2) {
                if (b[1] == 255) {
                    b[0] = (byte)(b[0] + 32);
                    b[1] = 0;
                    c[i] = Encoding.Unicode.GetChars(b)[0];
                }
            }
        }
        string strNew = new string(c);
        return strNew;
    }
```

2. 使用自定义类

上面例子中通过前三个步骤向 CustomCode 类中添加了三个方法，下面使用该类中的方法实现验证码。

【例 18-7】

使用 18.3.1 小节中的登录页面，通过自定义类实现验证码的功能。操作步骤如下。

01 在供用户输入验证码内容的 TextBox 控件的后面添加 Image 控件，设置它的 ImageUrl 属性，指向 CheckCode.aspx 页面，将生成的验证码显示到图片。相关代码如下：

```
<asp:Image ID="img" runat="server" ImageUrl="CheckCode.aspx" alt=" 看不清楚，点我换一个 " />
```

02 创建 CheckCode.aspx 页面，在页面的后台 Load 事件中实例化 MyCustomCode 类，并调用 CreateCheckCodeImage() 方法生成验证码图片。代码如下：

```
protected void Page_Load(object sender, EventArgs e)
{
    MyCustomCode cc = new MyCustomCode ();
    cc.CreateCheckCodeImage();        // 生成验证码图片
}
```

03 向 UseCustomCode.aspx 页面中 Button 控件的 Click 事件中添加代码，在代码中判断用户输入的验证码是否与 Cookie 中保存的相等。代码如下：

```
protected void btnSubmit_Click(object sender, EventArgs e)
{
    string cookiecode = Request.Cookies["CheckCode"].Value.ToString(); // 获取验证码中保存的验证码
    string inputcode = this.captcha.Text;                      // 获取用户输入的验证码
    inputcode = CustomCode.EncryptPassword(inputcode, "SHA1");    // 对用户输入的验证码加密
    if (cookiecode != inputcode) {                  // 如果验证码和生成的不等
```

```
        this.captcha_error.Style.Add("display", "block");
    } else {
        this.captcha_error.Style.Add("display", "none");
    }
}
```

04 运行页面，查看自定义验证码的效果，注意通过 MyCustomCode 类编写的验证码区分大小写，也区分全角和半角，效果如图 18-12 所示。

图 18-12　通过自定义类测试验证码

在第 03 步中，用户输入的验证码错误时直接显示错误信息，没有重新生成验证码。需要重新生成验证码时，可指定 Image 控件的 ImageUrl 属性，代码如下：

```
this.img.ImageUrl = "CheckCode.aspx";        // 重新生成一个验证码
```

05 在 MyCustomCode 类中生成验证的字母全是大写的，因此，如果想要忽略大小写，需要调用 ToUpper() 方法对用户输入的内容进行转换。另外，也可以调用该类中的方法将全角字符转换为半角。生新更改 Button 控件的 Click 事件，部分代码如下：

```
protected void btnSubmit_Click(object sender, EventArgs e)
{
    string cookiecode = Request.Cookies["CheckCode"].Value.ToString(); // 获取验证码中保存的验证码
    string inputcode = this.captcha.Text;                         // 获取用户输入的验证码
    inputcode = CustomCode.GetBanJiao(inputcode).ToUpper();            // 其他操作
    /* 省略其他内容 */

}
```

06 重新运行页面，输入验证码进行测试，效果图不再展示。

07 要实现刷新验证码，可以在页面中添加一个 LinkButton 控件，在其 ClientClick 事件中实现。代码如下：

```
<asp:LinkButton ID="lbRefersh" runat="server" OnClientClick="javascript;CheckCode()"
Text=" 点击更改验证码 "></asp:LinkButton>
```

08 在上个步骤中，LinkButton 的 ClientClick 事件调用了 CheckCode() 脚本函数的代码，在该函数中更改 Image 控件的验证码。CheckCode() 函数的代码如下：

```
<script type="text/javascript">
  function CheckCode() {
    var pic = document.getElementById("img");
    pic.src = "Checkcode.aspx?" + new Date().getTime();
  }
</script>
```

09 再次运行页面，单击【点击更改验证码】按钮测试刷新验证码功能，效果图不再展示。

18.4 可视化编辑器

在实际网页开发的过程中，难免会使用到各种各样的可视化编辑器。它使我们不用编写 HTML 代码，便可以像 Word 编辑器那样对录入的内容进行设置和格式化。在 ASP.NET 中，常用的可视化编辑器有 RichTextBox、FreeTextBox、Ueditor 和 CKEditor。本节以 CKEditor 为例讲解可视化编辑器的使用。

CKEditor 是一个专门使用在网页上的属于开放源代码的所见即所得文字编辑器。它也是一个轻量化的控件，不需要太复杂的安装步骤即可使用。它可与 PHP、JavaScript、ASP、ASP.NET、ColdFusion、Java，以及 ABAP 等不同的编程语言相结合。

【例 18-8】

在 ASP.NET Web 窗体中使用 CKEditor 的主要步骤如下。

01 从 http://ckeditor.com 网站下载 CKEditor 的 .NET 版本插件，本书中下载的是 CKEditor 3.6.2。

02 解压缩后，将 bin\Release 目录下的 CKEditor.NET.dll 和 CKEdtor.NET.pdb 文件复制到网站的 bin 目录下。将 _Samples\ckeditor 整个文件夹中的所有内容，连同该文件夹粘贴到网站的根目录下，然后删除不必要的文件。

03 在【工具箱】窗格中添加对 CKEdtor.NET.dll 文件的引用，如图 18-13 所示。

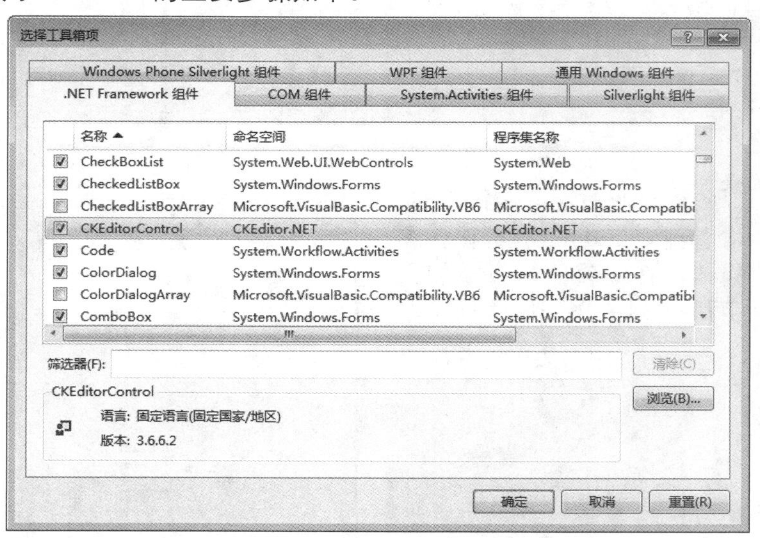

图 18-13 添加 CKEdtor.NET.dll 文件的引用

04 单击【确定】按钮后，在【工具箱】窗格中将看到新增的 CKEditorControl 控件。接下来，在 Web.config 文件中添加关于 CKEditor 控件的配置，具体代码如下：

```
<system.web>
    <pages>
      <controls>
        <add tagPrefix="CKEditor" assembly="CKEditor.NET" namespace="CKEditor.NET"/>
      </controls>
    </pages>
    <compilation debug="true"/>
</system.web>
```

05 从工具箱中将 CKEditor 控件拖曳到页面的合适位置，如果没有在 web.config 文件中配置该控件，则会自动添加一条 @Register 指令。否则直接添加显示对该控件的使用。Web 窗体页的主要代码如下：

```
<%@ Register Assembly="CKEditor.NET" Namespace="CKEditor.NET" TagPrefix="CKEditor" %>
<CKEditor:CKEditorControl ID="CKEditor1" runat="server" Width="700"></CKEditor:CKEditorControl>
```

添加后的页面布局效果如图 18-14 所示。

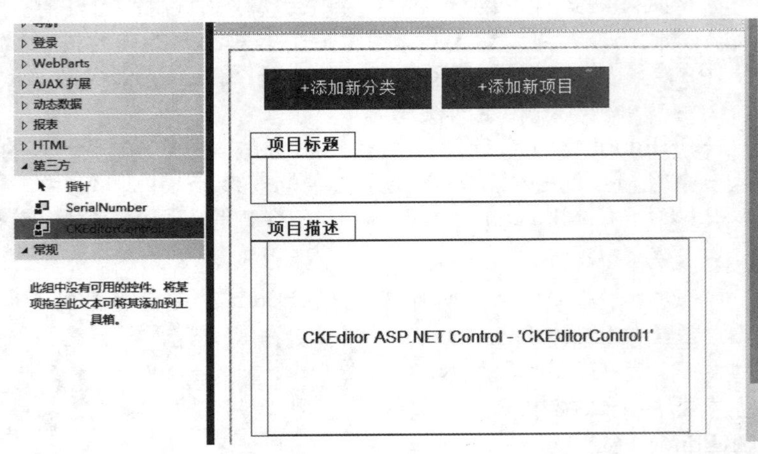

图 18-14 CKEditor 的布局效果

06 此时如果运行页面，将看到 CKEditor 的可视化编辑器，在编辑器中可添加文字和图片，如图 18-15 所示。

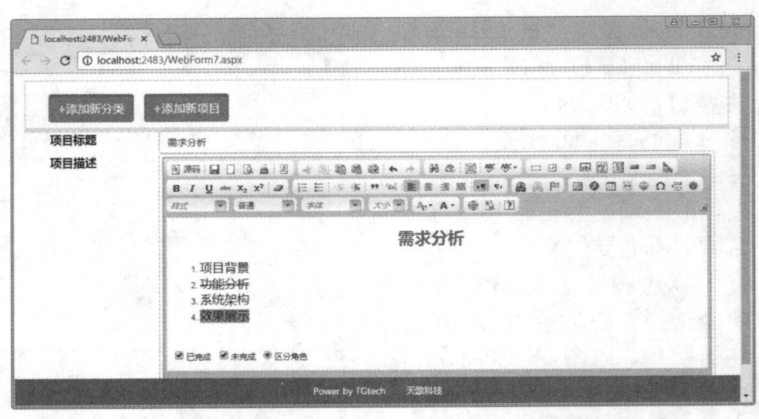

图 18-15 CKEditor 可视化编辑器的效果

07 使用 CKEditor 控件的 Text 属性可以获取在编辑器中的文本信息。

08 至此，CKEditor 控件的基本使用流程就算完成了。该控件的功能非常强大，还可以自定义工具栏按钮，自定义皮肤，设置快捷键等，类似这些功能，读者可参考控件的示例代码，这里不再介绍。

18.5　日志记录组件

log4net 是 .NET 下一个非常优秀的开源日志记录组件。log4net 记录日志的功能非常强大，它可以将日志分不同的等级，以不同的格式，输出到不同的媒介。

log4net 组件主要由 5 部分组成，分别为 Appenders、Filters、Layouts、Loggers 和 Object Renders。这 5 个组成部分的主要功能如下。

- Appenders：用来定义日志的输出方式。
- Filters：用来定义过滤器，可以过滤掉 Appender 输出的内容。
- Layouts：用于控制 Appender 的输出格式，可以是线性的，也可以是 XML。但一个 Appender 只能有一个 Layout。
- Loggers：直接与应用程序交互的组件。Logger 只是产生日志，然后由它引用的 Appender 记录到指定的媒介，并由 Layout 控制输出格式。
- Object Renders：它将告诉 logger 如何把一个对象转化为一个字符串记录到日志里。

【例 18-9】

要想在项目中使用 log4net 组件，需要先从官方站 http://logging.apache.org 下载，然后在 ASP.NET 项目中添加对 log4net.dll 的引用。

在 AssemblyInfo.cs 文件中还需要添加一行代码来初始化配置，并监测配置文件的变化，一旦发生修改，将自动刷新配置。代码如下：

```
[assembly: log4net.Config.XmlConfigurator()]
```

最后，在 Web.config 中对日志记录格式进行配置。如下所示为一个配置信息示例：

```
<configSections>
  <section name="log4net" type="System.Configuration.IgnoreSectionHandler"/>
</configSections>
 <log4net debug="true">
  <appender name="RollingLogFileAppender" type="log4net.Appender.RollingFileAppender">
   <file value="system_info.log" />
   <appendToFile value="true" />
   <rollingStyle value="Size" />
   <maxSizeRollBackups value="10" />
   <maximumFileSize value="2KB" />
   <staticLogFileName value="true" />
   <layout type="log4net.Layout.PatternLayout">
    <footer value="[Footer]—天歌科技 &#13;&#10;" />
     <conversionPattern value=" 时 间：%date , 线 程 ID:[%thread], 日 志 级 别：%-5level, 信 息 描
述：%message%newline" />
```

ASP.NET 编程

```
    </layout>
  </appender>
  <root>
    <priority value="ALL" />
    <appender-ref ref="RollingLogFileAppender" />
  </root>
</log4net>
```

上述配置文件指定在项目根目录下的 system_info.log 文件中记录日志信息。假设要在登录功能中添加日志功能，具体代码如下：

```
// 创建日志对象
private static readonly ILog log = LogManager.GetLogger(typeof(WebForm8).Name);
protected void Page_Load(object sender, EventArgs e)
{
    log.Info(" 登录页面加载成功 ");            // 记录页面信息
}
protected void Button1_Click(object sender, EventArgs e)
{
    string name = txtUserName.Text.Trim();
    log.Info(" 用户 " + name + " 开始登录 ");  // 记录用户信息
    if (name == "admin")
    {
        log.Debug(" 系统管理员 已经登录，正在跳转到后台首页 ");
    }
    else
    {
        log.Error(" 登录成功，用户状态正常 ");
    }
}
```

添加上述代码之后，运行登录界面，并输入不同的用户名进行测试。最后打开 system_info.log 文件查看日志内容，如图 18-16 所示。

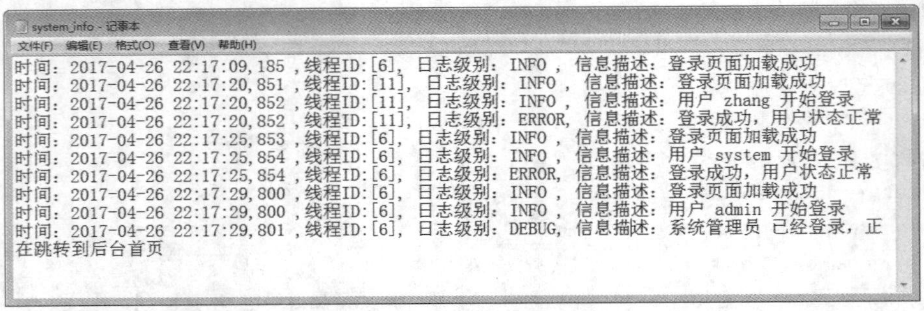

```
system_info - 记事本
文件(F)  编辑(E)  格式(O)  查看(V)  帮助(H)
时间：2017-04-26 22:17:09,185 ,线程ID:[6], 日志级别：INFO , 信息描述：登录页面加载成功
时间：2017-04-26 22:17:20,851 ,线程ID:[11], 日志级别：INFO , 信息描述：登录页面加载成功
时间：2017-04-26 22:17:20,852 ,线程ID:[11], 日志级别：INFO , 信息描述：用户 zhang 开始登录
时间：2017-04-26 22:17:20,852 ,线程ID:[11], 日志级别：ERROR, 信息描述：登录成功，用户状态正常
时间：2017-04-26 22:17:25,853 ,线程ID:[6], 日志级别：INFO , 信息描述：登录页面加载成功
时间：2017-04-26 22:17:25,854 ,线程ID:[6], 日志级别：INFO , 信息描述：用户 system 开始登录
时间：2017-04-26 22:17:25,854 ,线程ID:[6], 日志级别：ERROR, 信息描述：登录成功，用户状态正常
时间：2017-04-26 22:17:29,800 ,线程ID:[6], 日志级别：INFO , 信息描述：登录页面加载成功
时间：2017-04-26 22:17:29,800 ,线程ID:[6], 日志级别：INFO , 信息描述：用户 admin 开始登录
时间：2017-04-26 22:17:29,801 ,线程ID:[6], 日志级别：DEBUG, 信息描述：系统管理员 已经登录，正
在跳转到后台首页
```

图 18-16　查看日志内容

18.6 发送邮件

发送电子邮件是邮箱系统中最基本的功能。现在，它也越来越作为网站的通用功能，可以在用户注册后发送一封邮件到注册时填写的电子邮件地址。

通常，验证用户真实性有效的办法是：当用户填写的注册资料经过网站初步格式验证之后，用户并不能利用此账号登录。系统会向用户注册时填写的电子邮件地址发送一封电子邮件，邮件中给出一个链接。只有当用户单击了这个链接之后，才能登录到网站，如果用户填写的电子邮件地址不是真实有效的或者不是他本人的，就不会收到这封电子邮件。这样仍然不能登录，这一步一般称为电子邮件激活。

在 ASP.NET 中使用 System.Net.Mail 命名空间下的 MailMessage 类和 SmtpClient 类可以实现邮件的发送功能。

使用 MailMessage 类实例提供的属性可以设置电子邮件的发件人、收件人、主题、内容以及是否有附件等。这些属性如下所示：

- From 属性：发件人。
- To 属性：收件人。
- CC 属性：抄送人。
- Bcc 属性：密件抄送人。
- Attachments 属性：附件。
- Subject 属性：邮件主题。
- Body 属性：邮件正文。

经过上述步骤设置了一个完整的电子邮件后，将它作为 SmtpClient 类 Send() 方法的参数完成发送过程。

【例 18-10】

下面详细介绍在 ASP.NET 中实现发送邮件的过程。

01 首先新建一个名为 MailHelper 的实体类，在该类中封装对邮件的基本操作。

02 在类中添加与邮件相关的属性，包括附件地址、附件数组、信件内容、发件人、收件人、主题、SMTP 服务器、登录用户名和密码等。

03 继续补充 MailHelper 类，添加私有方法 JudgeAtt()，判断邮件是否存在附件，返回 bool 类型。

04 添加公共方法 JudgeConnect()，判断是否可以连接上网络，返回 bool 类型。

提示

JudgeAtt() 和 JudgeConnect() 这两个方法的具体代码这里不再给出，可以参考实例源文件。

05 然后添加没有返回值的公共方法 SendMail()，用于实现发送邮件功能：

```
public void SendMail()
{
  try
  {
    // 邮件内容设置
    MailAddress MFrom =
      new MailAddress(this.Form);
    MailAddress MTo =
      new MailAddress(this.TO);
    MailMessage MailM =
      new MailMessage(this.Form, this.TO);
    MailM.Subject = this.Subject;
    MailM.Body = this.Body;
    // 添加附件
    if (Att != null)
    {
      if (this.JudgeAtt(Att.Trim()) == true)
      {
        if (Att.Trim().Length > 0)
        {
          Attachment At =
            new Attachment(this.Att); // 附件
          MailM.Attachments.Add(At);
        }
      }
    }
    if (AttList != null)
```

```
        {
          if (AttList.Length > 0)
          {
            for (int i = 0; i < AttList.Length; i++)
            {
              if (this.JudgeAtt(AttList[i]) == true)
              {
                Attachment At1 = new Attachment(AttList[i]);
                MailM.Attachments.Add(At1);
              }
            }
          }
        }
        MailM.IsBodyHtml = true;                          // 设置邮件支持 HTML
        MailM.BodyEncoding = System.Text.Encoding.GetEncoding("GB2312");
        // SMTP 设置
        SmtpClient SmtpC = new SmtpClient(this.Smtp, 25);
        SmtpC.UseDefaultCredentials = false;
        SmtpC.Credentials = new System.Net.NetworkCredential(this.UserName, this.Password);
        SmtpC.DeliveryMethod = SmtpDeliveryMethod.Network;
        SmtpC.Send(MailM);                                        // 发送邮件
      }
      catch (Exception e)
      {
        HttpContext.Current.Response.Write("<script>alert('"+e.Message.ToString()+"');</script>");
      }
    }
```

经过上面几个步骤，MailHelper 类的基本框架就搭建好了。剩下的工作就是完善并实现相应的功能，如图 18-17 所示为该类最终的结构。

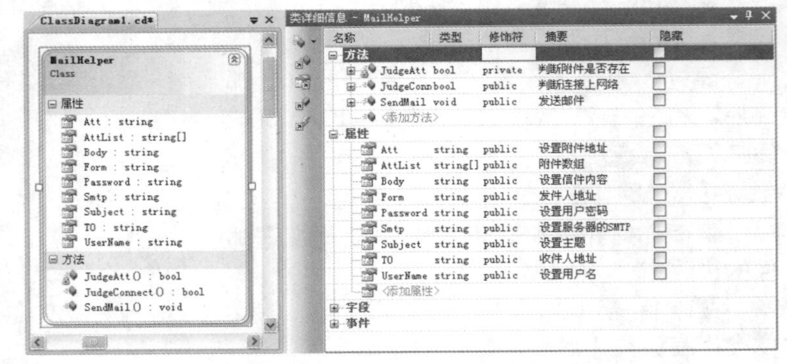

图 18-17　MailHelper 类的结构

06 新建一个 ASPX 页面，在后台 Page_load 事件中调用 MailHelper 类来发送邮件。核心代码如下所示：

```
    protected void Page_Load(object sender, EventArgs e)
```

```
{
    MailHelper mh = new MailHelper();
    mh.Smtp = "smtp.163.com";            //SMTP 服务器
    mh.UserName = "********";            // 登录账户
    mh.Password = "***";             // 登录密码
    mh.Form = "***";         // 发送者邮箱
    mh.Subject = " 这是一封测试邮件 ";       // 邮件主题
    mh.Body = " 这是使用 ASP.NET 发送的测试邮件。";         // 邮件内容
    mh.TO = "****@qq.com";         // 收件人
    if (mh.JudgeConnect())          // 网络是否正常
    {
      // 网络状态正常。正在发送 ...
      try
      {
        mh.SendMail();          // 发送邮件
        // 发送成功
        Page.ClientScript.RegisterStartupScript(this.GetType(), "", "<script>alert(' 发送成功。');</script>");
      }
      catch (System.Net.Mail.SmtpException ex)
      {
       Page.ClientScript.RegisterStartupScript(this.GetType(), "", "<script>alert('" + ex.Message.ToString() + "');</script>");
      }
    }
    else
    {
     Page.ClientScript.RegisterStartupScript(this.GetType(), "", "<script>alert(' 网络连接故障，请检查后重试 ');</script>");
    }
}
```

可以看出，与邮件发送有关的设置都在程序中指定，用户只需填写 3 项即可。至此，本发送邮件的实例就制作完成了。但是，为了更加实用，可以将本例中的固定邮件内容修改为由用户填写。

运行页面，然后打开收件人的邮箱，将会看到一封未读邮件，其中内容正是在上面编写的。说明已经发送成功，如图 18-18 所示。

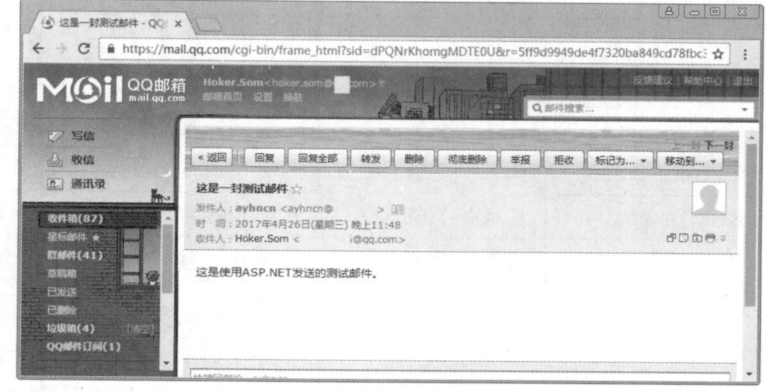

图 18-18 查看邮件内容

提示

作者在这里使用的是163的SMTP服务器，不同服务器的地址和端口可能有所不同。即使同一SMTP服务器，受账户和密码的限制，也可能出现不同的结果。

18.7 文件压缩和解压缩

网络传输文件过程中，如果文件过大，将会影响文件传送的效果和速度。如果将文件压缩之后再传送，不但可以提高传递速度，还可以节省大量的时间。本节将介绍如何使用ASP.NET实现文件的在线压缩和解压缩功能。

18.7.1 在线压缩ZIP文件

实现压缩功能主要利用了ASP.NET的FileStream类和GZipStream类。FileStream类是一个文件流的读写类，在第12章讲解过。这里介绍一下GZipStream类，该类常用的构造函数如下：

```
public GZipStream(Steam stream, CompressionMode mode, bool leaveOpen)
```

各个参数的含义如下。

- stream：要压缩或解压缩的流。
- mode：是一个CompressionMode枚举值，表示要采取的操作，即是否压缩或者解压缩基础流。
- leaveOpen：如果为true，表示将流保留为打开状态，默认为false。

GZipStream类的常用属性及说明如表18-1所示。

表18-1 GZipStream类的常用属性及说明

属性名称	说 明
BaseStream	获取对基础流的引用
CanRead	获取一个值，该值表示是否支持在解压文件的过程中读取文件
CanSeek	获取一个值，该值表示流是否查找
CanTimeout	获取一个值，该值表示当前流是否超时
CanWrite	获取一个值，该值表示当前流是否支持写入
ReadTimeout	获取一个值，该值表示流在超时前尝试读取多长时间
WriteTimeout	获取一个值，该值表示流在超时前尝试写入多长时间

GZipStream类的常用方法及说明如表18-2所示。

表18-2 GZipStream类的常用方法及说明

方法名称	说 明
BeginRead()	开始异步读取操作

（续表）

方法名称	说　明
BeginWrite()	开始异步写入操作
Close()	关闭当前流并释放与之关联的所有资源
Read()	将若干解压缩的字节读取指定的字节数组
ReadByte()	从流中读取一个字节，并将流内的位置向前移动一个字节，如果已到达末尾，则返回-1
Write()	从指定的字节数组中将压缩的字节写入基础流
WriteByte()	将一个字节写入流的当前位置，并将流内的位置向前移动一个字节

【例 18-11】

下面介绍使用 GZipStream 类实现在线压缩文件的步骤。

新建一个 Web 页面，然后分别添加一个 TextBox 控件、Button 控件和 FileUpload 控件。如下所示为本例中的布局代码：

```
<div class="form-group">
    <label class="col-sm-2 control-label"> 浏览要压缩的文件 </label>
    <div class="col-sm-10">
        <asp:FileUpload ID="FileUpload1" runat="server"  CssClass="form-control"/>
    </div>
</div>
<div class="form-group">
    <label class="col-sm-2 control-label"> 压缩后的位置 </label>
    <div class="col-sm-10">
        <asp:TextBox ID="TextBox1" runat="server"  CssClass="form-control"></asp:TextBox>
    </div>
</div>
<div class="form-group" >
    <label class="col-sm-2 control-label"></label>
    <div class="col-sm-10" style="margin-top:10px;">
        <asp:Button ID="Button3" runat="server" Text=" 开始压缩 " CssClass="btn btn-info active"
        OnClick="Button3_Click" />
    </div>
</div>
```

执行流程是在 FileUpload 控件中选择要压缩的文件，然后在 TextBox 控件中输入压缩后的文件名，再单击 Button 控件进行上传文件、压缩文件和输出结果。

Button 控件的 Click 事件代码如下：

```
protected void Button3_Click(object sender, EventArgs e)
{
    if (FileUpload1.HasFile) // 判断是否选择文件
    {
```

```
        string name = FileUpload1.PostedFile.FileName;          // 客户端文件的路径
        string fileName = DateTime.Now.ToString("yyyyMMddhhmmss") + name;

        string webFilePath = Server.MapPath("fileupload/" + fileName); // 服务器端文件的路径
        string zipFilePath = Server.MapPath("fileupload/" + TextBox1.Text);
        TextBox1.Text = zipFilePath;
        FileUpload1.SaveAs(webFilePath);    // 使用 SaveAs() 方法保存文件
        // 执行 ZIP 压缩
        CompressFile(webFilePath, zipFilePath);
    }
}
```

如上述代码所示，实现 ZIP 压缩的核心是 CompressFile() 方法，这是一个自定义方法，具体实现代码如下：

```
public void CompressFile(string sourceFile, string destFile)
{
    // 判断文件是否存在
    if (File.Exists(sourceFile))
    {
        // 实例化 FileStream 对象
        FileStream sourceStream =
                new FileStream(sourceFile, FileMode.Open, FileAccess.ReadWrite, FileShare.ReadWrite);
        // 创建二进制数组，并创建与文件大小相同的数组
        byte[] buffer = new byte[sourceStream.Length];
        // 将文件内容写入级缓冲区
        sourceStream.Read(buffer, 0, buffer.Length);
        FileStream destStream = new FileStream(destFile, FileMode.OpenOrCreate, FileAccess.Write);
        // 实例化 GZipStream 对象
        GZipStream zipStream = new GZipStream(destStream, CompressionMode.Compress, true);
        // 写入文件内容
        zipStream.Write(buffer, 0, buffer.Length);
        zipStream.Dispose();  // 释放资源
        destStream.Dispose();
        sourceStream.Dispose();
        // 输出提示信息
        Response.Write("<script>alert(' 压缩成功。');</script>");
    }
    else
    {
        Response.Write("<script>alert(' 文件不存在。');</script>");
    }
}
```

上述代码的执行流程是使用 FileStream 对象读取上传好的文件，并将文件流保存到一个字节数组中，再创建 GZipStream 对象，然后使用压缩流写入到指定的文件中。

如图 18-19 所示为压缩成功后的提示。如图 18-20 所示为在服务器上查看保存的压缩文件。

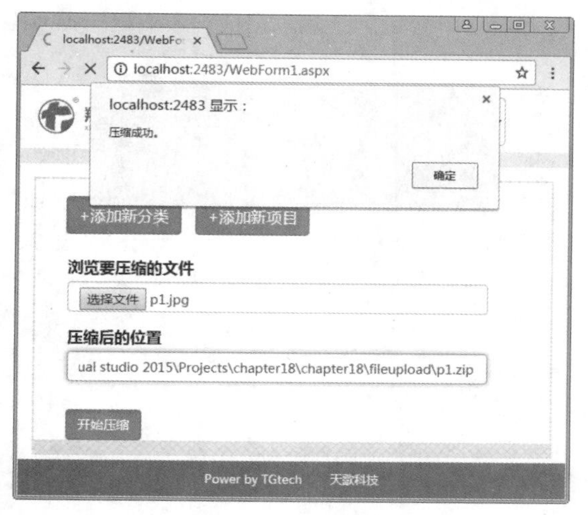

图 18-19 压缩成功

图 18-20 查看压缩后的文件

18.7.2 在线解压文件

在各种下载网站中，常常以压缩文件的形式提供资料。那么如何实现这些压缩文件的解压过程呢？上面介绍了使用 FileSteam 类和 GzipStream 类实现在线压缩，本小节讲解使用这两个类实现解压的过程。

【例 18-12】

主要步骤如下。

01 新建一个 Web 窗体，添加用于选择压缩的 FileUpload 控件、输入解压后文件的 TextBox 控件和执行解压缩的 Button 控件。代码如下所示：

```
选择要解压缩的文件：<asp:FileUpload ID="FileUpload1" runat="server" /><br />
解压缩后的文件：<asp:TextBox ID="TextBox1" runat="server"></asp:TextBox><br />
<asp:Button ID="Button1" runat="server" Text=" 解压缩 " OnClick="Button1_Click" Width="125px" />
```

02 编写一个自定义的解压缩方法 DecompressFile()，具体实现代码如下：

```
public void DecompressFile(string sourceFile, String destFile)
{
  // 判断文件是否存在
  if (!File.Exists(sourceFile)) throw new FileNotFoundException();
  // 创建 FileStream 对象，在执行完此代码块后会自动释放该对象的资源
  using (FileStream sourceStream = new FileStream(sourceFile, FileMode.Open))
  {
    // 创建 byte 数组
    byte[] quarteBuffer = new byte[4];
```

```
        // 获取字节流长度
        int position = (int)sourceStream.Length - 4;
        // 设置流当前位置
        sourceStream.Position = position;
        // 读取字节块并写入缓冲区
        sourceStream.Read(quarteBuffer, 0, 4);
        // 设置流当前位置
        sourceStream.Position = 0;
        int checkLength = BitConverter.ToInt32(quarteBuffer, 0);
        byte[] buffer = new byte[checkLength + 100];

        // 创建 GZipStream 对象，在执行完此代码块后会自动释放该对象的资源
        using (GZipStream decompressStream =
                    new GZipStream(sourceStream, CompressionMode.Decompress, true))
        {
            int total = 0;
            for (int offset = 0; ;)        // 循环读取字节
            {
                int bytesRead = decompressStream.Read(buffer, offset, 100);
                if (bytesRead == 0) break;
                offset += bytesRead;
                total += bytesRead;
            }
            using (FileStream destStream = new FileStream(destFile, FileMode.Create))
            {
                // 将缓冲区中的数据写入流
                destStream.Write(buffer, 0, total);
                // 清除缓冲区
                destStream.Flush();
            }
        }
    }
}
```

03 为 Button 添加单击事件，首先将文件上传到服务器，再调用 DecompressFile() 方法执行解压缩操作。代码如下：

```
protected void Button1_Click(object sender, EventArgs e)
{
    if (FileUpload1.HasFile)          // 判断是否选择文件
    {
        string name = FileUpload1.PostedFile.FileName;        // 客户端文件路径
        string fileName = DateTime.Now.ToString("yyyyMMddhhmmss") + name;
```

```
        string webFilePath = Server.MapPath("fileupload/" + fileName); // 服务器端文件路径

        string zipFilePath = Server.MapPath("fileupload/" + TextBox1.Text);
        FileUpload1.SaveAs(webFilePath);    // 使用 SaveAs() 方法保存文件
        // 执行 ZIP 解压缩
        DecompressFile(webFilePath, zipFilePath);
    }
}
```

04 至此，本实例的核心代码就编写完成了。运行效果比较简单，这里就不再演示。但是要注意，本实例只能解压使用 GzipStream 类压缩的文件。对于标准的 ZIP 文件，在解压缩时会出现错误，提示信息为“Gzip 头中的参数不正确，请确保正在传入 Gzip 流”。

18.8　操作 INI 文件

计算机中的配置文件有很多，细心的读者会发现，相当多的配置文件都是 INI 格式。为此，本节以 ASP.NET 为例讲解有关 INI 文件的操作。为了实现 INI 文件的读取与写入，需要使用 GetPrivateProfileString() 函数和 WritePrivateProfileString() 函数。

GetPrivateProfileString() 函数用于读取 INI 文件，语法格式如下：

```
[DllImport("kernel32")]
private static extern int GetPrivateProfileString(string lpAppName, string lpKeyName, string lpDefault,
StringBuilder lpReturnedString, int nSize, string lpFileName);
```

上述语法中，各个参数的说明如下。

- lpAppName：表示 INI 文件内部根节点的值。
- lpKeyName：表示根节点下子标记的值。
- lpDefault：表示当标记值未设定或不存时的默认值。
- lpReturnedString：表示返回读取节点的值。
- nSize：表示读取的节点内容的最大容量。
- lpFIleName：表示文件的完整路径。

WritePrivateProfileString() 函数写入读取的 INI 文件，语法格式如下：

```
[DllImport("kernel32")]
private static extern long WritePrivateProfileString(string mpAppName, string mpKeyName, string mpDefault,
string mpFileName);
```

上述语法中，各个参数的说明如下。

- mpAppName：表示 INI 文件内部根节点的值。
- mpKeyName：表示将要修改的标记名称。

- mpDefault：表示想要修改的内容。
- mpFIleName：表示 INI 文件的完整路径。

【例 18-13】

下面讲解如何使用 GetPrivateProfileString() 函数和 WritePrivateProfileString() 函数读取及写入 INI 文件。假设在网站根目录的 Files 子目录下有一个 config.ini 文件，要读取和写入内容，具体步骤如下。

01 新建一个 Web 窗体，然后根据 INI 文件中节点的数量添加 TextBox 控件，以及两个 Button 控件，分别用于读取和写入文件。本例中，INI 文件有 4 个节点，最终布局效果如图 18-21 所示。

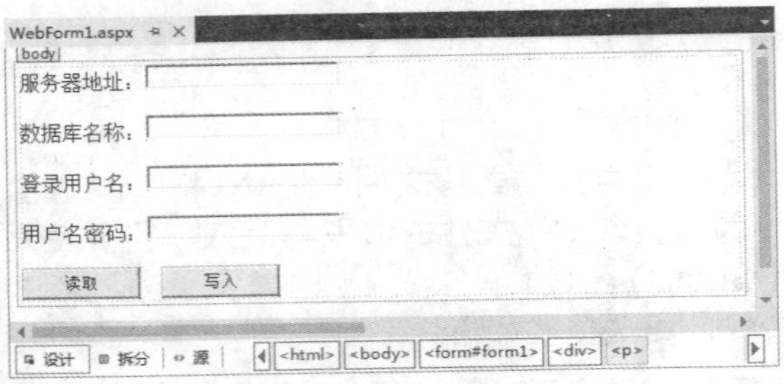

图 18-21　布局效果

02 在后台页面中创建两个属性分别表示 INI 文件的物理位置和文件名称，代码如下：

```
// 表示 INI 文件对应的物理位置
public string FilePath
{
    get
    {
        if (ViewState["file_path"] == null)
            return "";
        return ViewState["file_path"].ToString();
    }
    set { ViewState["file_path"] = value; }
}
// 表示 INI 文件的名称
public string FileURL
{
    get
    {
        if (ViewState["file_url"] == null)
            return "";
        return ViewState["file_url"].ToString();
    }
    set { ViewState["file_url"] = value; }
}
```

03 为了方便对节点的读取，编写了一个 ReadIniContent() 方法，进行封装读取操作并返回节点的内容。如下所示为 ReadIniContent() 方法的代码：

```
// 从 INI 文件中读取一个节点内容的方法
public string ReadIniContent(string area,
string key,string def)
{
    // 定义一个最大 1024 字节的字符串
    StringBuilder sb = new StringBuilder(1024);
    // 读取 INI 文件
    GetPrivateProfileString(area, key, def, sb,
    1024, FilePath);
    // 返回读取的内容
    return sb.ToString();
}
```

04 在 Page_Load 事件中编写代码，使页面在加载时能获取 INI 文件的路径和名称。代码如下：

```
protected void Page_Load(object sender,
EventArgs e)
{
    // 设置 INI 文件的路径和名称
    FilePath = Server.MapPath("~/Files/config.ini");
    FileURL = System.IO.Path
            .GetFileName(FilePath);
}
```

05 编写单击"读取"按钮后的读取 INI 文件内容的代码。具体如下所示：

```
protected void Button1_Click(object sender,
EventArgs e)
{
```

```
        // 判断文件是否存在
        if (File.Exists(FilePath))
        {
            // 读取 DB_HOST 节点的值，默认为 127.0.0.1
            txtServer.Text = ReadIniContent(FileURL, "DB_HOST", "127.0.0.1");
            txtDatabase.Text = ReadIniContent(FileURL, "DB_DATABASE", "master");
            txtUserName.Text = ReadIniContent(FileURL, "DB_USERNAME", "sa");
            txtUserPass.Text = ReadIniContent(FileURL, "DB_PASSWORD", "00");

            Page.ClientScript.RegisterStartupScript(this.GetType(), "", "<script>alert(' 读取成功！ ');</script>");
        }
    }
```

代码比较简单，这里不再解释。运行页面，单击“读取”按钮，会弹出“读取成功”对话框，同时看到读取的内容，效果如图 18-22 所示。

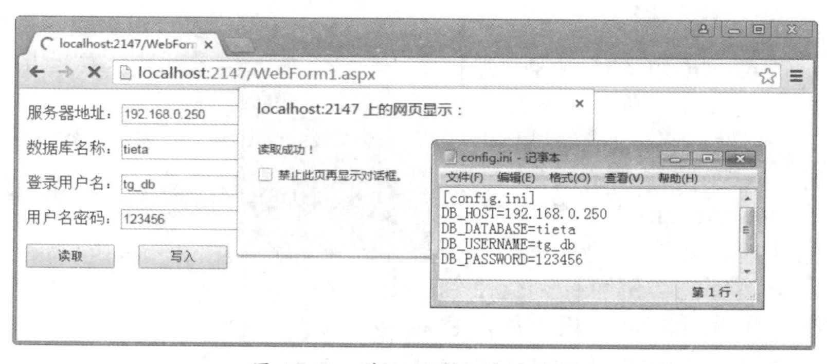

图 18-22　读取 INI 文件的效果

06 编写单击“写入”按钮后的写入 INI 文件内容的代码。具体如下所示：

```
protected void Button2_Click(object sender, EventArgs e)
{
    // 判断文件是否存在
    if (File.Exists(FilePath))
    {
        WritePrivateProfileString(FileURL, "DB_HOST", txtServer.Text, FilePath);
        WritePrivateProfileString(FileURL, "DB_DATABASE", txtDatabase.Text, FilePath);
        WritePrivateProfileString(FileURL, "DB_USERNAME", txtUserName.Text, FilePath);
        WritePrivateProfileString(FileURL, "DB_PASSWORD", txtUserPass.Text, FilePath);

        Page.ClientScript.RegisterStartupScript(this.GetType(), "", "<script>alert(' 写入成功！ ');</script>");
    }
}
```

写入时调用了 WritePrivateProfileString() 函数，运行效果如图 18-23 所示。

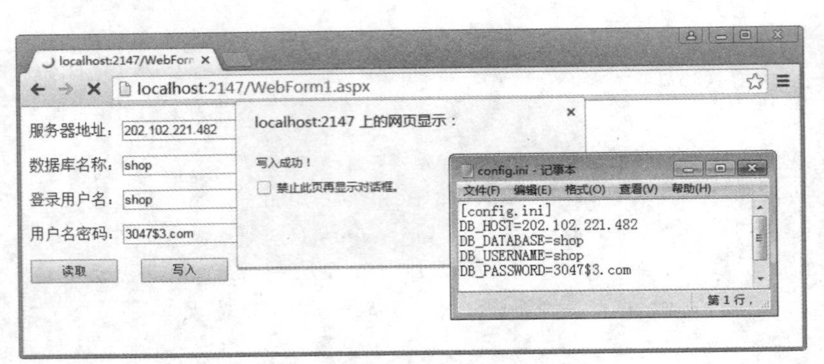

图 18-23　写入 INI 文件的效果

18.9　对象的序列化和反序列化

序列化是一个基于 .NET 流的高层模型，使用序列化可以把数据(如实体对象)进行重新编码，然后方便存储和处理(例如保存到文件)。反序列化是序列化的逆向过程，指将编码后的数据还原成 .NET 中的数据。

在 ASP.NET 中，Serializable 指令提供了序列化对象的功能。若将该指令应用于一个类型，则表示该类型的实例可序列化。例如，把一个类型应用 Serializable 指令后，它就能被 BinaryFormatter、SoapFormatter 以及 XmlSerializer 等实现了 IFormatter 接口的类型对象进行序列化和反序列化。

下面的示例代码演示了如何声明一个可序列化的类型 UserInfo：

```
[Serializable]
public class UserInfo
```

IFormatter 接口中提供了 Serialize() 和 Deserialze() 方法，来进行序列化和反序列化操作。Serialize() 方法的语法格式如下：

```
void Serialize(Stream serializationStream, object graph);
```

参数说明如下。

- serializationStream：格式化程序在其中放置序列化数据的流。此流可以引用多种格式的存储区，如文件、数据库或者内存等。
- gaph：要序列化的对象或对象图形的根，将自动序列化此根对象的所有子对象。

Deserialize() 方法的语法格式如下：

```
object Deserialize(Stream serializationStream);
```

其中的 serializationStream 参数表示要反序列化的数据流。该方法的返回值是反序列化的对象或图形的顶级对象。

【例 18-14】

下面以实现二进制的序列化和反序列化为例，讲解 Serializable 指令和 IFormatter 接口的应用。

01 首先创建一个表示用户信息的 UserInfo 类，并对该类添加 Serializable 指令。代码如下：

```
[Serializable]
public class UserInfo
{
    public int UserId { get; set; }          // 用户编号
    public string UserName { get; set; }   // 用户名
    public string PassWord { get; set; }      // 密码
    // 创建时间
    public DateTime CreateTime { get; set; }
}
```

02 要实现二进制序列化功能，首先需要创建 BinaryFormatter 类型的实例对象，该类位于 System.Runtime.Serialization.Formatters.Binary 命名空间下，并且实现了 IFormatter 接口。

03 创建一个 UserInfo 类实例，然后将它进行二进制序列化，再将序列化后的数据存放到 data/user_info.txt 文件中。实现代码如下：

```
protected void Button1_Click(object sender, EventArgs e)
{
    UserInfo user = new UserInfo();
    user.UserId = 123456;
    user.UserName = " 系统管理员 ";
    user.PassWord = "aabbcc!@#";
    user.CreateTime = DateTime.Now;

    string fileName = Server.MapPath("~/data/user_info.txt");
    FileStream fs = new FileStream(fileName, FileMode.Create, FileAccess.Write, FileShare.None);
    IFormatter bf = new BinaryFormatter();
    bf.Serialize(fs, user);                         // 序列化
    fs.Close();
    Response.Write(" 已将 UserInfo 对象序列并保存到 data/user_info.txt 中。");
}
```

04 接下来从 data/user_info.txt 文件中读取 UserInfo 对象的数据。实现代码如下：

```
protected void Button2_Click(object sender, EventArgs e)
{
    string fileName = Server.MapPath("~/data/user_info.txt");
    FileStream fs = new FileStream(fileName, FileMode.Open);
    IFormatter bf = new BinaryFormatter();
    UserInfo user = (UserInfo)bf.Deserialize(fs);               // 反序列化
    fs.Close();

    Response.Write(" 已经反序列化为 UserInfo 实例。<br/>");
    Response.Write("<br/> 用户编号： " + user.UserId);
    Response.Write("<br/> 用户名称： " + user.UserName);
    Response.Write("<br/> 用户密码： " + user.PassWord);
    Response.Write("<br/> 创建时间： " + user.CreateTime.ToString());

}
```

05 运行页面，单击【序列化】按钮执行序列化操作，此时会生成 data/user_info.txt 文件。打开 user_info.txt 文件，将看到序列化后的内容，这些内容是二进制格式，如图 18-24 所示。如果单击【反序列化】按钮，则会在页面输出从 user_info.txt 文件中读取的 UserInfo 对象信息，如图 18-25 所示。

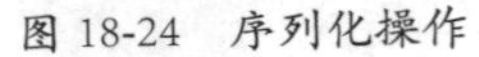
图 18-24　序列化操作

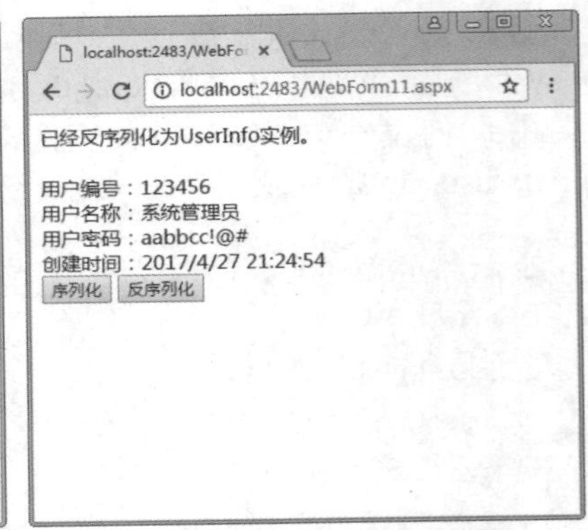

图 18-25　反序列化操作

18.10　绘制饼形图和柱状图

柱状图和饼形图是常见图表的两种形式，它们可以很直观地反映数据统计的情况。饼形图是以圆形为基础，分割成不同的扇形，并填充不同的颜色来表现数据；而柱状图是以不同颜色的矩形条来表现数据内容。下面详细介绍如何在 ASP.NET 中绘制饼形图和柱状图。

18.10.1　绘制饼形图

饼形图看似一个圆饼按照一定的数值比例分割而成，实际上，在具体实现时，是由许多扇形组合而成的。在绘制扇形时，用到最多的就是 Graphics 类中的 DrawPie 方法和 FillPie 方法，分别用于绘制扇形和填充扇形。

DrawPie() 方法具有多种定义方式，如下所示：

```
DrawPie(Pen pen ,Rectangle rect,float startAngle,float sweepAngle)
/*rect 定义该扇形所属的椭圆边框，startAngle 指定从 x 轴到扇形的第一条边沿顺时针方向度量的角（以度为单位），sweepAngle 是从 startAngle 参数到扇形的第二条边沿顺时针方向度量的角 */
DrawPie(Pen pen ,RectangleF rectf,float startAngle,float sweepAngle)
/* 该方法坐标和角度值可以为 Float 型，用法与上一方法相同 */
DrawPie(Pen pen ,int x,int y,int width,int height,int startAngle,int sweepAngle)
/* 该方法中，x、y、width 和 height 用来指定所属椭圆边框的起始点坐标及其宽度和高度 */
DrawPie(Pen pen ,float x,float y,float width,float height,float startAngle,float sweepAngle)
/* 该方法定义参数时可以为 float 型，其用法与上个方法相同 */
```

使用 FillPie() 方法时，除了第一个参数为 Brush 外，其他参数和使用方法均与 DrawPie() 方法相同。

【例 18-15】

下面详细介绍绘制饼形图的实现过程，具体步骤如下。

01 创建一个 Web 窗体，并删除前台布局中的所有代码，在 Page_Load() 事件中编写实现代码。

02 画图的第一步，先创建一块 600×360 大小的画布，然后在画布上绘制图表的标题，并声明变量。具体代码如下所示：

```
protected void Page_Load(object sender, EventArgs e)
{
    // 设置请求格式为 JPG
    Response.ContentType = "image/Jpeg";
    // 指定画布大小
    Bitmap bitmap = new Bitmap(600, 360);
    // 创建画布
    Graphics g = Graphics.FromImage(bitmap);
    g.FillRectangle(Brushes.White, 1, 1, bitmap.Width - 2, bitmap.Height - 2);
    // 绘制标题
    g.DrawString(" 公司上半年销售额统计 ", new Font(" 宋体 ", 20),
        new SolidBrush(Color.Black), new Point(100, 30));
    int sum = 0;
    // 准备数据
    int[,] strMonthInfo =
         new int[,] { { 01, 30000 }, { 02, 25000 }, { 03, 35000 }, { 04, 30000 }, { 05, 28000 }, { 06, 40000 } };
    for (int i = 0; i < strMonthInfo.Length / 2; i++)
    {
       sum += strMonthInfo[i, 1];
    }
    float startAngle = 0.0f;                              // 起始角度
    float sweepAngle = 0.0f;
}
```

上述代码中，数组变量 strMonthInfo 用于存放月份和访问量相关的数据。在通常情况下，这部数据是要从数据库中获得的。最后的循环用于获得各月份访问量的总和，以便后面计算各部分所占比例时使用。

03 由于在绘制饼形图时各块扇形区域需要填充不同的颜色。所以，我们干脆用一个 for 循环，来指定从 1 月份到 6 月份的饼形图的颜色，代码如下所示：

```
// 定义组成饼形图的各个扇形的颜色
Pen p = null;
SolidBrush sb = null;
for (int i = 0; i < strMonthInfo.Length / 2; i++)
{
      if (i == 0)
      {  p = new Pen(Color.Red);
         sb = new SolidBrush(Color.Red);
      }
      else if (i == 1)
      {  p = new Pen(Color.Blue);
```

```
            sb = new SolidBrush(Color.Blue);
        }
        else if (i == 2)
        {   p = new Pen(Color.Green);
            sb = new SolidBrush(Color.Green);
        }
        else if (i == 3)
        {   p = new Pen(Color.CornflowerBlue);
            sb = new SolidBrush(
                Color.CornflowerBlue);
        }
        else if (i == 4)
        {   p = new Pen(Color.Indigo );
            sb = new SolidBrush(Color.Indigo );
        }
        else
        {   p = new Pen(Color.Violet  );
            sb = new SolidBrush(Color .Violet  );
        }
    }
```

04 根据每月的访问量，计算出每个扇形区域所占用的角度，然后根据上面定义的颜色来绘制扇形，并进行填充，从而组成饼形图。继续在 for 循环中添加如下代码：

```
    //绘制饼形图
    float flMonthNumber =
        float.Parse(strMonthInfo[i, 1].ToString());
    sweepAngle = 360 * (flMonthNumber / sum);
    Rectangle rtl =
        new Rectangle(50, 100, 200, 200);
    g.DrawPie(p, rtl, startAngle, sweepAngle);
    g.FillPie(sb, rtl, startAngle, sweepAngle);
    startAngle += sweepAngle;
```

05 饼形图绘制完毕后，用户并不知道各部分颜色的含义，所以我们还要绘制说明。这里，我们以绘制不同颜色文本的方式向用户说明饼形图各部分的含义。具体代码如下所示：

```
    //绘制饼形图的说明
    string strMonth = strMonthInfo[i, 0].ToString()
        + "月份所占比例："
        + (int)((flYearNumber / sum) * 100) + "%";
    Font font =
        new Font("宋体", 12, FontStyle.Bold);
    Point point = new Point(320, (110 + i * 30));
    g.DrawString(strMonth, font, sb, point);
```

06 最后，我们创建一个输出流，将图片输出，并释放资源。该部分代码放在 for 循环外，具体如下所示：

```
    //创建一个输出流
    System.IO.MemoryStream ms =
        new System.IO.MemoryStream();
    //将画布的内容输出到流
    bitmap.Save(ms,
        System.Drawing.Imaging.ImageFormat.Jpeg);
    //输出流
    Response.ClearContent();
    Response.BinaryWrite(ms.ToArray());
    //释放资源
    bitmap.Dispose();
    g.Dispose();
    Response.End();
```

07 好了，经过以上代码的编写，就完成了一个饼形图的绘制。

在浏览器中访问 Web 窗体，查看饼形图的运行效果，如图 18-26 所示。

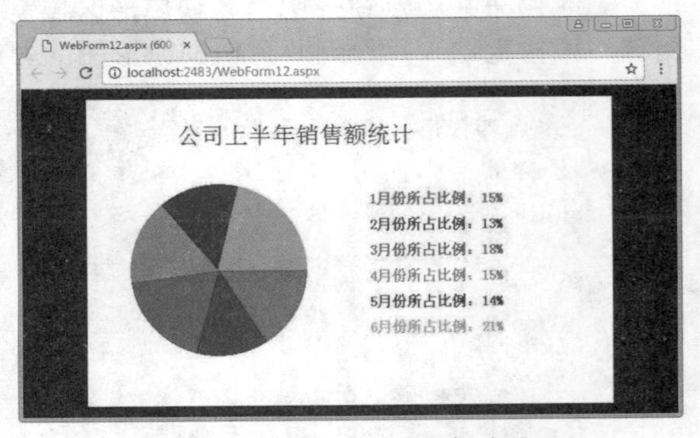

图 18-26　饼形图的运行效果

18.10.2　绘制柱状图

柱状图是根据矩形的长短来表示数据的。而在绘制矩形时，用到最多的就是 Graphics 类中的 DrawRectangle() 方法和 FillRectangle() 方法，分别用于绘制矩形和填充矩形。

这两个方法的语法格式如下：

```
void DrawRectangle (Pen pen, Rectangle rect)
void DrawRectangle (Pen pen, int x, int y, int width, int height)
void FillRectangle (Brush brush, Rectangle rect)
void FillRectangle (Brush brush, int x, int y, int width, int height)
```

前面两个 Draw 方法用来绘制轮廓，后面两个 Fill 方法用来填充轮廓的内部区域。其中 pen 是一个 Pen 类结构，它确定曲线的颜色、宽度和样式；brush 是一个确定填充特性的 Brush 对象；rect 是一个 Rectangle 结构，它定义椭圆的边界。x 定义椭圆的边框的左上角的 X 坐标；y 定义椭圆的边框的左上角的 Y 坐标；width 定义椭圆的边框的宽度；height 定义椭圆的边框的高度。

例如，下面这段代码演示了如何为矩形区域绘制内边框和外边框：

```
Rectangle rect = new Rectangle(10,10,40,30);
g.FillRectangle(Brushes.LightBlue, rect);
Rectangle innerBounds = new Rectangle(rect.Left, rect.Top, rect.Width - 1, rect.Height - 1);
Rectangle outerBounds = new Rectangle(rect.Left - 1, rect.Top - 1, rect.Width + 1, rect.Height + 1);
g.DrawRectangle(Pens.Brown, innerBounds);
g.DrawRectangle(Pens.Blue, outerBounds);
```

【例 18-16】

下面详细介绍绘制柱状图的实现过程，具体步骤如下。

01 创建一个 Web 窗体，并删除前台布局中的所有代码，在 Page_Load() 事件中编写实现代码。

02 先创建一块 600*360 大小的画布，然后在画布上绘制图表的标题、X 轴、Y 轴及相关文本。具体代码如下所示：

```
protected void Page_Load(object sender, EventArgs e)
{
  // 设置请求格式为 JPG
  Response.ContentType = "image/Jpeg";
  // 指定画布大小
  Bitmap bitmap = new Bitmap(600, 360);
  // 创建画布
  Graphics g = Graphics.FromImage(bitmap);
  g.FillRectangle(Brushes.White, 1, 1, bitmap.Width - 2, bitmap.Height - 2);
  // 绘制标题
  g.DrawString(" 上半年访问流量统计 ", new Font(" 宋体 ", 20),
      new SolidBrush(Color.Black), new Point(150, 30));
```

```
    // 绘制 X 轴
    g.DrawLine(new Pen(Color.Black), 50, 300, 550, 300);
    g.DrawString("( 年份 )", new Font(" 宋体 ", 10), new SolidBrush(Color.Black), new Point(50, 300));
    // 绘制 Y 轴
    g.DrawLine(new Pen(Color.Black), 50, 50, 50, 300);
    g.DrawString("( 访问量 )", new Font(" 宋体 ", 10), new SolidBrush(Color.Black), new Point(10, 290));
}
```

03 然后在 X 轴绘制月份文本 (1~6)，在 Y 轴绘制访问量文本 (10000~40000)。该部分的代码如下所示：

```
// 绘制月份
int startMonth = 1;
int posNum = 100;
for (int i = 0; i < 6; i++)
{
    string strmonth = startMonth+" 月 ";
    g.DrawString(strmonth, new Font(" 宋体 ", 12), new SolidBrush(Color.Black), new Point(posNum, 300));
    startMonth = startMonth + 1;
    posNum = posNum + 80;
}
// 绘制访问量
float startNum = 40000;
int posNum2 = 90;
for (int i = 0; i < 4; i++)
{
    string strNum = startNum.ToString();
    g.DrawString(strNum, new Font(" 宋体 ", 12), new SolidBrush(Color.Black), new Point(5, posNum2 ));
    startNum = startNum -10000;
    posNum2 = posNum2 + 50;
}
```

04 绘制矩形，以表示访问量。在这里需要注意的是矩形区域的起点坐标以及各区域之间的间距。然后就是使用不同颜色进行填充。这部分代码如下所示：

```
// 绘制矩形以表示访问量
int drawPosNum = 100;
Random rd = new Random();
for (int i = 0; i < 6; i++)
{
    // 绘制红色矩形
    float flNumber1 = rd.Next(100, 150);
```

```
    g.DrawRectangle(new Pen(Color.Red), drawPosNum, 300 - flNumber1, 10, flNumber1);
    SolidBrush sb1 = new SolidBrush(Color.Red);
    g.FillRectangle(sb1, drawPosNum, 300 - flNumber1, 10, flNumber1);
    // 绘制蓝色矩形
    float flNumber2 = rd.Next(80, 100);
    g.DrawRectangle(new Pen(Color.Blue), (drawPosNum + 15), 300 - flNumber2, 10, flNumber2);
    SolidBrush sb2 = new SolidBrush(Color.Blue);
    g.FillRectangle(sb2, (drawPosNum + 15), 300 - flNumber2, 10, flNumber2);
    // 绘制绿色矩形
    float flNumber3 = rd.Next(180,200);
    g.DrawRectangle(new Pen(Color.Green), (drawPosNum + 30), 300 - flNumber3, 10, flNumber3);
    SolidBrush sb3 = new SolidBrush(Color.Green);
    g.FillRectangle(sb3, (drawPosNum + 30), 300 - flNumber3, 10, flNumber3);
    drawPosNum = drawPosNum +80;
}
```

在上述代码中，我们将 Random 实例化后，通过它的 Next() 方法来获取相应的数据，以确定所要绘制矩形的高度。而在实际的应用中，该高度需要用从数据库中获得的数据与 Y 轴所能表示的高度进行某种计算得到。

05 下面再来绘制三个小矩形，用来说明每个不同颜色的矩形所代表的意义。该部分代码如下所示：

```
// 绘制红色小矩形
g.DrawRectangle(new Pen(Color.Red), 50, 330, 30,10);
SolidBrush sb4 = new SolidBrush(Color.Red);
g.FillRectangle(sb4, 50, 330, 30, 10);
// 绘制蓝色小矩形
g.DrawRectangle(new Pen(Color.Blue), 200, 330, 30, 10);
SolidBrush sb5 = new SolidBrush(Color.Blue);
g.FillRectangle(sb5, 200, 330, 30, 10);
g.DrawString(" 日平均访问量 ", new Font(" 宋体 ", 10), new SolidBrush(Color.Black), new Point(250, 330));
// 绘制绿色小矩形
g.DrawRectangle(new Pen(Color.Green), 350, 330, 30, 10);
SolidBrush sb6 = new SolidBrush(Color.Green);
g.FillRectangle(sb6, 350, 330, 30, 10);
// 绘制文本说明
g.DrawString(" 日最高访问量 ", new Font(" 宋体 ", 10), new SolidBrush(Color.Black), new Point(100, 330));
g.DrawString(" 日最高访问量 ", new Font(" 宋体 ", 10), new SolidBrush(Color.Black), new Point(100, 330));
g.DrawString(" 当月访问总量 ", new Font(" 宋体 ", 10), new SolidBrush(Color.Black), new Point(400, 330));
```

06 最后，我们创建一个输出流，将图片输出，并释放资源，该部分代码与上一小节相同，这里就不再重复。

07 经过以上代码的编写，就完成了一个柱状图的绘制。在浏览器中访问 Web 窗体，查看柱状图的运行效果，如图 18-27 所示。

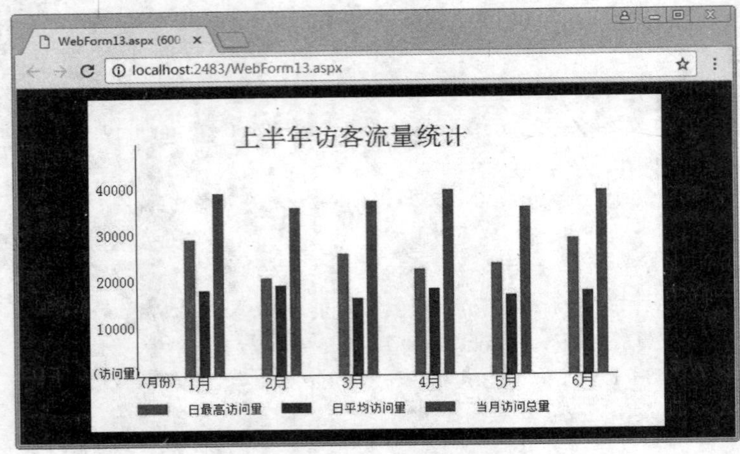

图 18-27 柱状图的运行效果